图解日本刀工专业技艺

[日]主妇之友社 编著
苏可帆 译

地道日式料理秘方119道

人民邮电出版社
北京

图书在版编目（CIP）数据

图解日本刀工专业技艺 / 日本主妇之友社编著 ; 苏可帆译. -- 北京 : 人民邮电出版社, 2021.12
ISBN 978-7-115-54053-9

Ⅰ. ①图… Ⅱ. ①日… ②苏… Ⅲ. ①食谱－日本－图解 Ⅳ. ①TS972.183.13-64

中国版本图书馆CIP数据核字(2020)第085155号

内 容 提 要

烹饪美食，要做出色香味俱佳的菜肴，都是从“切”开始的。不论是做鱼、切肉还是蔬菜整理，都离不开厨房刀具的使用。菜刀不仅仅可以让食物变得大小适中，造型精美，容易入口，还能使食物更切合火候，入味，口感适中。如何才能学习到专业的刀工技法和技巧呢？本书是一本讲解日本专业厨房刀工技法的教程。

全书共4章，对各类食材的刀工技法和装饰方法进行了详细的讲解，并介绍了上百种相关料理的处理方法。第一章介绍厨房刀具的基本知识；第二章讲解海鲜的刀工处理和料理方法；第三章讲解蔬菜的切法和料理方法；第四章介绍鸡肉、牛肉和猪肉的切法和料理方法。

本书内容全面，方法简单，步骤清晰，讲解时采用了图解的方式，是烹饪爱好者和相关从业者必不可少的案头参考书，也适合餐饮行业相关培训机构作为教学用书。

第3章主编：街头烹饪学校

第3章料理：池上保子 金泉久美 大庭英子 检见崎聪美 夏梅美智子藤井惠 藤田雅子 武藏裕子 森洋子

摄影合作：有次 艺术家工作室 欠泽律子

摄　　影：山田样二（封面、p1～213、p261～280） 主妇之友社摄影科 （p215～260）

装　　帧：大薮风美

版式设计：大薮风美 江部宪子 木村阳子

构成编集：关泽真纪子 三上雅子

插　　图：大森裕美子

执行编辑：中野樱子

编　　辑：安藤有公子（主妇之友社社）

◆ 编　　著 ［日］主妇之友社
　译　　　苏可帆
　责任编辑 郭发明
　责任印制 周昇亮

◆ 人民邮电出版社出版发行　北京市丰台区成寿寺路11号
　邮编 100164　电子邮件 315@ptpress.com.cn
　网址 https://www.ptpress.com.cn
　雅迪云印（天津）科技有限公司印刷

◆ 开本：690×970 1/16
　印张：17.75　　2021年12月第1版
　字数：389千字　　2021年12月天津第1次印刷

著作权合同登记号 图字：01-2019-7244号

定价：148.80元

读者服务热线：(010)81055296　印装质量热线：(010)81055316
反盗版热线：(010)81055315
广告经营许可证：京东市监广登字20170147号

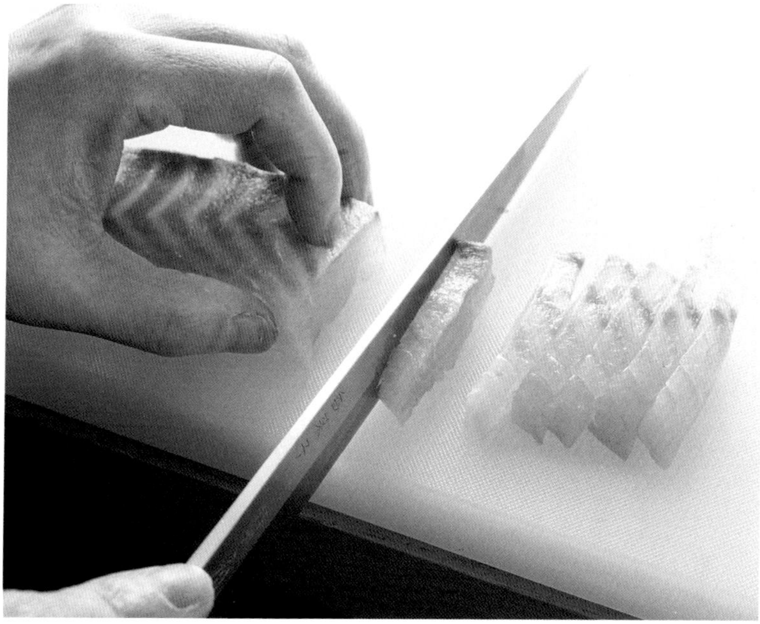

正确掌握厨房刀具的使用方法是提升厨艺的最佳捷径。能让厨房里的每分每秒都变得快乐而有意义。

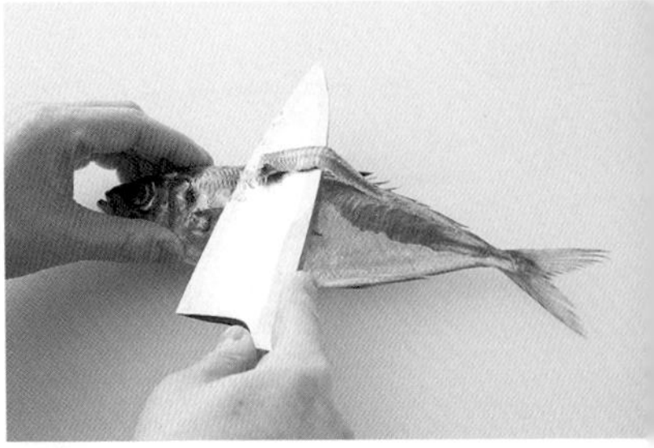

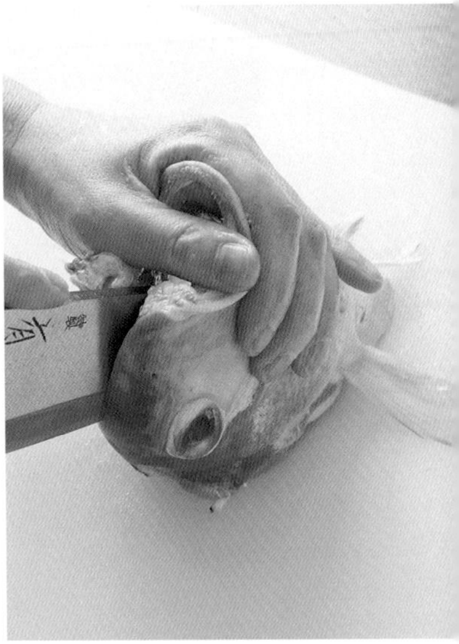

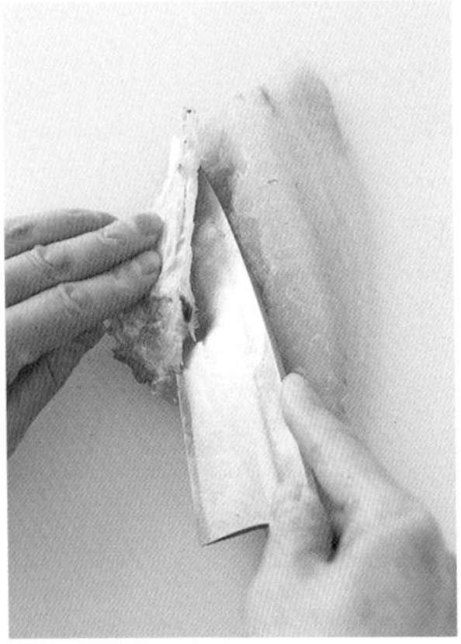

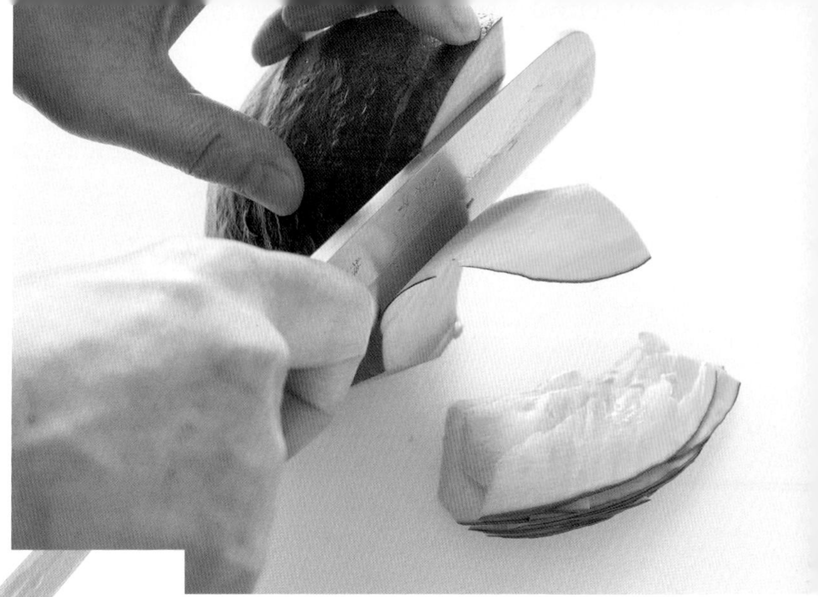

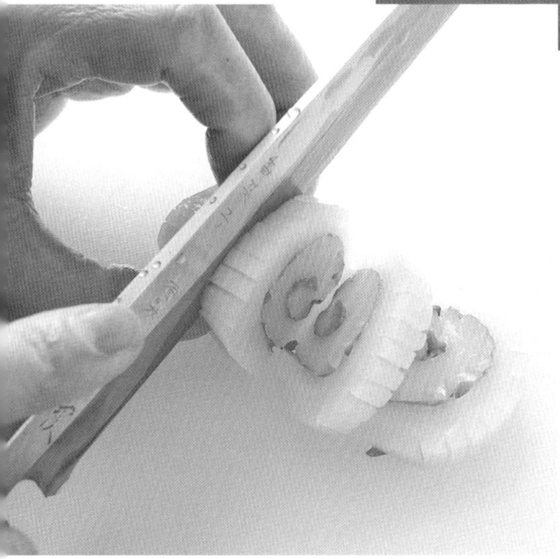

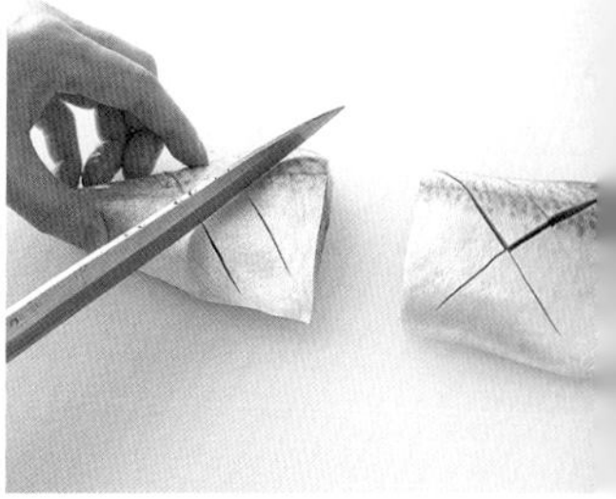

做菜是从“切”开始的。不论是做鱼、切肉还是剥菜，都离不开厨房刀具的使用。菜刀不仅仅可以让食物变得大小适中，容易入口，还能使食物更切合火候，入味，口感适中，秀色可餐。菜刀的使用让食物更加美味。

所以说，菜刀的使用是做菜的基础。如果能够正确使用菜刀，不仅仅会让做菜变得更加愉悦舒心，效率倍增，食物也会更加美味可口。

本书介绍了厨房刀具的基础知识，通过精美的照片和插图，详细介绍了鱼类的料理方法，以及蔬菜肉类的切法。

如果还没有习惯的话可以慢慢来。正确持刀，保持姿势，谨慎并注意力集中地使用刀具吧。

不熟练的话也没有关系，经过反复练习，一定能掌握厨房刀具的使用要领。

准备好锋利的菜刀和干净的砧板，一起来做菜吧！

目录

第一章 厨房刀具的基本知识

第二章 海鲜的处理和料理

第三章 蔬菜的切法和料理

第四章 鸡肉、牛肉和猪肉的切法和料理

本书的使用方法

- 料理一般按2人份制作，但根据菜谱，也可以很轻松地做出4人份。
- 材料的标准为：1杯=200毫升，1大勺=15毫升，1小勺=5毫升。
- 加热时间以功率为500瓦的微波炉为基准，功率为600瓦则时间缩短为0.8倍，功率为400瓦则以1.2倍时间为佳。同时，由于微波炉的种类不同，效果可能也有所差异。
- 本书是根据标准机型来标注烤箱、烤面包机等机器的加热时间的，可根据需要自行调整。
- 火候在没有标注的情况下为中火。
- 鲜汁汤的材料是海带和干鲣鱼片。以鲜汁汤作为材料的时候，请同时考虑鲜汁汤所含的盐分。
- 稀释盐水是指1杯水里放1小勺的盐，与海水盐度（3%）差不多的盐水。其用于将鱼整体腌渍入味。
- 图片仅为展示图片，具体操作会因具体情况有所差别。

第一章 厨房刀具的基本知识

在掌握食材的处理方法和切法之前，我们先来学习一下厨房刀具的基本知识。为了使饭菜美味、刀具顺手而且使用安全，请记住以下知识，包括刀具的名称、种类、特征、使用刀具的正确姿势、握法到切法，以及刀具的磨法等。本章会详细介绍关于厨房刀具的基本知识。

厨房刀具各部位名称

即使切法相同，用不同方式握刀具的同一部位或用相同的方式握不同部位来切菜，做出来的菜也是完全不同的。为了掌握正确的握刀方法和切法，首先需要记住菜刀不同部位的名称。想让刀工有所长进，了解刀具是关键的一步，也是第一步。

❖日式刀具和西式刀具

日本从前使用的「日式刀具」与明治时期以后为了食用鸟兽而从西方进口的「西式刀具」完全不同，日式刀具是为了配合日本料理，优雅并高效地切鱼和蔬菜而设计出来的。西式刀具主要是为了切肉而设计出来的。两种刀具最大的不同就是刀刃。日式刀具中，除了菜刀和其他小部分刀具以外，其他的日式刀具均为单面开刃的「单刃刀」，而西式刀具则是双面开刃的「双刃刀」。

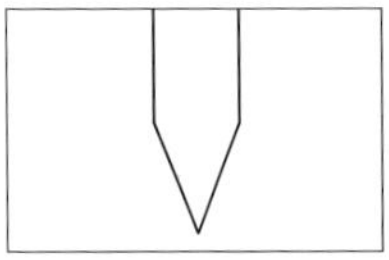

双刃刀
因为双刃刀刀片两侧以相同角度开刃，所以可以笔直地向下切割。双刃刀不仅可以切割肉类，切割蔬菜、鱼、水果等都很方便。其优点之一在于，不管是左撇子还是右撇子，使用起来都很方便。

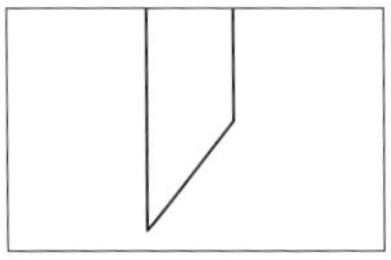

单刃刀
便于分离和切割物体，刀片很窄，所以很锋利。但是，由于只有一侧开刃，刀刃往往向内倾斜，里外（开刃的一侧是外，没有开刃的一侧是里）的锐度也不同。

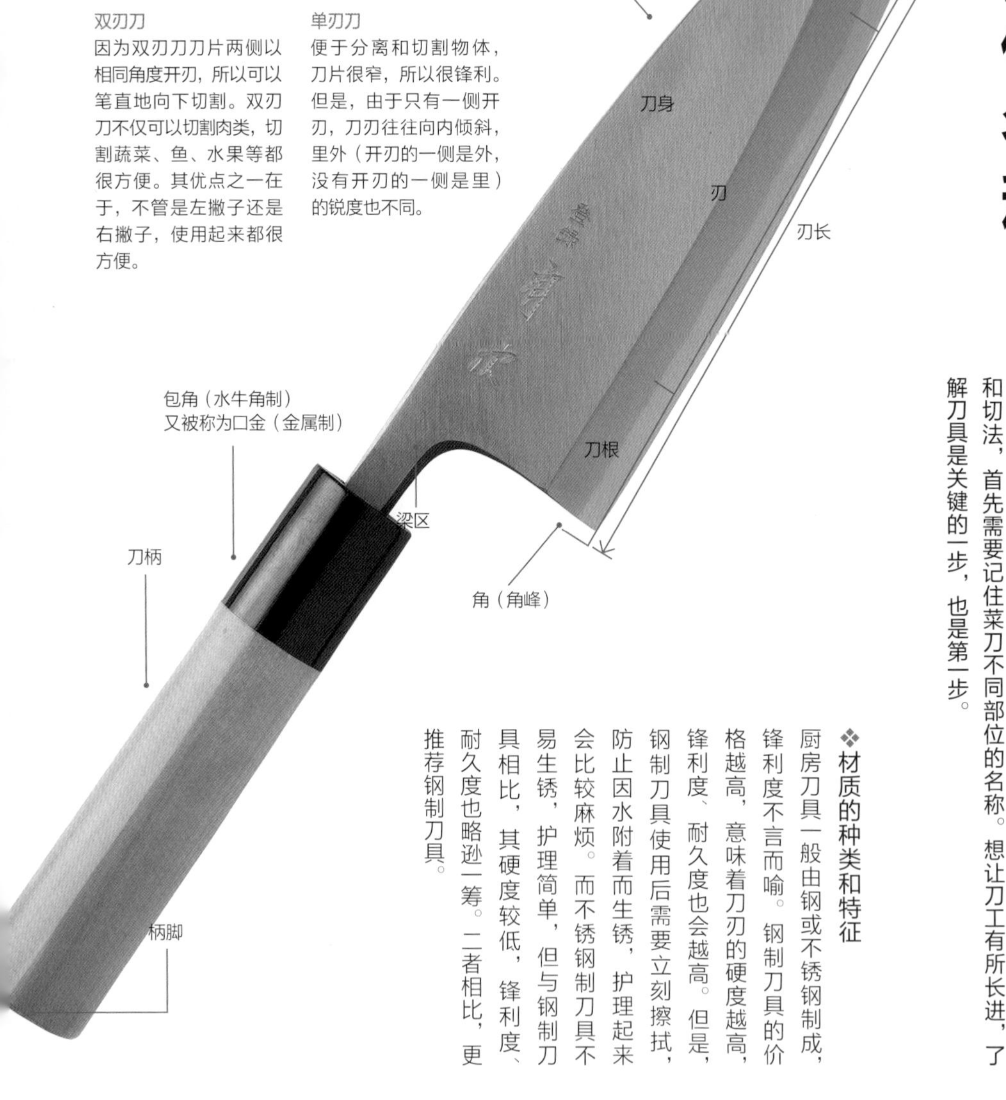
刀尖
刀头
刀背
刀身
刃
刀长
刀根
包角（水牛角制）
又被称为口金（金属制）
梁区
角（角峰）
刀柄
柄脚

❖材质的种类和特征

厨房刀具一般由钢或不锈钢制成，锋利度不言而喻。钢制刀具的价格越高，意味着刀刃的硬度越高，锋利度、耐久度也会越高。但是，钢制刀具使用后需要立刻擦拭，防止因水附着而生锈，护理起来会比较麻烦。而不锈钢制刀具不易生锈，护理简单，但与钢制刀具相比，其硬度较低，锋利度、耐久度也略逊一筹。二者相比，更推荐钢制刀具。

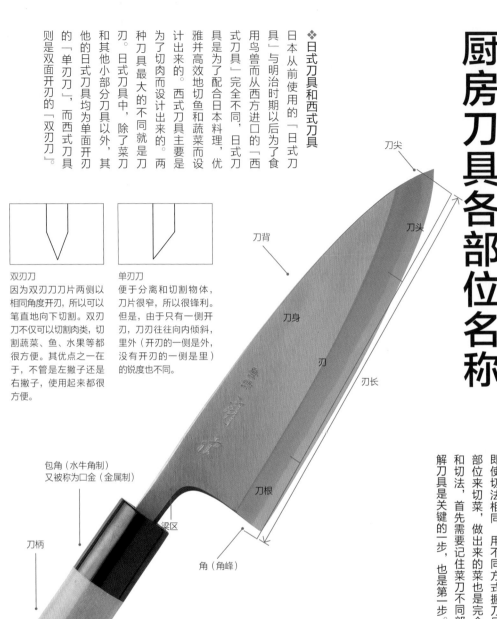

厨房刀具的种类和特征

刀具的种类繁多，仅日式刀具就有50种以上，因此没必要把所有种类的菜刀买齐。每一种菜刀都有各自的用途，用不同菜刀做出的菜肴也大不相同。为了能更好地烹饪菜肴，需要恰如其分地使用这些菜刀。本节将介绍适合家庭使用的各种常用菜刀。

日式刀具

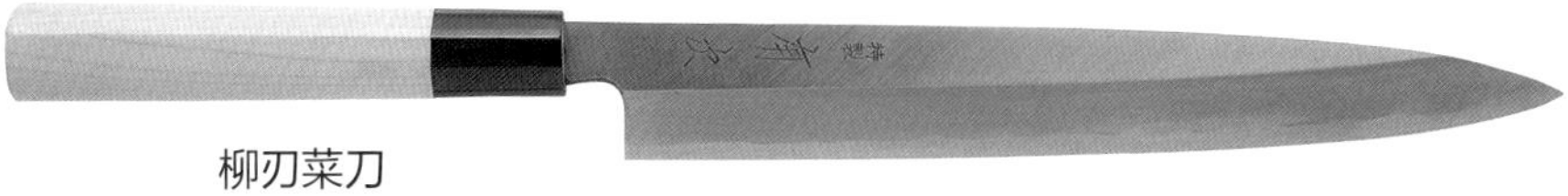

柳刃菜刀

这是一种主要用于切割生鱼片的菜刀，也被称为“生鱼片刀”。“柳刃”这个名字源于它的尖端窄而尖锐这一特点，其特点还有刀身长而窄细，刀刃锐利。

棱角刀

关东型的“生鱼片刀”。棱角刀虽然尖端并不像柳刃菜刀一样锋利，但因其刀身长且细，刀刃锐利，不仅可以用来切章鱼，也能在切生鱼片时使用。

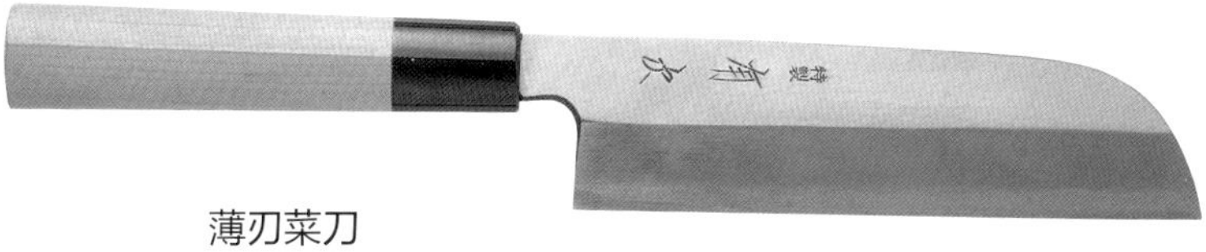

薄刃菜刀

刀如其名，刀刃薄，其特征为刀身笔直。薄刃菜刀适合给蔬菜剥皮、雕花，也适用于制作配菜、针切、切新鲜果蔬等。

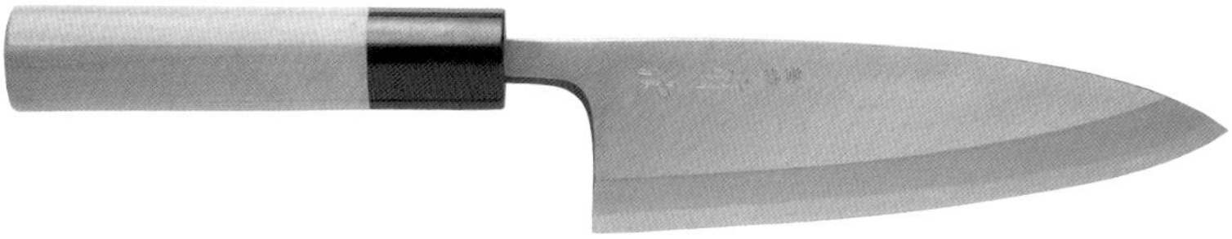

出刃菜刀

这是一种适合做去鳞、取内脏、将鱼三切等食材准备工作的菜刀。刀略重，刃厚，能剁碎骨头，也适用于将食材剁成泥状。

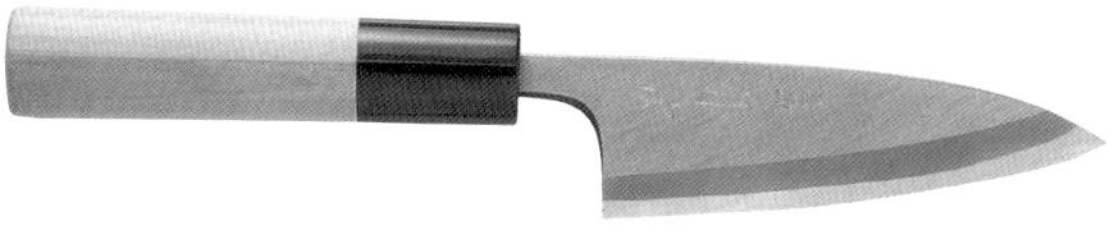

小出刃菜刀

即小型出刃菜刀。小出刃菜刀刀刃小幅度弯曲，适合料理小型鱼类食材。

西式刀具

牛刀

作为切肉专用刀具而引进，也可以用于切蔬菜、面包等食材。牛刀刀尖较细，可用于处理细节。

三德刀

三德刀诞生于日本，是能同时切肉、鱼、菜的菜刀，被称作“万能菜刀”和“文化菜刀”。与牛刀相比，三德刀刀身更宽，刀刃弧度较小。

洋出刃菜刀

用途和日式出刃菜刀相同，不同之处在于洋出刃菜刀为双刃刀。

老手刀

小型洋菜刀。老手刀适合拿在手上进行操作，其刀刃薄且窄，适合切菜和水果，也适合做剥皮、花刀装饰等复杂的工作。

其他推荐准备的工具

本书还会介绍许多在料理鱼、贝、蔬菜时，只靠菜刀没有办法完成的工作，但如果有以下工具就另当别论了。

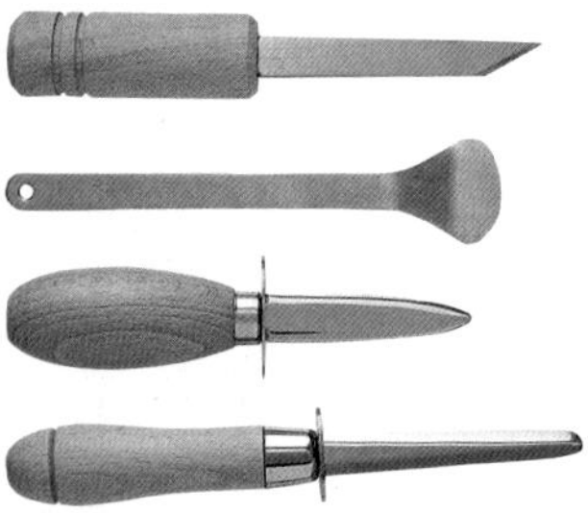

撬壳刀

打开贝壳的工具，也被称为“开贝刀”。有专门开牡蛎（最上面的图）和扇贝（第二张图）的撬壳刀。根据贝的种类，撬壳刀可分为在刀刃的形状上下功夫的专用型，以及保护手不受伤的保护型。

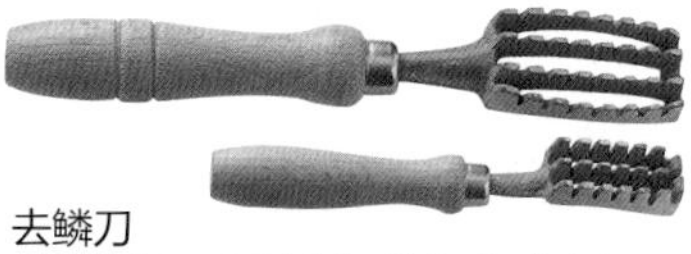

去鳞刀

去鱼鳞的刀，又被称为“鳞刀”，能大幅度去除鱼鳞，即使很硬的鱼鳞也能被去除干净。

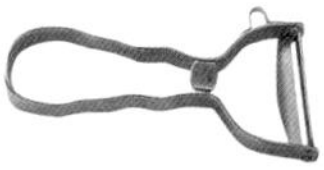

刨子

削皮用的工具，可快速削去蔬菜和水果的皮。刨子的刀片极薄，可用于削片和刮圆。刀片旁边的U形凸起物可简单去除马铃薯的芽。

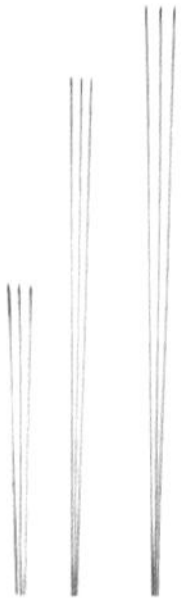

金串（丸串）

烧烤时经常使用的由铜或不锈钢制成的串。把鱼串起来能够在烧烤时保持鱼的外型。最右边的金串长45厘米（鱼串），往左依次是长36厘米（香鱼串）、15厘米的金串。

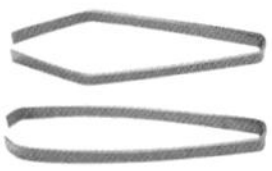

去骨夹

在拔掉鱼刺时使用的工具。有关西型（上）和关东型（下）两种，可根据喜好选择。

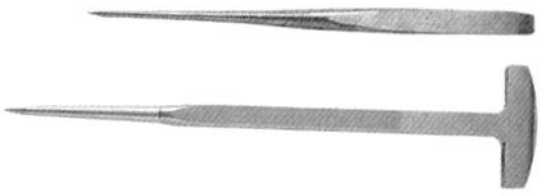

鱼目钉

用来固定鱼的工具。多用于处理海鳝鱼和鳗鱼等身形修长的鱼类。左图上方是刀状鱼目钉，下方是T状鱼目钉。

菜刀的使用方法

实际上，在使用菜刀的过程中，最重要的就是切菜时的站姿和握菜刀的手法。正确的站姿加上正确的握刀手法，能有效地传递力量，使我们更容易挥动菜刀。这样一来，切菜的时候我们就不需要使用过多的力气，也不容易感到疲劳。让我们专注于重点，学会这些基本的方法吧。

❖基本站姿

切菜时，菜刀与食材呈垂直状态。此外，身体与菜刀保持一个拳头的距离。推荐斜站，因为这时从刀尖到肘部都是笔直的，斜站能把力量更好地传递给菜刀。在这种站姿下，手腕不易碰撞身体，所以更容易前后挥动菜刀，同时也能有效地利用菜刀的长度。

上半身微微前倾，从正上方俯视食材。

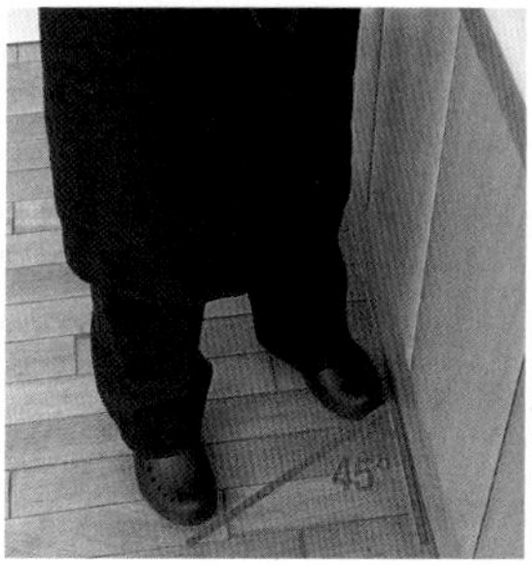

双脚打开同肩宽，脚尖的连线和烹调台约呈45度，左脚靠近烹调台。

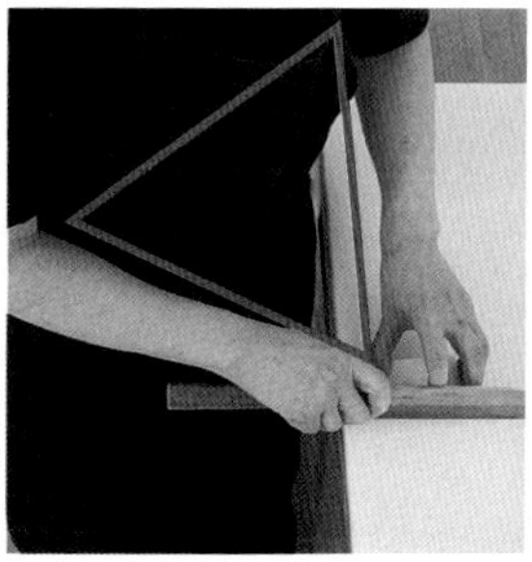

双手手肘放松，身体和手肘形成等腰三角形。

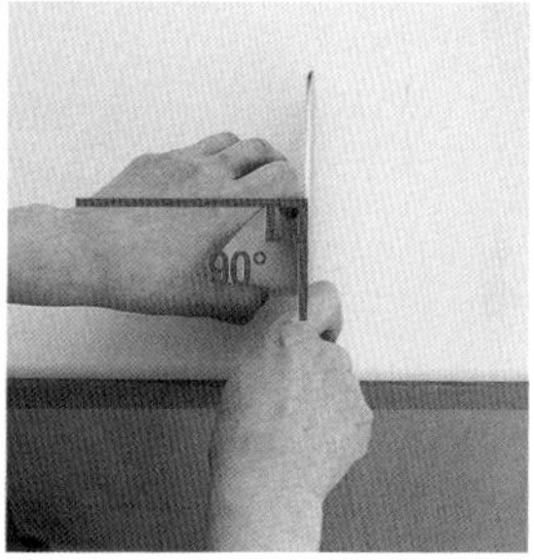

食材和砧板边缘线保持平行，菜刀与食材垂直。

❖左手的拿菜方法（菜刀的握法参照第16、17页）

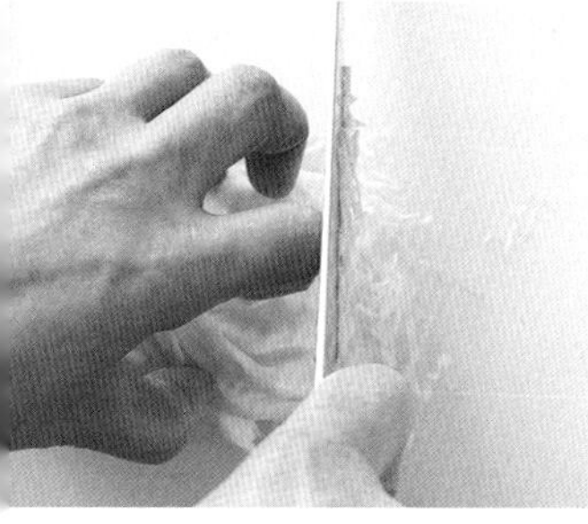

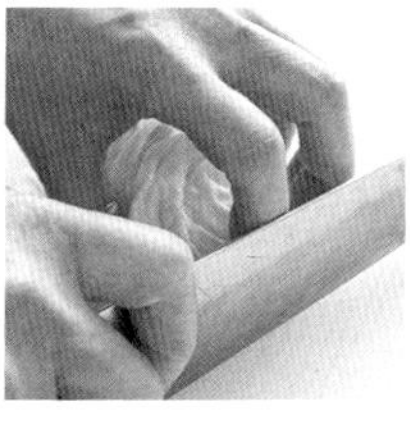

菜刀抵着弯曲的左手食指的第一关节切菜。

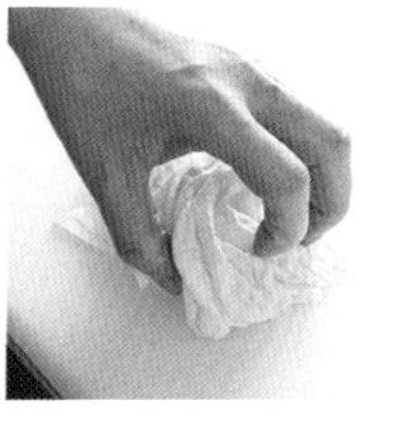

想象左手轻握着一个鸡蛋，手指弯曲按住食材。

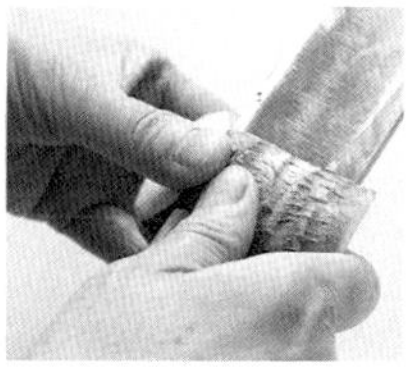

剥皮的时候，抓住食材，大拇指和菜刀贴紧。

根据切法的不同，左手拿菜的方式也有所改变。斜切的时候，需伸出指尖轻按食材。

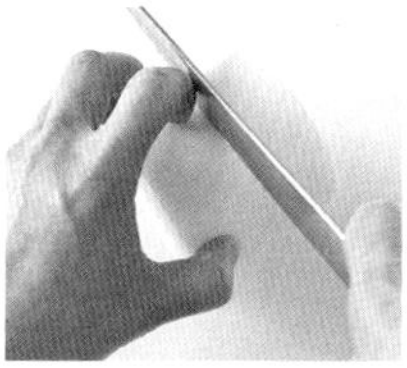

切萝卜大小的食材时，用拇指、中指和食指握住食材，食指弯曲，菜刀抵着食指的第一关节。

基本握法

厨房刀具的基本握法分为『按压型』『指向型』『紧握型』等几种基本方式。不管什么时候，如果刀柄握得太紧，就没有余力控制菜刀以更好地切菜了。握刀的诀窍是用中指到小拇指轻握刀柄，用大拇指和食指的力量使菜刀稳定。在『按压型』和『指向型』的握刀方法中，手指所在的位置尤其重要。请按照提示图片学习握刀方法。

❖根据菜刀的种类改变握刀位置

如下图所示，薄刃菜刀和牛刀的握刀重心不同。对于重心在前的刀，手指前握；对于重心在后的刀，手指后握。根据重心位置改变握刀位置，可以更加高效、省力。

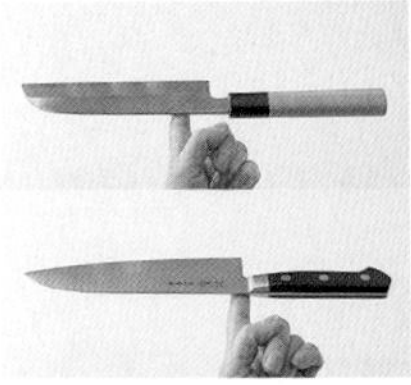

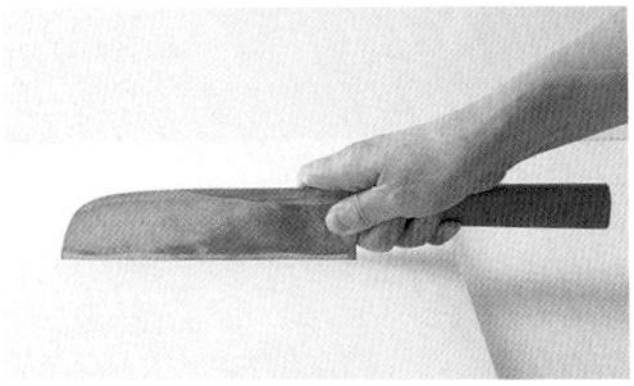

薄刃菜刀

薄刃菜刀的重心在刀根前。和出刃菜刀一样，用大拇指和食指捏住刀身，剩下的3根手指握住刀柄。

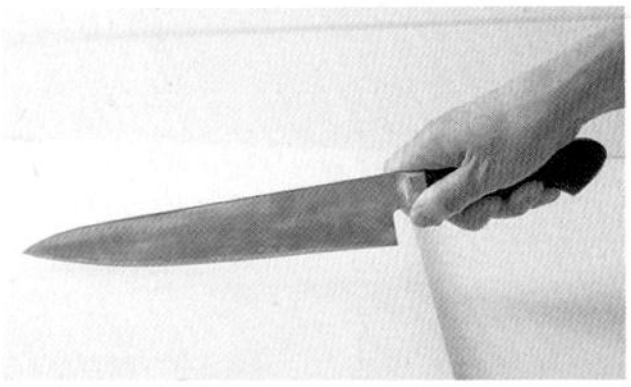

牛刀

牛刀的重心在刀的根部，比薄刃菜刀的重心稍靠后。用大拇指和食指按住刀的包角部分，剩下的3根手指握住刀柄。

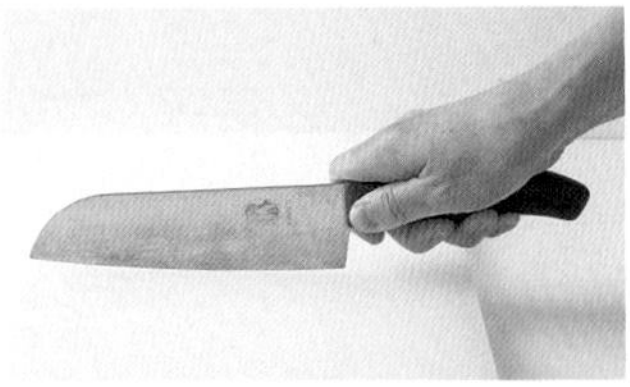

三德刀

三德刀的重心比牛刀要稍靠前。食指贴刀身，大拇指和食指轻按，剩下的3根手指握住刀柄。

按压型

这是最基本的持刀方式，被广泛应用于去鱼鳞和雕刻蔬菜。使用出刃菜刀时，用大拇指和食指固定刀片，当大拇指和食指固定住了刀片后，即使施加了力量，刀也不会左右摇晃。用剩下的3根手指轻握刀柄。

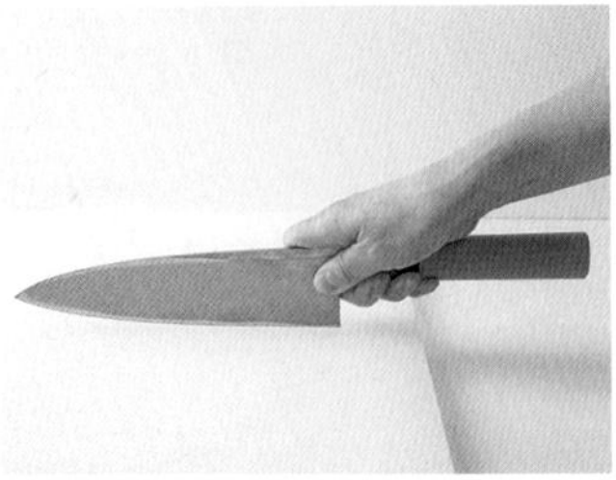

握刀内侧图。大拇指指尖按住刀的内侧。

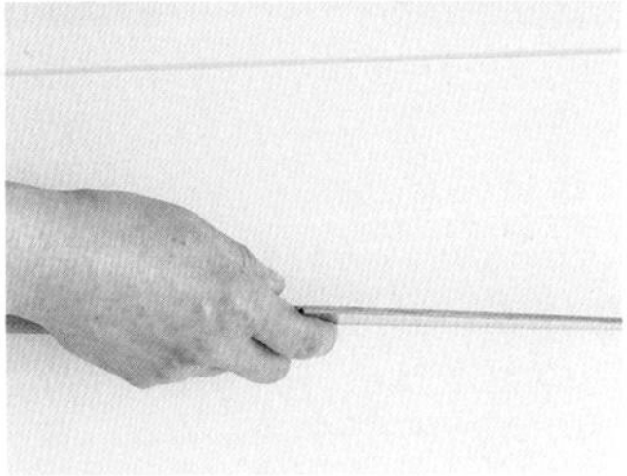

握刀俯视图。大拇指和食指紧握菜刀，使菜刀笔直向前。

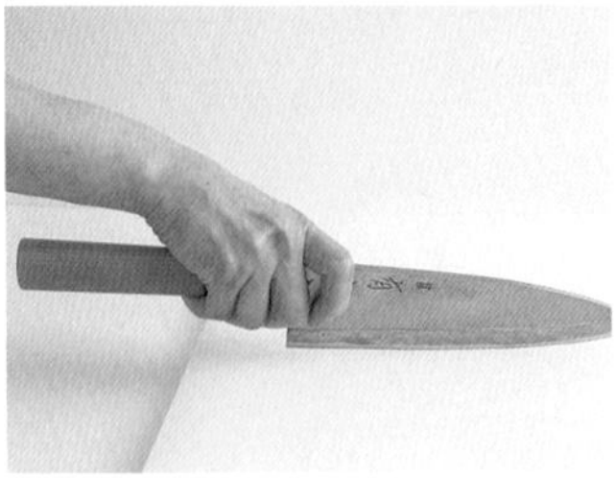

握刀外侧图。食指内侧紧贴刀的外侧。

逆握法（反刀型）

刀刃向上或向外时使用的握刀方法被称为“逆握法（反刀）”。它通常用于去除鱼腹骨、打开鱼腹部等。除了在准备鱼料理时多使用此握法，分割已经切断的食材时，逆握法（反刀）也很有效。

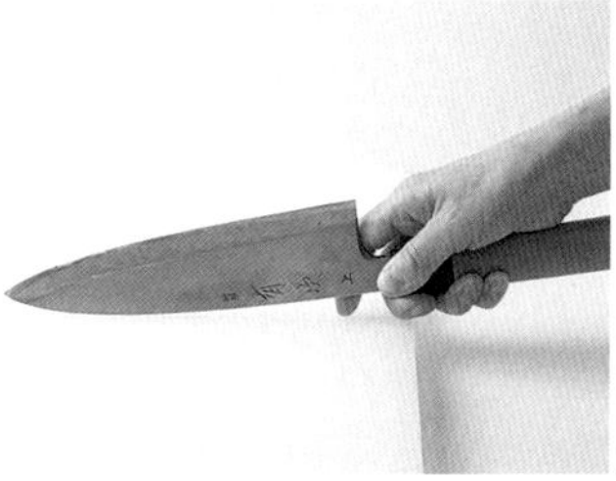

握刀内侧图。刀刃向上，手指不碰到刀刃，握住刀柄。

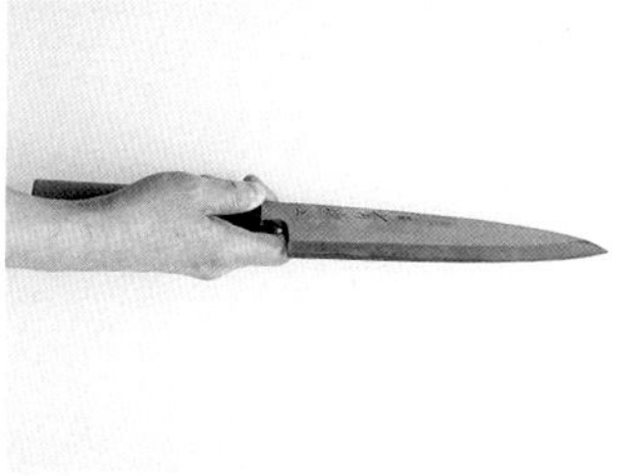

握刀俯视图。刀身笔直，菜刀的刀刃指向上方和外侧。

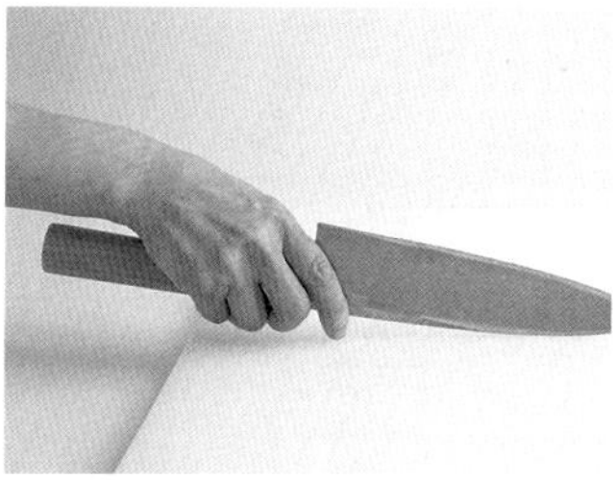

握刀外侧图。食指侧面轻贴菜刀刀身，稳定菜刀。

（紧握型）

出刃菜刀用于剁碎骨头、敲碎食材，适合容易发力的“紧握型”握刀方法。为了使发力更轻松，应握住刀柄，露出刀的包角（图中黑色部分），合理利用刀身的重量发力。

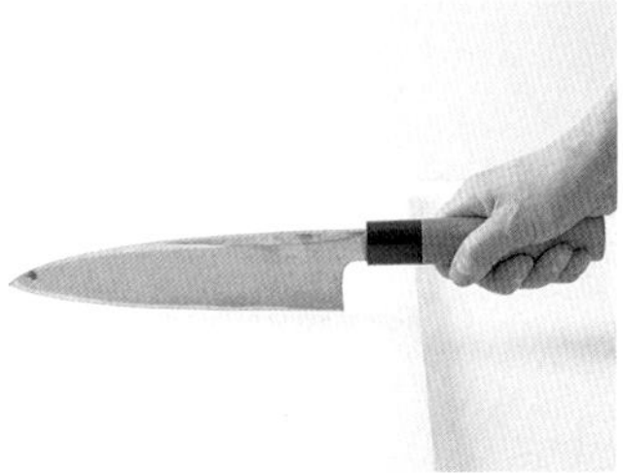

握刀内侧图。五指全部握住刀柄。

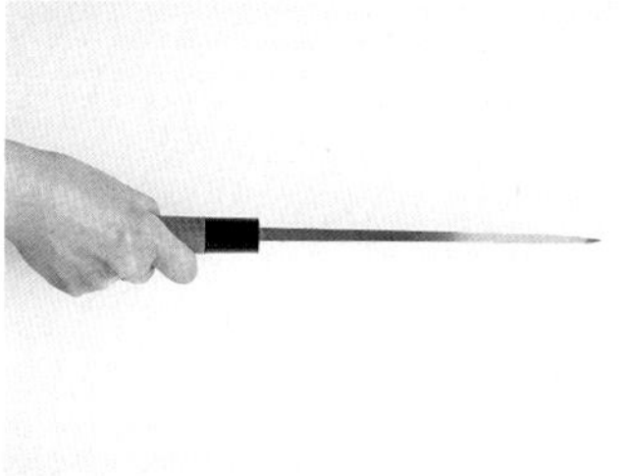

握刀俯视图。刀身笔直。

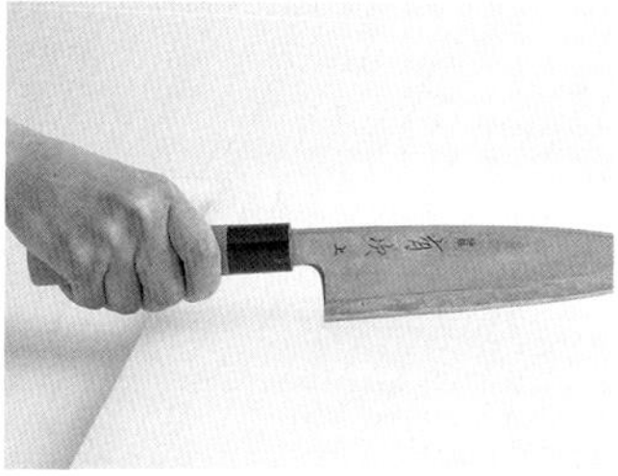

握刀外侧图。从外侧看，刀的包角（图中黑色部分）也应该不被手指遮盖。

（指向型）

柳刃菜刀适用于切生鱼片和三卸法。把食指放在菜刀的刀背上，能够感受到下刀的力度，做到准确而细致地切割。正确的握法是食指伸至刀背处，其余手指握住刀柄。

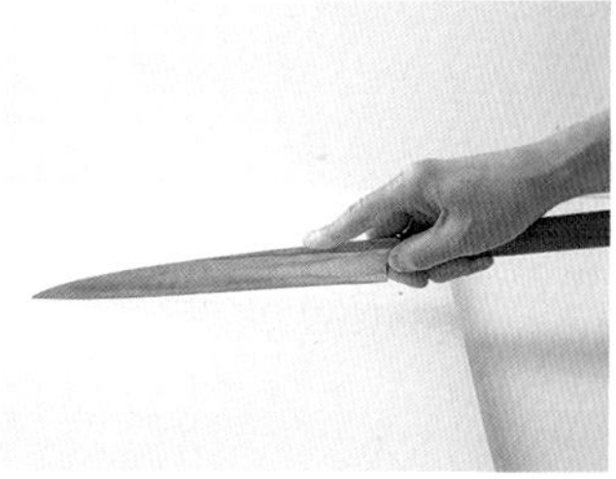

握刀内侧图。大拇指指尖按压刀的内侧。

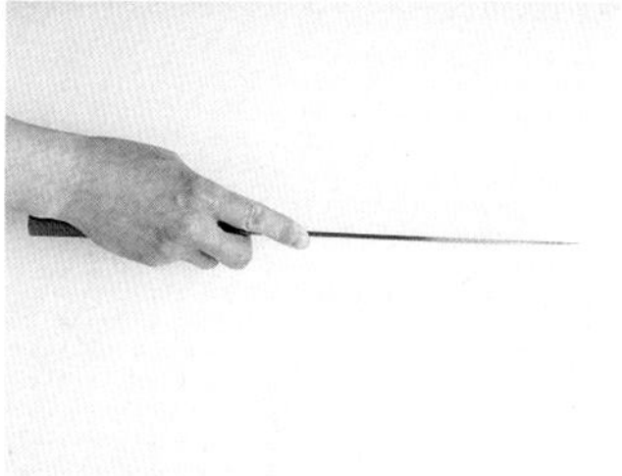

握刀俯视图。菜刀笔直，食指指尖放在刀背上。

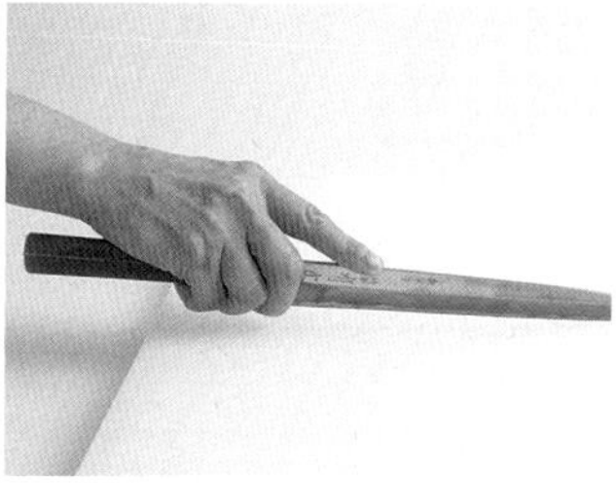

握刀外侧图。中指放在刀柄上，用大拇指从刀身内侧按住刀身，切菜时倾斜刀身以防止晃动。

基本切法

由于食材不同，有些食材适合押切，而大多数食材如果从上向下切，容易使切面变形，不能形成干脆利落的切片。基本切法分为『直切』『推切』『削切』等类型。只有做到能使菜刀灵活地前后移动，才能发挥其真正的价值。特别是在『推切』和『削切』两种方法中，用力下刀才是成功的关键。

推切

（柳刃菜刀/指向型）

想要顺滑流畅地厚切三文鱼（指将三文鱼切成2~3厘米的厚度，使三文鱼刺身咬下去口感柔润），食材放置的位置至关重要，可以把食材放在靠近身体一侧的砧板上。

在身前的砧板上放置食材，刀尖稍稍上扬，用刀根部迅速下切。

▼

把刀往回收，用整个刀身下切。如图中红色箭头所示，刀尖向下，一口气下切并把刀往回收。

▼

回切到刀尖为止，再往身体外侧方向一拉到底，将食材切断。

直切

（薄刃菜刀/按压型）

这是切蔬菜时的刀法，适用于切小块、薄切、切丝、蔬菜雕花。

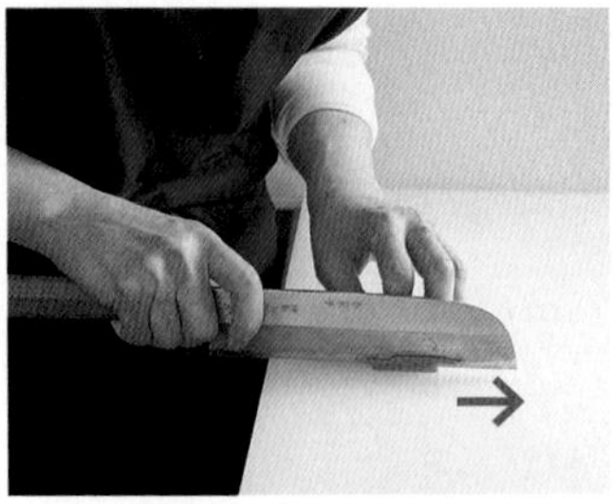

使用薄刃菜刀切菜时，手肘到刀尖保持固定，用肩膀的力量使菜刀刀尖向前推进，与砧板平行移动。

▼

菜刀触及砧板时迅速回到原位。切菜动作似平行四边形移动，带着一定的节奏重复上述动作。

使用牛刀的情况下

刀尖向下，切的时候向前推进。使用薄刃菜刀时手腕应保持不动，但使用牛刀时，需沿着刀尖的弧度运动手腕并发力切菜。

剥皮

（薄刃菜刀）

“六面剥皮”和“旋切”是剥皮的基本手法。掌握好这两种方法，即可应对大部分的剥皮要求。

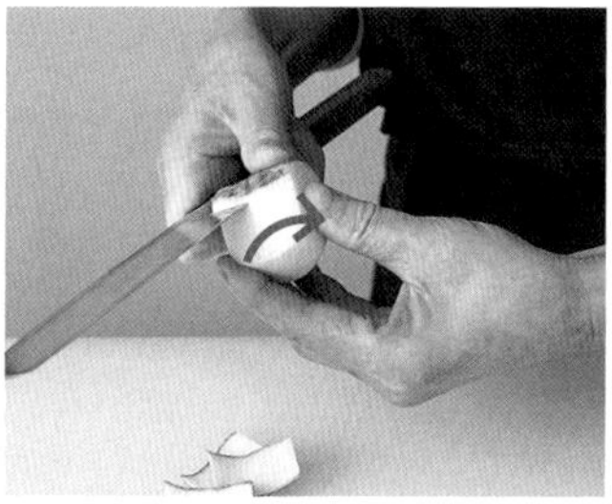

六面剥皮

握住芋头的左右侧，将其上下切去。从右侧入手，（像削苹果一样）左右旋转剥去剩下的皮。

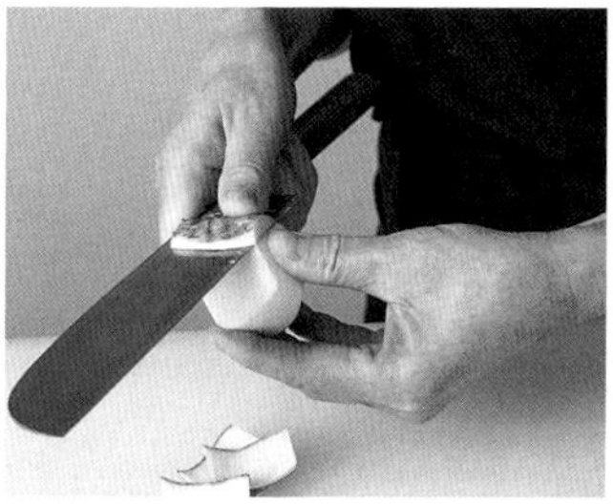

将芋头圆形剥皮时，刀和芋头保持平行，刀从外侧滑向身体内侧，有弧度地用刀根剥去外皮。

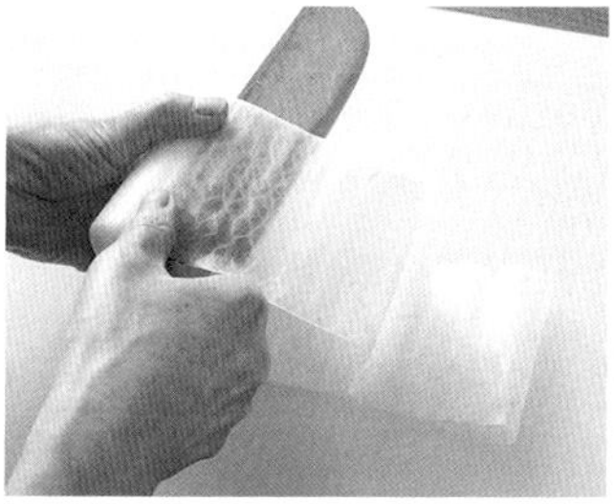

旋切

抓住白萝卜，刀以前后拉锯状切割并移动剥皮，左手配合着旋转白萝卜。剥皮时，白萝卜与刀身保持平行，削下来的皮才能厚薄均匀。

押切

（出刃菜刀/按压型）

用直切和推切的方法来切紫菜、海带、小沙丁鱼干片等食材十分费力，这时可利用菜刀的重量，从上至下按压式地切更加省力。

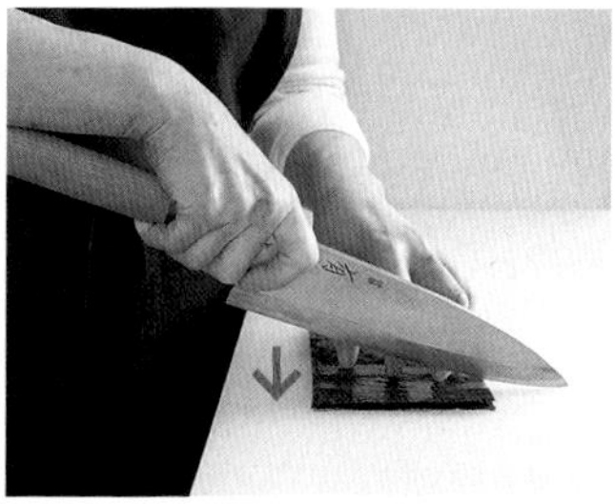

刀根上扬，刀尖贴着砧板，以刀尖为支点向下切。

结束时，用力向下压菜刀，将食材切断。

削切

（柳刃菜刀/指向型）

从食材左侧下刀，这是做刺身和鱼切段时使用的切法。切香菇等蔬菜时要领相同。

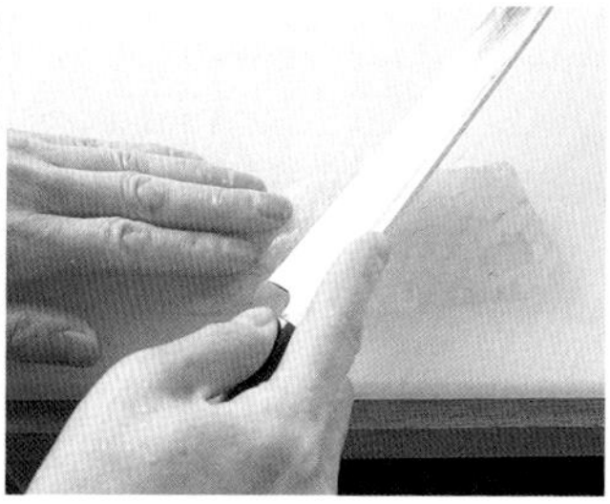

菜刀倾斜至几乎放平，从刀根开始下刀。使用削切方法时，为了能够流畅、高效地切菜，建议将食材放在靠近身体一侧的砧板上。

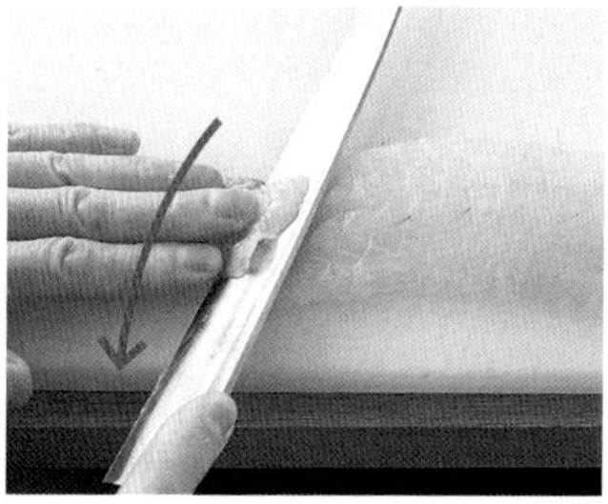

保持菜刀的倾斜角度，如图中红色箭头所示，将菜刀有节奏地大幅度移动切菜。

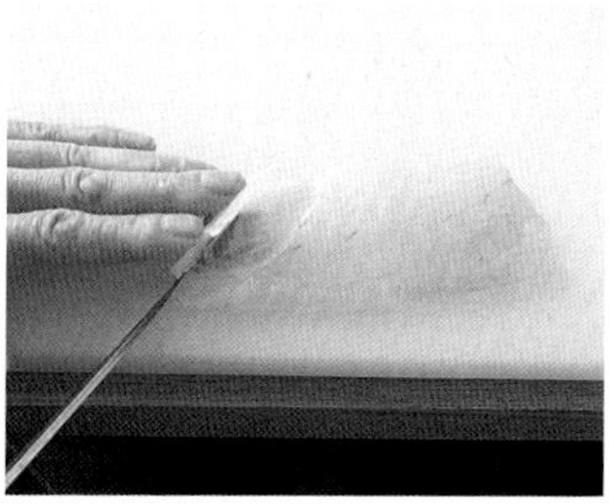

快结束时，稍稍立起菜刀，使刀尖直立并将食材切断。

基本磨法

菜刀的护理也十分重要。正确地使用菜刀养护的方法，能够保证菜刀足够锋利和使用时间足够长。

❖日常准备

菜刀和砧板在使用后要用清洁剂擦洗。钢制菜刀容易生锈，使用后应立即用清洁剂擦洗，洗后仔细将水擦干，有时还要将菜刀研磨抛光，整个过程中小心刀刃伤手。将刀放在刀架上之后，再清洗别的餐具。

砧板

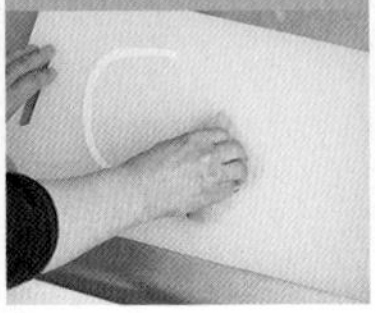

将砧板的两边沾上清洁剂，用洗碗海绵画圆状擦拭砧板。

将砧板立起，沥干水后放在通风良好的地方，待其干透。

菜刀

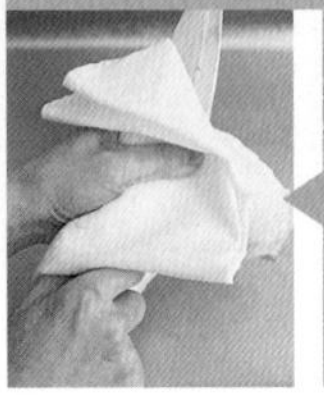

擦拭刀片残留的水滴时小心伤手。持抹布用力上下擦拭刀身，容易残留水的刀柄也不要忘记擦拭。

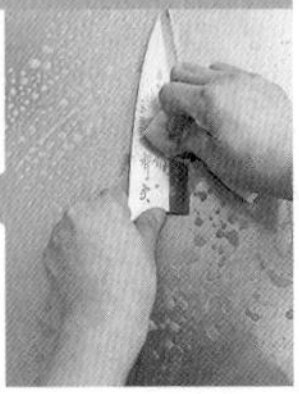

把刀按在水槽里，倒入清洁剂，从刀根到刀尖，用洗碗海绵擦洗。

❖磨刀方法

如果感觉刀钝了，那就是时候磨刀了。磨刀时，把刀刃抵在磨刀石上，按住刀身，用力均匀，使其向下滑动。

磨刀石的质地从粗糙到细腻分为多种，选择中等质地的磨刀石即可。如果磨刀石表面坑洼不平，可以通过与另一块磨刀石互相摩擦使其平整。

磨刀石需要在水中浸泡至少30分钟，使其充分吸收水分。

将磨刀石竖着放置。在磨刀石下方垫一条拧干的毛巾，防止磨刀石滑动。

为了防止在磨刀的过程中损坏菜刀，请在磨刀石表面洒少许水，保证其呈湿润状态。

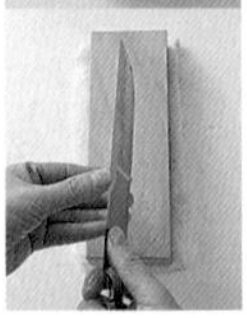

磨刀是否成功，可以通过大拇指指腹轻触刀刃，确认刀的锋利度。

薄刃菜刀

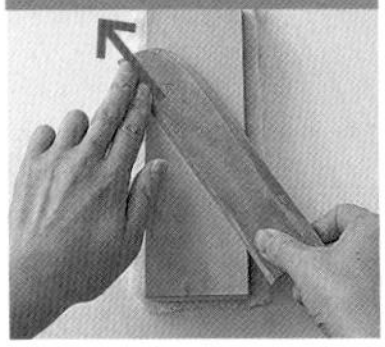

对于刀身笔直、没有弧度的薄刃菜刀，可以直接从右下方滑至左上方，不需要画出弧线。复原的时候（回到磨刀石右下方）同理，不用画弧线，直接回到原位，磨完一面再按同样的方法磨另一面。

牛刀

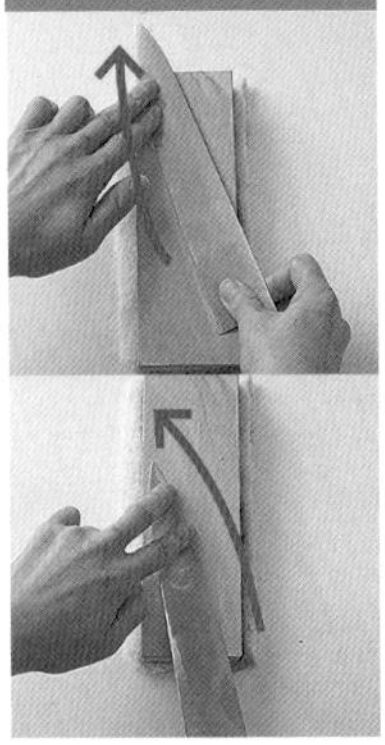

牛刀是双刃刀，要求双刃打磨的程度一致。磨完一面需要迅速换到另一面。

出刃菜刀

菜刀刀刃朝向左侧，大拇指用力按住刀根。将菜刀放置在磨刀石的右下方，用左手中指和食指按住刀尖，使其紧贴磨刀石（上图）。然后根据刀锋的弧度，向磨刀石的左上方推出，画出一条平滑的弧线。（中图至下图）

当刀尖抵达磨刀石左上方时，减小力道，按照之前的弧线回到原位，重复以上动作。

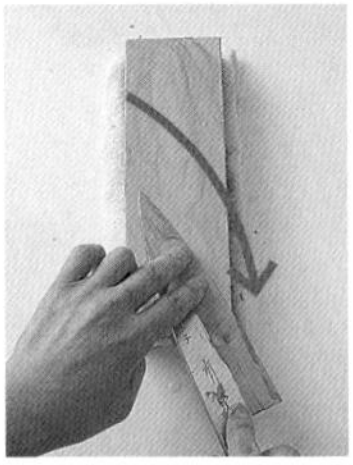

外侧磨好以后，换至菜刀内侧。同理，菜刀紧贴磨刀石，从磨刀石的左上方下滑至右下方，画一个平滑的弧线，然后重复以上动作。

第二章

海鲜的处理和料理

如果介绍所有海鲜的处理方法，范围未免有些过大。因此，本章将介绍常见的海鲜，如竹荚鱼、沙丁鱼以及在做鱼片时经常使用的鲕鱼、鲑鱼，高级海鲜中的鲷鱼、甘鲷、鲍鱼等40多种海鲜的处理方法。

同时本章还将介绍各种能够做出食材独特风味的菜谱。

处理海鲜的必备知识[1]

鱼的美味在于鲜度。为了使其保持鲜度，需要在购买后迅速、正确地处理。
为了能够学会快速处理鱼的方法，我们首先需要掌握鱼的身体结构。
鱼的种类虽然不同，但它们都有相同的骨骼和鱼鳍，掌握这些知识有利于学会正确地处理鱼。

处理工序

买回来后

迅速把鱼放在店家提供的冰水内，用保鲜膜覆盖保存（尽可能保持低温）。
在买回当日食用为佳，如果第二天再食用，请洗干净后放置。

处理鱼前

首先用流水洗干净鱼表面的污渍和滑溜溜的黏液。

1 去鳞
▼
2 去头
▼
3 除去鳃和内脏
▼
4 清洗
▼
5 擦干
▼
6 卸块
▼
7 去腹骨
▼
8 去鱼刺

鳃盖
打开后可以看到鱼鳃。如果想保持鱼的完整，可以从这里下刀取鱼鳃。
头
又被称为“头盔”。用鲷鱼、甘鲷、红金眼鲷来做炖菜和蒸菜会非常美味。
胸鳍
去头时，下刀位置的参考点。

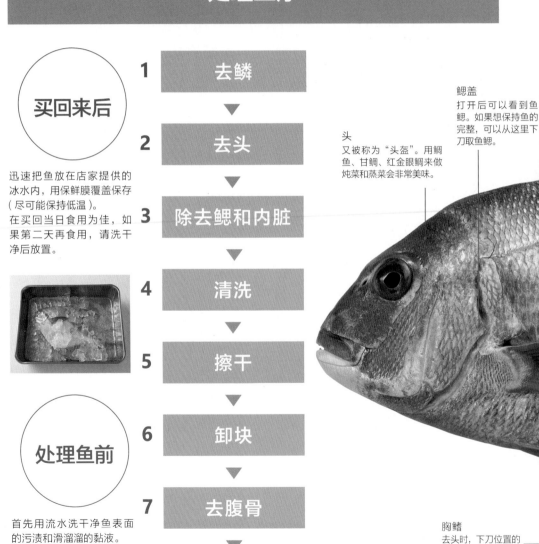

部位名称

鱼身中部断面图

从中部的脊椎骨（背骨）向上，形成向上的中骨以及和中骨几乎垂直的小骨（血合骨）。鱼腹处，包围内脏的骨头为腹骨。

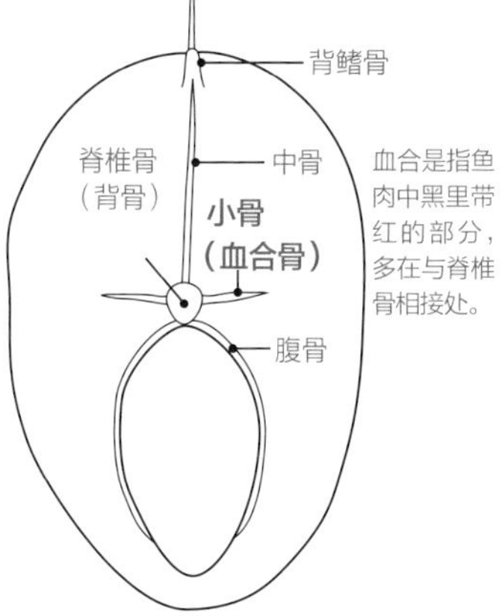
背鳍骨
脊椎骨（背骨）
中骨
小骨（血合骨）
腹骨
血合是指鱼肉中黑里带红的部分，多在与脊椎骨相接处。

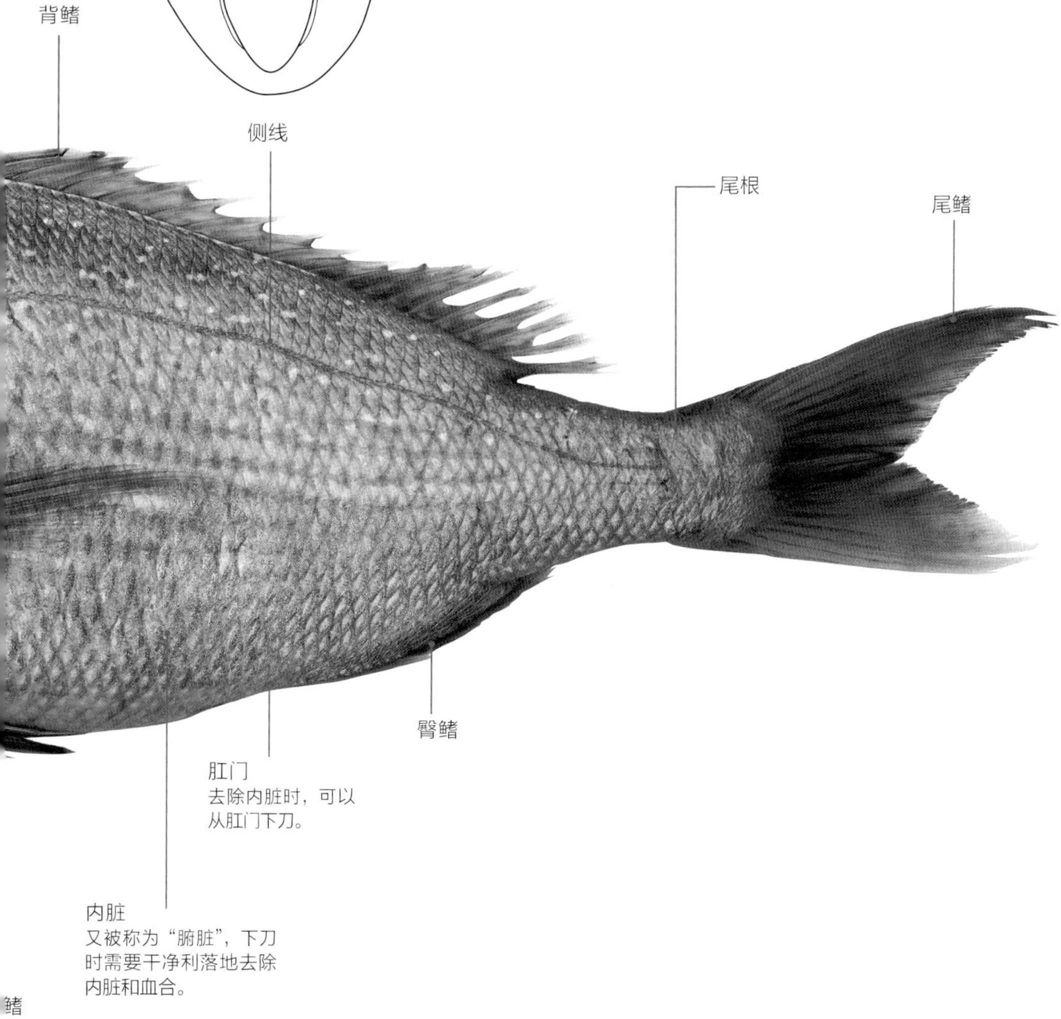
背鳍
侧线
尾根
尾鳍
臀鳍
肛门
去除内脏时，可以从肛门下刀。
内脏
又被称为“腑脏”，下刀时需要干净利落地去除内脏和血合。
鳍

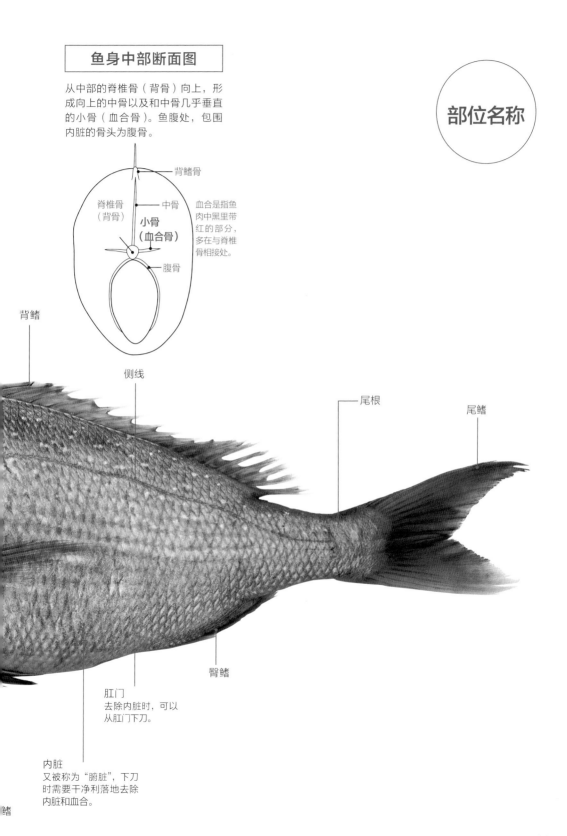

鱼的基本处理方法

去鳞

从鱼头到鱼尾都附着着鱼鳞，需要反方向去鱼鳞。左手抠住鱼目，防止滑手。抓鱼时因为手有余温，可能会导致鱼的温度上升，减少鱼的鲜度，请多加注意。

片刮法（使用去鳞刀时）

鱼鳞大且硬的鱼可能会导致刀刃破损，请使用专门的去鱼鳞刀具。为了保证鱼肉不被损坏，推荐使用片刮法去鳞。

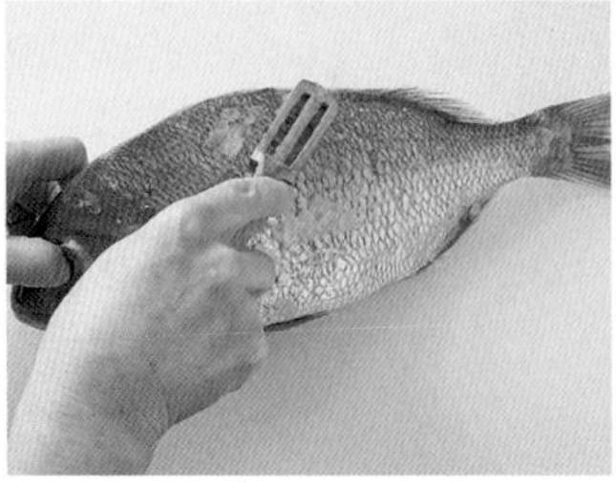

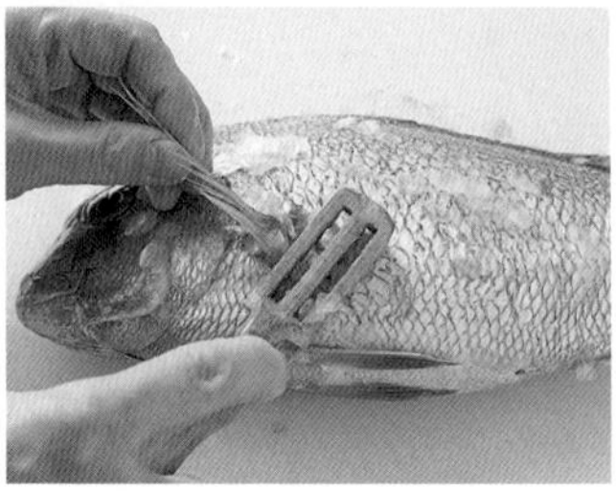

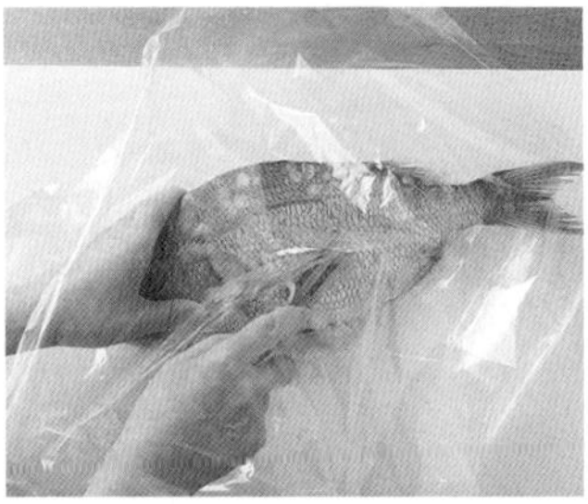

在塑料袋中去鳞可以防止刮下的鱼鳞四处飞散，事后容易清理。

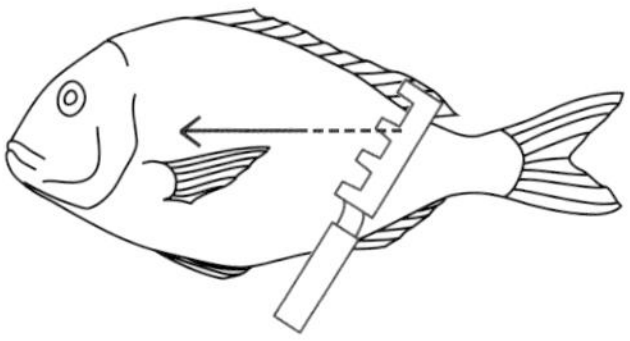

1 去除掉鱼表面的水。左手抠住鱼目，将去鳞刀从鱼尾向鱼头方向刮，一口气去除鱼鳞。

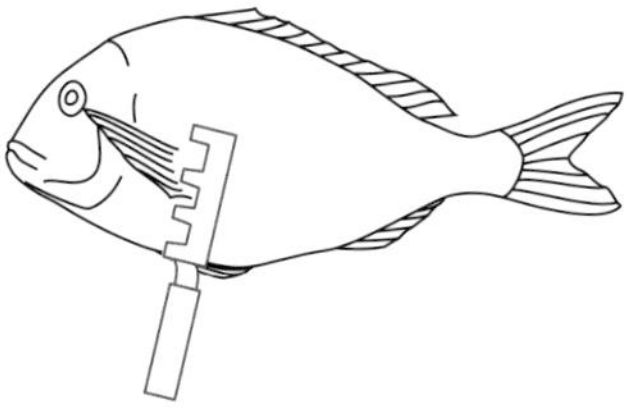

2 配合鱼身的高低弧度，有角度地倾斜去鳞刀去鳞。鱼鳍和鱼鳃处也不要忘记，这两处也要仔细去鳞。

片刮法（使用出刃菜刀时）

一般大小的鱼推荐使用出刃菜刀。注意不要切到鱼身，分别使用刀尖和刀根去鳞。

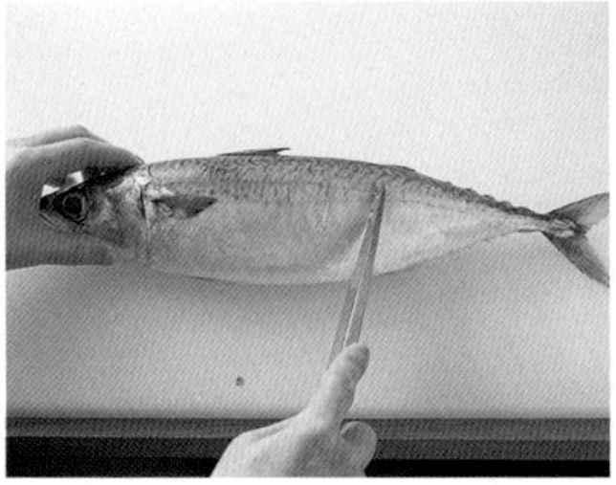

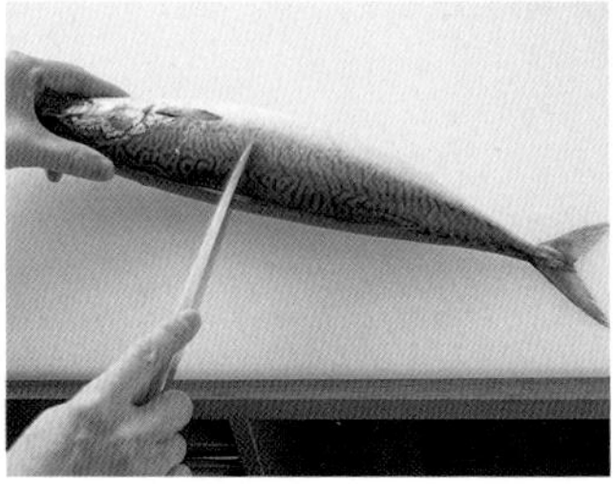

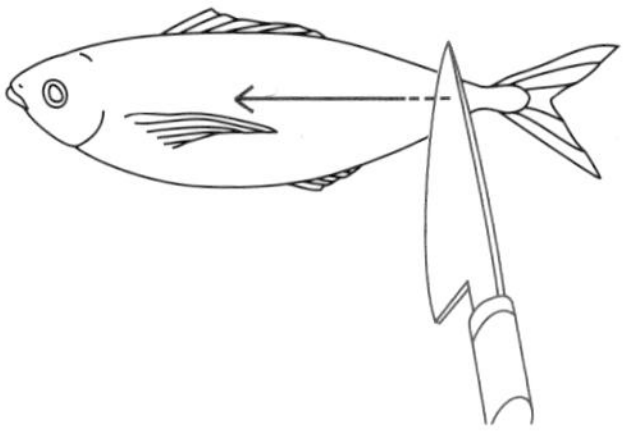

1 去除掉鱼表面的水，左手抠住鱼目。刀身稍稍倾斜，用刀尖从鱼尾向鱼头方向一点点刮动，去除鱼鳞。

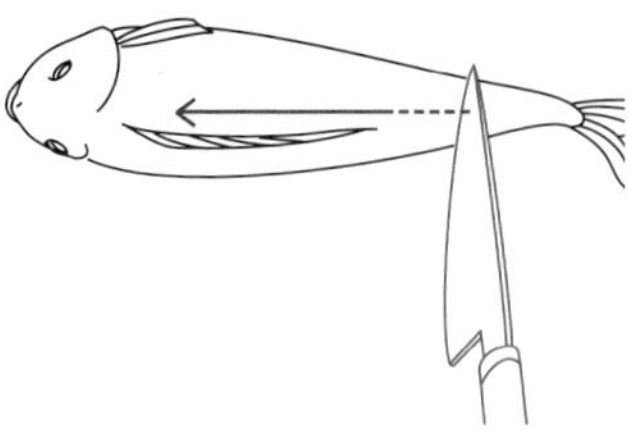

2 对于鱼鳍下方的鱼鳞，需要把鱼鳍掀起后再去除。鱼鳍的周围覆盖着密集的鱼鳞，需要用刀尖和刀根仔细去除。侧面同理。

去除鱼鳞、鱼鳃和鱼的内脏，用清水将鱼洗净，接着擦掉鱼表面多余的水。请注意，鱼中段的清洗方法和头尾部的清洗方法不同。学会正确的握刀法、切法，以及在料理时非握刀的手的摆放位置，也是做好菜的关键。

梳刮法
（推荐使用柳刃菜刀）

鱼鳞很细或很少的鱼，推荐使用柳刃菜刀直接将鱼鳞所在的整块外皮割下。

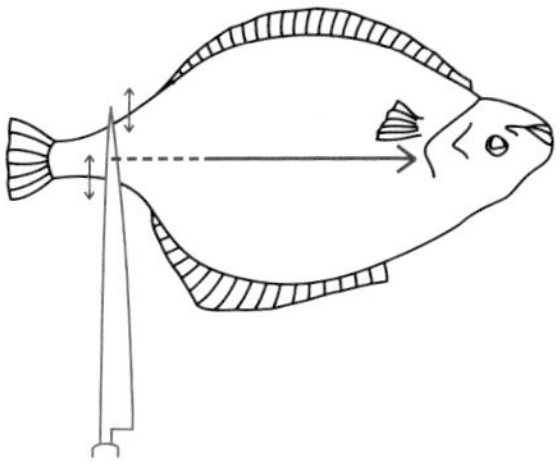

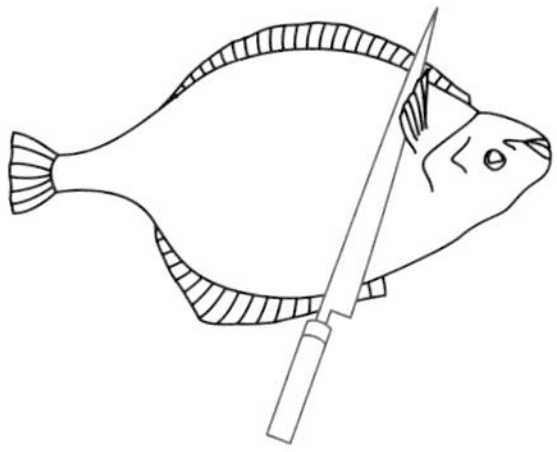

1 去除掉鱼表面多余的水，从鱼鳞和皮的连接部下刀，从鱼尾到鱼头小幅度移动，一点点地割下鱼鳞所在的整块薄皮。

2 鱼鳍和鱼鳃处也不要放过，仔细去除剩余的鱼鳞。侧面同理。

去除细节处的鱼鳞
（推荐使用出刃菜刀）

请仔细去除鱼眼、鱼嘴、鱼鳍根部以及腹部处容易残留的细小鱼鳞。

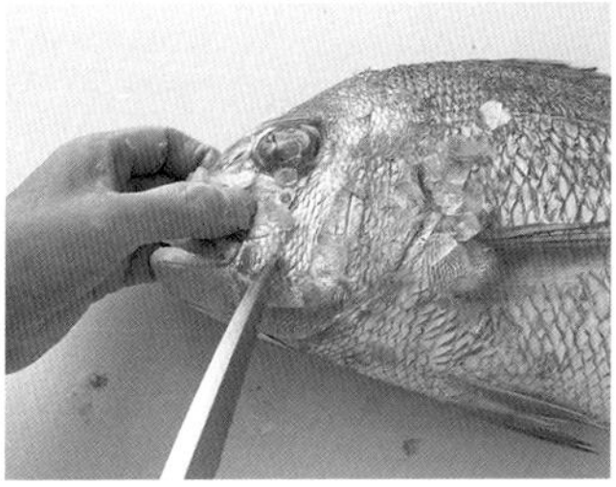

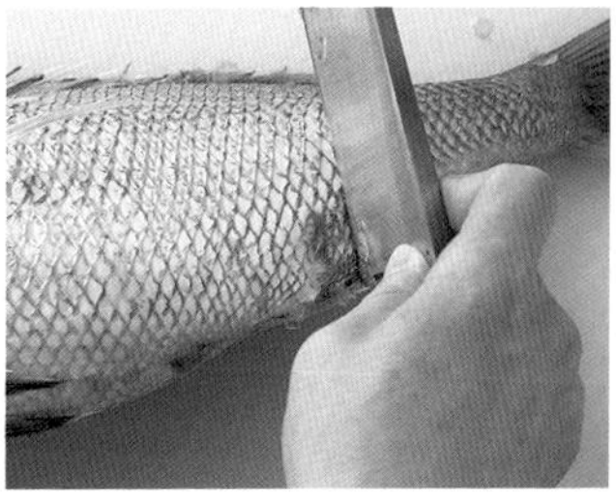

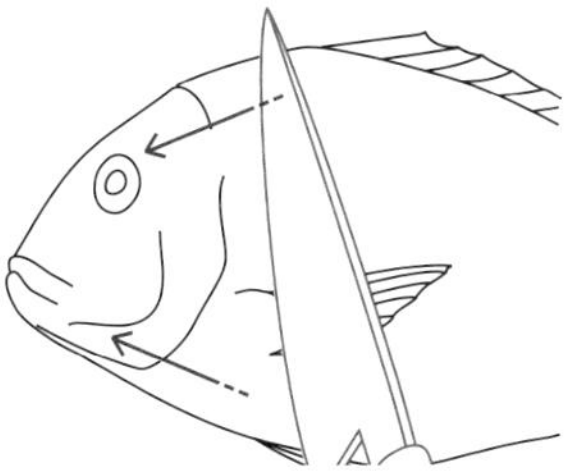

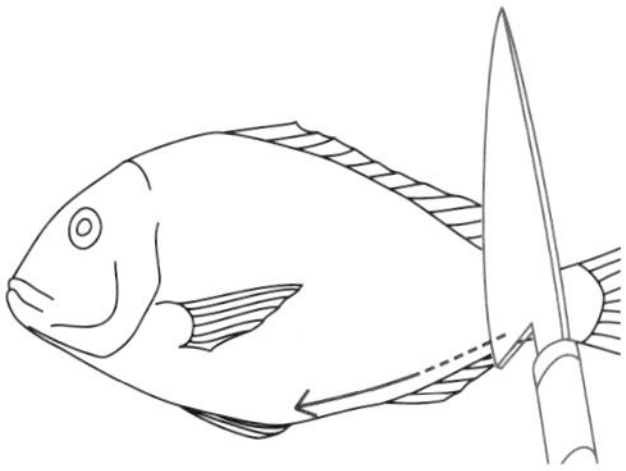

1 需要使用鱼头做菜时，请用刀尖或刀根仔细去除鱼目周边、鱼嘴周边、鱼头上方、鱼两颊等部位的鱼鳞。

2 腹鳍、臀鳍容易破裂，请控制用刀的力度，建议立起刀身去鳞。

去头

除了需使用整鱼的情况，其他时候都要求去头。下刀的位置取决于需不需要用鱼头做菜。鱼的头和身体由脊椎骨连接，去头的诀窍是断开头身连接的骨头。

全头切

尽可能去除头部的切法。需要留下胸鳍下方以便做菜时使用。

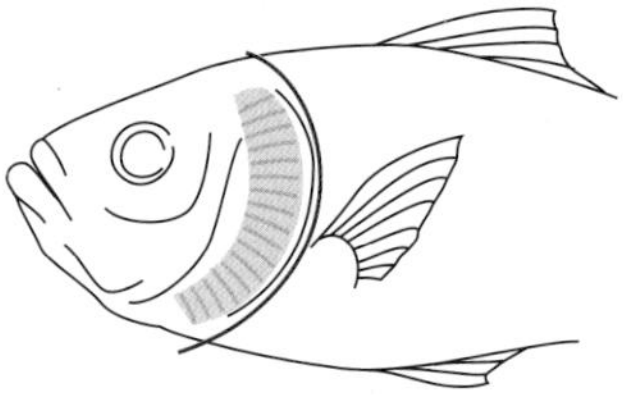

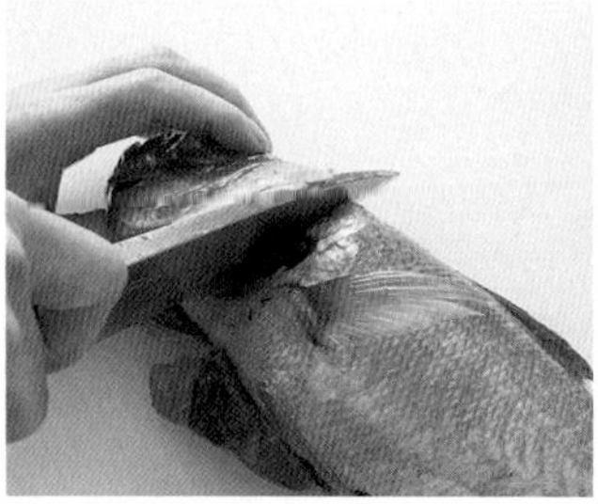

1 为了尽可能地去除鱼头，应沿着鱼鳃盖，从鱼腹到胸鳍用力下切。

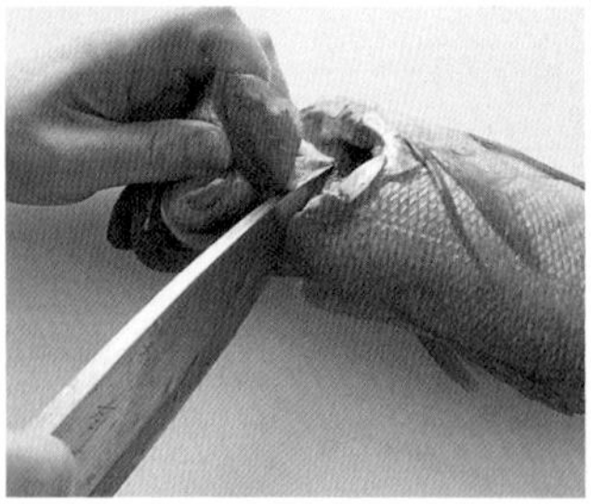

2 沿着鱼鳃盖，从鱼背到胸鳍用力下切。切断鱼体内的脊椎骨，直到把鱼头完整切下。

交叉落刀

为了最大限度地保留鱼身的肉而在鱼头处斜切的刀法。在不需要用鱼头做菜时使用。

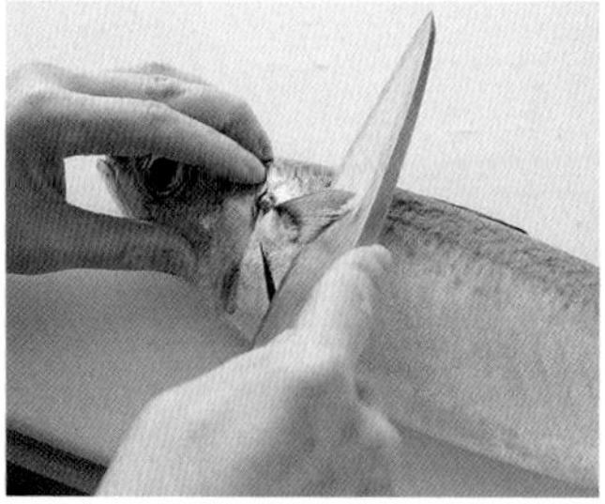

1 从胸鳍的根部下刀，菜刀倾斜切入，一直切到鱼体内的脊椎骨。

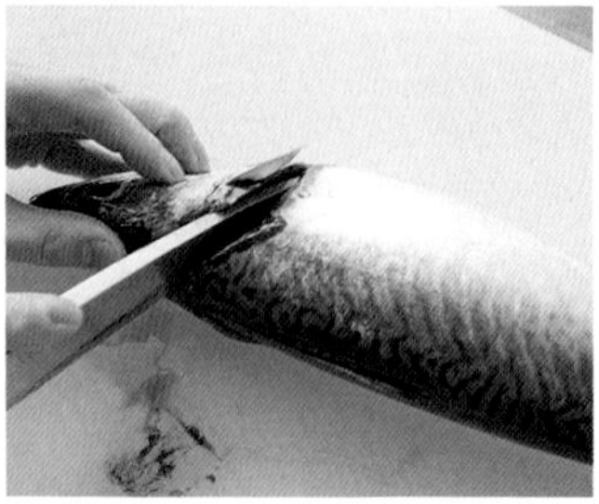

2 将鱼翻边，用同样的方法，从胸鳍的根部下刀，直到把鱼头完整切下。

胸鳍下方落刀

在胸鳍部分下方下刀。在需要用鱼头做菜时使用。

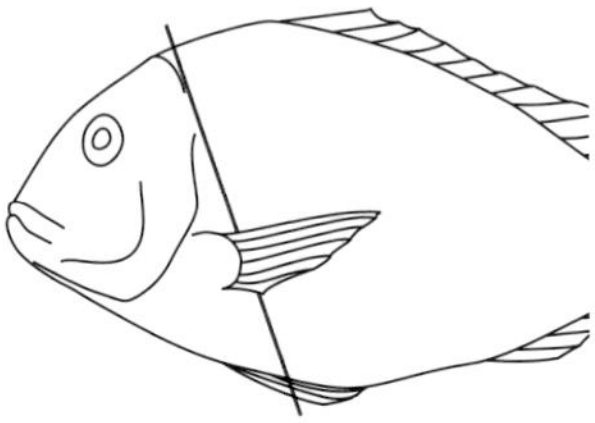

1 从胸鳍的后方下刀，从鱼头向腹鳍后方斜切，一直切到鱼体内的脊椎骨。

2 将鱼翻边，左手捏住腹鳍，从鱼头向腹鳍后方斜切，一直切到鱼体内的脊椎骨，直到把鱼头完整切下。

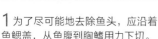

除去鳃和内脏

除了三文鱼、香鱼等内脏可食用的鱼类外，其他鱼类想要保持鲜度，需尽快除去内脏。除去鳃和内脏的方法视鱼的种类、大小、用途而定。

鱼肚切（肛切）

去头后，从鱼肛门处入刀，切至鱼头处。

1 鱼尾朝左侧，用逆握法（反刀）从鱼肛门处下刀。在不伤及内脏的前提下，从尾部划向头部，切开鱼腹。

2 将刀插入鱼腹，取出内脏。沿着鱼中骨下的血合处向下切。

鱼肚切（肛切）

沿着胸鳍下方向鱼肛门处下刀，切开鱼腹，将内脏取出。

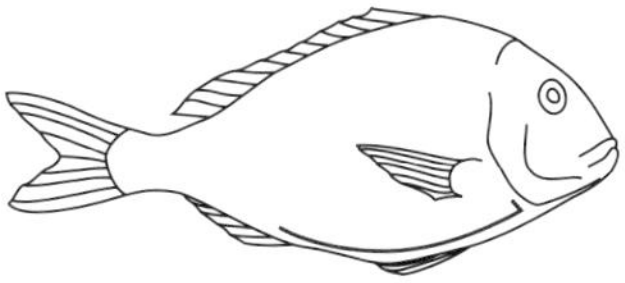

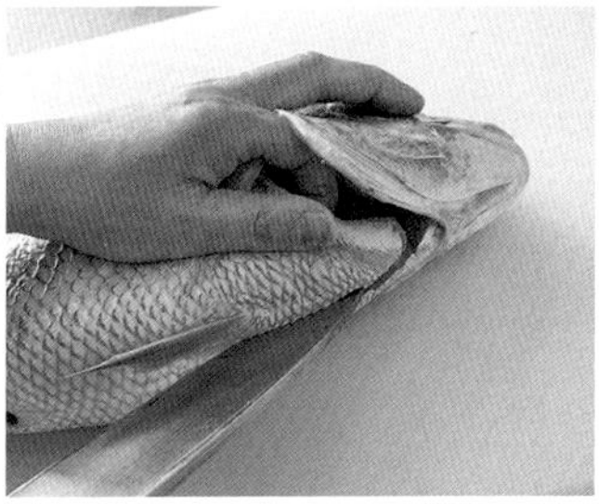

1 鱼尾朝左侧，鱼腹向前，从胸鳍下方下刀切开鱼腹。此时切太深的话容易伤及鱼的内脏，需控制力道。

2 从左右腹鳍中间的鱼腹处下刀，下切至鱼肛门处，切开鱼腹，取出鱼鳃和内脏。沿着鱼中骨下的血合处向下切。

鳃切法

做鱼头的时候，需要把容易发臭的鱼鳃去除。

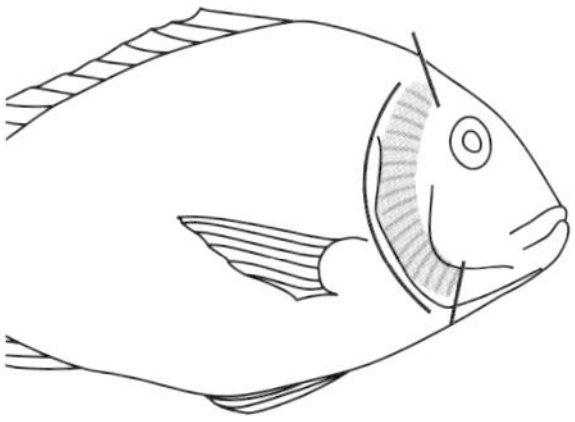

1 打开鱼鳃盖并下刀，将鱼鳃、下颚及鱼头上方分离。

2 顺着鱼鳃盖的弧线下刀，用刀尖切断鱼鳃与胸鳍下方之间的薄膜。另一侧同理。

串法

不使用菜刀，直接将一次性筷子插入鱼嘴中，夹住内脏拔出。

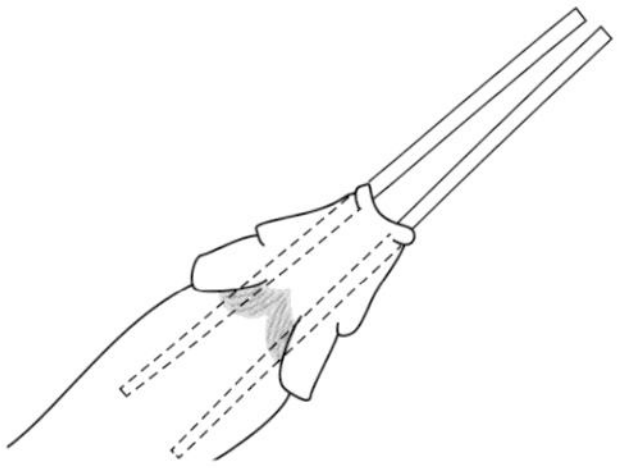

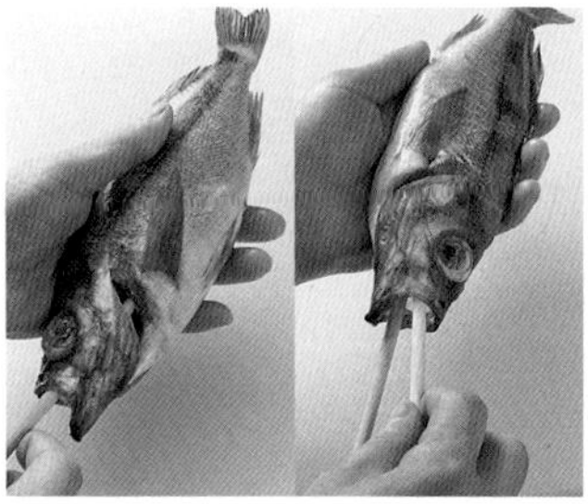

1 先将一根一次性筷子从鱼嘴左侧插入，通过左侧的鱼鳃深插至鱼腹中。再将另一根一次性筷子从鱼嘴右侧插入，通过右侧的鱼鳃深插至鱼腹中。

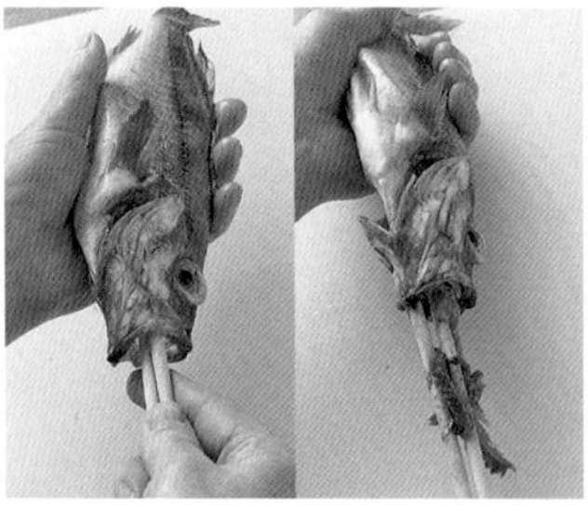

2 手握住鱼尾根部（鱼身最细的地方），右手持两根筷子，小心地夹住内脏。确认夹住内脏后，一口气将鱼的内脏拔出。

藏切

将刀插入鱼腹中，取出内脏。

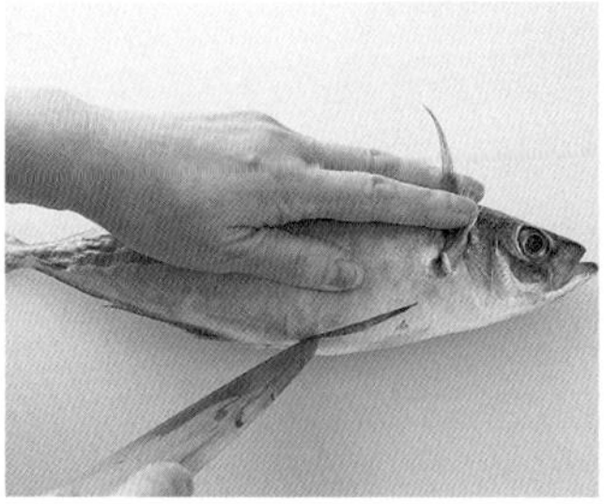

1 为了取出内脏，让鱼尾朝左侧，鱼腹靠近身前，从鱼的胸鳍下方3厘米处倾斜下刀。

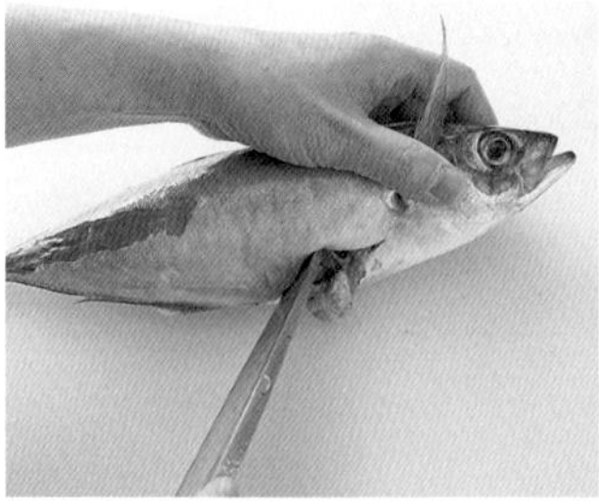

2 下刀时可抬起鱼身，方便将刀插入鱼腹中，取出内脏。

鱼腹肛切

对于沙丁鱼等腹部鳞片很厚的鱼类，处理时可选择直接把附有鱼鳞的鱼腹切下。

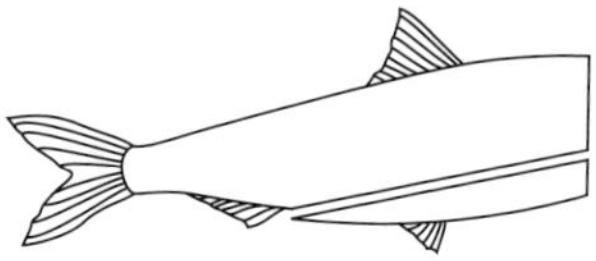

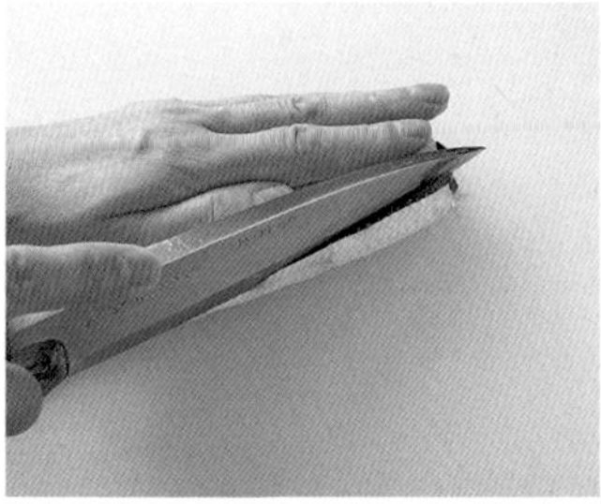

1 鱼尾朝左侧，鱼腹靠近身前，如图所示从头向鱼肛门处斜切。

2 将刀插入鱼腹，取出内脏。

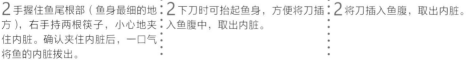

清洗、擦干

水洗工序。鱼的血合和泥沙会降低鱼的鲜度，需要在清水中将它们洗净。但如果长时间在水里浸泡，鱼的口感会下降，所以清洗的时候要快速。

清洗

清洗干净鱼身上的鳞片、血污、泥沙。尤其注意要洗净鱼体内的血合。

用牙刷清洗掉鱼体内的血合、残留的内脏。当鱼中骨附近的血肉由红黑色变成粉色时，就代表鱼洗干净了。

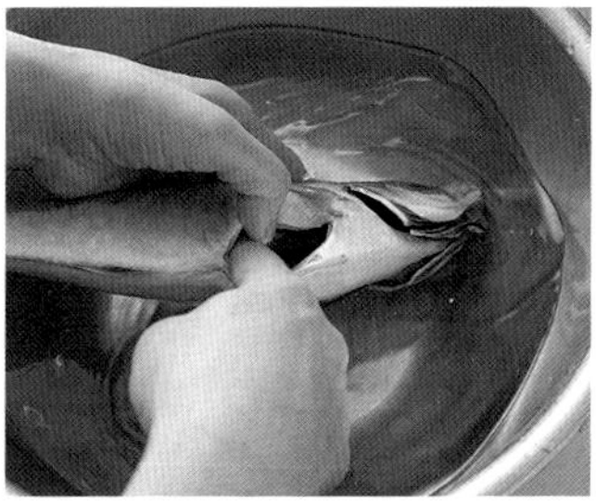

用抹布清洗小鱼和柔软易碎的鱼时，注意力道不要太大，应在不擦伤鱼身的情况下将鱼清洗干净。快速冲洗后擦干。

擦干

清洗后，快速擦干水。残留的水可能导致鱼身腐烂，所以请尽可能擦干多余的水。

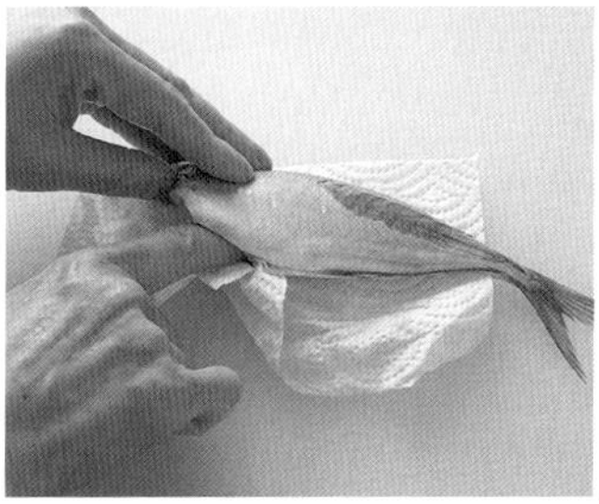

用纸巾或者干的抹布将鱼里里外外擦干，不要放过鱼腹、鳃盖内侧和胸鳍里面的水，绝对不要让水残留在鱼身上。

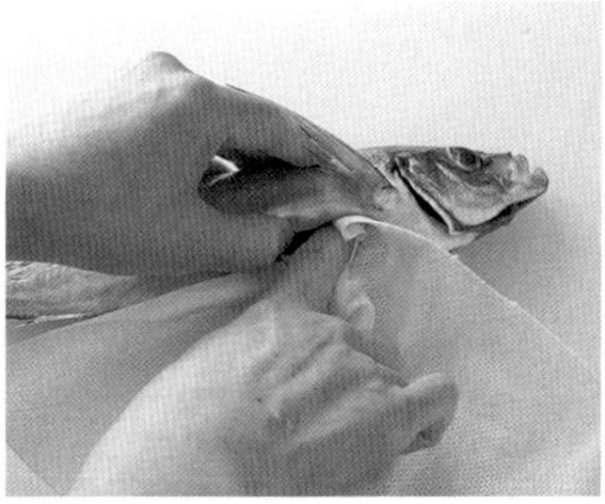

在鱼的切口里塞入纸巾或者干的抹布，吸干鱼体内的水。

清洗结束后

将鱼清洗干净，不但可以防止鲜度下降，还可以减少鱼腥味。在下锅前，为了防止鱼变干，请用纸巾包裹鱼身，再将保鲜膜裹在纸巾外面，放入冰箱的冷藏室中（0~2摄氏度）。

内脏处理

用报纸等材料包裹鱼内脏，然后扔掉。

鱼的卸块、除骨、去刺方法

三卸法（双面）

以中骨为中心，将鱼切成两段是基本的切鱼方法。将竹荚鱼、青花鱼等经常食用的鱼类，按照鱼腹、背、背、鱼腹的顺序，从鱼腹侧和背侧两边入刀下切。

使用刀具 出刃菜刀

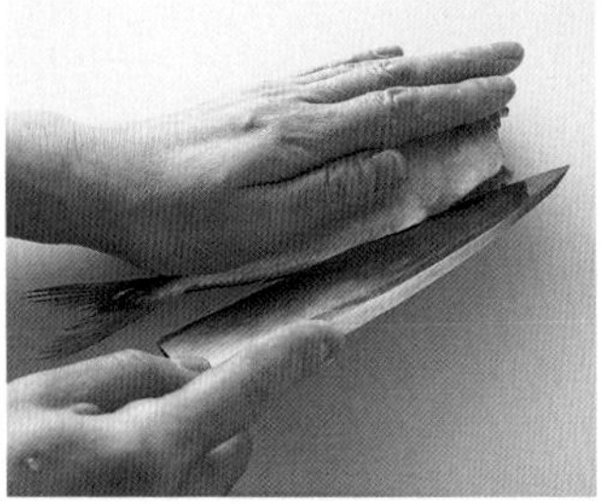

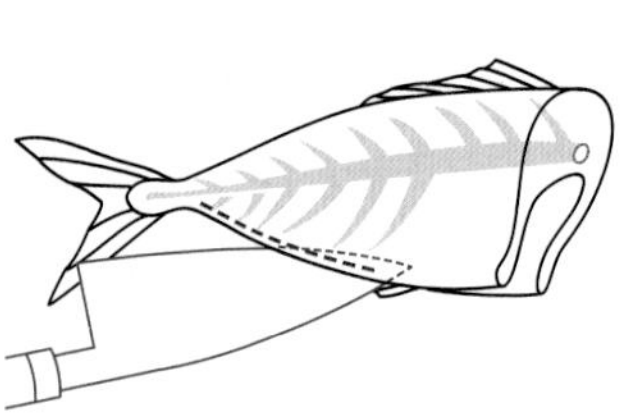

1 鱼尾朝左侧，鱼腹靠近身前，切入鱼腹数毫米，从腹部切至尾鳍。

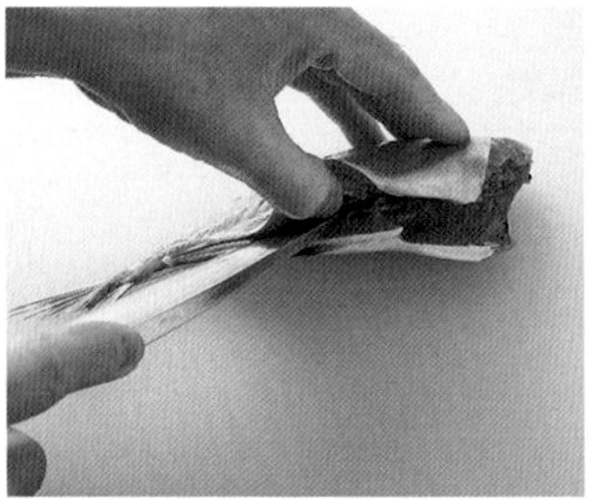

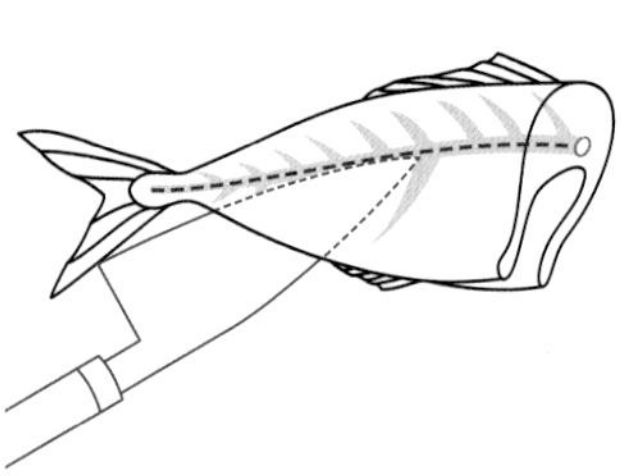

2 再从第一步入刀处下刀，沿着鱼中骨下切，切至鱼的脊椎骨。

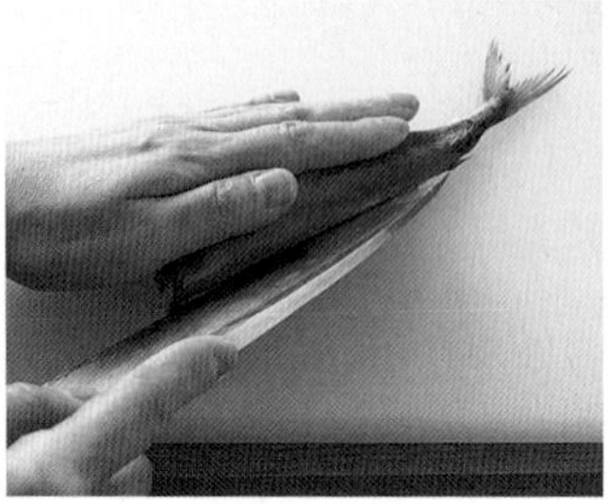

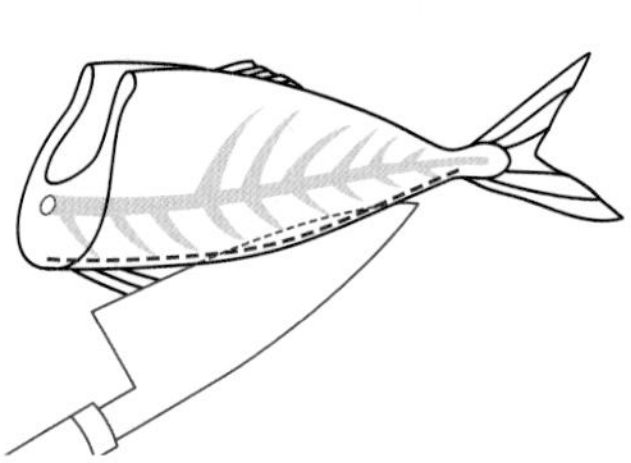

3 将鱼翻身，鱼背靠近身前。从背鳍上方下刀，由尾根处切向鱼头。

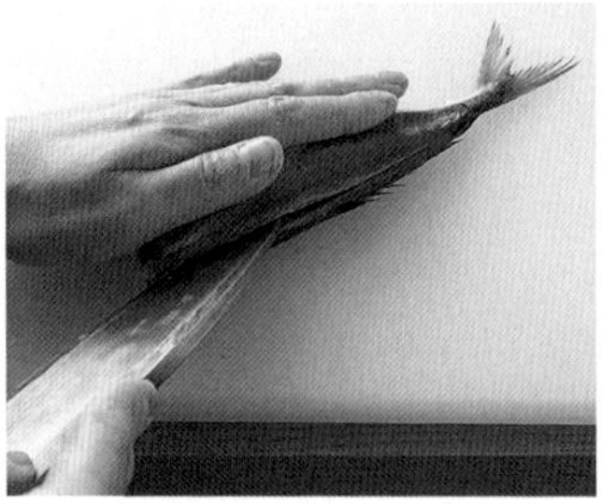

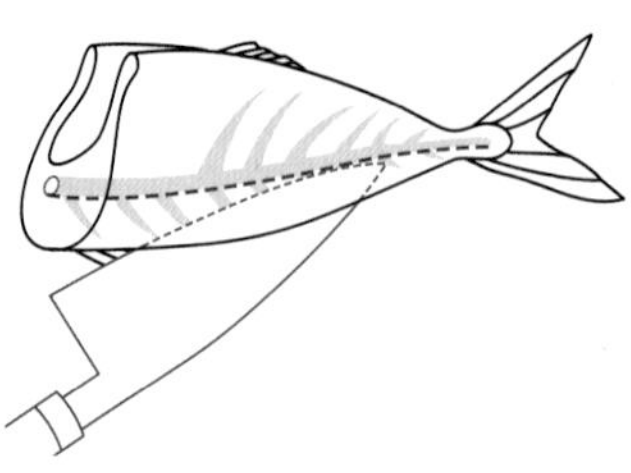

4 再从鱼尾部下刀，沿着鱼中骨深切，直至切到鱼的脊椎骨。

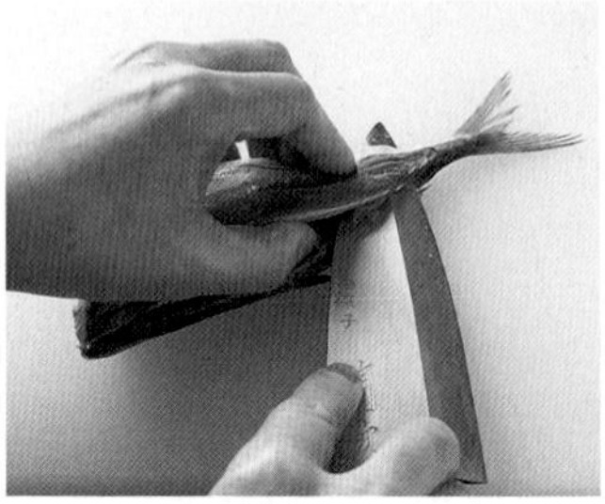

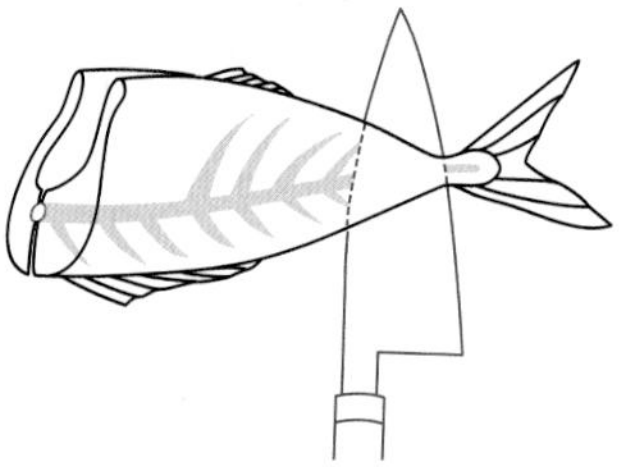

5 刀刃朝向鱼尾（采用逆握法），沿着鱼中骨下切，此时不要完全切断鱼身。

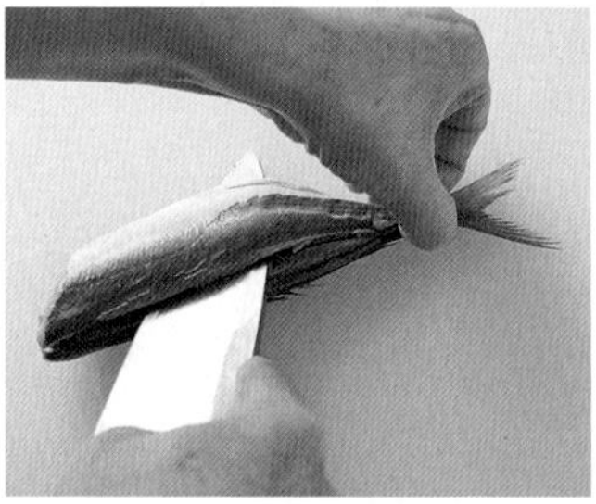

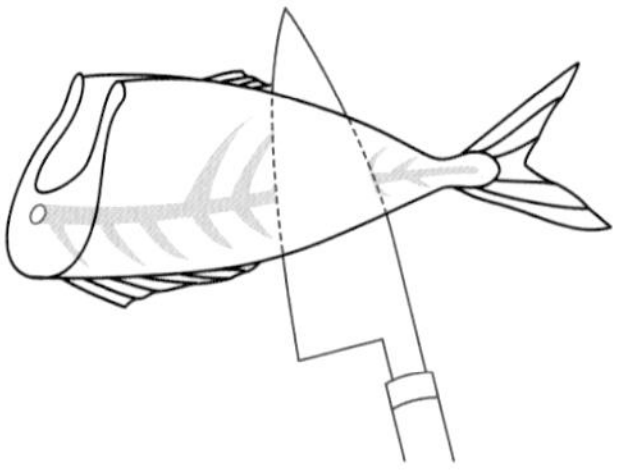

6 将菜刀翻转，刀刃朝向鱼头，左手如图所示捏住鱼尾，右手沿着鱼中骨下切，一口气切至鱼头处。

记住以上处理鱼的方法，便可以应对大多数情况。即使鱼的种类、大小不同，方法还是相通的——沿着鱼的脊椎骨，将鱼切成两片即可。切好鱼的诀窍之一就是贴着鱼骨下刀。

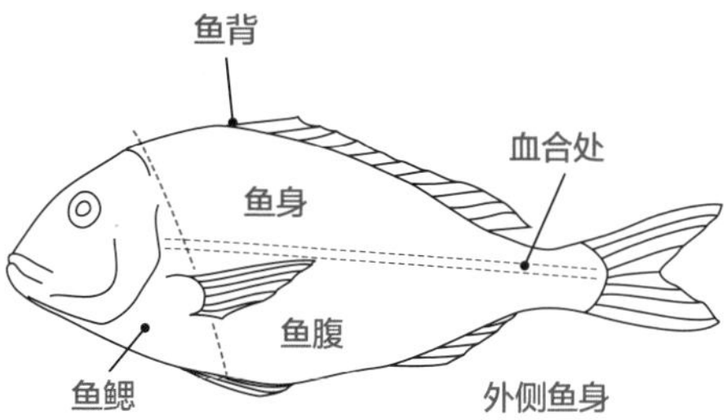
鱼背
血合处
鱼身
鱼腹
鱼鳃
外侧鱼身

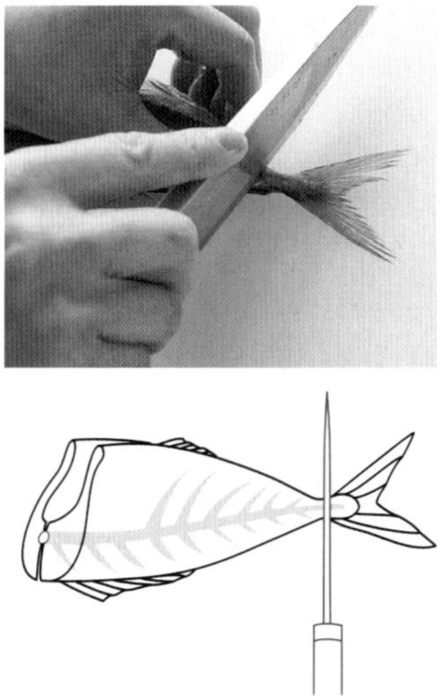

7 切断鱼尾与鱼脊椎骨的连接处，则成功切下第一片鱼身肉。第一片鱼身肉为鱼头朝左时的内侧鱼身肉。

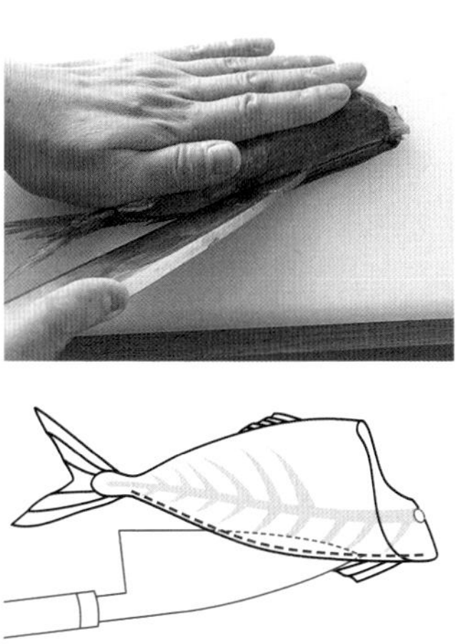

8 鱼背靠近身前，从背鳍上方下刀，由鱼头切向鱼尾根处。

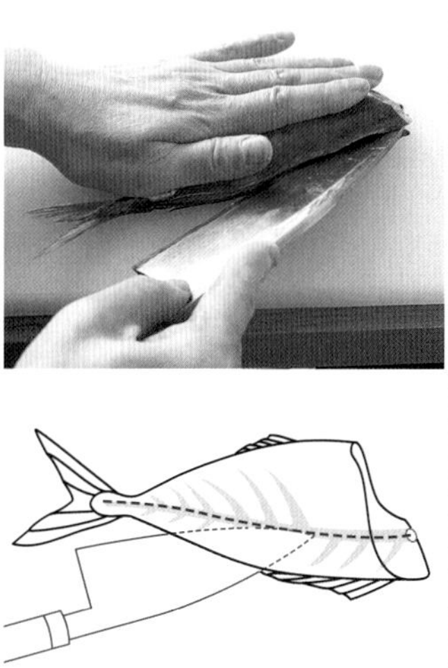

9 再一次从鱼头处切入，沿着鱼中骨往鱼尾的方向切，直至切到鱼的脊椎骨。

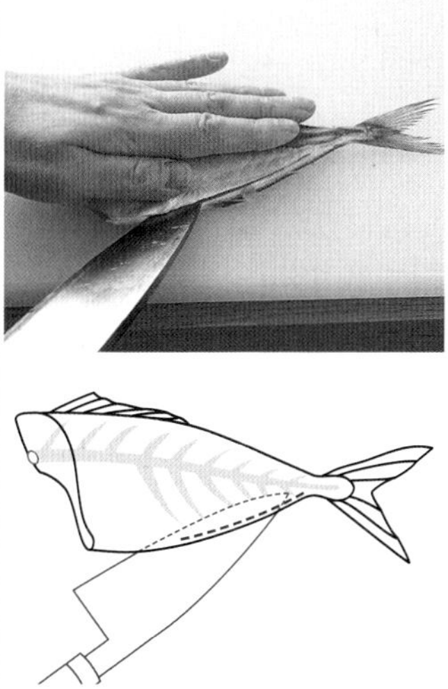

10 将鱼翻身，鱼腹靠近身前，从鱼中骨上方下刀，由鱼尾根处切向鱼头。

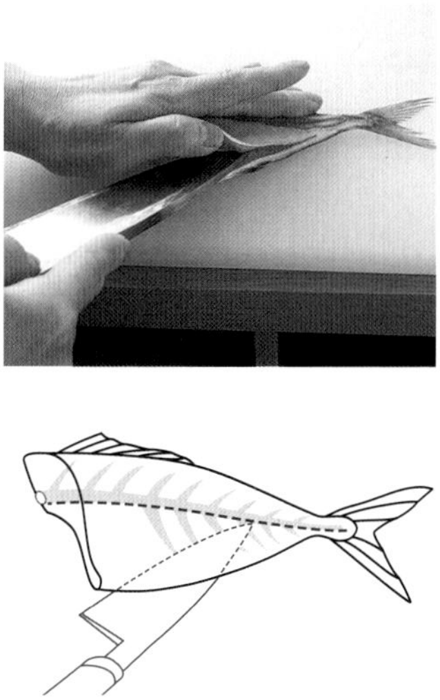

11 再一次从鱼尾下刀，沿着鱼中骨向鱼头的方向切，直至切到鱼的脊椎骨。

内侧鱼身
中骨
外侧鱼身

完成图 **步骤11后重复步骤5、步骤6、步骤7，然后结束。图片上，因为鱼头朝左，所以外侧鱼身是最下面一块。上图是三卸法的完成图。**

三卸法（单面）

对于真鲷鱼等鱼肉紧实、不易碎的鱼，使用三卸法时可以不翻动鱼，直接从鱼腹切向鱼背。

使用刀具 出刃菜刀

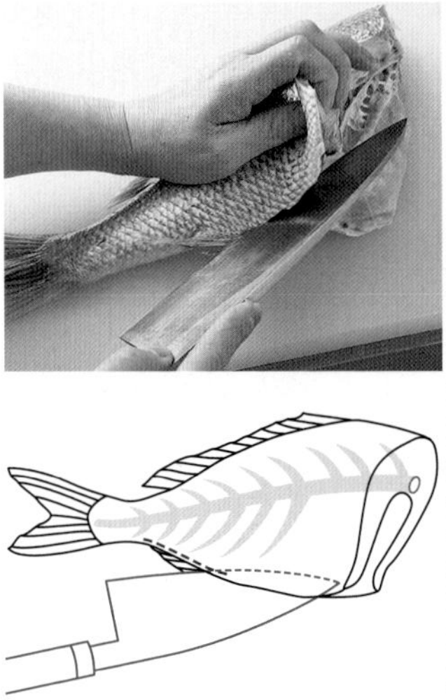

1 鱼头朝右，鱼腹靠近身前，切入鱼腹数毫米，从腹部切至尾鳍。

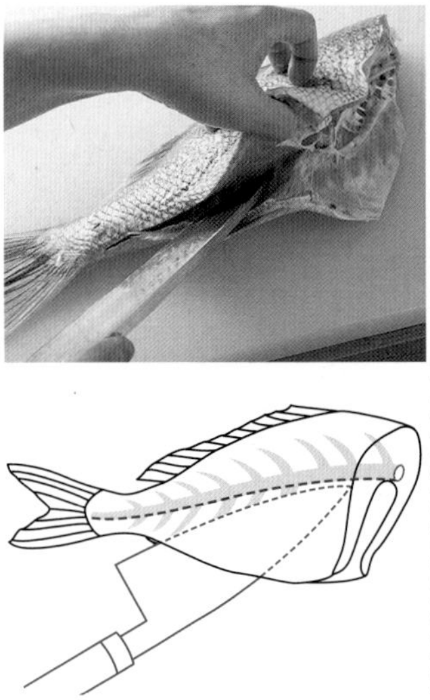

2 左手捏着切开的鱼身，右手沿着鱼中骨深切，切至鱼的脊椎骨。

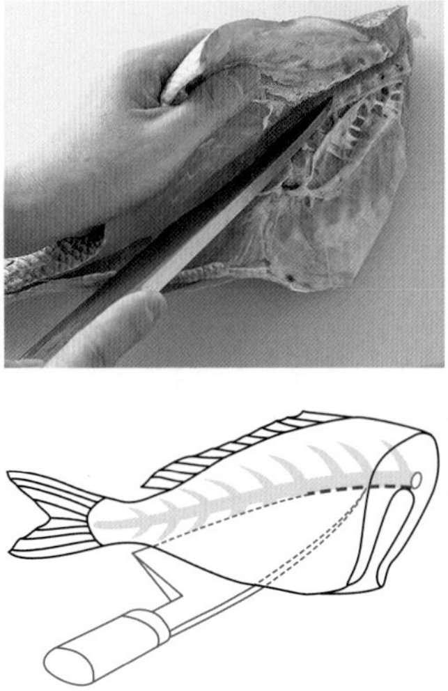

3 将菜刀稍稍立起，切断鱼脊椎骨与腹骨之间的连接处。继续下刀，接着沿鱼脊椎骨深切，将鱼身切开。

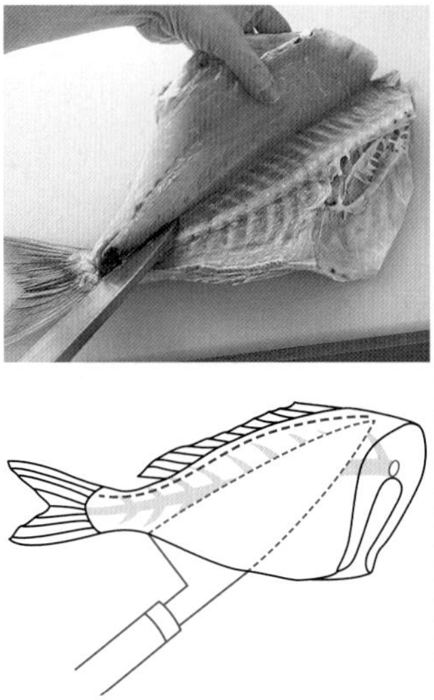

4 继续下刀，一直切到鱼的背鳍上方，只留下鱼背鳍没有完全切开。

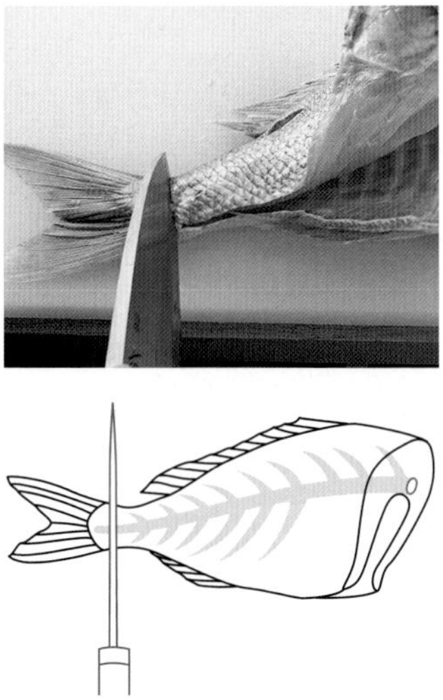

5 放下左手捏住的鱼身，切断鱼尾与鱼脊椎骨的连接处。

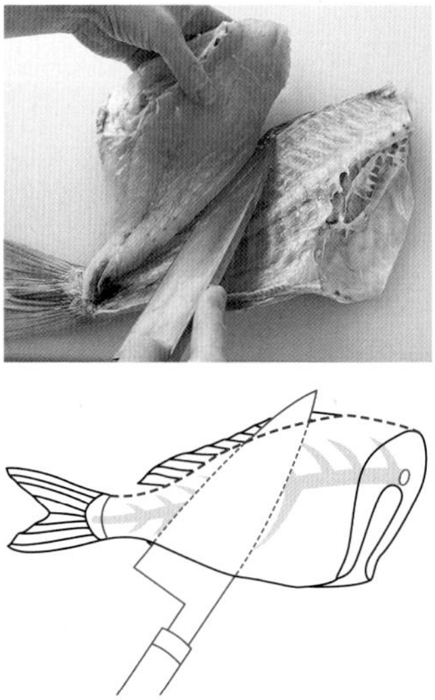

6 沿着鱼头向背鳍处下刀，将鱼身切下。

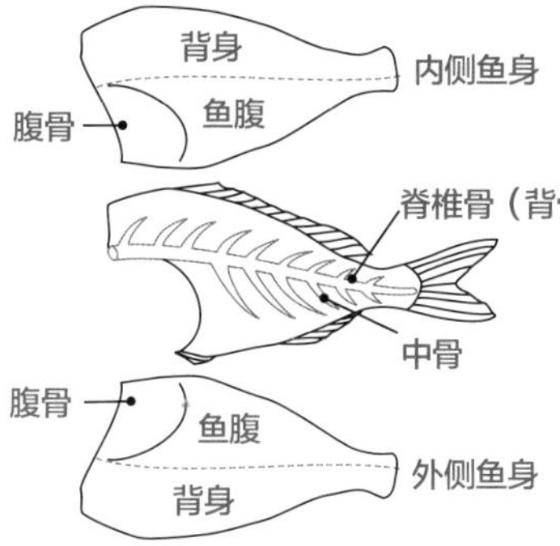
背身
内侧鱼身
腹骨
鱼腹
脊椎骨（背骨）
中骨
腹骨
鱼腹
外侧鱼身
背身

三卸法断面图

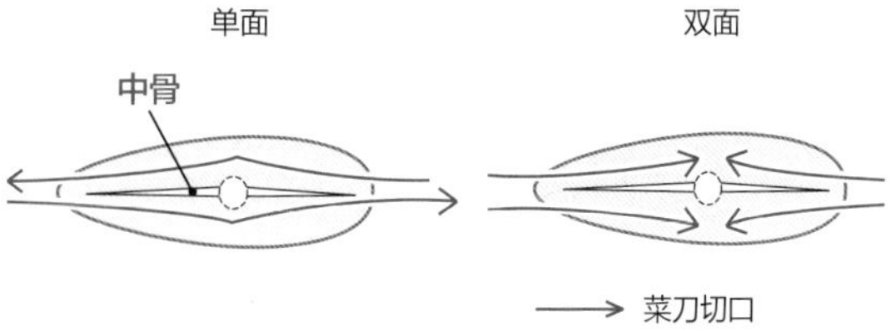
单面
双面
中骨
菜刀切口

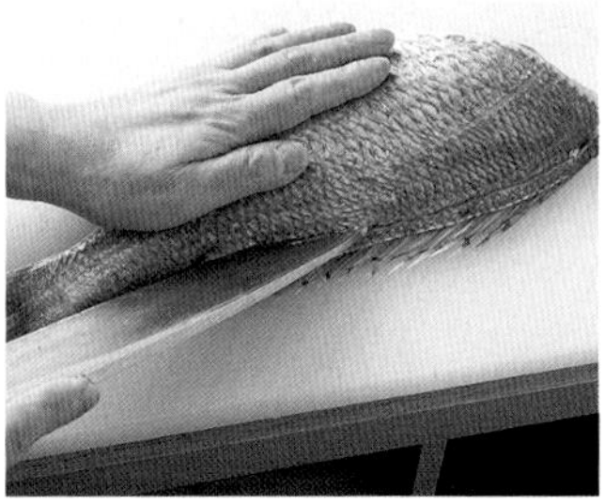

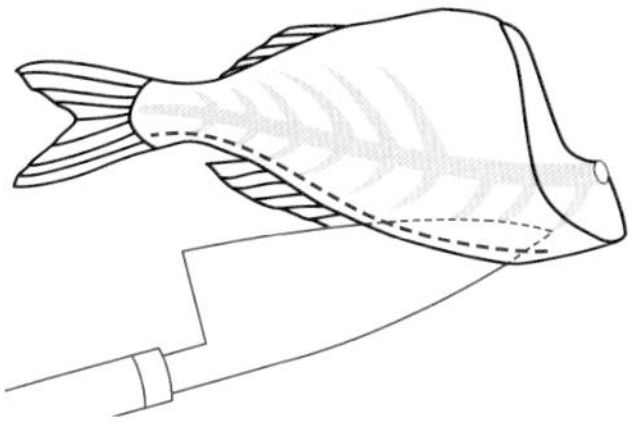

7 鱼中骨朝下，鱼背靠近身前，从背鳍上方下刀，由鱼头处切向鱼尾。

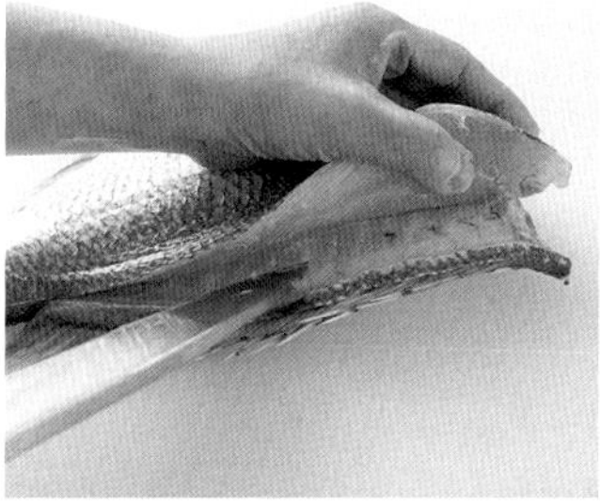

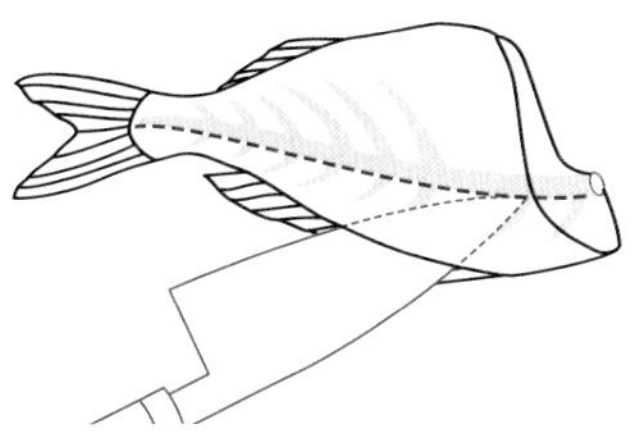

8 左手捏住切开的鱼身并将其切开，右手沿着鱼中骨深切，切至鱼的脊椎骨。

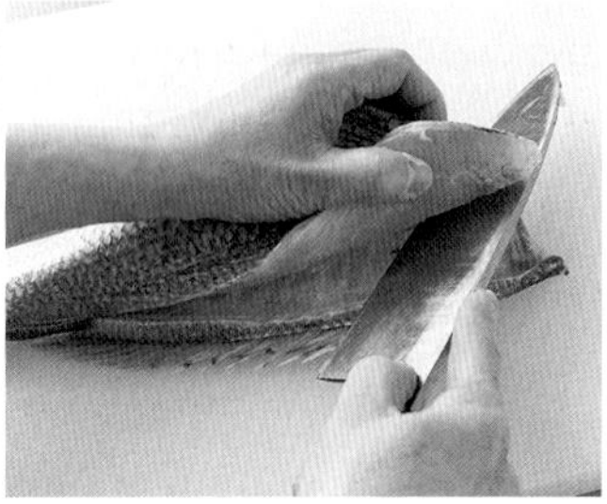

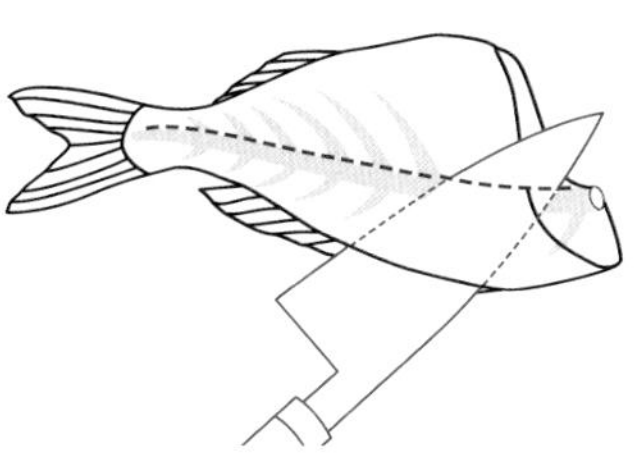

9 将菜刀稍稍立起，切断鱼脊椎骨与腹骨之间的连接处。继续下刀，沿鱼脊椎骨深切，将鱼身切开。

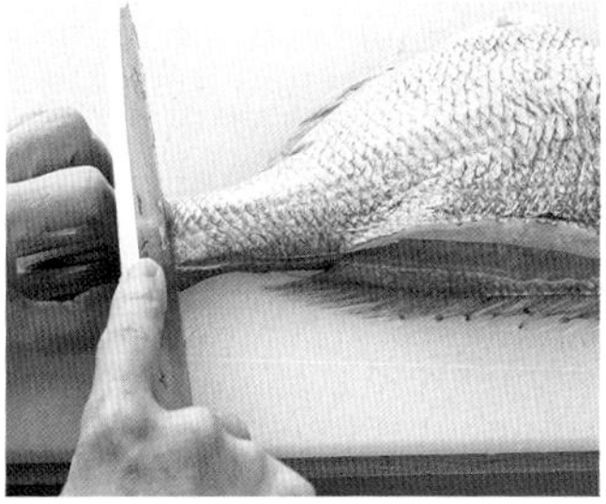

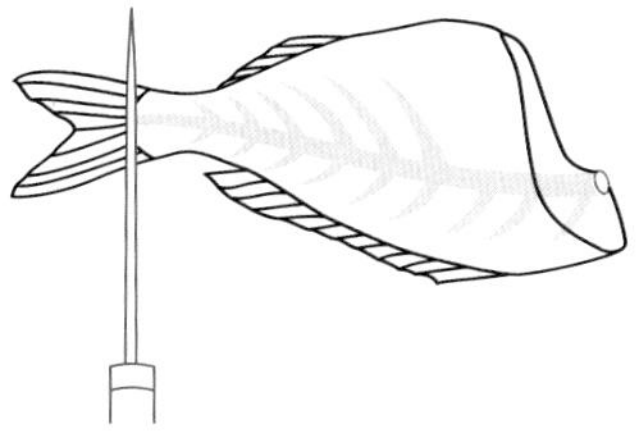

10 松开左手捏住的鱼身，刀在鱼尾处垂直下切。

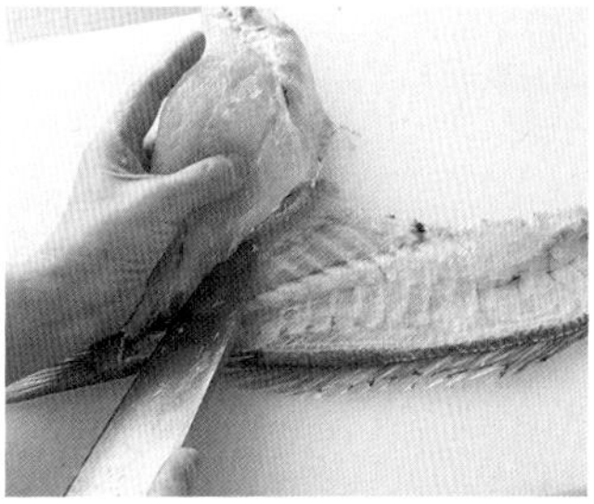

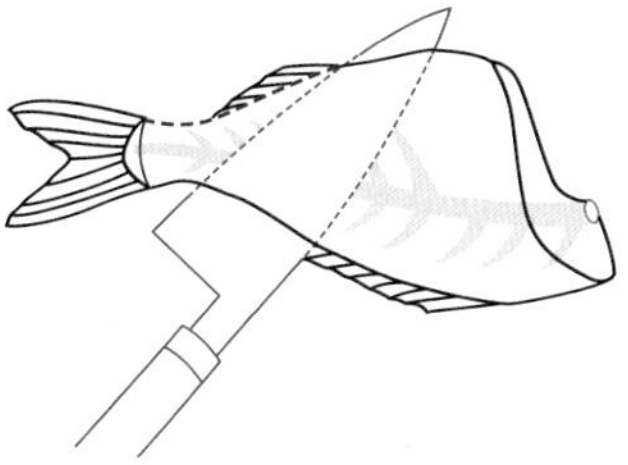

11 沿着鱼头向腹鳍处下刀，把鱼身切下。

内侧鱼身
外侧鱼身
中骨

完成图 三卸法完成图。

左撇子的三卸法（双面）

对于左撇子而言，将所有的工序左右颠倒即可。请使用左撇子专用的菜刀。

使用刀具 左撇子专用出刃菜刀

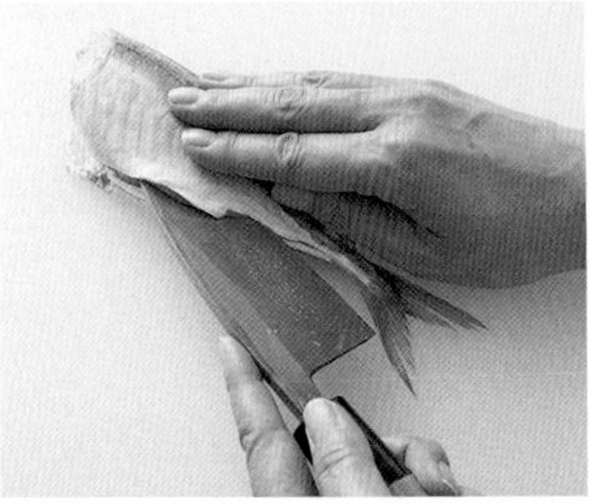

1 鱼尾朝右侧，鱼腹靠近身前，沿着鱼腹下数厘米处下切至尾鳍。沿着鱼中骨深切，切至鱼的脊椎骨。

2 将鱼翻身，鱼背靠近身前。从背鳍上方下刀，由尾根处切向鱼头，沿着鱼中骨下切，切至鱼的脊椎骨。

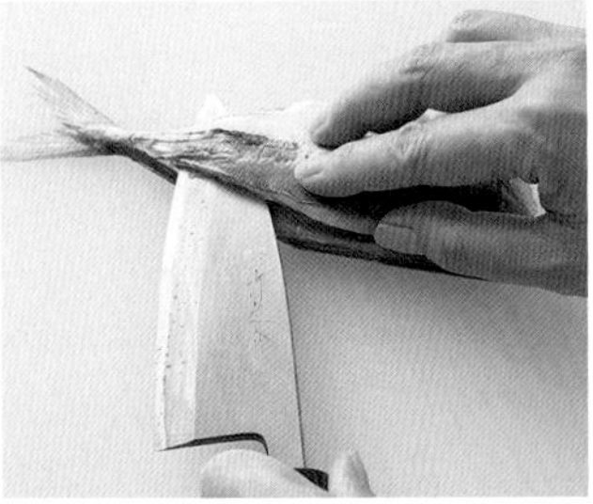

3 刀刃朝向鱼尾，沿着鱼中骨下切，此时不要完全切断鱼身。

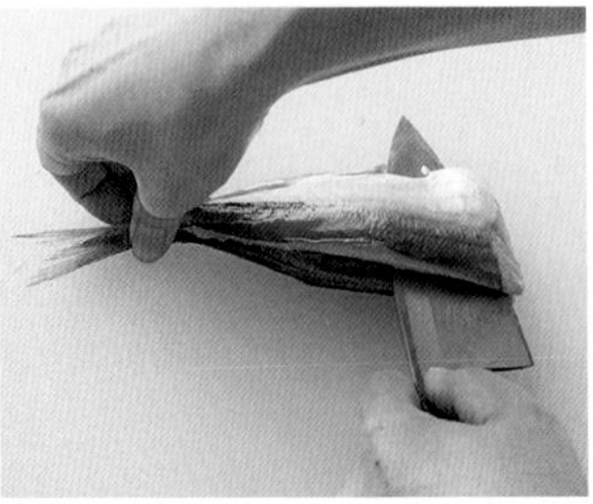

4 右手如图所示捏住鱼尾，左手沿着鱼中骨下切，一口气切至鱼头处。

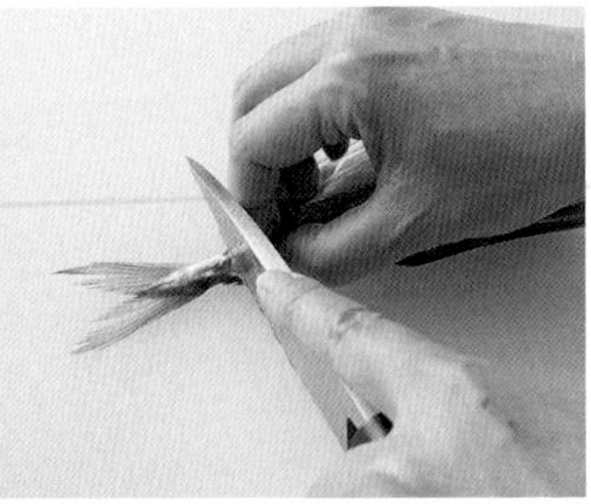

5 切断鱼尾与鱼脊椎骨的连接处，成功切下一片鱼肉。

6 鱼中骨朝下，鱼背靠近身前，从背鳍上方下刀，由鱼头切向鱼尾。

7 将鱼翻身，鱼腹靠近身前，从鱼中骨上方下刀，由尾根处切向鱼头。沿着鱼中骨下切，切至鱼的脊椎骨。

8 从鱼中骨上方下刀，刀刃朝向鱼尾下切，此时不要完全切断鱼身。

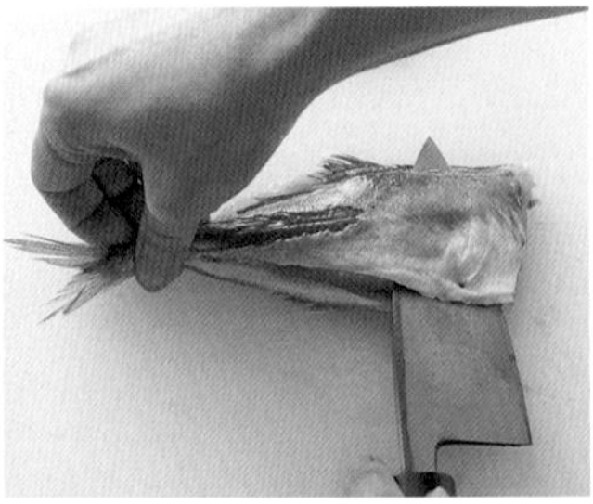

9 刀刃面向鱼头，右手如图所示按住鱼尾，左手沿着鱼中骨下切，一口气切至鱼头处。切断鱼尾，得到鱼身。

大名卸法

三卸法的一种，把鱼从鱼头到鱼尾一口气切开的方法，因最大限度地保留了鱼中骨而得名。适用于针鱼、秋刀鱼等身形细长、柔软的鱼类，是短时间内高效处理鱼类的方法。

使用刀具 出刃菜刀

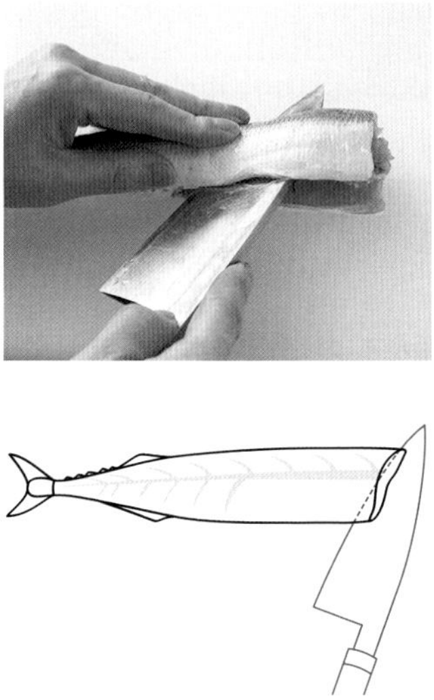

1 鱼头朝右，将鱼腹置于身前。刀尖朝向鱼背，从鱼中骨下刀，切开鱼身。

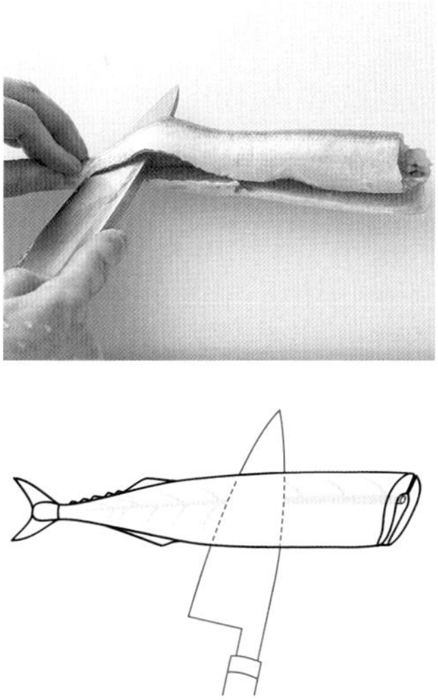

2 顺着鱼脊椎骨下切，一口气切向鱼尾，使鱼肉与鱼骨分离。

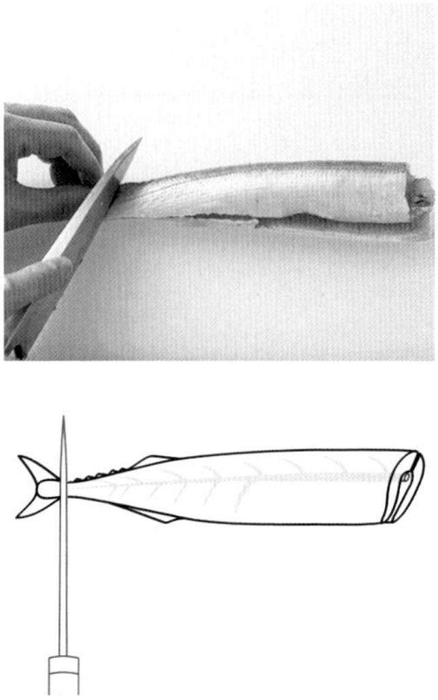

3 切断鱼尾最后和鱼脊椎骨的连接处，成功切下一片鱼肉。

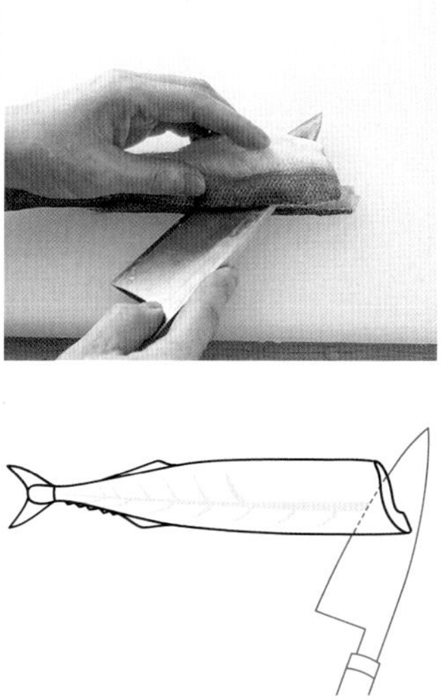

4 将鱼翻身，鱼背置于身前，顺着鱼脊椎骨下切，一口气切向鱼尾。

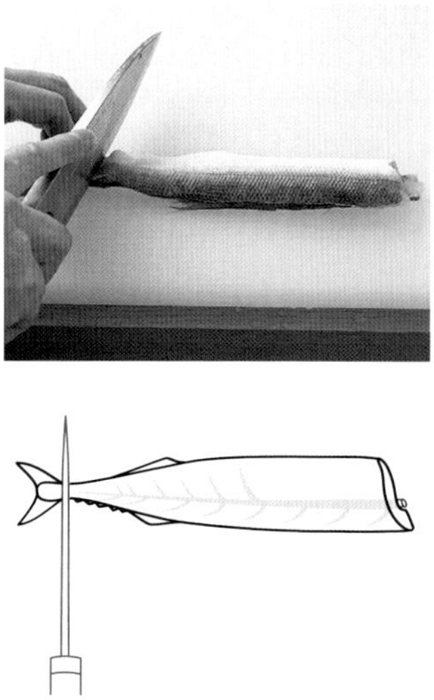

5 切断鱼尾最后和鱼脊椎骨的连接处，成功切下一片鱼肉。

完成图 大名卸法完成图。

大名卸法断面图

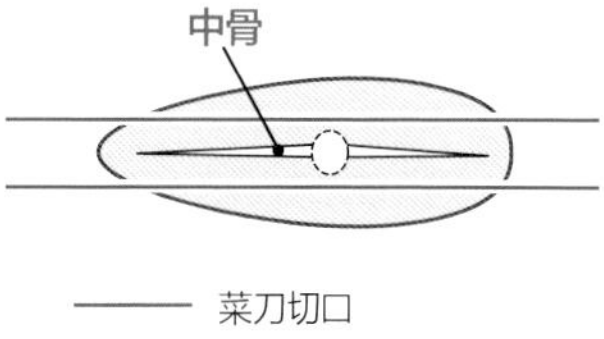

适用于鲽鱼、比目鱼等身体扁平的鱼类。五卸法是将鱼身切成内鱼背、鱼腹、外鱼背、鱼腹共4份和鱼中骨1根的方法。

五卸法

使用刀具 出刃菜刀

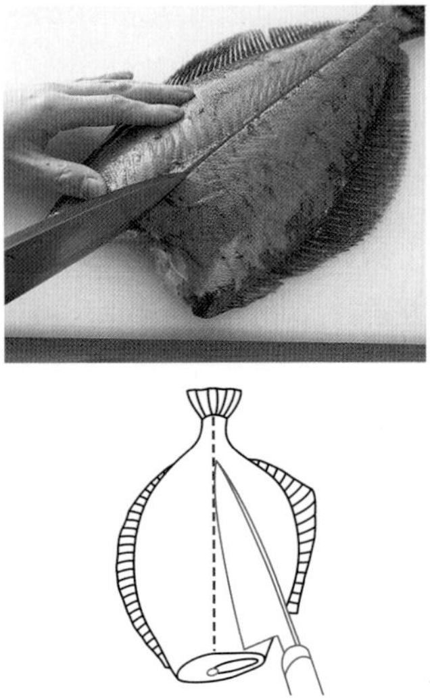

1 将鱼正面朝上，鱼头置于身前，从鱼尾根部切向鱼头，沿侧线（图中红线位置）下切至鱼脊椎骨。

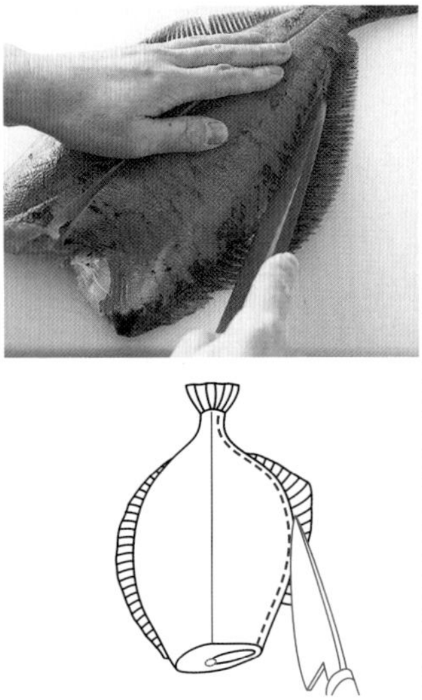

2 从鱼尾鳍上方3毫米处切入，沿着右侧的红线从鱼尾切至鱼头。

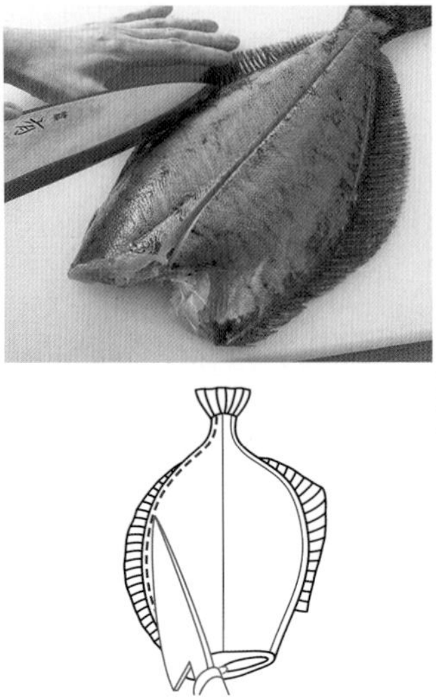

3 背鳍同理，沿着左侧的红线从鱼尾切至鱼头。

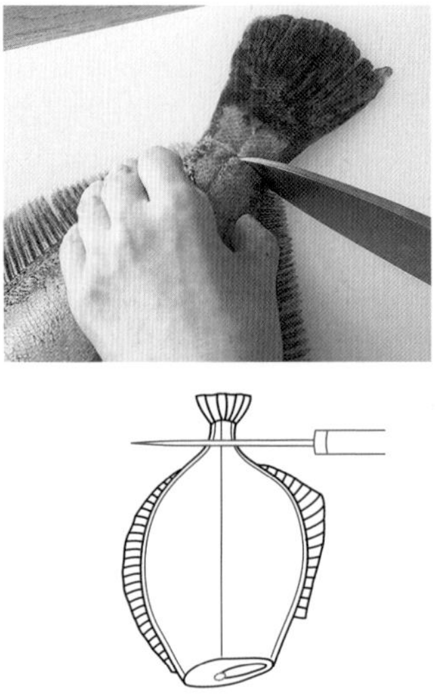

4 切断鱼尾与鱼脊椎骨的连接处。

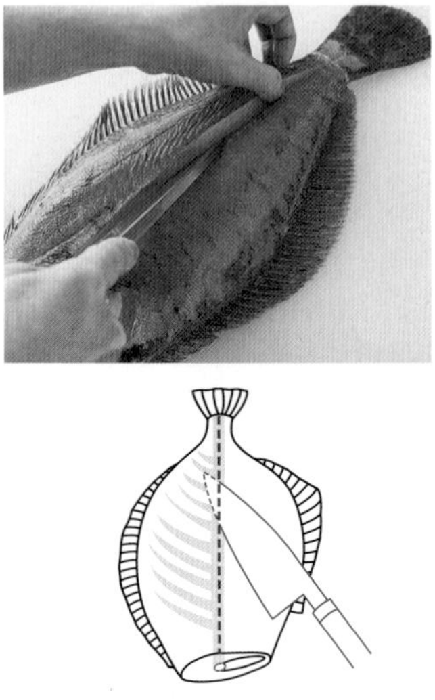

5 从中央红线处切向左侧的鱼背鳍，顺着鱼脊椎骨下切，使鱼肉和鱼骨分离。

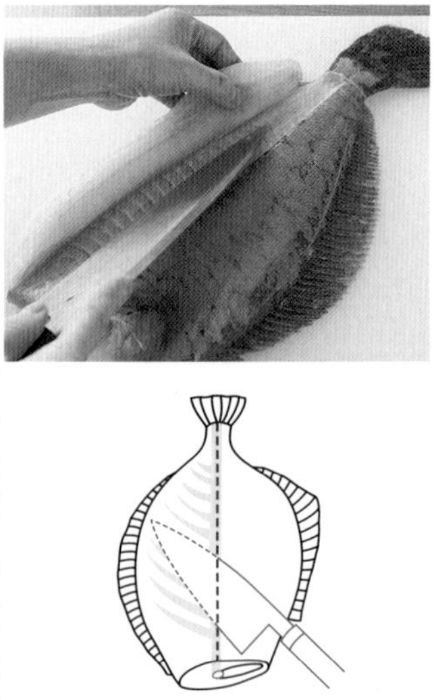

6 左手捏着切开的鱼身，沿着鱼尾根部的鱼中骨下切。菜刀放平，从鱼尾切至鱼头。

节卸法也是五卸法中的一种，适合鱼身厚、易被切割的鱼类。

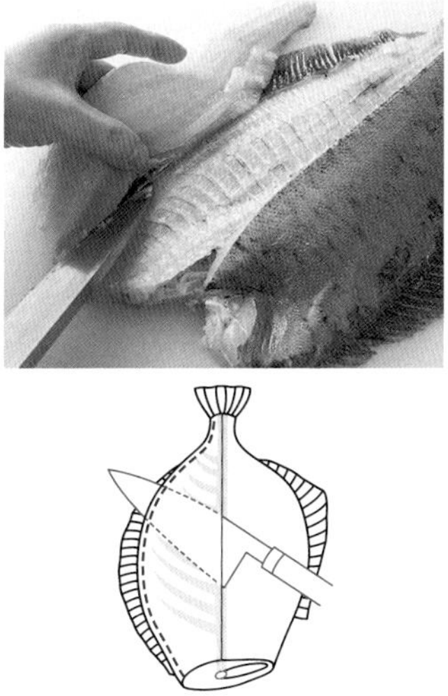

7 从步骤3的切口处下刀，为了防止鱼鳍肉※残留在鱼中骨上，要小心切开，使鱼肉与鱼骨分离。

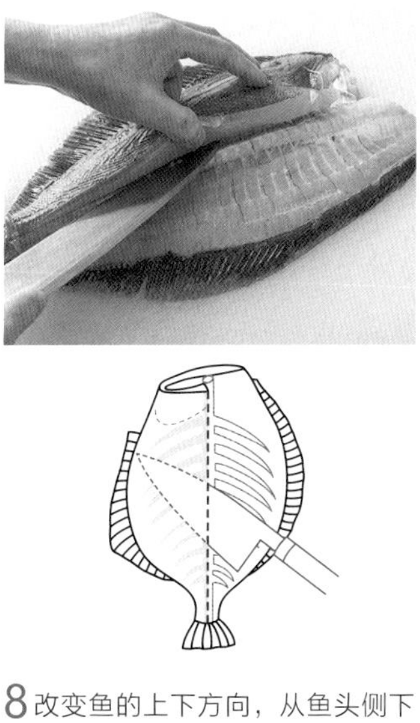

8 改变鱼的上下方向，从鱼头侧下刀，顺着鱼脊椎骨下切，使鱼肉和鱼骨分离。

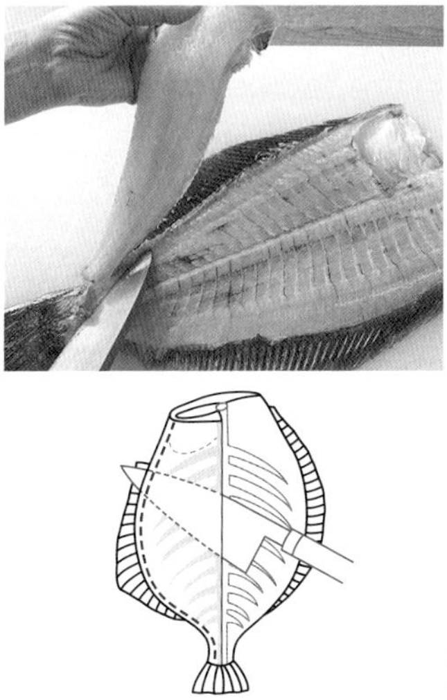

9 从步骤2的切口处下刀，为了防止鱼鳍肉残留在鱼中骨上，要小心切开，使鱼肉与鱼骨分离。

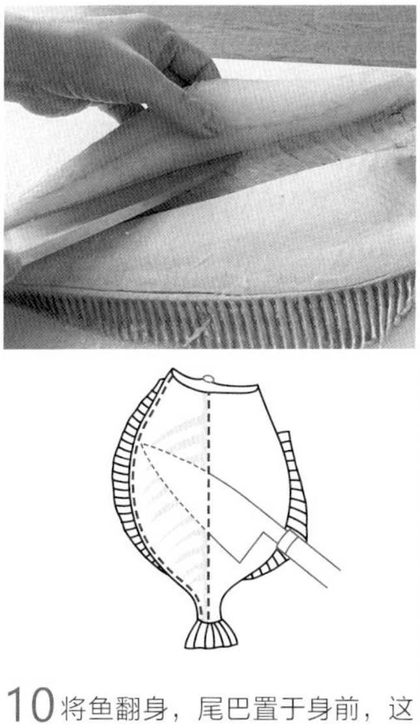

10 将鱼翻身，尾巴置于身前，这一面也用同样的方法处理。

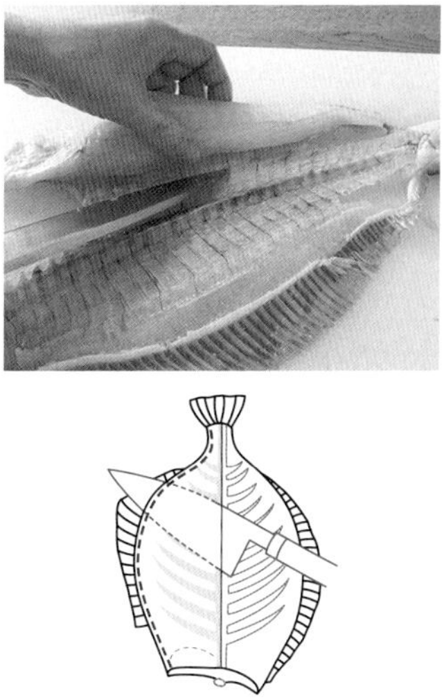

11 菜刀放平，小心沿着鱼中骨下切。

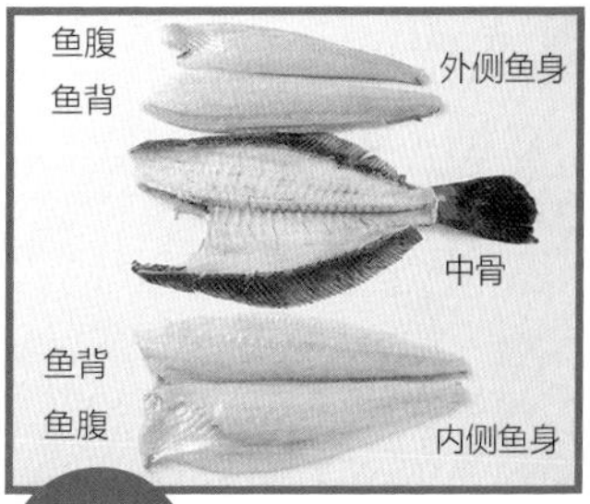

鱼腹
鱼背
外侧鱼身
中骨
鱼背
鱼腹
内侧鱼身

完成图 五卸法完成图。（上图中的鱼为比目鱼）

五卸法断面图

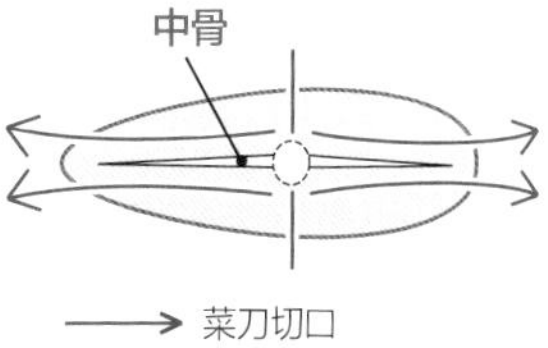

中骨
菜刀切口

※ 鱼鳍肉指位于鲽鱼、比目鱼左右两端，能使鱼鳍自由活动的筋肉部分。鱼鳍肉脂肪分布匀称，吃起来有嚼劲，是非常珍贵的鱼肉。（第146页有参考图）

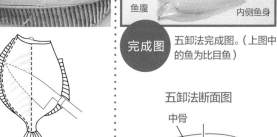

去除鱼腹骨

做刺身、嫩煎鱼的时候，需要将卸下来的鱼腹肉削片、去骨。

使用刀具 出刃菜刀

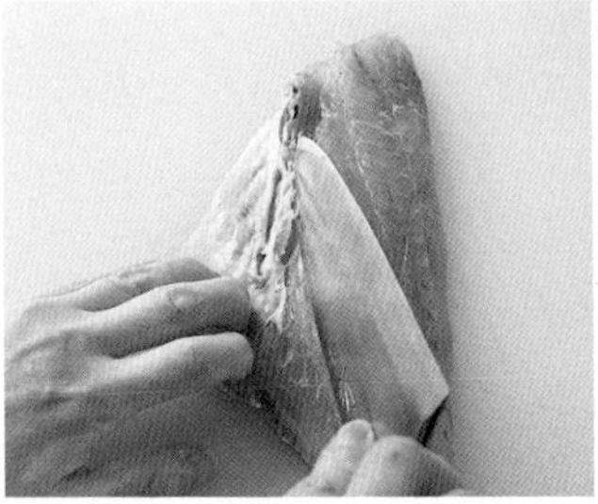

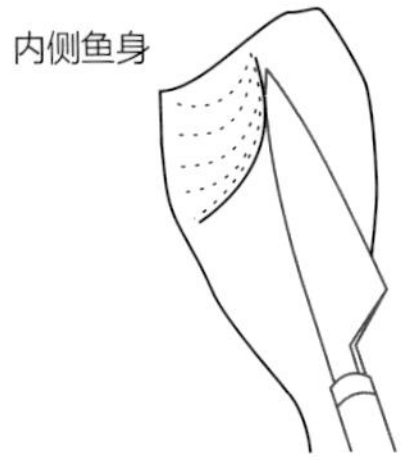

1 将内侧鱼身的鱼腹朝左，放置在砧板上，使用反刀将鱼腹骨的根端用刀尖挑出，露出鱼腹骨。

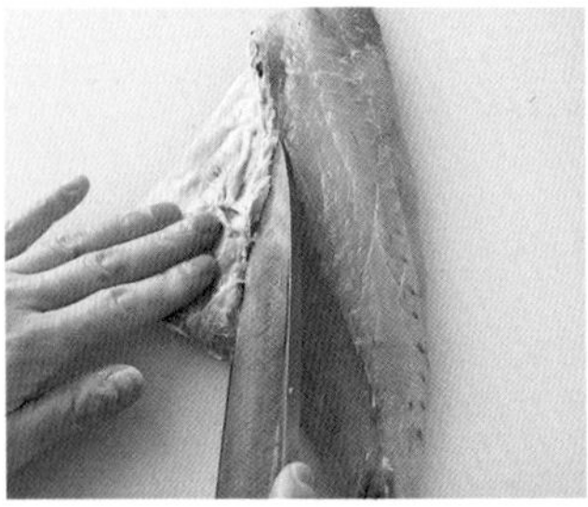

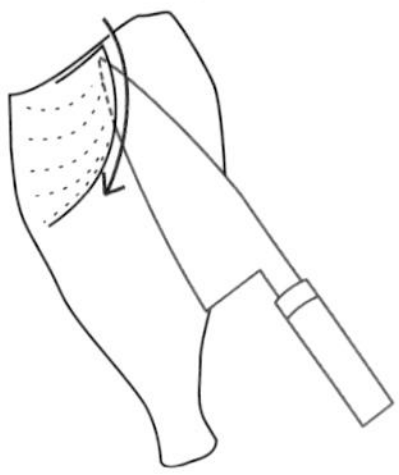

2 回到普通的持刀姿势，从鱼头侧开一切口，朝前方用力，用刀把鱼腹骨挑出。

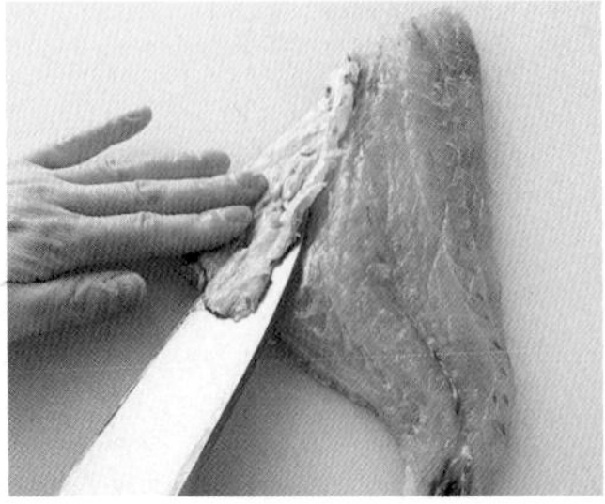

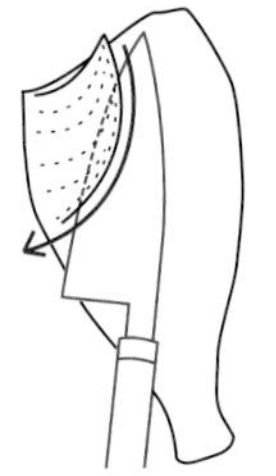

3 沿着上图红线的弧度，使用刀刃整体切断鱼腹骨薄膜，取出鱼腹骨。

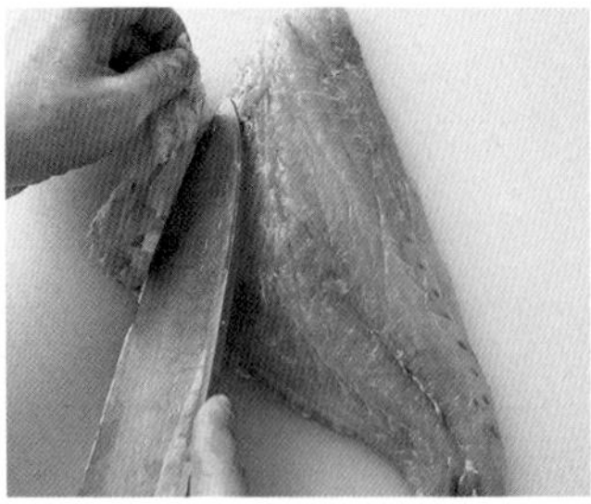

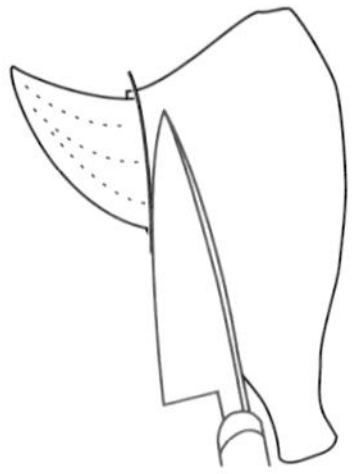

4 左手捏住切起的鱼腹骨，一直下切，将整块鱼腹骨分割，最后立刀将鱼腹骨切离鱼身。

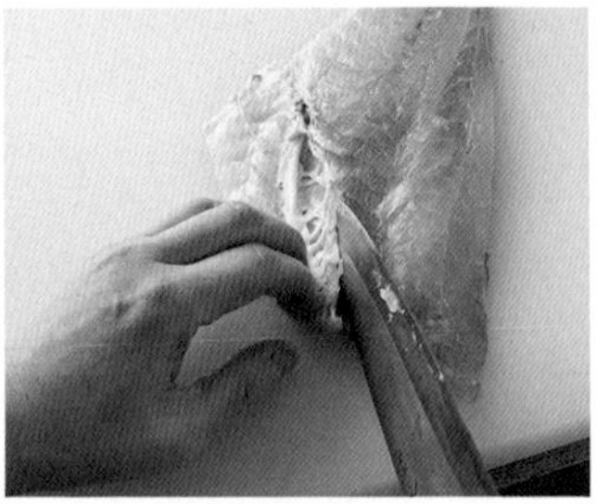

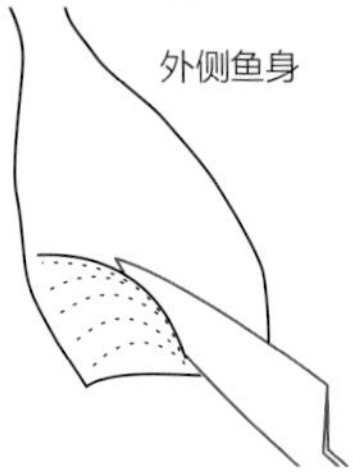

5 将外侧鱼身的鱼腹朝右，放置在砧板上，使用反刀将鱼腹骨的根端用刀尖挑出，露出鱼腹骨。

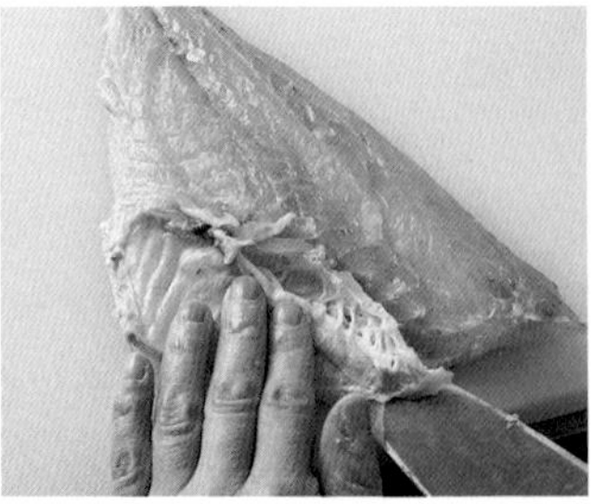

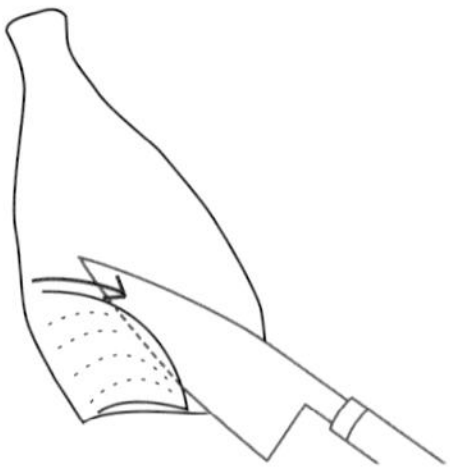

6 回到普通的持刀姿势，从步骤5的切口处下刀，要领同步骤2、步骤3、步骤4，把鱼腹骨切出。

去除鱼刺

鱼刺和血合沿着较粗的鱼骨分布。需要用半边鱼肉做菜时，请去掉鱼刺。做鱼块时，最好把鱼的血合也一起去除。

使用出刃菜刀时

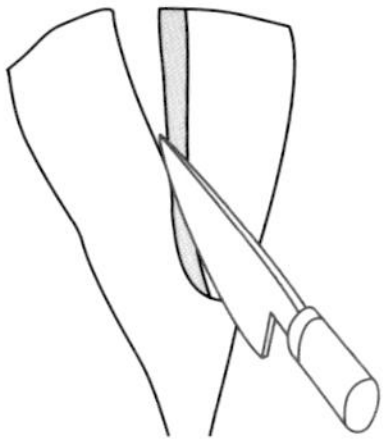

1 鱼腹朝右横置，为了去除鱼背和鱼腹中间残留的血合，请切至鱼身2/3的位置（切至鱼肛门的上方）。

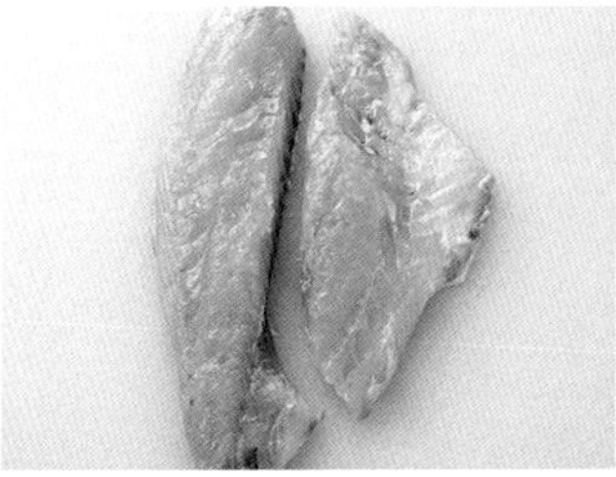

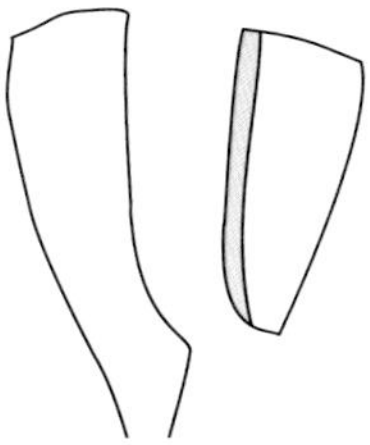

2 将鱼背切成上下同宽。

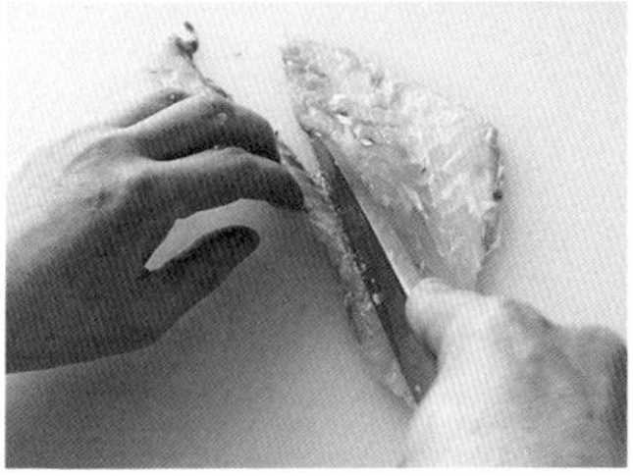

3 切除鱼腹的鱼刺和血合部分。

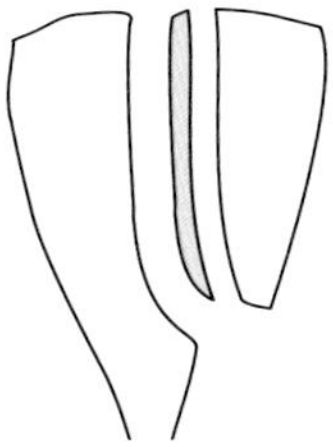

完成图 **去除鱼刺和血合部分的鱼块的完成图。**

拔鱼刺

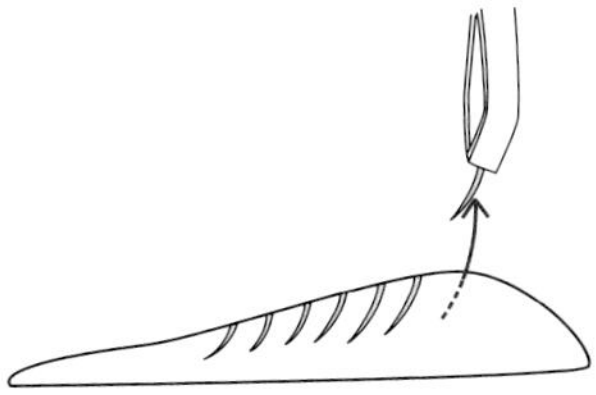

鱼头朝右，用去骨夹夹出鱼刺。因为鱼刺是倾斜分布在鱼肉中的，请朝右上方用力拔。拔鱼刺时容易夹到鱼肉，可以用指尖轻按住鱼刺的一段，把鱼刺顶出来后再拔。若做好的鱼里面残留着鱼刺就会不好下口，所以请一定用手按压以确认没有鱼刺残留。拔鱼刺时请保持耐心，一根根地拔出。手温会影响鱼肉的鲜度，请快速高效地拔出鱼刺。

拔出鱼刺后的鱼块，我们称其为“鱼上身”。

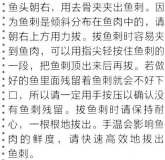

去皮

做生鱼片、海带卷以及拍鱼泥的时候，多数鱼类需要去除鱼皮。一般情况下用菜刀从鱼尾切向鱼头以去皮，但对于竹荚鱼、沙丁鱼等小型鱼类，也可以用手去皮。

用手去皮

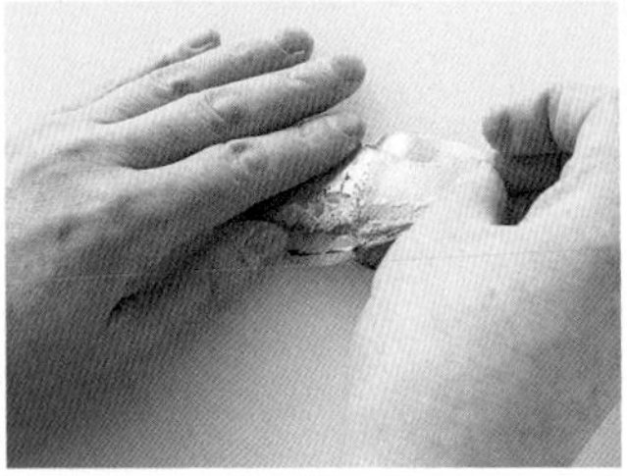

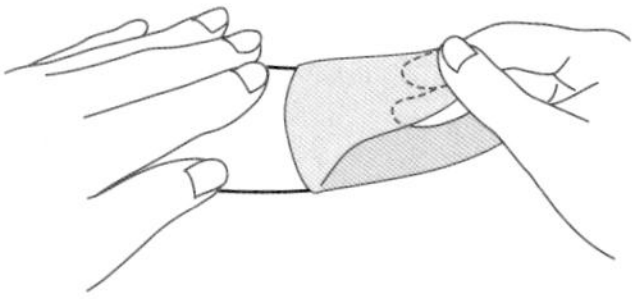

1 鱼头朝左，左手按住鱼头，右手指甲剥开鱼头侧薄皮，然后将剥起的皮轻轻地朝右撕。

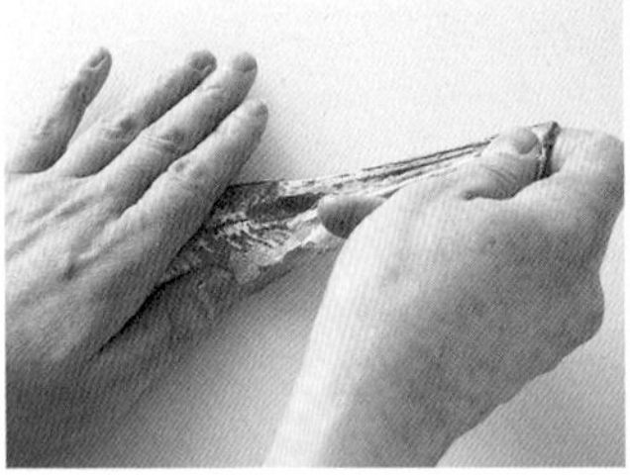

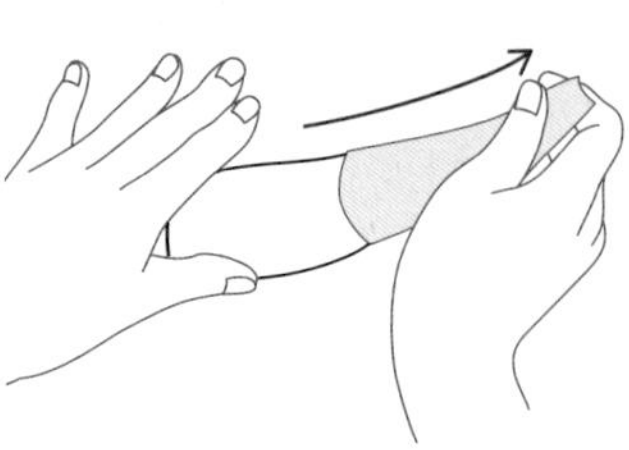

2 用手掌按住鱼身，将鱼皮朝右完整撕下。

使用柳刃菜刀（外去皮）

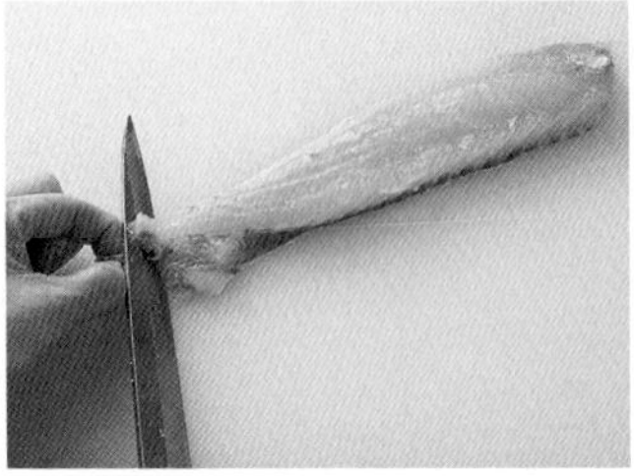

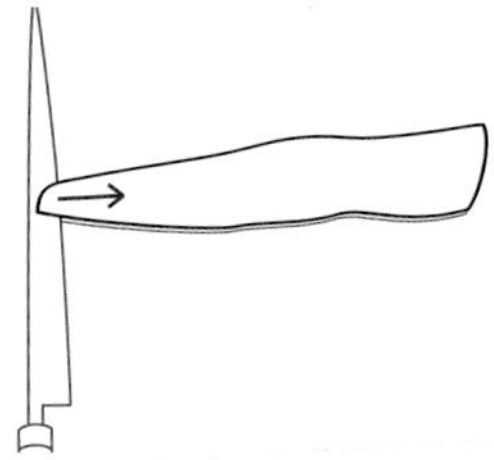

1 鱼尾朝左，从鱼尾端皮肉交界处入刀。左手捏着鱼尾，用菜刀切开鱼皮。

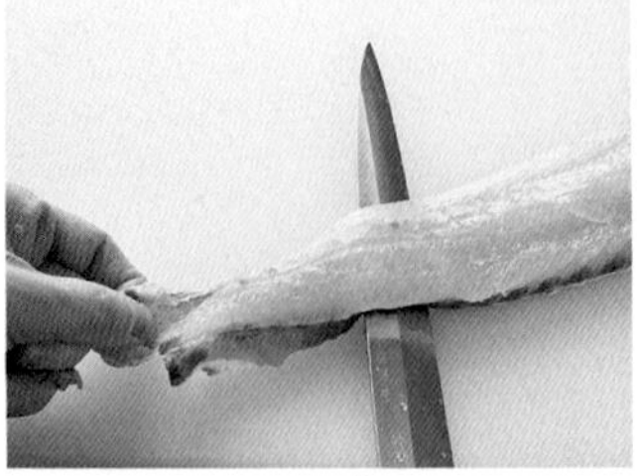

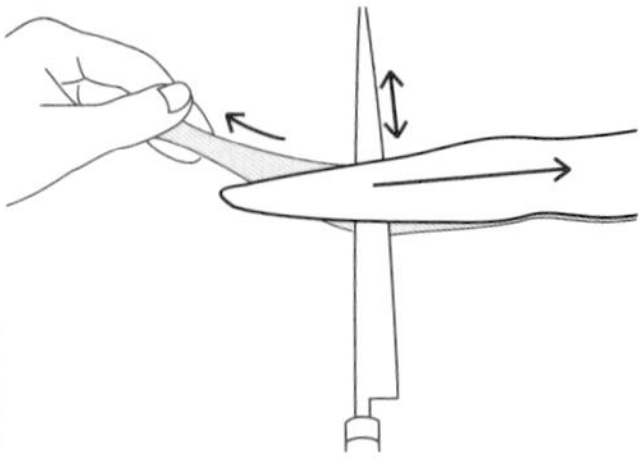

2 左手捏住鱼皮，朝菜刀的反方向拉扯，菜刀与砧板平行右切。

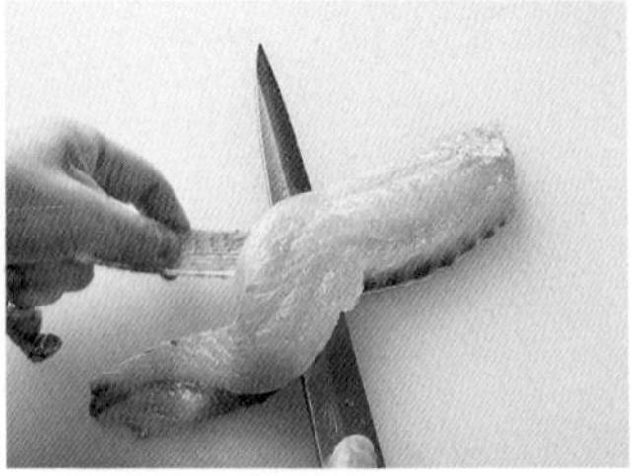

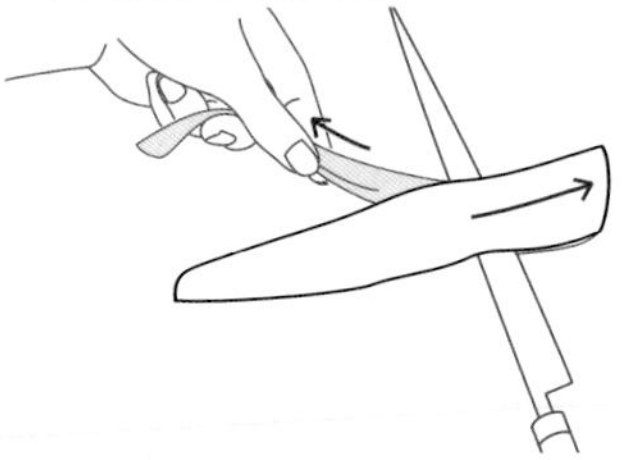

3 左手扯住鱼皮，随着菜刀的前进轻微地左右晃动以做调整。菜刀平行右切，切至鱼头侧。

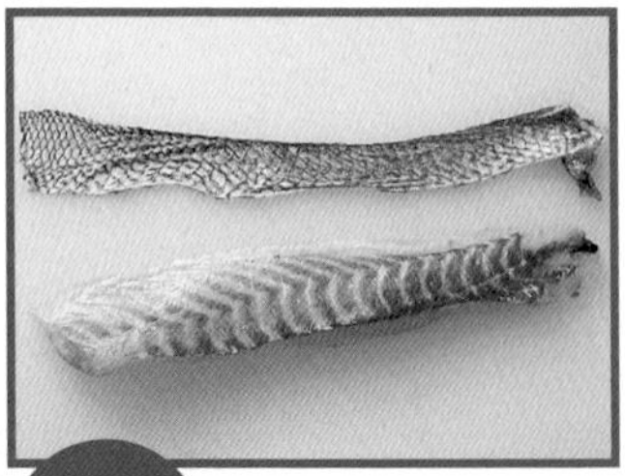

完成图 **去皮完成图。将鱼身上残留的鱼皮用菜刀削去。**

类似鲣鱼这样鱼身柔软的鱼类，将鱼尾朝右，从鱼尾向鱼头处横切以去除鱼皮。

（内去皮方法，请参照第81页）

分解鱼头

鱼头有鱼颊、鱼唇等风味浓厚的部分，可用来做炖菜、烧烤或做成清汤。做这些料理的时候，为了便于食用，需要将比较大的鱼头分成两半，如鲷鱼的头部等。如果鱼头比较坚硬，分割时需要用到手腕的力量。

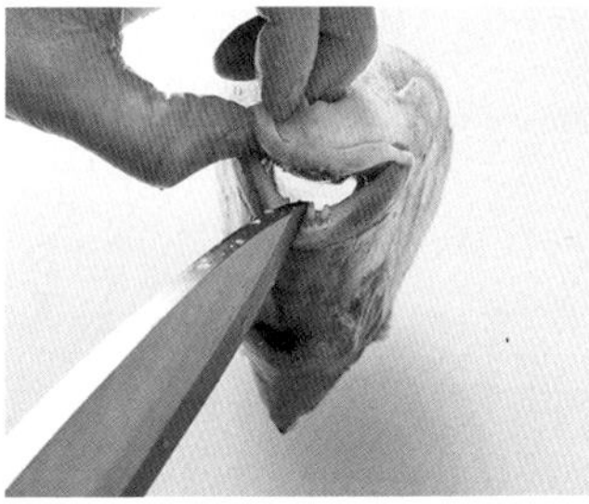

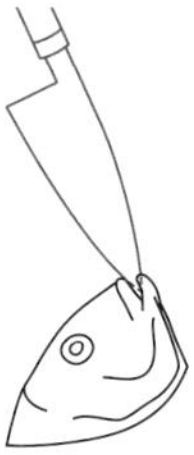

1 将鱼头立置，鱼目靠近身前，刀尖从鱼前齿中间插入。左手捏住鱼下唇，固定刀尖。

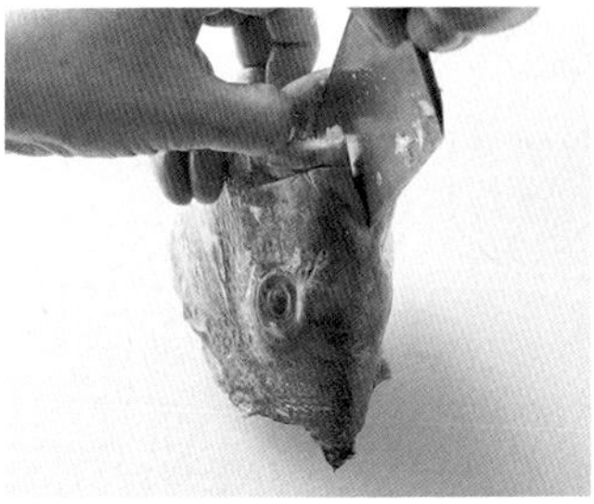

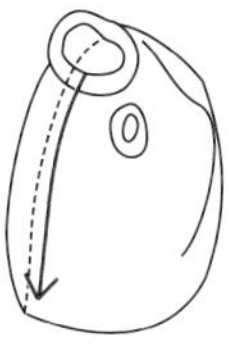

2 菜刀从鱼头正中处下劈，遇到鱼头中心很硬的骨头时，如果劈不动，可以稍稍错开骨头下劈。

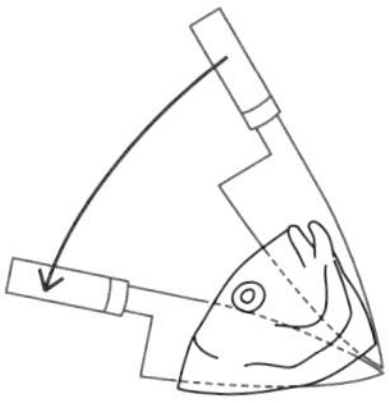

3 可以左手握拳，敲打刀背，以便一口气下切。

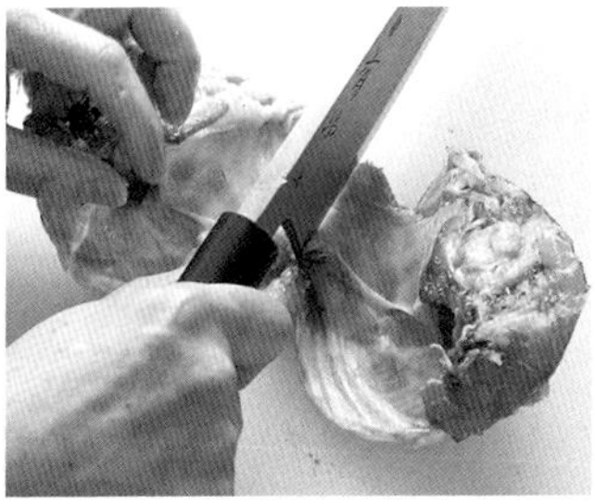

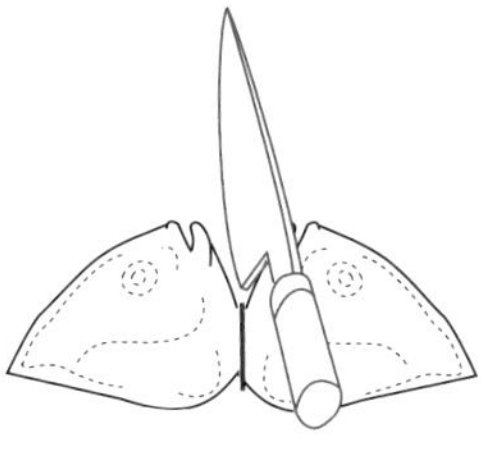

4 把鱼头左右劈开，用刀根切断鱼下颚的连接处。这种刀法也被称为“梨割”（像切开梨核一样猛力下劈的方法）。

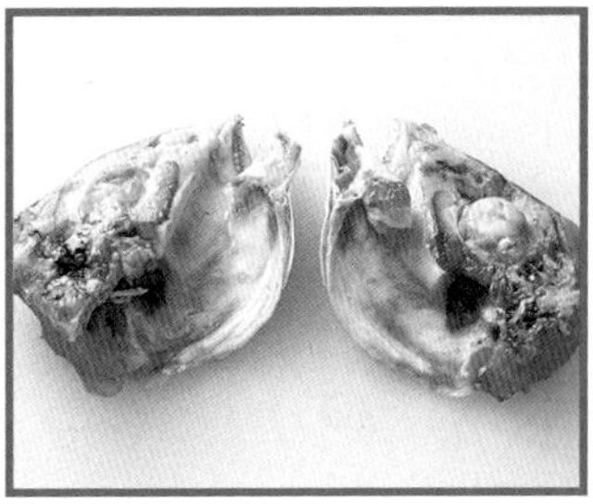

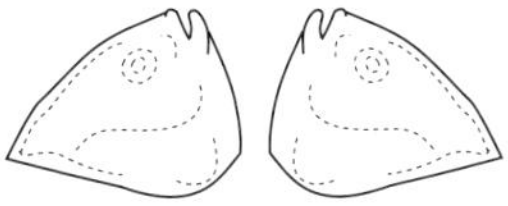

完成图 鱼头被切成左右两部分的完成图。

诀窍

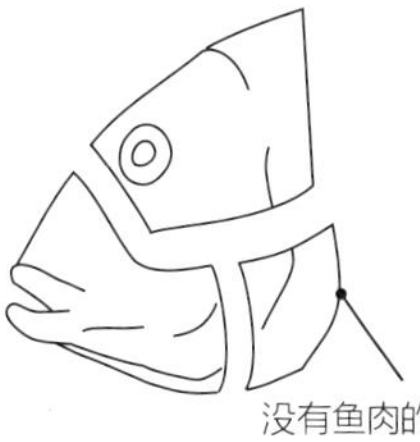

切成两半的鱼头，根据用途的不同还可以继续切分。没有鱼肉的那一部分可以作为煮鲜汁汤的材料。

刺身的基本切法

刺身也指生鱼片，为了保证菜肴的美味，需要根据鱼的鲜度、种类、形状使用不同的切法。切法的要领是使用柳刃菜刀的整个刀身下切。正确掌握刀法后，做出的刺身会更加鲜美

垂直切片

这是最平常的切法，适用于鲣鱼、鰤鱼、鲷鱼等大型鱼类。

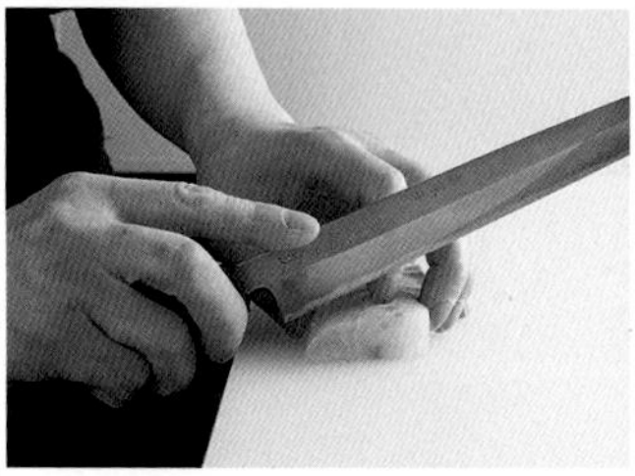

1（曾经附有）鱼皮部分朝上，横放。刀根贴近桌角，刀尖上扬。

2 刀尖有弧度地下滑，刀根退后，下切。

3 尽可能地利用刃长一口气深切。切的时候不要像割肉一样前后移动菜刀。

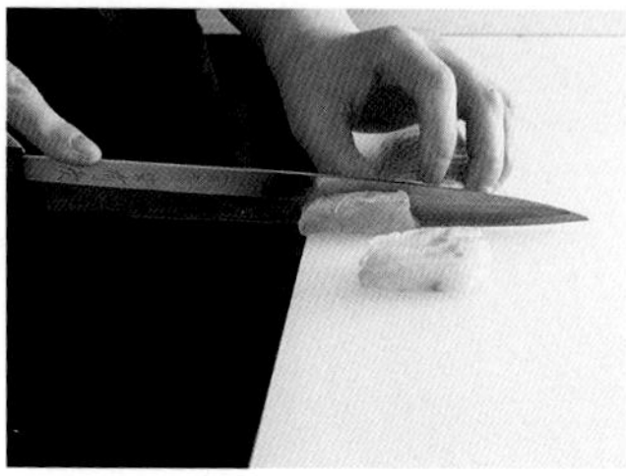

4 切下来的鱼肉黏在刀身上也没有关系。

5 把黏在刀身上的鱼肉向右送，刀身倾斜，让鱼肉自然留在砧板上。重复上述步骤，切完剩下的鱼肉。

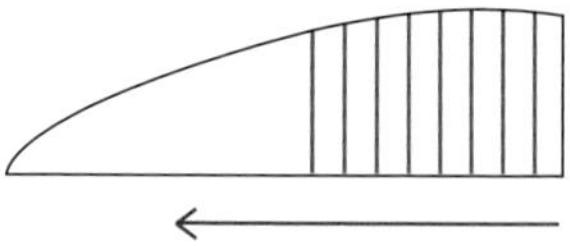

细切

也被称为线切。适用于针鱼、沙梭鱼等身体细长且鱼肉富有弹力的鱼类。

1 将菜刀中段放在鱼块上。

2 切分时刀身后退，使用刀尖一口气下切。有节奏地下刀，切成3~5毫米的薄片。

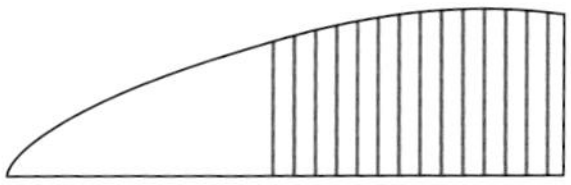

切丁

切成骰子状的正方体。适用于金枪鱼、鲕鱼、鲣鱼等鱼肉厚而柔软的鱼类。

1 将鱼块切成宽1~1.5厘米的细长条状。

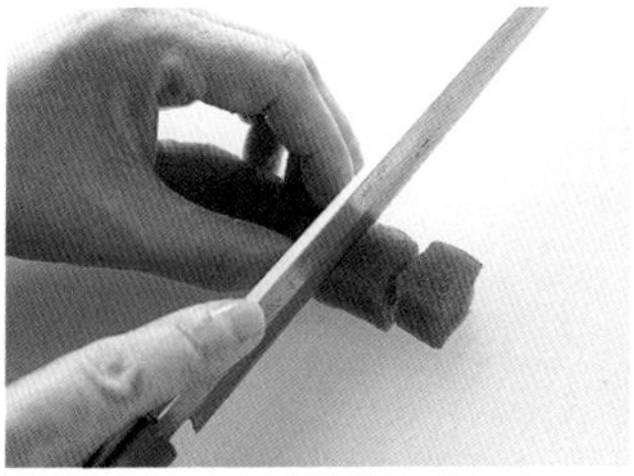

2 把切好的鱼条横放，切成长、宽1~1.5厘米的方块。刀根贴近桌角，一口气下切。

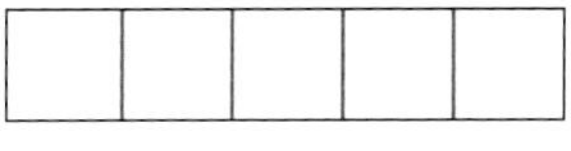

引刀切片

垂直切片的衍生刀法，鱼身保持不动。适用于金枪鱼、鲣鱼等鱼肉柔软的鱼类。

1 将切好的鱼块横放，刀根贴近桌角，刀尖上扬。

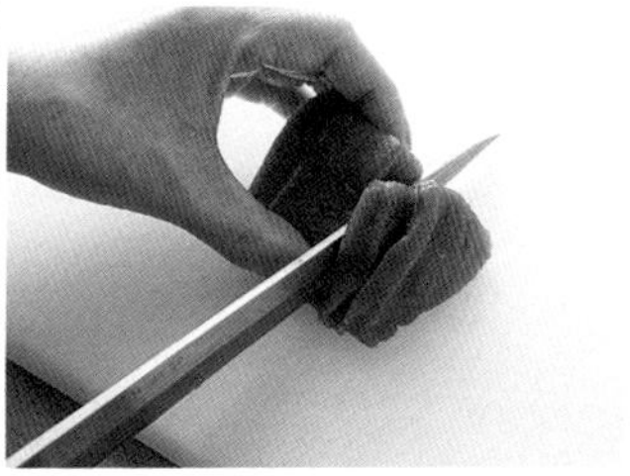

2 刀尖画弧线下切，尽可能利用刃长一口气深切。

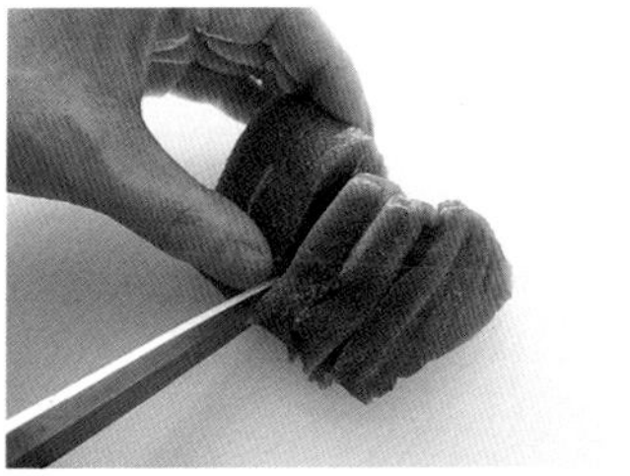

3 在不移动已切好的鱼片的情况下，切完剩下的鱼肉。

削片

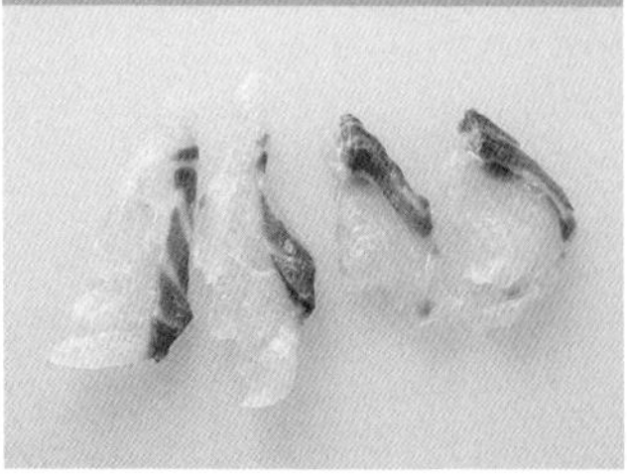

适用于鲷鱼、比目鱼、鲽鱼等纤维丰富、鱼身厚度不一的白身鱼类。

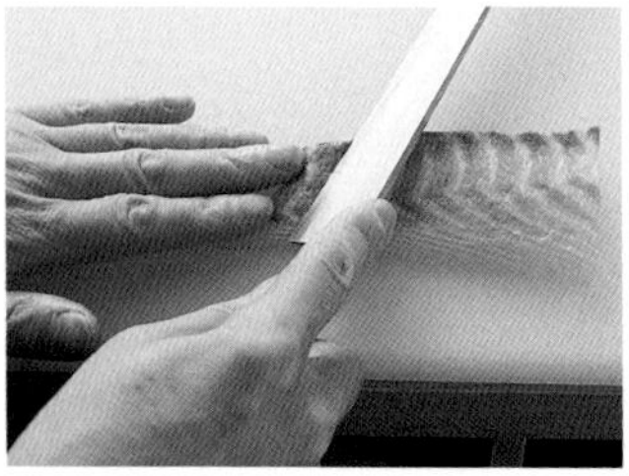

1 鱼尾朝左，左手贴按鱼身，菜刀稍稍倾斜，刀根靠近身前。

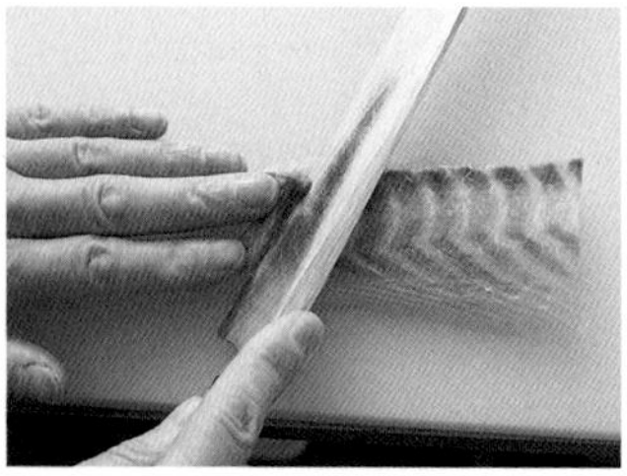

2 刀尖有弧度地下切，刀身后退。

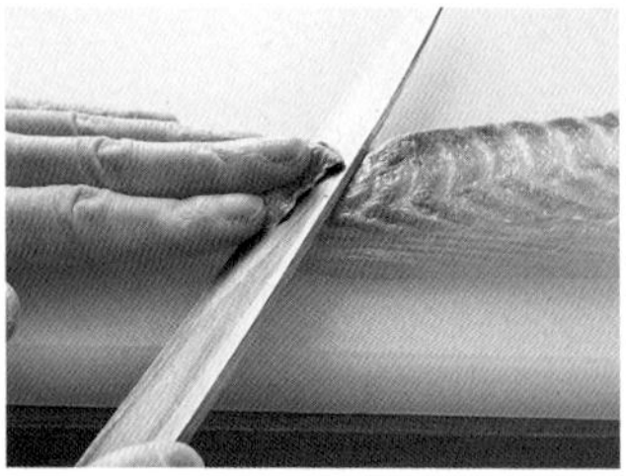

3 菜刀角度不变，切分时刀身后退，使用整个刀刃来切片。

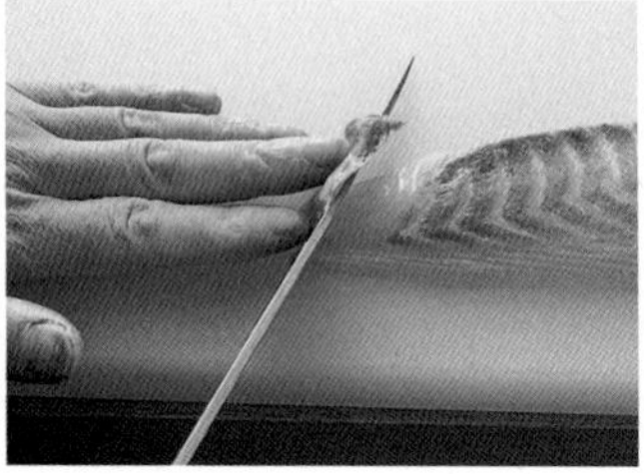

4 切完后起刀，刀尖垂直离开砧板。

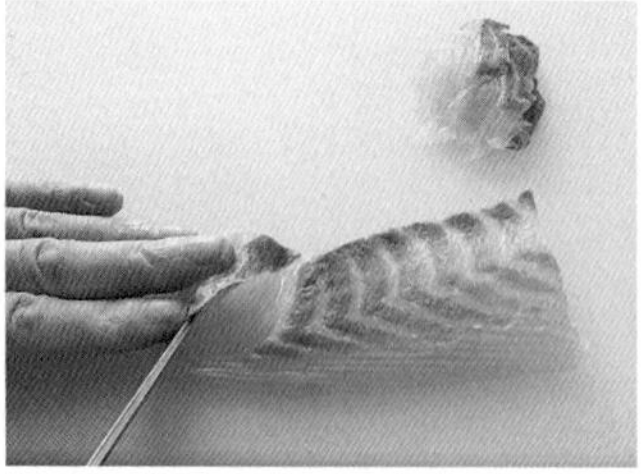

5 用左手把切下来的鱼肉置于右侧。鱼身宽的部分，请将菜刀直立下切，鱼身窄的部分，请将菜刀倾斜下切，使鱼片厚度尽量相等。

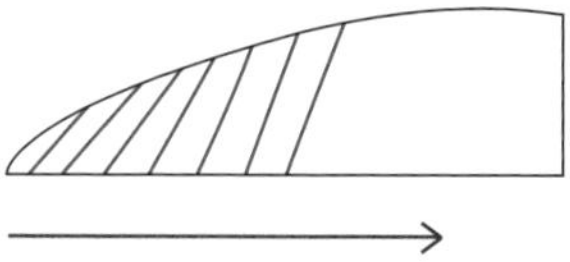

削薄片

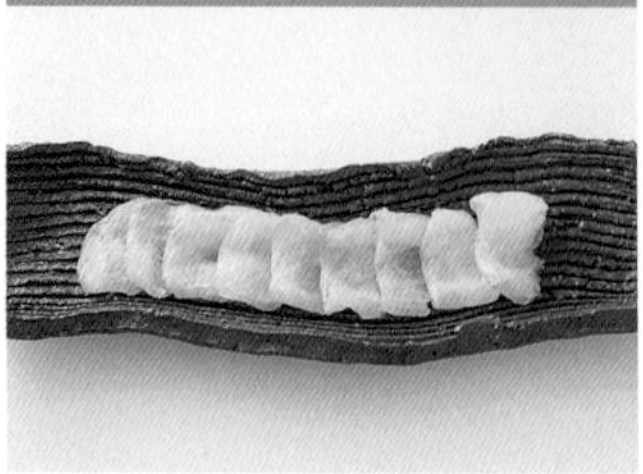

削薄片是削片中的一种。这种刀法适用于比目鱼等鱼肉紧实的白身鱼类，可以切出透明的薄片。

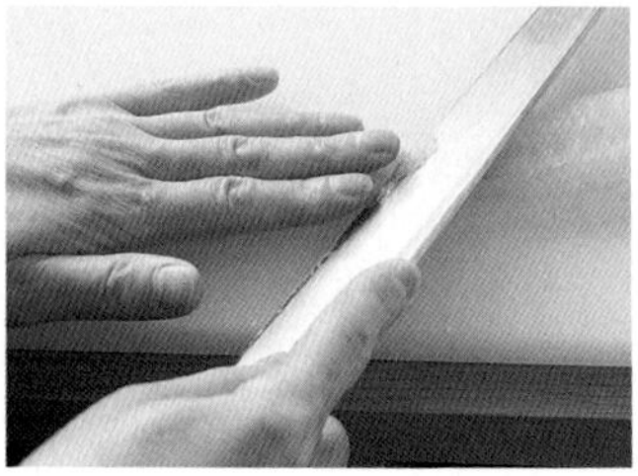

1 鱼尾朝左，左手贴按鱼身，菜刀尽可能倾斜，刀根靠近身前。

2 和削片的要领相同，切分时刀身后退，使用整个刀刃来切片。

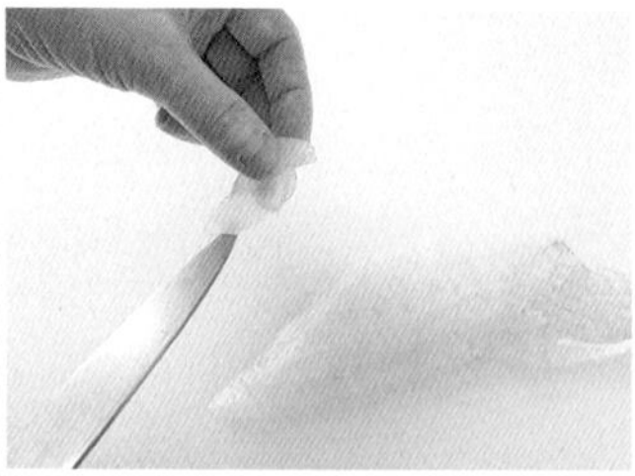

3 切完后，刀身直立着离开鱼身，将鱼肉一片片盛在盘子里。

网格片法

切痕为倾斜的格子状，适用于赤贝、有皮鱼类。

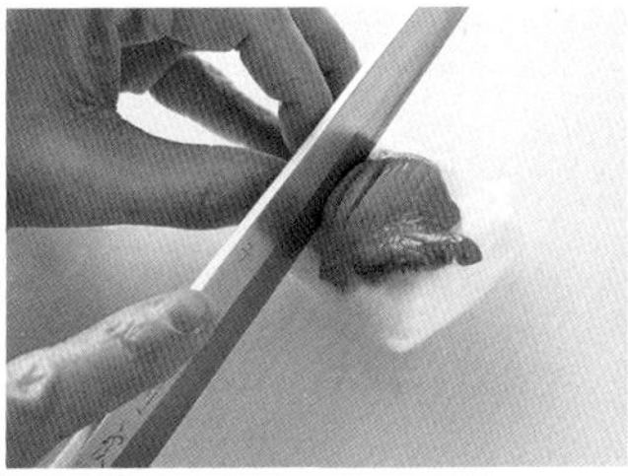

1 切出斜纹。由于赤贝表面滑腻，请将其放在纸巾上，形成一个稳定的平面后再下切。

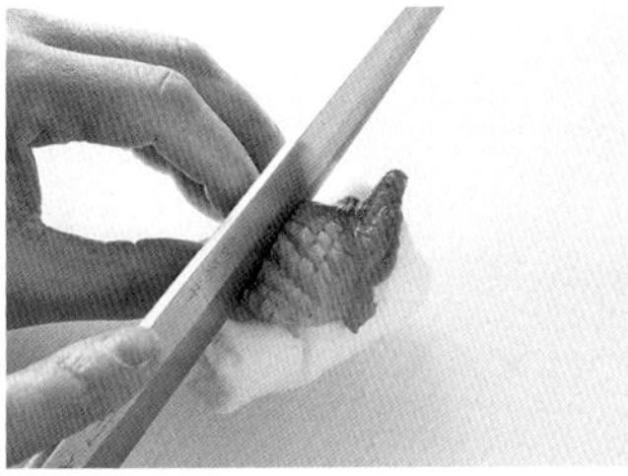

2 将食材逆时针旋转90度，切出格子状纹路。切乌贼或其他鱼类时，可以先用网格片法切出纹路后，再垂直切片或削片。

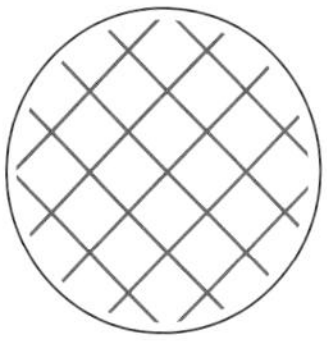

波纹片法

削片的应用刀法，在切好的肉片上弄出水波纹路。适用于章鱼、鲍鱼等肉质较硬的鱼类。

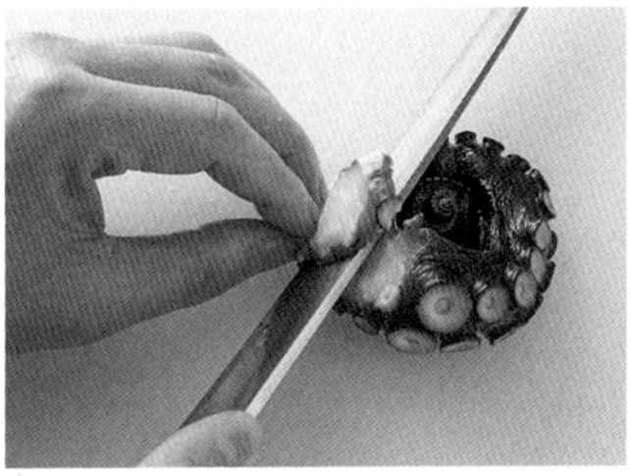

1 菜刀稍稍倾斜，刀根靠近左侧身前。刀身小幅度地上下倾斜，以便波纹式前切。

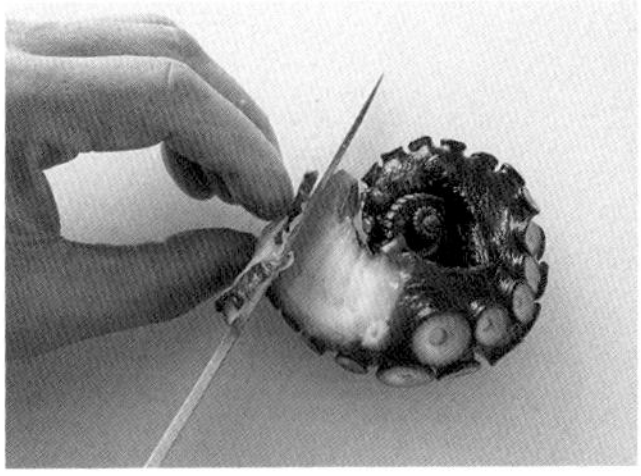

2 右手手腕放松，切出水波纹路。最后，刀身直立着离开鱼身。

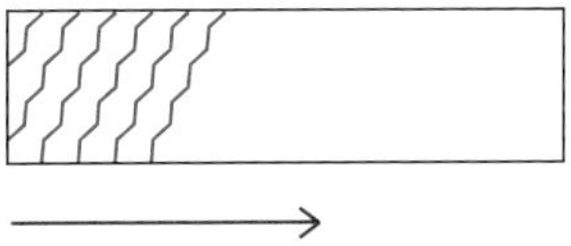

花刀切片

断面整齐的刀法适用于青花鱼、鲣鱼拍鱼泥，也适用于有皮、多脂的鱼类。

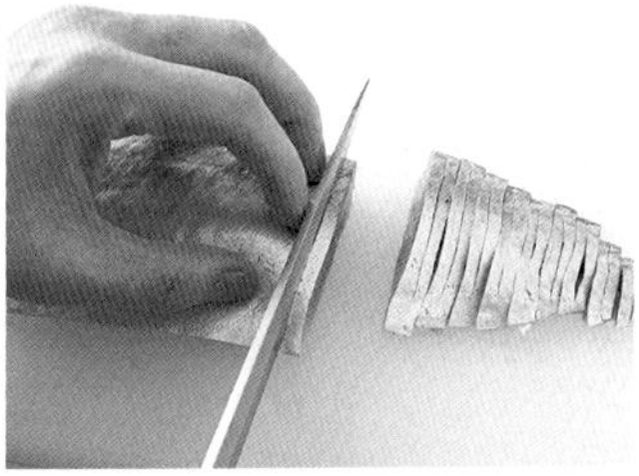

1 鱼皮朝上，在每一片切开的鱼片中间划一刀，不要完全切断。

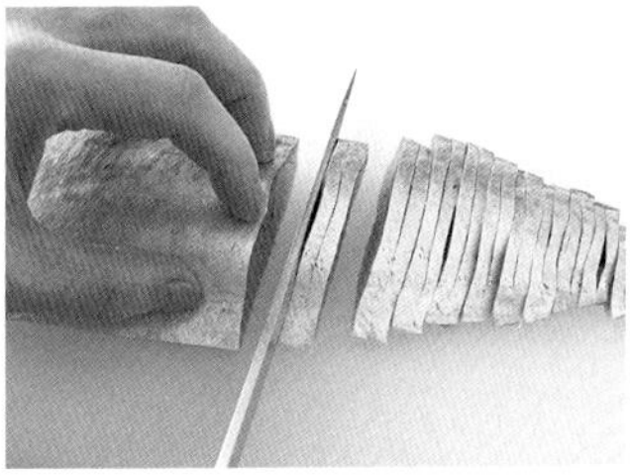

2 切下同鱼身宽的鱼片，其要领同垂直切片相同，将切好的鱼片右送。

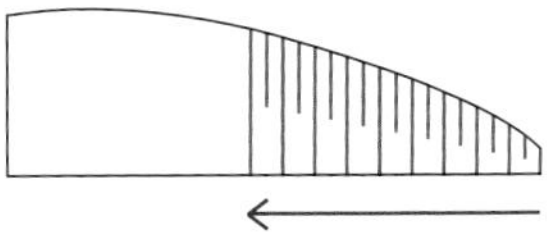

六线鱼

六线鱼是生长在日本全岛岩礁地带的海岸鱼。为白身鱼类，味道鲜美浓厚，因外表似被油涂抹过，非常黏滑，所以也被叫作「油鱼」。六线鱼肉质紧实，身长20～30厘米，相对而言是比较容易处理的鱼类。但因其鱼脂较多，鲜度流失也较快。其鱼鳞较细，需仔细处理，防止鱼鳞残留。去骨时，请尽可能多地保留鱼肉，这样做出的鱼才会更加美味。

❖推荐料理

推荐清汤六线鱼片、炒嫩芽。想没有鱼腥味，也可照烧、做成炖菜或炸物。即使去骨后，其鱼皮也很硬，做刺身时推荐做皮霜造刺身（将鱼带皮做成刺身时，只向皮的部分浇热水，再用冷水冷却的方法。这种方法在充分展现皮的美丽的同时，也去除了皮的腥味，并使皮保持柔软）和烧霜刺身（只将食物表面略烤一下即移入冷水中冷却的方法）。

挑鱼诀窍
鱼表面滑腻。
鱼身有光泽，颜色饱满。
鱼腹略鼓。

清洗

去鳞（使用去鳞刀）
➡去头（交叉落刀）
➡除去鳃和内脏
➡洗净
➡擦干

使用刀具

出刃菜刀

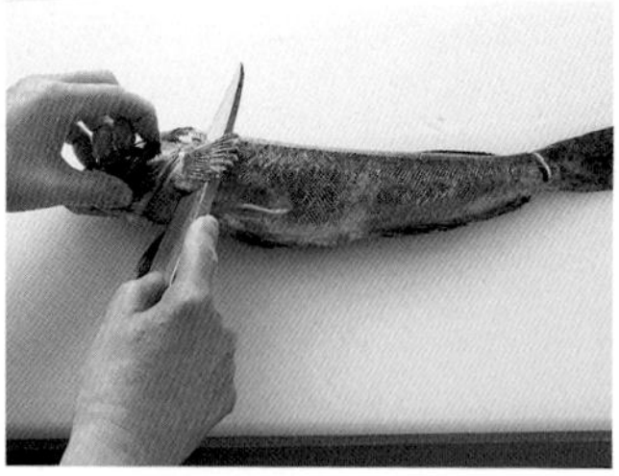

2 从胸鳍的后面向鱼头方向斜切。另一侧也使用同样的方法，切去鱼头。

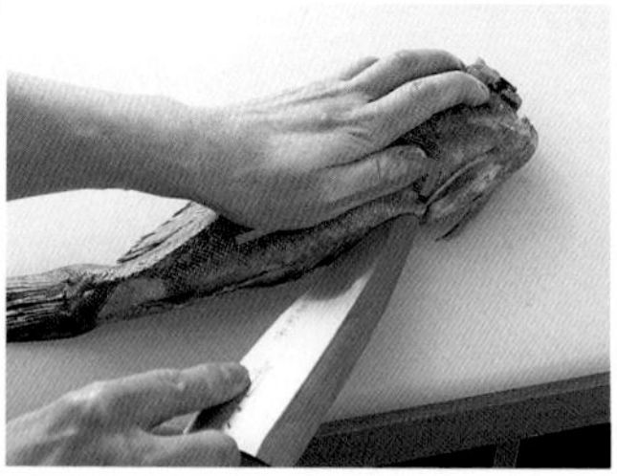

3 鱼尾朝左，鱼腹置于身前，使用反刀，刀尖从鱼肛门处下刀，直切至鱼腹中心。

1 鱼头朝左，用菜刀从鱼尾向鱼头方向仔细去鳞。鱼腹、鱼背两侧的去鳞要领同前。

诀窍

六线鱼的鱼头无法食用，请使用菜刀用两侧斜切的交叉落刀法去头，尽可能地多保留鱼身肉。

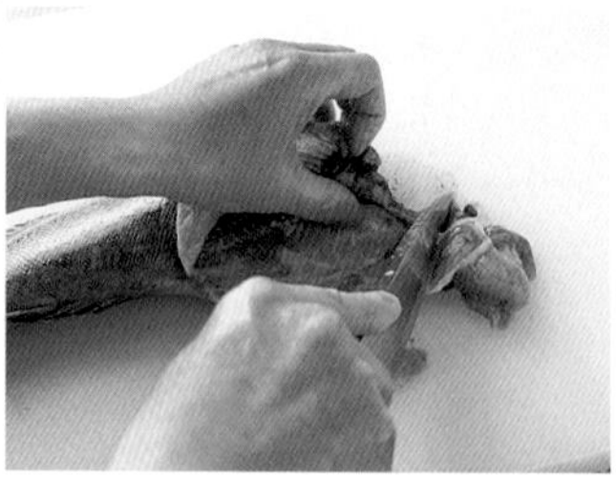

4 左手微抬鱼身，使刀深切入鱼腹中，用刀尖挑出内脏，将内脏去除。

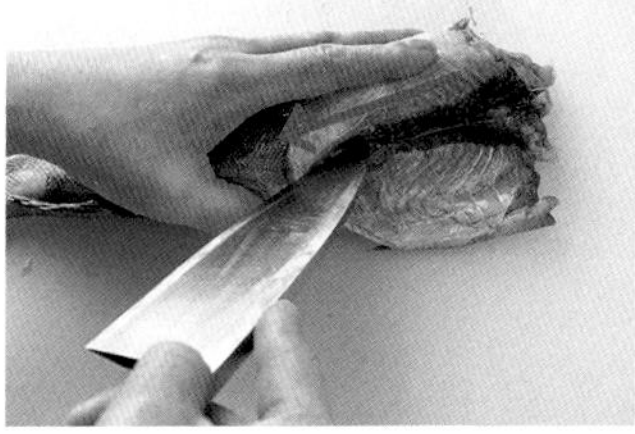

5 从鱼的血合处下刀。

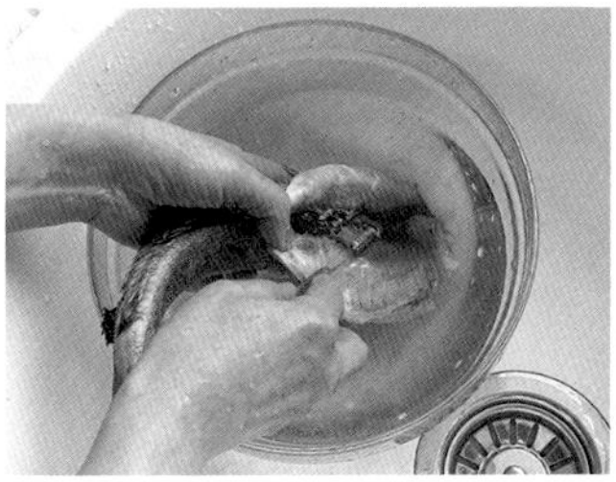

6 把鱼放在盛满水的碗里，用牙刷把鱼的血合刷去。清洗鱼体内残留的内脏和血污。

7 把鱼身上残留的水擦干，不要忘记擦干鱼腹中的水。

卸块
（三卸法 / 双面）

使用刀具

出刃菜刀

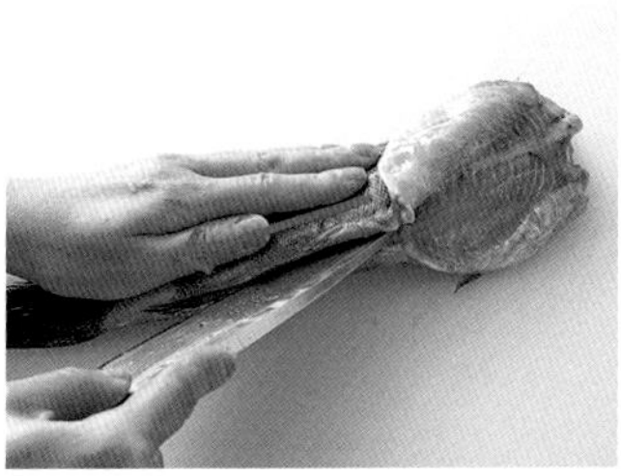

1 鱼头朝右，鱼腹靠近身前，刀尖从鱼头处下刀，直切至鱼尾。

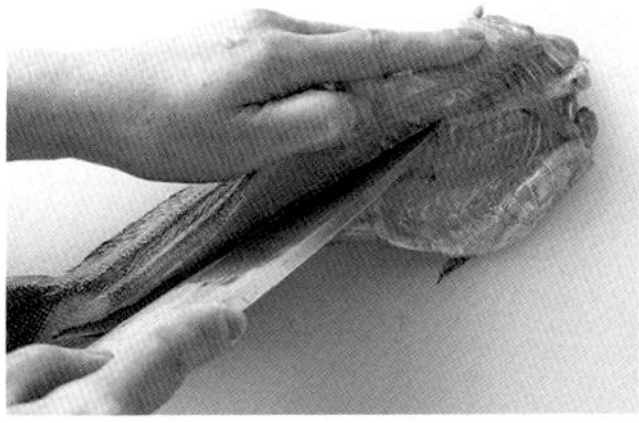

2 沿着鱼中骨下刀，切至鱼脊椎骨。用刀根切鱼腹骨的根部。

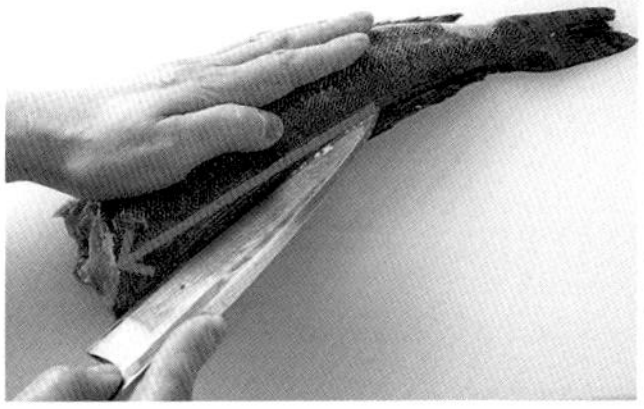

3 将鱼换边，鱼背靠近身前，在背鳍处入刀，从鱼尾处切向鱼头。

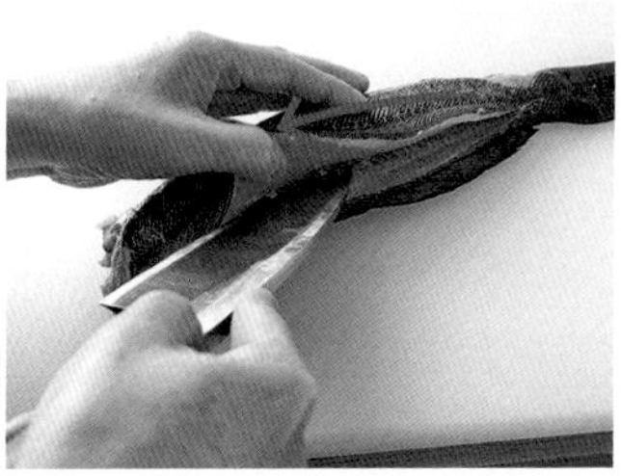

4 再一次从鱼尾处下刀，沿着鱼中骨下切，切至鱼脊椎骨。

诀窍

下刀时，左手按住鱼身，稍稍让鱼背上翘至与刀平行，以方便下切。

5 反刀插入鱼中骨处的鱼身，顺着鱼中骨切至鱼尾处，此时还不要切断鱼尾。

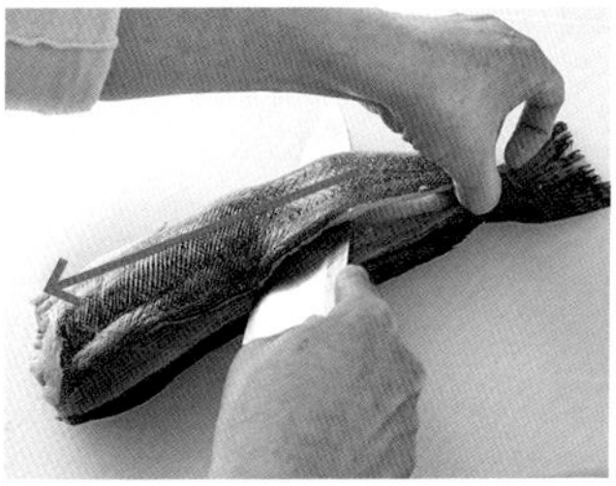

6 将菜刀反过来，从刚才切开的空隙中，顺着鱼中骨，一口气向鱼头处下切。最后切断鱼身和鱼尾的连接处。

下一页

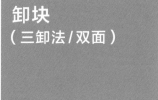

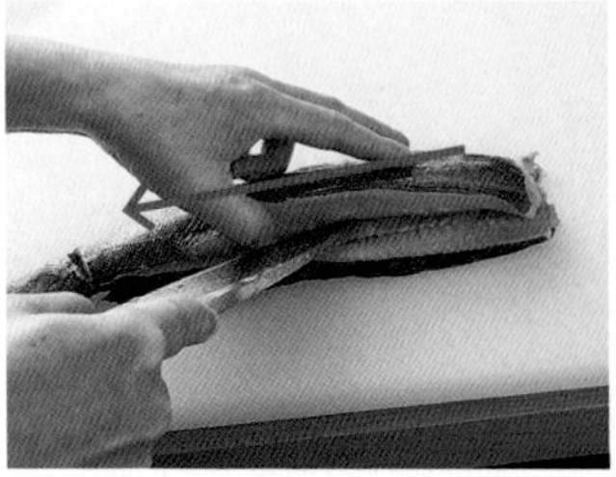

7 鱼身横放，要领同步骤3、步骤4，从鱼背鳍处入刀。

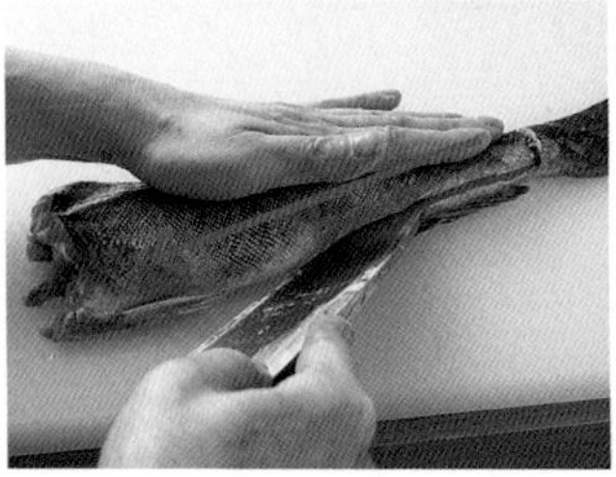

8 将鱼换边，鱼腹向前，从尾鳍处入刀，切至鱼脊椎骨。

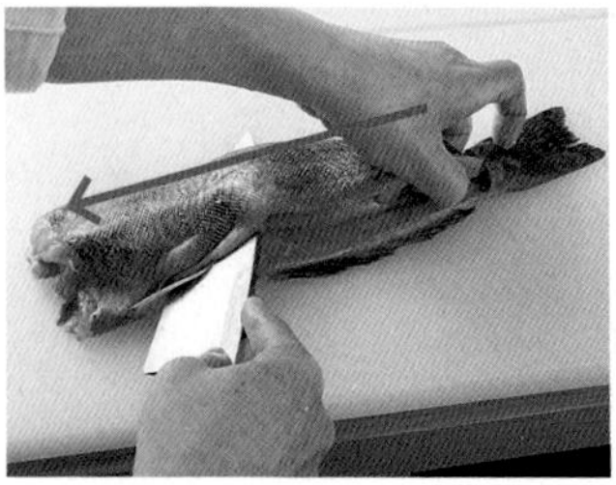

9 将刀从鱼尾处插入，顺着鱼中骨向鱼头处下切，切下鱼身。最后切断鱼身和鱼尾的连接处。

完成图 三卸法完成图。

去除鱼腹骨和鱼刺

使用刀具

出刃菜刀
去骨夹

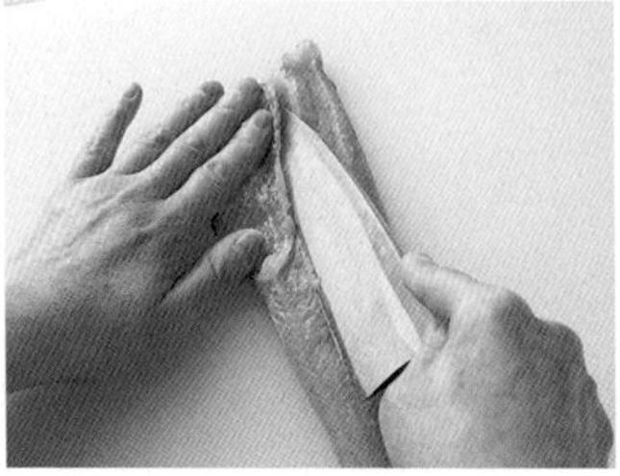

1 鱼腹朝向左侧，像舀水一样轻轻地用刀剔出鱼腹骨的根部。

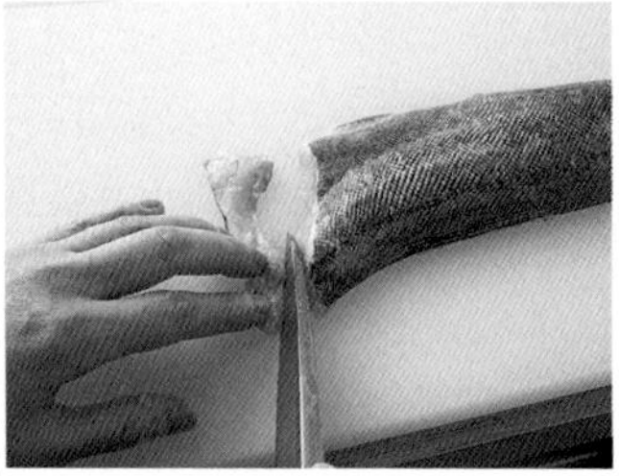

2 切除鱼头处硬骨。

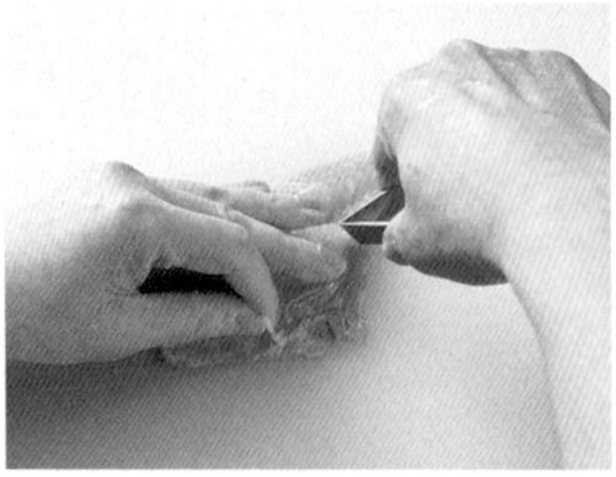

3 用去骨夹夹出鱼刺，可以用指尖轻按住鱼刺两端，把鱼刺顶出来再拔。

切鱼片

使用刀具

柳刃菜刀

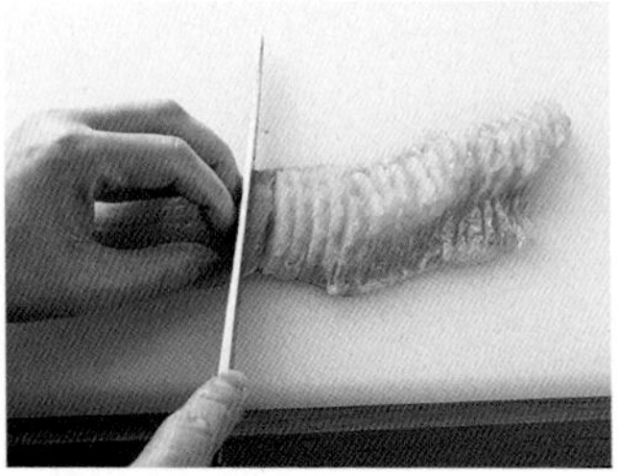

鱼身朝上，深切至鱼皮处，切成5毫米厚度的鱼片。切去鱼皮附近的鱼骨。

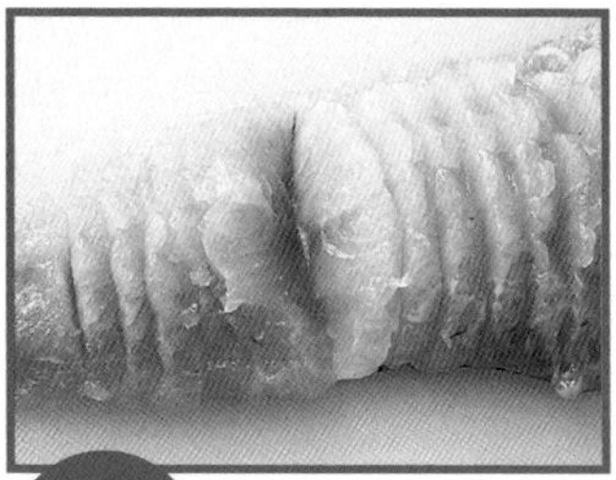

完成图 切鱼片完成图。

清汤六线鱼片 ▸第49页

料理

❖清汤六线鱼片

材料（2人份）

六线鱼（鱼片）100克；荚果蕨6根；鲜汁汤1.5杯；淀粉、盐适量；酒1大勺；淡酱油（生抽）少许；海带适量；花椒芽适量

做法

1 将淀粉小心地擦拭到六线鱼鱼片上。

2 去除荚果蕨根部较硬的部分，盐水煮沸，去水。

3 将鲜汁汤加入锅中，用小火温热，加入清酒、少许盐，再加入淡酱油调味即可。

4 在另一个锅中加入大量的水、适量的海带和盐，开火煮。保持煮沸温度，轻轻放入六线鱼鱼片，煮2~3分钟。

5 关掉煮六线鱼汤的火，趁热盛到碗中。最后在碗中加入3勺鲜汁汤，放入花椒芽。

竹荚鱼

竹荚鱼鱼身细小，不易被分割。鱼骨分布整齐，即使是初学者处理起来也能很顺利。鱼两侧有锯齿状的鳞片。处理时，先从两侧锯齿状的鳞片开始。一般意义上的真鲹是指竹荚鱼。我们称鱼身长20厘米左右的鱼为「中鲹」，10~15厘米的鱼为「小鲹」，5~6厘米的为「迷你鲹」。

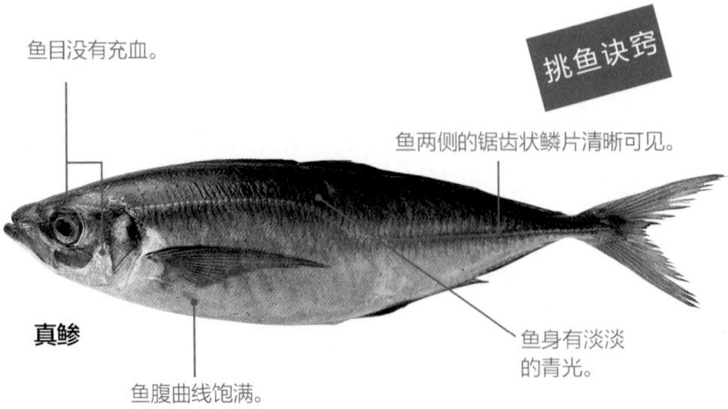

挑鱼诀窍
鱼目没有充血。
鱼两侧的锯齿状鳞片清晰可见。
鱼身有淡淡的青光。
鱼腹曲线饱满。

真鲹

❖推荐料理

推荐做刺身、拍鱼泥、醋浸（给片成3片的鱼肉撒上盐，经水洗后浸在醋中）、盐烤、油炸等做法。做成干货、上烤架（把鱼肉放在烧烤网上烤）或嫩煎的鱼肉会非常美味。将醋腌小鲹（将油炸过的鱼、洋葱、辣椒等拌好后加醋腌制的菜肴）、迷你鲹一口吞下，也会非常美味。

中鲹

小鲹

清洗

除去鱼两侧锯齿状的鳞片和其余鱼鳞

➡去头（交叉落刀）
➡除去鳃和内脏
➡洗净 ➡擦干

使用刀具

出刃菜刀

1 鱼头朝左，首先去除鱼两侧锯齿状的鳞片。从鱼尾处平放入菜刀，刀像割肉一样前后慢慢移动以去皮。

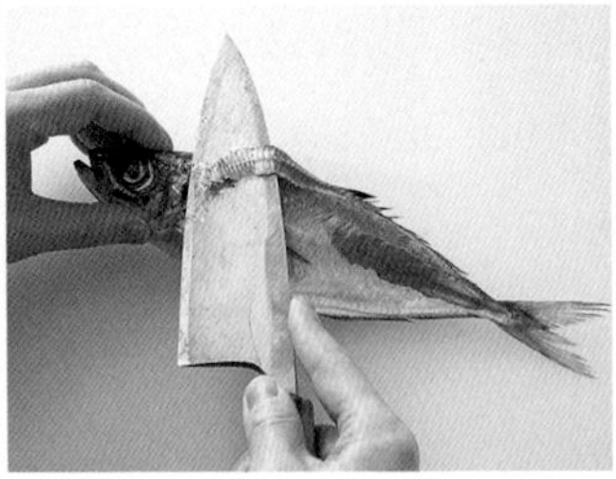

2 手法要领同梳刮法，菜刀前后移动，切去鱼头附近的鱼鳞。鱼的两侧同理。

3 鱼头朝左，左手捏住鱼头，菜刀轻柔地从鱼尾移至鱼身，除去残余的鱼鳞。

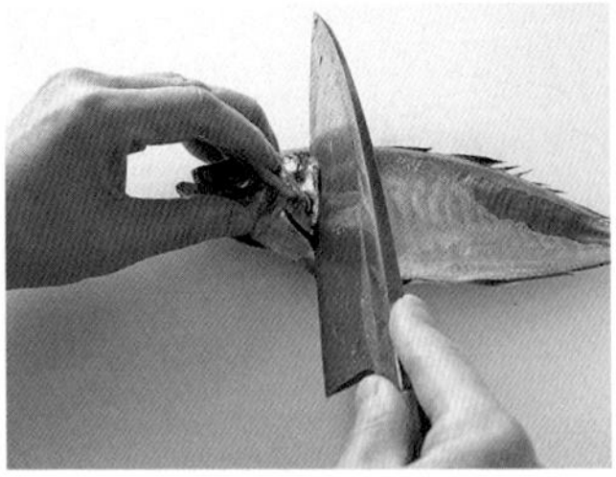

4 从鱼胸鳍后倾斜入刀，将鱼转过来，对转过来的一侧进行相同的处理。

5 菜刀立起，切断鱼头上的鱼脊椎骨，用左手把鱼头扯下来。

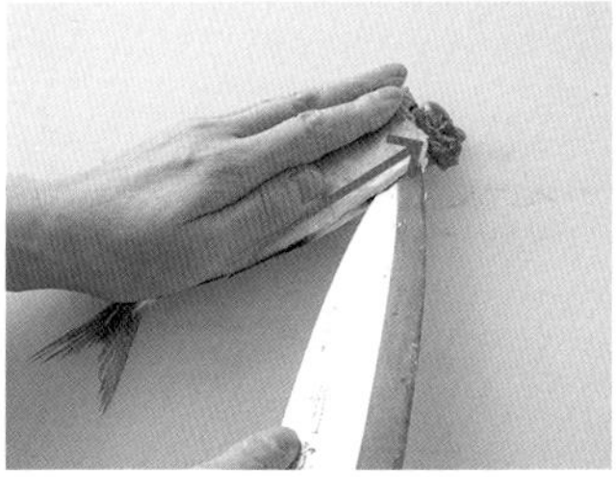

6 鱼尾朝左，鱼腹靠近身前。使用反刀，用刀尖从鱼肛门处切入，直切至鱼头。

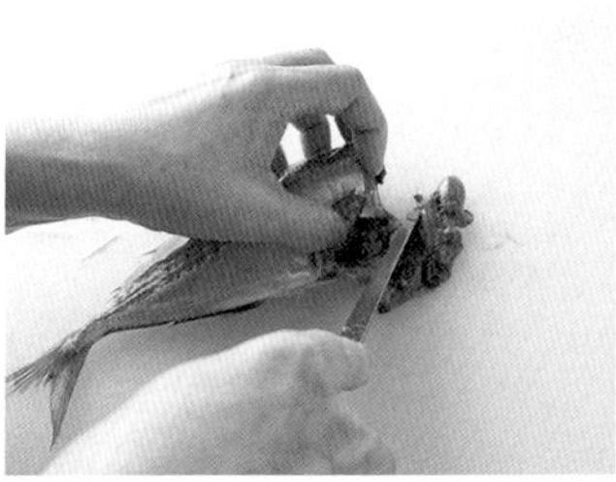

7 左手将鱼身抬起，右手持刀切入鱼腹深处，用刀尖挑出鱼内脏，将内脏去除。

8 把鱼放在盛满水的碗里，用牙刷把鱼的血合刷去。清洗鱼体内残留的内脏和血污。

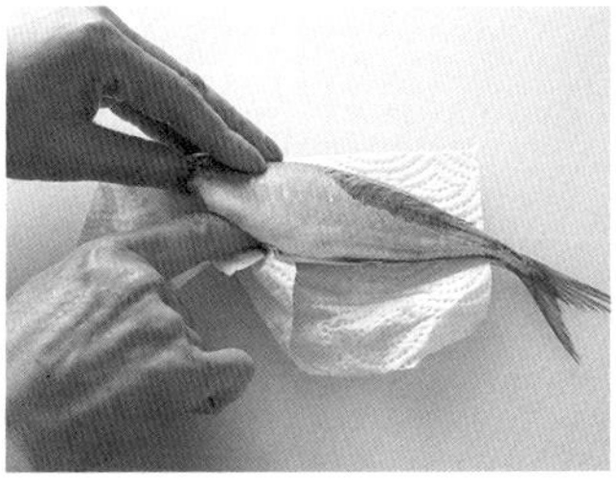

9 把鱼身上残留的水擦干，不要忘记擦干鱼腹中的水。

卸块
（三卸法/双面）

使用刀具

出刃菜刀

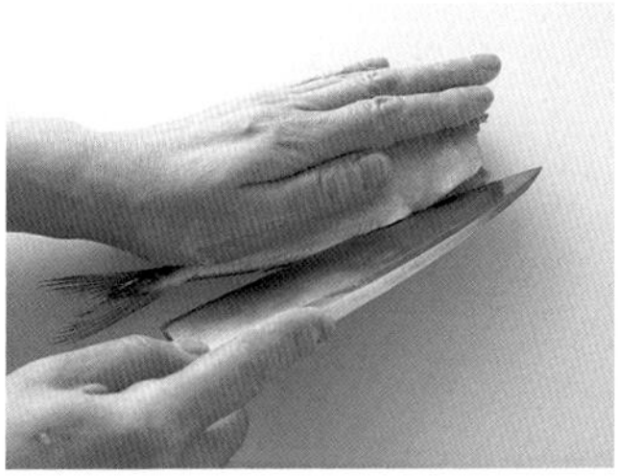

1 鱼头朝右，鱼腹靠近身前，用刀尖从鱼头侧切入，直切至鱼尾。

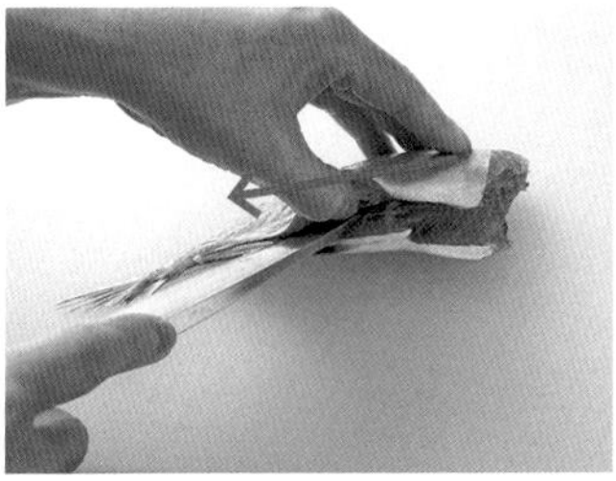

2 再次从鱼头侧入刀，沿着鱼中骨下刀，切至鱼脊椎骨。

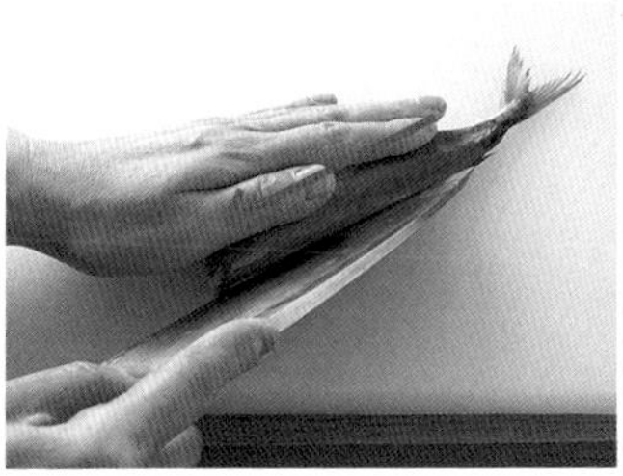

3 将鱼换边，鱼背靠近身前，在背鳍处入刀，从鱼尾处切至鱼头。

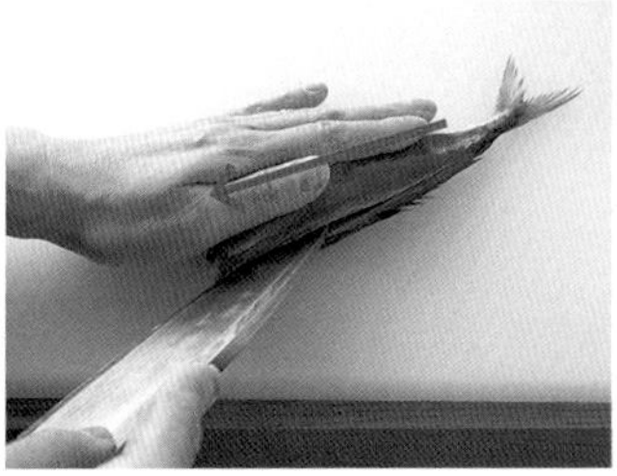

4 再次从鱼尾处下刀，沿着鱼中骨下切，切至鱼脊椎骨。

5 用反刀插入鱼中骨处的鱼身，顺着鱼中骨切至鱼尾处，此时还不要切断鱼尾。

6 将菜刀反过来，从刚才切开的空隙中，顺着鱼中骨，一口气向鱼头处下切。

7 最后切断鱼身和鱼尾的连接处。

下一页

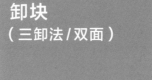

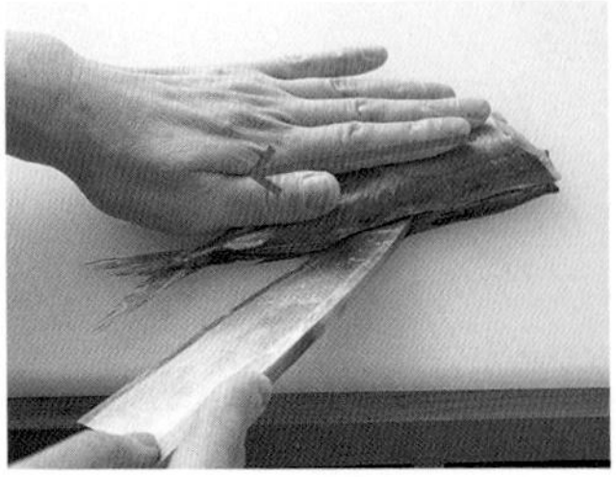

8 鱼身横放，要领同步骤3、步骤4，切至鱼脊椎骨。

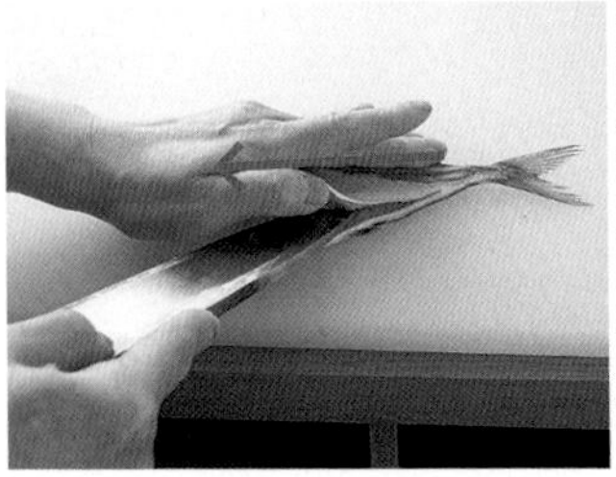

9 将鱼换边，从鱼腹入刀，要领同步骤5、步骤6、步骤7，分离鱼身和鱼骨。

完成图 三卸法完成图。

去除鱼腹骨和鱼刺

使用刀具

出刃菜刀
去骨夹

1 将内侧鱼身的鱼腹朝左放置在砧板上，将鱼腹骨的根端用刀尖挑出，再用刀轻轻地把露出的鱼腹骨去除。

2 另一边同理，用刀轻轻地把鱼腹骨挑出。

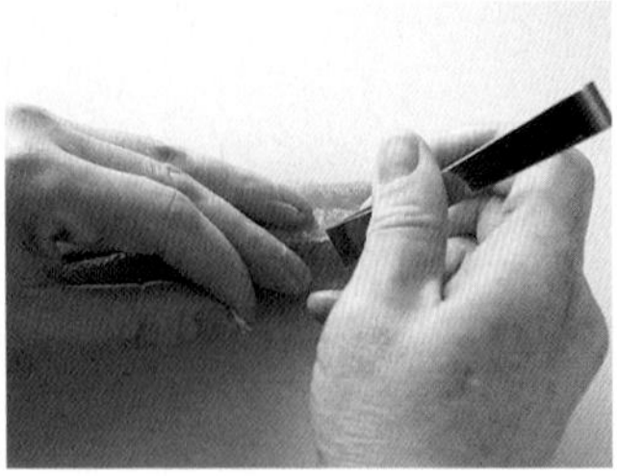

3 用去骨夹夹出鱼刺。

盐烤竹荚鱼+小番茄酱
▶第58页

去皮

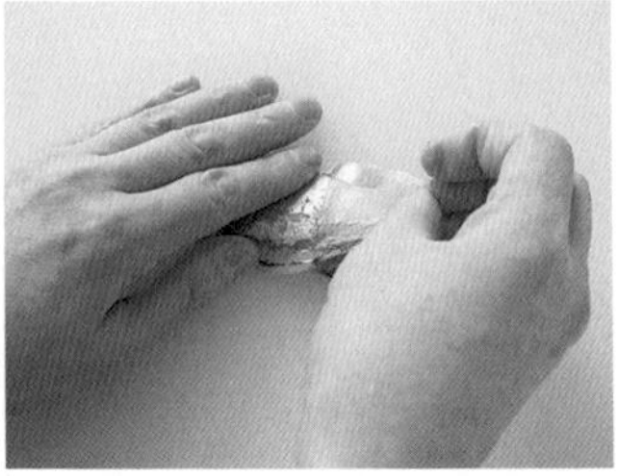

鱼头朝左，右手将剥起的皮轻轻地朝右撕。

诀窍

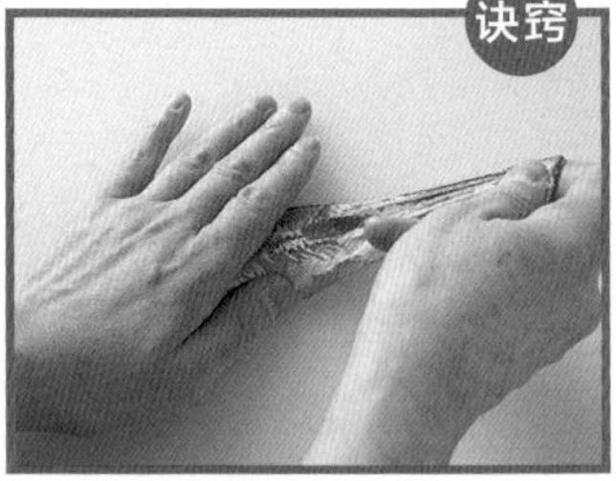

撕鱼皮时，需要从鱼头撕向鱼尾。用左手手掌按住鱼身，将鱼皮朝鱼尾方向完整撕下。

清洗（腌全鱼备用）

除去鱼两侧锯齿状的鳞片和其余鱼鳞
➡去头（交叉落刀）
➡除去鳃和内脏
➡洗净 ➡擦干

使用刀具

出刃菜刀

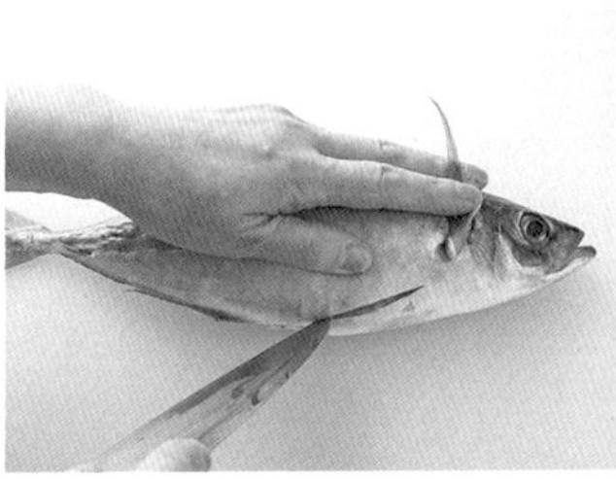

1 鱼头朝右，鱼腹靠近身前，去除鱼两侧锯齿状的鳞片（参照第50页），从鱼胸鳍下方斜插刀，切出深2~3厘米的口子。

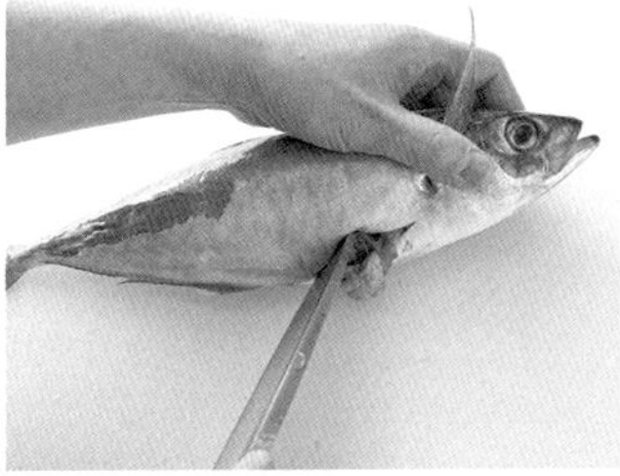

2 刀从平放到直立，掏出鱼内脏。从鱼的血合处入刀。

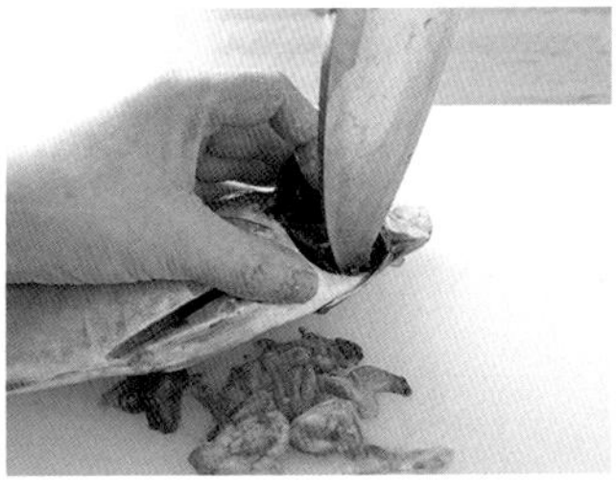

3 将刀尖插入鱼鳃盖，切去鱼鳃盖周围的薄膜。

4 切去鱼鳃盖和周围鱼肉的连接处，刀尖插入鱼鳃，用力挑出鳃。

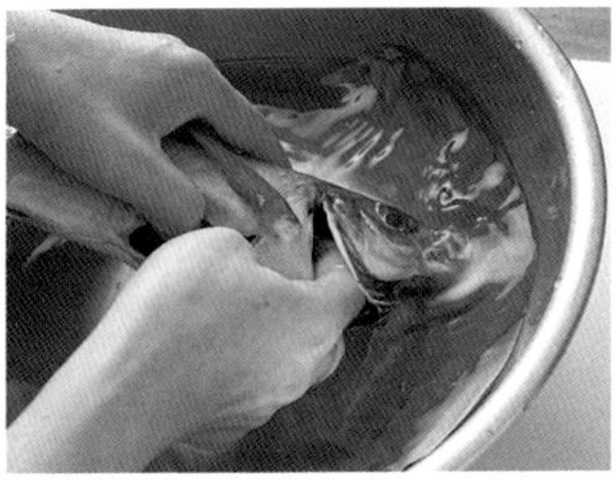

5 把鱼放在盛满水的碗里，用指尖把鱼的血合刮去。清洗鱼体内残留的内脏和血污，把鱼身内外残留的水擦干。

完成图 清洗（腌全鱼备用）完成图（里侧）。

完成图 清洗（腌全鱼备用）完成图（外侧），鱼腹切口在鱼内侧，因此菜上桌后也看不到切痕。

打花刀

使用刀具

出刃菜刀

1 鱼头朝左，鱼腹靠近身前。在鱼身中部斜切两刀，深切至鱼表面到鱼中骨厚度的一半。

2 再向左侧斜切一刀。

完成图 打花刀完成图。
烤竹荚鱼＋香芹
▸第59页

鱼身对切
（连头）

除去鱼两侧锯齿状的鳞片和其余鱼鳞
➡除去鳃和内脏
➡洗净 ➡擦干
➡鱼身对切

使用刀具
出刃菜刀

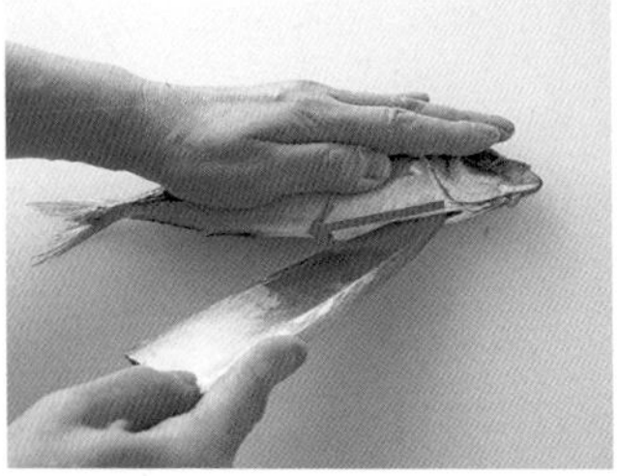

1 鱼头朝右，鱼腹靠近身前，去除鱼两侧锯齿状的鳞片（参照第50页）。从鱼腹处下刀，切至鱼肛门处。

2 打开鱼腹，切断鱼下颚与鱼鳃周围的连接处。切去鱼鳃盖周围的薄膜。

3 切去鱼鳃盖和周围鱼肉的连接处后，刀尖插入鱼鳃，用力扯出鳃。

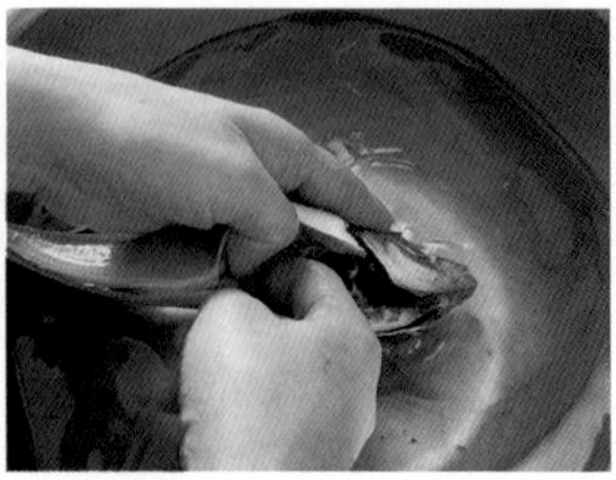

4 把鱼放在盛满水的碗里，用指尖把鱼的血合刮去，清洗鱼体内残留的内脏和血污，把鱼身内外残留的水擦干。

5 鱼头朝右，鱼腹靠近身前。同三卸法要领相同，沿着鱼中骨向鱼腹处下切。

6 将鱼身立起，在鱼下颚部分下方下刀，将鱼对半切开。

7 再次沿着鱼中骨下切，深切至鱼背鳍处，如图所示将鱼平切成一整片并展开。

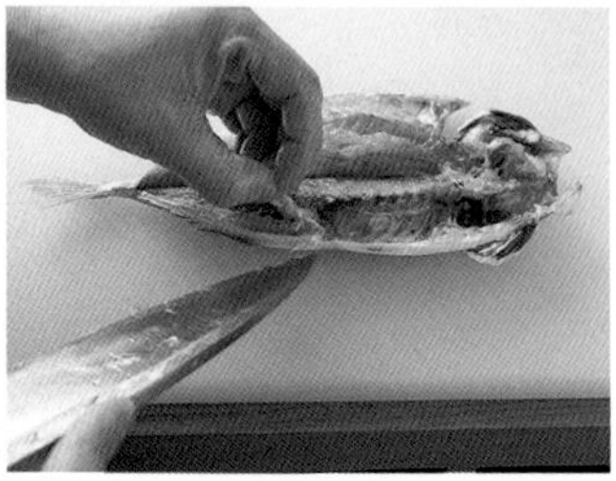

8 仔细地去除内脏和薄膜。

完成图 鱼身对切（连头）完成图。

竹荚鱼一夜干
▸第60页

鱼身对切
（开背脊）

使用刀具
出刃菜刀

1 将鱼清洗（参照第50页）好，鱼头朝右，鱼背朝向身前。从鱼头一侧的背鳍处下刀。

2 同三卸法要领相同，沿着鱼中骨下切至鱼腹。

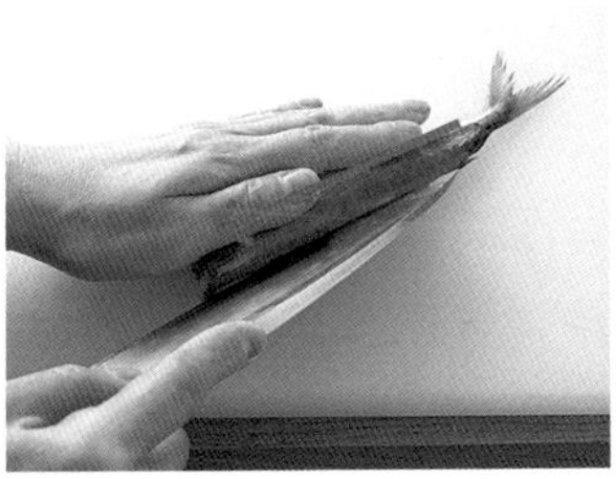

3 将鱼翻转过来，鱼头朝左，下切至鱼中骨。然后从鱼尾处切向鱼背鳍。

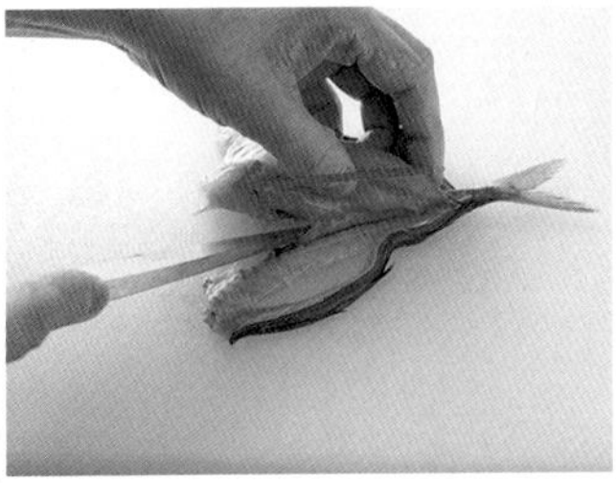

4 沿着鱼中骨下刀，切去鱼中骨。

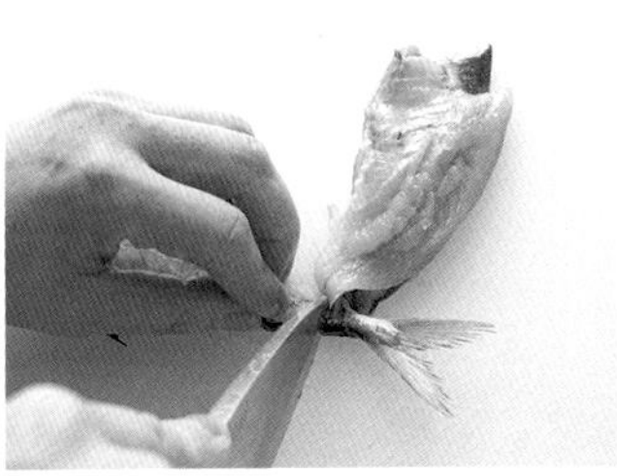

5 将鱼身外翻，露出鱼肉，切去鱼尾部的鱼中骨。

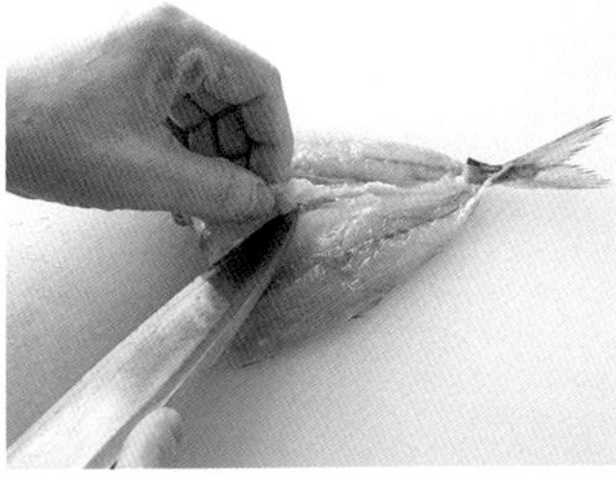

6 去除鱼腹骨。鱼尾朝右，鱼腹骨靠近身前，轻轻地取出鱼腹骨。

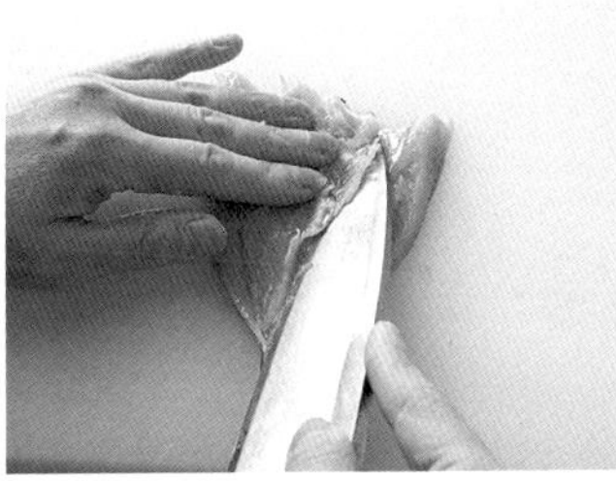

7 鱼尾靠近身前，从鱼右侧下刀。切去鱼另一侧的鱼腹骨。

8 皮组织残留在鱼肉上时，把鱼肉对折，在不伤到鱼肉的前提下，切去中间残留的臀鳍。

完成图

鱼身对切（开背脊）完成图。

炸竹荚鱼

▶第60页

细片法

＊使用去皮后的鱼肉。

使用刀具

柳刃菜刀

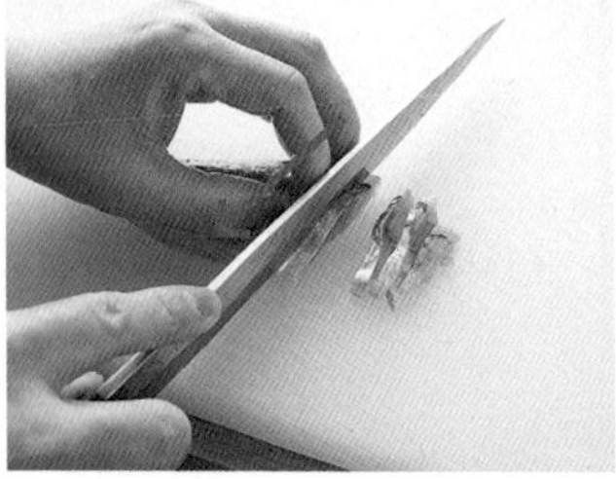

曾附有鱼皮的一面朝上，从右端开始切，每片大约5毫米厚。切时干净利落，一口气下刀。

完成图 细片法完成图。

醋腌竹荚鱼＋黄瓜生姜醋▸第57页

拍鱼泥

＊使用去皮后的鱼肉（外侧鱼身）。

使用刀具

出刃菜刀

柳刃菜刀

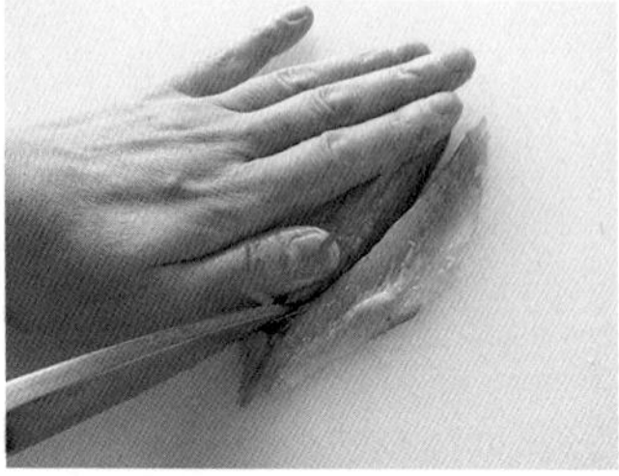

1 鱼腹朝右，用出刃菜刀在鱼身上的血合和鱼刺处竖切一刀。切时可以往左边稍倾斜，使切下的右侧鱼肉上下等宽。

2 切去鱼身上的血合和鱼刺。

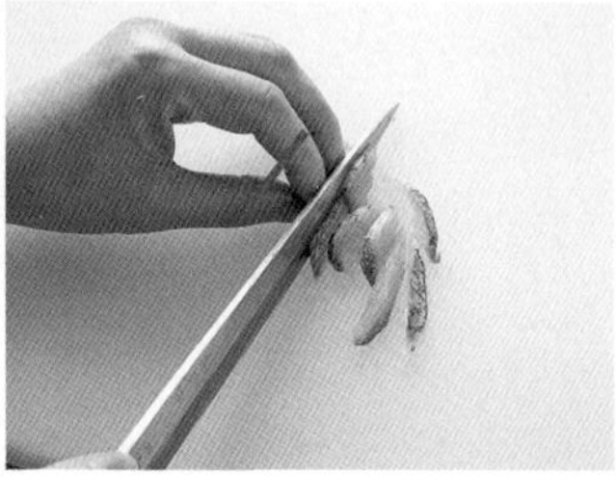

3 使用柳刃菜刀，将鱼身切成丝。切小型鱼时，注意斜切，使切下的鱼肉长度尽可能相等。

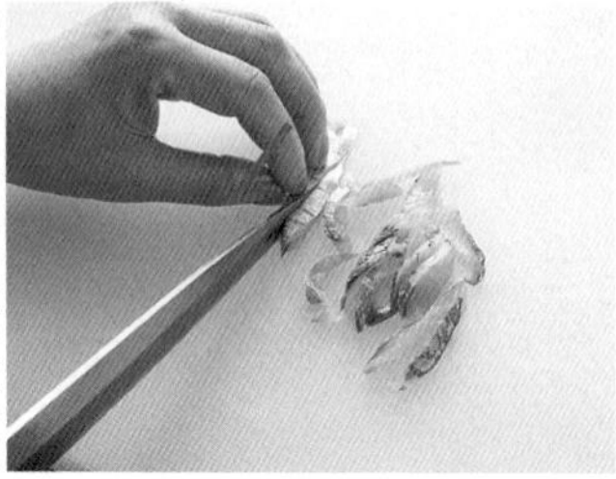

4 用同样的方法，将鱼腹切成丝。

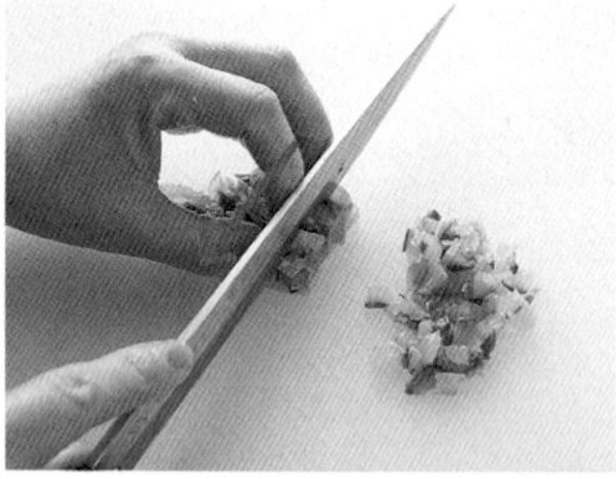

5 把切好的鱼肉抓在一起，从右端间隔5毫米左右切丁。做刺身的时候，注意不要切得太细。

完成图 拍鱼泥完成图。

竹荚鱼泥

▸第57页

料理

❖ 醋腌竹荚鱼+黄瓜生姜醋

材料（2人份）

竹荚鱼（去皮鱼肉）1/2条；稀释醋（在醋中加鲜汤汁、酒或料酒等，醋、水各1勺，砂糖、盐适量）；黄瓜1/3根；野姜1个；生姜醋（酒、米醋、生抽各1/2勺，少量盐，适量生姜汁）；盐、海带适量

做法

1 在竹荚鱼上撒盐，放置15分钟，捞起后擦去水。

2 用做好的稀释醋腌制竹荚鱼，静置5分钟。去除鱼身上多余的汤汁后，用海带包裹鱼身，再缠上保鲜膜，放入冷藏室里静置1小时。

3 黄瓜切丝，撒少量盐。黄瓜变软后用水冲洗，然后擦干。野姜切丝。

4 把做生姜醋的酒放在微波炉里热10秒，和其他原料搅拌在一起。

5 把步骤2的竹荚鱼顺着鱼皮纹路切丝，再将其与步骤3的材料混合，加入做好的生姜醋。

❖ 竹荚鱼泥

材料（2人份）

竹荚鱼（去皮鱼肉）1条；生姜10克；紫苏叶5片；葱1~2根；柠檬汁1/2小勺；酱油1/2小勺；野姜（切丝）1个；配菜紫苏2片

做法

1 将生姜切丝，紫苏叶切末，葱切小圆段。

2 把竹荚鱼切成鱼泥，再把鱼泥、步骤1的材料、柠檬汁和酱油一起混合。

3 在盘子里放好装饰用的丝状野姜和配菜紫苏，把步骤2的成品盛上。

材料（2人份）

竹荚鱼（去皮鱼肉）1条；大蒜1瓣；迷你番茄1包；罗勒2片；橄榄油 1小勺；白酒2大勺；盐、胡椒适量

做法

1 在竹荚鱼上撒盐，静置5分钟。

2 把大蒜切成薄片，迷你番茄对半切，最终切成1/4大小。将罗勒去秆留叶后切碎。

3 在平底锅里放入切好的大蒜和橄榄油，用小火炒。等炒出蒜香，油也热了以后，放入去皮的竹荚鱼（鱼表面没有多余的水），等鱼周身变白后，把鱼翻边，直到鱼中部熟透。出锅时，去掉鱼身多余的油，放入碟子里，保持余温放置。

4 等大蒜变脆、变硬后取出，放入迷你番茄并翻炒。然后倒入白酒煮一会儿，待番茄变软出汁后加盐、胡椒调味。加入切碎后的罗勒后，熄火。

5 把步骤4中做好的酱汁倒在做好的竹荚鱼上，最后撒上大蒜、胡椒。

❖ 盐烤竹荚鱼+小番茄酱

❖烤竹荚鱼＋香芹

材料（2人份）

竹荚鱼（洗干净的）1条；茄子、西葫芦、红辣椒、玉米适量；百里香4~5根；大蒜2瓣；橄榄油适量；柠檬（切成瓣状）2瓣；意大利香芹适量；盐适量

做法

1 在竹荚鱼上撒盐，静置30分钟。

2 擦去竹荚鱼身上的水，把大蒜和百里香塞入鱼口和鱼腹中。在鱼表面涂上橄榄油。

3 把茄子和西葫芦斜切成1厘米厚的片，撒盐，静置10分钟，擦去其表面的水后涂上橄榄油。把玉米、红辣椒切成合适大小后涂油。

4 把竹荚鱼放在预热好的烤架上烤7~8 分钟，茄子和西葫芦烤2~3分钟，红辣椒和玉米烤4~5分钟，撒少许盐。

5 把之前做好的食材放在盘子里，最后用柠檬瓣和意大利香芹装饰。

❖竹荚鱼一夜干

材料（2人份）

竹荚鱼［鱼身对切（连头）］2条；盐适量；紫苏叶2片；柠檬（切成瓣状）2瓣

做法

1 把竹荚鱼放在稀释盐水里浸泡30分钟。

2 去掉竹荚鱼身上的水，把鱼放在沥水的竹板上，在通风良好的地方放一夜以风干。待摸起来有点黏的时候就算风干完成了。

3 把鱼放在预热好的烤架上烤4~5分钟。

4 最后把鱼放在盘子里，用紫苏叶和柠檬瓣装饰。

❖炸竹荚鱼

材料（2人份）

竹荚鱼［鱼身对切（开背脊）］2小条；塔塔酱（煮鸡蛋1个，洋葱1/8个，腌小黄瓜2根，刺山柑1小勺，芹菜1/2根，蛋黄酱2大勺）；卷心菜叶片（切丝）2片；对半切的迷你番茄6个；小麦粉、蛋液、面包粉及油适量

做法

1 按顺序将竹荚鱼蘸好小麦粉，搅匀蛋液和面包粉。

2 煮鸡蛋、洋葱、腌小黄瓜、刺山柑、芹菜分别切丝。洋葱丝浸水后擦干，再和其他材料混合做成塔塔酱。

3 把油加热到170摄氏度后炸竹荚鱼。

4 沥干油后，把鱼、卷心菜、番茄以及步骤2做好的塔塔酱一起装盘。

星鳗

星鳗身长可达1米，因为鱼身非常纤细，处理时需要切开鱼身（关西是从鱼腹开切，关东是从鱼背开切），下面将介绍鱼身对切（开背脊）。因为鱼身黏滑，切时请使用鱼目钉固定鱼身。为了不影响口感，请仔细去除鱼身上的黏液。特别是入汤的时候，黏液很容易影响汤的口感。但在油炸或烧烤的情况下，即便忘记去黏液也没什么大的问题。

❖推荐料理

首先推荐煮星鳗。星鳗在江户时期前就是做寿司不可或缺的材料，是佳品。不管是进行烧烤（不放任何佐料白烤）后沾芥末、酱油食用，还是做成天妇罗，都非常美味。

挑鱼诀窍

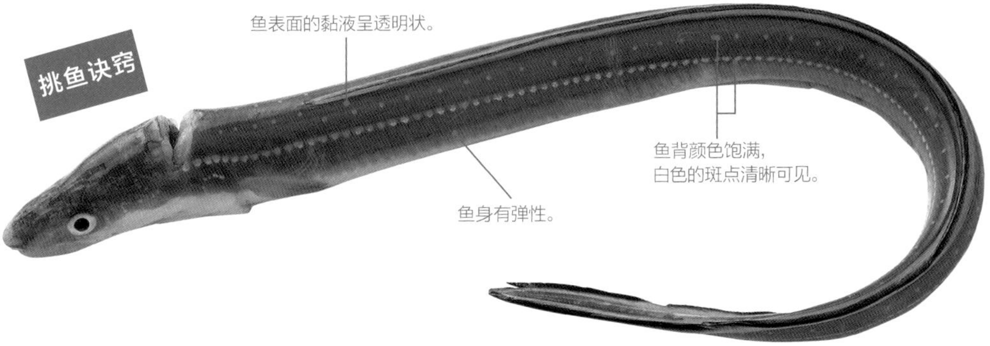
鱼表面的黏液呈透明状。
鱼背颜色饱满，
白色的斑点清晰可见。
鱼身有弹性。

鱼身对切（开背脊）

去黏液 ➡鱼身对切 ➡除去鳃和内脏 ➡洗净 ➡擦干 ➡去鱼中骨、腹骨 ➡去头 ➡去鱼鳍

使用刀具

鱼目钉
出刃菜刀

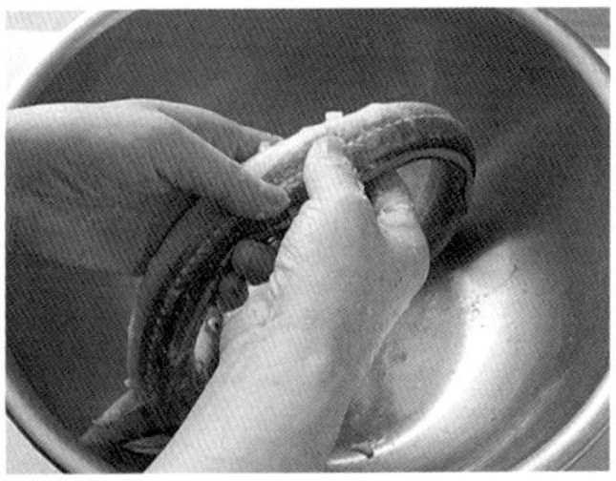

1 在鱼全身抹盐，去除鱼身的黏液。然后用水洗净并擦干。

2 把鱼头朝右放置在砧板上，鱼背靠近身前。用刀背敲击鱼目钉，用鱼目钉牢牢地固定住鱼颊。

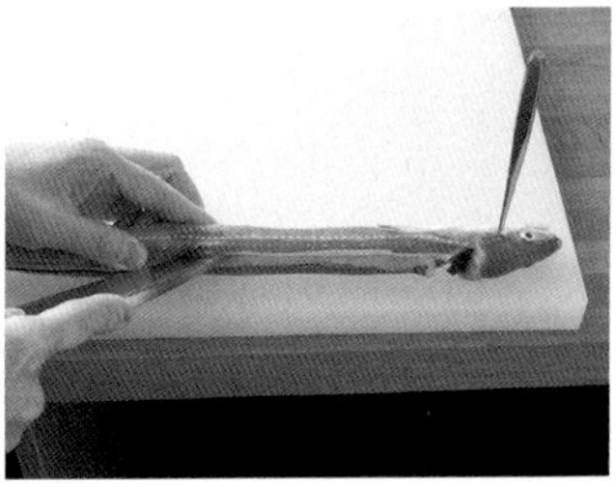

3 从鱼头处下刀，沿着鱼中骨切向鱼尾。

诀窍

为了不切破另一侧的鱼腹皮，用左手食指抵在鱼腹上，指尖感觉到刀尖动向的同时，和刀一起移动。

下一页

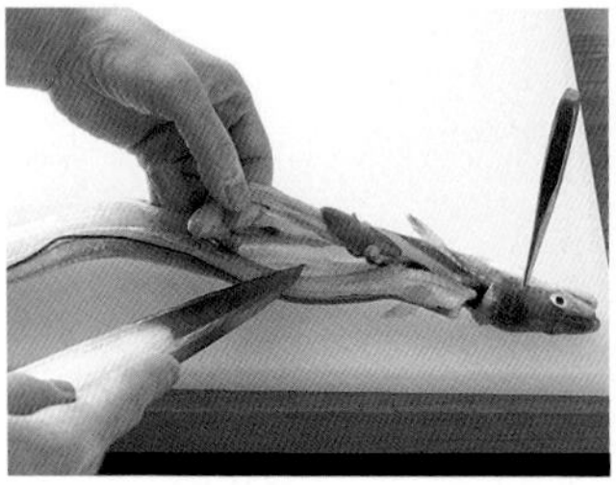

4 剖开鱼身，去除内脏，用水洗净后擦干。

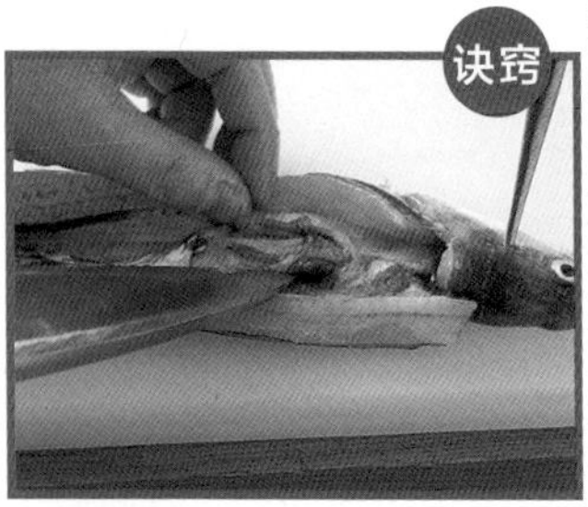

诀窍

鱼胆味苦，去内脏时要小心，避免弄破鱼胆。可以将鱼内脏连同薄膜一同切下。

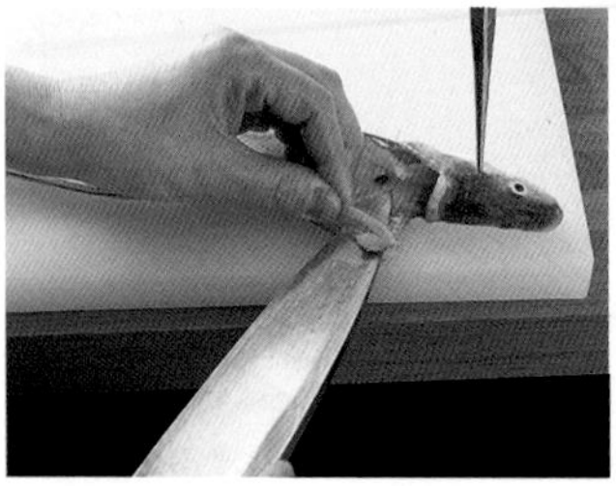

5 为了去除鱼中骨，从鱼头处沿鱼中骨插入菜刀。

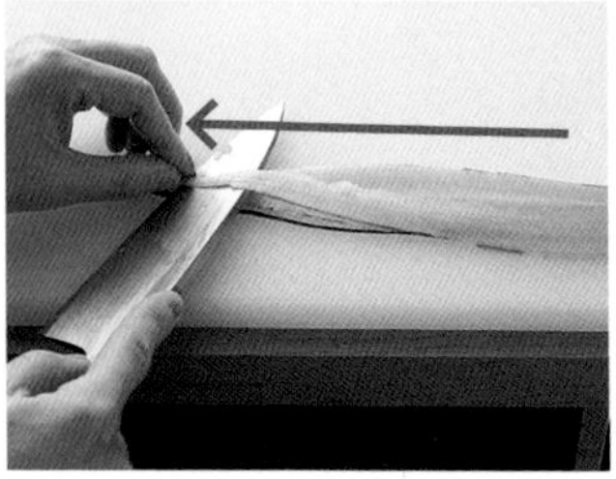

6 沿着鱼中骨向下切，切至鱼尾，将鱼中骨整根去除。

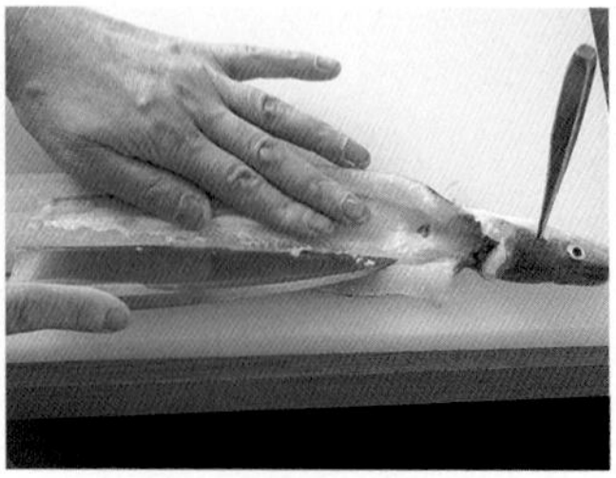

7 从身前的鱼腹骨处插刀，去除鱼腹骨。

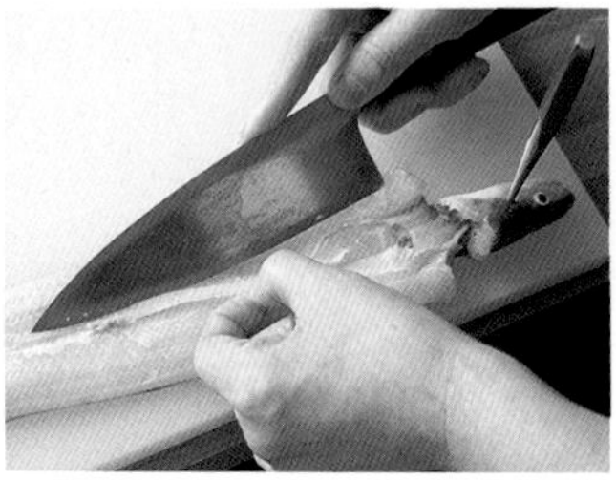

8 去除另一侧鱼腹骨时，从另一侧下刀，刀刃靠近身前。

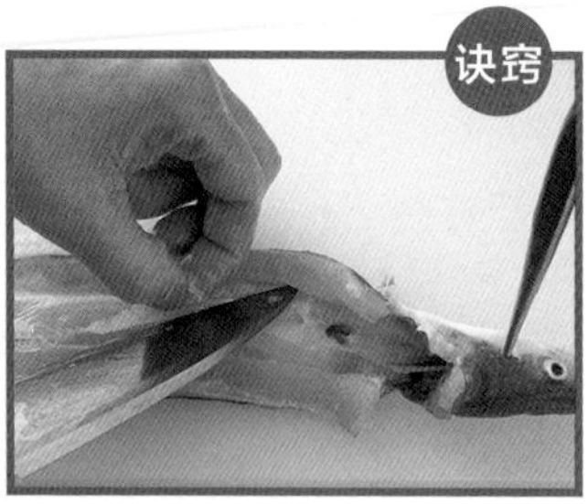

诀窍

去除星鳗的腹骨时，仅去除离鱼脊椎骨近的鱼腹骨根部即可。

9 一刀切下鱼头。

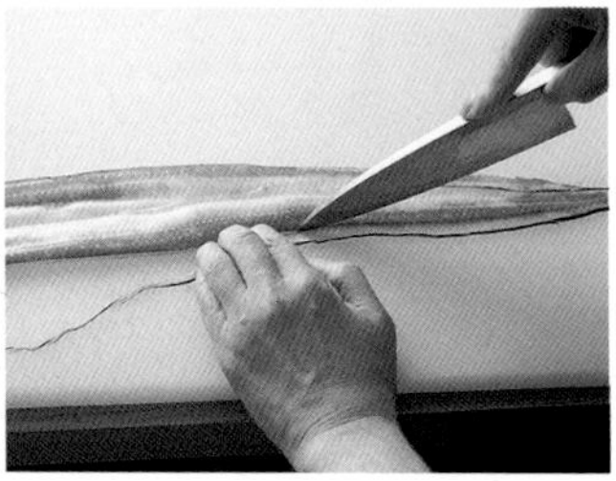

10 鱼头朝左，鱼背鳍靠近身前，用菜刀仔细地沿鱼身切去鱼皮。

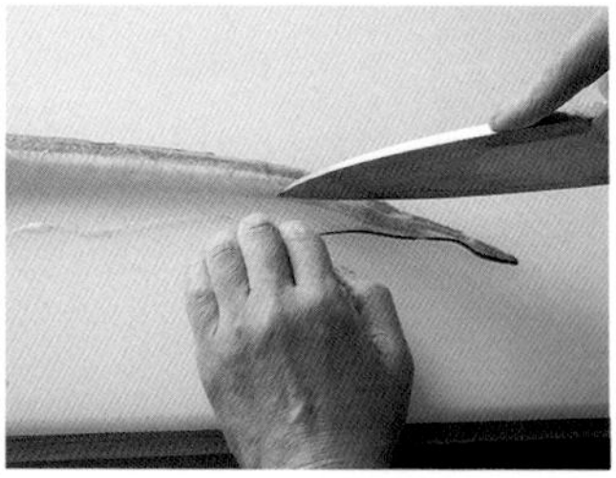

11 把切开的鱼身合拢，鱼腹鳍靠近身前，菜刀仔细沿鱼身切去鱼皮。

完成图 鱼身对切（开背脊）完成图。

去除黏液

使用刀具

柳刃菜刀

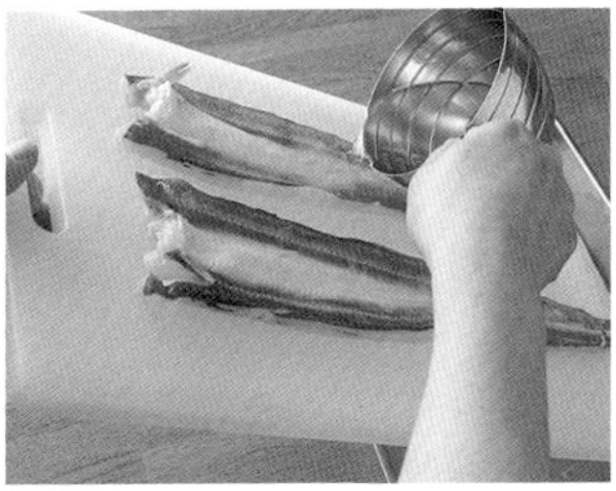

1 鱼头朝左，有皮的一侧朝上，并列放在砧板上，给鱼浇上热水，然后放在冰水里冷却。

2 对热水浇过的变白后的鱼，用刀刮去其黏液。

煮星鳗

▸如右

料理

❖ 煮星鳗

材料（4人份）

星鳗（鱼身对切、去黏液后的鱼肉）4条；汤汁（鲜汤汁2杯，酒1/2杯，料酒1/2杯，细砂糖15克，生抽1.5勺，酱油2勺）；紫苏叶、芥末适量

做法

1 把做汤汁的材料放在大锅里煮，鱼外侧朝下，鱼肚内侧朝上，平置放入锅内。盖上锅盖，等锅内汤沸腾冒泡后再煮20分钟。

2 趁热取出鱼肉，放在浅底木竹篮里铺开。

3 用大火继续炖出浓汁，待半锅汤变黏稠之后即可关火。

4 把星鳗切成适口的小段，将步骤3做好的浓汁浇在鱼段上并装盘，用紫苏叶进行装饰，最后挤上芥末。

甘鲷

甘鲷前额呈四角方形，有红、白、黄3种颜色。一般我们所说的甘鲷是指红色的甘鲷，而白甘鲷的味道最好。在日本关西地区，甘鲷也被称为『方头鱼』，其是一种名贵的鱼类。特别是福井县的若狭湾一带的若狭方头鱼，是京都料理不可或缺的高级食材。处理鱼鳞的方法多种多样，可以用片刮法，展现去鳞后鱼皮的美丽；也可用梳刮法，将整块外皮切下后油炸。此外，也可以不去鳞直接烧烤。

❖推荐料理

鱼身柔软、纤细是甘鲷的特征。因含水分多，可先用一撮盐和海带结暴腌（往鱼身上撒一层薄薄的盐腌制）。甘鲷也非常适合清炸（不裹煎炸粉，直接放入油中炸）或做成若狭烧。

挑鱼诀窍

鱼目透亮，
不凹陷。
鱼背为红色且鲜艳明亮。
鱼表面有光泽，
颜色饱满，
没有斑点。
鱼身有弹性，鱼腹饱满。

甘鲷

清洗

去鳞（片刮法，梳刮法）
➡去头（从胸鳍后方落刀）
➡除去鳃和内脏
➡洗净　➡擦干

使用刀具

柳刃菜刀
出刃菜刀

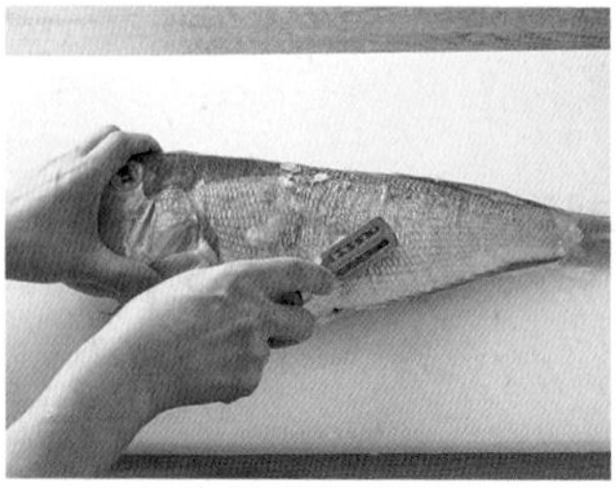

1 用去鳞刀从鱼尾向鱼头去鳞。用出刃菜刀去除多余的鱼鳞。

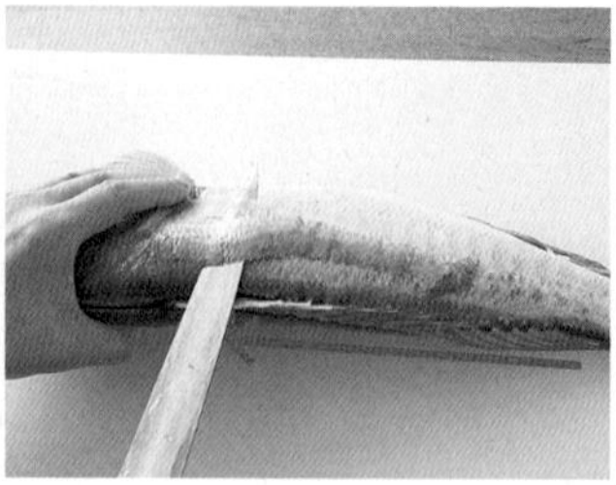

2 需要使用鱼鳞的时候，用柳刃菜刀从鱼尾向鱼头完整去皮。细小的鱼鳞可用出刃菜刀去除。

诀窍

用菜刀将鱼鳞和鱼皮一起切下，完整去皮。

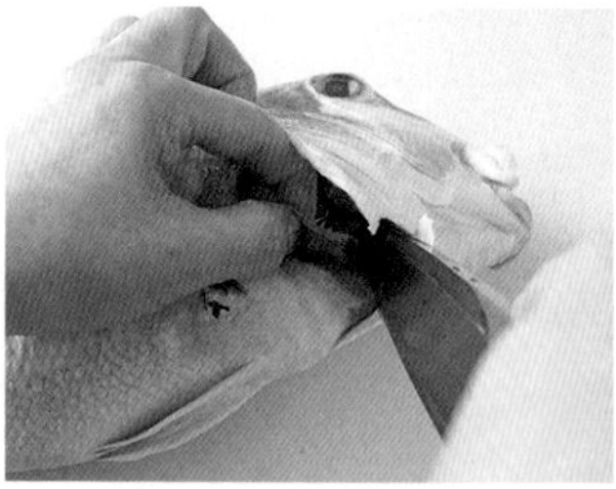

3 打开鱼鳃盖，下刀。将鱼鳃与下颚及鱼头上方分离，另一侧同理。

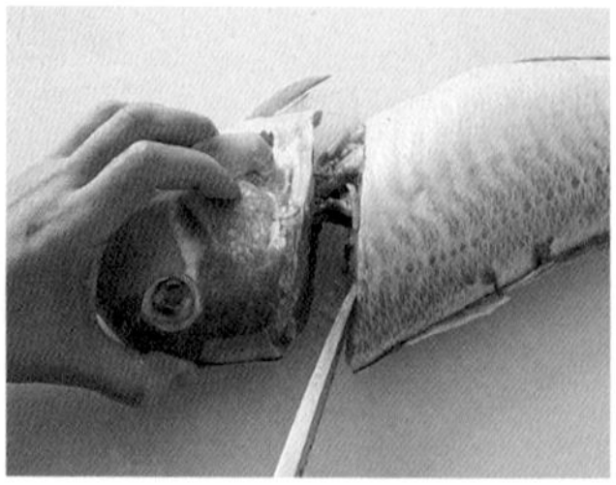

4 从胸鳍的后方下刀，从鱼头根部到胸鳍后方斜切。将鱼翻边，另一侧同理，直到把鱼头完整切下。

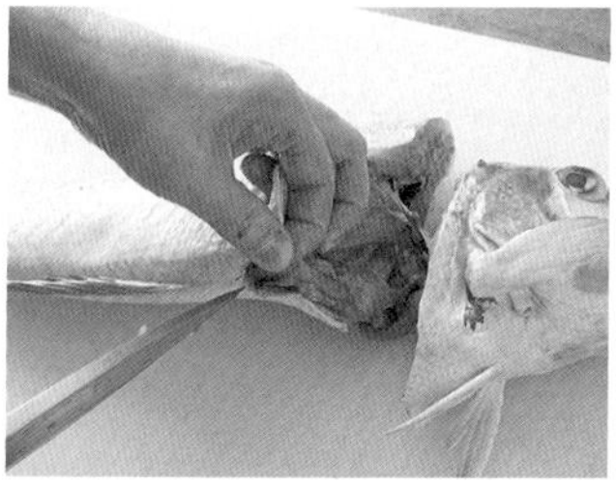

5 从鱼腹切至鱼肛门，去除内脏周围的薄膜。把内脏取出。刀尖插入血合处。

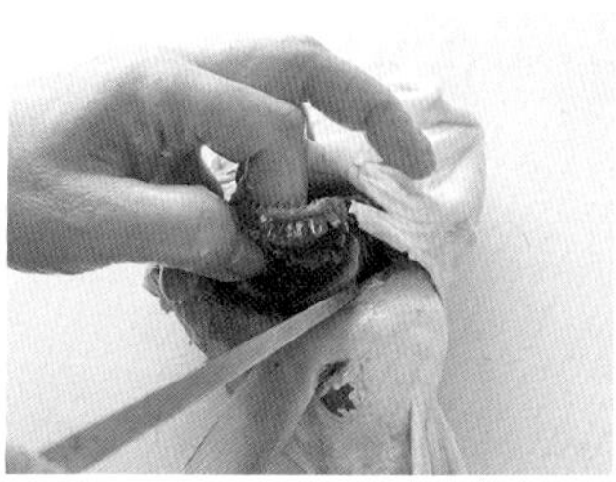

6 把鱼鳃盖打开，用刀尖抵住，把鱼鳃拉出。

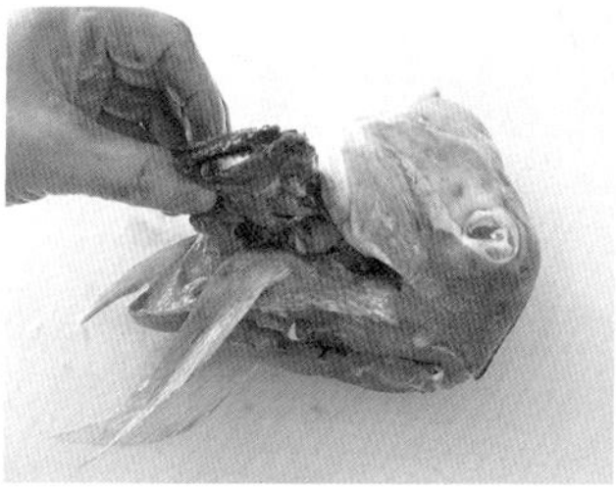

7 用手拉出鱼鳃后，用牙刷清洗掉鱼体内的血合，残留的内脏。快速冲洗并擦干鱼身、鱼头。

卸块
（三卸法/双面）

使用刀具
出刃菜刀

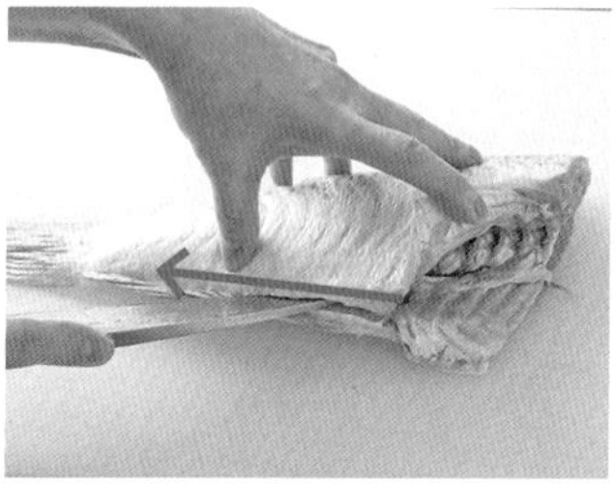

1 鱼头朝右，鱼腹靠近身前，在鱼头处入刀，沿着鱼中骨下切，深切至鱼尾。

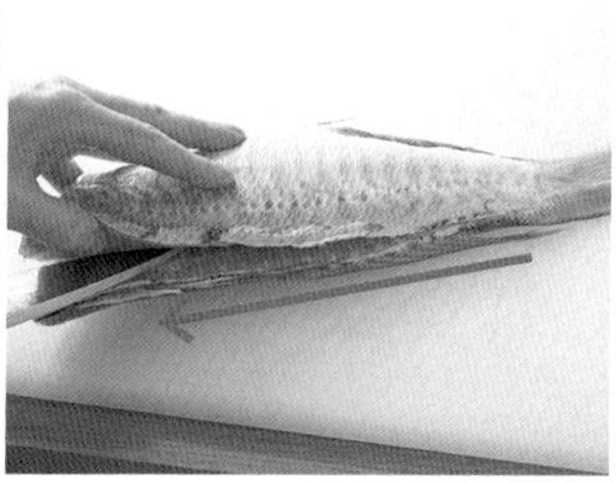

2 将鱼翻身，鱼背靠近身前。用同样的方法沿着鱼脊椎骨下切，由尾根处切向鱼头。

3 反刀插入鱼尾，稍稍下切。再回到普通握刀，左手按住鱼尾，切向鱼头，直到鱼肉与鱼骨分离。

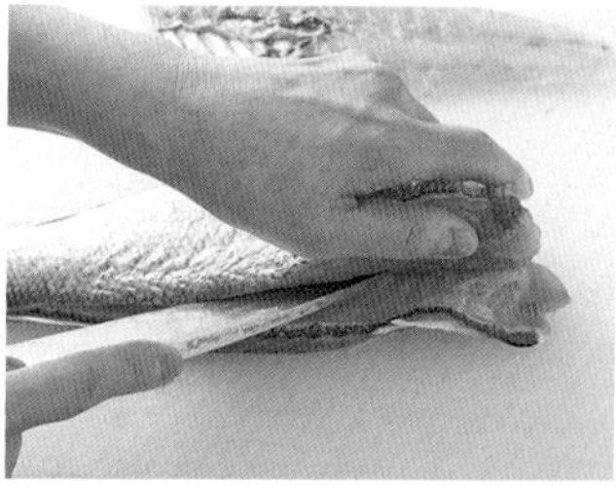

4 将鱼翻身，鱼背靠近身前，要领同步骤1、步骤2、步骤3，使鱼肉和鱼骨分离。

完成图 三卸法完成图。

切鱼中骨

使用刀具
出刃菜刀

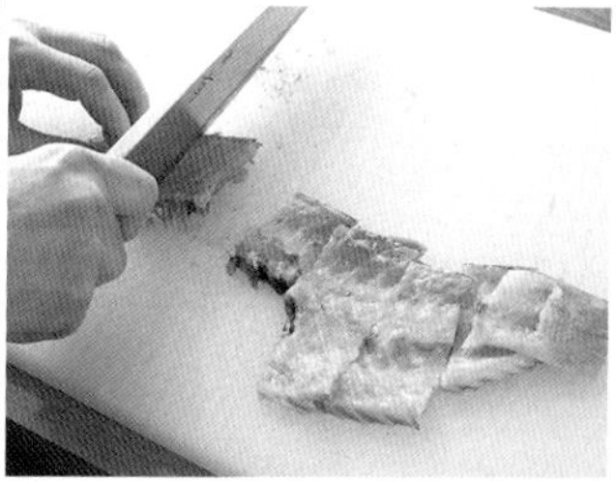

切去背鳍和尾鳍，用刀根将鱼剁成长为5厘米左右的小块。

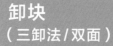

切条

＊去鳞后，用三卸法切下鱼腹骨上的鱼肉。

使用刀具

出刃菜刀

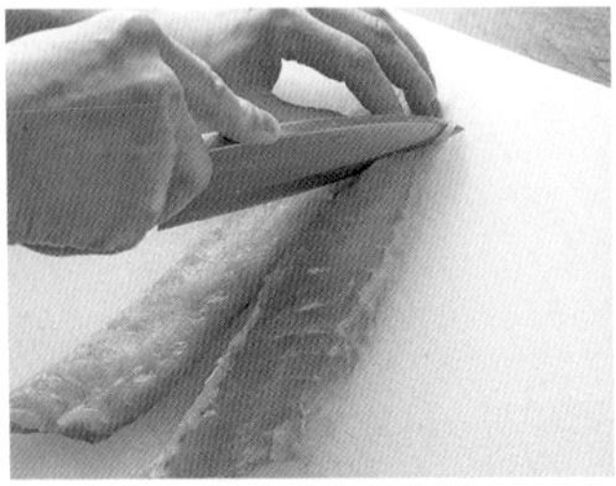

鱼腹朝右，在鱼身的血合和鱼刺处纵切。切时可以往左侧倾斜，使切下的右侧鱼肉上下等宽。

诀窍

切到鱼尾时，可以往左侧倾斜，使切下的右侧鱼肉上下等宽。切去鱼腹残留的血合和鱼刺。

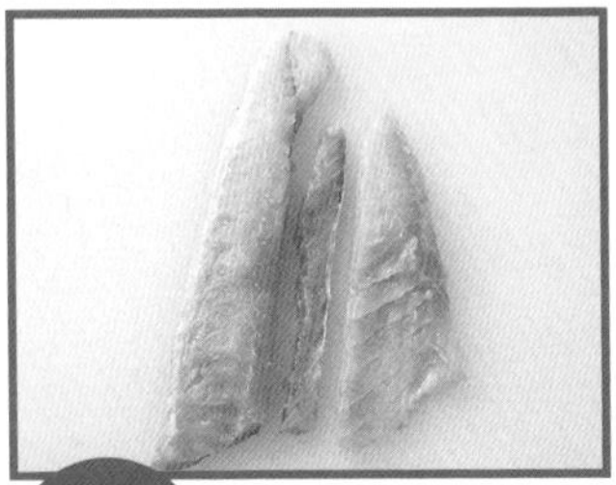

完成图

切条完成图。

甘鲷浸海带

▸第67页

切片

去鱼腹骨

➡取出鱼刺

➡切片

＊使用去除鱼鳞、采用三卸法后的外侧鱼肉。

使用刀具

出刃菜刀

去骨夹

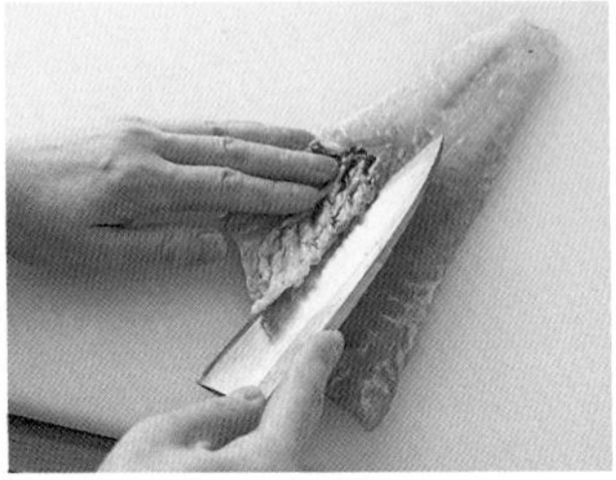

1 使外侧鱼身的鱼腹朝左，用刀尖将鱼腹骨的根端挑出并去除。

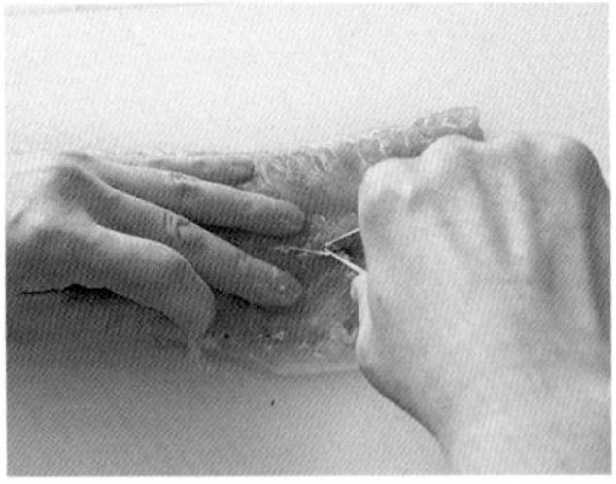

2 鱼头朝右，用去骨夹夹出鱼刺，朝右上方用力拔。拔时容易夹到鱼肉，可以用指尖轻按住鱼刺的一段，把鱼刺顶出来再拔。

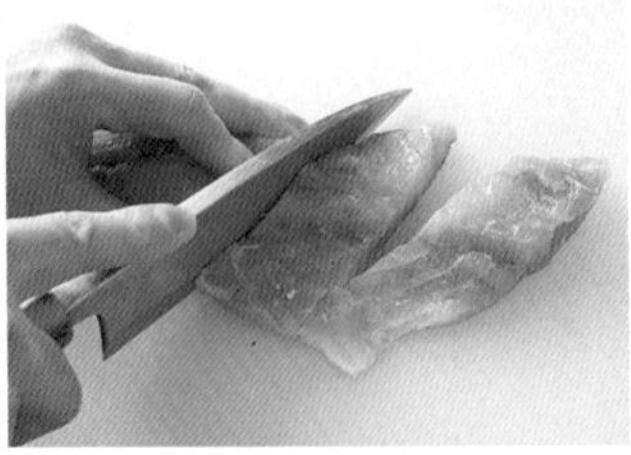

3 根据料理决定切片的大小，切时应干净利落，一刀切到底。

甘鲷幽庵烧

▸第68页

分解鱼头（梨割法）

使用刀具

出刃菜刀

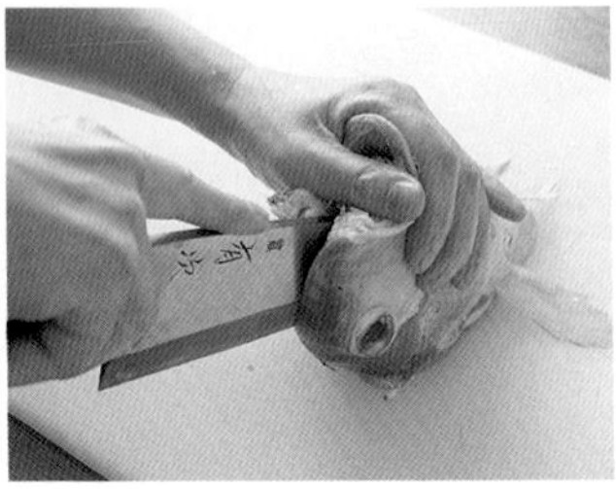

1 将鱼头立置，鱼目靠近身前，刀尖从鱼前齿中间插入，一口气下切。

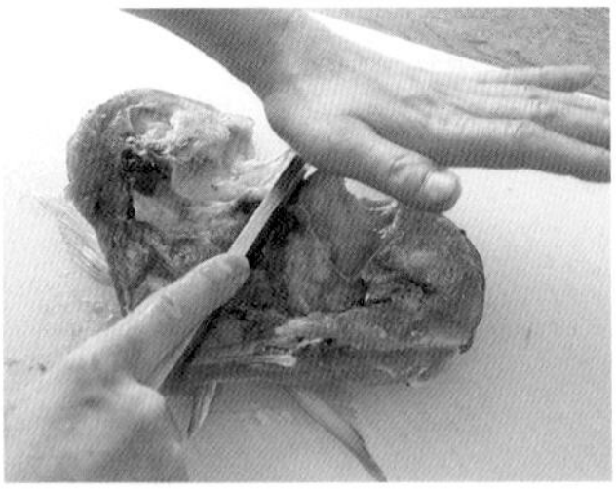

2 把鱼头左右劈开，用刀根切断鱼下颚的连接处。切不动的时候可以左手按压刀背，用力下切。

清炖甘鲷鱼头

▸第68页

去皮
（外去皮）

使用刀具
柳刃菜刀

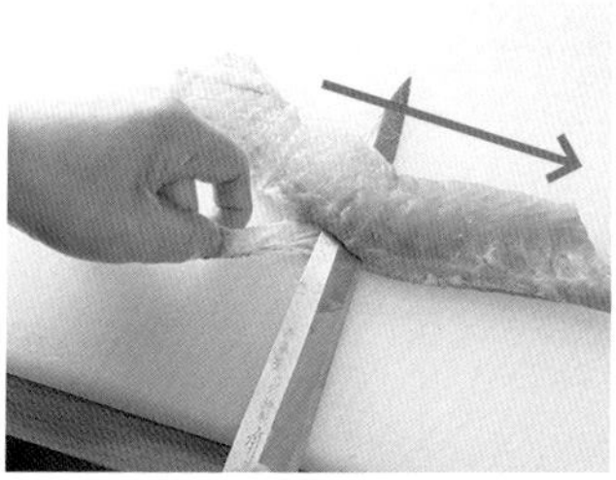

鱼皮朝下，鱼尾朝左。左手捏住鱼皮，刀刃贴着砧板右切，刀以前后拉锯状进行切割，移动剥皮。

细切

＊去皮后，用来制作海带结。

使用刀具
柳刃菜刀

从鱼尾向鱼头，间隔5毫米横切。切时应干净利落，一刀切到底，使切下的鱼片厚度相同。

诀窍

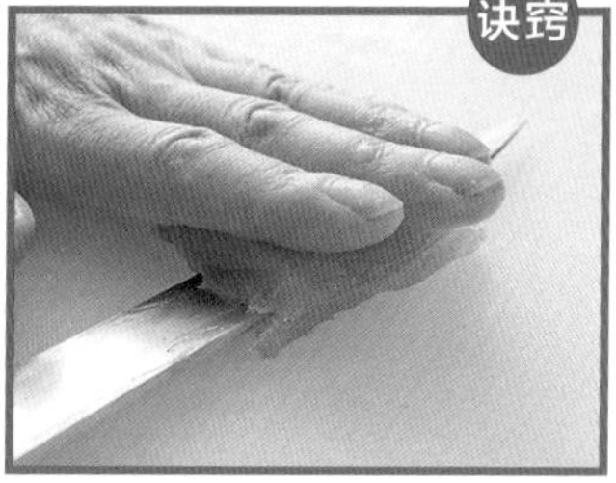

将鱼肉厚的中间部分横切，使全体鱼片厚度一致。

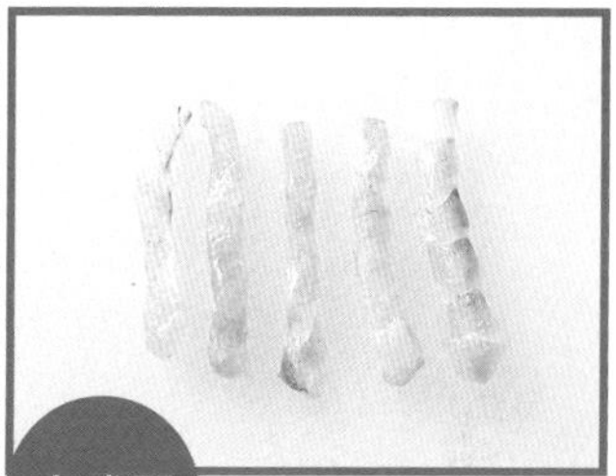

完成图

细切完成图。
甘鲷浸海带
▸如下

料理

❖甘鲷浸海带

材料（2人份）

甘鲷鱼块（去皮鱼块）100克；紫苏叶2片；芥末适量；煎酒※2大勺；盐和白板海带（海带薄片留下的黄白色部分）适量

做法

1 在甘鲷上撒盐，用海带包裹鱼身，再缠上保鲜膜，放在冷藏室过夜。

2 将甘鲷鱼块切成粗丝。淋上煎酒，挤好芥末，最后用紫苏叶装饰。

※煎酒（适量）

将2大勺米倒入锅内，煎至淡黄，再与1杯酒、2枚碾碎的梅干混合，用小火煮干1/3的液体，过滤后便得到煎酒。

❖ 甘鲷幽庵烧

材料（2人份）

甘鲷2段（1段60~70克）；幽庵地[酒、料酒、酱油各1/4杯，黄柚（切成瓣状）4瓣]；小芜菁1/2个；甜醋（米醋、水各2勺，细砂糖6克，盐1撮）；小红辣椒（去辣椒籽）1个；盐适量；料酒适量

做法

1 在甘鲷上撒盐，放置15分钟以上。擦干鱼身上的水，然后把甘鲷泡在幽庵地中，静置20~30分钟，使汁水浸入鱼表面的切口。

2 芜菁切片，浸泡盐水。等其变柔软后，去掉多余的水，再放入甜醋，浸泡30分钟以上。芜菁甜酣酱就做好了。

3 把步骤1中做好的甘鲷放在预热好的烤架上烤5~6分钟，在鱼身上来回刷2~3次幽庵地汁，最后再刷上料酒。把步骤2中做好的芜菁对半切，去除多余的汁水，再放上切成小圆段的小辣椒并装盘。

❖ 清炖甘鲷鱼头

材料（2人份）

甘鲷鱼头（梨割法）1个；甘鲷鱼杂1条鱼份；大芜菁1个；汤汁（酒1/2杯，水1.5杯，海带7克，生姜片3片，料酒1大勺，盐1/4小勺）；盐适量

做法

1 在甘鲷鱼头和鱼杂上撒盐，放置15分钟。放入碗中，加入80摄氏度的热水焯鱼，然后用水洗去残留的鱼鳞和鱼血，擦去水。

2 把做汤汁的酒、水、海带、生姜片混合，放置10分钟，再用弱火煮。

3 芜菁剥皮去纤维，切成6等份，取出芜菁中心部分，撒盐煮，然后去掉多余的水。

4 在步骤2中加入料酒和盐，把步骤1、步骤3的材料加入步骤2的锅里，盖上锅盖，用恰好能使锅里汤汁冒泡的火力煮5~6分钟。等鱼目变白后，仅取出鱼头，继续煮芜菁直到变软，然后过滤汤汁。

5 把鱼头和芜菁放入过滤后的汤汁里，加热至温热后装盘。

香鱼

香鱼是一种生活在溪流中的淡水鱼，因外表美丽、味道鲜美而被赞为『清流女王』。香鱼因特别的香味而得名，又因其寿命只有一年，还被称为『年鱼』。夏天、初夏、初秋的香鱼的味道各有千秋。根据所要烹饪的料理的不同，使用的香鱼的种类也不同。处理香鱼时，需要注意力道，不要弄伤鱼身。

❖推荐料理

如果想品味去皮香鱼的香气和内脏的苦味，推荐盐烤香鱼。因此，把新鲜香鱼连骨切（去除鱼头和内脏后，将鱼肉连骨头一起横切成大块）生吃，或把初秋的香鱼甘露炖（用砂糖、蜂蜜及糖稀等熬炖小鱼）或干烧都是十分美味的。

挑鱼诀窍

鱼身有透明感。
鱼身苗条纤细。
鱼尾笔直。
鱼大小适中。

分辨野生鱼和养殖鱼的方法

养殖鱼比野生鱼肥，胸鳍上的黄斑纹不够清晰，鱼身偏黑。

清洗

去鳞（片刮法）
➡去头
➡除去鳃和内脏
➡洗净
➡擦干

使用刀具

出刃菜刀

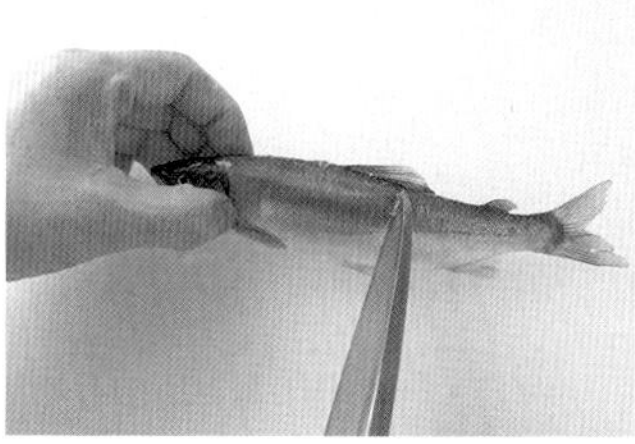

1 左手捏住鱼头，从鱼尾向鱼头去鳞。鱼背、鱼腹以及另一侧的去鳞方法同前。

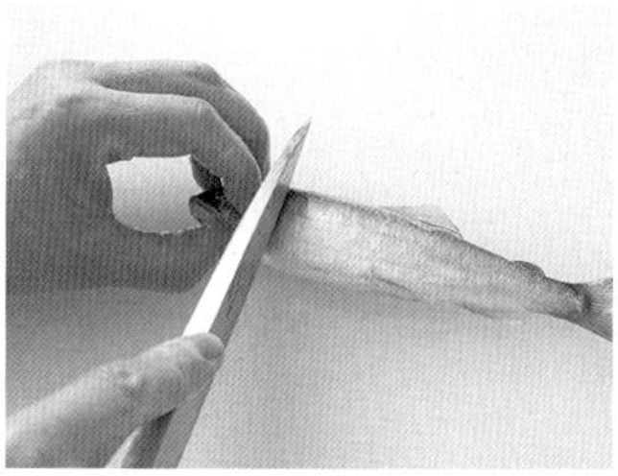

2 从胸鳍的后方下刀，一口气把鱼头切下。

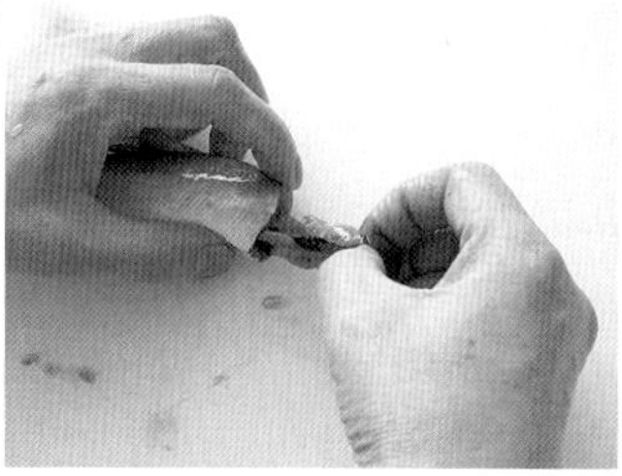

3 从去头的切口处用手抠出内脏，太用力的话可能会弄碎内脏，所以需注意力道。

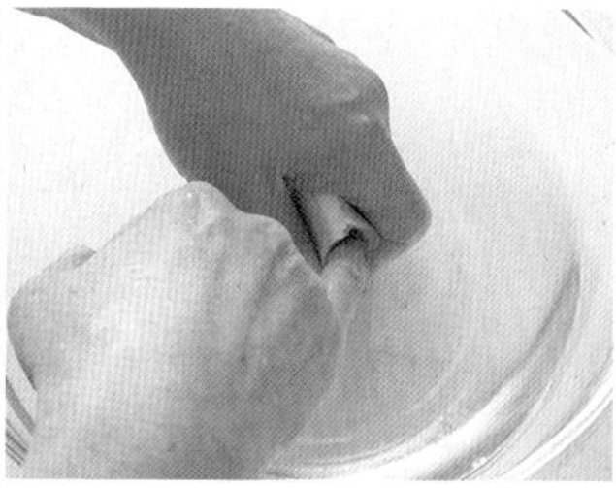

4 把鱼放在盛满水的碗里，将小拇指伸进鱼身，清洗鱼体内残留的内脏和血污，最后把鱼身上残留的水擦干。

诀窍

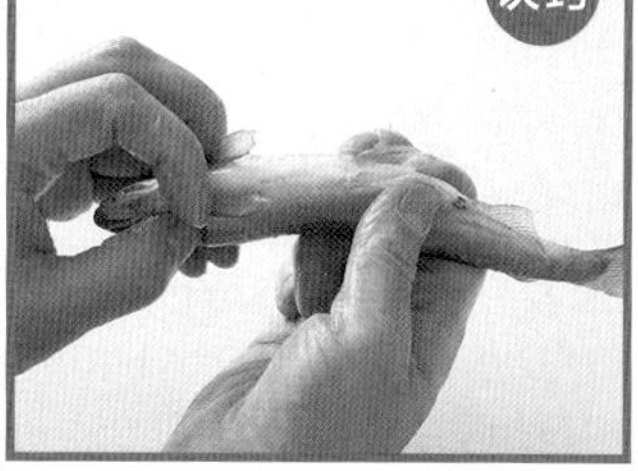

盐烤整鱼时，将鱼去鳞后，需要用力按照从鱼头向鱼腹的方向挤鱼身，把鱼粪挤出，然后清洗干净并擦干水。

切薄片
（刺身备用）

清水洗。

使用刀具

去骨夹
柳刃菜刀

1 鱼腹靠近身前，用去骨夹拔去鱼的背鳍、胸鳍、臀鳍。

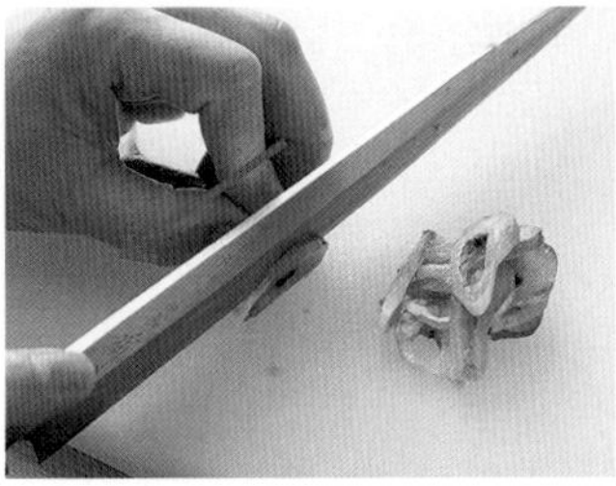

2 鱼头朝右，鱼腹靠近身前，从右端开始间隔2~3毫米切片。切时应干净利落，一口气切到底。

诀窍

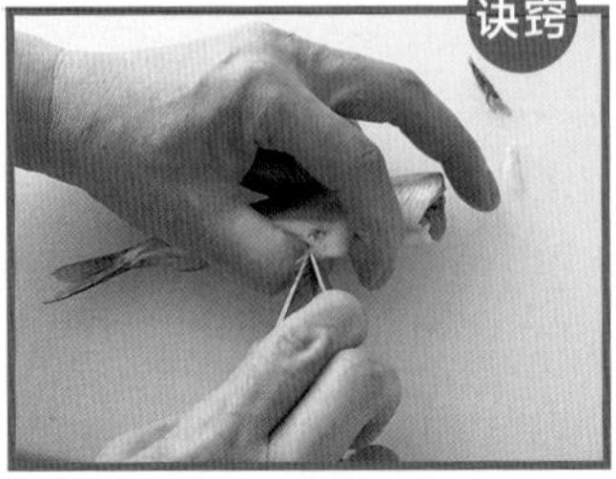

用去骨夹拔鱼鳍的根部时，用左手手指按住鱼鳍根部附近，再拔出鱼鳍。拔出方向保持垂直，不要歪斜。

完成图 切薄片（刺身备用）完成图。

香鱼刺身 ▸如下

料理

❖ 香鱼刺身

材料（2人份）

香鱼（洗净的鱼身）2小条；蓼醋味噌（水蓼叶1/2束，白玉味噌※2大勺，米醋2小勺）；白瓜（切片）1/2根；花穗紫苏2片；小红萝卜、水蓼叶适量

做法

1 把用来做蓼醋味噌的水蓼叶撕碎，放在钵子里捣碎，加入白玉味噌并混合，再加入米醋。

2 香鱼切薄片，放入冰水中快速搅拌，再放在流水中冲洗干净，最后擦干水。

3 将切好的白瓜装盘，撒上花穗紫苏、小红萝卜、水蓼叶，浇上步骤1做好的汁。

※白玉味噌（适量）

白味噌50克；蛋黄1个；味噌1大勺；酒1大勺。把所有的材料倒入锅内并混合，用弱火烧成糊状。

穿签

＊去鳞并挤出鱼粪后，使用整鱼做串。

使用刀具

金串（45厘米）
竹签

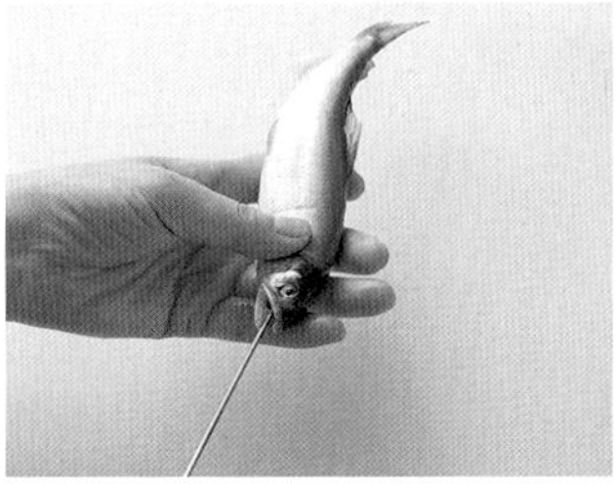

1 鱼头靠近身前，左手捏住鱼腹左侧，从鱼口处穿入金串。

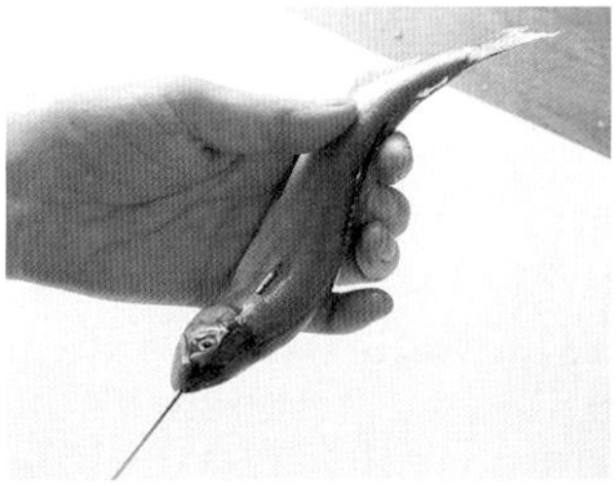

2 从鱼鳃后方穿出金串。

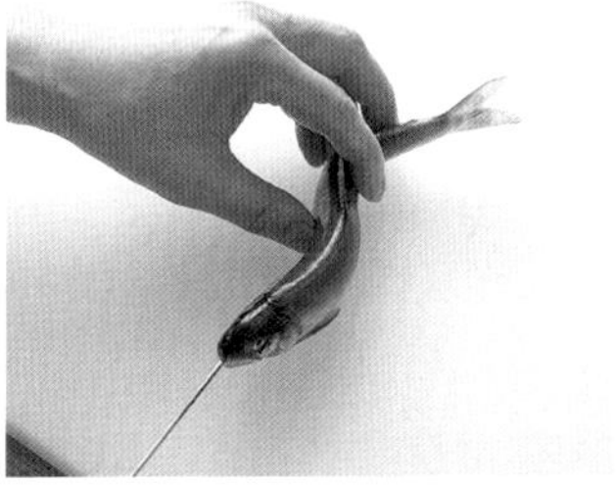

3 把鱼身稍稍弯曲，在鱼鳃后方2厘米处再次戳入。诀窍是使鱼身弯曲成S形。

4 从鱼肛门处戳出金串，以达到3点固定。金串没有穿透鱼的另一侧，仅从鱼身内通过。

完成图 穿签完成图。
图上方为鱼外侧，图下方为鱼内侧。

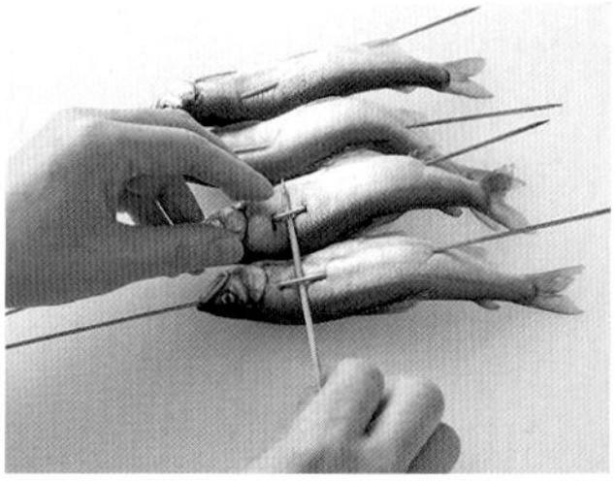

5 同时烧烤数条鱼的时候，将其并列摆放，如图所示从金串下穿入竹签固定。

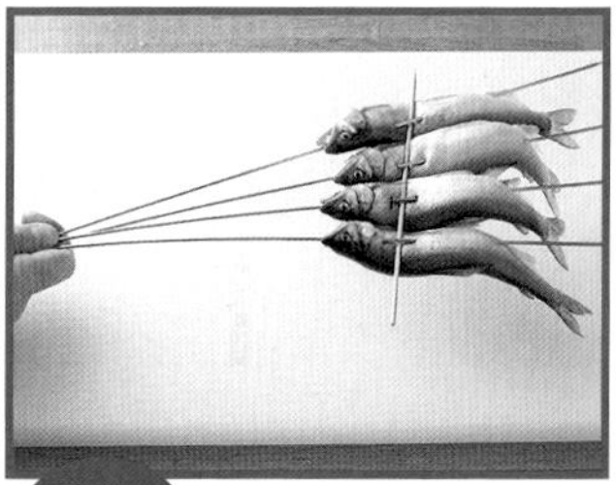

完成图 群穿签完成图。

盐烤香鱼
▶第72页

料理

❖盐烤香鱼

材料（2人份）

香鱼（去鳞并挤出鱼粪）4条；蓼醋味噌；水蓼叶1束；米饭2小勺；米醋2大勺；盐适量；甜醋腌花椒、生姜适量

做法

1 把用来做蓼醋味噌的水蓼叶撕碎，放在钵子里捣碎。加入米饭，将它们混合，最后加入米醋碾碎。

2 香鱼穿签，撒盐烧烤。

3 拔去鱼身上的金串和竹签，将鱼和水蓼叶一起装盘，用甜醋腌花椒、生姜点缀成品，最后把步骤1做好的蓼醋味噌倒入小碟中。

沙丁鱼

人们经常食用的是日本沙丁鱼。沙丁鱼的特征为侧面有被称为「七星斑」的青黑色斑点。身长20厘米以上的沙丁鱼被称为「大羽」（大型沙丁鱼），10厘米以下的被称为「小羽」，中等大小的被称为「中羽」。沙丁鱼也被称为「鰯鱼」，正如其名，沙丁鱼的肉质很软。处理时，对于新鲜的沙丁鱼，推荐使用大名卸法这种耗时少的卸鱼方法。同时，也可以直接用手卸鱼。

❖推荐料理

脂肪肥厚的「大羽」适合刺身、醋浸、盐烧、蒲烧（烤鱼串）和油炸等做法，做成西式风格的烧烤也非常不错。小沙丁鱼既可以连骨食用，也可以去头和内脏后炖汤。

挑鱼诀窍

鱼目清澈，没有充血。

鱼两侧的斑点清晰可见。

鱼鳞紧贴鱼身。

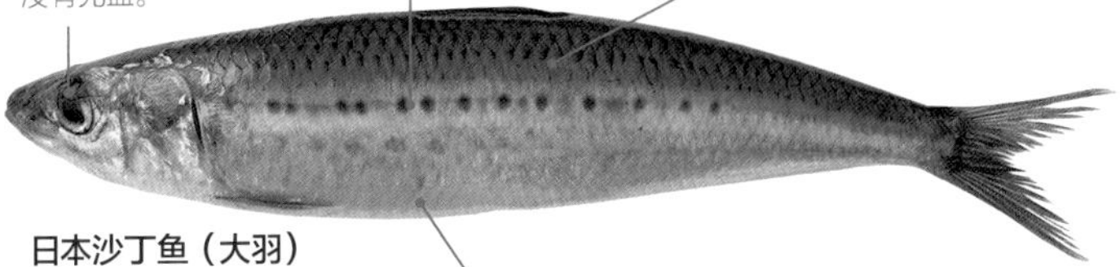

日本沙丁鱼（大羽）

鱼腹呈有光泽的银白色，曲线饱满，有弹性。

日本沙丁鱼（小羽）

清洗

去鳞（片刮法）
➡去头
➡除去鳃和内脏
➡洗净
➡擦干

使用刀具

出刃菜刀

1 鱼头朝左，用菜刀从鱼尾向鱼头方向仔细去鳞。鱼腹、背两侧的去鳞要领同前。

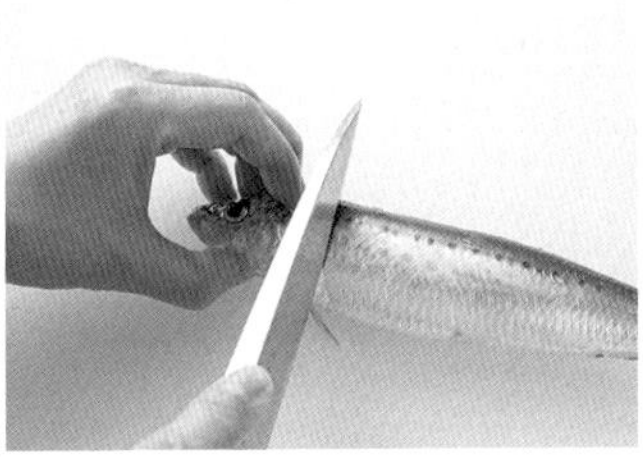

2 从胸鳍的后面，向鱼头方向斜切。另一侧也使用同样的方法切去鱼头。

诀窍

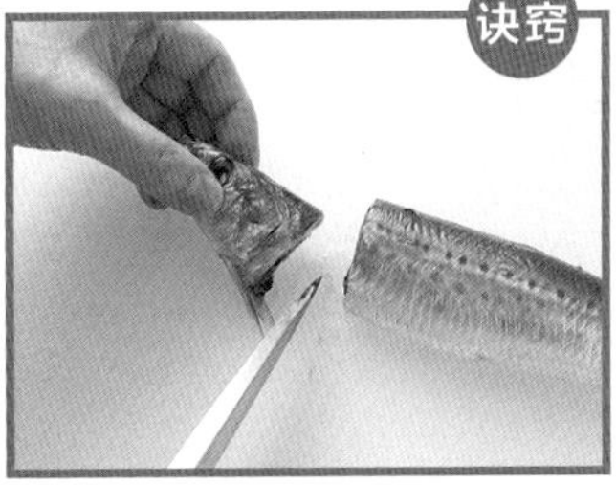

处理小沙丁鱼时，从胸鳍后方下切，切去鱼头。

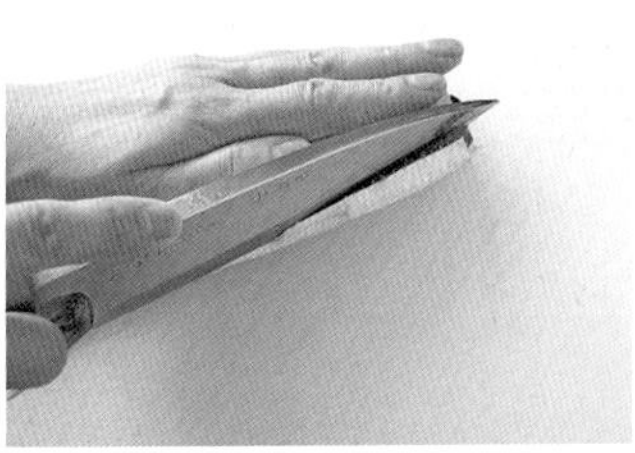

3 鱼头朝右，鱼腹置于身前，斜切鱼腹。

诀窍

沙丁鱼的鱼腹附有坚硬的鱼鳞，用菜刀从鱼头向鱼肛门处斜切，去除整块带鱼鳞的鱼腹皮。

下一页

4 左手将鱼身抬起，右手持刀切入鱼腹深处，用刀尖挑出鱼内脏并去除。

5 把鱼放在盛满水的碗里，用指尖把鱼腹清洗干净。把鱼身内外残留的水擦干。中小型沙丁鱼的处理方法同上。

生姜煮小沙丁鱼
▶第77页

卸块
（大名卸法）

使用刀具

出刃菜刀

1 鱼头朝右，从鱼中骨下刀，刀尖朝向鱼尾，用刀切开鱼身。

2 将鱼翻身，再次从鱼中骨下刀，同步骤 1，一口气切向鱼尾，切开鱼身。

完成图 大名卸法完成图。

去除鱼骨

使用刀具

出刃菜刀

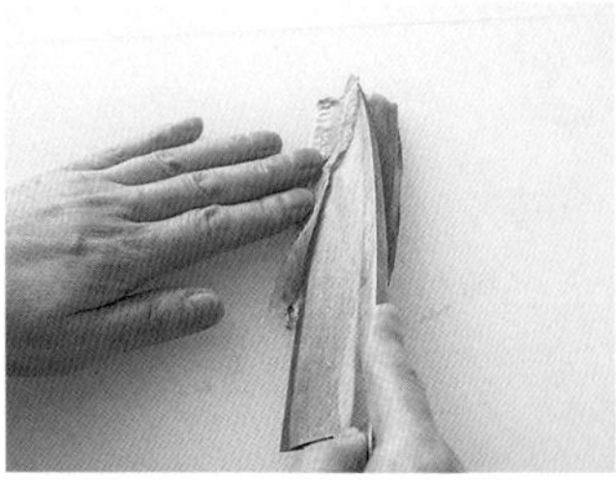

1 将内侧鱼身的鱼腹朝左放置在砧板上，用刀尖挑起鱼腹骨的根端，用刀轻轻地把露出的鱼腹骨挑出。

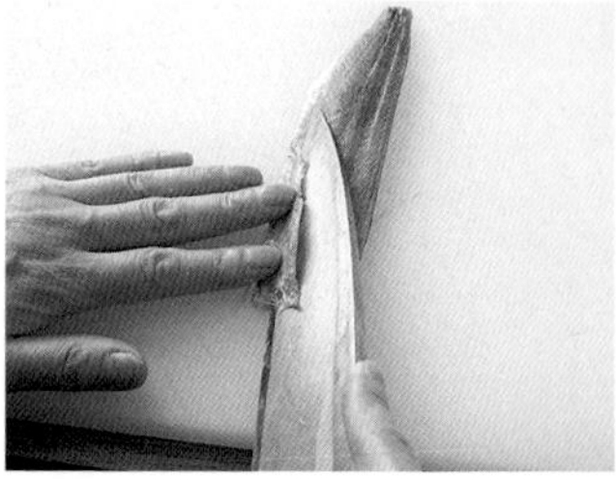

2 另一边同理，用刀轻轻地把鱼腹骨挑出。

烤沙丁鱼加面包糠
▶第76页

鱼身对切
（徒手）

1 鱼头朝左，鱼腹靠近身前，两手持鱼，从鱼腹中部插入左手大拇指，指尖插入鱼中骨上方。

诀窍

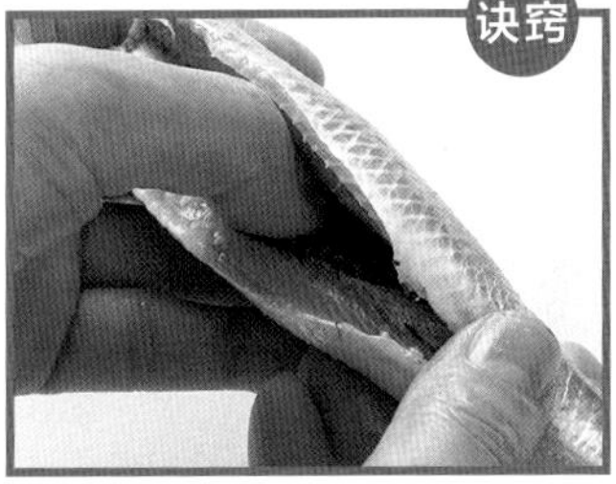

用大拇指指尖插入鱼中骨和鱼脊椎骨中间，使鱼骨和鱼肉分离，插入时注意用力。

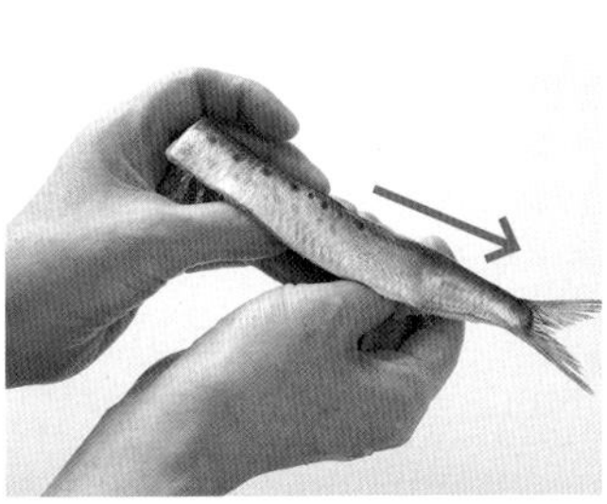

2 同理，右手大拇指指尖顺着鱼脊椎骨向右侧的鱼尾处滑动。

3 左手大拇指指尖也顺着鱼脊椎骨上侧向左侧的鱼头处滑动。

4 左右手大拇指同时滑到鱼身两端，用力打开鱼腹。

5 左手大拇指指尖从鱼身中部向鱼腹骨下方插入，沿着鱼骨向左侧的鱼头处滑动，将鱼骨剥离鱼身。

6 右手大拇指指尖从鱼身中部向鱼脊椎骨下方插入，沿着鱼骨向右侧的鱼尾处滑动，将鱼骨剥离鱼身。

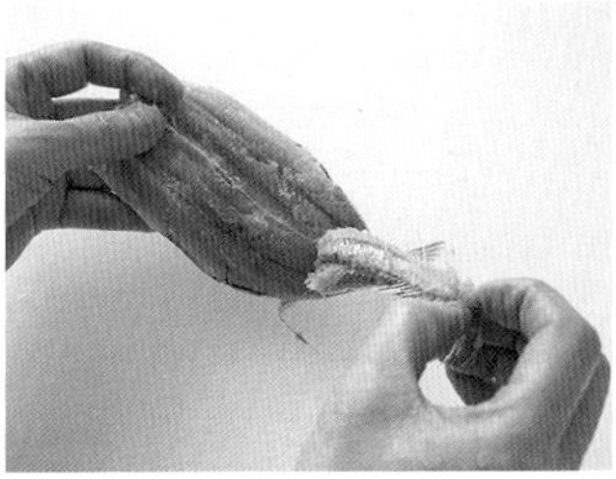

7 右手从鱼头侧捏住鱼中骨，注意不要扯到鱼肉，向右快速拉扯。

8 折断鱼尾处的鱼脊椎骨，去除鱼中骨。

完成图 鱼身对切（徒手）完成图。

蒲烧沙丁鱼盖饭
▸第77页

❖ 烤沙丁鱼加面包糠

材料（2人份）

沙丁鱼（带皮）2条；土豆1个；大蒜（切碎）1/2瓣；盐、胡椒、橄榄油适量；芹菜（切碎）、面包糠适量

做法

1 土豆切成5毫米厚的圆片，摆成两列放置在烤箱用纸上。盐、胡椒撒在土豆上，放在预热好的230摄氏度的烤箱里烤3分钟。

2 沙丁鱼两面撒盐，放置5分钟，去除鱼身上多余的水。在鱼身刷上大蒜末，再撒上胡椒。

3 拿出步骤1中做好的土豆，把做好的沙丁鱼一条条装盘。撒上芹菜和面包糠，刷上橄榄油，放回烤箱烤2分钟。

4 土豆和鱼装盘，撒上胡椒，最后刷上一层橄榄油。

❖ 生姜煮小沙丁鱼

材料（2～3人份）

小沙丁鱼（水洗后的鱼肉）5条；醋25毫升；酒1/2杯；料酒1/4杯；生姜（薄切）6片；酱油1/2大勺

做法

1 把沙丁鱼并列放入锅内，加入1杯水和醋，开火煮。煮开后去掉表面的浮渣，开小火，再煮大约3分钟。

2 倒掉步骤1的汤汁，放入酒、料酒和生姜。盖上锅盖，开火煮。煮开后去掉表面的浮渣，再次开火煮沸，煮沸后再煮10分钟。

3 在步骤2的基础上加入酱油，再煮40分钟。煮到锅底只残留少许汁液时，舀出并装盘。

❖ 蒲烧沙丁鱼盖饭

材料（2人份）

沙丁鱼［鱼身对切（徒手）］2条；大葱1根；生姜（薄切）4片；饭2碗；小麦粉适量；沙拉油1小勺；酒1大勺；料酒1.5 大勺；酱油1.5 大勺；小葱（切成小圆段）适量；山椒粉适量

做法

1 把沙丁鱼裹上小麦粉。将大葱切成3厘米长的葱段后，再分成4份。

2 在平底锅里倒入一半沙拉油后加热，放入葱段翻炒。米饭装盘，加入炒好的葱段。

3 加热平底锅里残留的沙拉油，将沙丁鱼皮朝下放入，从锅两侧放入生姜一起翻炒。

4 等沙丁鱼上色后，翻边炒至中部熟透。加入酒、料酒、酱油。煮开后，将沙丁鱼反复翻边以蘸取汤汁。

5 步骤2和步骤4的成品装盘后，加入锅里的汤汁，最后撒上小葱段和山椒粉。

鲣鱼

鲣鱼是红肉鱼的代表种类。鲣鱼会顺着黑潮（日本近海最大的海流）北上，从春天到初夏的『溯游鲣鱼』，可以做成清爽可口、十分美味的下酒菜。在秋天，鲣鱼会顺着千岛寒流南下，因此秋天的鲣鱼也被称为『回溯鲣鱼』。鲣鱼身脂肪鲜美，鱼肉柔软、易切分，因此水洗的时候要注意力道，轻柔地清洗。处理鲣鱼时可使用三卸法，鱼身厚的大型鲣鱼也可使用节卸法。切片时也可以切得稍微厚一点。

❖推荐料理

相较于照烧和炖菜的做法，生吃鲣鱼更为美味。除了鲣鱼泥、刺身的做法，将鲣鱼做成鲣鱼薄片和凉拌菜，味道也十分不错。

挑鱼诀窍
鱼鳃颜色鲜艳。
鱼背呈鲜艳的青紫色。
鱼腹是有光泽的银白色，
可以清楚地看见线性纹路。
鱼身饱满，触摸的时候可以清楚地
感受到鱼身的弹性。

清洗

去鳞（片刮法）
➡去头（交叉落刀）
➡除去鳃和内脏
➡洗净
➡擦干

使用刀具

出刃菜刀

1 鱼头朝左，左手轻按鱼头，菜刀从鱼尾向鱼头方向移动，刀以前后拉锯状切割，整片去鳞。

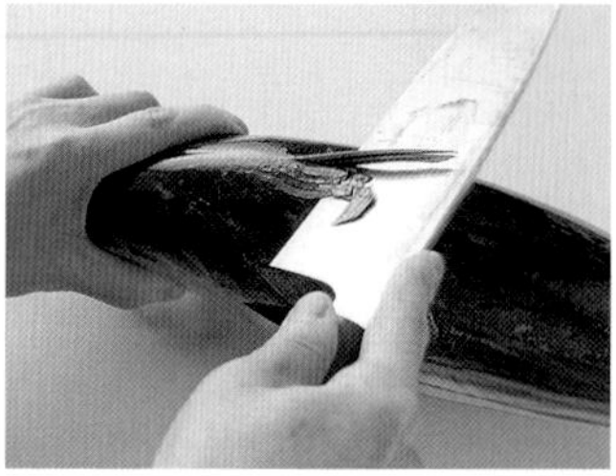

2 左手抬起鱼身，要领同步骤 1，去除带鱼背鳍的鱼鳞表皮。

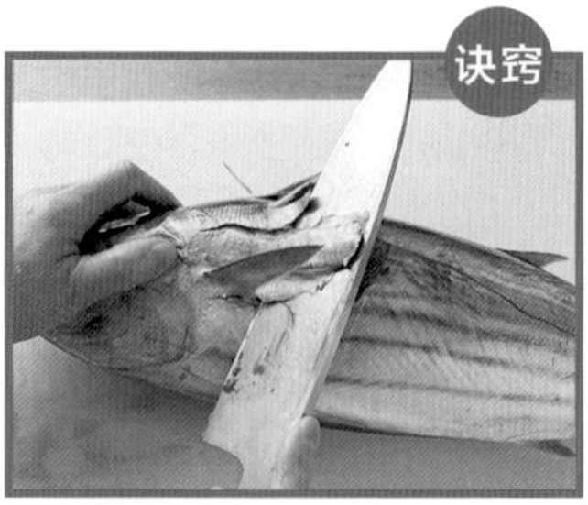
诀窍

鲣鱼头部的鱼鳞位于鱼鳃盖周围，可以从鱼背、鱼腹侧来回去鳞。

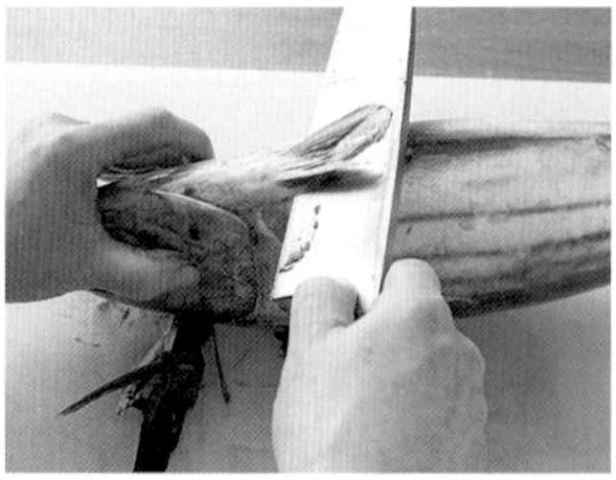

3 鱼腹朝上，去除带鱼腹鳍的鱼腹表皮。

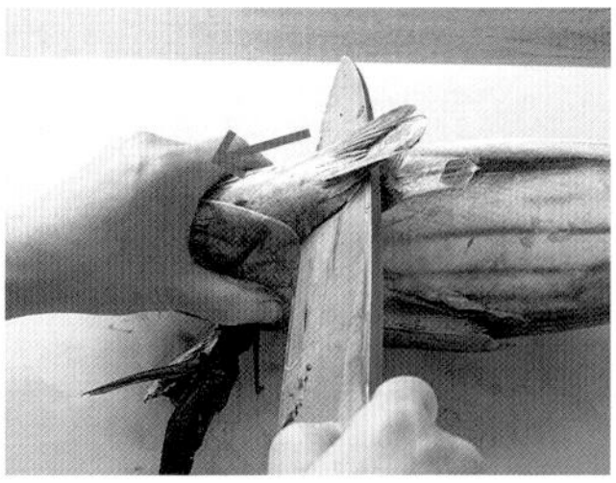

4 去掉鱼腹鱼鳞后，从鱼的下颚处斜切入菜刀。

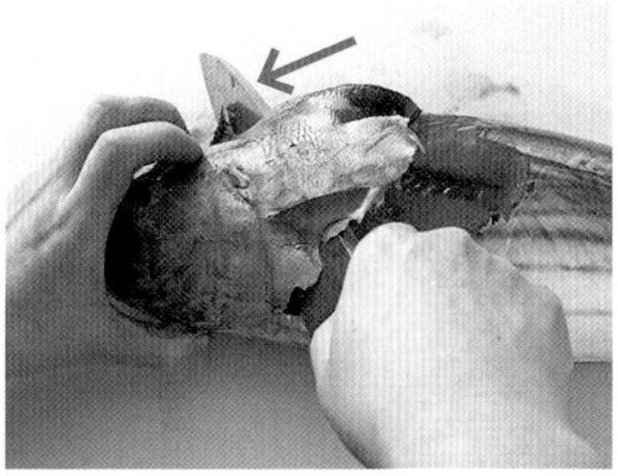

5 鱼头朝左，鱼腹置于身前，侧面去鳞后插入菜刀，向鱼头方向斜切。

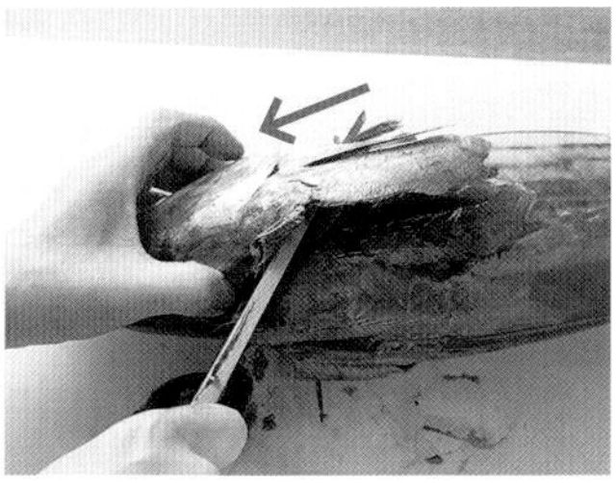

6 将鱼翻身，鱼背置于身前，同步骤5一样侧面去鳞后插入菜刀，向鱼头方向斜切。

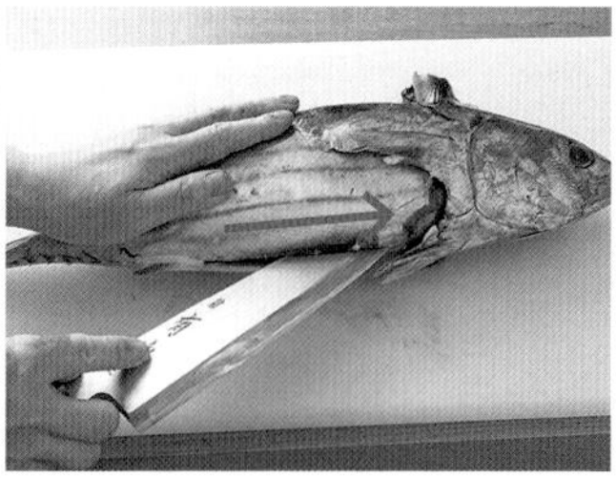

7 将鱼方向左右置换，鱼头朝右，使用反刀，用刀尖从鱼肛门处下刀，直切至鱼腹。

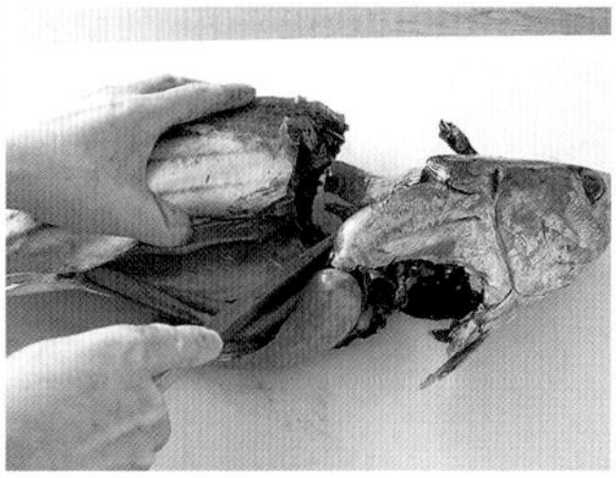

8 切断鱼头处连接鱼身的脊椎骨，将头连内脏一起拔出。右手持刀探入鱼腹深处，用刀尖挑出剩下的内脏并去除。

9 刀尖从切口的血合处深入，位置如图，从鱼头切向鱼尾。

10 鱼头侧的血合比较硬，请使用刀尖和刀根尽可能全部挖出。

11 把鱼放在盛满水的碗里，用牙刷清洗掉鱼体内的血污和内脏。

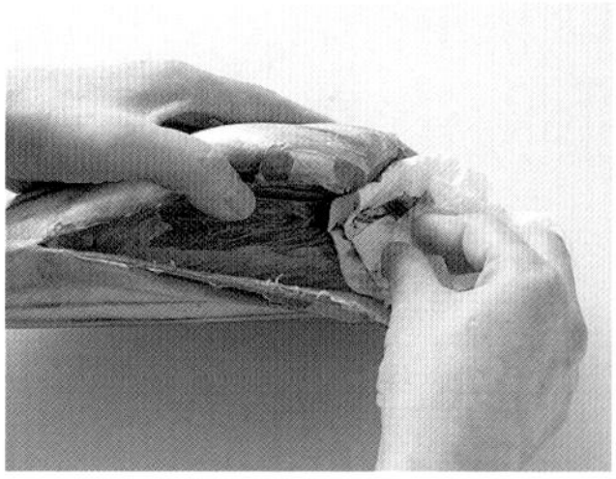

12 沥干水，最后用纸巾擦干鱼身内外残留的水。

卸块
（节卸法）

使用刀具
出刃菜刀

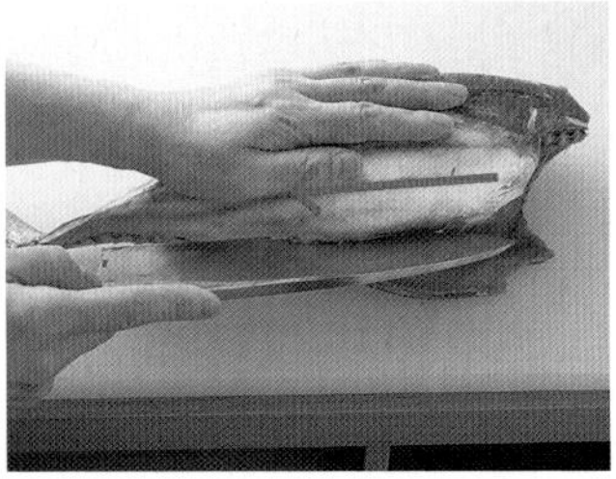

1 鱼头朝右，鱼腹置于身前，用刀尖从鱼头处下刀，直切至鱼尾。

2 沿着鱼中骨下切，切至鱼的脊椎骨，再切开鱼腹骨的根部。

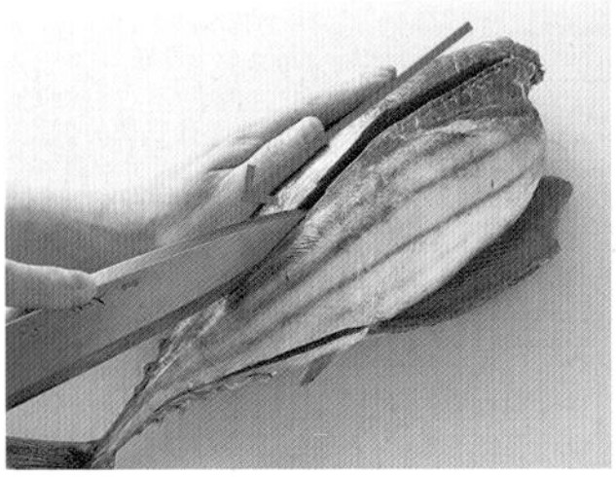

3 立起鱼身，顺着血合处的鱼骨背侧的线下切，深切至鱼中骨，直线下切至鱼尾。

4 左手捏着切开的鱼身，右手沿着鱼脊椎骨下切，下切至鱼尾根部。

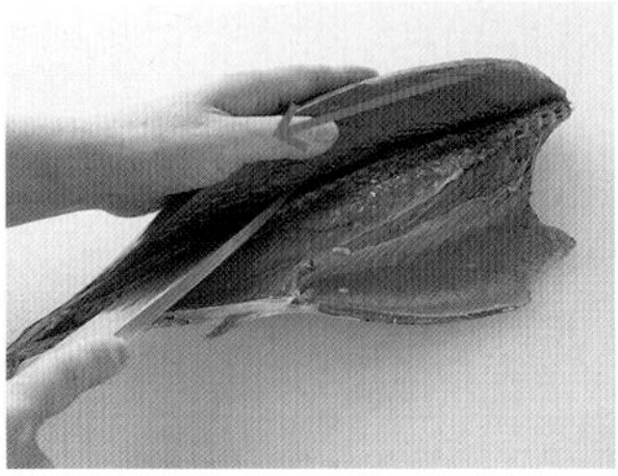

5 再次从鱼脊椎骨上方入刀，沿着鱼中骨下切，深切至鱼背。

6 从鱼头处下刀，沿着鱼背鳍切至鱼尾根部，卸下鱼背块。

7 将鱼翻边，鱼腹置于身前。从鱼尾附近的鱼中骨入刀，顺着鱼脊椎骨下切。

8 要领同步骤3，立起鱼身，沿着鱼骨背侧的线下切；同步骤4，卸下鱼腹块。

9 再次从鱼脊椎骨上方入刀，沿着鱼中骨下切，深切至鱼背。

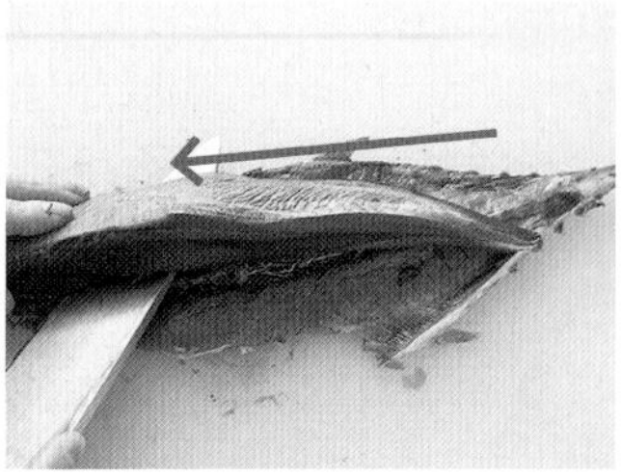

10 从鱼尾根部入刀，沿着鱼背鳍下切，卸下鱼背块。

完成图 节卸法完成图。
我们把卸下的鱼块称为“节”。

修整鱼块

使用刀具

出刃菜刀

1 把鱼背块附有鱼皮的一面朝下，血合处朝右，纵切以去除血合。

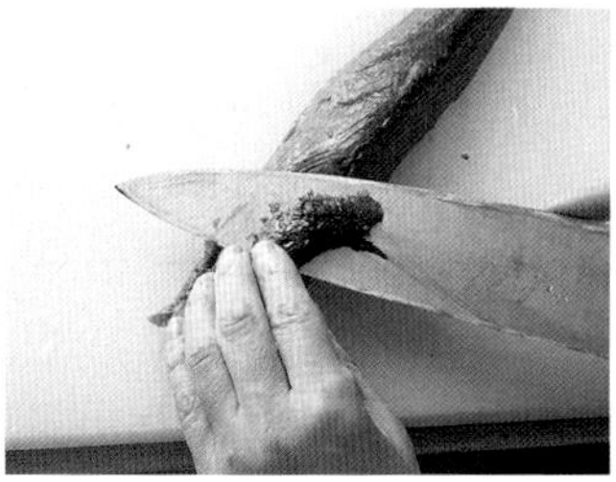

2 菜刀放平，轻轻移动并切割，去除残留的血合。

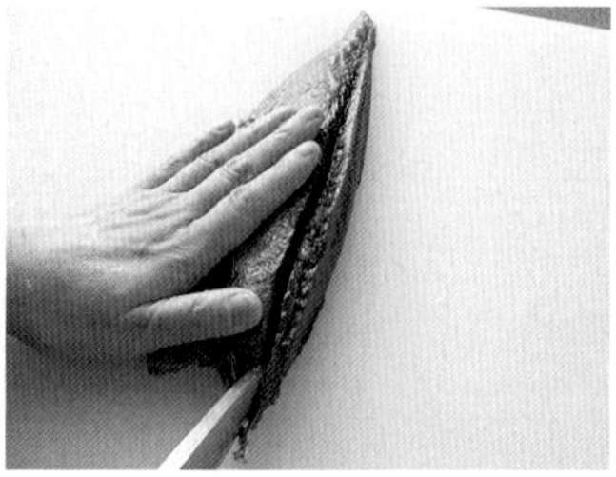

3 把鱼腹块附有鱼皮的一面朝下，血合处朝右，纵切以去除鱼刺和血合。

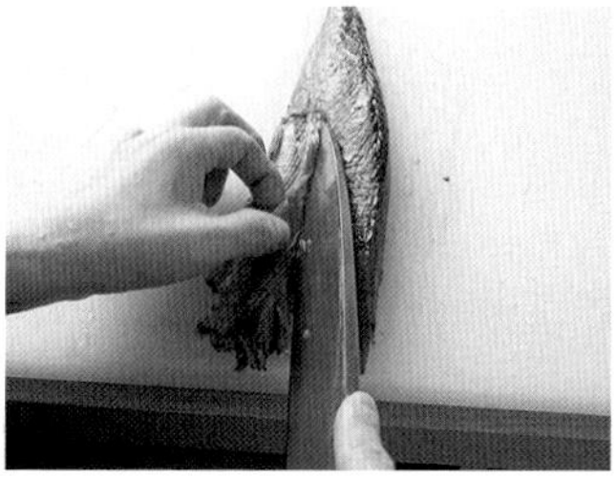

4 鱼腹骨朝左放置，菜刀从鱼腹骨的根部下刀，像舀水一样转动手腕，剔除鱼腹骨。

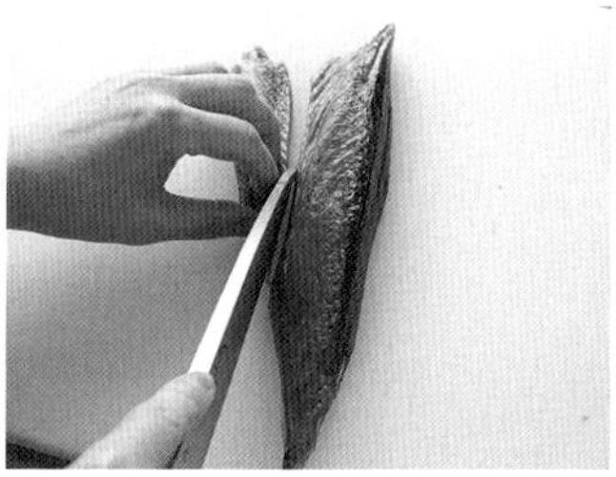

5 需要使用鱼腹的银皮时，将其从鱼腹上切分出来。

鲣鱼银皮烤
▶第84页

完成图 修整鱼块完成图。

去皮
（内去皮）

使用刀具

柳刃菜刀

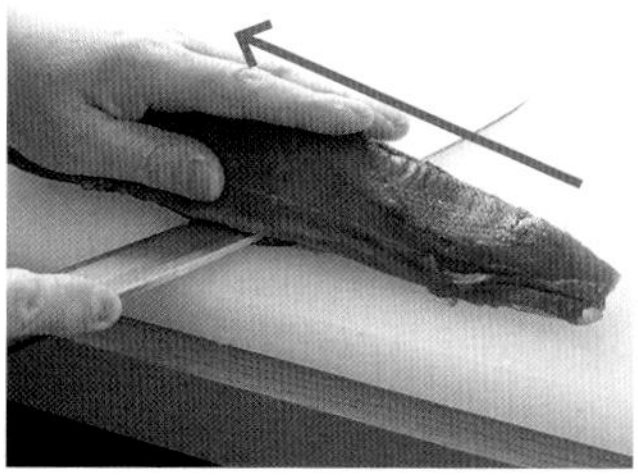

将附着鱼皮的一侧朝下，贴着砧板，从皮肉交界处入刀。菜刀慢慢地向左侧移动以去皮。

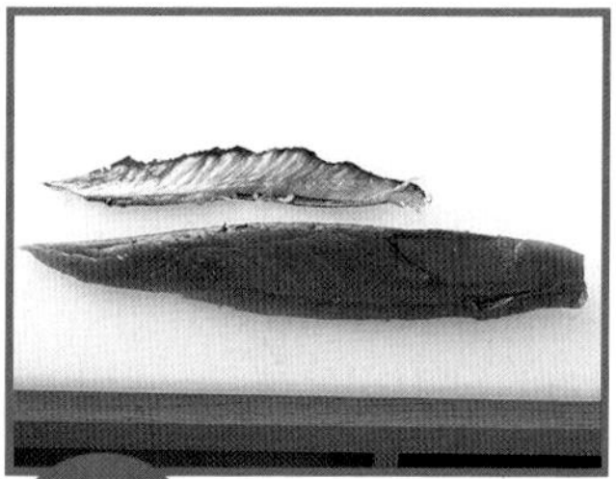

完成图 去皮（内去皮）完成图。

引刀切

＊使用直火烧灼后带皮的上侧鱼肉，与生的上侧鱼肉切法相同。

使用刀具
柳刃菜刀

鱼皮一侧朝上，鱼肉稍稍立起放置，从右端下刀，一口气下切，切出8毫米左右厚度的薄片。

完成图 引刀切完成图。
鲣鱼泥
▸第85页

削片

＊使用去皮、拔出鱼刺后的鱼背或鱼腹部的肉。根据料理的差异，也可以使用带皮、拔出鱼刺后的鱼腹部的肉。

使用刀具
柳刃菜刀

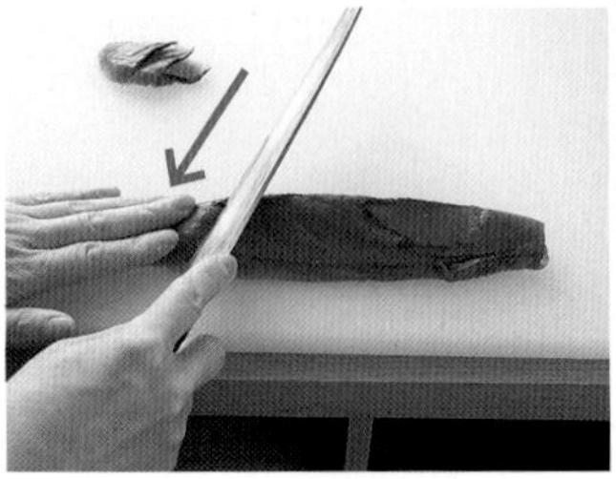

1 鱼尾朝左放置，从鱼尾端开始厚切。菜刀倾斜、放稳，一口气下切。

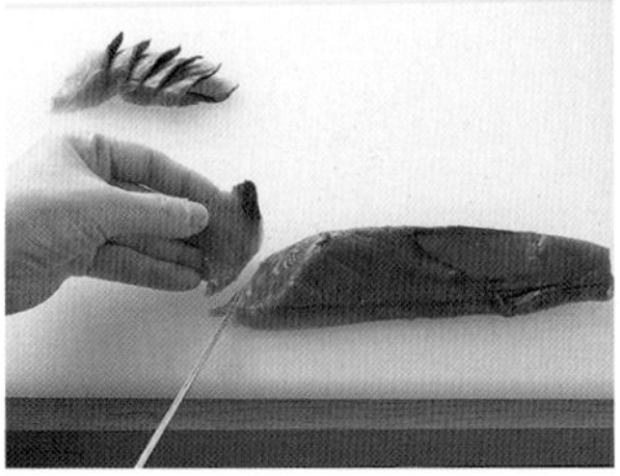

2 菜刀稍稍立起，切下一片后马上起刀切另一片，将切下的鱼片在另一侧整齐放置。

完成图 削片完成图。
鲣鱼薄片▸第83页
鲣鱼散寿司饭▸第84页
韩式辣酱拌鲣鱼▸第85页

穿签

＊使用带皮、拔出鱼刺后的鱼背肉。

使用刀具
金串（45厘米）

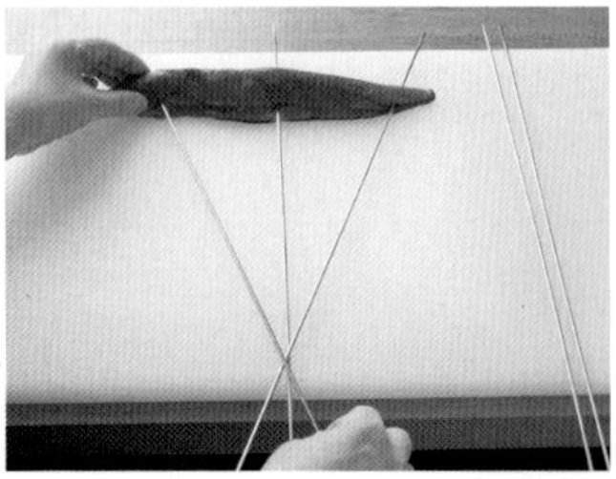

将附着鱼皮的一侧朝下横放，先分别在中段、两端插入共3根金串。然后在这3根金串中间插入剩下的2根金串。

诀窍

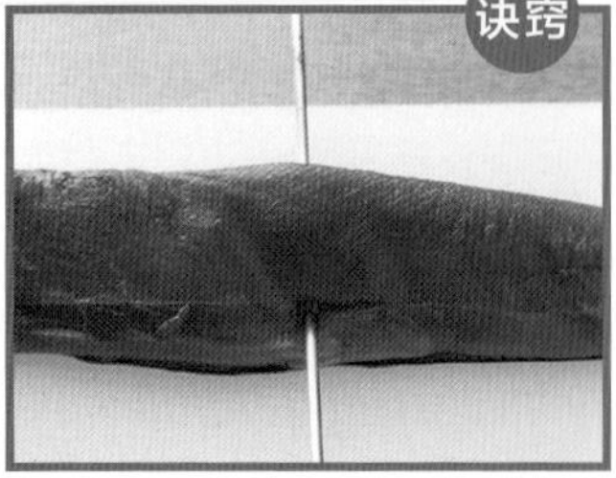

金串插入的位置应在鱼身中段、稍稍靠近鱼皮的地方，这样拿的时候更加稳定，不容易掉。

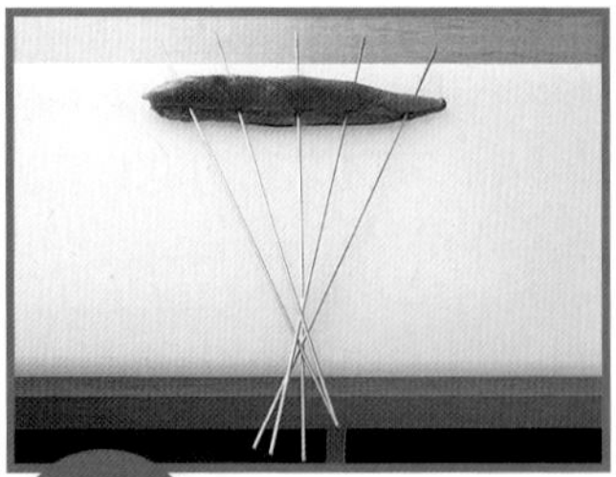

完成图 穿签完成图。
鲣鱼泥
▸第85页

料理

❖ 鲣鱼薄片

材料（2人份）

去鱼刺的鲣鱼肉（带皮的鱼腹肉）1节；大蒜1/2瓣；盐适量；橄榄油2小勺；洋葱1/2个；薄荷叶1/4包；芥末、蛋黄酱各1小勺

做法

1 鲣鱼鱼皮朝上放在方平底盘里，将热水浇在鱼肉上，再用冰水冷却，擦干鱼身上的水。

2 将鲣鱼切片后，涂上大蒜、盐、橄榄油，再加入蛋黄酱，放置30分钟。

3 将洋葱横切成薄片，用水洗净后擦干，再与撕下的薄荷叶混合。

4 将芥末、蛋黄酱混合。

5 把步骤2的鲣鱼装盘后，加入步骤3的成品，最后点缀上步骤4的酱。

❖ 鲣鱼散寿司饭

材料（2~3人份）

去鱼刺的鲣鱼肉（去皮）1节；寿司醋饭※360毫升；调料汁（酒、料酒、酱油各2大勺）；新鲜生姜40克；紫苏叶10片；手搓紫菜末适量；醋适量

做法

1 把做调料汁的酒、料酒混合，放在微波炉里加热约2分钟以使酒挥发，再加入酱油冷却。

2 鲣鱼切片，在步骤1做好的调料汁里浸泡30~60分钟。

3 生姜切丁，紫苏叶切碎，二者和寿司醋饭混合后，再次和浸泡好的鲣鱼混合。加入紫菜末搅拌并装盘。

※寿司醋饭

材料（2~3人份）

米360毫升；海带3克；混合醋（米醋1/4杯，细砂糖1又1/3大勺，盐1又1/8小勺）

做法

1 米洗净，加入海带并煮熟。

2 把做混合醋的材料混合，加热至温热，加入细砂糖和盐，静待其融化然后冷却。

3 饭煮熟后，去除掉海带，放在餐桌上加入混合醋，搅拌均匀。用毛巾包裹，使其冷却到人的体表温度，即37摄氏度左右。

❖ 鲣鱼银皮烤

材料（2人份）

鲣鱼银皮（鱼腹部分）1块；盐适量；紫苏叶2片；小水萝卜（带叶）1个

做法

1 将小水萝卜对半切并浸泡在盐水中。

2 在鲣鱼银皮上撒盐，放在预热好的烤网中烤2分钟左右。

3 将紫苏叶和步骤2做好的鲣鱼银皮装盘，最后加入去除掉表面多余盐水的小水萝卜，如图所示。

❖ 韩式辣酱拌鲣鱼

材料（2人份）

去鱼刺的鲣鱼肉（去皮）150克；调料汁［韩式辣酱1/2大勺，酒1大勺，砂糖1撮，酱油1大勺，大蒜（切丝）1/2瓣，生姜（切丝）1/2个，芝麻油1小勺］；黄瓜1/2根；香葱2根；萝卜苗1/3束；盐适量

做法

1 把做调料汁的酒放在微波炉里热30秒以使酒挥发，然后和其他调料汁材料混合。

2 鲣鱼切片，把步骤1中的调料的口味调得重一些，放置30分钟。

3 黄瓜切丝，涂上盐，待其变得柔软后，洗净并擦干水。香葱切成4厘米长的小段，萝卜苗对半切然后和黄瓜混合。

4 把步骤2、步骤3的成品装盘。

❖ 鲣鱼泥

材料（2人份）

去鱼刺的鲣鱼肉（带皮的鱼背肉）1节；柠檬醋（酒2大勺，柠檬汁、酱油各1.5大勺，新鲜生姜20克，小葱2根）；A［土当归（切丝）1/2根，白葱1/3根，紫苏叶4片，花穗紫苏适量］；B［大蒜（切片）1/2瓣，辣椒泥适量，土当归（花切），胡萝卜泥适量］；盐适量

做法

1 给鲣鱼串签、撒盐。用中火烤鱼皮，轻微烤皱鱼皮后再稍稍烤制鱼身，然后将鱼浸泡在冰水中，待其冷却后擦干。

2 把做柠檬醋的酒放在微波炉里热30秒以使酒挥发，然后和剩余的柠檬醋材料混合。

3 把步骤1中的鲣鱼切片，将之与步骤2中的少量成品碾碎混合。用海带包裹鱼身，再缠上保鲜膜，放在冷藏室中冷却。

4 把所有的佐料切碎混合，在鲣鱼表面满满铺上一层。

5 把材料A和步骤4中材料装盘后，再配上材料B、浇上剩下的柠檬醋。

香梭鱼

说起香梭鱼，大家就会想起香梭鱼做成的干货。香梭鱼作为以美味闻名的干货之一，自有其独特的风味。做干货的时候，需要将鱼身对切。因为香梭鱼是一种身细、头硬的鱼类，所以对切的时候需要连头、开背脊。

❖推荐料理

香梭鱼是味道较淡的白身鱼，不加调味料直接烧烤也非常美味。但是，比起盐烧、酱油烤鱼等做法，幽庵烧显然更受欢迎。因为香梭鱼鱼身富含水分，所以不适合做炖菜。

挑鱼诀窍

鱼目清澈。
鱼鳍呈黄色。
鱼腹是有光泽的银白色。
大型香梭鱼身材饱满。

香梭鱼

鱼身对切

（连头、开背脊）

去鳞（片刮法）
➡鱼身对切
➡除去鳃和内脏
➡洗净　➡擦干

使用刀具

出刃菜刀

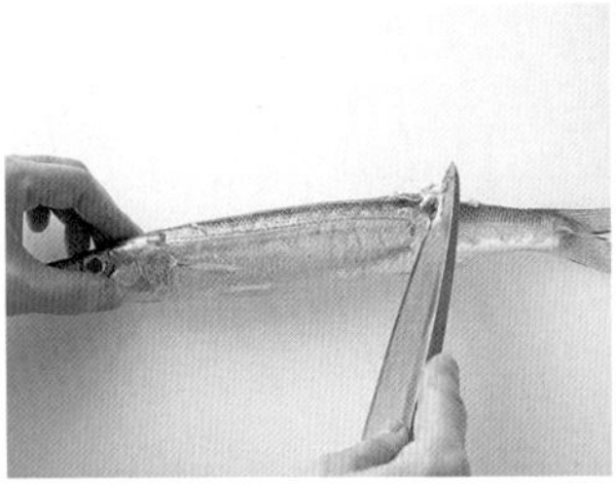

1 鱼头朝左，左手捏住鱼头，从鱼尾向鱼头去鳞。去鳞时，注意手腕像舀水一样转动。鱼背、鱼腹、另一侧的去鳞方法同前。再用水清理一遍，并去除鱼身多余的水。

2 从鱼鳃和胸鳍的根部中间下刀，深切至鱼中骨。

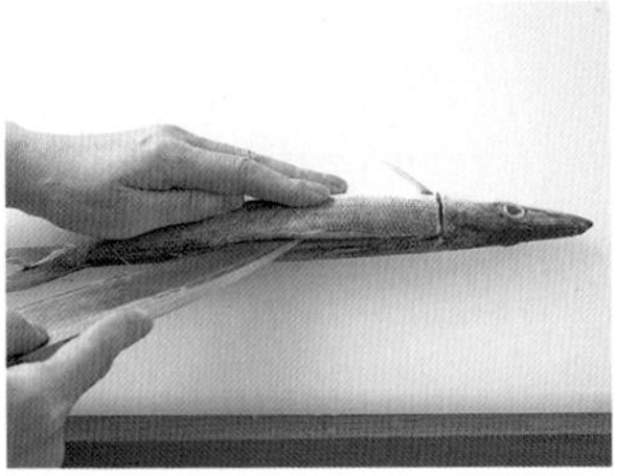

3 鱼头朝右，鱼背靠近身前放置，在鱼背鳍上下刀，从鱼头切至鱼尾根部。

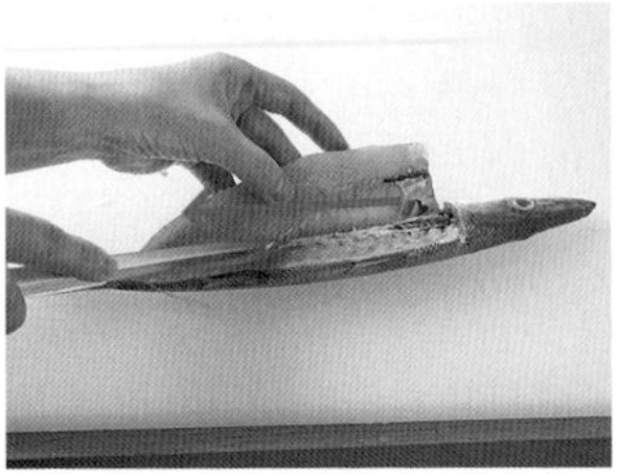

4 要领同三卸法相同，沿着鱼中骨向鱼腹处下切，切开鱼身。

5 捏住鱼内脏及薄膜，从右到左撕下。此时，鱼块还没有完全卸下。

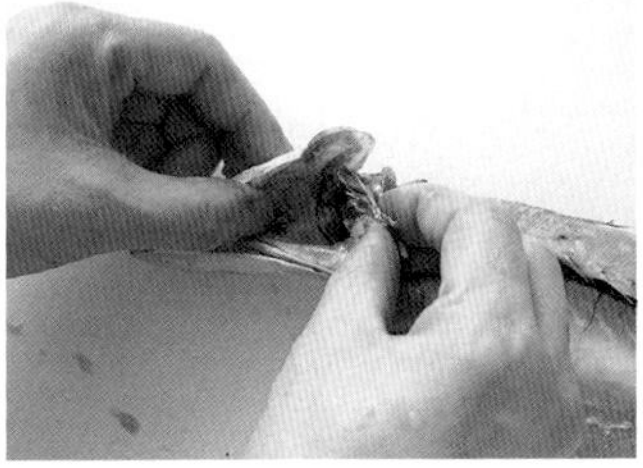

6 打开鱼鳃盖，用手指抠出鱼鳃的根部，和内脏一起拔出。之后用水洗净并擦干。

完成图 鱼身对切（连头、开背脊）完成图。

干烤香梭鱼
▸第89页

卸块
（大名卸法）

使用刀具
出刃菜刀

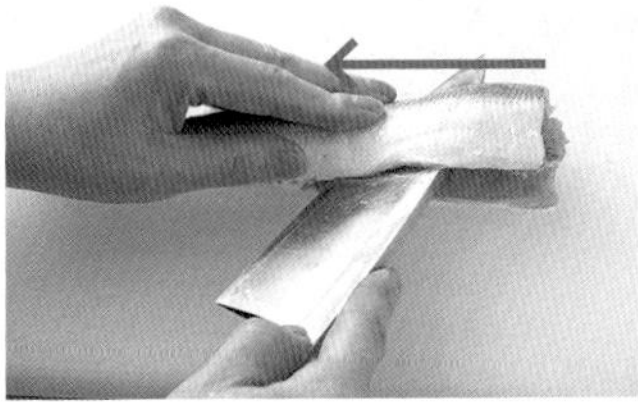

1 洗干净鱼段，从鱼头侧下刀，沿着鱼中骨切至鱼尾，切开鱼身。

2 将鱼翻身，从鱼中骨下刀，同步骤1，从鱼头侧一口气切向鱼尾，切开鱼身。

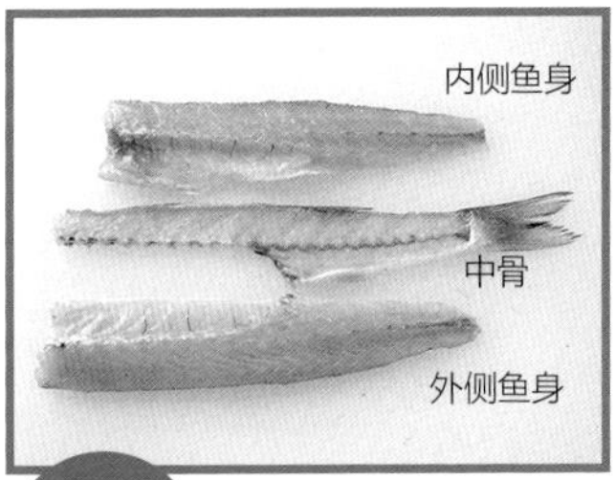

完成图 大名卸法完成图。

去除鱼腹骨和鱼刺

使用刀具
出刃菜刀
去骨夹

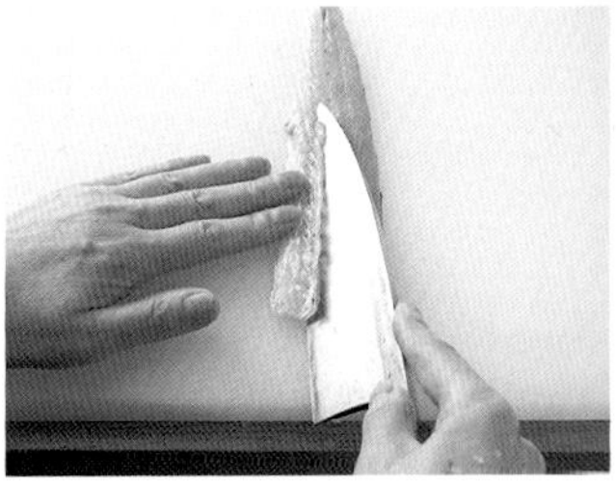

1 将鱼腹骨朝左放置在砧板上，用刀尖挑起鱼腹骨的根端，用刀轻轻地把露出的鱼腹骨挑出来。

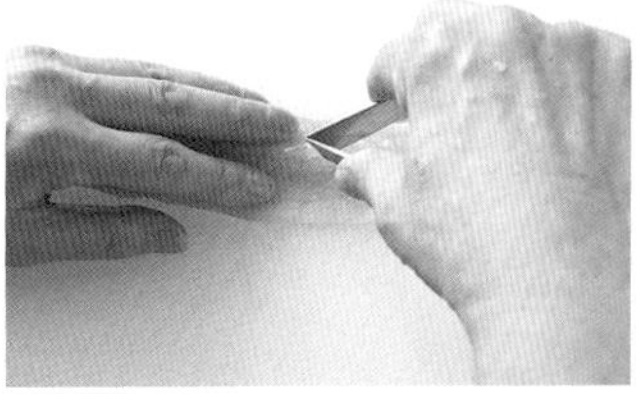

2 用去骨夹夹出鱼刺。可以用指尖轻按住鱼刺的一段，把鱼刺顶出来，然后朝鱼头侧用力拔。

穿签
（两头弯）

＊使用带皮的上侧鱼肉。

使用刀具

金串（15厘米或45厘米）

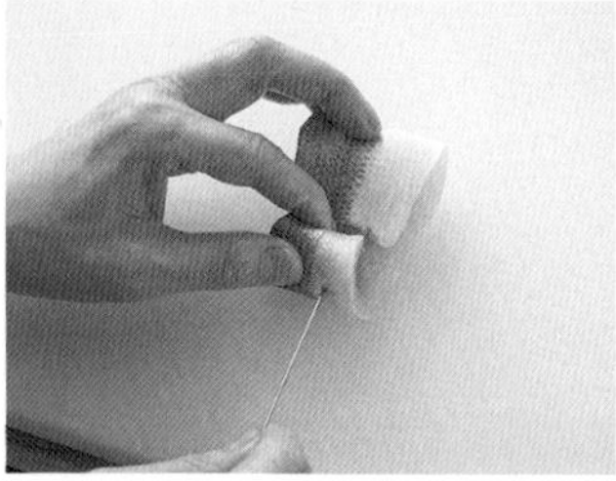

1 鱼皮侧朝下，鱼尾靠近身前，纵放。按照图示把鱼尾、鱼头卷起，卷成圆圈状，从下方穿入金串。

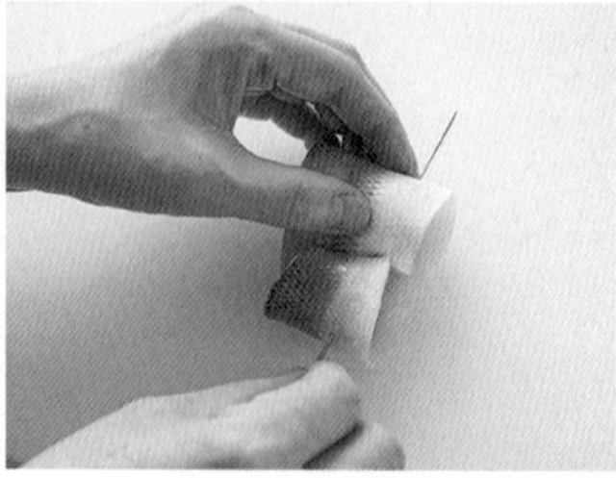

2 为了使卷好的鱼块不散架，将金串再刺入鱼块的上方。要领同步骤1，以便固定结构。

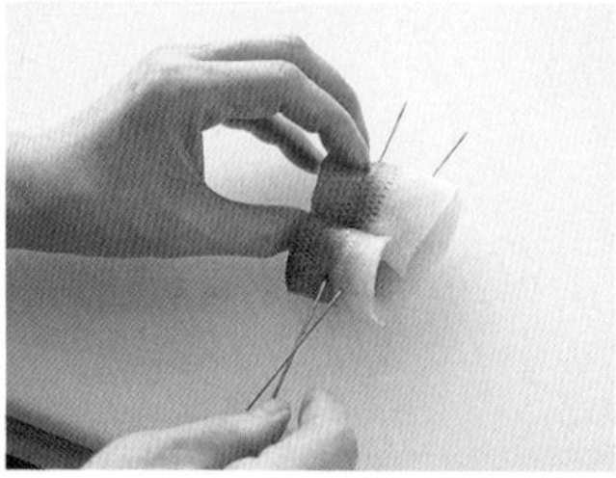

3 两根金串在下方交叉，形成V字。

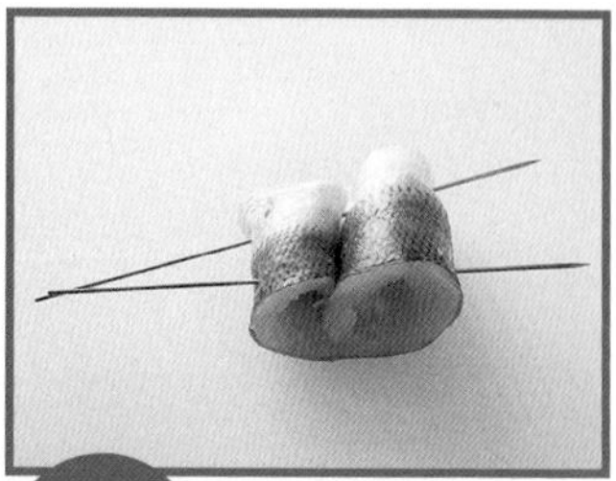

完成图 穿签完成图。

香梭鱼烤海胆
▸如下

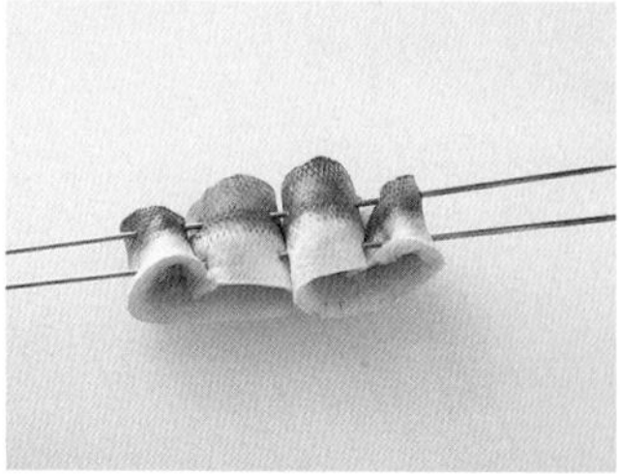

使用较长的金串时，可以同时串两段鱼身。

料理
❖ 香梭鱼烤海胆

材料（2人份）

去鱼刺的香梭鱼肉（带皮）1段；海胆6个；照烧酱※适量；芜菁甜醋酱1/4份（参照第68页）；盐适量；叶子1片；白萝卜少许

做法

1 在香梭鱼鱼块上撒一层薄盐，放置10分钟，去水擦干后穿签。

2 把香梭鱼放在预热好的烤架上，烤至变色，再放上海胆。用做好的照烧酱在鱼身和海胆上来回刷2~3次，直至酱变得稍干。

3 拔掉鱼身上的金串并装盘，再浇上芜菁甜醋酱。用叶子和白萝卜摆盘作为装饰。

※照烧酱（适量）

酒、料酒、酱油	各1/4杯
细砂糖	5克
酱汁	1大勺

将材料放在锅里混合，开火煮沸后，再用小火煮干1/10的汤汁。

❖ 干烤香梭鱼

材料（2人份）

去鱼刺的香梭鱼肉（连头、开背脊）2条；盐适量；白萝卜泥适量；酸橘1个；酱油少量

做法

1 在香梭鱼鱼块上两面撒盐，放置30分钟。

2 去掉香梭鱼身上的水，把鱼块展开后放在沥水的竹板上，在通风的地方放置一夜。待摸起来有点黏的时候就算风干完成了。

3 把香梭鱼放在预热好的烤架上烤5~6分钟。

4 把香梭鱼放在盘子里，用白萝卜泥和切片的酸橘装饰，最后浇上酱油。

鲽鱼

鲽鱼是一种受人欢迎的白身鱼类，仅分布在日本周围的就有约40种，且均可以食用。其中有日本鲽鱼、石鲽鱼、角木叶鲽鱼等众所周知的品种。古话说『左比目，右鲽鱼』。鲽鱼的眼睛均长在右侧，与比目鱼相同，它们的眼睛均长在扁平的身体一侧。大型鲽鱼和比目鱼的处理方法一致（参照第146页）。

❖推荐料理

推荐做成刺身、炖菜、炸物、法式黄油烤鱼等料理。鲽鱼的分布范围广泛，因此也被广泛食用。大型鱼通常适合做成刺身、鱼块；小型鲽鱼适合整鱼烹饪。

挑鱼诀窍

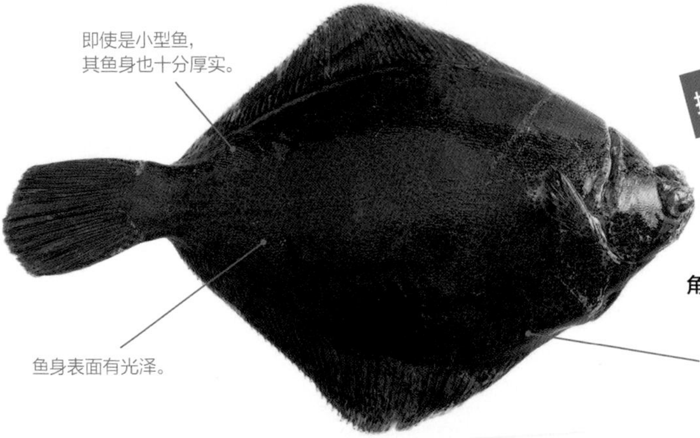
即使是小型鱼，
其鱼身也十分厚实。
鱼身表面有光泽。
鱼腹紧致，
里侧皮白且有透明感。

角木叶鲽鱼

清洗
（腌全鱼备用）

去黏液、鱼鳞
➡除去鳃和内脏
➡洗净
➡擦干

使用刀具
出刃菜刀

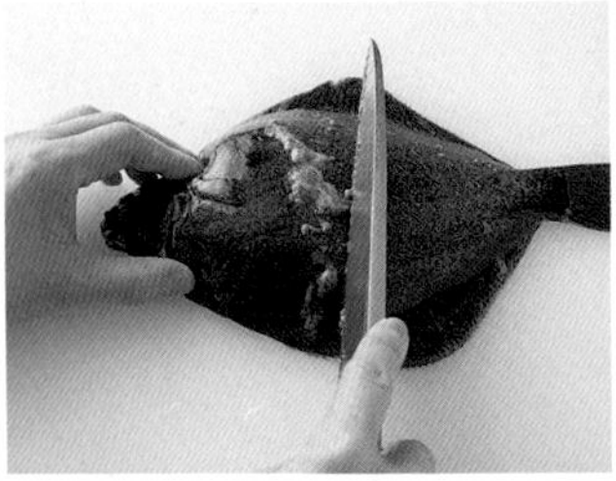

1 鱼头朝左，左手捏住鱼头，从鱼尾向鱼头去除黏液和鱼鳞。另一侧的去鳞方法同前。

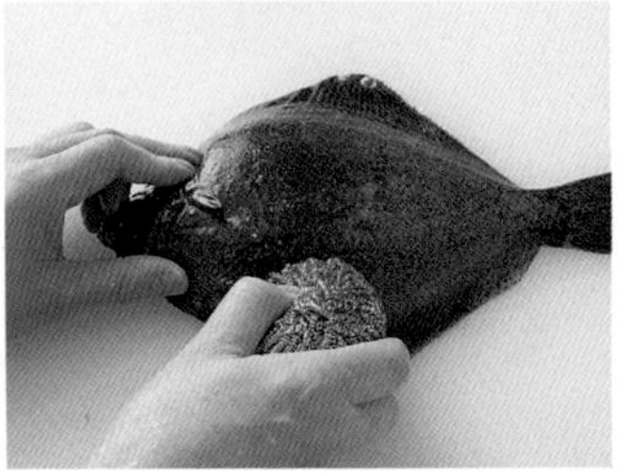

2 用钢丝球仔细去鳞，这样可以去除用菜刀没有去掉的细小鳞片。

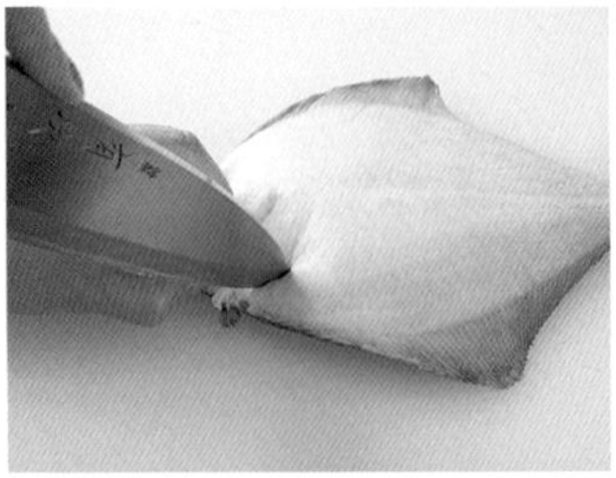

3 将鱼翻边，从胸鳍根部下方入刀，切向腹鳍的根部。

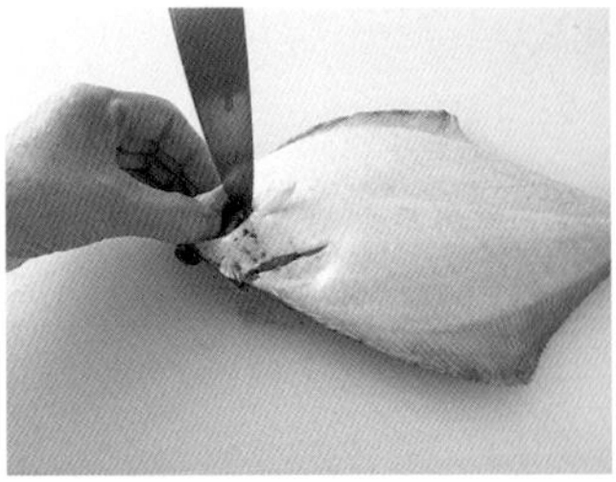

4 左手捏住鱼鳃盖，刺入刀尖，切去鱼鳃根部。

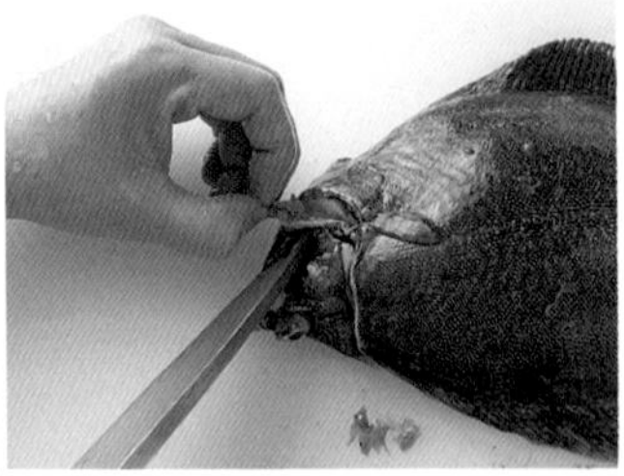

5 将鱼翻边，用同样的方法切去另一边的鱼鳃根部，左手捏住鱼鳃并将其拉出。

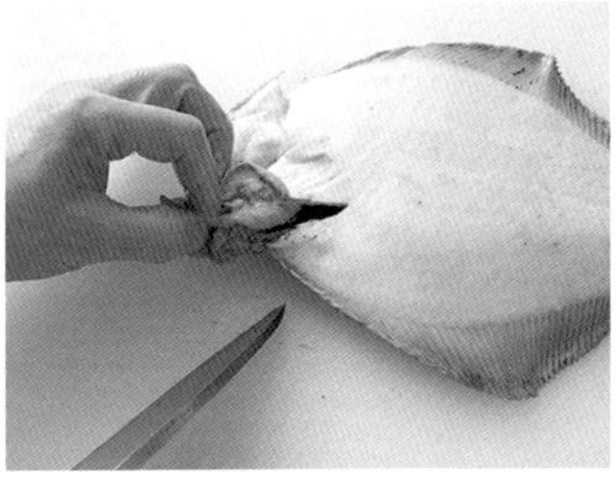

6 将鱼翻边，从步骤3的切口拉出内脏并去除。

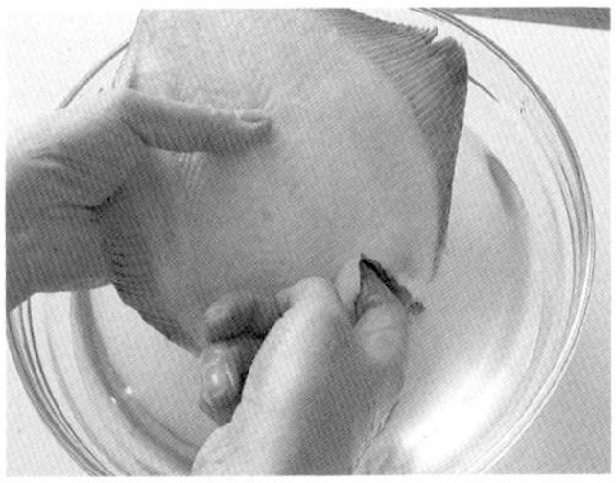

7 把鱼放在盛满水的碗里，指尖深入切口，清洗鱼体内残留的内脏。最后把鱼身内外残留的水擦干。

打花刀

使用刀具

出刃菜刀

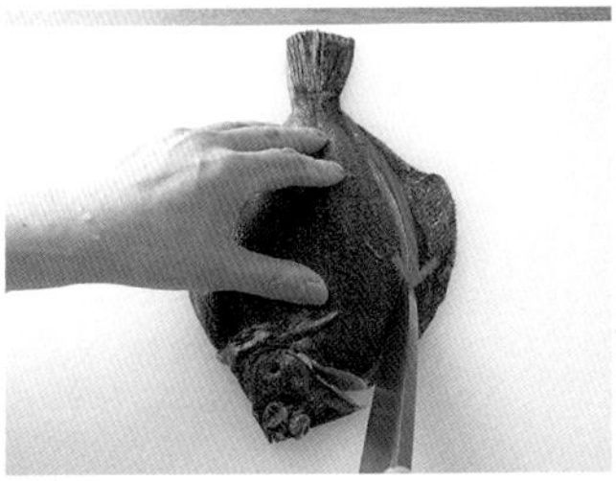

1 鱼头朝向身前，从鱼尾沿着鱼背鳍下切。

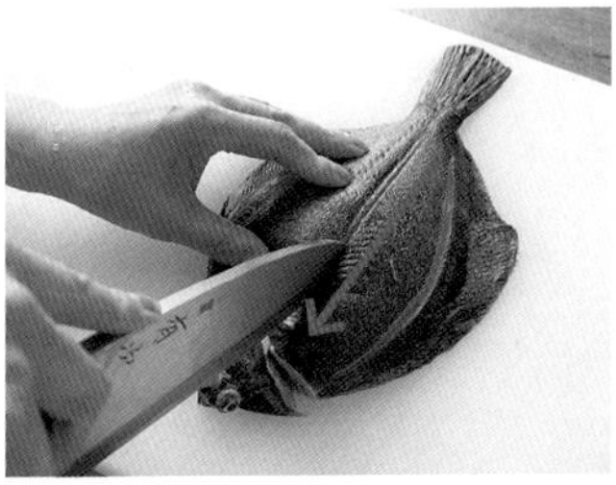

2 从鱼尾根部切向鱼头，注意从鱼身中部切入。

3 沿着左侧的鱼腹鳍下刀，使用刀尖下切。

煮角木叶鲽鱼▸如下

料理

❖煮角木叶鲽鱼

材料（2人份）

角木叶鲽鱼（整鱼，水洗后打花刀）2条；酒1大勺；料酒1/4杯；生姜（薄切）4片；酱油1/4杯；莲藕（1厘米厚切片）4片；豆角5根；生姜、盐适量

做法

1 用热水焯角木叶鲽鱼。

2 去掉豆角的筋，用盐水煮烫，再切成长3厘米左右的小段。

3 在浅锅或平底锅里加入酒、料酒、酱油、生姜，混合煮开，将角木叶鲽鱼并列放入锅里，盖上锅盖。等锅盖周围有沸腾气泡出现时再开火煮3分钟左右。

4 在步骤3煮沸的这段时间里，加入莲藕煮5分钟，再加入豆角煮至温热。

5 将角木叶鲽鱼装盘，加入豆角、盛上汤汁，最后用生姜装饰。

马面鱼

没有鱼鳞的马面鱼，需要徒手剥皮。卖剥好皮的马面鱼的商店也比较多，且商店有时会将其和相像的马脸鲀鱼一起摆放。马面鱼的体形呈菱形，尾鳍为茶褐色，而马脸鲀鱼鱼身稍长，尾鳍有淡青色。马面鱼的鱼肝堪称一绝，为了剥皮时不伤及鱼肝，需要用手拉扯住鱼头、鱼身和鱼皮，往外撕拉，取出内脏。鱼胆味苦，去内脏时应小心，不要弄破鱼胆。

❖推荐料理

白身鱼没有腥味，鱼肉有嚼劲。马面鱼做成的新鲜薄切刺身是可以和河豚媲美的佳肴。马面鱼的鱼肝适合做酱油马面鱼肝、马面鱼肝拌菜以及火锅等料理。

挑鱼诀窍

鱼背鳍前端呈线状，雄性鲀鱼的鱼鳍多为延展状（图片为雌性）。
鱼表面粗糙，可以清楚地看见鱼的颜色和鱼身的花纹。
鱼目黑亮、清澈，避免选鱼目赤红的鲀鱼。
鱼肉厚，鱼腹饱满。
鱼腹饱满是鱼肝较大的依据。
用到剥皮鱼肉时，选择鱼身饱满、有透明感的鱼肉。

剥皮

使用刀具

出刃菜刀

1 鱼目上方的角可能会影响剥皮，先用刀从根部把角去除。

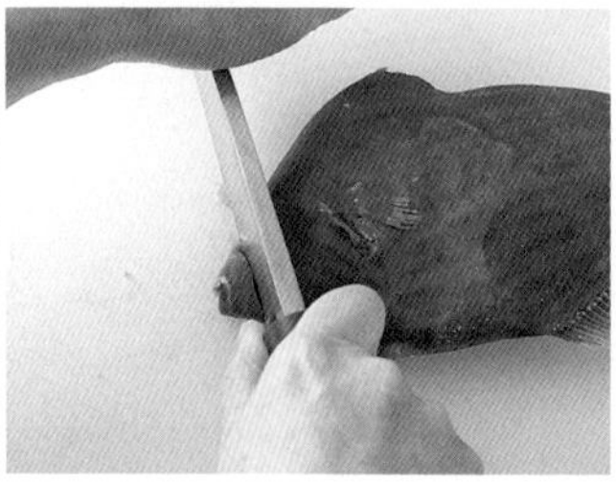

2 鱼头朝左，用刀根切去鱼嘴前端。

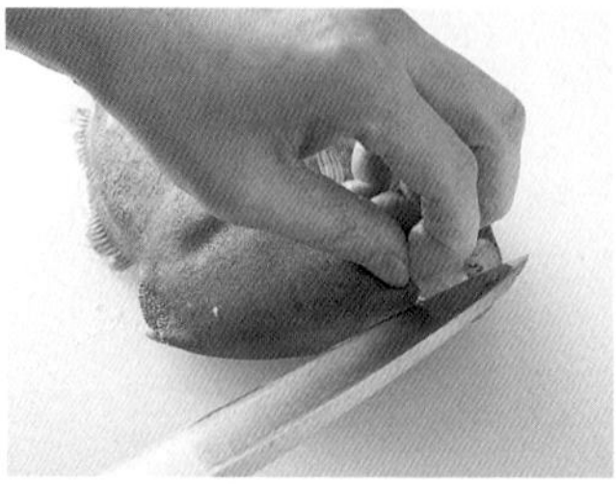

3 从鱼嘴的切口下刀。鱼嘴附近的皮肤很光滑，注意不要切到手。

4 从切口处下手，用大拇指伸入鱼皮和鱼身的间隙中，徒手剥皮。

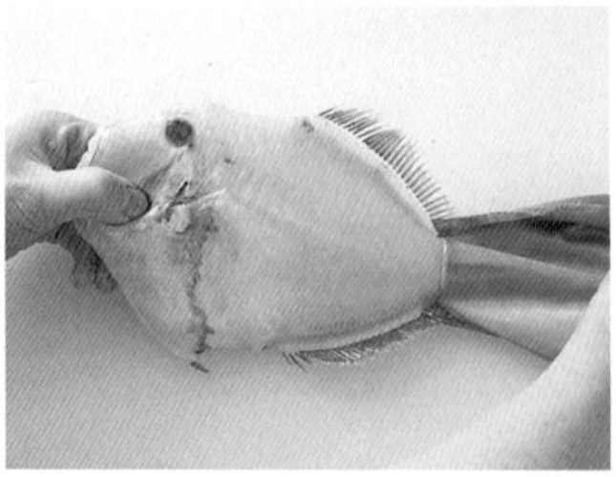

5 剥了一半后，沿着鱼皮两端，左手按住鱼头，右手将鱼皮从鱼尾处一口气撕下。

清洗

去头
➡除去内脏
➡取出肝
➡洗净
➡擦干

使用刀具
出刃菜刀

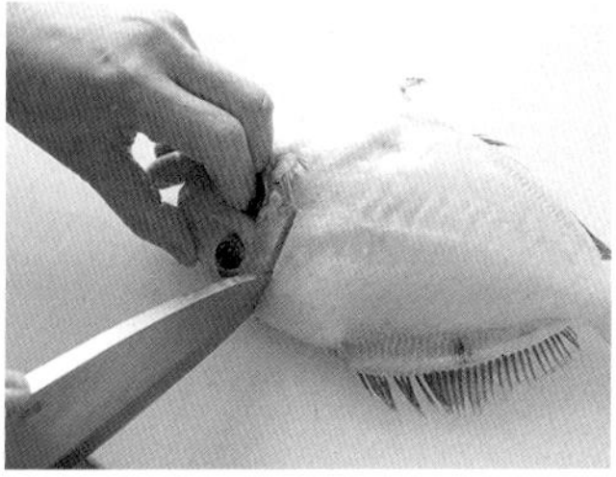

1 鱼头朝左，鱼背置于身前，从鱼角根部的后侧向鱼的胸鳍周围下刀，按压式下切。

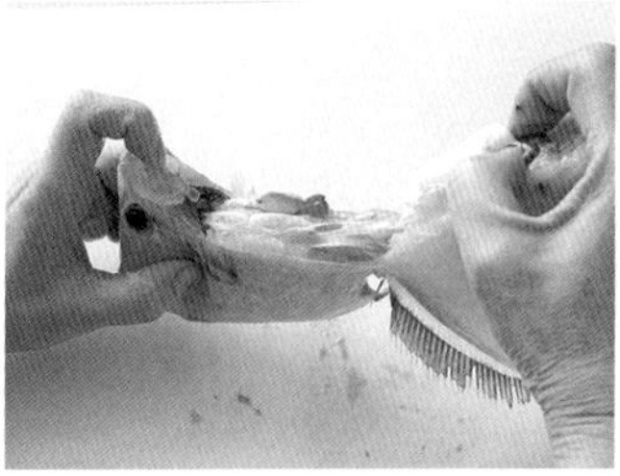

2 左手捏住鱼头，右手拿住鱼身，左右拉扯，把鱼头连着的内脏一起扯出来。

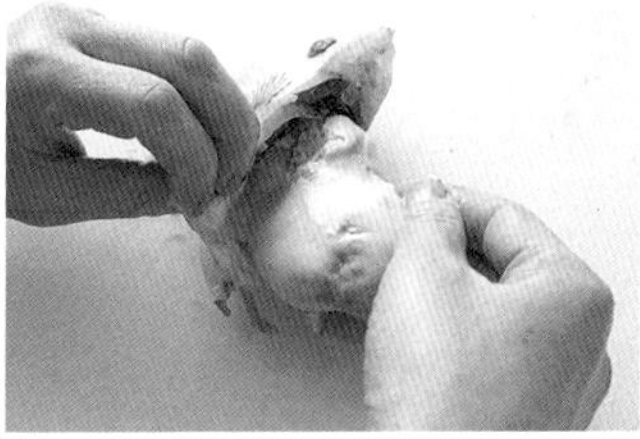

3 用手将扯出的鱼头处的内脏取出，要避免伤到鱼肝。此时，注意不要挤破鱼胆。

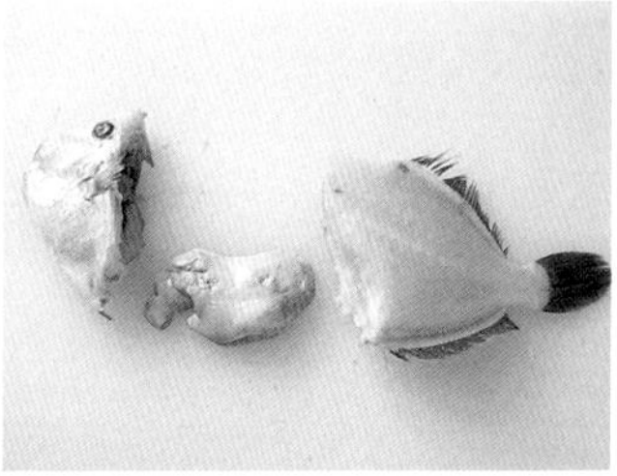

4 把鱼头、鱼肝、鱼身洗净，擦干水后放置在砧板上。

卸块
（三卸法 / 双面）

使用刀具
出刃菜刀

1 鱼头朝右，鱼腹靠近身前，从鱼头下切至鱼尾。重复以上步骤，沿着鱼脊椎骨下切。

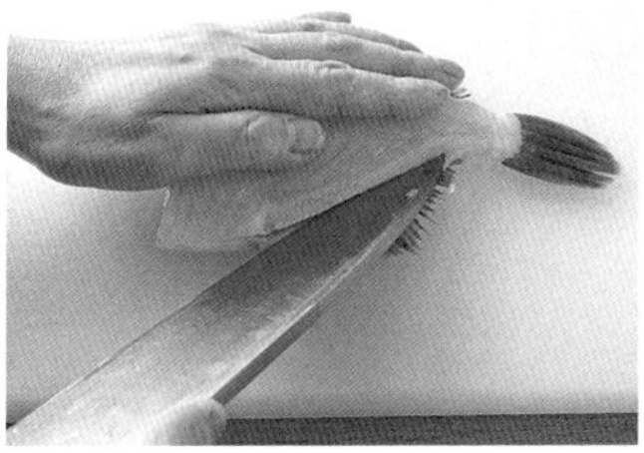

2 将鱼翻身，鱼背靠近身前。用同样的方法从背鳍根部下刀，沿着鱼脊椎骨，由尾根处切向鱼头。

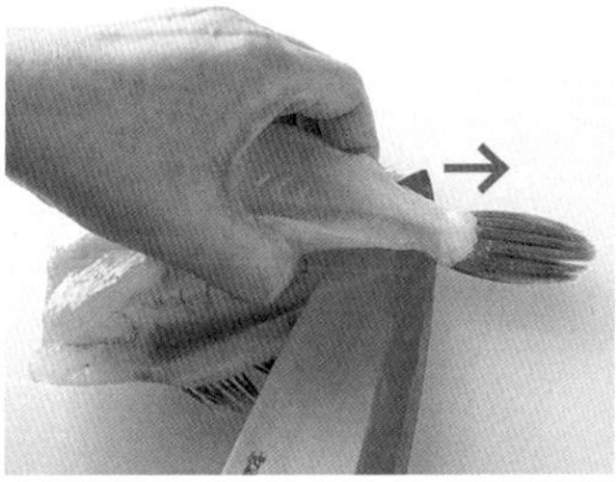

3 在鱼脊椎骨末端处，反刀插入鱼尾，稍稍下切。

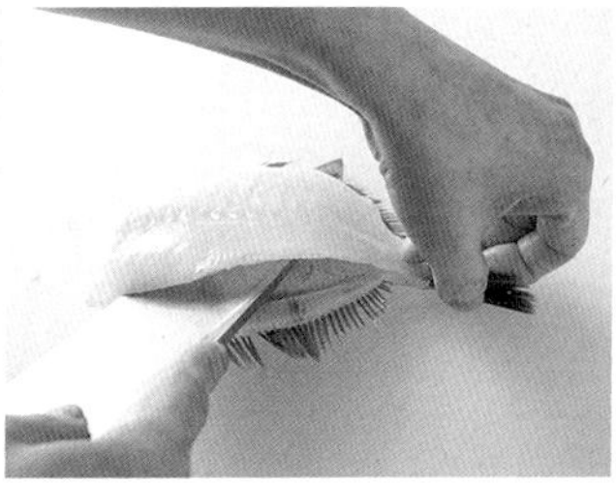

4 再回到一般的握刀姿势，左手按住鱼尾，沿着鱼中骨一口气切向鱼头，直至鱼肉与鱼骨分离。最后切断鱼身与鱼尾的连接处，另一侧要领同上。

完成图 三卸法完成图。

切块

去鱼腹骨、鱼刺

➡切块

＊使用三卸法切下的内侧鱼身。

使用刀具

去骨夹
出刃菜刀

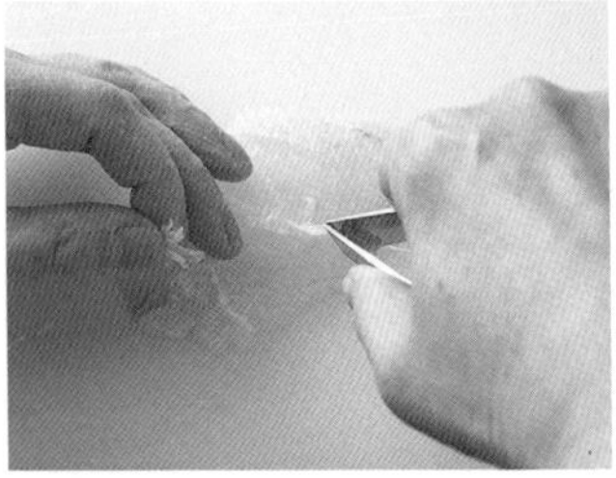

1 将鱼腹骨朝左放置在砧板上，使用刀尖挑起鱼腹骨的根端，用刀轻轻地把露出的鱼腹骨挑出。用去骨夹夹出鱼刺。

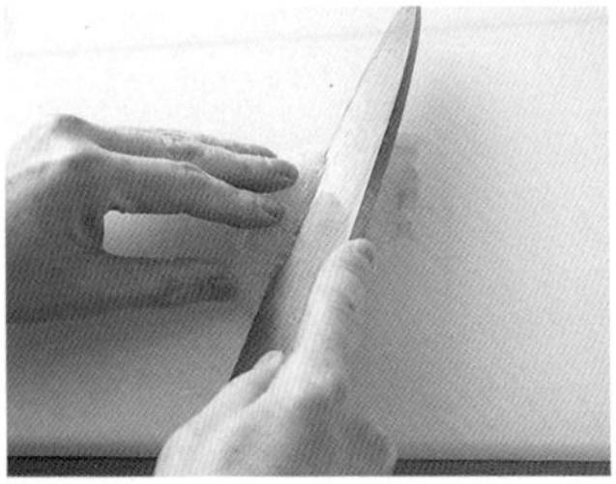

2 鱼尾朝左放置，根据料理的不同可调整切块的大小，菜刀斜切。一口气下切，干净利落。最后直立起刀。

完成图 切块完成图。

炸马面鱼 ▸第95页

片薄片

分解鱼身

➡去皮（内去皮）

➡片薄片

＊使用三卸法切下的内侧鱼身。

使用刀具

出刃菜刀
柳刃菜刀

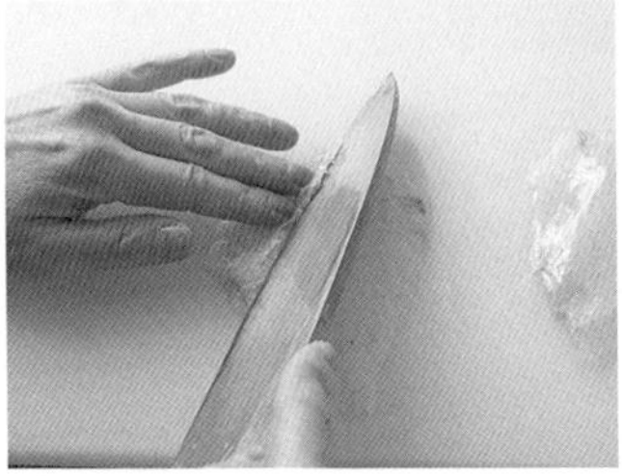

1 将鱼腹骨朝左放置在砧板上，使用刀尖挑起鱼腹骨的根端，用刀轻轻地把露出的鱼腹骨挑出。

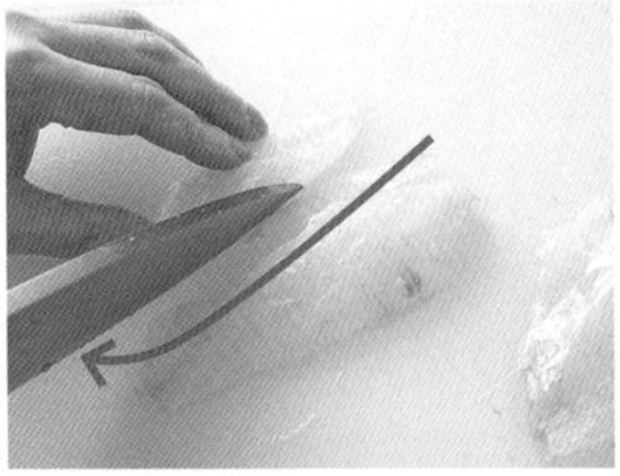

2 在鱼背的血合和鱼刺处纵切。切时可以往左侧倾斜，使切下的右侧鱼肉上下等宽。

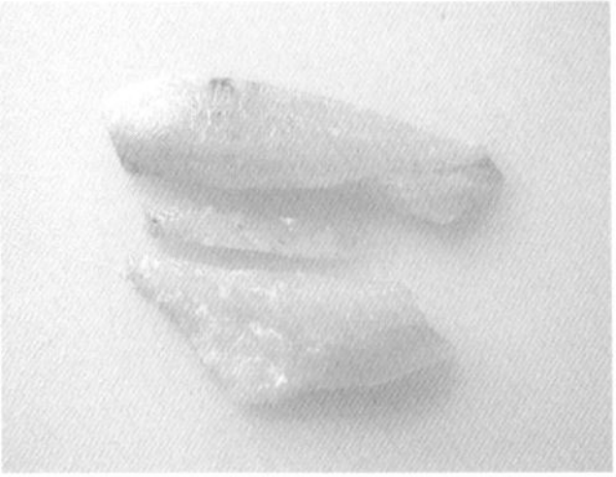

3 从鱼腹部的肉中取出鱼刺。

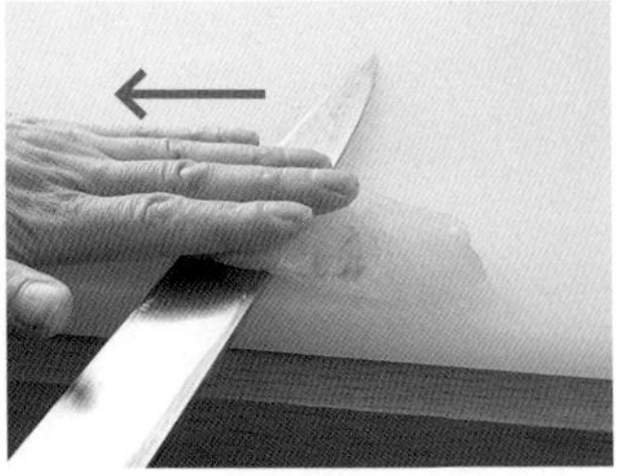

4 鱼皮朝下、鱼尾朝右放置。从鱼皮和鱼身的间隙处下刀，左手轻按鱼身，刀刃贴着砧板左切，刀以前后拉锯状进行切割，在移动中剥皮。

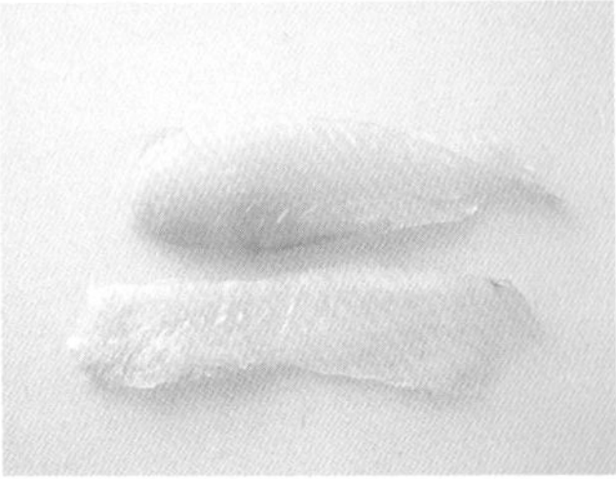

5 取用去鱼皮后的鱼肉。

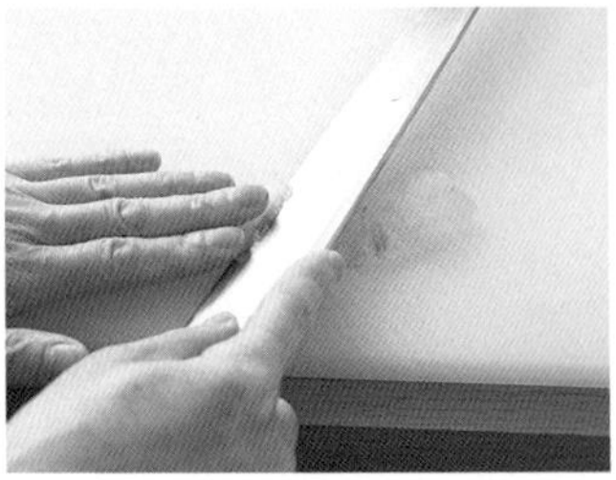

6 鱼尾朝左，柳刃菜刀尽可能斜放，刀根靠近身前，一口气下切，切时应干净利落。

7 切时手腕灵活，刀身后退，使用整个刀刃切片。完成后刀身直立着离开鱼身，将鱼肉一片一片地盛在盘子里。

马面鱼薄片蘸鱼肝酱油 ▸第95页

料理

❖炸马面鱼

材料（2人份）

马面鱼鱼块（去皮）1/2条鱼份；青尖椒1/4袋；裹料（酒、料酒、酱油各2大勺，生姜汁适量）、淀粉、煎炸油、盐适量

做法

1 马面鱼鱼块撒盐后，静置15分钟，擦干净鱼块上的水。把做油炸裹料的材料混合，裹在马面鱼鱼块外，放置30分钟。

2 在青尖椒上划几刀。

3 去掉步骤1裹在鱼块外的裹料，抹上淀粉。

4 将煎炸油加热至165摄氏度，油炸青尖椒，撒盐。等油的温度上升到175摄氏度后，把步骤3做好的鱼块进行油炸。然后沥干油，装盘并装饰。

❖马面鱼薄片蘸鱼肝酱油

材料（2人份）

马面鱼（去鱼刺的鱼肉）1/2条；马面鱼鱼肝1条鱼份；酒1大勺；酱油1/2大勺；马面鱼鱼皮1/2条鱼份；红叶萝卜泥适量；紫苏叶2片；当归（花切）、胡萝卜（花切）、锚状当归各2块；盐适量

做法

1 把马面鱼鱼肝放在盐水浓度为3%左右的盐水中，浸泡30分钟以上，擦干净水后蒸10分钟。不盖保鲜膜，将酒放在微波炉里热30秒以使酒挥发。把鱼肝碾碎且过滤后放在酒里混合，加入酱油，做成蘸鱼肝酱油。

2 将鱼皮浸泡在盐水中，去水后再擦干鱼皮表面的水，切丝。

3 将去皮后的马面鱼的鱼身片薄片，装在盘子里，装饰红叶萝卜泥及鱼皮、紫苏叶、当归、胡萝卜、锚状当归等材料。再配上步骤1中做好的蘸鱼肝酱油。

沙梭鱼

日本已知有5种沙梭鱼，常见的为白色沙梭鱼。因其鱼身呈淡粉色、十分美丽而被称为「海之女王」。推荐食用15厘米左右的沙梭鱼，这一身长能保证鱼身内外侧肉质的鲜美。处理鱼时，推荐使用大名卸法、鱼身对切（开背脊）等方法，鱼身对切可以做「松叶沙梭鱼」，将鱼身打结可以做成「沙梭鱼结」。沙梭鱼的尾巴外形优美，在鱼身对切（开背脊）或者卸块的时候，注意不要伤到尾巴。合理使用鱼尾也是料理的精髓之一。

❖推荐料理

除了做沙梭鱼天妇罗和清汤这些家喻户晓的名菜外，沙梭鱼也适合做成刺身、醋拌凉菜、盐烧、干炸、蒸菜。沙梭鱼作为一种白身鱼，肉质鲜美，能做成高级料理。

挑鱼诀窍

鱼目黑亮、清澈。
鱼鳞呈闪闪发光的银色，鱼身美丽。
鱼身紧实、饱满且有透明感。
鱼身花纹清晰。

沙梭鱼

清洗

去鳞（片刮法）

➡去头
➡除去内脏
➡洗净
➡擦干

使用刀具

出刃菜刀

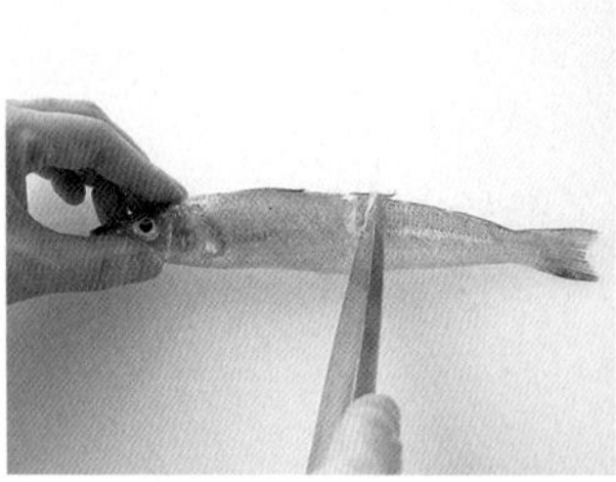

1 左手捏住鱼头，从鱼尾向鱼头去鳞。鱼背、鱼腹、另一侧的去鳞方法同前。

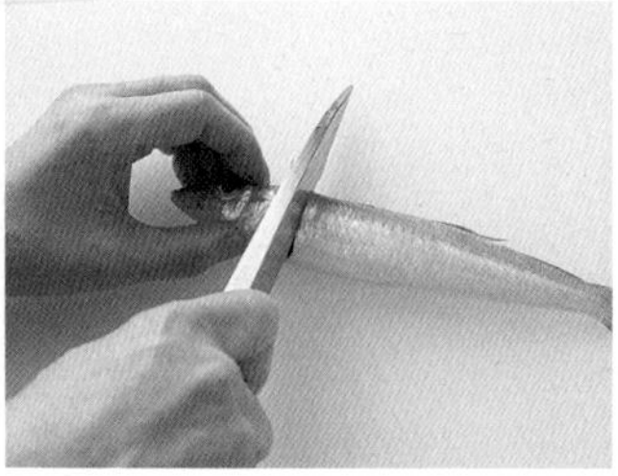

2 从胸鳍下刀，一口气把鱼头切下。

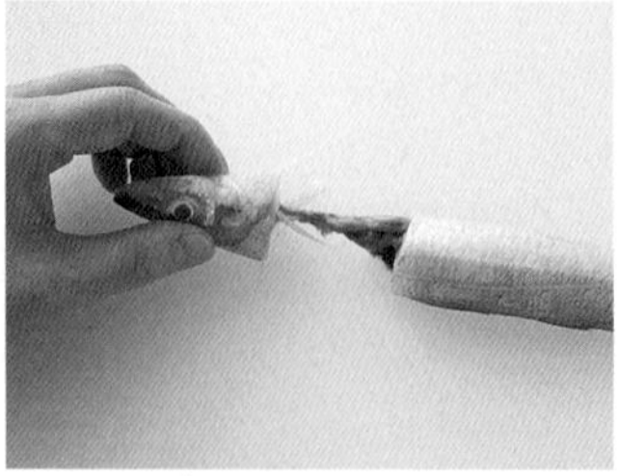

3 从去头处的切口拔出内脏。

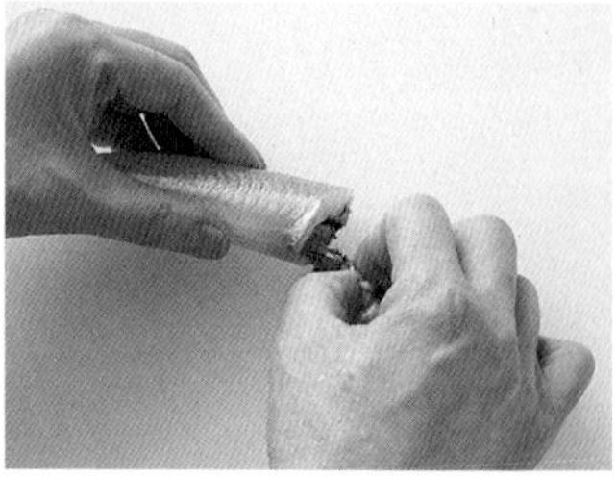

4 用手从鱼腹处抠出残余内脏。如果料理需要切开鱼身，可以直接切开鱼腹取出内脏。

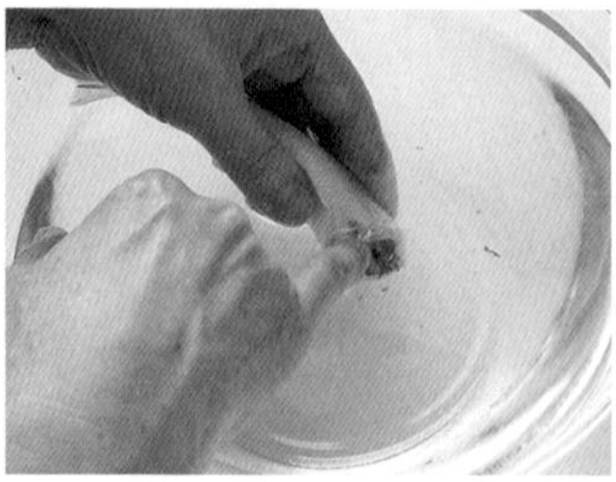

5 把鱼放在盛满水的碗里，用小拇指伸进鱼身，清洗鱼体内残留的内脏和血污，最后把鱼身上残留的水擦干。

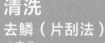

鱼身对切
（开背脊）

使用刀具
出刃菜刀

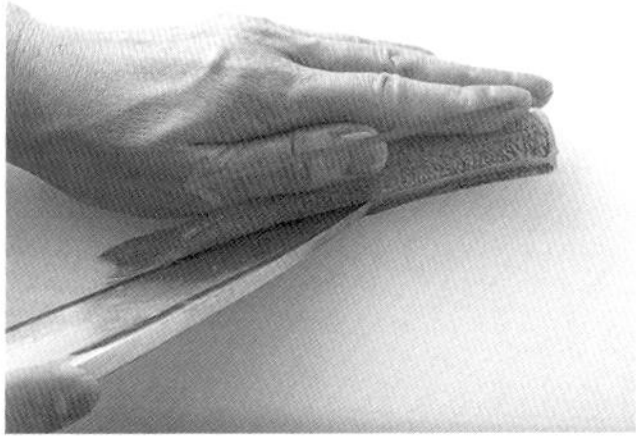

1 鱼头朝右，鱼背朝向身前。从鱼头下刀，沿着鱼背鳍上方切入。

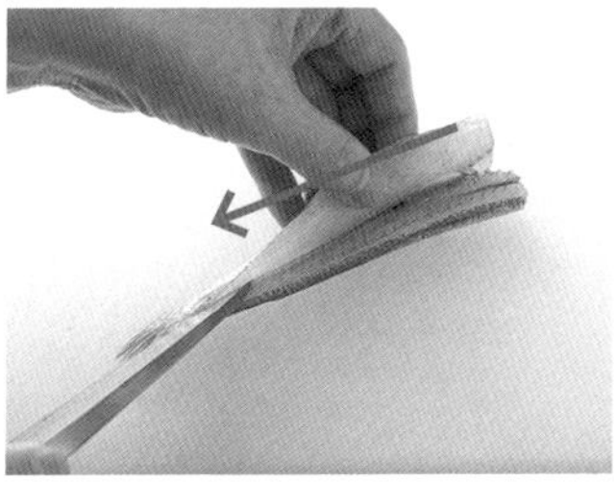

2 要领同三卸法，沿着鱼中骨下切两三刀，深切至鱼腹。

3 不要切断另一侧鱼腹的皮，只切到感觉快要断开为止。

4 将鱼翻转过来，鱼头朝左，从鱼尾下刀，沿着鱼背鳍上方切入，下切至中骨。

5 沿着鱼中骨下刀，切去鱼中骨。

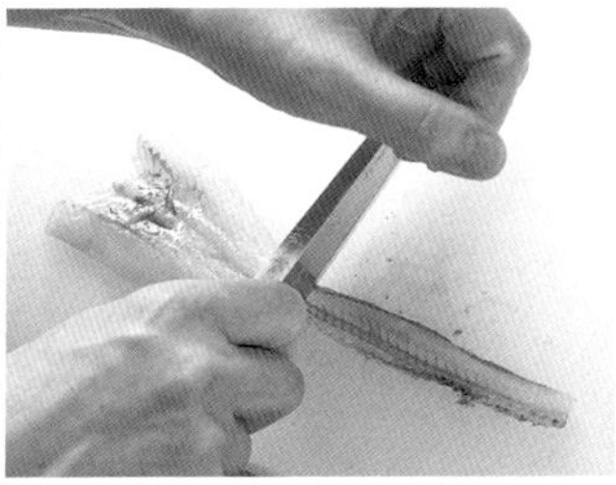

6 将鱼中骨外翻至右侧，露出鱼肉，菜刀抵住鱼尾的中骨，然后用左手压刀背剔除鱼骨。

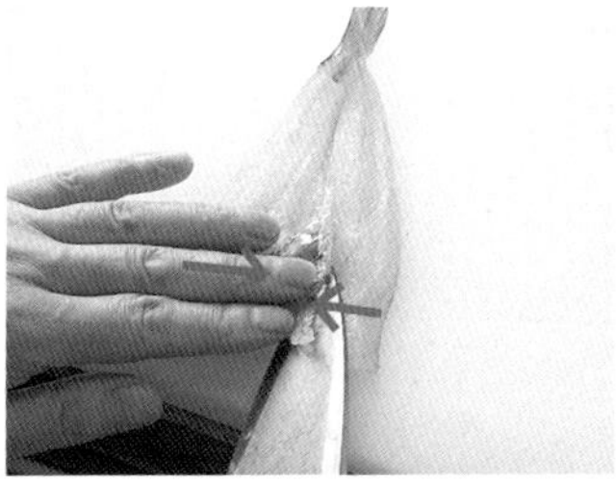

7 鱼尾朝上，从鱼腹骨的根部下方下刀，从左右两端用菜刀轻轻地剔出鱼腹骨。

8 用指尖确认鱼臀鳍的位置，从臀鳍根部的两端下刀切入。

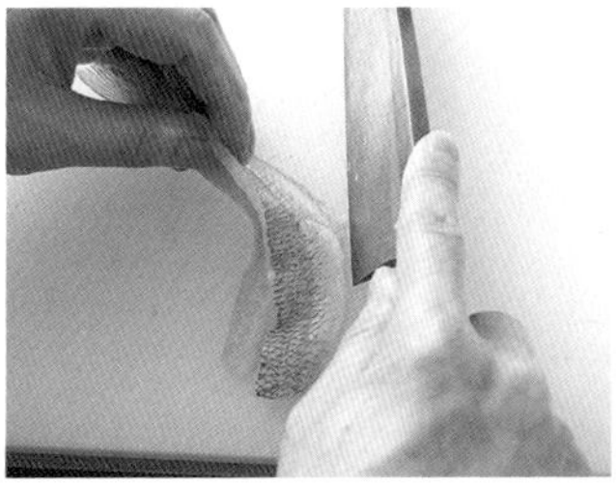

9 把鱼身对折（回到没有切开的状态），用刀根压住臀鳍根部，左手拉扯鱼身，去除臀鳍。

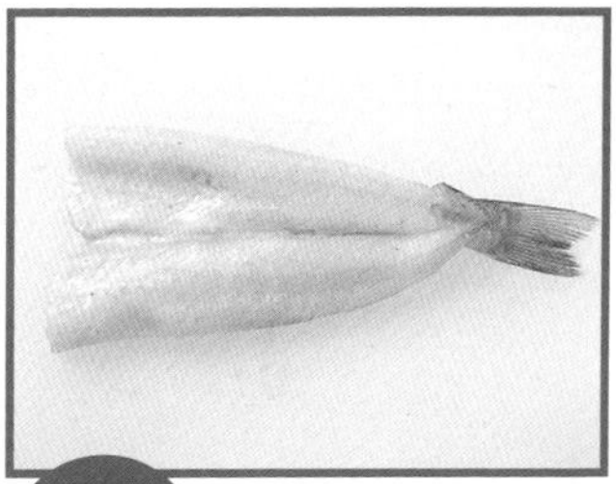

完成图

鱼身对切（开背脊）完成图。

沙梭鱼天妇罗
▸第99页

鱼身对切
（卸块）

使用刀具

出刃菜刀
去骨夹

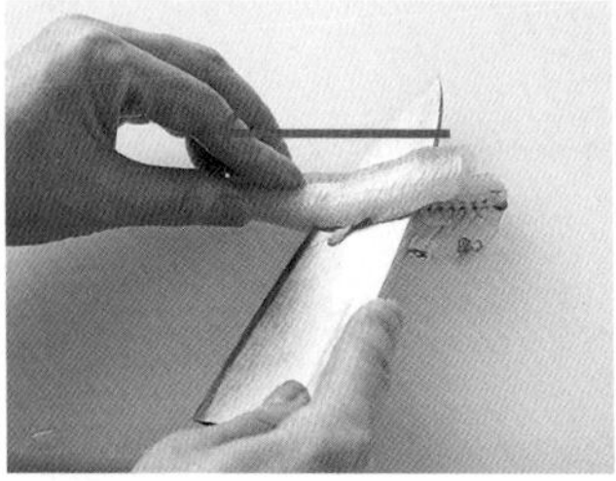

1 要领同大名卸法，从鱼头侧下刀，沿着鱼中骨下切，切至鱼尾根部。

诀窍

切至鱼尾根部时不要切断，让鱼尾相连。

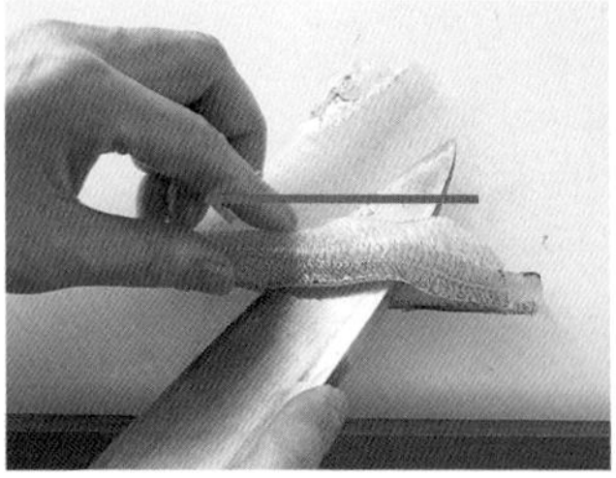

2 将鱼翻身，要领同步骤 1，从鱼头处入刀，沿鱼中骨下切，切至鱼中骨上方的鱼尾根部。

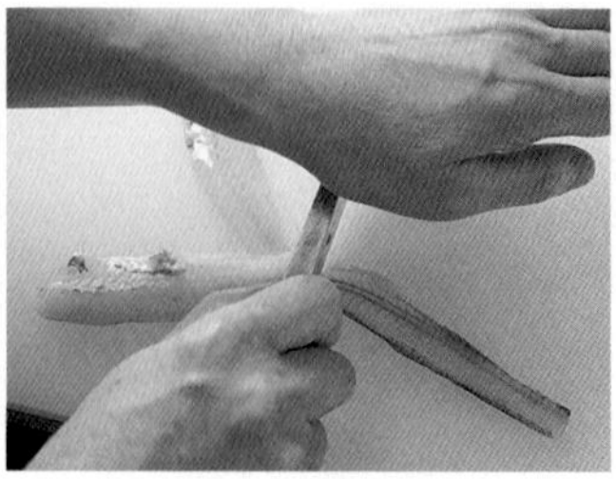

3 鱼身朝左，鱼中骨朝右放置。从鱼中骨的鱼尾根部下刀，用左手压刀背剔除鱼中骨。

4 从鱼腹骨根部下刀，像舀水一样转动手腕来剔除鱼腹骨。

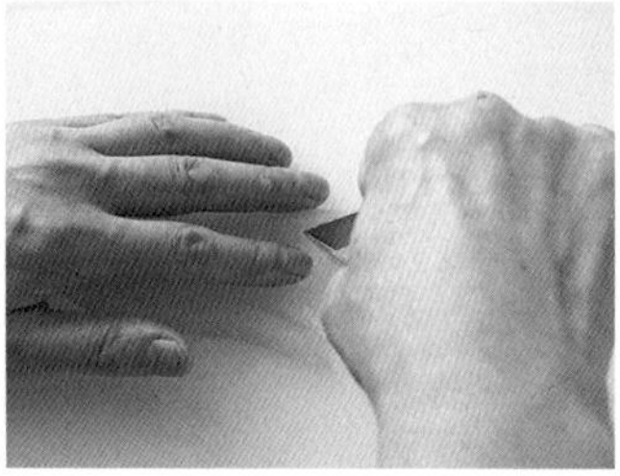

5 用指尖沿着鱼身找出鱼刺，找到鱼刺后用指尖轻按住鱼刺的一段，把鱼刺顶出来再用去骨夹拔出。

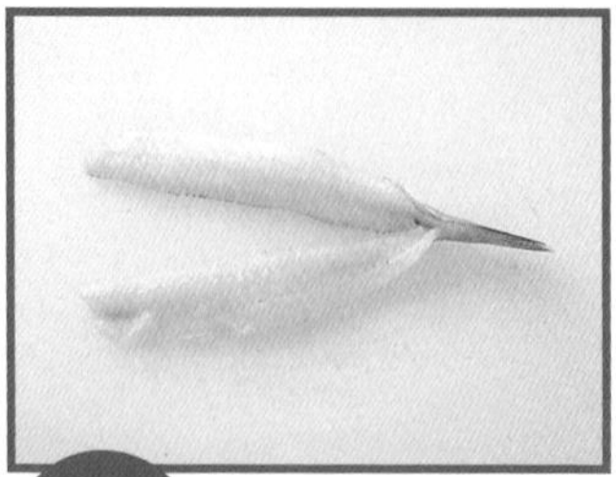

完成图 鱼身对切（卸块）完成图。

沙梭鱼结

*使用鱼身对切卸块后的鱼肉。

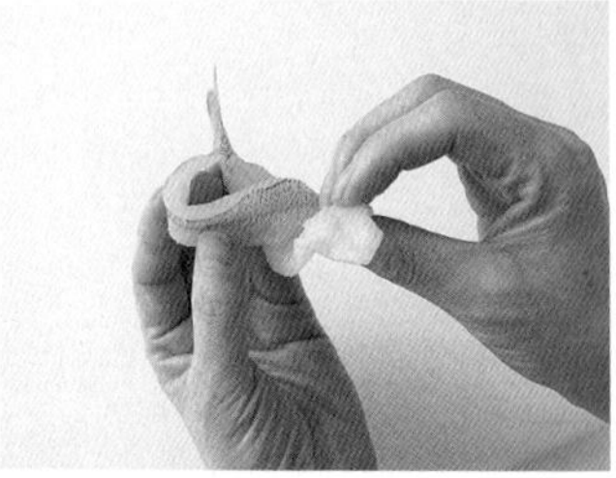

1 左右手分别拿着鱼身的两边，将左侧鱼身卷起。

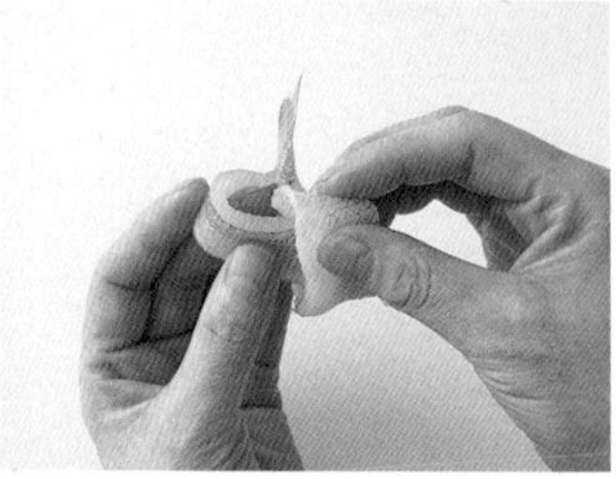

2 右侧鱼身从上方穿过左侧卷起的鱼身，打结。

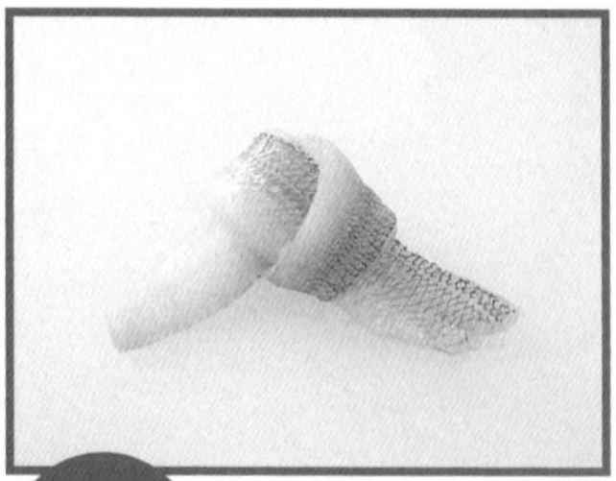

完成图 沙梭鱼结完成图。

清汤沙梭鱼豆腐
▸第99页

料理

❖ 清汤沙梭鱼豆腐

材料（2人份）

沙梭鱼［鱼身对切（卸块）］2条；蛋羹1碗（2颗蛋）；莼菜20克　鲜汁汤1.5杯；盐1撮；生抽少量；盐适量；青柚适量

做法

1 把沙梭鱼放在盐水里，浸泡5~6分钟，擦干净水后做成鱼结。

2 快速用水煮一下莼菜，去水后再擦干净水。

3 将锅内的鲜汁汤加热至温热，加入盐和生抽调味。加入蛋羹后再加热至温热，去掉蛋羹上多余的汤汁，装在碗里。

4 将沙梭鱼结加入步骤3的汤汁里，小火煮透，去掉多余的水，放在做好的蛋羹上面。

5 在碗中加入莼菜，将汤汁加热，倒入碗中，最后加入青柚并装盘。

❖ 沙梭鱼天妇罗

材料（2人份）

沙梭鱼［鱼身对切（开背脊）］4条；蟹味菇1/4袋；紫苏叶2片；天妇罗鲜汤汁（鲜汤汁1/2杯，料酒、酱油各1又2/3大杯，干鲣鱼薄片5克）；天妇罗裹衣（ 蛋黄1个，冰水1 杯，低筋面粉110克）；小麦粉、煎炸油适量；白萝卜泥适量

做法

1 去除蟹味菇上的泥沙，再分成小份。

2 在锅里加入做天妇罗鲜汤汁的鲜汤汁、料酒、酱油并混合煮沸。加入放了干鲣鱼薄片的茶包，小火煮10分钟后，将茶包拧干，取出干鲣鱼薄片。

3 做好天妇罗裹衣。将碗放入冰箱冷藏室冷藏，蛋黄放入冰水里。将低筋面粉轻轻撒入碗中，用力搅拌。

4 紫苏叶切半后和小麦粉混合，用天妇罗裹衣裹好，放入温度为160摄氏度的热油中炸。接下来将蟹味菇和小麦粉混合，用天妇罗裹衣裹好，放入温度为165摄氏度的热油中炸。然后，将沙梭鱼和小麦粉混合，用天妇罗裹衣裹好，放入温度为175摄氏度的热油中炸。

5 装盘，向做好的温热的天妇罗鲜汤汁中加入白萝卜泥。

红金眼鲷

红金眼鲷是一种深海鱼类，其鱼身带有光泽，在千叶县铫子市、伊豆的稻取市非常有名。鱼身呈艳丽的赤红色，身形十分美丽，有些地方甚至称其为「祥瑞之鱼」。鱼鳞大且坚硬，要去干净鱼鳞，需要做到仔细。红金眼鲷的鱼鳍前端尖锐，处理时需小心。

❖推荐料理

红金眼鲷是白身鱼中脂肪丰富的鱼类，适合将鱼加热做成炖菜、火锅。做成酒蒸菜肴（给鱼虾、贝类撒上盐和酒后上火蒸）、酒糟腌渍、味噌腌渍、干货也十分美味。鱼头和鱼鳃也适合做炖菜。

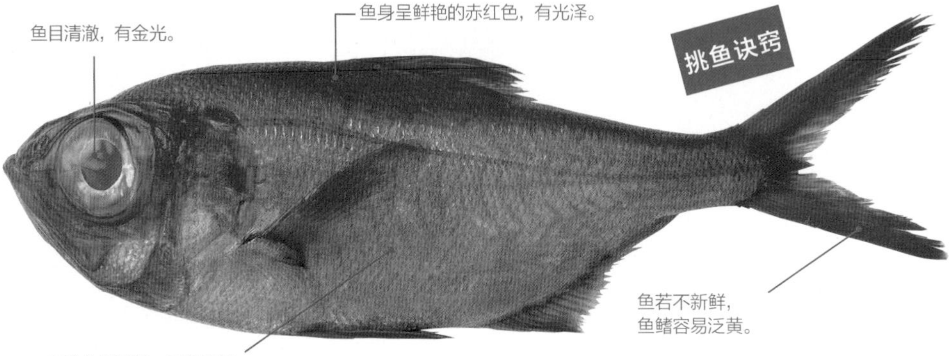

挑鱼诀窍
鱼目清澈，有金光。
鱼身呈鲜艳的赤红色，有光泽。
鱼若不新鲜，
鱼鳍容易泛黄。
鱼鳞金光闪烁，鱼身饱满。

清洗

去鳞（片刮法）
➡去鱼鳃
➡除去内脏
➡洗净
➡擦干

使用刀具

出刃菜刀

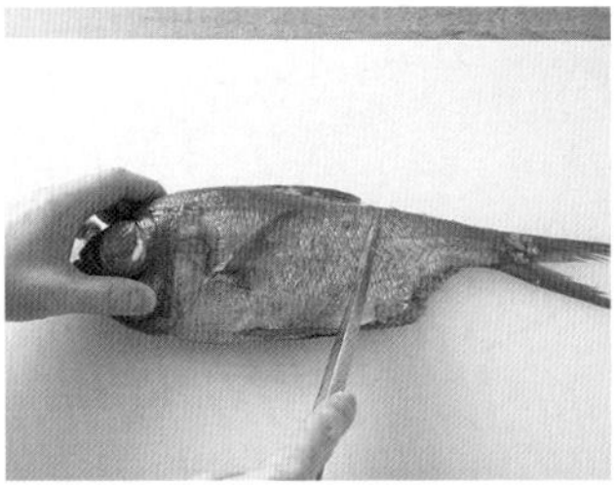

1 左手捏住鱼头，从鱼尾向鱼头去鳞。鱼背、鱼腹、另一侧的去鳞方法同前。

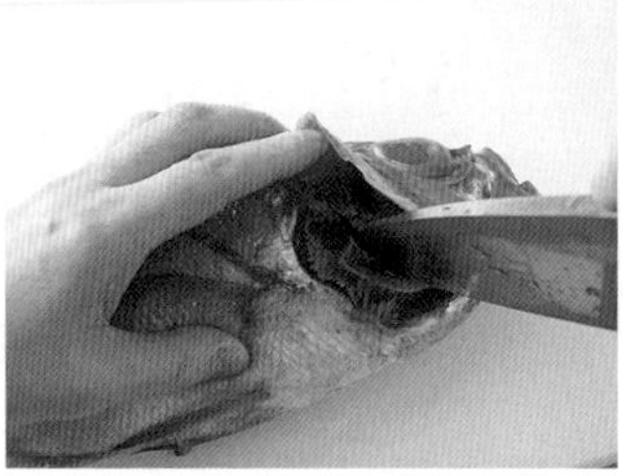

2 打开鱼鳃盖，下刀，使鱼鳃与下颚及鱼头上方分离。

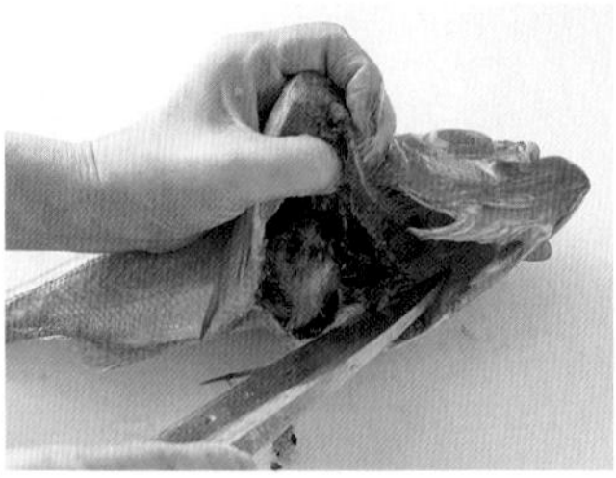

3 从下颚到肛门切开，去除内脏及鱼鳃。刀尖插入血合处。用牙刷清洗鱼体内的黑色腹膜，然后冲洗擦干。

卸块

去头（全头切）
➡二卸法
➡切片
➡花刀

使用刀具

出刃菜刀
柳刃菜刀

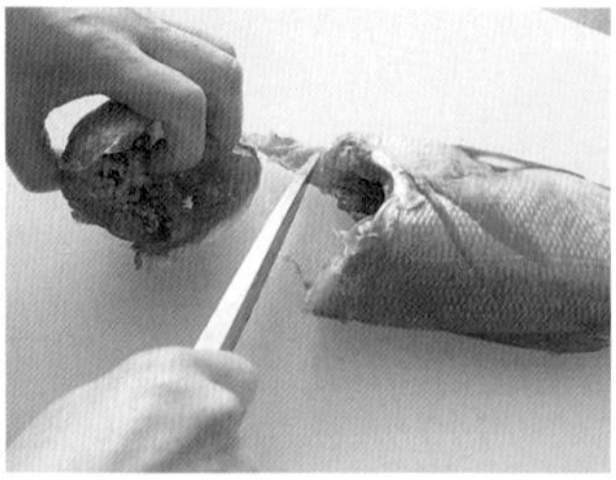

1 为了尽可能去除鱼头，沿着鱼鳃盖用力下切，去头。

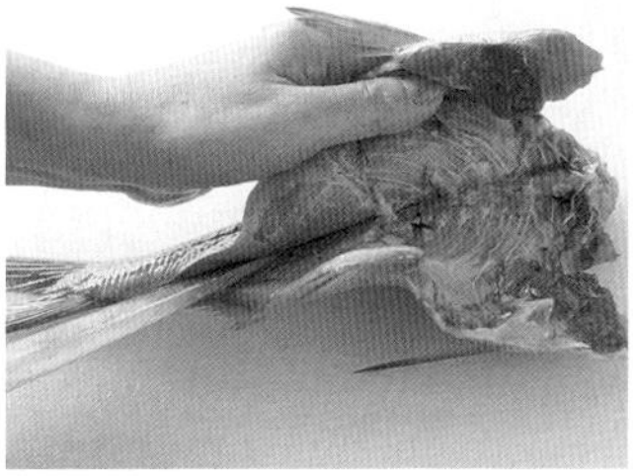

2 鱼头朝右，鱼腹朝向身前，沿着鱼中骨下刀，切向鱼尾。重复此步骤，沿着鱼的脊椎骨下切。

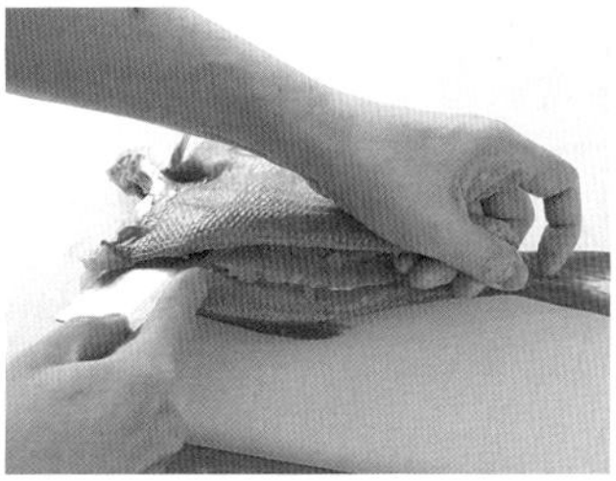

3 鱼背朝向身前，从鱼背鳍上方下刀，切至鱼脊椎骨。在鱼尾插入反刀，稍稍下切。再回到一般的握刀姿势，一口气切向鱼头，直到鱼肉与鱼骨分离。

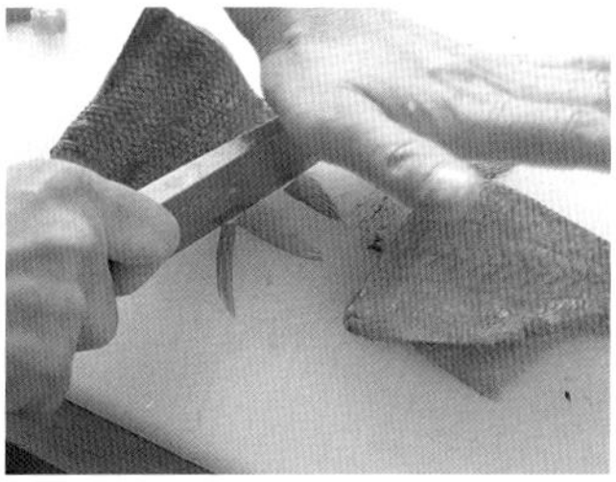

4 先切去带骨头的鱼尾，再按压鱼身中央并下切，切去鱼背鳍、臀鳍、腹鳍、胸鳍。如果鱼身太硬无法切下去，就用左手按压刀背以切下。

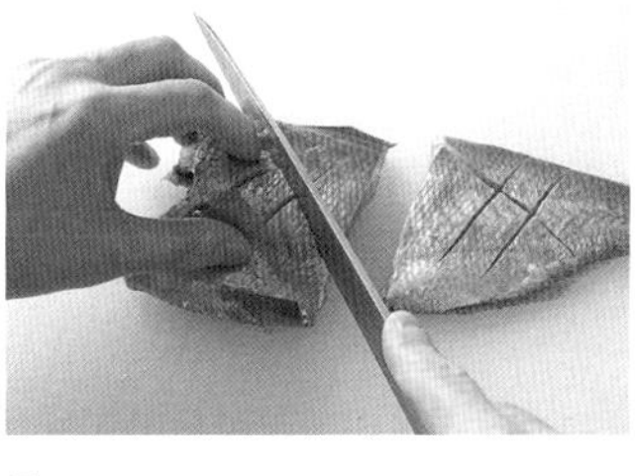

5 用柳刃菜刀在所切下的鱼身的表面斜切两刀，深切至鱼表面到鱼中骨厚度的一半。再交叉斜切一刀。

干烧红金眼鲷▶如右

料理

❖ 干烧红金眼鲷

材料（2人份）

红金眼鲷（卸块、去骨）1/2条；汤汁［酒1杯，水1/4杯，料酒2大勺，酱油1又1/3大勺，生姜（薄切）3片］；香菇2个；春菊1/2束；生姜、小葱（切丝）适量；盐适量

做法

1 将红金眼鲷对半切好后撒盐。在鱼皮表面切花刀，放入碗中，再倒入80摄氏度左右的热水。用热水焯红金眼鲷。在碗里洗干净残留的鱼鳞和血，最后擦干净鱼表面的水。

2 去除香菇的蒂。将春菊切成小段，较长的茎叶过热水后去水、擦干。

3 将做汤汁的材料放入浅口锅煮沸。将步骤1做好的成品并列放入锅中，盖上锅盖。等周围有气泡浮出水面后，多煮3分钟。加入香菇，再煮3分钟。最后取下锅盖后煮干。

4 装盘。盛一碗汤汁，将春菊加入汤汁中，以使其温热。生姜和葱混合，作为装饰。

小肌鱼

小肌鱼是一种体型较小，在不同生长时期会变换名称的经济鱼类。「小肌」多指长度在10厘米左右的鱼，比小肌短4～5厘米的通常称为「新子」，体型较大的称为「鰶鱼」。「新子」味道清爽可口，长大后脂肪激增。「鰶鱼」味道较平淡，随着体型的增长，味道会有稍许变化，但处理方法仍然相同。处理鱼腹坚硬的地方推荐使用斜切刀法，然后用清水洗干净。同时，小肌鱼像竹荚鱼一样不需要剥皮，切块时可以从鱼腹的切口下刀，切成适口的小块。

❖推荐料理

小肌鱼是江户时期前做寿司不可缺少的材料之一。因鱼身柔软，有其特有的腥味，所以推荐用醋浸泡。做凉拌菜的时候，也推荐使用醋浸。

鱼目黑亮、澄澈。
鱼的肌肤呈青色且有光泽，两侧黑斑清晰可见。
鱼鳞未脱落。
小肌鱼
鱼身柔软、丰满，且鼓起。
挑鱼诀窍
新子

清洗

去鳞（片刮法）
➡去头
➡除去内脏
➡洗净
➡擦干

使用刀具

出刃菜刀

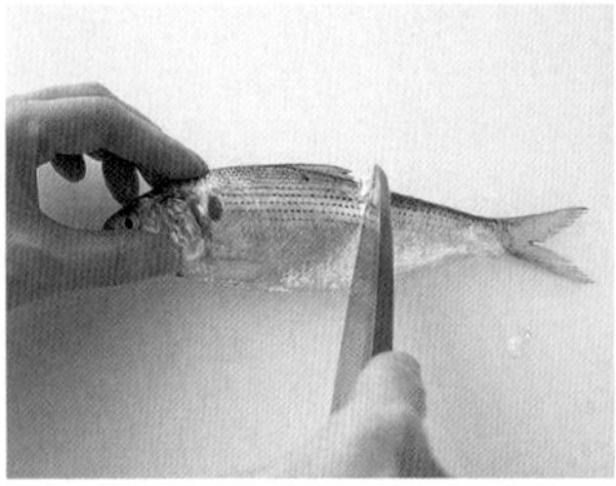

1 左手捏住鱼头，从鱼尾向鱼头去鳞。鱼背、鱼腹、另一侧的去鳞方法同前。

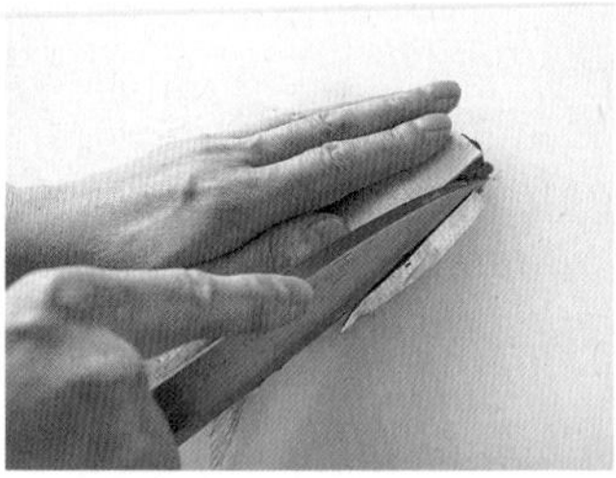

2 切去头部后，从胸鳍的后方下刀，将鱼翻边，另一侧要领同前，一口气把鱼腹切下。

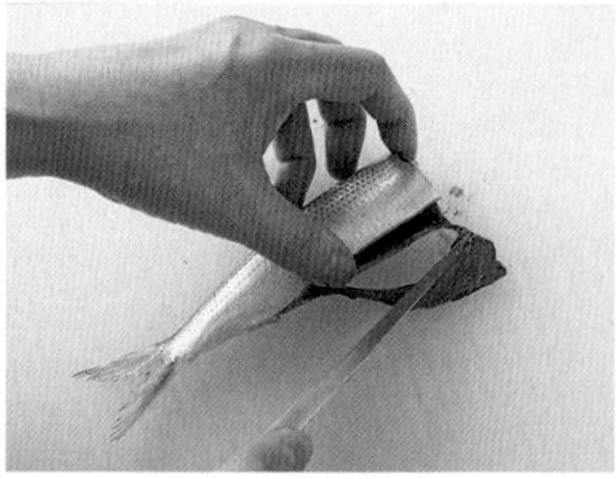

3 菜刀深入鱼腹中，用刀尖刮动以取出内脏。

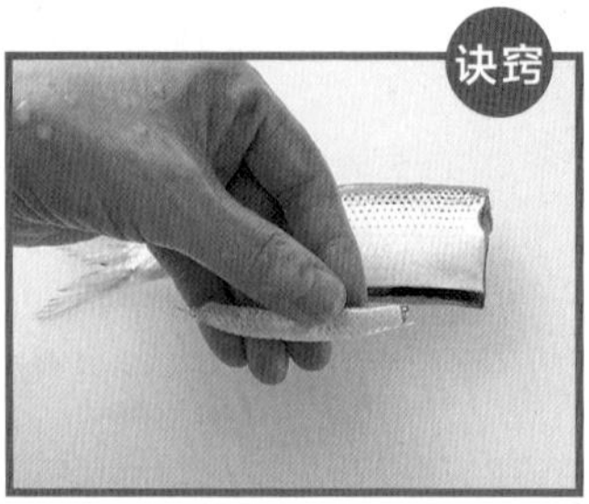
诀窍

小肌鱼的鱼腹坚硬，应从鱼头侧向肛门处斜切。

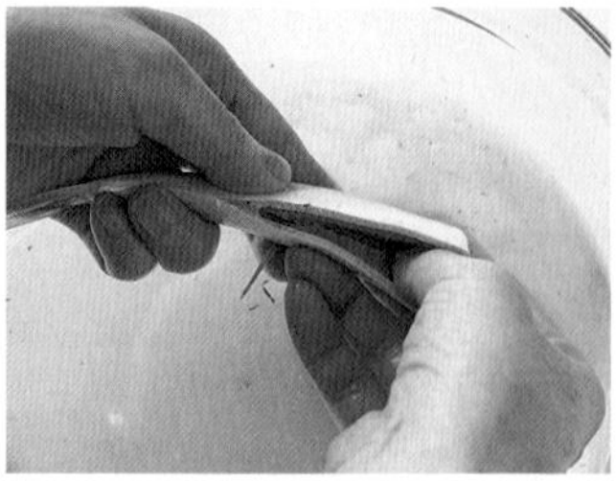

4 把鱼放在盛满水的碗里，大拇指伸进鱼腹，用指尖刮动鱼的血合处，清洗鱼体内残留的内脏和血污，最后把鱼身上残留的水擦干。

鱼身对切
（开鱼腹）

使用刀具
出刃菜刀

1 鱼头朝右，鱼腹朝向身前，从鱼腹处下刀，沿着鱼中骨切向鱼背，一直切到头，但不要切断。

2 鱼中骨朝下，平放在砧板上，从鱼中骨上方下刀，分离鱼身和鱼骨。

3 将鱼身纵放，菜刀从左侧的鱼腹骨根部下刀，像舀水一样转动手腕来剔除鱼腹骨。另一侧鱼腹骨的处理方法同前。

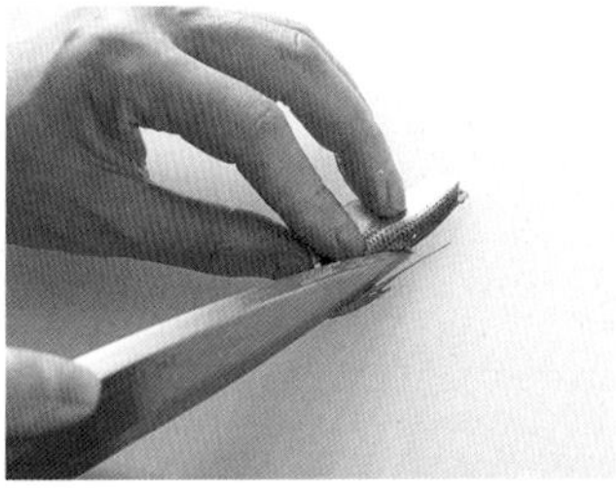

4 将鱼身合拢，将鱼背鳍连骨切去。扯出鱼鳍的时候会有空隙，沿着空隙下切。

完成图 鱼身对切（开鱼腹）完成图。

小肌鱼手握寿司▸如下

料理

❖ 小肌鱼手握寿司

材料（2人份）

小肌鱼［鱼身对切（开鱼腹）］2小条；寿司醋饭（参照第84页）1/2杯；稀释醋（米醋、水各2大勺，砂糖1撮，盐少量）；白板海带15厘米；盐、芥末、甜醋生姜适量

做法

1 给小肌鱼撒盐，静置10分钟，去除鱼身多余的水后，加入稀释醋。等鱼表面稍稍泛白后去除汤汁。用海带包裹鱼身，再缠上保鲜膜，放入冰箱冷藏室冷藏半日。

2 取出小肌鱼，在鱼皮上斜划3~4道花刀。

3 将寿司醋饭轻轻地捏成寿司状，然后加上芥末，盖上小肌鱼，再将它们一起轻柔地捏紧成寿司状。

4 装盘，用甜醋生姜装饰。

鲑鱼

世界上鲑鱼的种类多达70种，日本常见的鲑鱼为白鲑。为了产卵，雌性鲑鱼会回到出生的河流，因此渔民会在它们逆流而上之前在大海中将它们捕获，此时所捕获的鲑鱼风味最佳。进入河流后，鲑鱼的表皮会呈赤紫色，这是鲑鱼的婚姻色（动物仅在繁殖期出现的体色，常见于鱼类、两栖类、爬虫类等）。此时，繁殖期的雄性鲑鱼上颚呈钩状弯曲，形成所谓的「歪鼻」。在处理孕期鲑鱼时，剖鱼腹需注意，不要伤害到鱼腹内的鲑鱼籽和鱼白（鱼的精巢）。鲑鱼的鱼身和鱼骨都很柔软，切割时需注意力道。

❖推荐料理

鲑鱼被称为是浑身都是宝的鱼类。鱼鳃可以做成三平汁、石锅煮鲑鱼等料理。鱼块适合盐烧、嫩煎、油炸等多种料理方法。生吃鲑鱼容易被寄生虫感染，请避免生吃鲑鱼。

挑鱼诀窍
鱼身大而饱满。
鱼鳞有银色的光泽。
鱼鳃内呈鲜艳的赤红色，密梳齿状的鱼鳃紧密排列。

白鲑

清洗

去鳞（片刮法）
➡去头（全头切）
➡取出鲑鱼籽和内脏
➡取出血合
➡洗净 ➡擦干

使用刀具

出刃菜刀

1 左手捏住鱼头，从鱼尾向鱼头去鳞。鱼背、鱼腹、另一侧的去鳞方法同前。

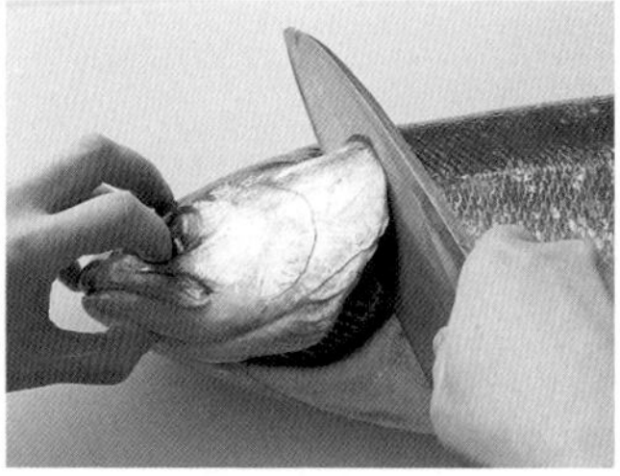

2 从鱼头根部倾斜下刀。

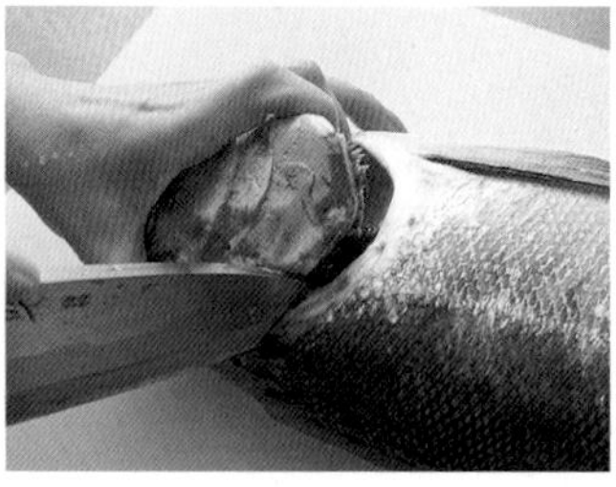

3 将鱼翻身，用同样的方法从鱼头根部下切，切下鱼头。

4 鱼头朝右，鱼腹置于身前，使用反刀从鱼肛门处下切，直切向鱼腹中心。浅切，注意不要伤害到鱼腹内的鲑鱼籽。

5 打开鱼腹，用刀尖切断内脏的薄膜。用手取出鲑鱼籽和内脏，将内脏中的心脏和鱼肝分开。

6 在鱼中央的血合薄膜处下刀，用汤勺掏出血合。将鱼身放在流水下冲洗，用牙刷洗净鱼体内的血污并擦干鱼身。

诀窍
鱼肝和心脏
鲑鱼籽
血合

洗干净鲑鱼籽、血合、心脏和鱼肝，擦干水。

盐渍鲑鱼籽▶第107页 鲑鱼内脏当座煮▶第108页 腌鲑鱼血▶第108页

卸块（大名卸法）

使用刀具

出刃菜刀

1 鱼头朝右，鱼腹朝向身前，沿着鱼中骨上方下刀，用刀身切向鱼尾。

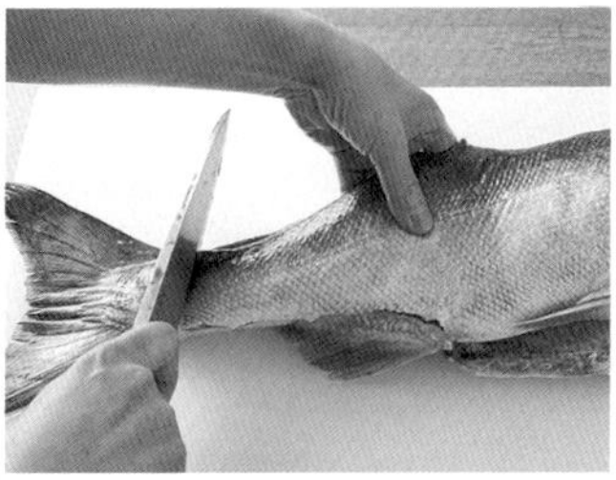

2 切向鱼尾根部，从鱼中骨上切离鱼肉和鱼骨，最后从鱼尾根部向鱼中骨垂直下切，卸下鱼块。

3 将鱼翻身，鱼背朝向身前，要领同步骤 1、步骤 2，从鱼头切向鱼尾，沿着鱼中骨上方下刀，切离鱼肉和鱼骨。

内侧鱼身
外侧鱼身

完成图 **大名卸法完成图。**

切块

使用刀具

出刃菜刀
去骨夹

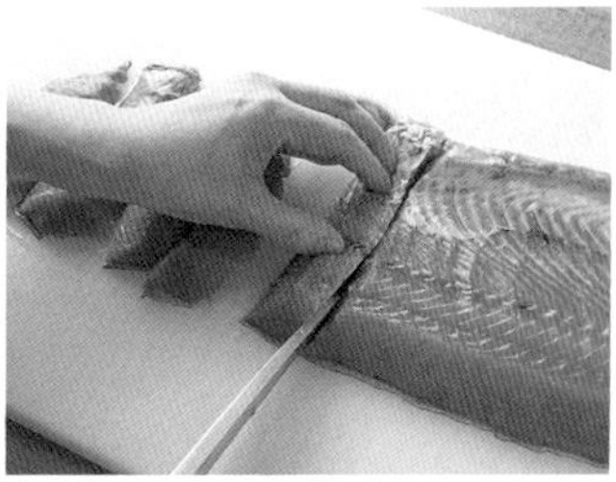

1 在保留鱼腹骨的情况下切块。鱼皮朝下，鱼头朝右，切鱼尾处时菜刀呈垂直状下切，下切其他部分时需要稍稍倾斜菜刀。

2 胸鳍下方残留有鱼骨，可以稍稍切厚一点，用刀根切去鱼胸鳍。

诀窍

鱼尾处鱼段较窄，可以稍稍切厚一点，而鱼中部的鱼段较宽，需要薄切才能保证厚度一致，切时请自行调整。

石锅煮鲑鱼▶第109页

下一页

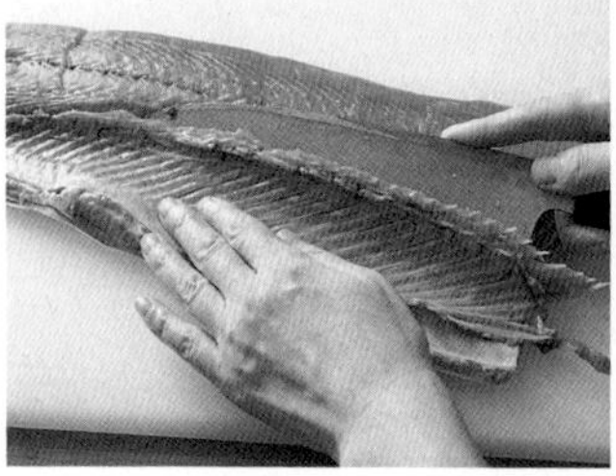

3 去除鱼腹骨和鱼刺后切块。鱼皮朝下，鱼腹骨朝向身前，稍稍倾斜放置。用反刀挑出鱼腹骨的根部，再像舀水一样转动手腕来剔除鱼腹骨。

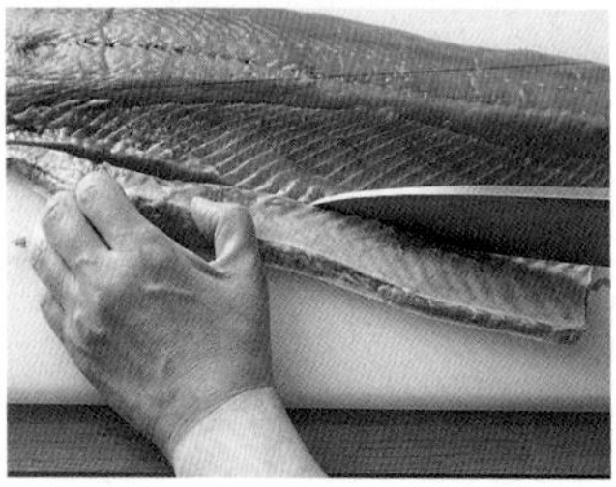

4 切除鱼腹端没有骨头的薄皮部分，此部分脂肪较多、肥美可口，可以带皮做成盐烧。

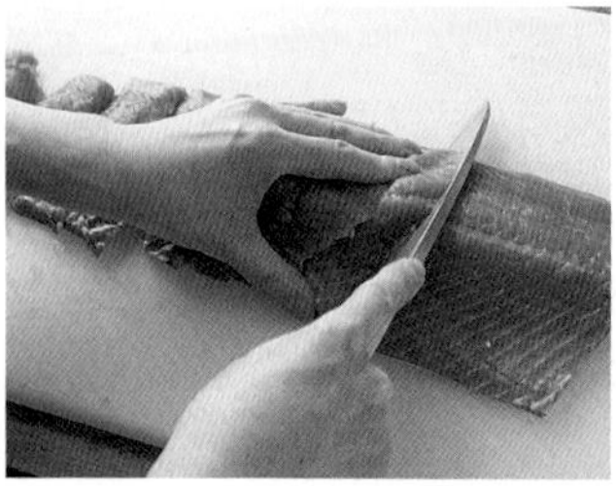

5 鱼皮朝下放置，用去骨夹拔去鱼刺，倾斜刀身，切成3厘米厚的鱼块。

诀窍

为了方便保存，需将鱼块两面抹满盐，放置一夜，用保鲜膜包裹起来，放入冰箱冷冻室。

西式煮鲑鱼▶第109页

分解鱼头

去鱼鳃
➡分解鱼头（梨割）
➡取出鱼软骨
➡分解

使用刀具
出刃菜刀

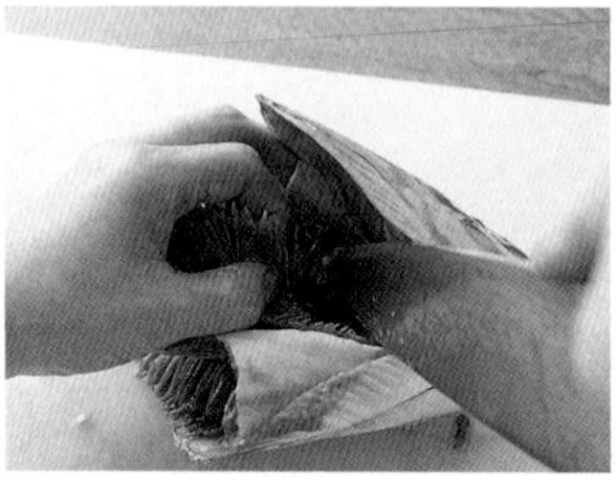

1 打开鱼鳃盖，用菜刀刀尖切除上颚和下颚间的鱼鳃根部，用手拔出鱼鳃。

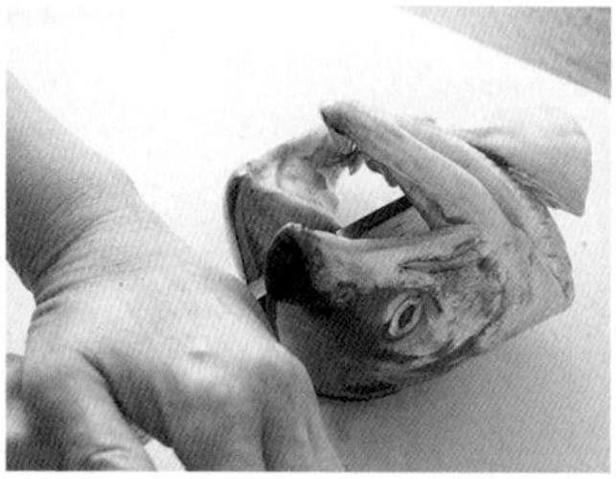

2 将鱼头立置，鱼目面向身前，刀尖从鱼前齿中间插入，垂直下切。

3 把鱼头左右劈开，用刀根切断鱼下颚的连接处，切成两半。

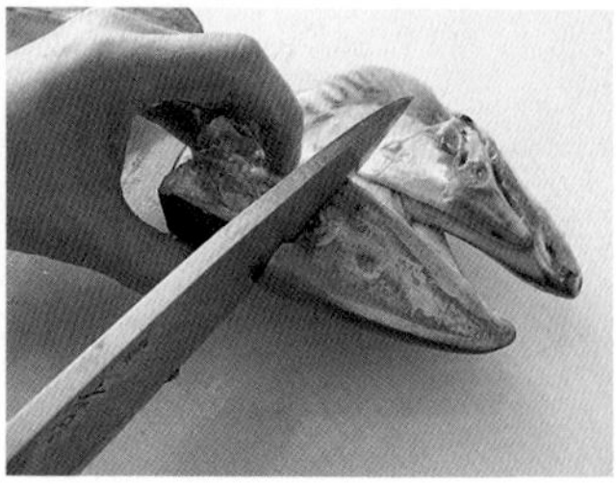

4 切下鱼目到鱼鼻尖处的半透明软骨。

诀窍

鱼头软骨嚼起来会发出嘎吱嘎吱的声音，口感独特。将鱼头软骨放在冰水里冰镇后，我们称其为“冰头”。

三文鱼冰头▶第108页

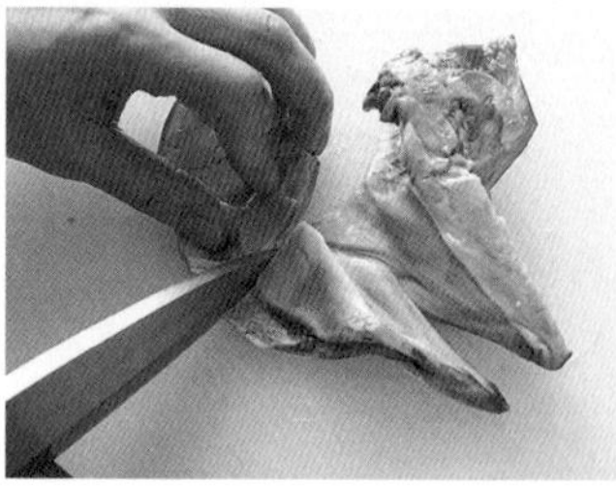

5 从鱼目后方下刀，按照四方形切割，将鱼嘴与鱼颊切分开，最后将鱼鳃盖切下。

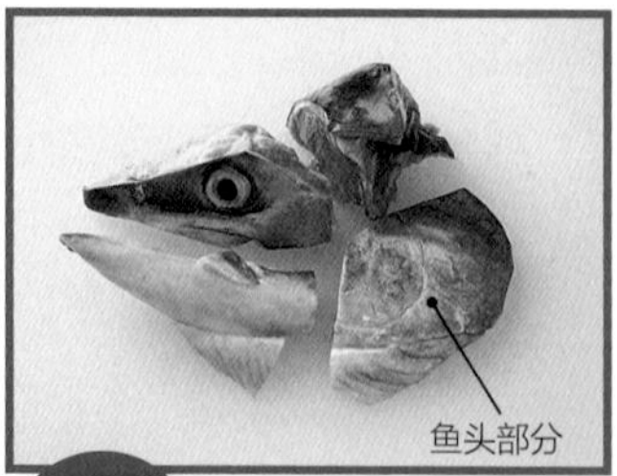

完成图 分解鱼头完成图。

＊没有鱼身肉的部分适合做鲜汁汤。

石锅煮鲑鱼
▶第109页

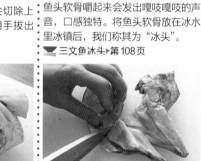

切鱼中骨

使用刀具

出刃菜刀

切去鱼背鳍、尾鳍等，用刀根将鱼中骨切成3厘米左右宽的鱼段。

分出鲑鱼籽

使用刀具

网格空隙较大的金网（烤架用网等）

1 在碗里倒入盐水（盐水浓度为3%左右），在碗上放置金网，拨开鲑鱼籽的薄皮，将鱼卵部分朝下放在网上。

2 左右轻轻拨动鲑鱼籽，防止其挂在金网上，重复动作，直到薄皮上没有鱼卵为止。

3 替换碗内盐水，直到清除干净碗中残留的薄皮、肌肉纤维、白色薄膜为止。

料理

❖ 盐渍鲑鱼籽

材料（适量）

鲑鱼籽1条鱼份；盐适量

做法

1 使鲑鱼籽以颗状各自分开，用盐水洗净，小心地去除外层薄皮。多次用盐水洗净，直到去除白色薄皮，用1个小时左右去除多余的水分。

2 尝一下咸淡，如果淡就再加一点盐，放在冰箱冷藏室中冷藏一晚。

❖鲑鱼内脏当座煮

材料（适量）

鲑鱼肝和心脏1条鱼份（145克）；酒1/4杯；料酒65毫升；生姜（薄切）4片；酱油1大勺；紫苏叶1片

做法

1 将鲑鱼肝和心脏切成适口大小，洗净后晾干，去除表面的水。

2 将酒、料酒、酱油放在小锅里混合煮沸，将步骤1 的材料放入锅中，盖上锅盖，等再次沸腾后去掉表面浮渣，静置5分钟。待锅内沸腾，发出咕噜咕噜的声音后加入酱油、生姜，煮干、装盘，最后把紫苏叶装饰在料理的一侧。

❖腌鲑鱼血

材料（适量）

鲑鱼血1条鱼份；盐适量；三叶草茎（热水烫过）适量

做法

1 撒上为鱼血重量的3%的盐，放入冷藏室中冷藏。

2 将鱼血切成适口大小，将三叶草茎放在鱼血上装盘。

❖三文鱼冰头

材料（适量）

鲑鱼冰头1条鱼份；米醋1/4杯；砂糖1/2小勺；白萝卜泥1/2杯；柚子挤出的汁1／2小勺；柚子皮（细削）少量；三叶草茎（热水烫过）3~4根；盐适量

做法

1 将鲑鱼冰头切成薄片，撒上占鲑鱼冰头重量的2%的盐，静置半日。

2 去除步骤1中多余的水分，加入米醋和砂糖，再放置一晚。

3 将白萝卜泥、柚子汁、柚子皮混合，再将三叶草茎切碎，混合装盘。

❖ 西式煮鲑鱼

材料（2人份）

鲑鱼段（去鱼刺的带皮鱼肉）2段；煮物汁（煮东西剩下的汤）[洋葱（薄切）1/2个，胡萝卜（薄切）45克，芹菜（薄切）20克，白酒1杯，水1/2杯，月桂1/2枚，莳萝（茎）1根，盐1/4小勺，胡椒适量]；酱汁[蛋黄酱，酸奶油各1大勺，莳萝（切碎）1根，盐1撮，白胡椒适量]；盐适量

做法

1 去除鲑鱼的鱼刺，撒盐放置30分钟。将鲑鱼放入碗中，倒入80摄氏度左右的热水焯鱼，用水洗去残留的鱼鳞和血污等，并擦干净鱼身多余的水。

2 将做煮物汁的材料在锅里混合，煮沸后去除浮渣，开小火，煮10分钟。加入鲑鱼，将蔬菜放在最上面蒸煮5分钟。

3 将做酱汁的材料混合。

4 将步骤2做好的蔬菜和鲑鱼装盘，浇上酱汁。

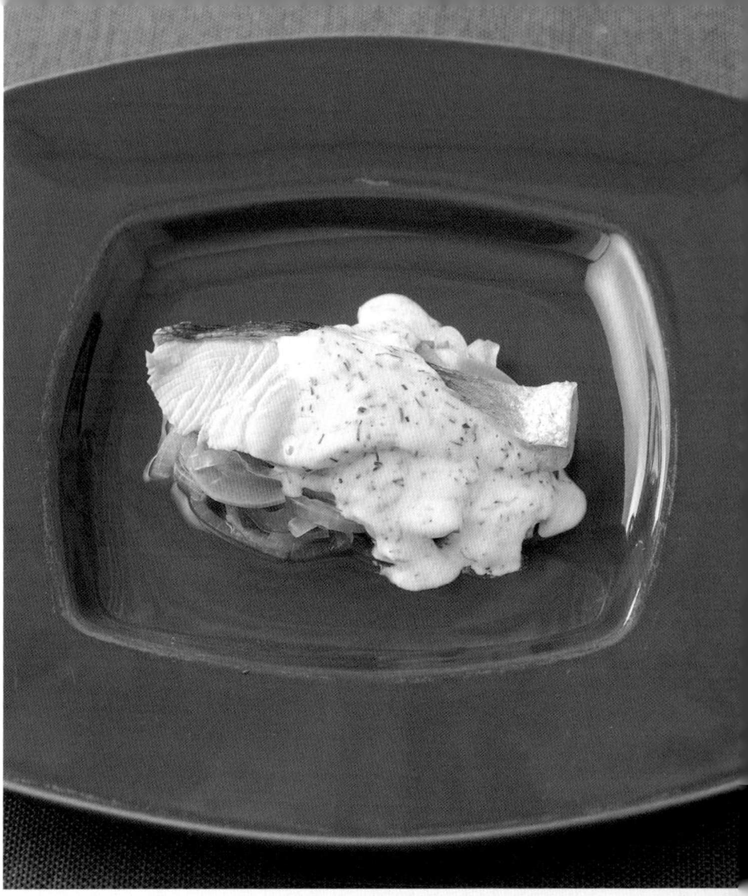

❖ 石锅煮鲑鱼

材料（2人份）

鲑鱼鱼杂（中骨、鱼头等）160克；鲑鱼段（带鱼皮、鱼腹骨、鱼刺）120克；洋葱1/2个；卷心菜1个；大葱1/2根；胡萝卜30克；土豆1/2个；海带汁1.5杯；味噌1大勺；黄油5克；小葱（斜切）适量；盐适量

做法

1 将鲑鱼的鱼杂和鱼段切成适口大小，撒盐，静置15分钟。将其放入碗中，倒入80摄氏度左右的热水焯鱼，用水洗去残留的鱼鳞和血污等，擦干净多余的水。

2 将洋葱、卷心菜切成适口大小，大葱斜切成1厘米左右厚的葱段，胡萝卜切成3厘米左右厚的半月形，土豆切成比适口大小大些的块状。

3 在锅中加入海带汁、鲑鱼鱼杂，开火煮，煮沸后去除浮渣，再煮5分钟。待锅内发出咕嘟咕嘟的声音后，加入味噌，再加入鲑鱼段，煮透。放入黄油，最后撒上葱花。

青花鱼

在日本近海被捕捞的多为日本青花鱼和芝麻青花鱼。青花鱼产卵后，会大量摄入食物，会更好吃。近年来，大分县佐贺关的「关青花鱼」、爱媛县的「岬青花鱼」、三浦半岛的「松轮黄金青花鱼」等，都逐渐形成了一种品牌效应。因青花鱼鲜度不易保持，所以处理时要求迅速、高效。同时其鱼身柔软，下刀用力过度容易切坏，因此处理鱼时，需尽可能地干净利落、一次到位。推荐新手使用大名卸法。

❖推荐料理

味噌煮、醋腌青花鱼片、龙田油炸鱼（在用盐、酱油、料酒等浸好的鱼和肉上撒满淀粉油炸）都是十分有名的料理。香料、香草十分适合用来烹饪青花鱼。因青花鱼身上可能有寄生虫，生吃的时候请先放置于冰箱中冷冻。

挑鱼诀窍

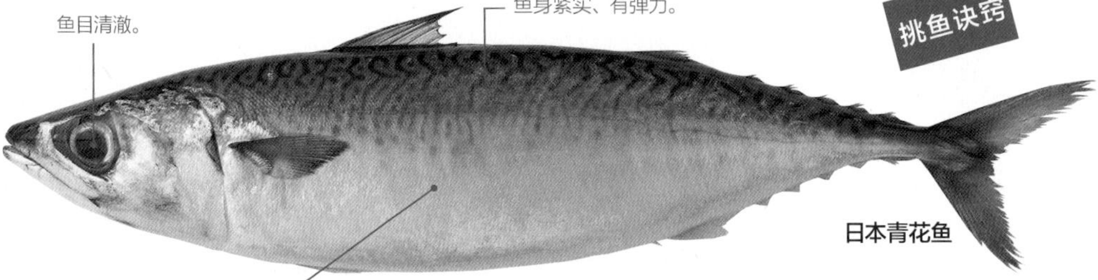

日本青花鱼

清洗

去鳞（片刮法）
➡去头（交叉落刀）
➡去除内脏
➡洗净
➡擦干

使用刀具

出刃菜刀

1 左手捏住鱼头，从鱼尾向鱼头去鳞。鱼背、鱼腹、另一侧的去鳞方法同前。

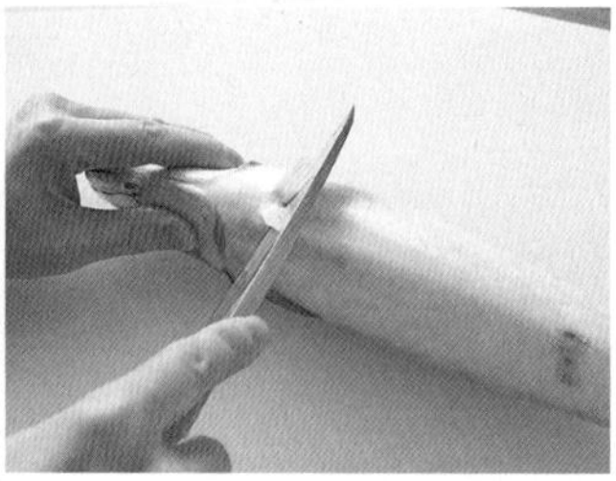

2 鱼腹朝上，从鱼的胸鳍根部倾斜下刀。

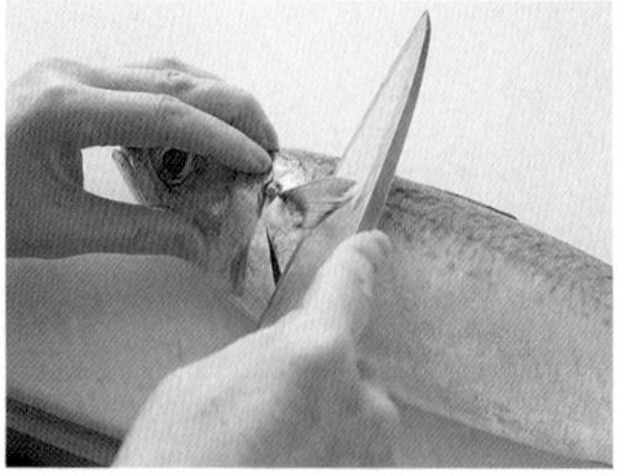

3 将鱼翻转至另一侧，从鱼鳃盖后方切入。

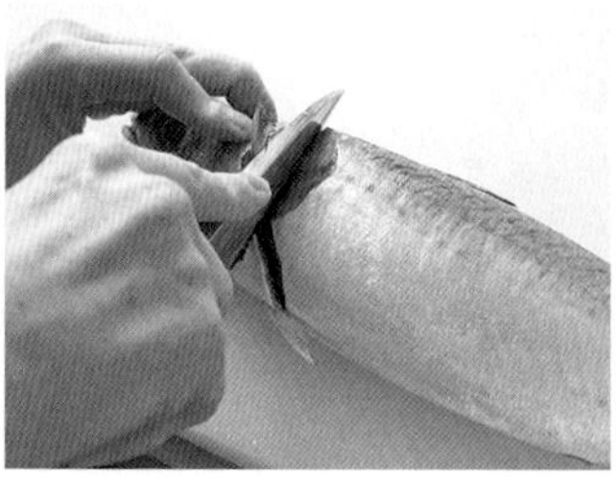

4 从鱼头根部切入

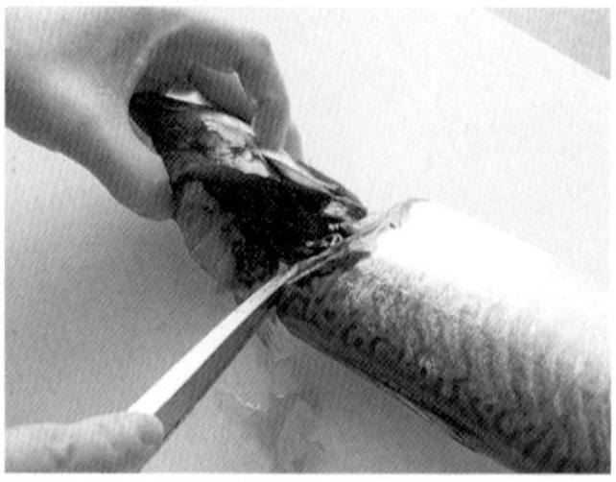

5 将鱼翻面，鱼背面向身前，用同样的方法下切，切下鱼头。

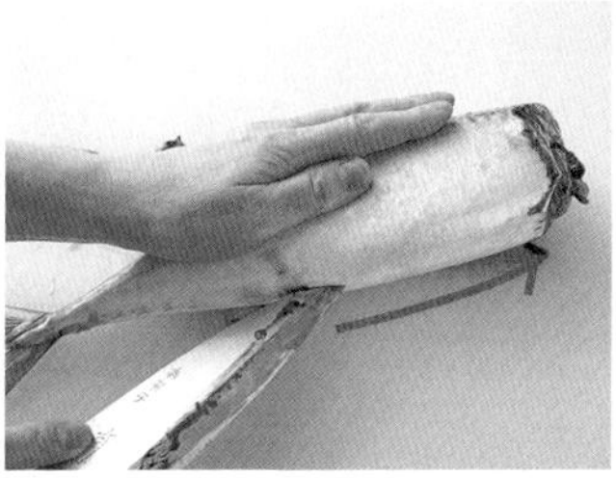

6 鱼头朝右，鱼腹面向身前，用反刀的刀尖从鱼肛门处切入，朝右切向鱼腹中心。

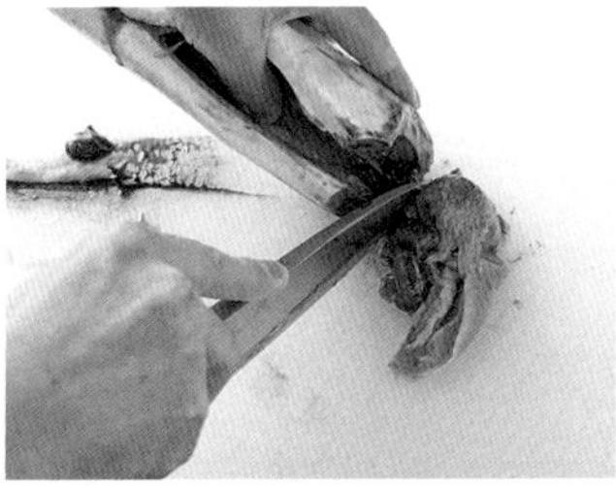

7 从鱼腹深处下刀，用刀尖挖出内脏后去除。

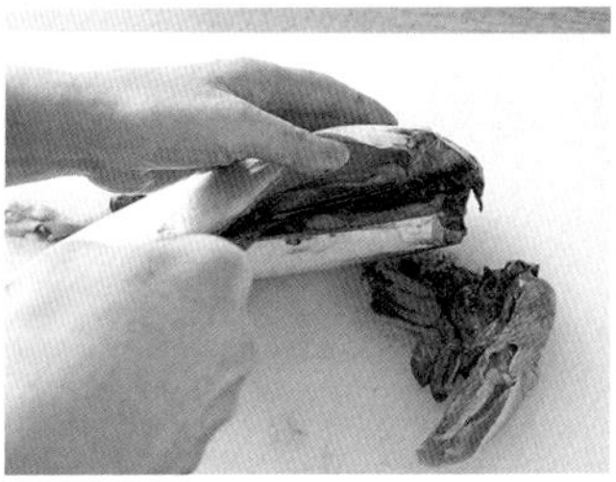

8 左手稍稍抬起鱼身，鱼腹朝上。用刀尖切去血合处的薄膜。

9 把鱼放在盛满水的碗里，用碗中的水洗净鱼腹。用牙刷把鱼的血合刷去，清洗鱼体内残留的内脏和血污。冲洗干净后立刻把鱼身上残留的水擦干。

卸块
（二卸法/三卸法/双面）

使用刀具

出刃菜刀

1 鱼头朝右，鱼腹靠近身前，贴着鱼中骨下刀，从鱼头下切至鱼尾。重复以上步骤，沿着鱼脊椎骨下切。

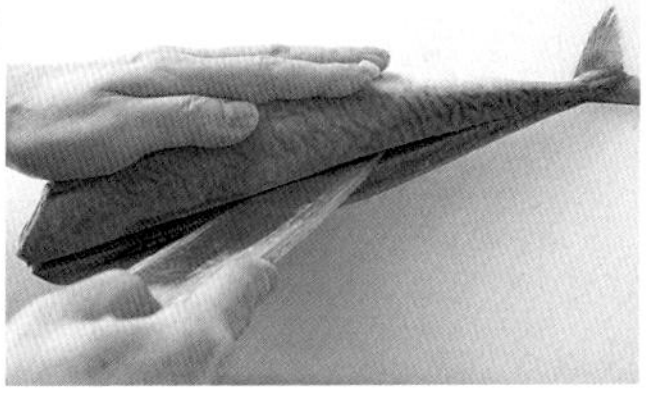

2 将鱼翻身，鱼背面向身前。从背鳍根部下刀，沿着鱼中骨，深切至鱼脊椎骨，由尾根处切向鱼头。

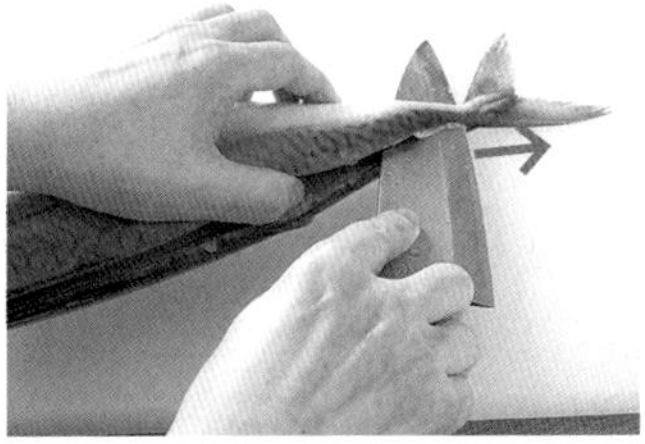

3 切到鱼尾中骨上方时，在鱼尾插入反刀，稍稍下切。

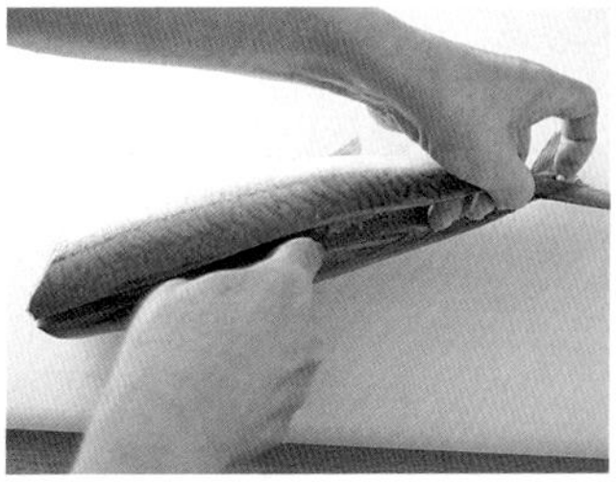

4 再回到一般的握刀姿势，左手按住鱼尾，沿着鱼中骨一口气切向鱼头，直到鱼肉与鱼骨分离。最后切断鱼尾的连接处，另一侧要领同上。

完成图 二卸法完成图。

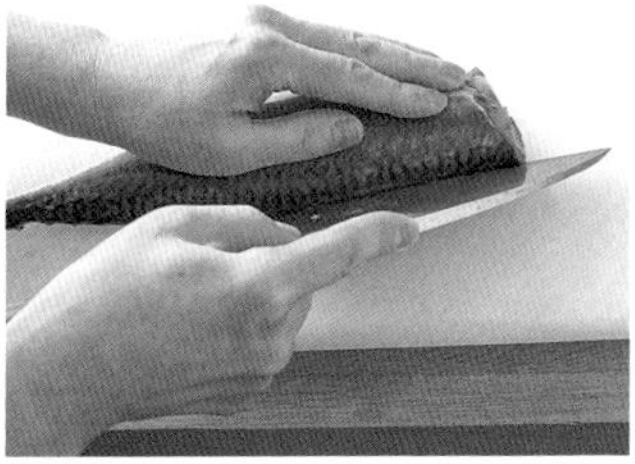

5 鱼中骨朝下，鱼背面向身前。从鱼头侧的背鳍上方下刀，沿着鱼中骨，深切至鱼脊椎骨。

下一页

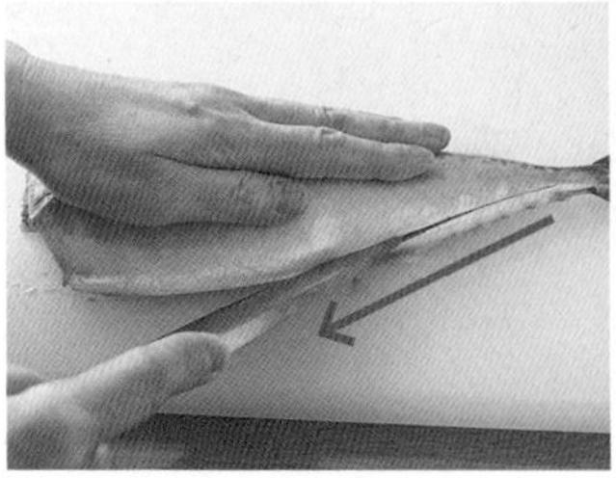

6 鱼头朝左，从鱼尾根部下刀，沿着鱼脊椎骨深切。

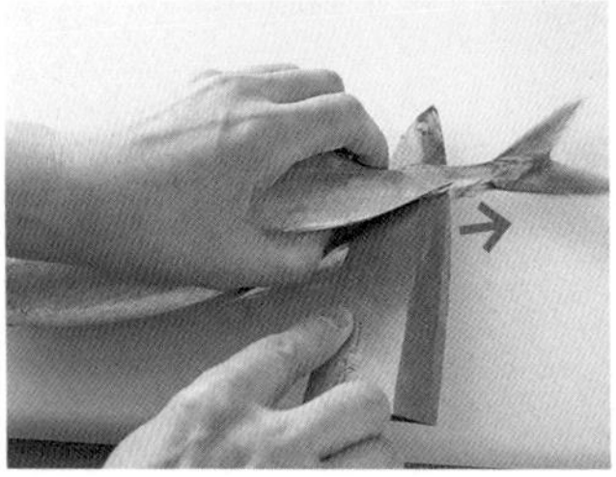

7 在鱼尾插入反刀，稍稍下切。

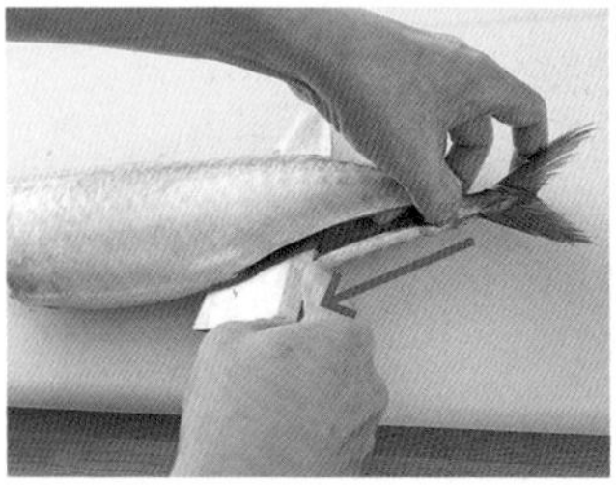

8 再回到一般的握刀姿势，左手按住鱼尾，沿着鱼中骨一口气切向鱼头，直到鱼肉与鱼骨分离。最后切断鱼尾的连接处。

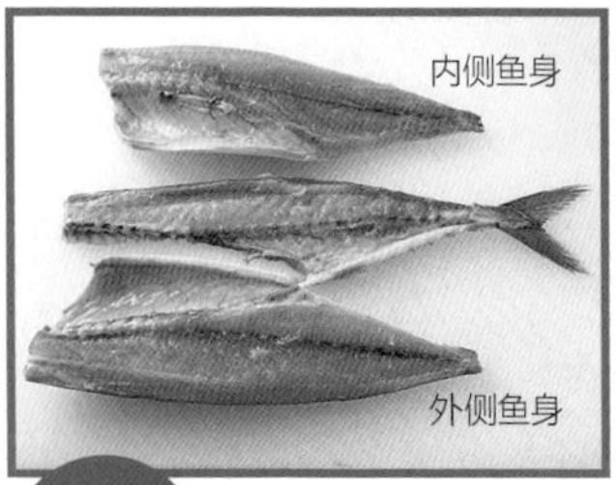

完成图 三卸法完成图。

去除鱼腹骨和鱼刺

使用刀具
出刃菜刀

1 将鱼腹骨朝左放置在砧板上，用反刀的刀尖挑出鱼腹骨的根端。

2 菜刀平放，从鱼腹骨根部下刀，像舀水一样转动手腕，轻轻地剔出鱼腹骨和鱼刺。

醋腌青花鱼 ▸第114页

切块

➡切分鱼身

➡花刀

＊使用二卸法后带骨的鱼片。

使用刀具
出刃菜刀

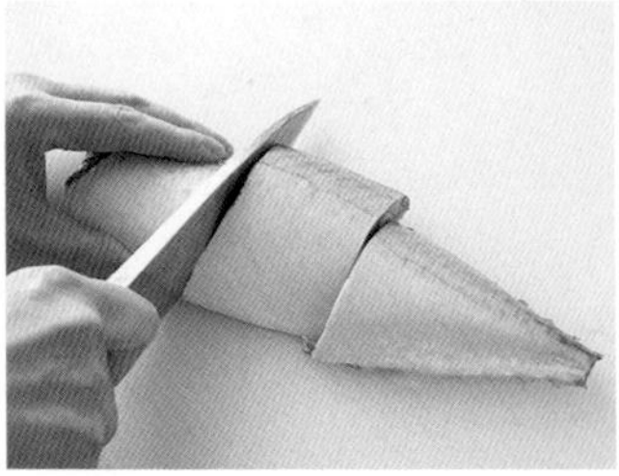

1 鱼皮朝上，鱼腹面向身前，根据料理的需要切分鱼身。

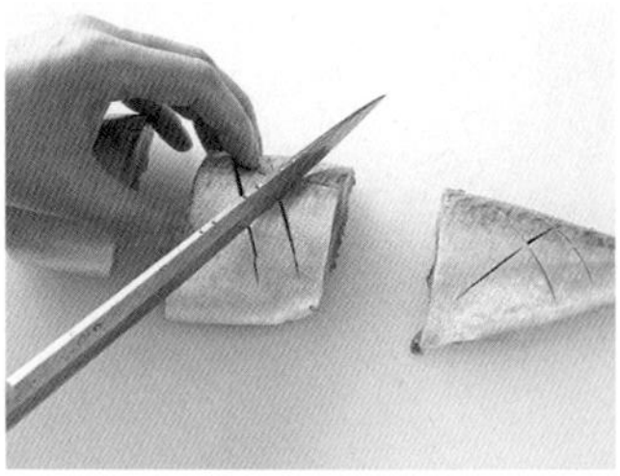

2 在鱼皮上斜切数刀，如图所示。

烤青花鱼＋蘑菇酱▸第115页
味噌煮青花鱼▸第115页

腌渍

*使用三卸法后的两块鱼身肉。

使用刀具

去骨夹

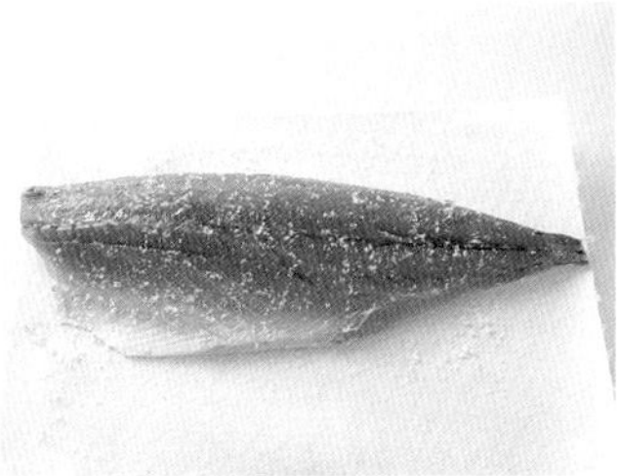

1 在鱼身肉中间撒盐，用纸巾和保鲜膜分别包裹两层，放在冰箱冷藏室里冷藏一晚。

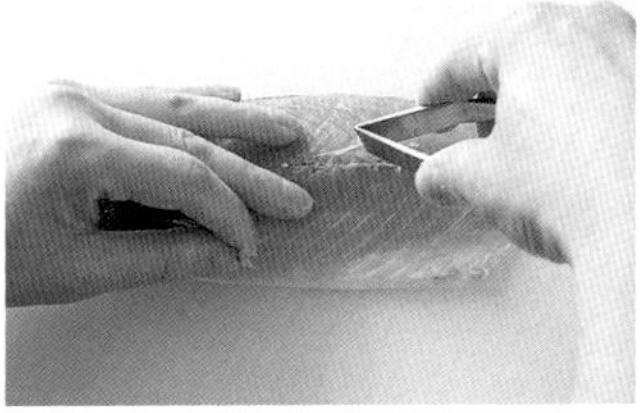

2 将鱼皮朝下、鱼头朝右放置。用去骨夹夹住鱼刺，指尖按压鱼刺的两端，拔出鱼刺。

3 稀释醋（参照第114页）腌渍。

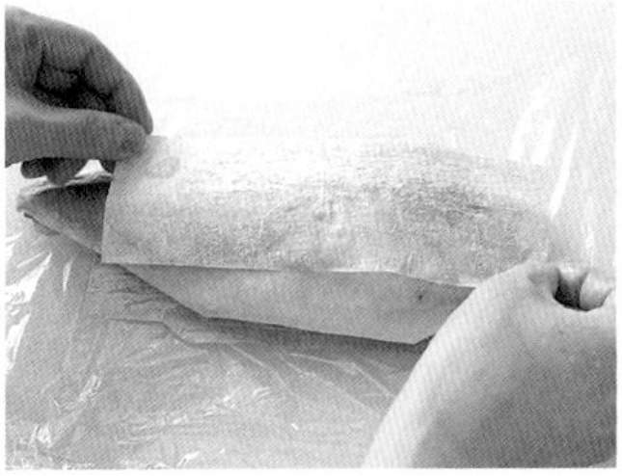

4 等鱼的表面稍稍变白后，去除多余汁水，用白板海带包裹，再包上保鲜膜，放在冰箱冷藏室里冷藏一晚。

完成图

盐、醋、海带腌渍的完成图。

醋腌青花鱼

▶第114页

去皮

*使用腌渍后的鱼身肉。

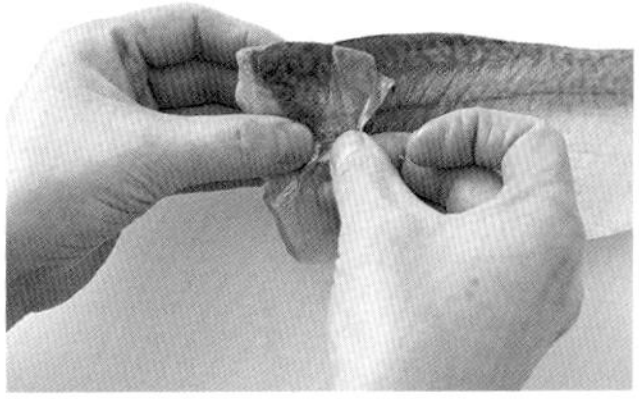

1 鱼皮朝上，鱼头处去皮需多花费一些时间。剥皮时不要中途将皮切去，不然鱼皮将难以剥下。

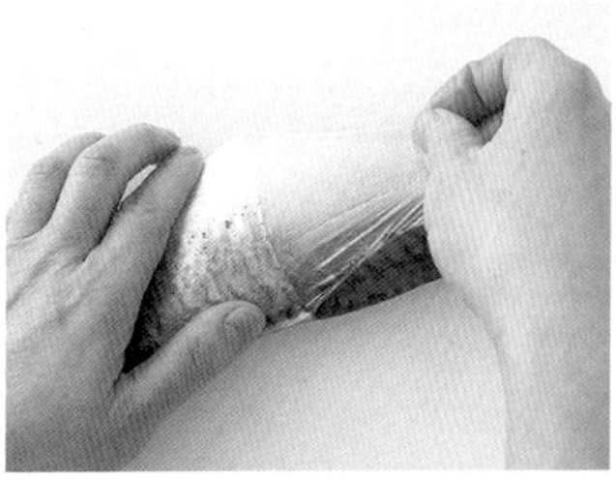

2 左手按压鱼身，右手扯住鱼皮，一口气向右剥离。

花刀切片

＊使用腌渍后且去皮的外侧鱼身肉。

使用刀具

柳刃菜刀

1 鱼皮朝上，从鱼尾根部下刀。

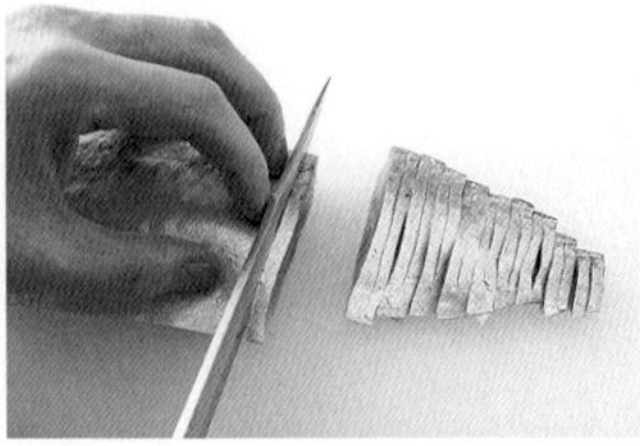

2 从鱼身右侧切下厚度为4毫米左右的薄片，切时垂直下刀，一直切到鱼身中段，不要切断。

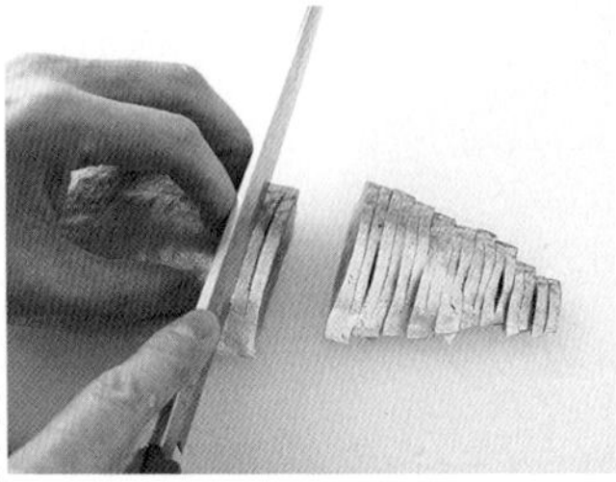

3 接下来从离步骤2中的刀口4毫米的地方下刀，切断，切时干净利落。

4 利用垂直切法的要领，下切时将切下的鱼片往右侧送。

完成图 花刀切片完成图。

醋腌青花鱼▸如下

料理

❖醋腌青花鱼

材料（2~3人份）

青花鱼鱼段（去鱼刺的鱼肉）1/2条鱼份；稀释醋（米醋、水各1/2杯，细砂糖5克，盐1克）；生姜泥适量；紫苏叶2片；野姜（切丝）1个；酸橘（切片）4片；生姜酱油（酒1大勺，酱油1大勺，生姜汁少量）；盐、白板海带适量

做法

1 给青花鱼撒占其重量的2%的盐，用厚纸巾包裹，再在外面缠绕上保鲜膜，放在冰箱冷藏室里冷藏一晚。

2 取出青花鱼，将混合好的稀释醋淋在鱼上。等鱼的表面稍稍变白后，去除多余汁水，用白板海带包裹，再包上保鲜膜，放在冰箱冷藏室里冷藏一晚。

3 将青花鱼去皮，用花刀切片。将生姜泥放在鱼片中间，在盘子里装饰好野姜、紫苏叶，盛上青花鱼，最后放上酸橘片。

4 将生姜酱油放入耐热的容器中，不覆盖保鲜膜加热30秒，加入生姜酱油做成蘸酱。

❖ 烤青花鱼＋蘑菇酱

材料（2人份）

青花鱼鱼块（带骨）1/2条鱼份；蘑菇（蟹味菇、灰树花菌）100克；大蒜（切碎）1/2瓣；洋葱（切碎）1/4个；迷迭香3根；橄榄油适量；白酒1/2杯；盐、胡椒适量

做法

1 在青花鱼上撒盐，静置15分钟，蘑菇分成一根根后放置。

2 在平底锅里倒入两小勺橄榄油，放入大蒜，用小火炒。炒出香味后放入洋葱，洋葱变软后加入蘑菇翻炒。加入白酒后煮干，放入盐、胡椒以调味，最后加入一根迷迭香（扯碎），开火煮透。

3 擦去青花鱼表面的水，拔除鱼刺，对半切。在鱼皮表面打花刀。将一大勺橄榄油抹在鱼身表面，将两根迷迭香放在鱼身上，放在预热好的烤架上烤6~7分钟。

4 装盘，将步骤2中的成品如图所示摆放在鱼侧。

❖ 味噌煮青花鱼

材料（2人份）

青花鱼鱼块（带骨）1/2条鱼份；A［海带6克，酒1杯，水1/2杯，生姜（切片）4片］；大葱1根；料酒1/4杯；信州味噌12克；仙台味噌7克；盐、生姜适量

做法

1 将青花鱼切成两半，撒盐后静置15分钟。在鱼皮表面打花刀，放入碗中，再倒入80摄氏度左右的热水。用热水焯青花鱼，待水分被吸收后擦干。

2 将材料A放在浅锅里混合，放置10分钟，煮沸。将步骤1的成品放入锅中，盖上锅盖。沸煮5分钟，加入料酒再煮3分钟。

3 将大葱切成3厘米长的葱段，加入步骤2的成品。加入一半的信州味噌、仙台味噌，煮3分钟。最后再倒入剩余的信州味噌、仙台味噌，盖上锅盖，煮干。

4 装盘，将做好的酱汁倒在鱼的周围。最后在鱼身上装饰生姜。

针鱼

随着春天的来临，针鱼将变得更加美味。针鱼是一种身体呈银青色的美丽鱼类，其体形细长，又被称为「细鱼」。因其下颚向前突出，如针形，得名针鱼。针鱼外形的颜色变化丰富，其腹部内侧的薄膜有时会变成黑色，也被称为「腹黑鱼」。在清洗和处理针鱼的时候，可以将比较碍事的鱼腹鳍拔去，再用纸巾细心地擦去鱼腹中的黑色薄膜。

❖推荐料理

针鱼是一种高级的白身鱼，因其鱼皮上银青色的颜色而瞩目，非常适合做成刺身。比起做成炖菜、烧菜，针鱼更适合做成清汤、炸物、天妇罗等能够发挥针鱼特点的独特料理。

挑鱼诀窍

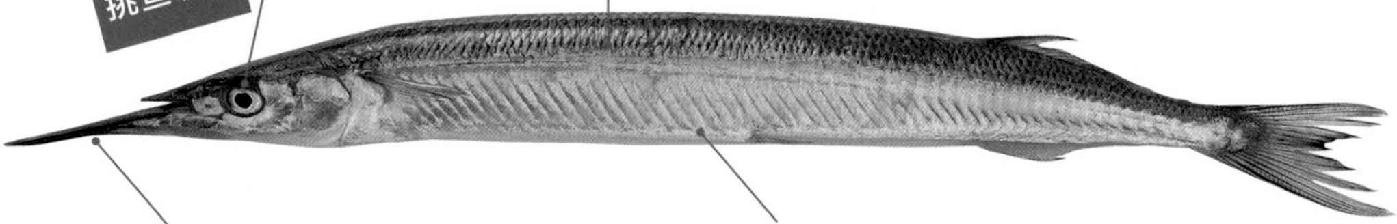
鱼目黑白分明。
鱼背有银青色光辉，鱼身饱满。
鱼下颚的尖端呈鲜红色。
鱼腹没有变成褐色。

清洗

去鳞（片刮法）
➡去头
➡去除鱼腹鳍
➡去除内脏
➡洗净　➡擦干

使用刀具

出刃菜刀

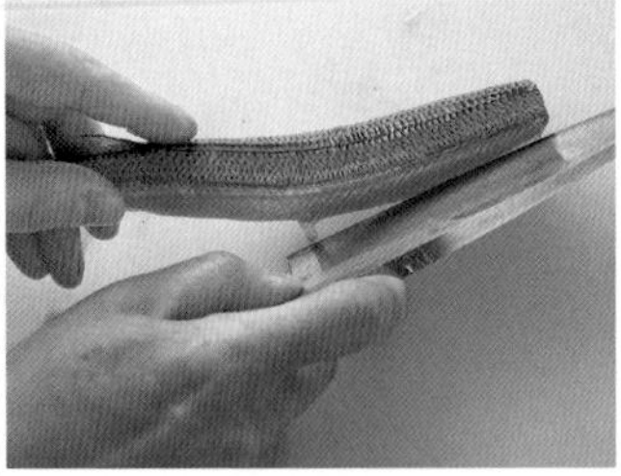

2 从鱼的胸鳍后方下刀，去头。换边，拔除腹鳍。

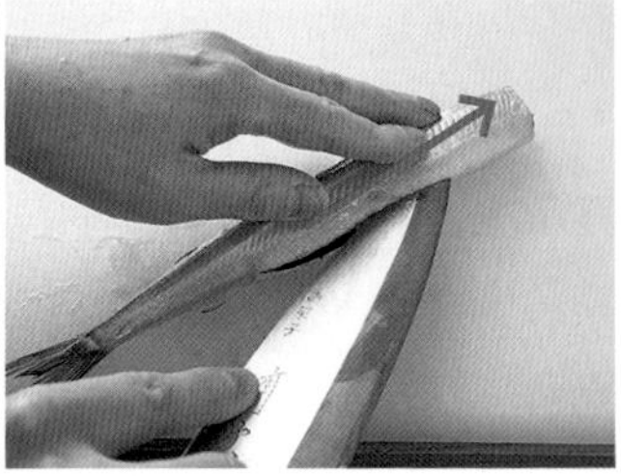

3 鱼头朝右，鱼腹置于身前。使用反刀，用刀尖从鱼肛门处切入，直切向鱼腹中心。

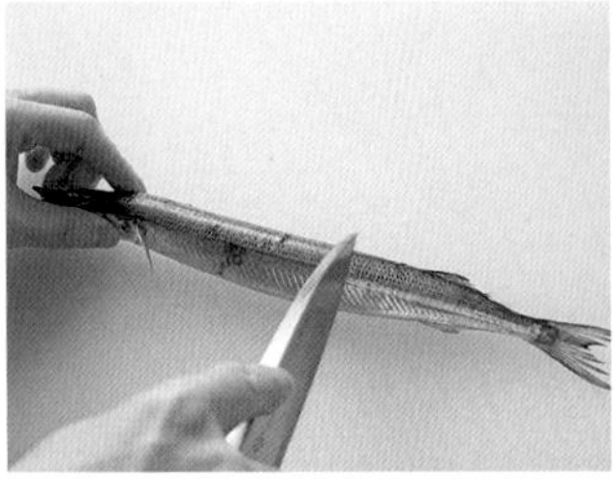

1 左手捏住鱼头，从鱼尾向鱼头去鳞。鱼背、鱼腹、另一侧的去鳞方法同前。

诀窍

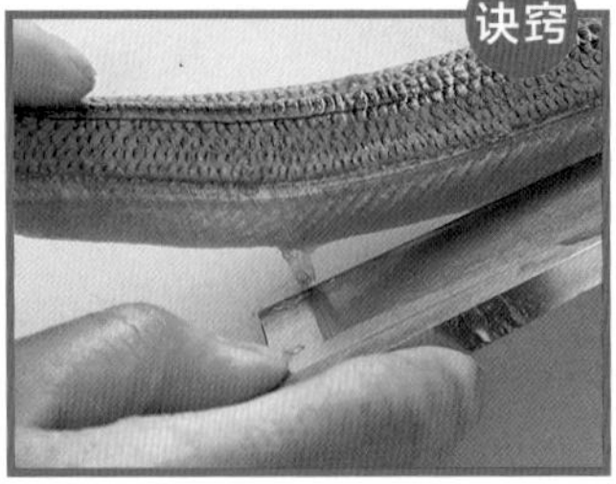

用刀身按压鱼鳍根部，手捏住鱼身并向上用力，在不伤到鱼身的前提下，轻松拔除鱼腹鳍。

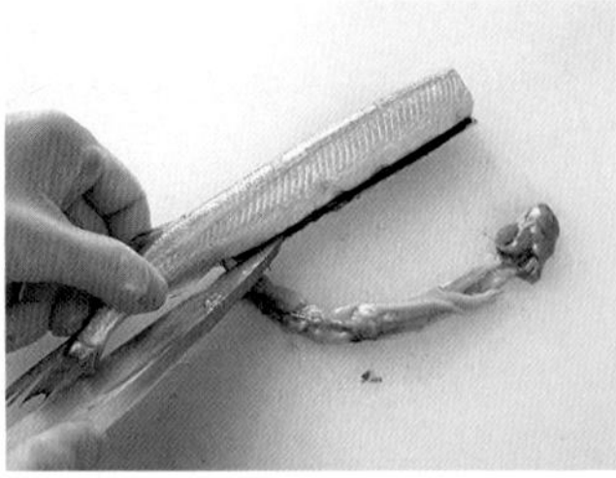

4 打开鱼腹，菜刀深入鱼腹，用刀尖掏出鱼的内脏。

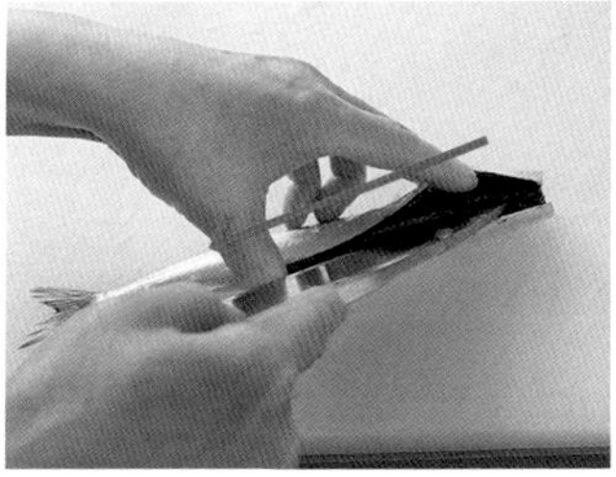

5 左手稍稍抬起鱼身，鱼腹朝上，从血合处入刀。

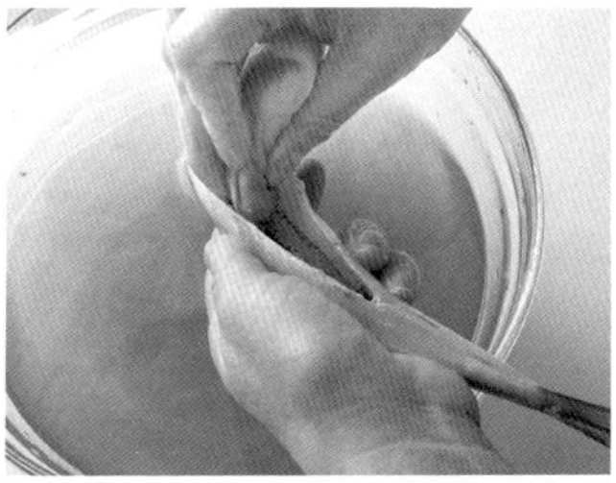

6 把鱼放在盛满水的碗里，在鱼腹中塞入打湿的纸巾，将鱼腹轻轻地擦洗干净。

诀窍

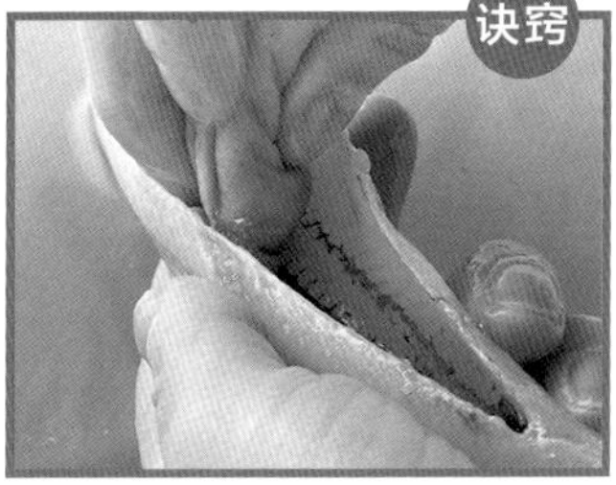

鱼腹内侧有黑色薄膜，请用纸巾将黑色薄膜和血合擦洗干净。

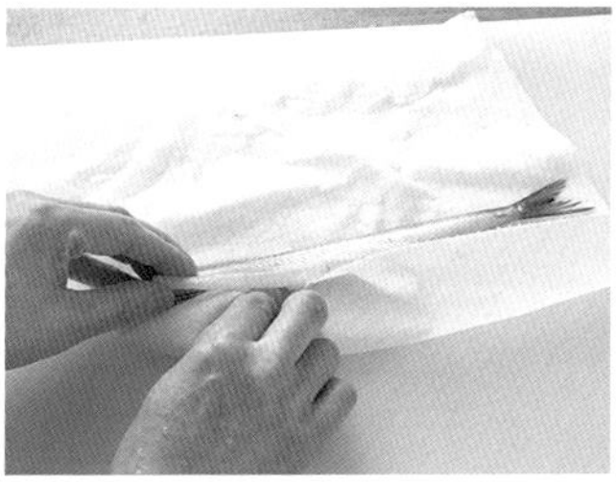

7 沥干水，最后用纸巾擦干鱼身内外残留的水。

卸块
（大名卸法）

使用刀具

柳刃菜刀

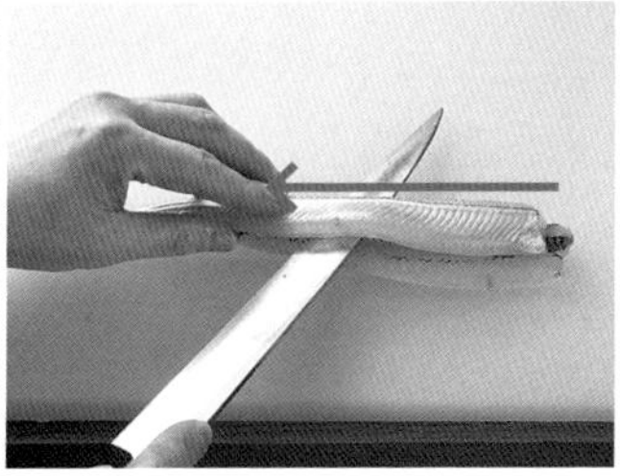

1 从鱼头侧下刀，沿着鱼中骨上方切向鱼尾，直至切离鱼肉和鱼骨。

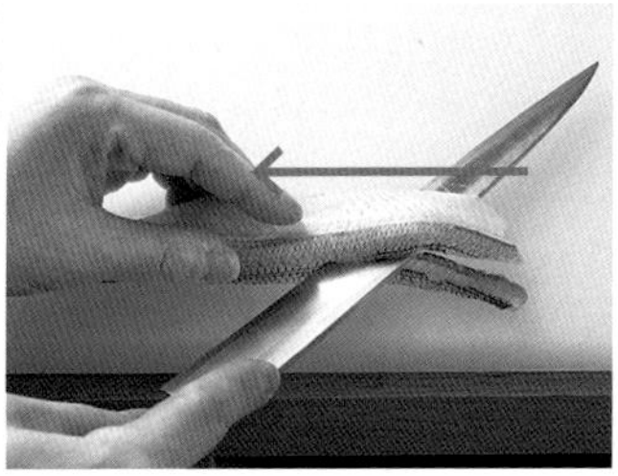

2 将鱼翻身，鱼中骨朝下，要领同步骤1，沿着鱼中骨上方下刀，从鱼头切向鱼尾，切离鱼肉和鱼骨。

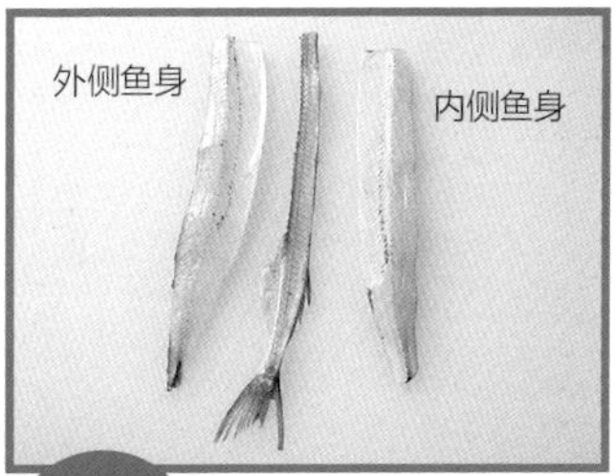

完成图 大名卸法完成图。

去除鱼腹骨和鱼刺

使用刀具

柳刃菜刀
去骨夹

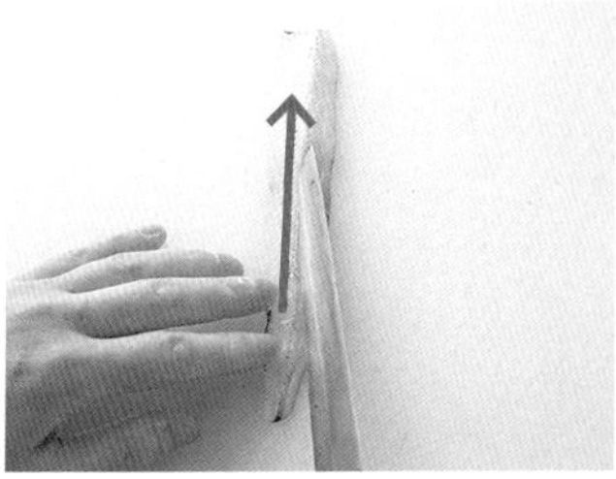

1 将鱼腹骨纵放，用反刀找到鱼腹骨的根部，错开鱼骨。

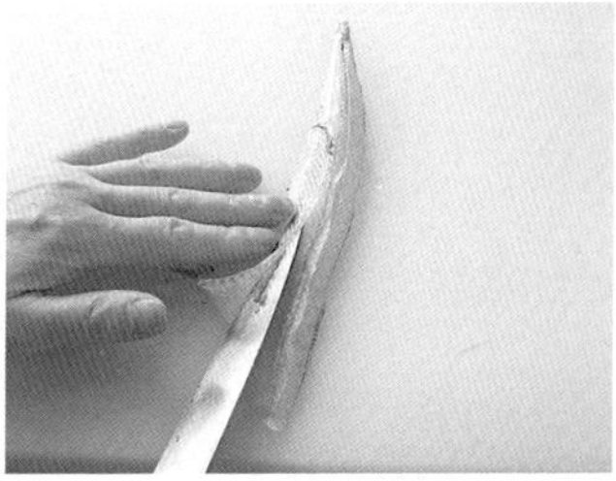

2 从鱼腹骨的根部下刀，像舀水一样转动手腕来剔除鱼腹骨。

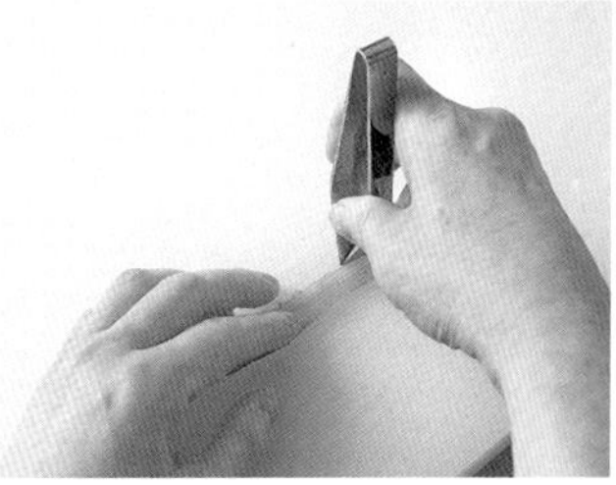

3 用去骨夹夹住鱼刺，指尖轻按住鱼刺的一段，把鱼刺顶出来再拔出。

剥皮

使用刀具

柳刃菜刀

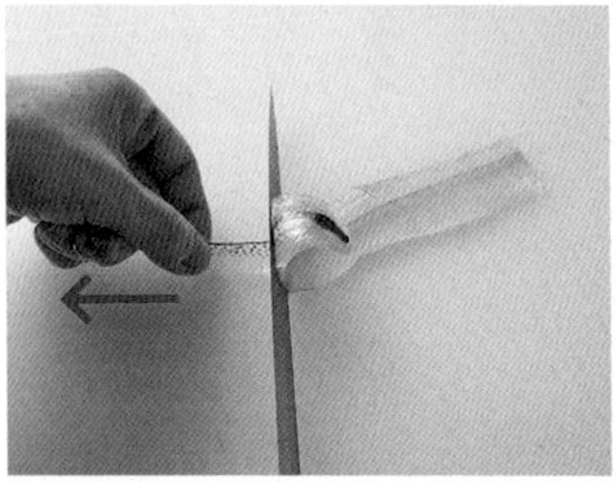

1 鱼皮朝下，鱼尾面向左侧。左手捏着鱼皮的一端，刀刃贴着砧板，左手轻轻拉扯，在鱼皮前后晃动时将其剥下。

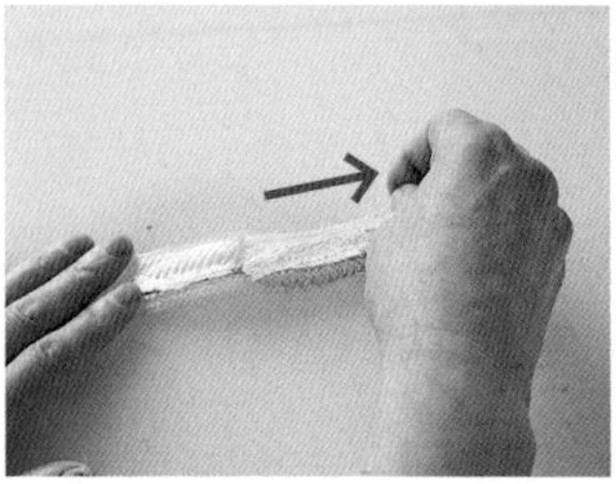

2 也可以徒手剥下针鱼的鱼皮。将鱼皮朝上、鱼头朝左放置，右手捏住鱼皮并从鱼头侧拉向鱼尾，一口气剥皮。

藤条片法

＊使用剥皮后的内侧鱼身肉。

使用刀具

柳刃菜刀

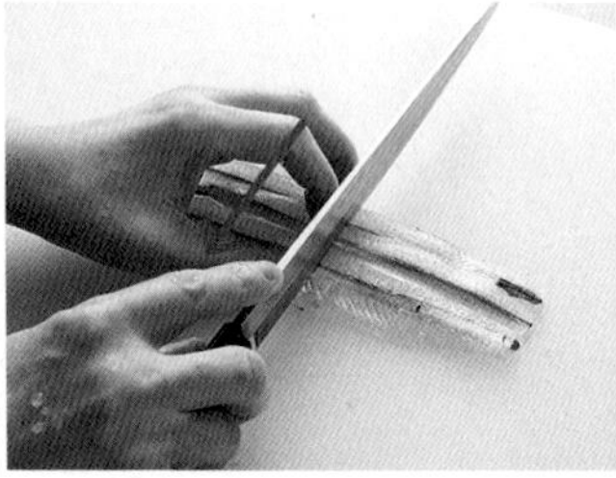

1 如果很难将两段鱼块切得完全相同，而需要切成3段时，可以将第一次切下的鱼段作为参照物，再将剩下的较长的鱼段对半切。

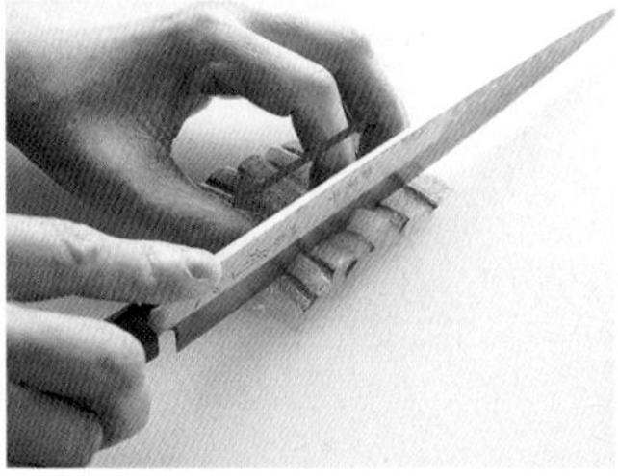

2 将切下的两段鱼块并列放置，从右端切1厘米左右。再回切，不要移动鱼身。

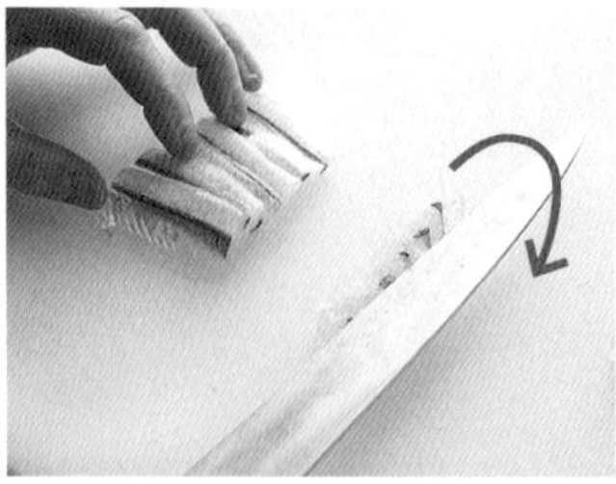

3 将切下的鱼块放在菜刀右侧。可以将菜刀向右倾倒，将鱼块轻轻刮落在砧板上。

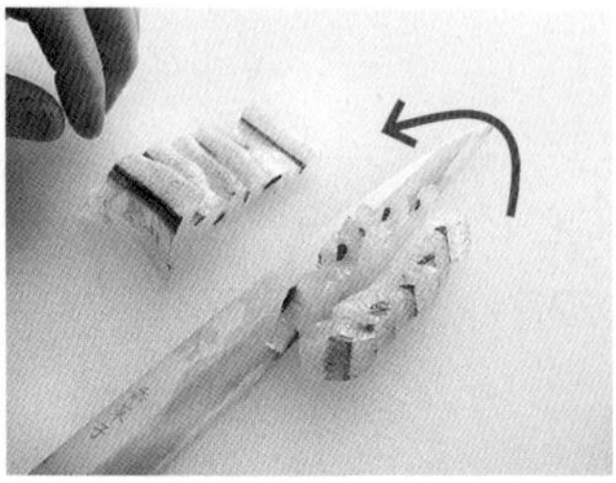

4 再次将切下的两段鱼块并列放置，从右端切1厘米左右，这次将菜刀向左倾斜，将鱼块轻轻刮落在砧板上。

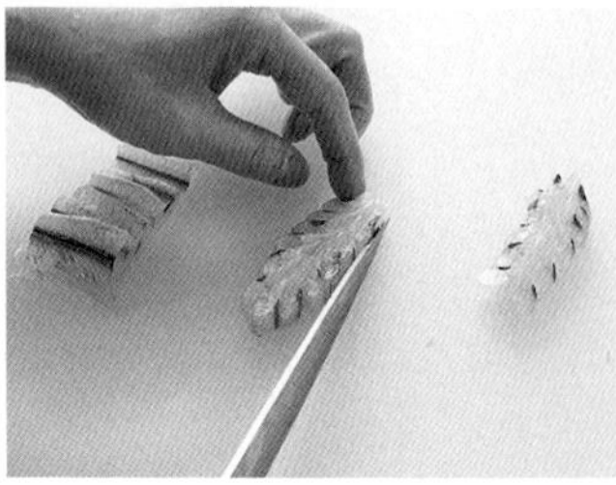

5 将切下的鱼块转动180度，形成藤花的形状。

完成图 **藤条片法完成图。**

针鱼刺身三拼

▶第119页

鸣门法卸块

＊使用去鱼刺且去皮的内侧鱼身肉。

使用刀具

柳刃菜刀

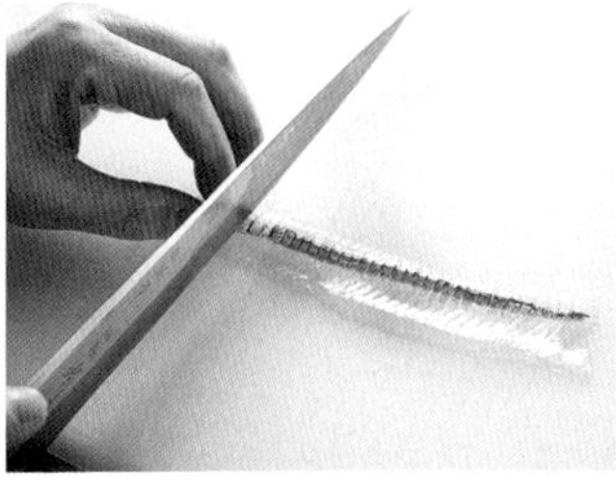

1 鱼皮朝上放置，从鱼头向鱼尾每隔2毫米打花刀。

2 鱼皮朝下，从鱼头开始卷向鱼尾。

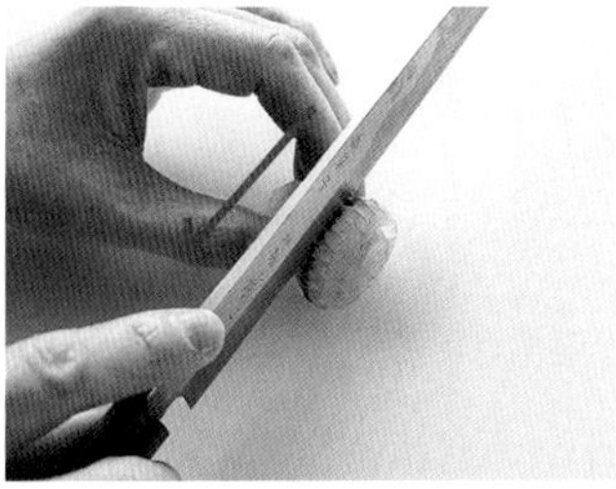

3 从血合处的中间下切，切下来的两个鱼卷各有一条血合线。

完成图 鸣门法卸块完成图。

针鱼刺身三拼
▸如下

料理

❖针鱼刺身三拼

将去鱼刺且去皮的内侧鱼身肉，切成适口大小。将使用藤条片法、鸣门法切好的鱼肉装盘。再装饰三叶草、紫苏叶、小水萝卜，使其色彩丰富，令人看起来食欲大开。最后挤上芥末泥、土佐酱油※便可食用。

※土佐酱油（适量）

酒、酱油各1/4杯；鲣鱼薄片3克；酱汁1/2大勺。在锅中加入酒和酱油，煮沸。将鲣鱼薄片和酱汁加入锅中，停火。冷却后搅拌。

秋刀鱼

每逢餐桌上出现秋刀鱼，便可知季节的变换。正如它的名字里有『秋』字一样，秋刀鱼多出现在8月末至10月，这是它们最肥美的时节。切成段也好，使用大名卸法也好，各有美味之处。因其鱼身柔软且鲜度不容易保持，处理时不要使用太烦琐的刀法。同时，秋刀鱼的内脏味苦，但别有一番风味。除了常见的盐烧做法外，也可以将鱼身内的粪便挤出，在不去除内脏的情况下，将整条鱼烧烤。

❖推荐料理

除了盐烧、烤鱼串，龙田油炸鱼也是十分有名的料理。用烤、嫩煎等西式处理方法调味的鱼也十分美味，新鲜的秋刀鱼还可以做成刺身。

挑鱼诀窍

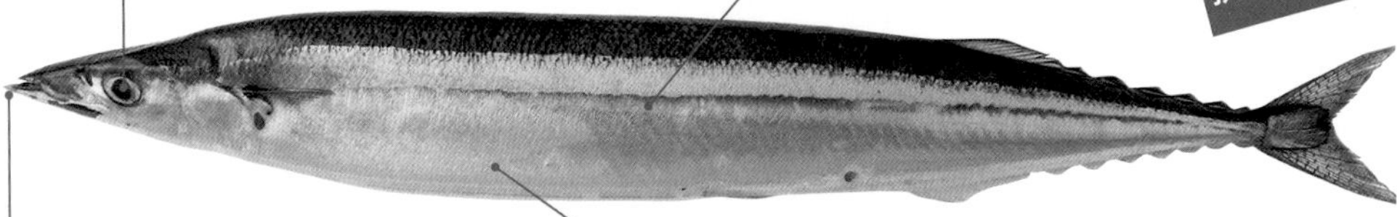

鱼目黑亮，透明清澈。
鱼身大、饱满、有弹性。
秋刀鱼的嘴尖呈黄色，是鱼体内脂肪肥厚的证明。
鱼腹饱满，有银白色光泽。

做筒状鱼片

去鳞（片刮法）
➡去头
➡切块
➡去除内脏
➡洗净　➡擦干

使用刀具

出刃菜刀

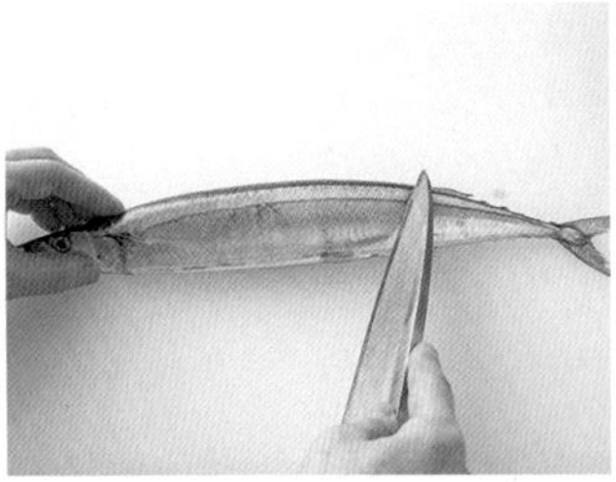

1 左手捏住鱼头，从鱼尾向鱼头去鳞。鱼背、鱼腹、另一侧的去鳞方法同前。

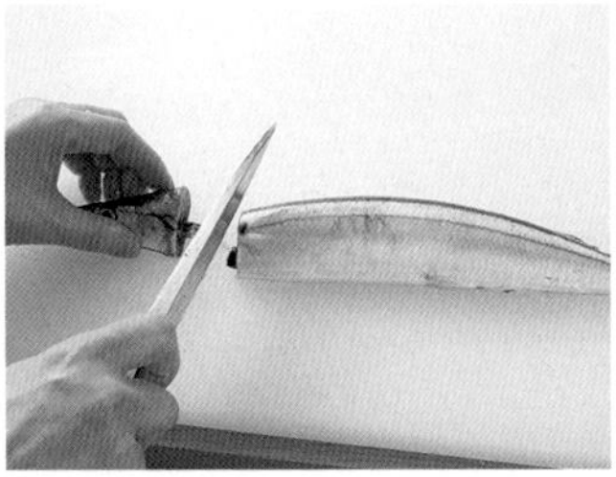

2 从鱼的胸鳍后方下刀，去头。因秋刀鱼的鱼骨较软，可以从两侧下切。

3 从鱼尾根部切去鱼尾。不使用鱼尾做菜时，切去鱼尾会更加赏心悦目。

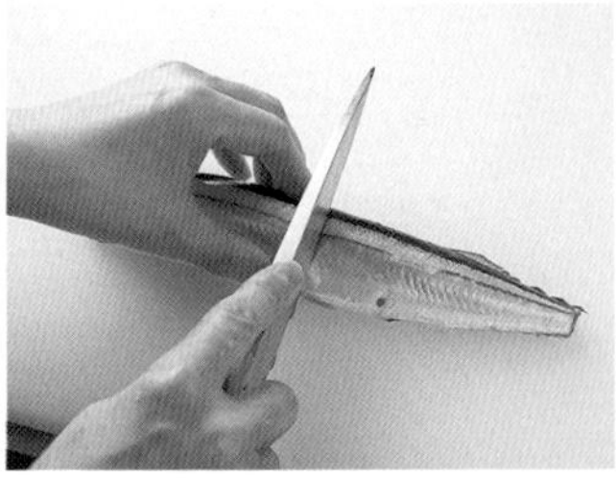

4 从鱼身中间下切。

5 在鱼腹中部的切口插入一根筷子，掏出鱼的内脏和血合。

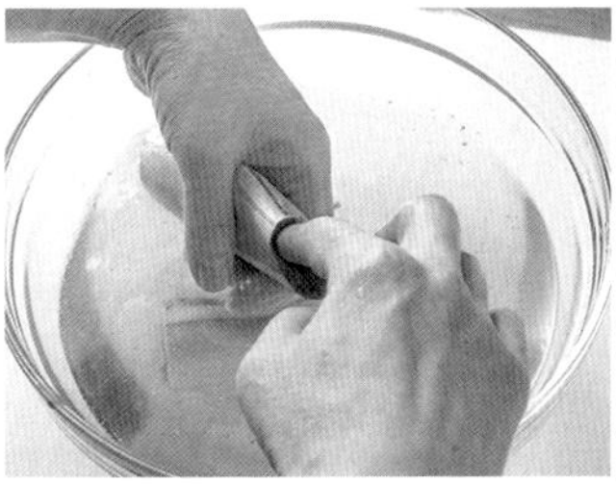

6 把鱼放在盛满水的碗里，将手指伸进鱼身，清洗鱼体内残留的内脏和血污。最后把鱼身上残留的水擦干。

完成图 筒状鱼片完成图。

烤秋刀鱼+鱼肠酱 ▶第122页

卸块
（大名卸法）

使用刀具

出刃菜刀

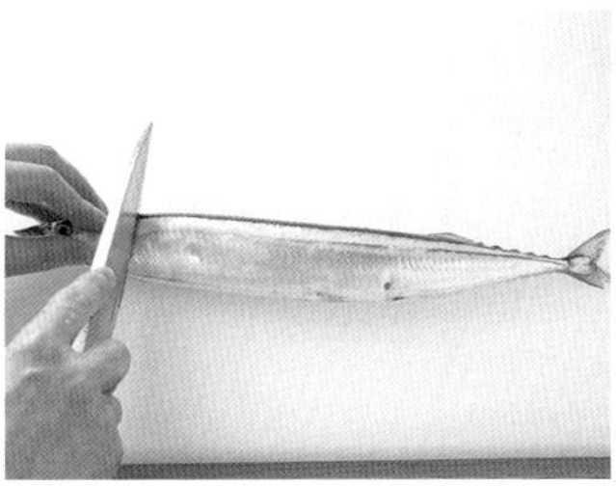

1 刮去鱼鳞，从鱼的胸鳍后方下刀，切下鱼头。

2 用反刀切开鱼腹，刀尖挑出内脏。在水中刮去血合，洗净鱼腹，最后把鱼身上残留的水擦干。

3 从鱼头侧下刀，沿着鱼中骨上方切向鱼尾，切离鱼肉和鱼骨。

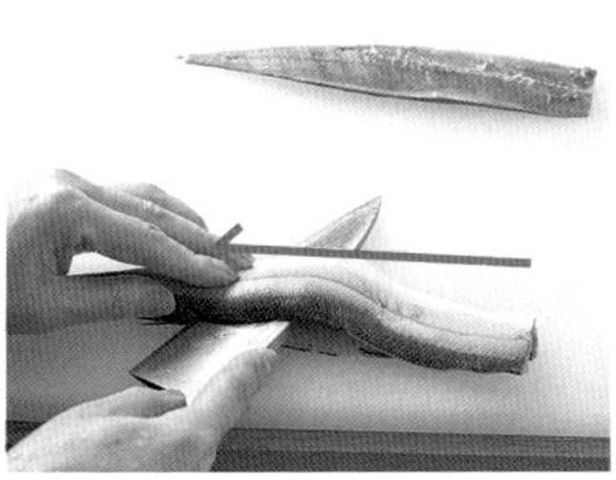

4 将鱼翻身，鱼中骨朝下，要领同步骤3，沿着鱼中骨上方下刀，从鱼头切向鱼尾，切离鱼肉和鱼骨。

完成图 大名卸法完成图。

去除鱼腹骨和鱼刺

使用刀具

出刃菜刀
去骨夹

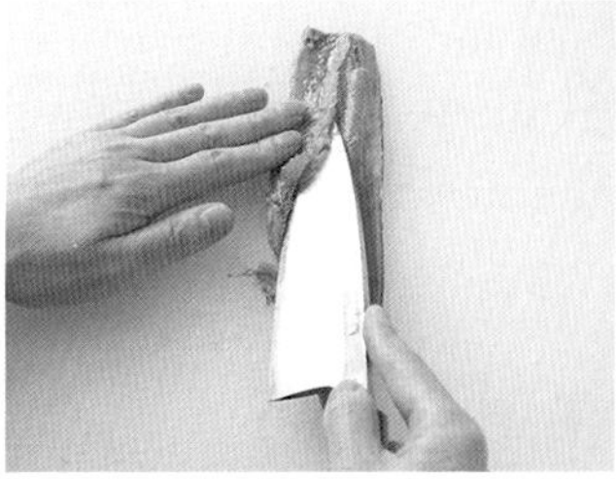

1 鱼腹骨纵放，从鱼腹骨的根部下刀，像舀水一样转动手腕来剔出鱼腹骨。

2 将鱼腹骨剔至鱼腹前端，最后用菜刀将鱼腹骨连皮切去。

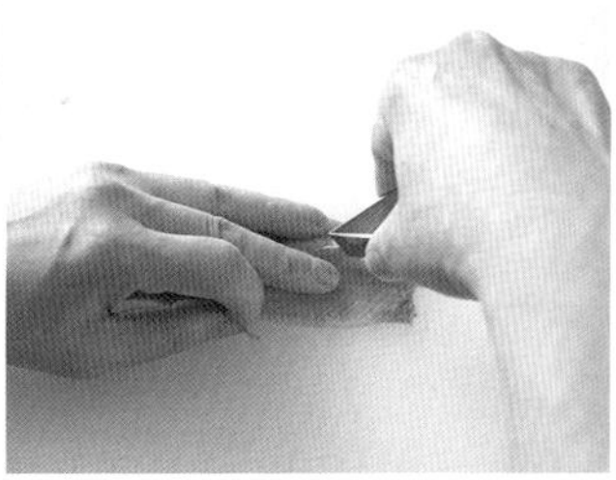

3 用去骨夹夹住鱼刺，指尖轻按住鱼刺的一侧，把鱼刺顶出来再拔出。

秋刀鱼龙田炸▶第122页

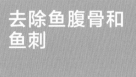

料理

❖烤秋刀鱼+鱼肠酱

材料（2人份）

秋刀鱼（切段）2条；百里香4根；大蒜（薄切）2瓣；酱汁[秋刀鱼内脏2条鱼份，大蒜（切碎）1瓣，橄榄油1小勺，白酒2大勺，盐1小勺，胡椒适量]；土豆1个；杏鲍菇2个；百里香（用作顶部配料）适量；盐、橄榄油适量

做法

1 秋刀鱼撒盐后放置5分钟，去除鱼表面多余的水分，抹上橄榄油，放在大蒜薄片和百里香中腌制。

2 土豆剥皮后切成适口大小，杏鲍菇对半切，将切好的土豆和杏鲍菇抹上橄榄油。

3 将切好的土豆放在预热好的230摄氏度的烤箱里烤10分钟。加入步骤1、步骤2中做好的秋刀鱼、大蒜、杏鲍菇后再烤5分钟。

4 在平底锅中加入做酱汁材料的橄榄油、大蒜碎末，用小火加热，等炒出香味后加入秋刀鱼的内脏翻炒。炒熟后加入白酒煮干，最后放入盐、胡椒以调味。

5 将步骤3中做好的秋刀鱼、土豆、杏鲍菇装盘，周围撒上大蒜，浇上步骤4中做好的酱汁，最后在顶部装饰百里香。

❖秋刀鱼龙田炸

材料（2人份）

去鱼刺的秋刀鱼（带皮）1条；酱汁（酒、料酒、酱油各1大勺，生姜汁少量）；彩椒（红色、黄色）各1/2个；盐、淀粉、煎炸油适量

做法

1 将秋刀鱼切成适口大小，抹上酱汁，静置15分钟。

2 将黄色的彩椒切成银杏叶状，红色的彩椒切成枫叶状，放在160摄氏度的热油里炸，撒盐。

3 去除秋刀鱼表面的酱汁，抹上淀粉，放到170摄氏度的热油里炸。

4 将秋刀鱼装盘，装饰上银杏叶状和枫叶状的彩椒。

鲈鱼

鲈鱼是夏季具有代表性的白身鱼之一。鲈鱼也叫「幼鲈」或「伏虎」，其名称会随着不同的生长时期而变换。成年鲈鱼身长1米左右，且成年鲈鱼的鱼鳞和鱼骨较硬，需要用专门的去鳞刀去除鱼鳞。从鱼脊椎骨的关节处下刀时，注意不要损坏刀具。鲈鱼结构简单，处理较为容易。从鱼背、鱼腹两侧下刀时，一边旋转一边下切便可干净利落地处理鲈鱼。

❖推荐料理

虽然鲈鱼味道清淡，但若用心料理，将别有一番风味。鲈鱼的烹饪方法很多，适合做成刺身、烧菜、蒸菜、煮菜、清汤。特别是用夏天的「伏虎」或「幼鲈」做成的冷鲜鱼片（生鱼片的一种，把鲤鱼、鲈鱼等新鲜鱼肉切成薄片，再冰镇在冷水和冰块中，使鱼肉收紧），堪称一绝。

挑鱼诀窍
鱼目清澈、浑圆且鼓起。
鱼鳃呈鲜红色。
鱼身饱满，有弹性。
鱼身厚，鱼腹到鱼尾段较粗。

清洗

去鳞（片刮法）
➡去头（交叉落刀）
➡去除内脏
➡洗净
➡擦干

使用刀具

去鳞刀
出刃菜刀

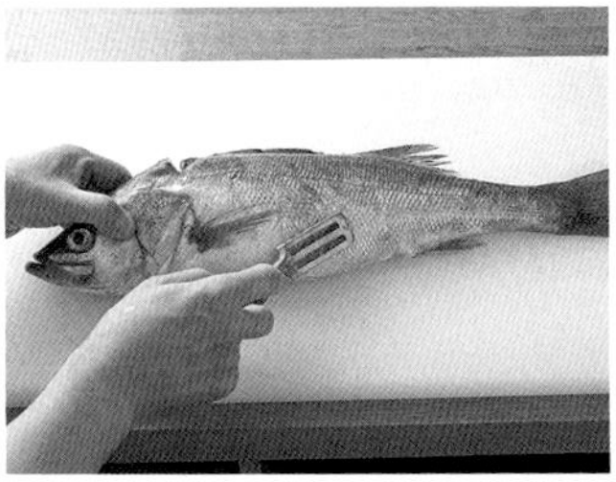

1 左手捏住鱼头，用去鳞刀从鱼尾向鱼头去鳞，去除鱼身上较硬的鱼鳞。

2 用出刃菜刀从鱼尾向鱼头去鳞，去除鱼鳍附近的鱼鳞。鱼背、鱼腹、另一侧的去鳞方法同前。

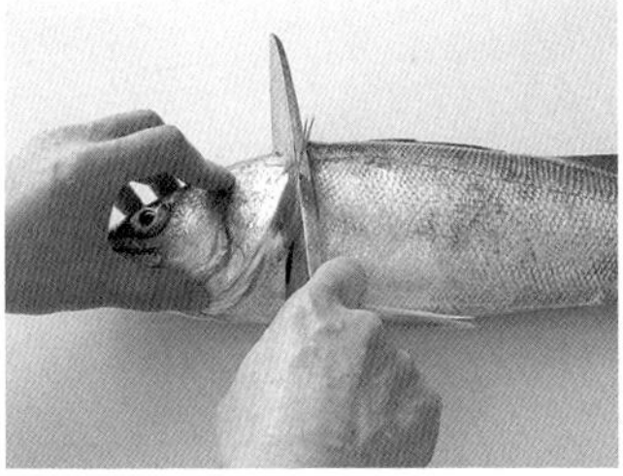

3 从鱼的胸鳍后方斜切下刀。将鱼翻转至另一侧，用同样的方法切入，切下鱼头。

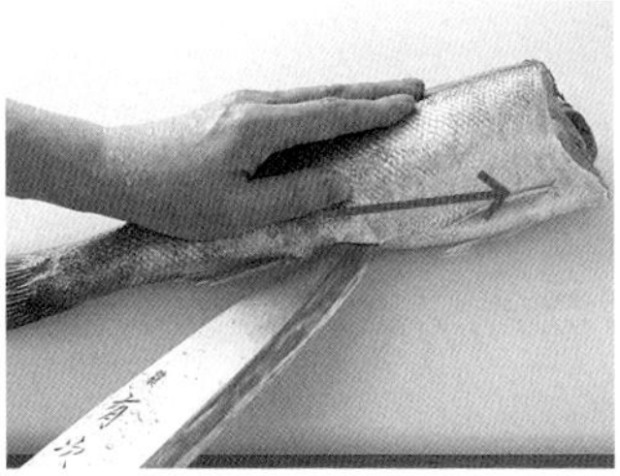

4 鱼尾朝左，鱼腹朝向身前，使用反刀，用刀尖从鱼肛门处下刀，直切至鱼腹。

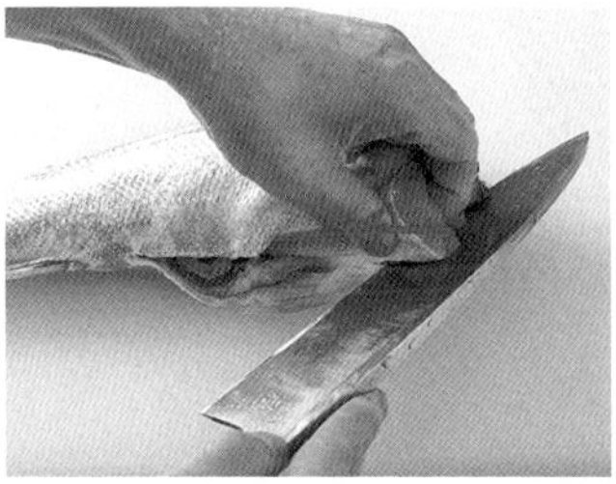

5 鱼的下颚下方较硬，从鱼头侧入刀，切开鱼下颚。

下一页

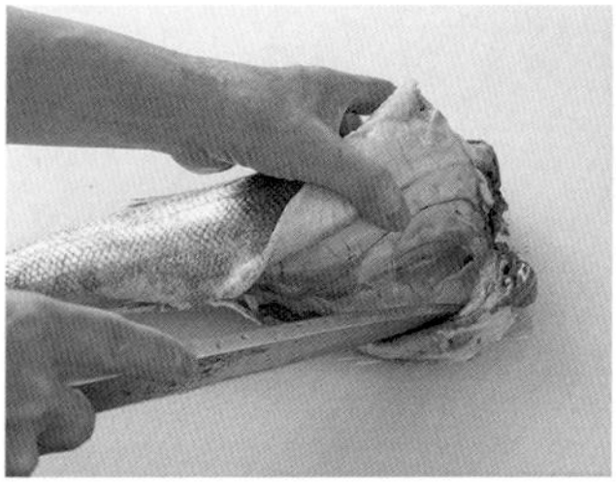

6 打开鱼腹，菜刀深入鱼腹，用刀尖掏出鱼内脏。

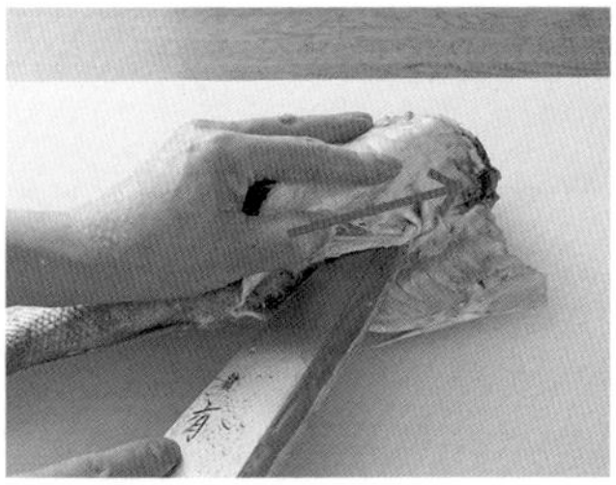

7 从血合处下刀，鲈鱼腹部有薄膜，需要用反刀将其切除。

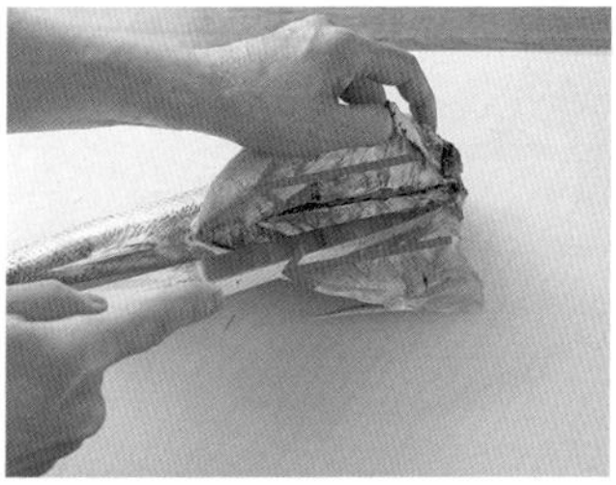

8 鱼腹左右两侧均有血合，需用刀尖剔除。

9 把鱼放在盛满水的碗里，用牙刷把鱼的血合刷去，清洗鱼体内残留的内脏和血污。冲洗后立刻把鱼身上残留的水擦干。

卸块
（三卸法／双面）

使用刀具

出刃菜刀

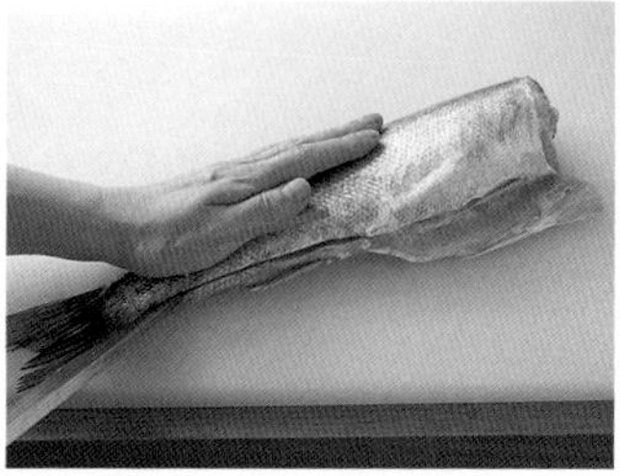

1 鱼头朝右，鱼腹靠近身前，从鱼肛门处下刀，切至鱼尾根部。

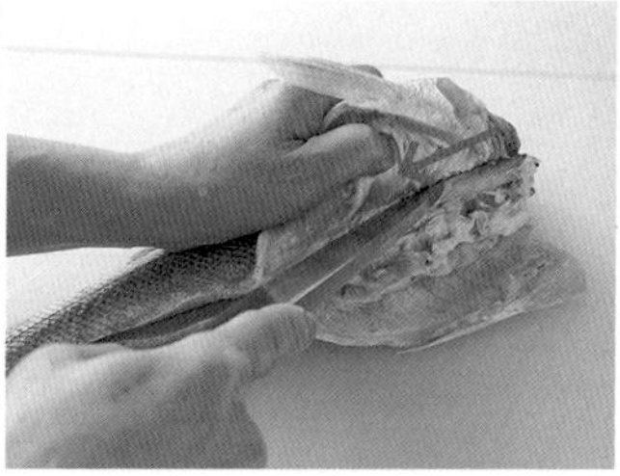

2 从鱼中骨下刀，沿着鱼脊椎骨下切，切断鱼腹骨的根部。

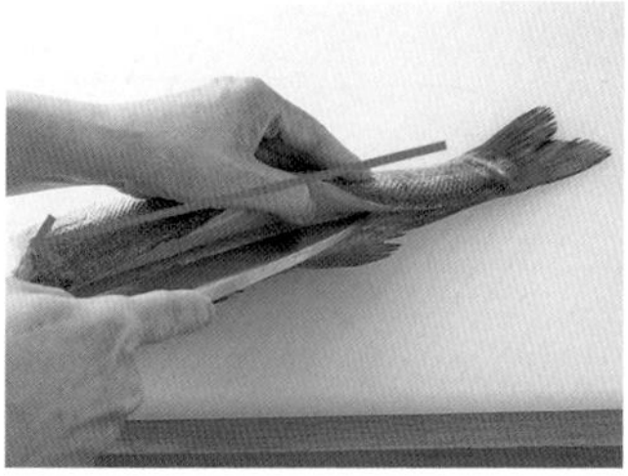

3 鱼背面向身前，从鱼背侧沿着鱼中骨下切两三次，切向鱼脊椎骨。

4 切到鱼尾根部脊椎骨的上方时，在鱼尾插入反刀，切断鱼尾和鱼身的连接处。

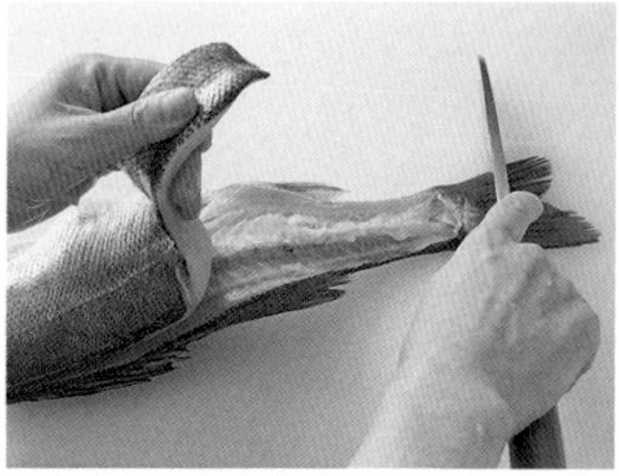

5 左手捏着鱼尾根部，用菜刀按压鱼尾，左手捏着切断的鱼尾根部往鱼头方向拉，将鱼身剥离。

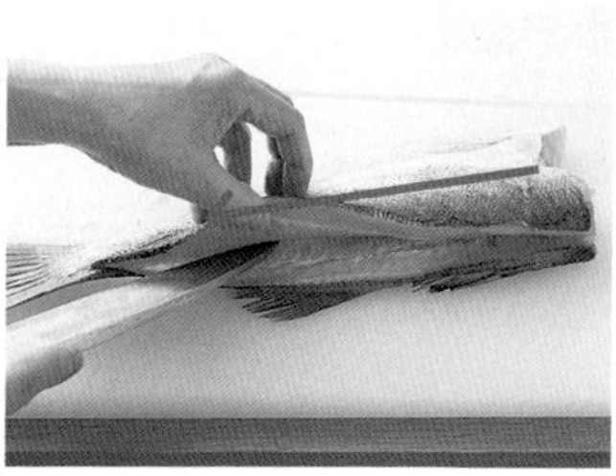

6 鱼中骨朝下，从鱼背侧沿着鱼中骨下切两三次，切向鱼脊椎骨。

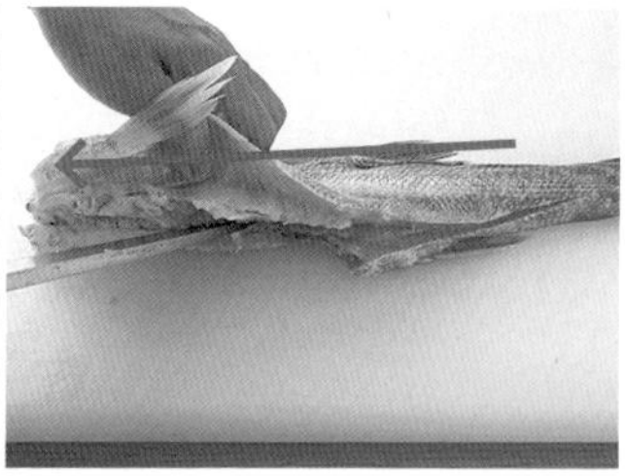

7 鱼腹靠近身前，从鱼腹侧沿着鱼中骨下切两三次，切向鱼脊椎骨。

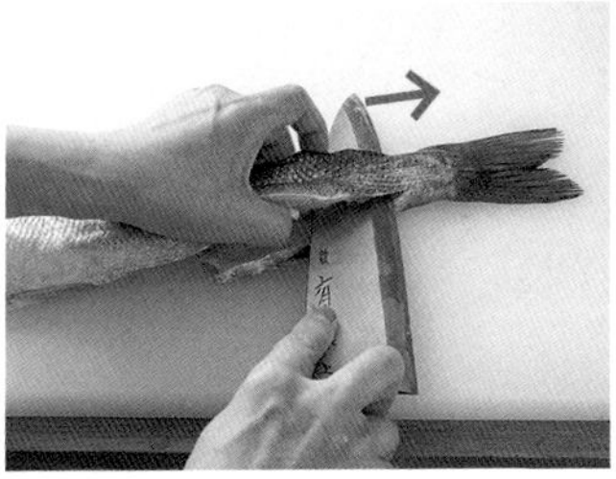

8 同步骤4，切到鱼尾根部脊椎骨的上方时，在鱼尾插入反刀，切断鱼尾和鱼身的连接处。

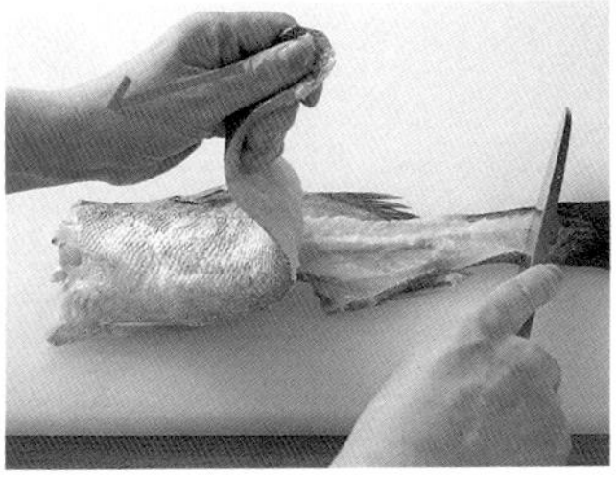

9 同步骤5，左手捏着鱼尾根部，用菜刀按压鱼尾，左手捏着切断的鱼尾根部往鱼头方向拉，将鱼身剥离。

完成图 三卸法完成图。

去除鱼腹骨和鱼刺

使用刀具

出刃菜刀
去骨夹

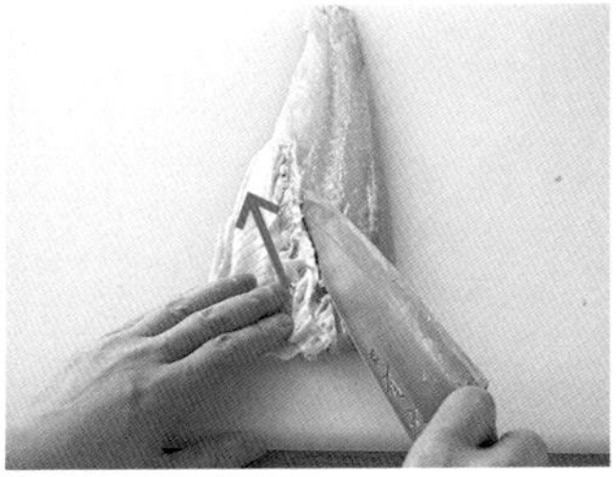

1 鱼腹骨朝左放置，用反刀找到鱼腹骨的根部，错开鱼骨。

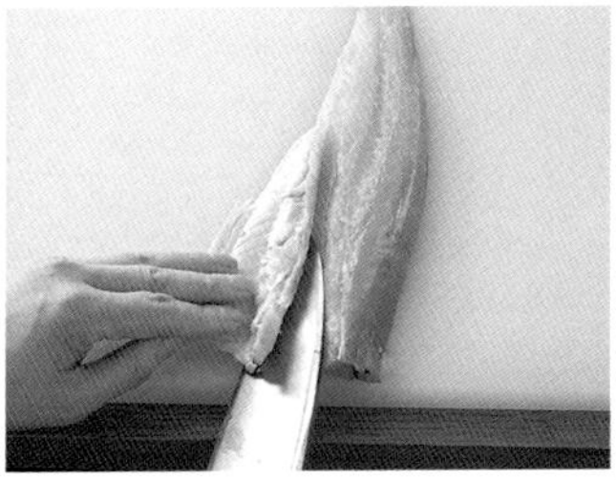

2 从鱼腹骨根部下刀，像舀水一样转动手腕来剔除鱼腹骨。

3 用去骨夹夹住鱼刺，指尖轻按住鱼刺的一侧，把鱼刺顶出来再拔出。

切块

使用刀具

出刃菜刀

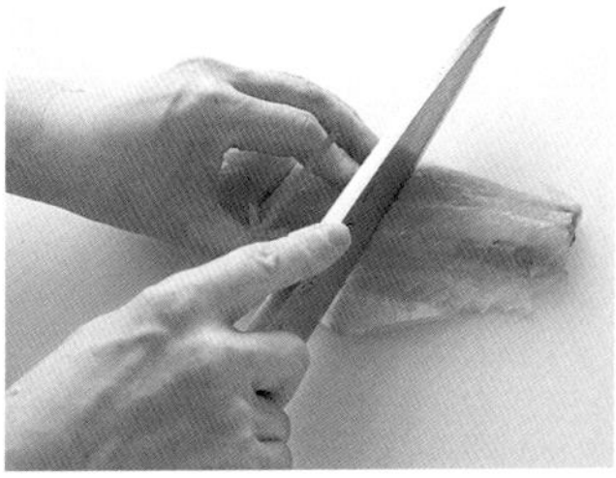

根据料理决定切块的大小，用整个刀身切块。

盐烤鲈鱼▸第127页

削片

*使用去皮鱼肉。

使用刀具

柳刃菜刀

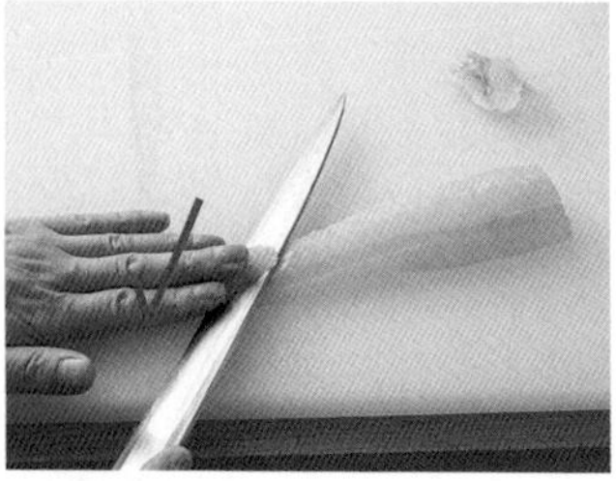

1 鱼尾朝左，从左侧开始下切，刀尖呈半圆形移动，有弧度地倾斜下切。

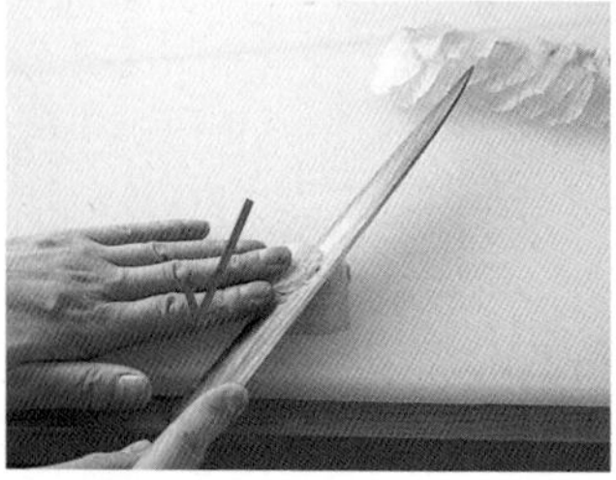

2 切鱼身宽的部分时，请直立下切；而切鱼身窄的部分时，请倾斜下切，使鱼片宽度相等。

完成图 削片完成图。

冷鲜鲈鱼片
▶第127页

去皮（外去皮）

使用刀具

柳刃菜刀

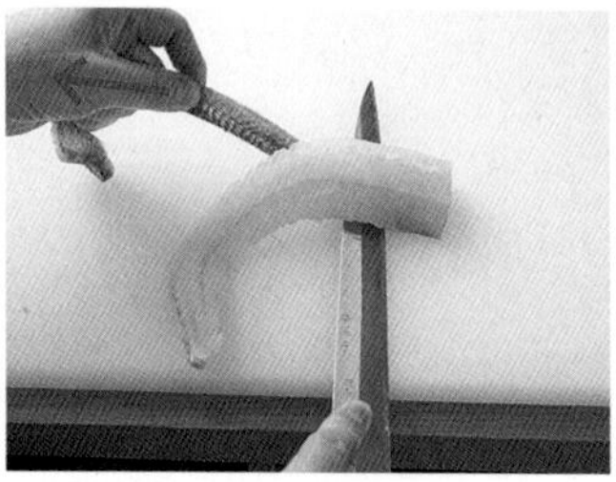

将附着鱼皮的一侧朝下，鱼尾朝左。左手捏住鱼皮的一端，从皮肉交界处入刀。菜刀前后轻微地往右侧移动，在移动中去皮。

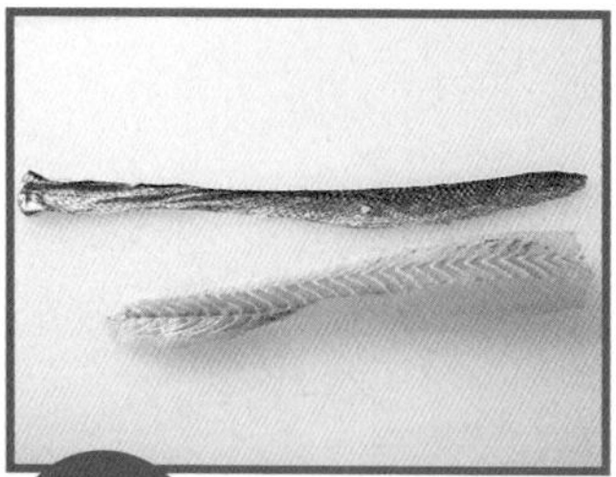

完成图 去皮（外去皮）完成图。

分解鱼身

*使用带皮且去鱼刺的鱼肉（外侧鱼身肉）。

使用刀具

出刃菜刀

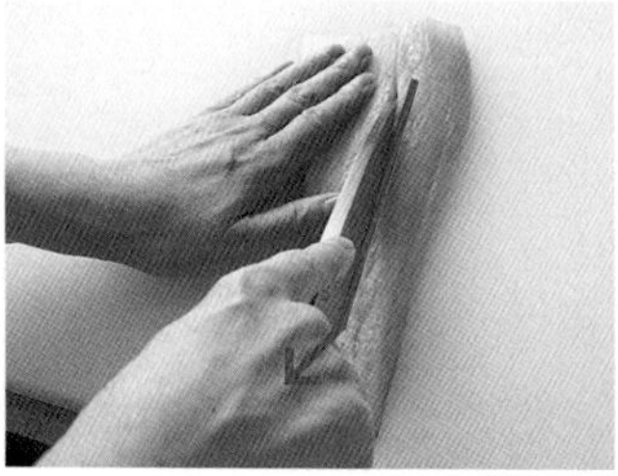

1 鱼腹朝右，在鱼背的血合和鱼刺处纵切。切时可以往左侧倾斜，使切下的右侧鱼肉上下等宽。

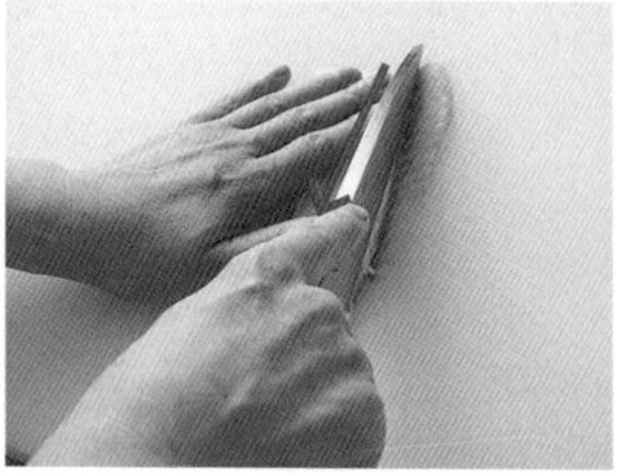

2 切去鱼腹残留的血合和鱼刺。

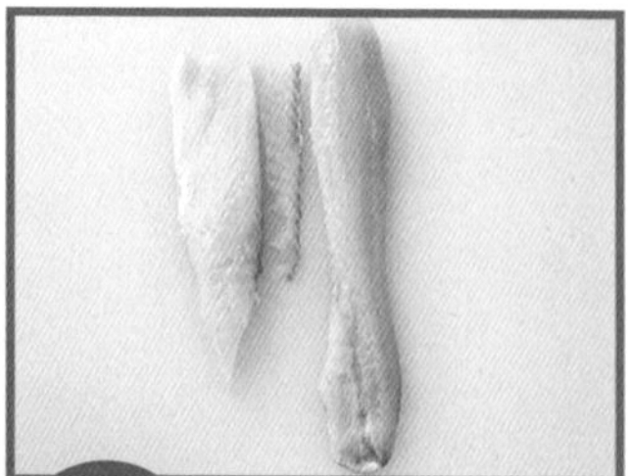

完成图 分解鱼身完成图。

料理

❖冷鲜鲈鱼片

材料（2人份）

鲈鱼鱼片（去皮）150克；野姜（切丝）1个；紫苏叶4片；小水萝卜（切丝）1个；红蓼适量；芥末泥适量；梅肉酱［梅干（碾碎且过滤后）1个，酒1/2大勺，料酒1小勺］

做法

1 将做梅肉酱的材料里的酒和料酒混合，不覆盖保鲜膜，放至微波炉里加热20秒，使其挥发。然后加入碾碎且过滤后的梅干，再次混合并碾碎。

2 鲈鱼切片后置于冰水里洗净，擦干净鱼片上多余的水。

3 在碗里加入紫苏叶、野姜。将步骤2的鲈鱼装盘，再加入小水萝卜、红蓼、芥末泥。最后将做好的梅肉酱装在小碟子里。

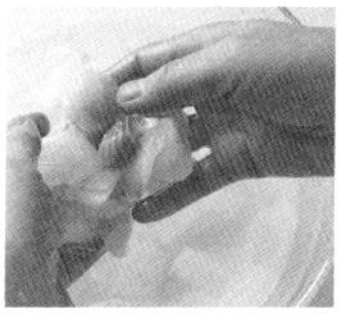

加入冰水快速搅拌，能洗去鱼身多余的脂肪，使鱼肉更紧实。

❖盐烤鲈鱼

材料（2人份）

鲈鱼鱼段（带皮且去鱼刺）2段；盐、酒适量；红蓼叶适量；尾布细煮（以酱油、料酒和糖将鱼、虾、贝类、海藻等煮成的味道浓厚的一种海鲜食品）适量

做法

1 在鲈鱼上撒盐，静置10分钟。将红蓼叶切碎。

2 去除鲈鱼身上多余的水，在鱼皮上打十字花刀。

3 在预热好的烤架上烤焦鱼皮，等鱼身熟透后涂上酒，撒上切碎后的红蓼叶。

4 装盘，在鱼身周围放上尾布细煮。

鲷鱼

名叫鲷鱼的鱼类众多，单指鲷鱼的时候，我们一般默认为日本鲷鱼。鲷鱼因味道鲜美，外形美观、色泽艳丽而被称为『鱼类之王』。在产卵前的春季，鲷鱼的外观和味道堪称一绝，因其色泽变得鲜艳，又被称为「樱鲷」，极为珍贵，备受食客喜爱。大型鲷鱼处理起来较为困难，而肉质紧实是鲷鱼的魅力之一。但是鲷鱼的鱼骨极为坚硬，切割时请小心下刀，避免让自己受伤。特别是切割鱼头的时候，不要选择硬碰硬，在实在切不动的情况下，可以用手敲打刀背，下压下切。

❖推荐料理

鲷鱼的烹饪方法多，适合做成刺身、煮菜、烧菜、蒸菜、炸物、清汤等料理。鱼头、鱼中骨、胸鳍下方、鱼肝吃起来也十分美味，请不要丢弃。

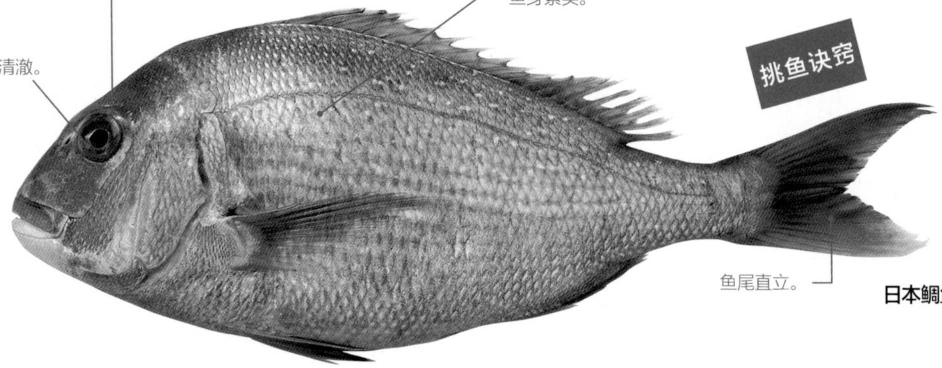

鱼目上方有青紫色的光泽。
鱼身表面有赤红色光泽，鱼身紧实。
鱼目清澈。
挑鱼诀窍
鱼尾直立。

日本鲷鱼

清洗

去鳞（片刮法）
➡去除鱼鳃
➡去除内脏
➡洗净
➡擦干

使用刀具

去鳞刀
出刃菜刀

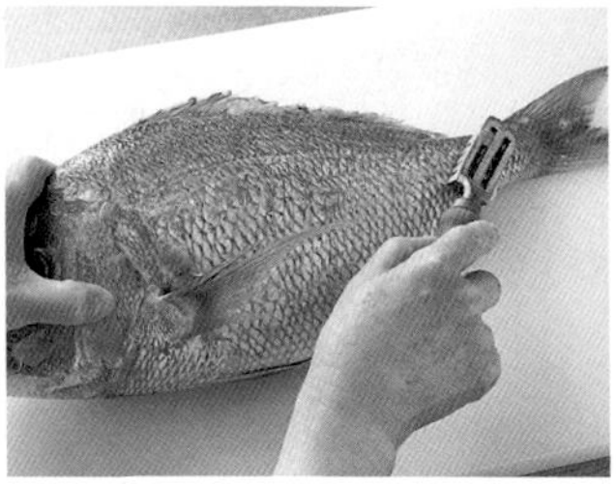

1 左手捏住鱼头，用去鳞刀从鱼尾向鱼头去鳞。去除鱼身整体的硬鱼鳞。

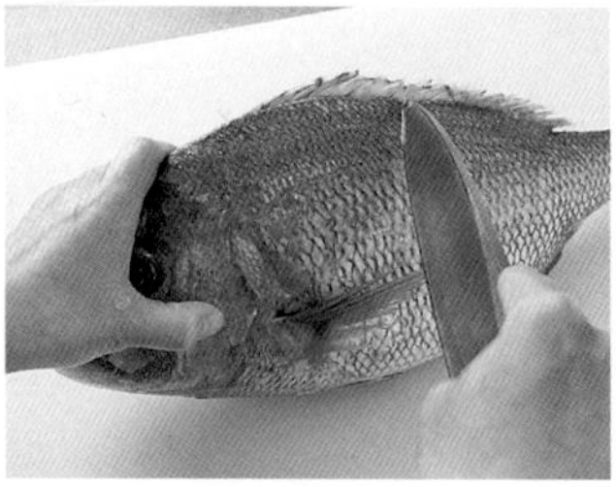

2 用出刃菜刀从鱼尾向鱼头去鳞，去除鱼鳍附近的鱼鳞。鱼背、鱼腹、另一侧的去鳞方法同前。

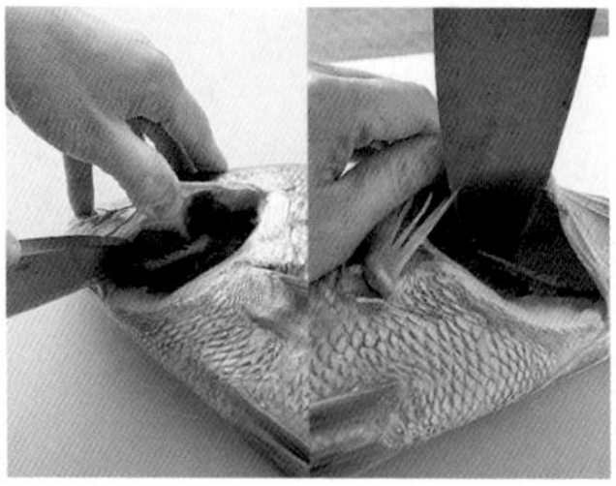

3 打开鱼鳃盖，用刀尖从鱼鳃根部下切。另一侧同理。

4 切除上颚和下颚间的鱼鳃根部后，刀尖插入鱼鳃盖，沿着鳃盖曲线，切去鱼鳃盖周围的薄膜。

5 从鱼下颚柔软的地方入刀，从鱼腹切向鱼肛门。

6 打开鱼腹，菜刀深入鱼腹，用刀尖掏出鱼内脏。

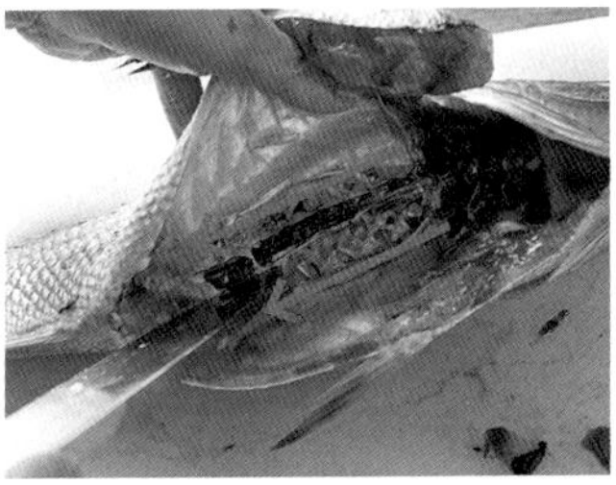

7 鱼腹左右两侧均有血合，用刀尖将其剔除。

8 把鱼放在盛满水的碗里，用牙刷把鱼的血合刷去，清洗鱼体内残留的内脏和血污。

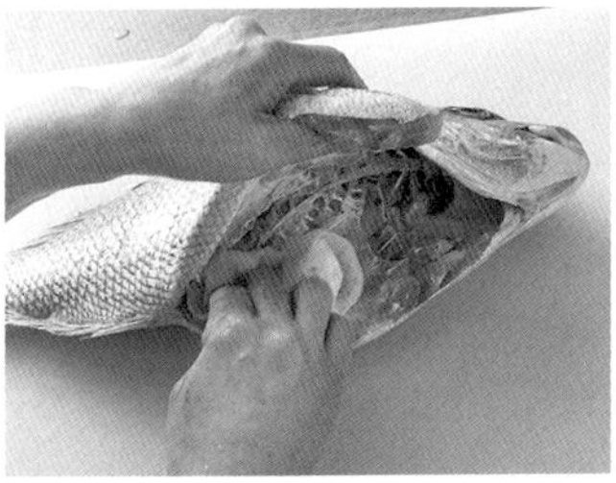

9 冲洗后，立刻把鱼身上残留的水擦干。不要忘记擦去鱼腹中的水。

卸鱼头

使用刀具

出刃菜刀

1 鱼头朝左，鱼腹靠近身前，从胸鳍的后方下刀，从胸鳍后方向鱼头根部斜切。

2 将鱼翻边，左手捏住腹鳍，从鱼头根部向胸鳍后方斜切。

3 直到把鱼头完整切下。

卸块
（三卸法 / 单面）

使用刀具

出刃菜刀

1 鱼头朝右，鱼腹靠近身前，从鱼肛门处下刀，切至鱼尾根部。

2 从鱼头处下刀，沿着鱼中骨大幅度下切。重复下刀，直到快把鱼背切开为止。

3 切开身前鱼尾后，将鱼翻边，切断鱼尾。

下一页

4 从鱼头处下刀，沿着鱼背鳍下切至鱼尾根部，切离鱼肉和鱼骨。

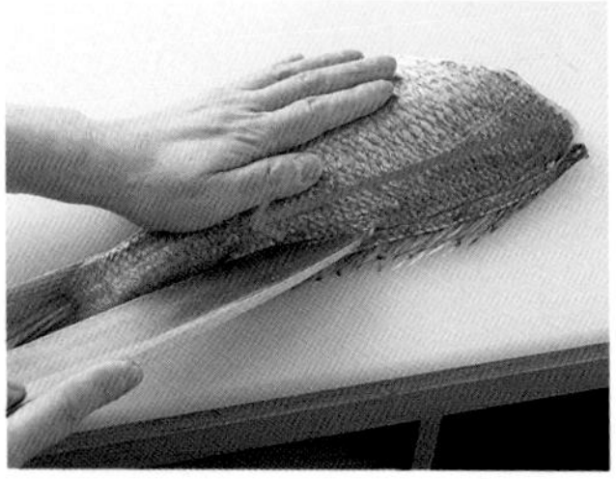

5 将鱼翻身，鱼中骨朝下，鱼背靠近身前，从鱼头处下刀，沿鱼背鳍上方下切。

6 沿着鱼中骨下切，切向鱼脊椎骨，切断鱼腹骨根部。

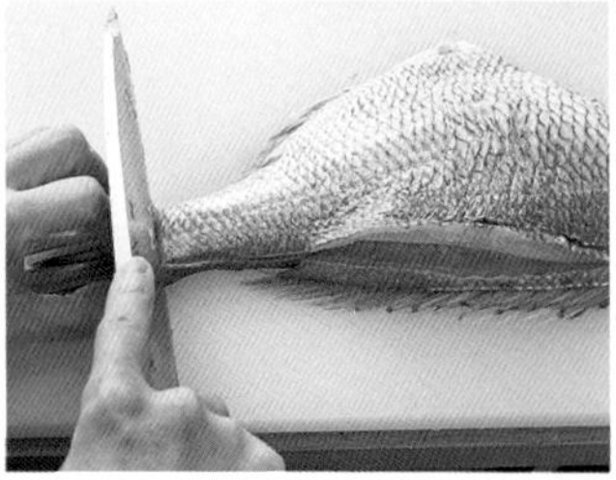

7 将鱼身翻转，切断鱼尾根部。

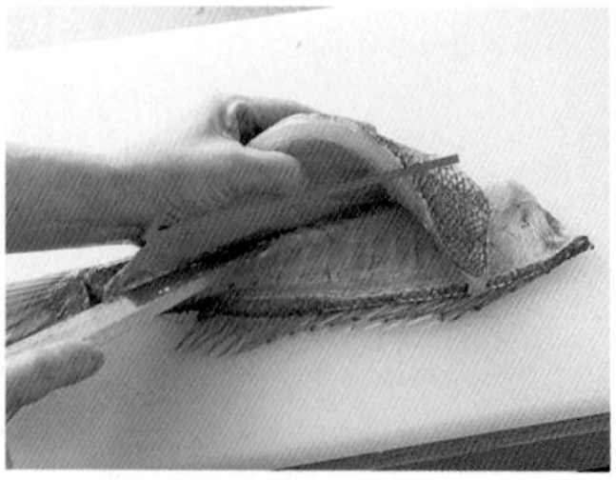

8 再次用左手捏着鱼身，用同样的要领切到鱼腹深处，直到快把鱼背切开为止。

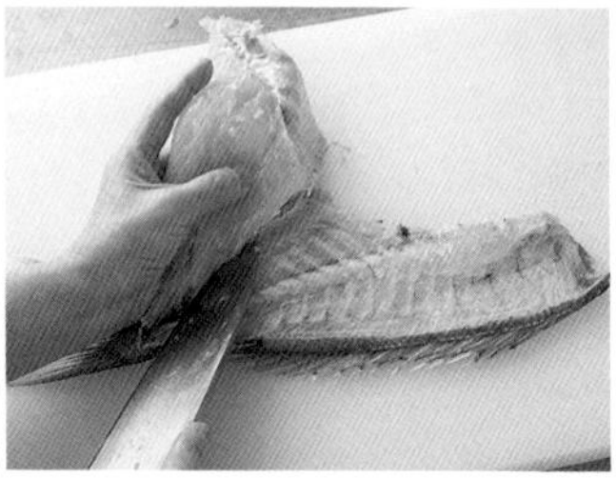

9 将鱼身肉和鱼骨切分开来。

完成图 卸块（三卸法）完成图。

去除鱼腹骨和鱼刺

使用刀具

出刃菜刀
去骨夹

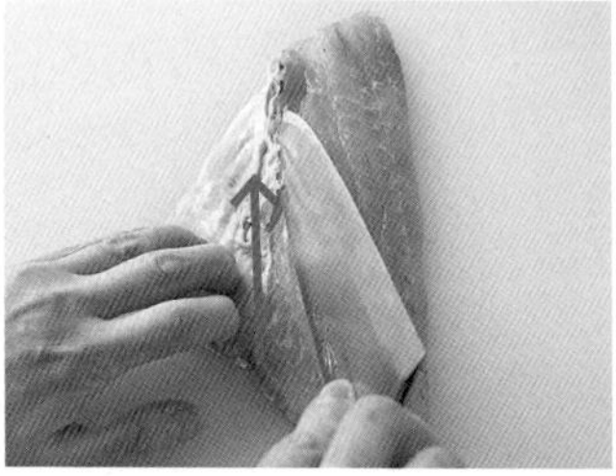

1 鱼腹骨朝左放置，用反刀从鱼腹骨的根部下刀。

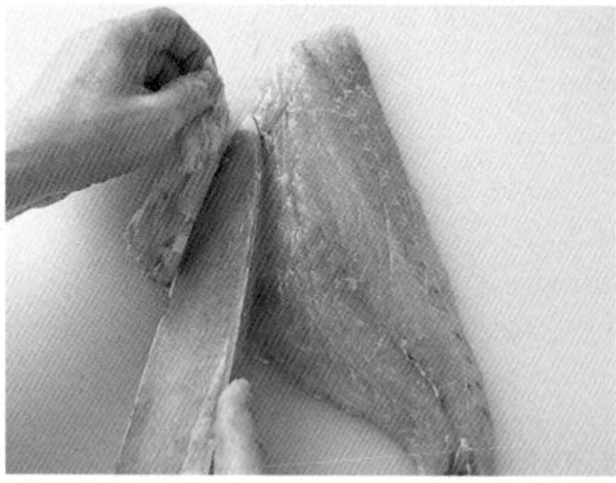

2 菜刀倾斜，像舀水一样转动手腕以剔出鱼腹骨，最后将菜刀直立切去鱼腹骨。

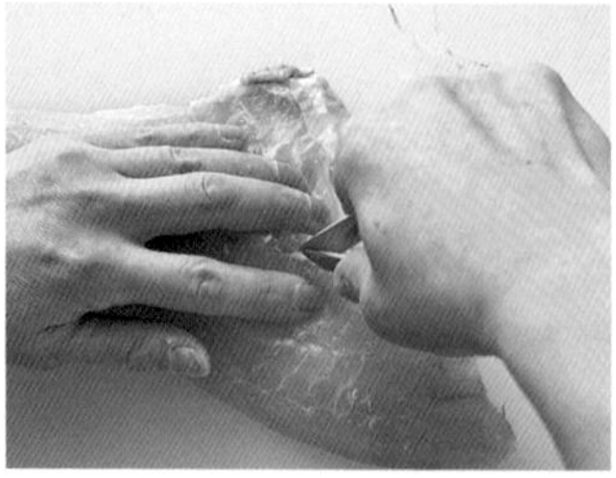

3 用去骨夹夹住鱼刺，指尖轻按住鱼刺的一侧，把鱼刺顶出来再拔出。

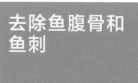

去皮（外去皮）

使用刀具

出刃菜刀

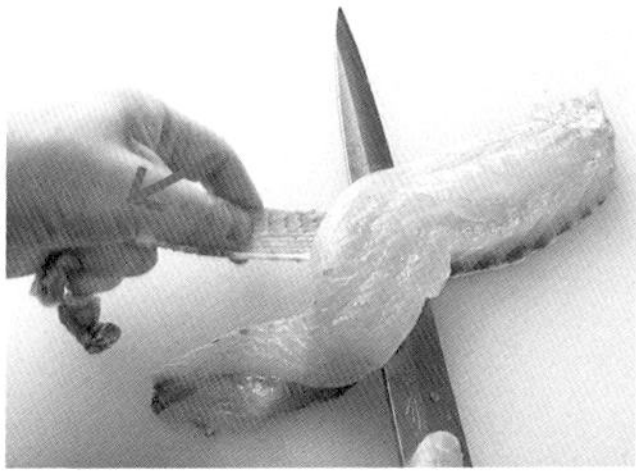

使附着鱼皮的一侧朝下，鱼尾朝左。左手捏住鱼皮一端，从皮肉交界处入刀。菜刀轻微地往右侧移动，在移动中去皮。

完成图 去皮（外去皮）完成图。

分解鱼身

＊使用带皮且去鱼刺的内侧鱼身肉。

使用刀具

出刃菜刀

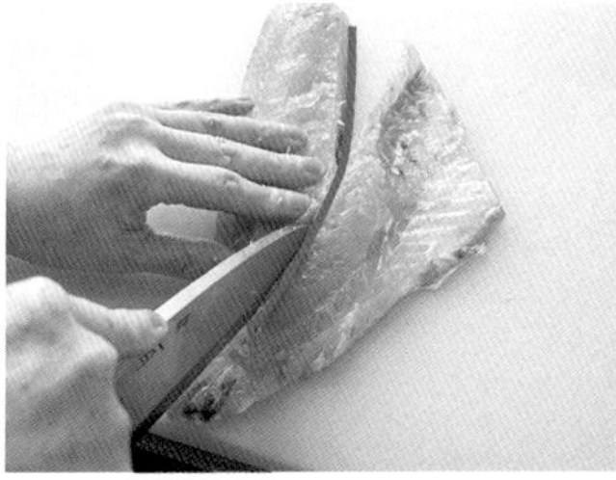

1 鱼腹朝右，在鱼背的血合和鱼刺处纵切。切时可以往左侧倾斜，使切下的右侧鱼肉上下等宽。

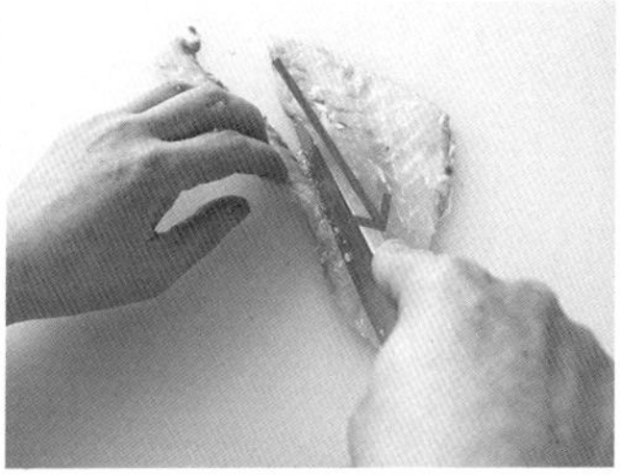

2 切去鱼腹中残留的血合和鱼刺。

完成图 分解鱼身完成图。

蛋黄鲷鱼
▸第135页

分离鱼身和鱼中骨

使用刀具

出刃菜刀

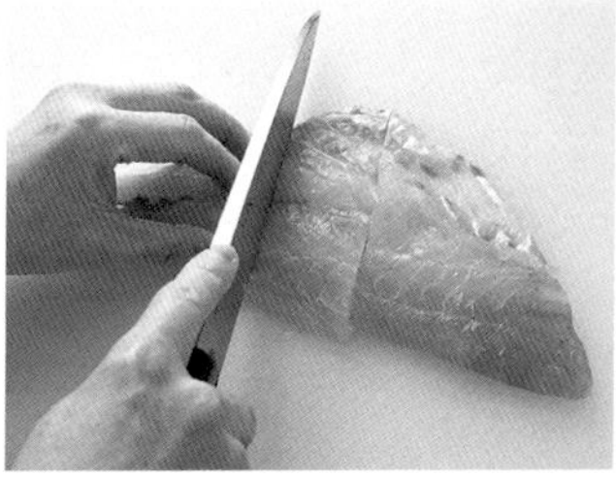

1 在去鱼刺的鱼肉上笔直下切，使用整个刀身下切。

法式烤鲷鱼
▸第135页

2 用刀根用力切断鱼中骨。

清鲷鱼汤▸第136页
烧鲷鱼骨▸第137页

分解鱼头

卸鱼头
➡卸鱼头（梨割）
➡分解

使用刀具

出刃菜刀

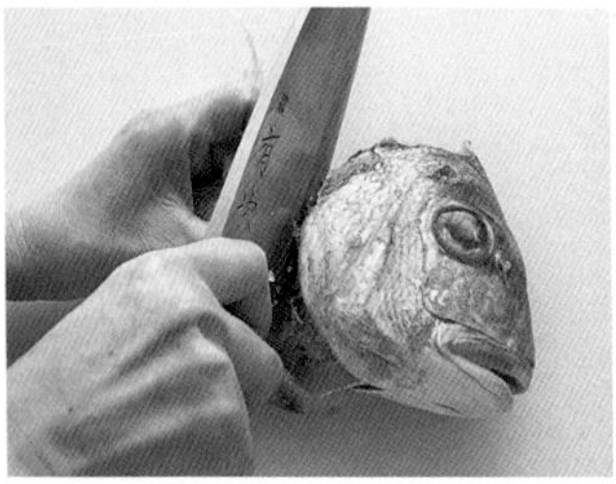

1 打开鱼鳃盖，插入刀根，通过下压切断鳃下的硬骨。

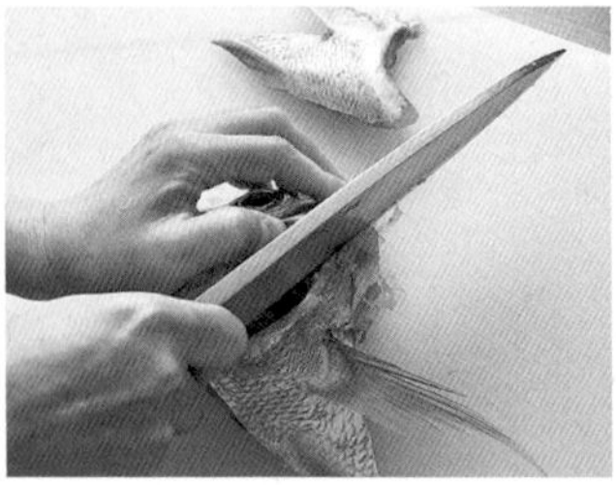

2 将鱼头变换方向，菜刀倾斜，从鱼鳃处下刀，斜切。

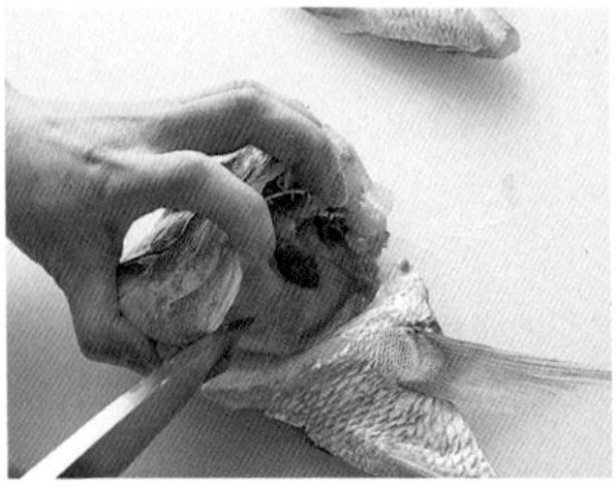

3 切断鱼下颚下方，尽可能多地保留鱼下颚处的肉。

花椒树芽烤鲷鱼头▸第136页

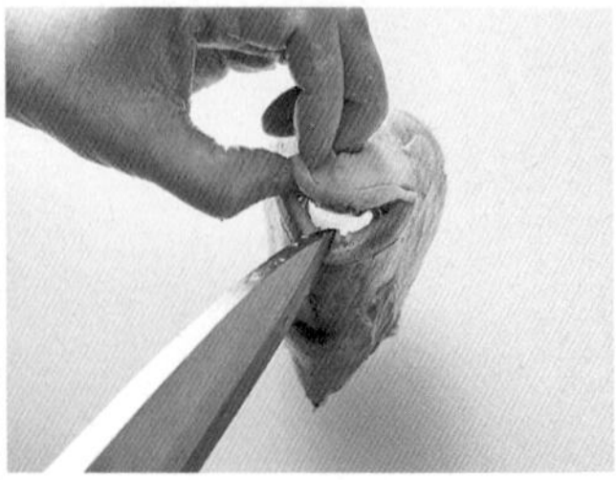

4 将鱼头立置，鱼目面向身前，左手捏住鱼下唇，固定刀尖。然后将刀尖从鱼前齿中间插入。

5 菜刀从鱼头正中处下劈，遇到中心很硬的骨头且劈不动的时候，可以稍稍错开骨头下劈；也可以左手握拳，敲打刀背，一口气下切。

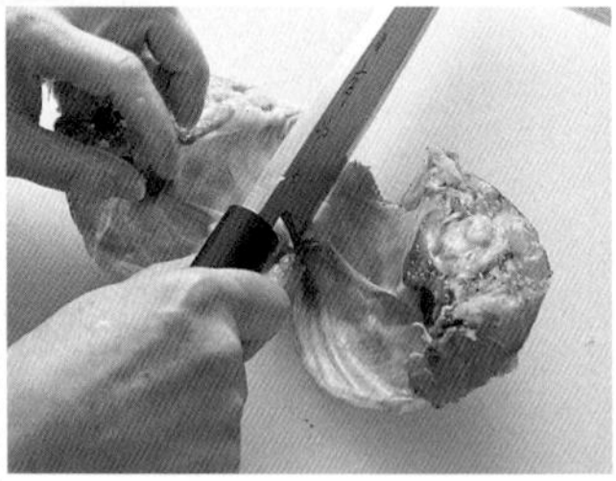

6 把鱼头劈开后，用刀根切断鱼下颚的连接处，切成左右两半。

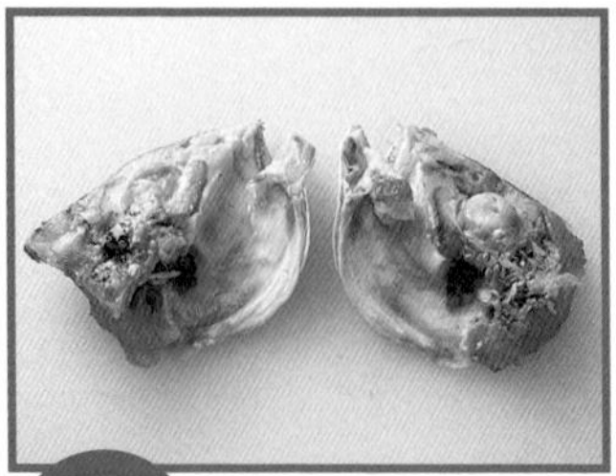

完成图 卸鱼头（梨割）完成图。

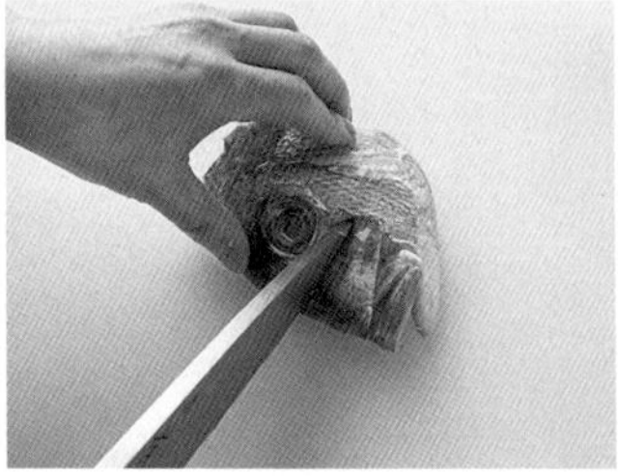

7 从鱼目和鱼嘴的间隙下刀。因鱼骨较硬，所以用刀尖刺入，需猛地用力按压刀根进行下切。

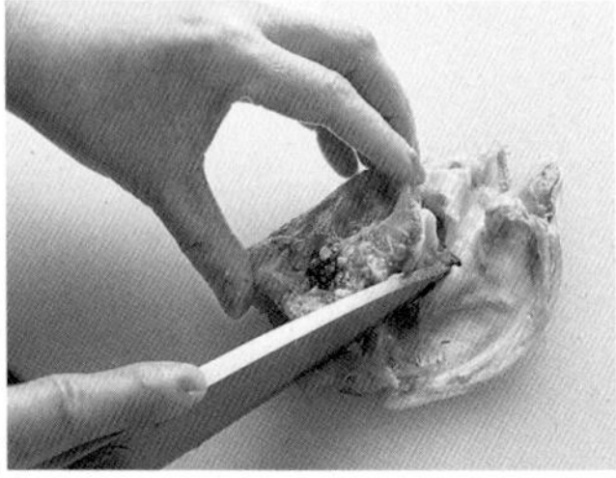

8 将鱼头翻面，从步骤7的切口前端下刀，朝鱼鳃盖笔直下切，将鱼目部分切成四方形。

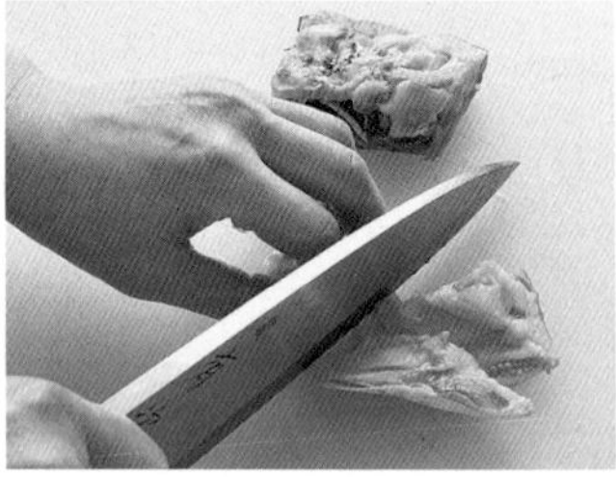

9 将鱼嘴与鱼头切开，最后将鱼鳃盖切下。

完成图 分解鱼头完成图。

没有鱼肉的部分适合做鲜汁汤。

清鲷鱼汤▸第136页
烧鲷鱼骨▸第137页

垂直切片

＊使用去皮后的鱼背段。

使用刀具

柳刃菜刀

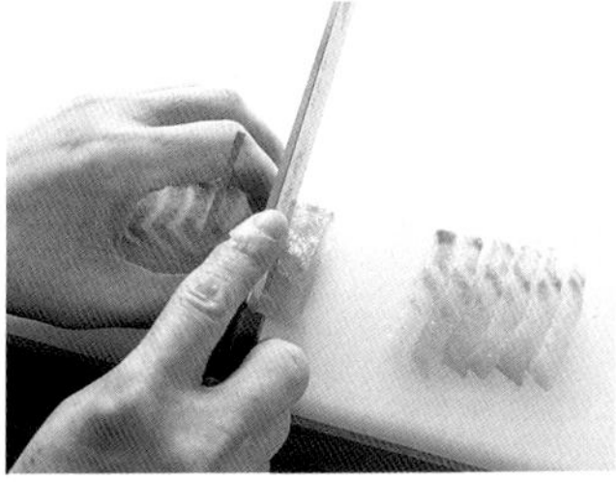

1 原附着鱼皮一侧朝上，横放。从右侧下刀，使用刀刃整体一口气下切，切出5毫米左右厚的薄片。

2 把刀身上黏着的鱼肉向右送，刀身倾斜，鱼肉自然地落下。

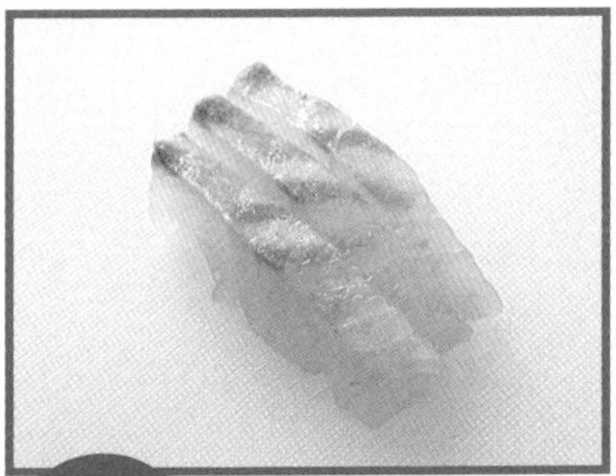

完成图 垂直切片完成图。

鲷鱼片三拼

▶第134页

削片

＊使用去皮后的鱼背段。

使用刀具

柳刃菜刀

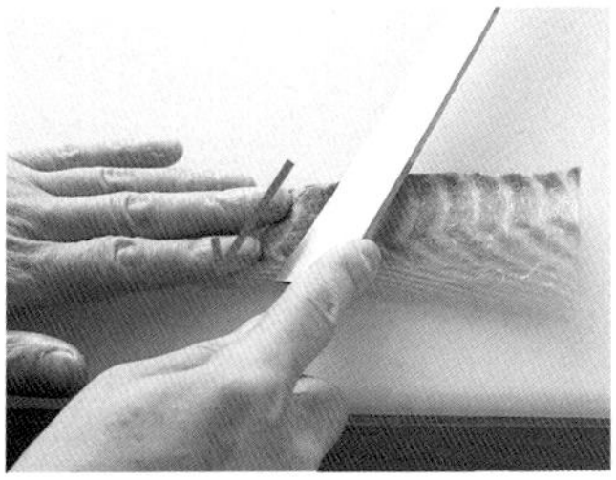

1 鱼尾朝左放置，从鱼尾端开始厚切。菜刀倾斜且放平稳，一口气下切。

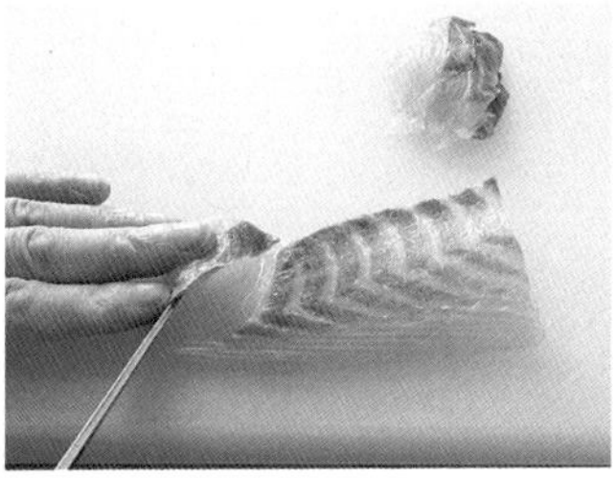

2 最后离刀时让菜刀稍稍立起，切下一片时，将切下的鱼片朝另一侧整齐放置。

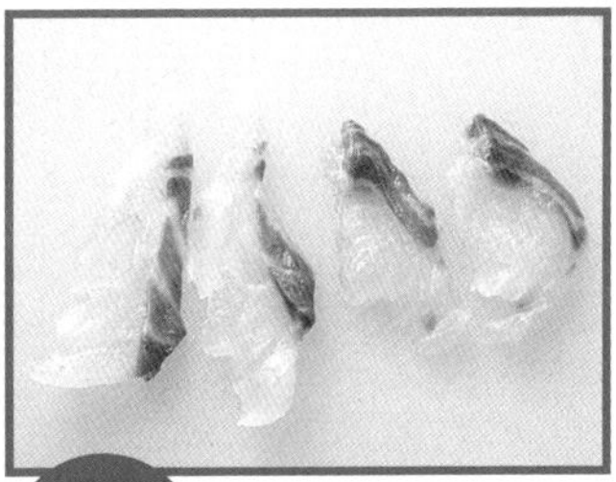

完成图 削片完成图。

鲷鱼片三拼

▶第134页

松树皮式花刀

＊使用带皮的鱼腹段。

使用刀具

柳刃菜刀

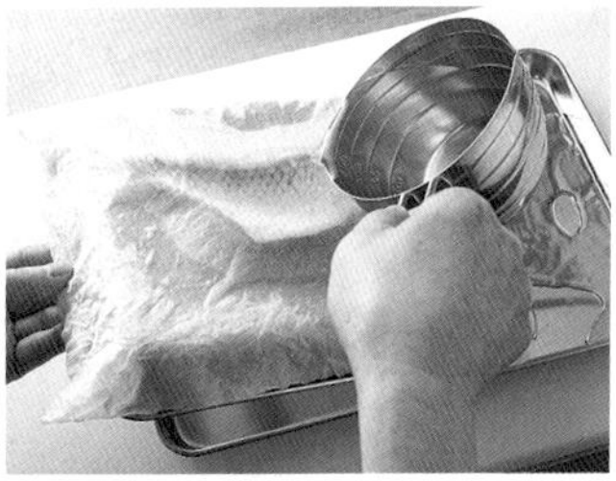

1 鱼皮朝上，将鱼块横放在方平底盘上，盖上湿布。将热水来回浇在鱼皮上，直到鱼皮熟透。

2 为了防止鱼身过熟，请迅速将鱼块放在冰水里冷却。鱼身冷却后则去除鱼身上多余的水分。

3 将鱼身纵放，在鱼皮上划间隔为5毫米左右的花刀。注意用刀刃中部刻花刀，一次性刻好。

下一页

4 鱼皮朝上放置，要领同垂直切法，从右侧切下5毫米左右厚的鱼片。

完成图 松树皮式花刀完成图。

鲷鱼片三拼

▶如右

料理

❖鲷鱼片三拼

将使用垂直切片、削片、松树皮式花刀方法切好的鱼片混合，装饰上切成长条的当归，再加上紫苏叶、青紫苏、紫菜、烫水后的鲷鱼皮。最后挤上芥末泥、土佐酱油（参照第119页）即可食用。

法式烤鲷鱼

材料（2人份）

鲷鱼段（带皮且去鱼刺）2段；大蒜（薄切）1瓣；百里香2~3根；番茄2个；绿芦笋2根；白酒醋2大勺；盐、胡椒、橄榄油适量；百里香（用作顶部装饰）适量

做法

1 在鲷鱼上撒少量的盐，静置10 分钟，去除鱼身上多余的水，在鱼皮上划间隔为5毫米左右的花刀。

2 去除番茄蒂，横切成3等份。将绿芦笋放在盐水里煮烫后，纵切成两半后再横切成两半。

3 在平底锅里加入半份大蒜、百里香、橄榄油并翻炒加热。将鲷鱼段鱼皮朝下放入锅中，用小火加热，加热到六分熟后，将鲷鱼翻面，最后加热至全熟。

4 在另一个平底锅里倒入剩余的橄榄油、大蒜并加热，将番茄两面炒熟。

5 将番茄和鲷鱼段并列装盘，绿芦笋加热至温热后用于装饰，如图所示。

6 去除步骤3平底锅里的热油，加入白酒醋并煮干，再加入盐和胡椒以调味，倒入橄榄油。将做好的酱汁滴在盘子上作装饰，如图所示。最后将百里香放在鱼肉顶部，撒上胡椒。

蛋黄鲷鱼

材料（2人份）

鲷鱼片（带皮且去鱼刺）80克；香菇2个；楤树嫩芽6个；蛋黄裹衣（蛋黄2个，冷水1/4杯，低筋面粉50克）；小麦粉、煎炸油、盐适量

做法

1 将鲷鱼斜切至适口大小，去除香菇的蒂，切成4瓣。去除楤树嫩芽茶色的部分，如果楤树嫩芽太大，可以从根部下刀。

2 将做蛋黄裹衣的蛋黄和冷水混合，轻轻地加入低筋面粉，快速混合。

3 向香菇和楤树嫩芽中轻轻地加入小麦粉，再裹上蛋黄裹衣，放在160摄氏度左右的热油里炸，最后撒盐。

4 在鲷鱼身上也撒上小麦粉，裹上蛋黄裹衣，放在170摄氏度左右的热油里油炸，最后撒盐。

❖花椒树芽烤鲷鱼头

材料（2人份）

鲷鱼头1条鱼份（切两半）；芜菁甜醋酱（参照第68页）适量；盐、酒、花椒树芽适量；红辣椒（切小圈）适量；白萝卜适量

做法

1 鲷鱼鱼头切好后撒盐，静置30分钟。去除鱼头上多余的水，在鱼块较厚的部分斜切一刀。

2 在花椒树芽上刻花刀。

3 烤架加热，将鲷鱼鱼头放置在烤架上烤5~7分钟，涂上酒，再撒上花椒树芽。

4 装盘，浇上芜菁甜醋酱，最后装饰上切好的白萝卜和红辣椒圈。

❖清鲷鱼汤

材料（2人份）

鲷鱼鱼杂（重1.3千克的鲷鱼的1/2份头、1/3份中骨、鱼腹薄片等）；香菇2个；土当归5厘米；A（海带4克，酒1/4杯，水2杯）；酒1大勺；盐、生姜汁适量；花椒树芽适量

做法

1 将鲷鱼鱼杂切成适口大小，撒少许盐，静置30分钟。

2 将鲷鱼鱼杂放入碗中，倒入80摄氏度左右的热水焯鱼，用水洗去残留的鱼鳞和血污，擦干净多余的水。

3 在锅中加入材料A和鲷鱼鱼杂，开火煮，煮沸后去除浮渣，再煮10分钟，待锅内发出咕嘟咕嘟的声音后取出鲷鱼头，再煮10分钟后过滤。

4 去除香菇蒂，土当归切片。

5 在锅中加入步骤3中做好的汤汁，加入盐和酒以调味，放回鲷鱼头。煮至温热后加入香菇和土当归，开火煮透。

6 在碗中倒入做好的汤汁，加入生姜汁，最后放入花椒树芽装饰。

❖烧鲷鱼骨

材料（2人份）

鲷鱼鱼杂（重1.3千克的鲷鱼的1/2份头、2/3份中骨）；牛蒡1根；生姜（切片）3~4片；酒1杯；料酒5大勺；酱油2大勺；酱汁1/2大勺；花椒树芽适量

做法

1 将鲷鱼鱼杂切成适口大小，倒入80摄氏度左右的热水焯鱼，用水洗去残留的鱼鳞和血污等，擦干净多余的水。

2 牛蒡切成4厘米长段，纵切成4~8等份，迅速洗净。

3 在锅中加入牛蒡和鲷鱼鱼杂，加入1杯酒和适量的水后，盖上锅盖，大火煮。煮沸后去除浮渣，盖上锅盖，再煮5分钟。

4 加入料酒煮5分钟，加入酱油和酱汁，再煮约10分钟。拿走锅盖，稍稍煮干。

5 装盘，装饰上花椒树芽。

带鱼

带鱼是一种带有银色光泽、细长如带的鱼类。带鱼会头朝上以站姿游泳，因此又被称为「立鱼」。带鱼的特征之一是没有鱼鳞，仿佛全身覆盖着箔纸。带鱼的腹鳍和尾鳍已经退化，但背鳍连着尖锐的长骨，处理带鱼时请注意不要被划伤。用去骨夹拔出鱼骨后，可以用三卸法简单地处理带鱼。料理时，推荐做成筒状鱼片。

❖推荐料理

带鱼有较多鱼刺但没有腥味，鱼身脂肪厚，鱼肉很有嚼劲。除了简单的盐烧、酒蒸等料理方式外，做成西式的嫩煎、法式黄油烤鱼、炸物等也十分美味。

挑鱼诀窍

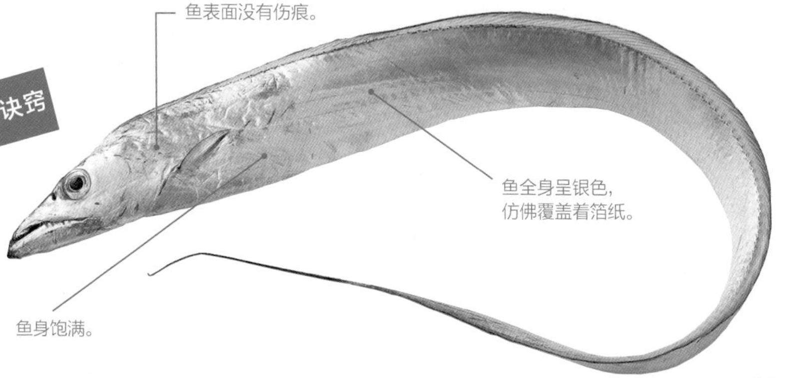

鱼表面没有伤痕。
鱼全身呈银色，仿佛覆盖着箔纸。
鱼身饱满。

清洗

去头
➡除去内脏
➡洗净
➡擦干

使用刀具

出刃菜刀

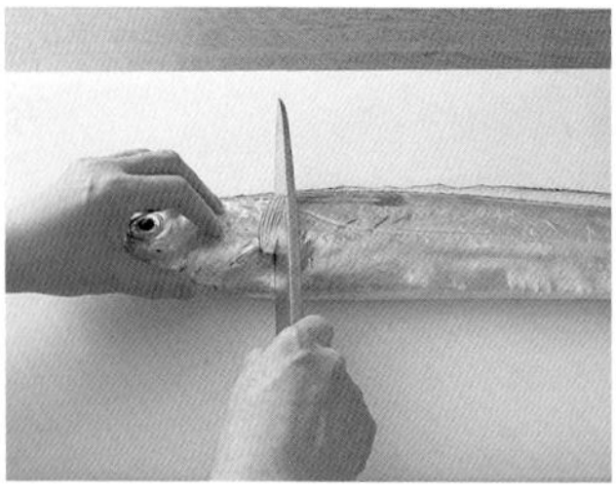

1 从鱼鳃处笔直下刀，切下鱼头。

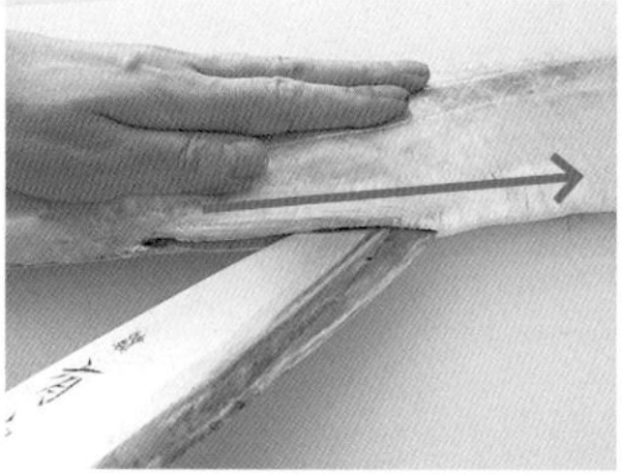

2 鱼尾朝左，鱼腹朝向身前。使用反刀，用刀尖从鱼肛门处下切，直切至鱼腹。

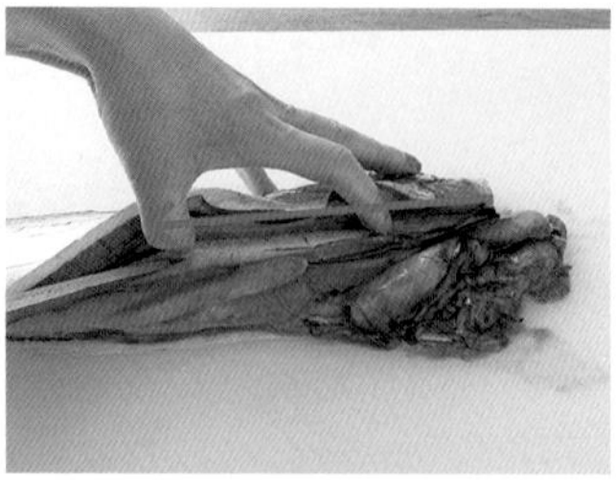

3 打开鱼腹，菜刀深入鱼腹，用刀尖掏出鱼内脏。在血合处再切一刀。

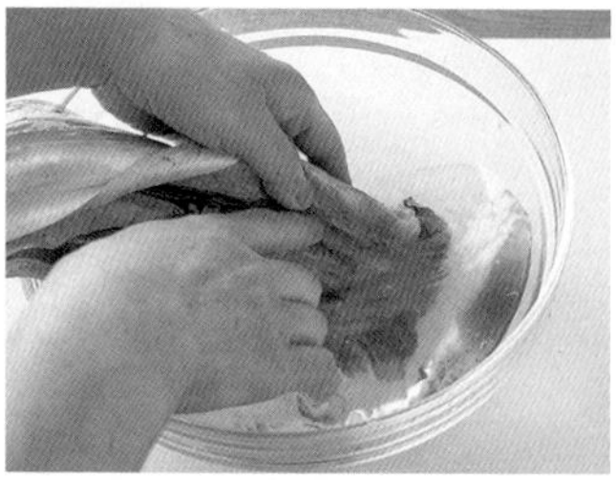

4 把鱼放在盛满水的碗里，将手指伸进鱼身，清洗鱼体内残留的内脏和黑色薄膜。

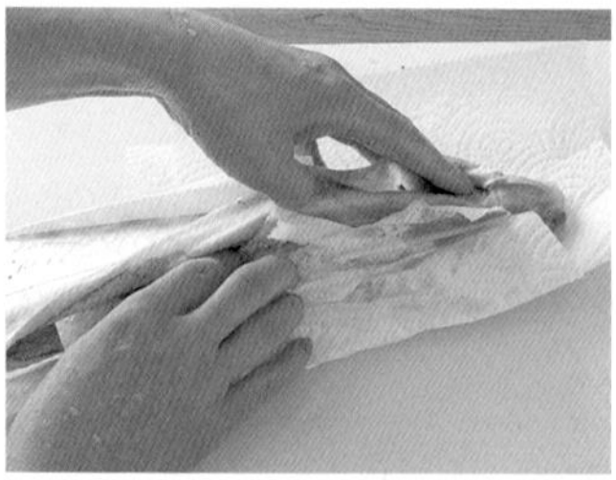

5 冲洗后，用纸巾擦干鱼身上多余的水。不要忘记擦干鱼腹内的水。

去除鱼鳍

使用刀具

出刃菜刀

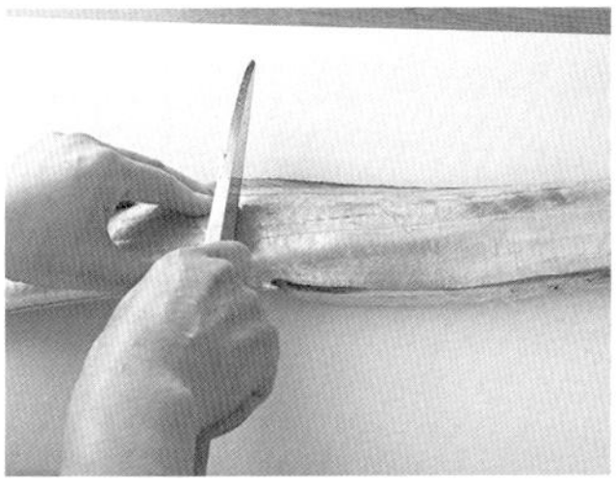

1 带鱼身长将近 1 米，在鱼肛门处下刀，将鱼对半切，处理起来会更加容易。

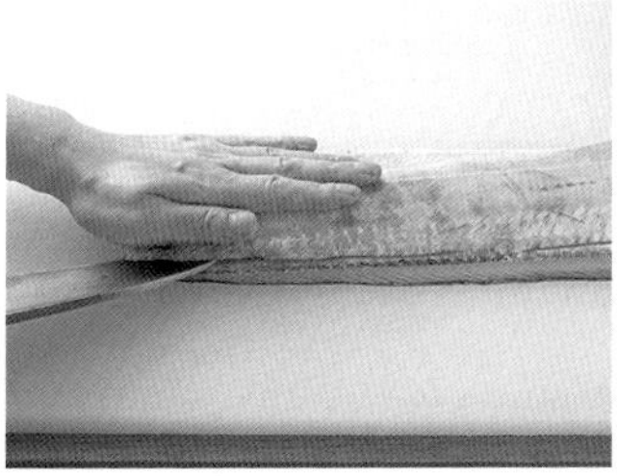

2 鱼背面向身前，按压鱼身，使鱼背鳍竖起，从鱼背鳍上方斜切。

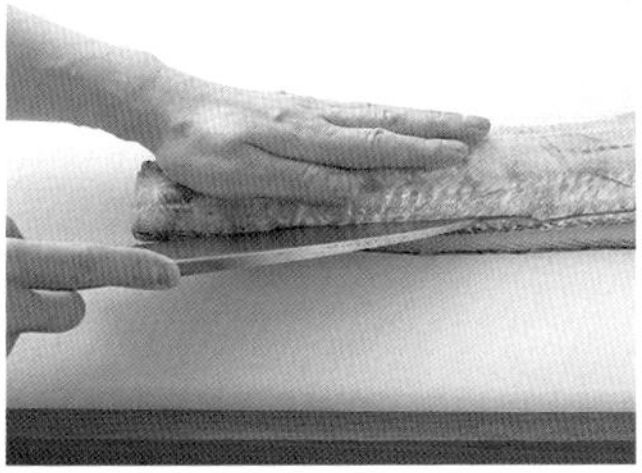

3 将鱼翻面，再一次从鱼背鳍上方斜切。

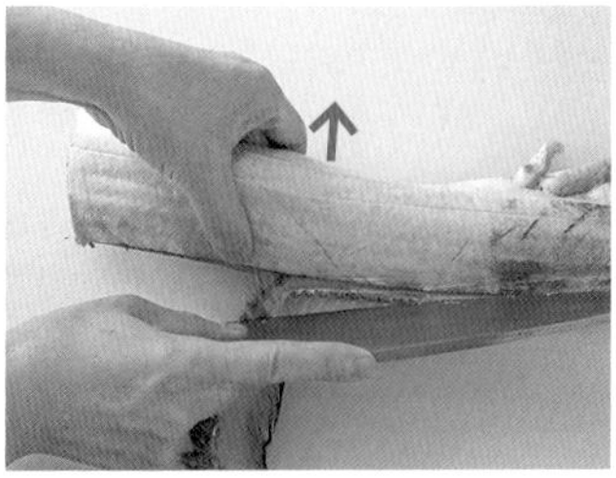

4 用刀根按压鱼背鳍，用左手从鱼尾捏住鱼身，往左侧用力，拔出鱼背鳍。

带鱼的背鳍和鱼骨非常长，请用刀身用力按压鱼背鳍，左手拉扯鱼身以将其拔出。

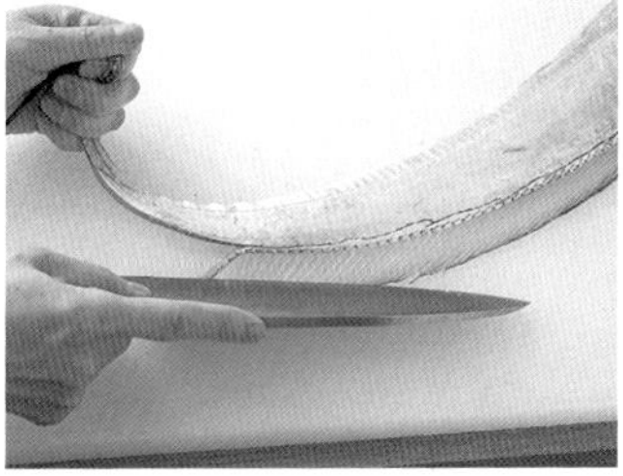

5 同步骤 4，将靠近鱼尾侧的鱼背鳍拔出。

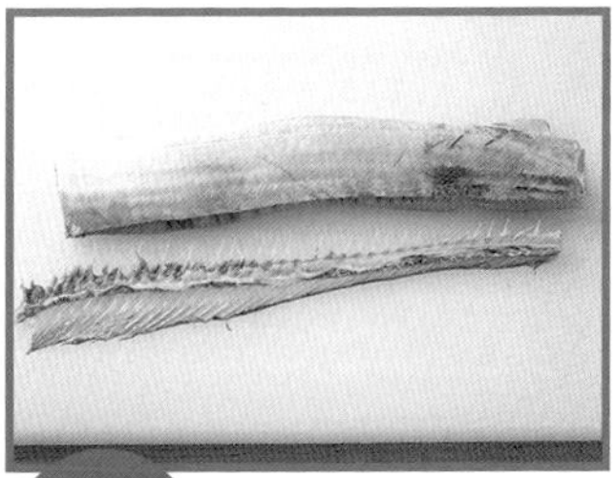

完成图 去除鱼鳍完成图。

做筒状鱼片

＊使用去除鱼鳍后的鱼尾部肉。

使用刀具

出刃菜刀

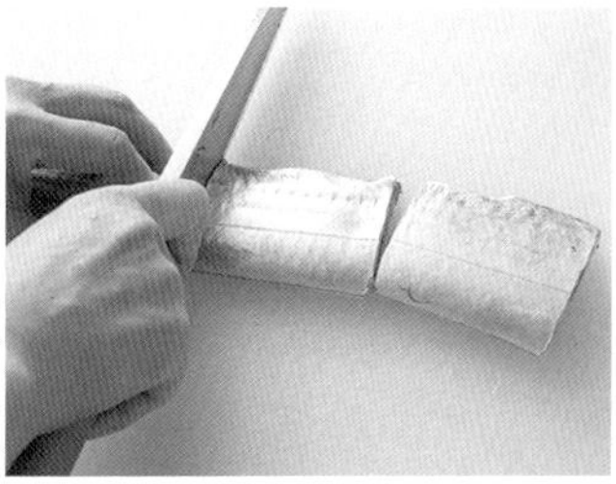

鱼腹朝向身前，从鱼头侧笔直下刀，切断鱼骨。鱼尾处的鱼身较细，切鱼段时要使鱼段逐渐变长。即靠近鱼头处的鱼段较短，靠近鱼尾处的鱼段较长。

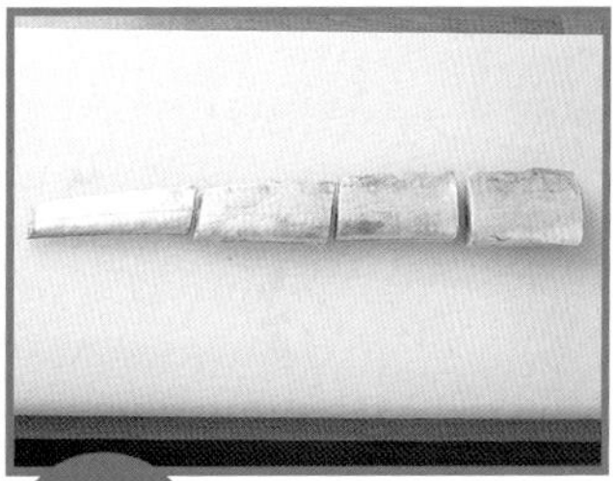

完成图 筒状鱼片完成图。

酒蒸带鱼
▸第 141 页

卸块
（三卸法/双面）

＊使用取鱼鳍后的鱼头一侧的鱼肉。

使用刀具

出刃菜刀

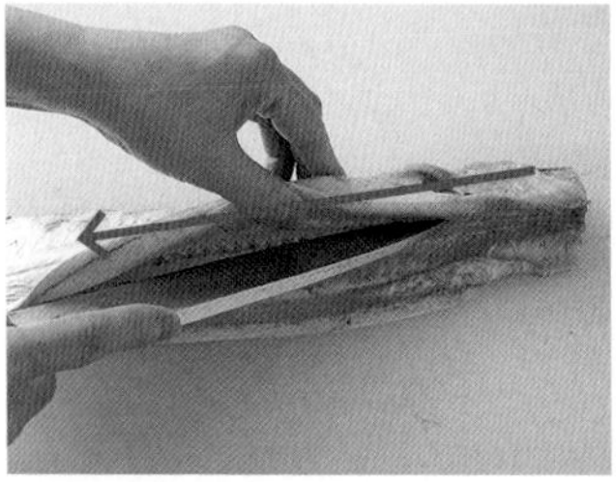

1 鱼腹靠近身前，将鱼身稍稍立起，从鱼脊椎骨的上方下刀。

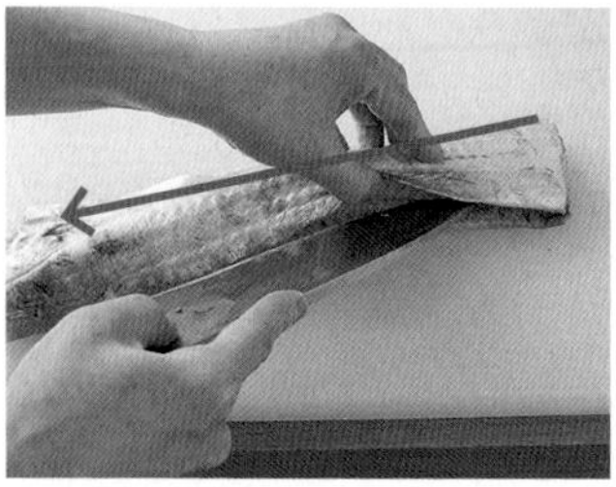

2 将鱼翻面，鱼背面向身前。从拔出鱼鳍的切口处下刀，如图中箭头所示，沿着鱼中骨下切。

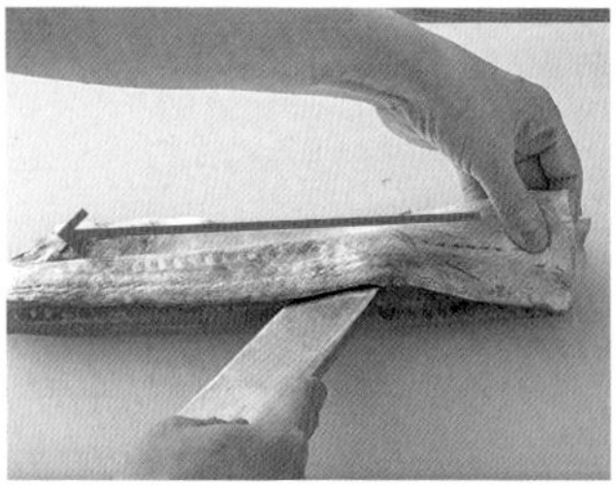

3 从鱼头侧中骨的上方下刀，沿着鱼骨上方一直下切，切离鱼肉和鱼骨。

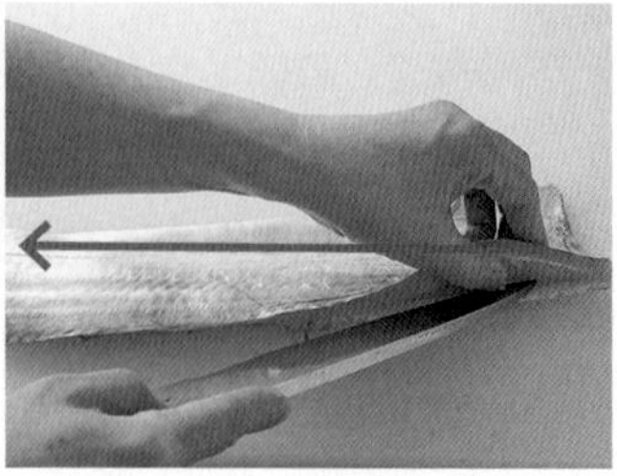

4 鱼中骨朝下，鱼背面向身前。同步骤1，从鱼脊椎骨的上方下刀。

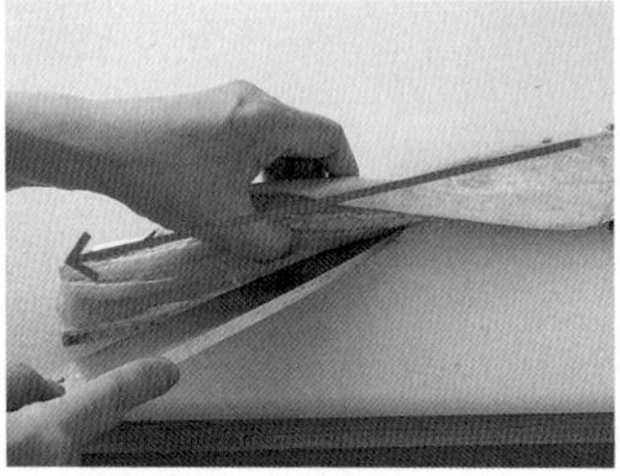

5 鱼腹朝前，从鱼中骨的上方下刀，来回切两三次，切离鱼肉和鱼骨。

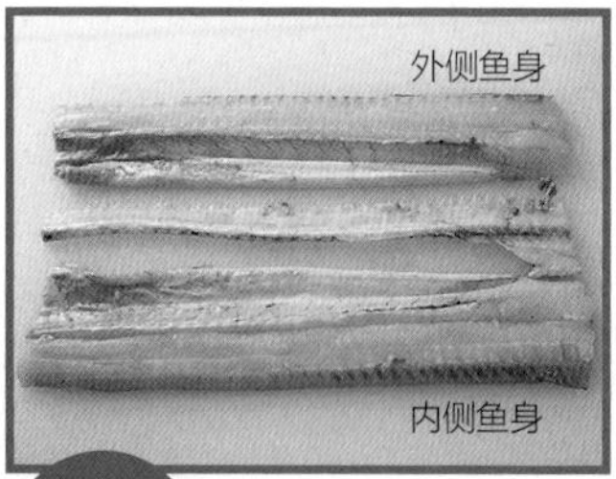

完成图 三卸法完成图。

去除鱼腹骨和鱼刺

使用刀具

出刃菜刀

去骨夹

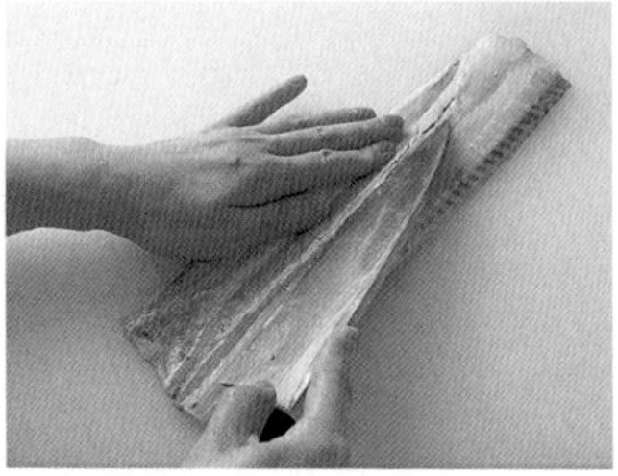

1 鱼腹骨的根部与鱼身连接得不是很紧，也可以不用反刀错开鱼骨。从鱼腹骨的根部下刀。

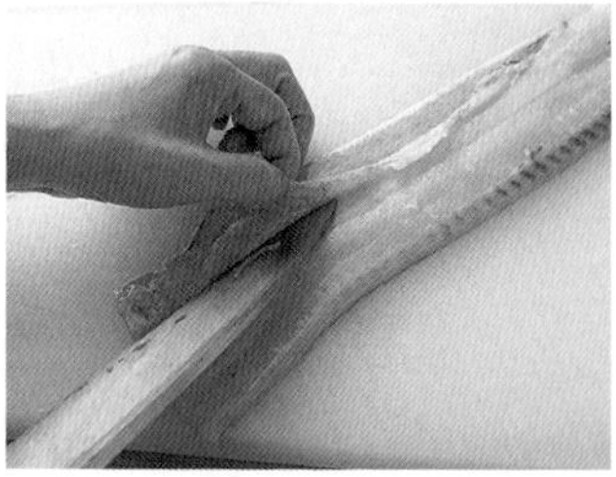

2 左手捏着鱼腹骨根部，右手像舀水一样转动手腕以剔除鱼腹骨。用去骨夹夹住鱼刺并拔出。

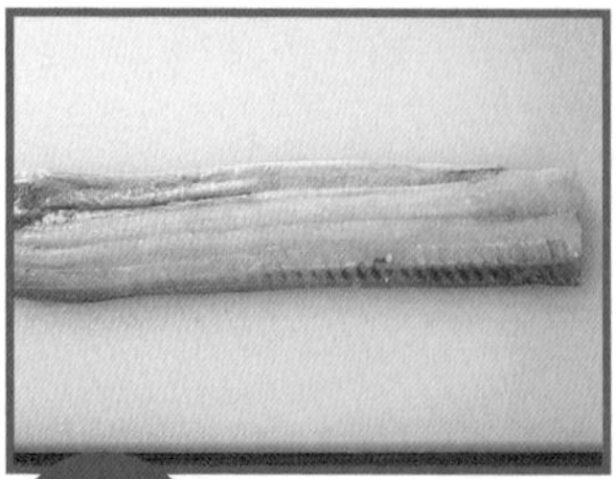

完成图 去除鱼腹骨和鱼刺完成图。

盐烤带鱼＋法式炖菜
▸第141页

料理

❖ 酒蒸带鱼

材料（2人份）

带鱼（6厘米长的筒状鱼片）2片；海带6克；酒2大杯；酱油1大勺；生姜、小葱（切丝）适量；盐适量

做法

1 在带鱼上撒少许盐，放置10分钟。

2 将海带对半切，一枚枚叠起放入容器中。擦干带鱼上多余的水，放在海带上，洒上酒。

3 待冒出蒸汽后，将食材放入蒸具，用强火蒸8~10分钟。

4 蒸好后，加入生姜、切好的葱，将二者混合并装盘，加入酱油。

❖ 盐烤带鱼+法式炖菜

材料（2人份）

去鱼刺的带鱼肉（带皮）150克；茄子1/2个；西葫芦1/2根；番茄1个；意大利面包粉适量；盐、胡椒、小麦粉、橄榄油适量

做法

1 给带鱼撒盐，放置5分钟。去除鱼表面多余的水，撒上胡椒，抹上小麦粉。

2 将茄子和西葫芦切成边长为1厘米左右的小丁，轻轻地撒上盐并混合。去除番茄的蒂，切成边长为1厘米的小丁。

3 在平底锅里加入橄榄油，加热，将带鱼鱼皮朝下，并列放入锅中。等鱼上色后，翻面，用中火煎至熟透。

4 在另一个平底锅里加入橄榄油，加热，去除切好的茄子和西葫芦里的水，放入锅中翻炒。待茄子和西葫芦变软后，加入番茄，炒出番茄汁，再加入盐和胡椒调味。

5 待步骤4的平底锅里煮干至只剩一点汤汁时装盘，再盛上步骤3中做好的带鱼，最后撒上意大利面包粉、胡椒装饰。

飞鱼

飞鱼正如其名，是一种会在海面上展开巨大的胸鳍飞行的鱼类。在日本周边就有30种以上的飞鱼，因此日本有很多用飞鱼做成的特产，如日本鸟取的筒状鱼糕、伊豆八丈岛的臭咸鱼干。春天上市的湖滨飞鱼被认为是最好吃的飞鱼（也被称为「春飞鱼」「大飞鱼」）。相对于秋刀鱼而言，飞鱼的肉身更加紧致，适合使用三卸法。飞鱼身形细长，也可以使用大名卸法处理飞鱼。处理飞鱼时，请保留飞鱼富有特征的大胸鳍。

❖推荐料理

飞鱼是一种白身鱼，略微有些鱼腥味，适合照烧、过油炖（将容易煮散的材料等过一下油之后再炖的烹饪方法）、嫩煎等味道浓厚的烹饪方法。新鲜的飞鱼适合做成刺身和盐烧，也推荐做成干货。

挑鱼诀窍

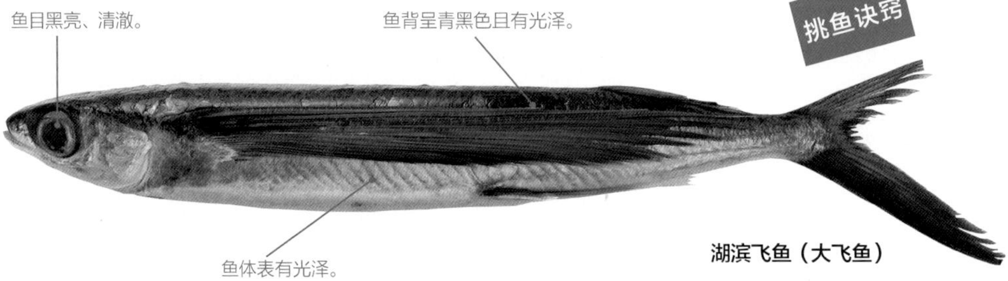

鱼目黑亮、清澈。
鱼背呈青黑色且有光泽。
鱼体表有光泽。

湖滨飞鱼（大飞鱼）

清洗

去鳞（片刮法）
➡去头（全头切）
➡去除内脏
➡洗净
➡擦干

使用刀具

出刃菜刀

1 鱼头朝左放置，左手捏住鱼胸鳍，从鱼尾向鱼头去鳞。鱼背、鱼腹、另一侧的去鳞方法同前。

2 从鱼鳃附近下刀。将鱼翻面，用同样的方法从鱼鳃附近下切，切下鱼头。

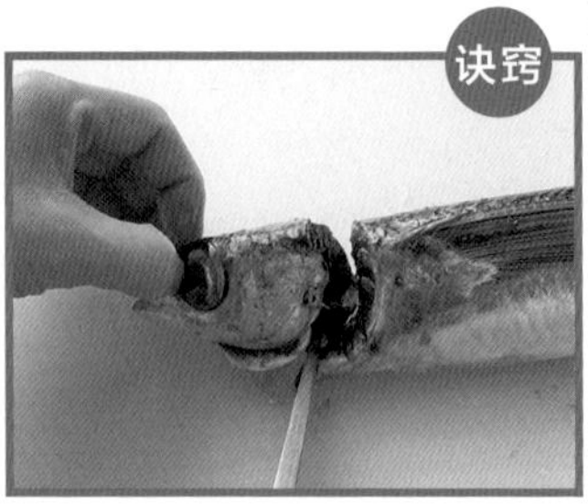

诀窍

从鱼背沿着鱼鳃的弧度下切，切至鱼腹连接下颚处的下方，沿着鱼鳃盖将鱼头完整地切下。

3 使用反刀，刀尖从鱼肛门处下切，直切向鱼腹中心。

4 打开鱼腹，菜刀深入鱼腹，用刀尖掏出鱼内脏。

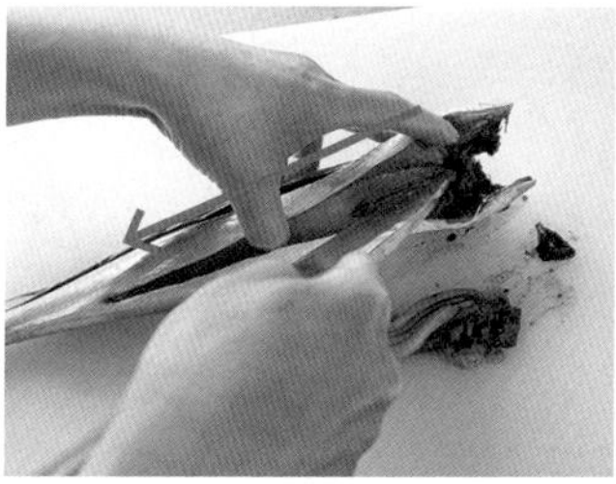

5 鱼身立起，鱼腹朝上，在血合处再切一刀。

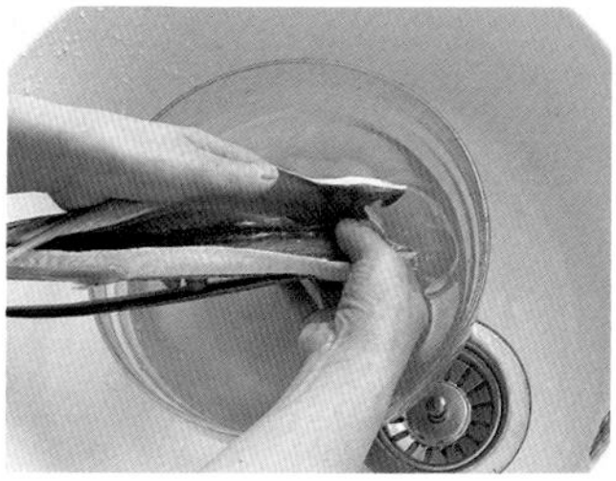

6 把鱼放在盛满水的碗里，将手指伸进鱼身，清洗鱼体内残留的内脏和血合。最后擦干鱼身上多余的水。

卸块
（三卸法 / 双面）

使用刀具

出刃菜刀

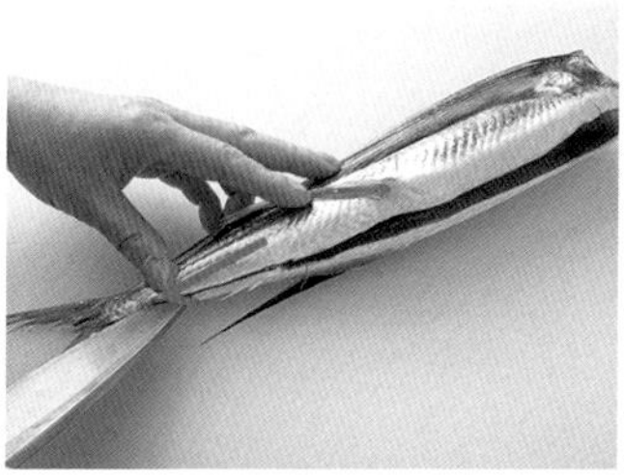

1 鱼头朝右，鱼腹靠近身前，从鱼肛门处下刀，切至鱼尾根部。

2 从鱼头处下刀，沿着鱼中骨大幅度下切，切到鱼腹骨的根部。

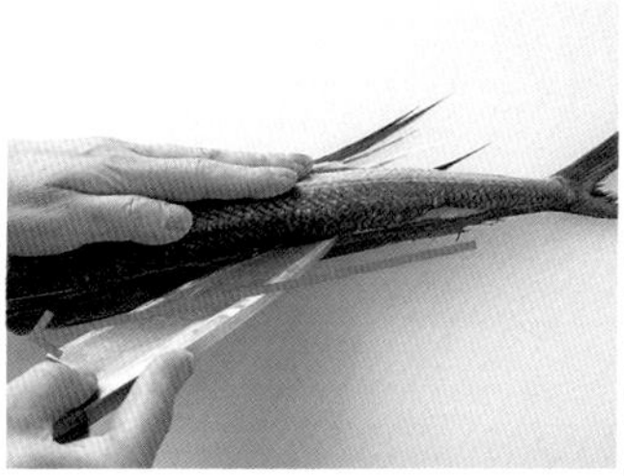

3 将鱼翻面，从鱼背鳍下刀，沿着鱼中骨，切向鱼脊椎骨。

4 切到鱼尾中骨的上方时，在鱼尾插入反刀，稍稍下切。再回到一般的握刀姿势，左手按住鱼尾，沿着鱼中骨一口气切向鱼头，直到鱼肉与鱼骨分离。

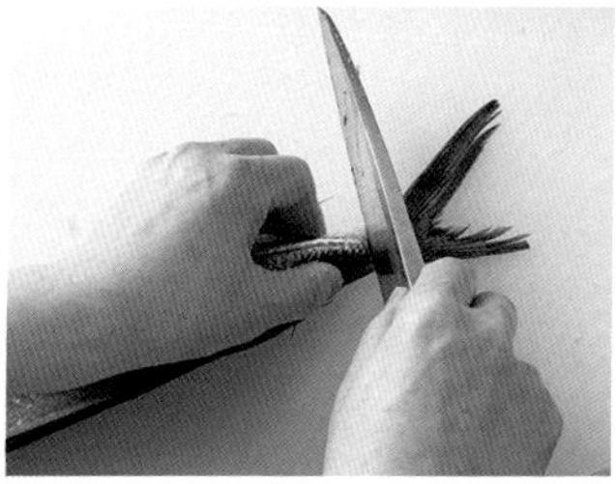

5 切断鱼尾的连接处，切离鱼肉与鱼骨。

6 切的时候将鱼分成带鱼中骨的一半和不带鱼中骨的一半，这就是二卸法。

下一页

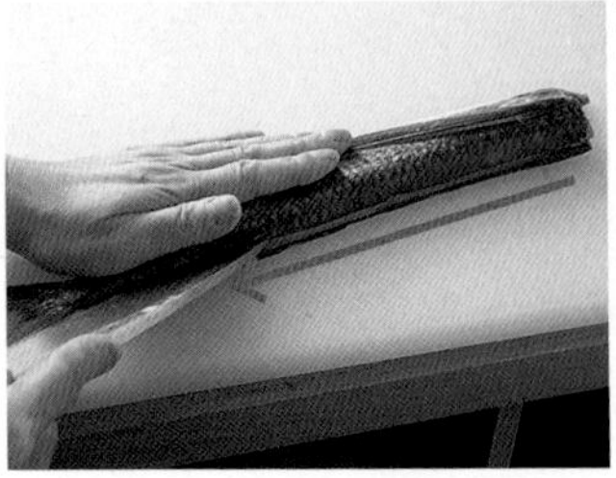

7 鱼中骨朝下，鱼背面向身前。从鱼头侧背鳍的上方下切两刀，沿着鱼中骨，深切至鱼脊椎骨。

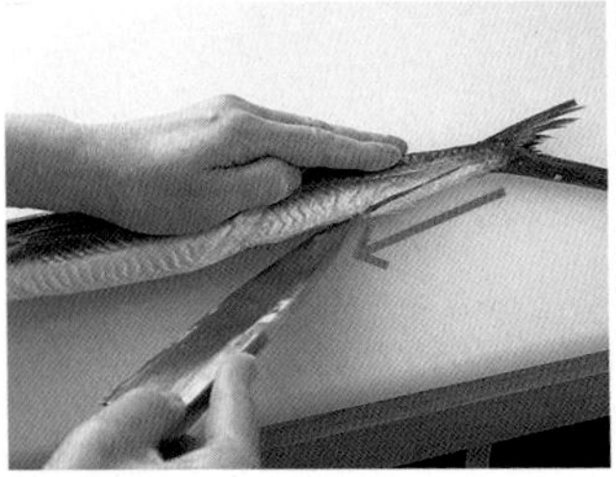

8 鱼腹面向身前，从鱼尾根部下刀。

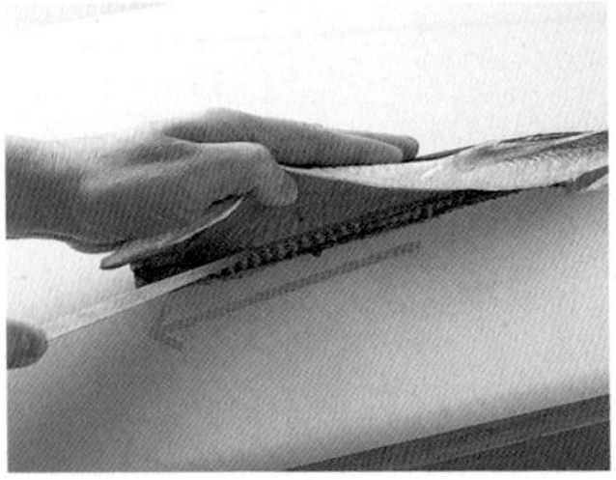

9 沿着鱼中骨下刀，深切至鱼脊椎骨，用刀尖切断鱼腹骨的根部。

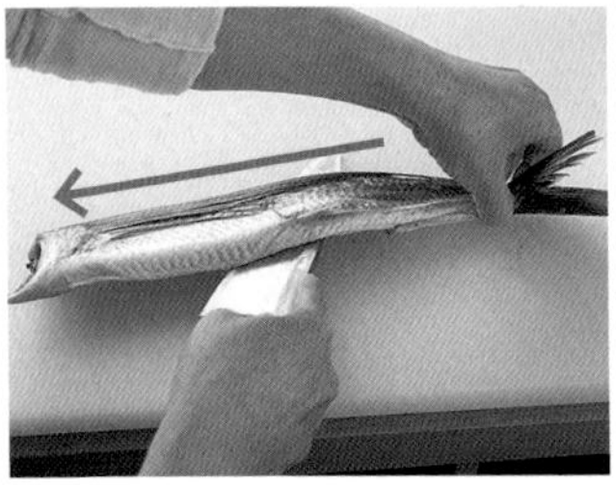

10 在鱼尾插入反刀，稍稍下切。再回到一般的握刀姿势，左手按住鱼尾，沿着鱼中骨切向鱼头，直到切离鱼肉与鱼骨。

11 最后切断鱼尾的连接处。

完成图

卸块（三卸法）完成图。

去除鱼腹骨和鱼刺

使用刀具

出刃菜刀
去骨夹

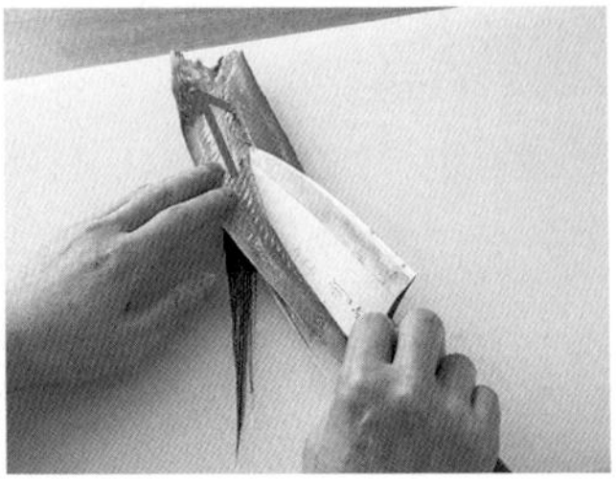

1 鱼腹骨朝左放置，用反刀找到鱼腹骨的根部，错开鱼骨。

2 从鱼腹骨的根部下刀，像舀水一样转动手腕以剔除鱼腹骨。用去骨夹夹住鱼刺并拔出。

穿签（单边卷）

＊使用带皮且去鱼刺的鱼块，斜切以适当地保留鱼胸鳍。

使用刀具

金串（15厘米）

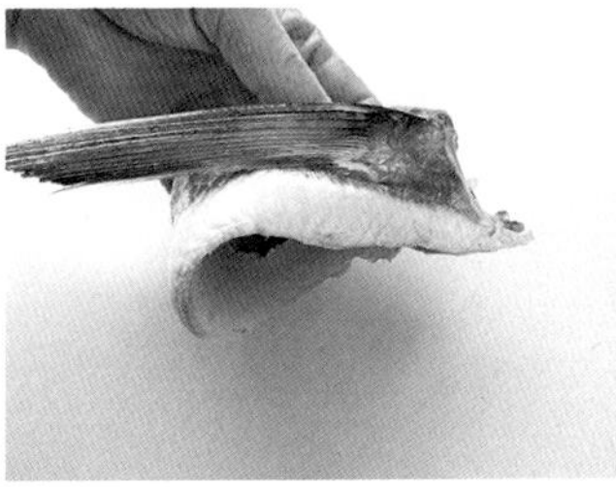

1 将较厚的一侧弯向另一边，鱼皮朝上，左手捏着鱼块，将朝向身前的部分鱼块向内折。

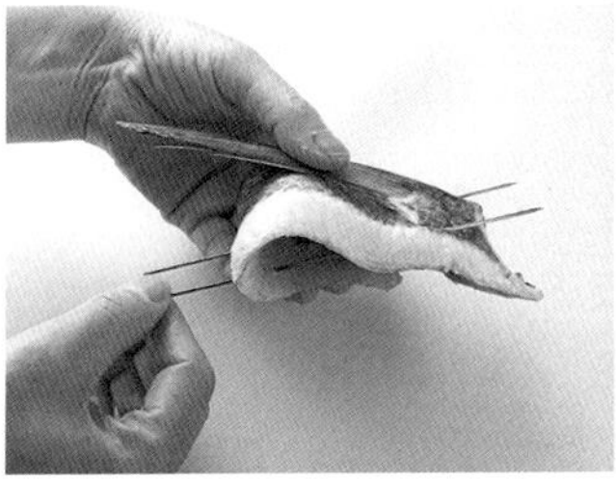

2 用金串从身前内折的鱼块的下方插入，如图所示从鱼块另一侧戳出。两根金串平行，使插好的鱼块保持稳定。

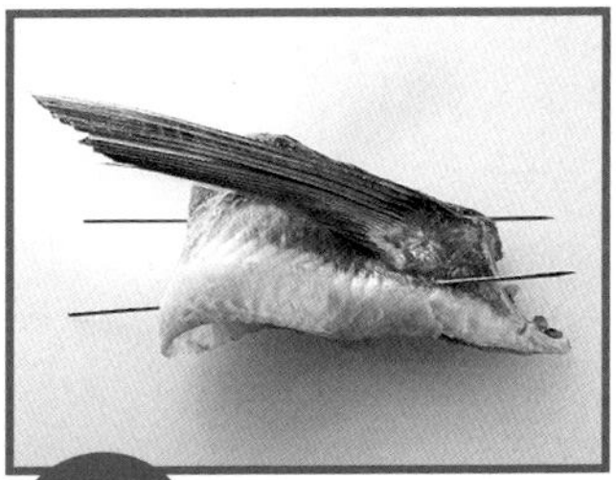

完成图 穿签（单边卷）完成图。

照烧飞鱼

▸如右

料理

照烧飞鱼

材料（2人份）

去鱼刺的飞鱼肉（带皮、保留鱼胸鳍）2块（160克）；照烧酱（参照第88页）适量；长芋头50克；梅肉适量

做法

1 将飞鱼穿签，放入预热的烤架，烤3~4分钟。待涂上的照烧酱干透后，重复以上步骤两三次，直到将鱼照烧好。

2 将长芋头切成边长为1厘米的小方块，拌上梅肉。

3 拔去飞鱼上的金串，装盘，用长芋头装饰。

比目鱼

比目鱼是一种具有淡淡的香味和鲜味的鱼，与鲷鱼并称为『高级白身鱼』。比目鱼的眼睛在左侧，鱼身扁平，看起来和蝶鱼几乎完全一样。正如它的别名『大嘴巴』所描述的那样，比目鱼的嘴巴大且齿尖。近年来，随着水产养殖业的蓬勃发展，比目鱼占鱼产量的80%以上。野生比目鱼的背面为白色，而养殖比目鱼的背面有褐色斑点。如果想要得到宽薄平展的鱼身，需要运用五卸法将前、后、背部、鱼身和腹部切分成5个部分。

❖ 推荐料理

首先，将比目鱼做成刺身最能发挥其美味。其次，削成薄片以做成鲜冷鱼片或是海带结（一种生鱼片）也非常美味。比目鱼的缘侧（背鳍附近的肉）具有大量的胶原蛋白，拥有适量的脂肪和独特的味道，是非常珍贵且美味的部分。

挑鱼诀窍

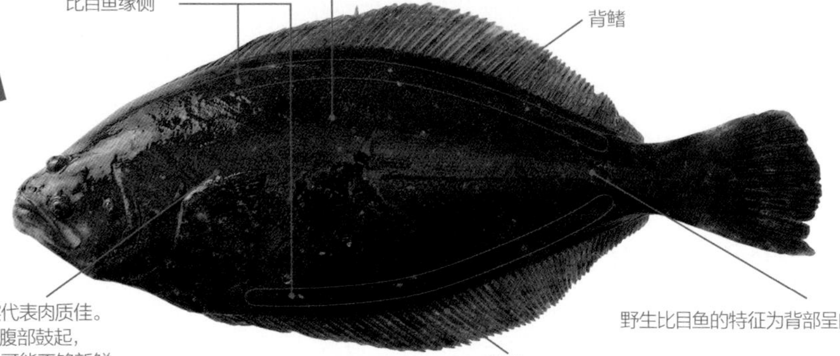
比目鱼缘侧
鱼身有光泽，鱼身全体有黏液。
背鳍
身体厚实代表肉质佳。若比目鱼腹部鼓起，则代表鱼可能不够新鲜。
臀鳍
野生比目鱼的特征为背部呈白色。

清洗

去鳞
➜去头（在鱼鳃处一字切断头）
➜去除内脏
➜清洗
➜擦干

使用刀具

柳刃菜刀
出刃菜刀

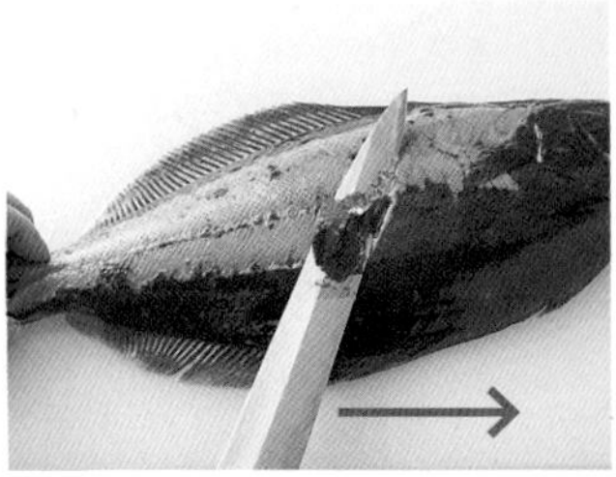

1 将鱼头朝右放置，将柳刃菜刀逆握，插入尾巴根部和皮肤的鳞片之间，然后朝鱼头方向去鳞。

2 用出刃菜刀的根部和刀刃刮去比目鱼的背鳍、腹鳍根部以及鱼头周围的鱼鳞。

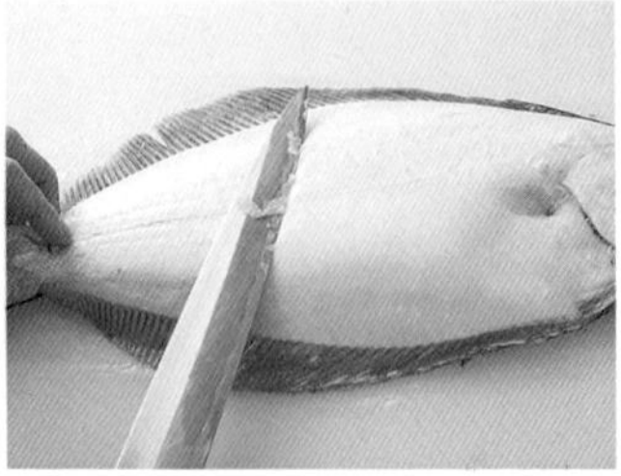

3 对比目鱼另一面进行与步骤1相同的操作，去除鱼鳞。

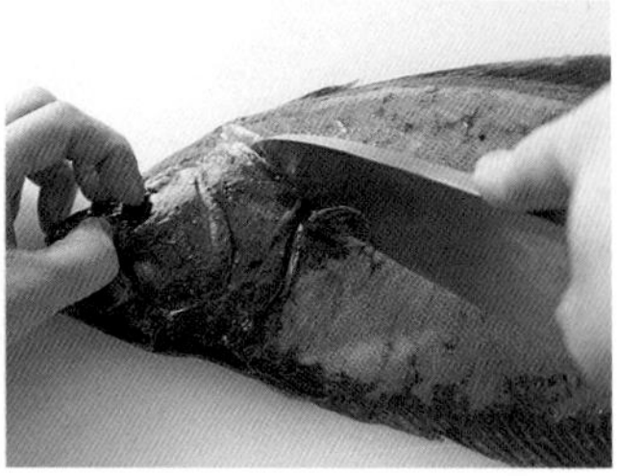

4 再次将比目鱼翻面，使用出刃菜刀，如图所示从鱼鳃向胸鳍倾斜下刀。

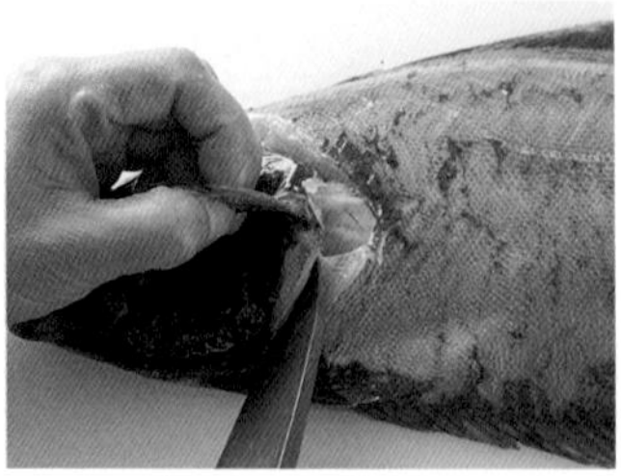

5 打开鱼鳃盖，将刀沿着鱼鳃倾斜插入并下切。

6 切断鱼的脊椎骨和头部。利落下刀，一点点切断，以免弄碎鱼的肝脏。

7 将鱼头连着内脏一起拔出。

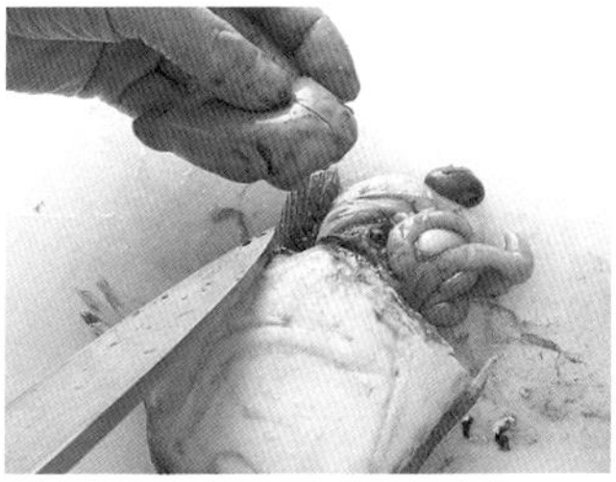

8 不要用刀压取出的内脏，而要用手将鱼的各种内脏轻轻分开。注意不要弄碎鱼胆。

完成图

9 把鱼放在盛满水的碗里，将手指伸进鱼身，清洗鱼体内残留的内脏和血污，最后把鱼身上残留的水擦干。

卸块
（五卸法）

使用刀具

出刃菜刀

1 将鱼背朝上，鱼头置于身前，从鱼尾的根部切向鱼头，沿中线下切至鱼脊椎骨。

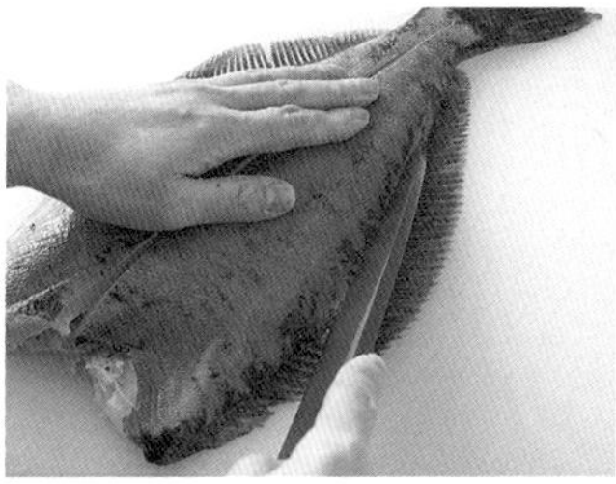

2 在鱼尾鳍处切入5毫米左右，沿着鱼鳍根部下切，从鱼尾切至鱼头。

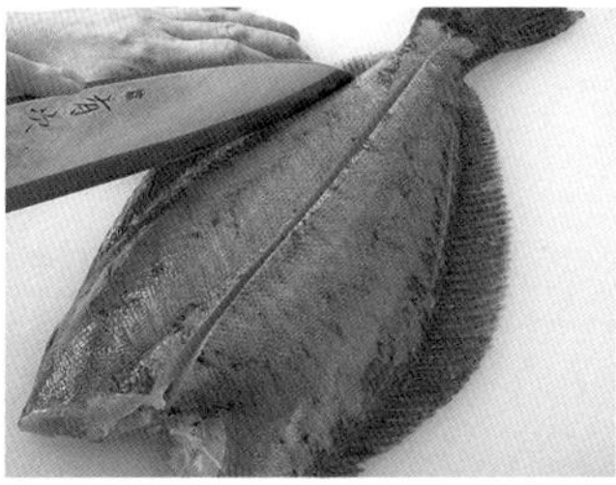

3 背鳍同理，沿着鱼鳍根部下切，从鱼尾切至鱼头。

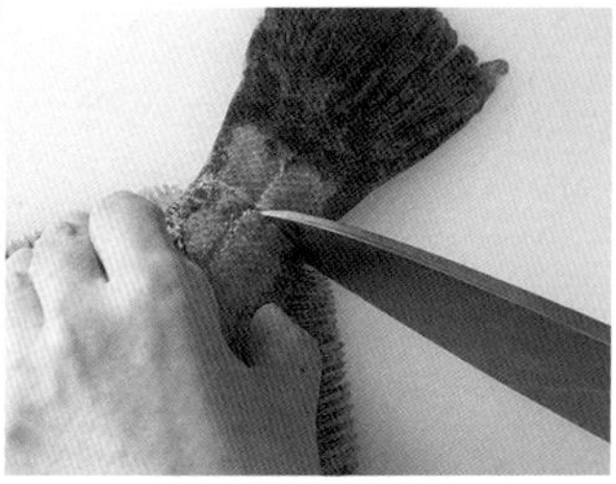

4 切断鱼尾与鱼脊椎骨的连接处。

5 从鱼身中央处切向左侧的鱼背鳍，顺着鱼脊椎骨下切，使鱼肉和鱼骨分离。

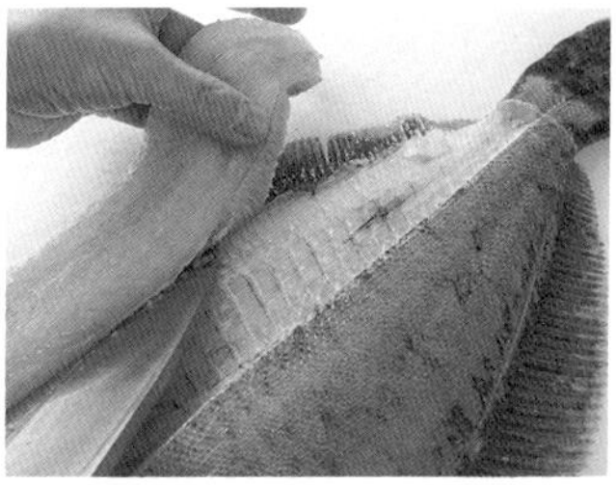

6 左手捏着切开的鱼身，沿着鱼尾根部的鱼中骨下切。菜刀放平，顺着鱼的轮廓，从鱼尾切至鱼头。

7 改变鱼的上下方向，步骤要领同上，从鱼头侧下刀，顺着鱼脊椎骨下切，使鱼肉和鱼骨分离。

下一页

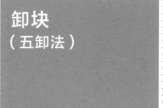

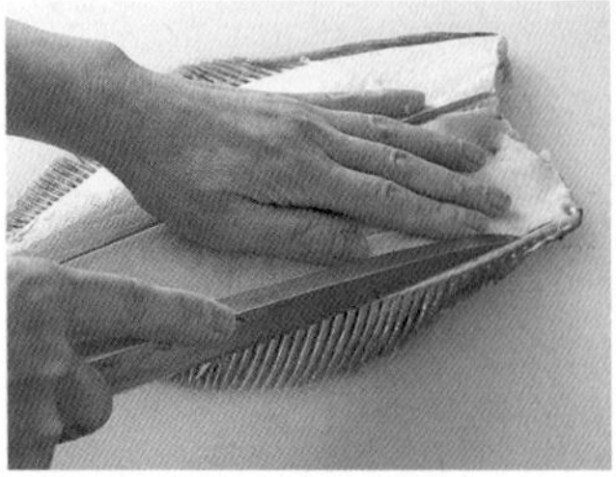

8 将鱼翻面，鱼尾置于身前，沿中线从鱼头切向鱼尾根部，两侧则沿着鱼鳍根部下切。

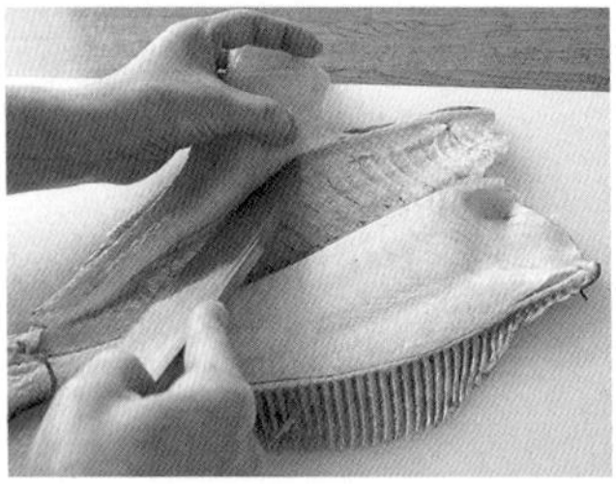

9 从鱼身中央处切向左侧的鱼背鳍，再顺着鱼脊椎骨下切，使鱼肉和鱼骨分离。

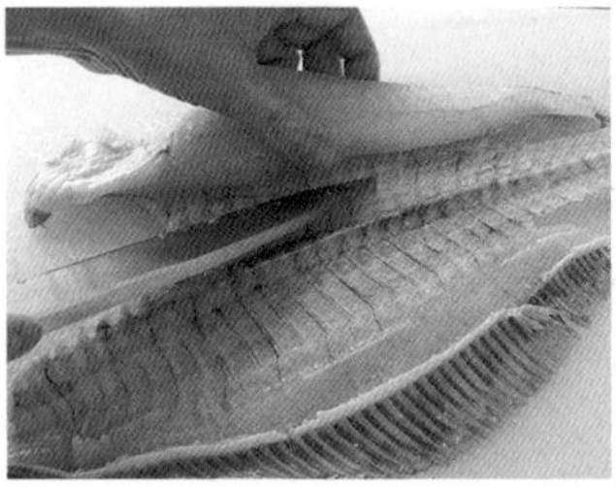

10 改变鱼的上下方向，步骤要领同上，从鱼尾侧下刀，顺着鱼脊椎骨下切，使鱼肉和鱼骨分离。

完成图 五卸法完成图。

分解鱼身

去除比目鱼缘侧
➜取出鱼腹骨
➜去皮（外去皮）

使用刀具
柳刃菜刀

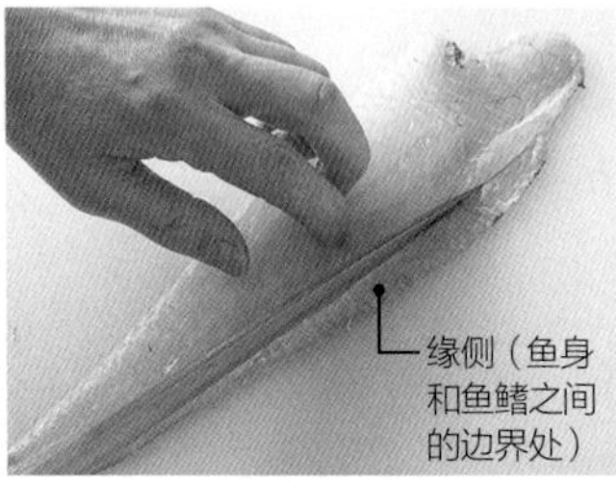

1 鱼皮一侧朝下，鱼尾置于身前，然后用刀在鱼身和鱼鳍之间的边界处，将缘侧从头部切到尾侧。

2 剩下的鱼身也用同样的方法去除缘侧。

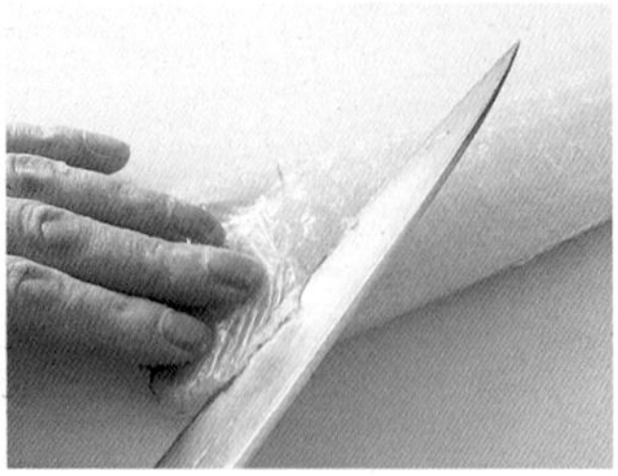

3 鱼腹骨向左，使用反刀错开鱼骨，再如图所示像舀水一样有弧度地转动手腕，从根部削去鱼腹骨。

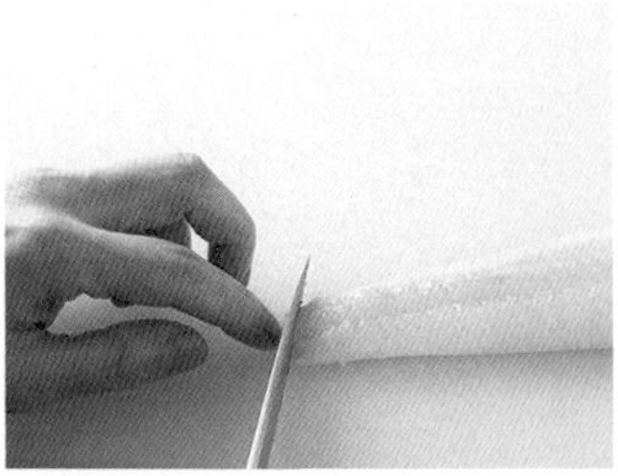

4 鱼皮一侧朝下，鱼尾朝左。从左侧的鱼身和鱼皮中间下刀。

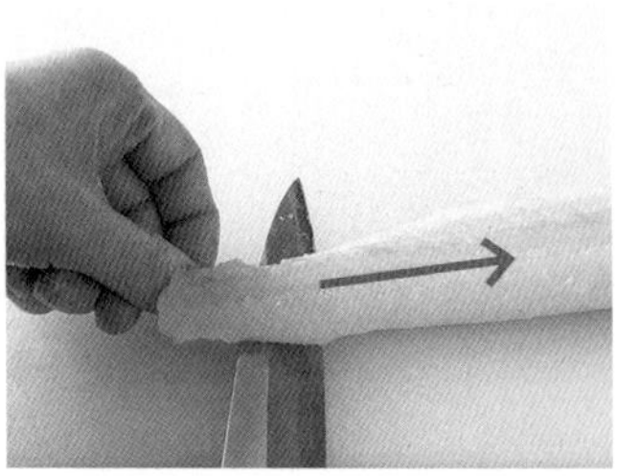

5 将菜刀放在平躺的鱼身和鱼皮之间，用左手拉扯住鱼皮，菜刀贴着砧板，向右平缓地移动以去除鱼皮。

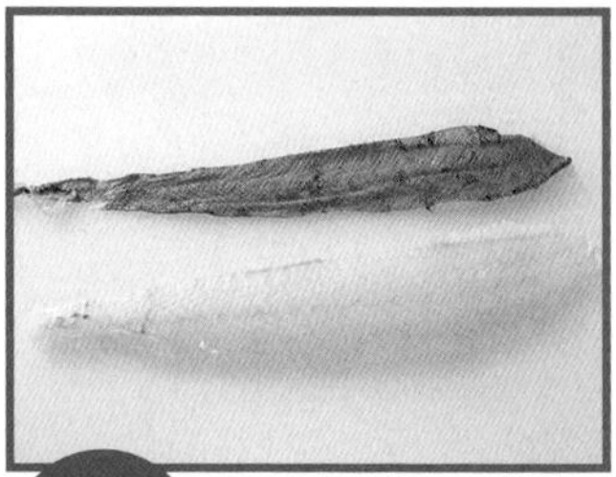

完成图 去皮完成图（鱼身部分）。

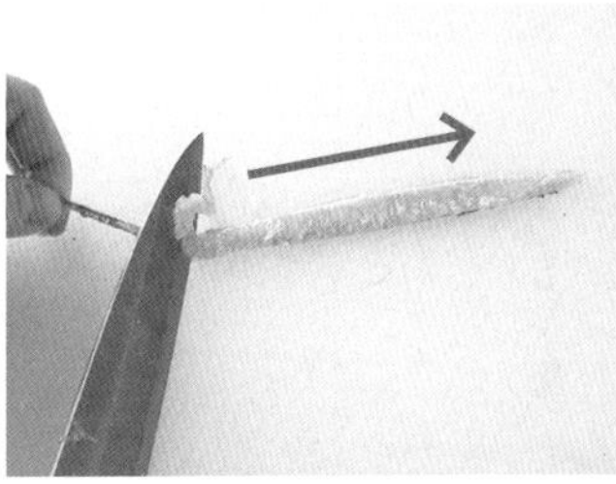

6 缘侧鱼皮向下，在左端鱼皮和鱼身之间下刀，用左手拉扯住鱼皮，向右移动下切以去除鱼皮。

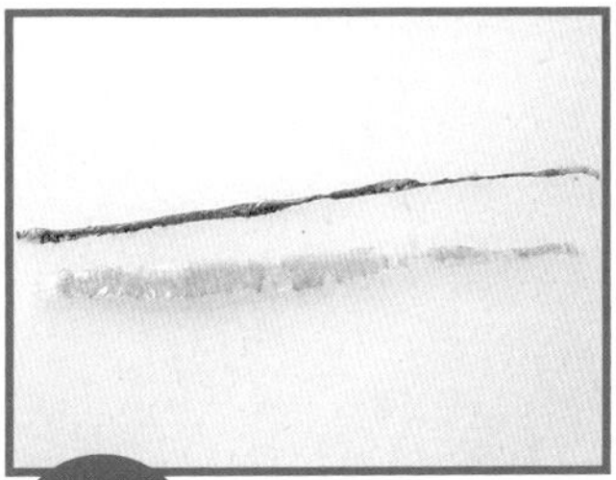

完成图 去皮完成图（缘侧部分）。

片薄片

＊使用去皮的鱼身肉。

使用刀具

柳刃菜刀

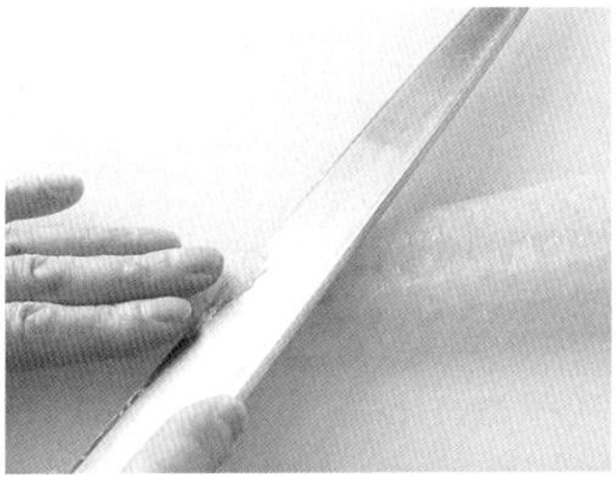

1 鱼尾朝左，将鱼肉右侧放在较高的位置，柳刃菜刀尽可能斜放，然后迅速朝靠近身体一侧方向下切。

诀窍

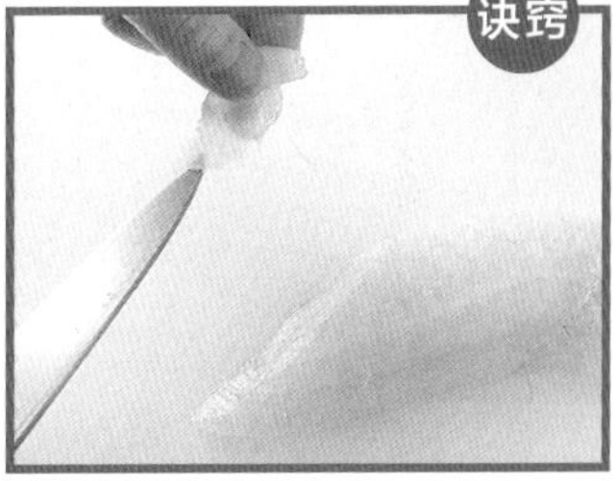

使用整个刀刃来切片，尽可能切薄片。完成后刀身直立着离开鱼身，再移动下切。

2 将切好的鱼片一片片装盘。放入与切片大小一致的合适的容器里。

比目鱼薄片▶如下

料理

比目鱼薄片

材料（2人份）

比目鱼1条；紫芽菜、坂本菊适量；酸橘酱油（1大勺酒，1大勺酱油，1大勺酸橘汁）；萝卜丝、香葱（小圆圈段）、辣椒适量

做法

1 将比目鱼切成薄片，放在碗里，加上缘侧和煮过的鱼皮，装饰上坂本菊和紫芽菜。

2 将制作酸橘酱油的酒放入耐热容器中，在无保鲜膜包裹的情况下加热30秒至挥发，再和酱油、酸橘汁混合。最后将萝卜丝、香葱、辣椒混合，如图所示装一小碟。

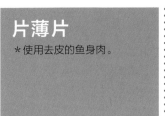

鰤鱼

鰤鱼是一种随着不同生长时期而变换名称的典型的经济鱼类。在日本关东地区被称为若鱼、幼鱼、稚鱼和鰤鱼；在日本关西地区被称为燕鰤鱼、小鰤鱼、斑鲅鱼和鰤鱼。富含脂肪的寒鰤鱼作为重要的吉祥鱼，是日本关西地区到北陆新年期间必吃的年鱼，也被称为水见寒鰤和能登寒鰤，北陆因作为鰤鱼的产地而出名。鰤鱼富含脂肪，鱼身柔软易碎，鳞片柔软且容易去除。

❖推荐料理

脂肪肥厚的鰤鱼适合照烧、盐烤，制成萝卜炖鰤鱼或者做成味噌和粕汁（加酒糟调味的汤）也可以。适度去脂的鰤鱼推荐做成鰤鱼锅，这样可以不浪费鰤鱼的鰤鱼身、鳃和其他部位。

鱼身中央的黄带部分的颜色鲜艳、清晰。
鱼背呈青黑色，斑纹鲜明。
挑鱼诀窍
鱼目清澈、圆润。
鱼尾大且挺直。
鱼腹呈银白色且有透明感。

清洗

去鳞
➡去头（全头切）
➡去除内脏
➡清洗
➡擦干

使用刀具
柳刃菜刀
出刃菜刀

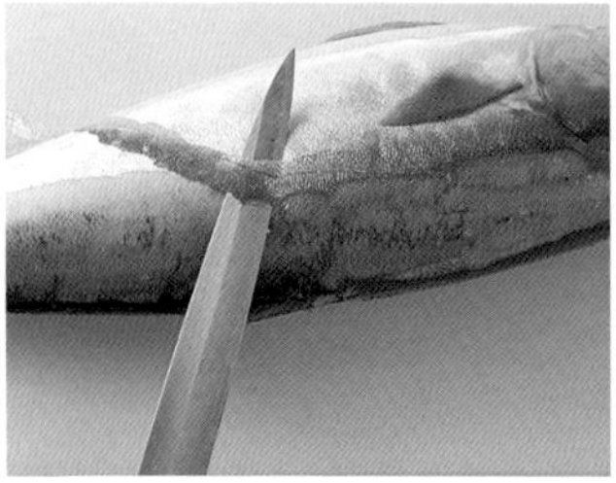

1 将鱼头朝右放置，逆握柳刃菜刀并将其插入尾巴的根部和皮肤的鳞片之间，然后朝鱼头方向去鳞。鱼背部分的鳞片也要清理干净。

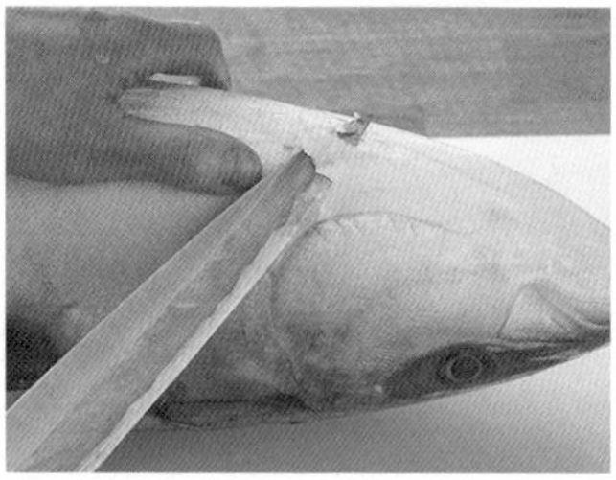

2 鱼腹朝上，用同样的手法去除鱼鳞。换成出刃菜刀，刮去鱼鳍根部以及鱼头周围的鱼鳞。去除另一面鱼鳞的处理方法同步骤1。

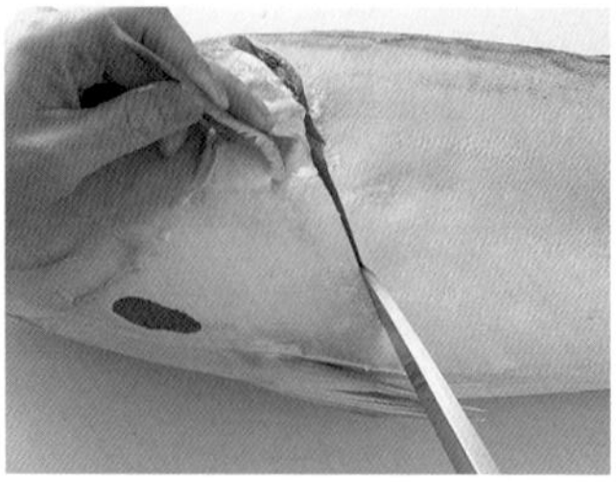

3 将鱼头朝左放置，鱼腹朝向身前，从鱼头的根部向鱼胸鳍、腹鳍后侧倾斜下切。

4 将鱼翻面，鱼背朝向身前，和步骤3的切口重合，从鱼头的根部向鱼胸鳍、腹鳍后侧倾斜下切。

5 将鱼头切断，连着内脏一起拔出。

6 从鱼肛门处插入菜刀，用反刀朝鱼头方向切，打开鱼腹以去除残留的内脏。

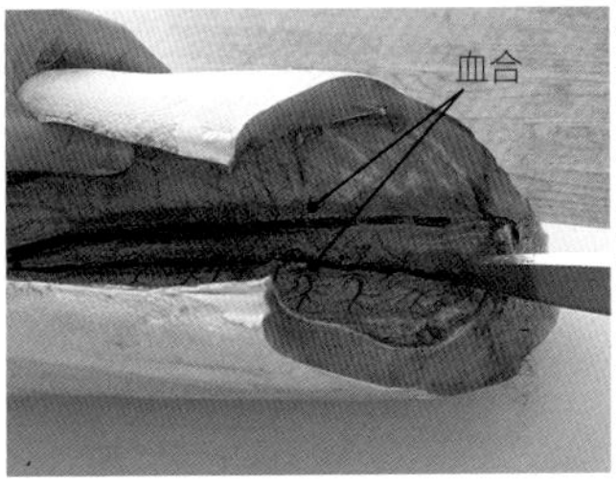

7 用刀尖切断血合的膜。

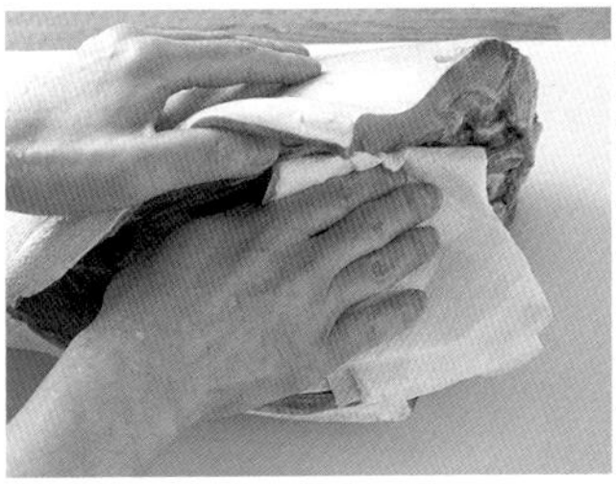

8 用流水淋并用牙刷擦洗血污。清洁鱼腹中剩余的内脏和污垢，最后擦去鱼腹中的水。

卸块
（三卸法 / 双面）

使用刀具
出刃菜刀

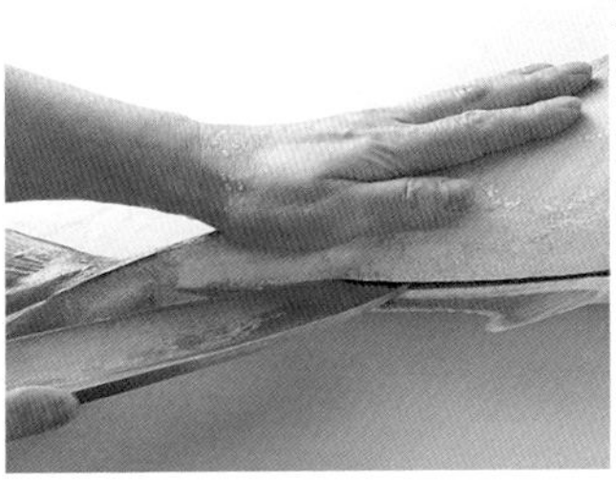

1 鱼头朝右侧，鱼腹靠近身前，从鱼肛门处插入菜刀，切至鱼尾根部。

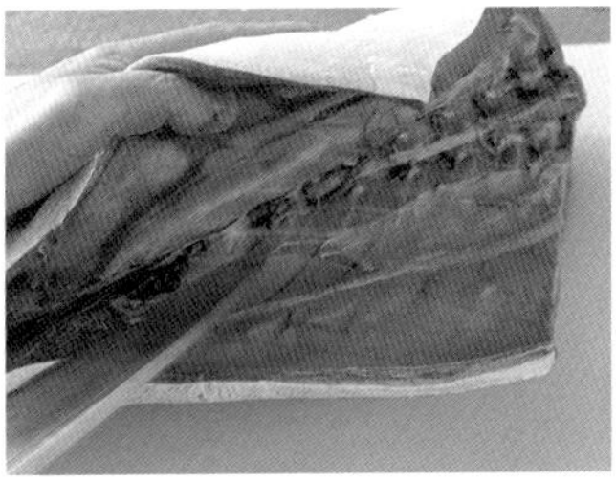

2 沿着鱼中骨下切，切至鱼的脊椎骨，再切至鱼腹骨的根部。

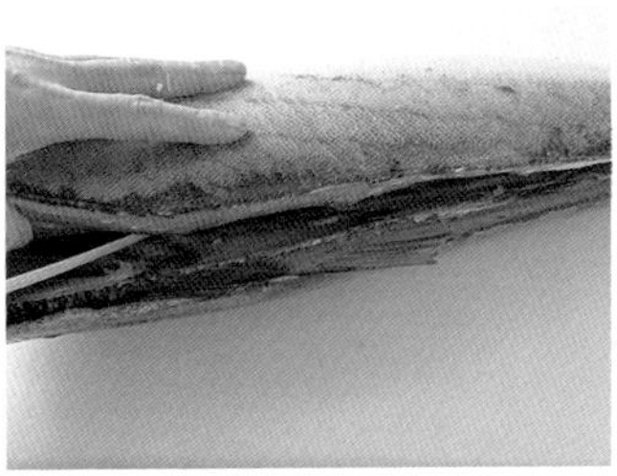

3 将鱼翻面，鱼尾朝右侧，鱼背靠近身前。从背鳍上方下刀，由鱼尾根处切向鱼头。再次下刀，切至鱼中骨。

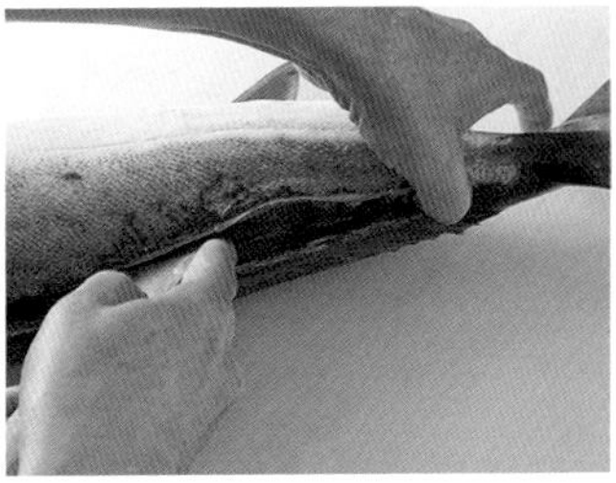

4 用反刀在鱼尾部下刀深切，回刀，按住鱼尾根部，沿着鱼中骨深切，直切至鱼的脊椎骨。

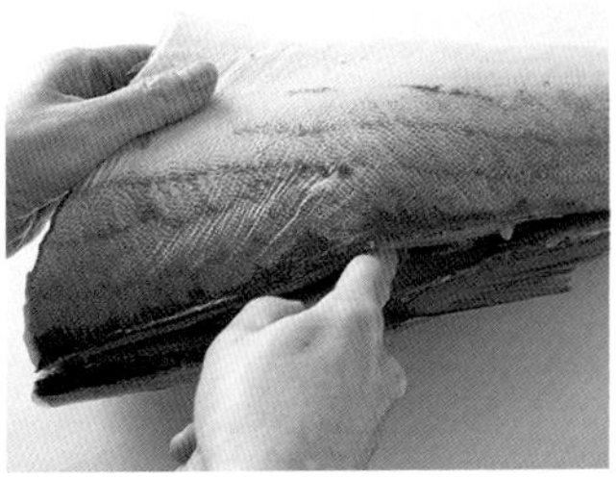

5 切至鱼身中部，左手扶着鱼腹，切至鱼头，并切断。

6 将鱼切分成带鱼中骨的一半和不带鱼中骨的另一半，这就是所谓的双面切。

下一页

7 鱼中骨朝下，鱼尾放在左侧。同步骤 3，菜刀从鱼背鳍上侧的头部插入。

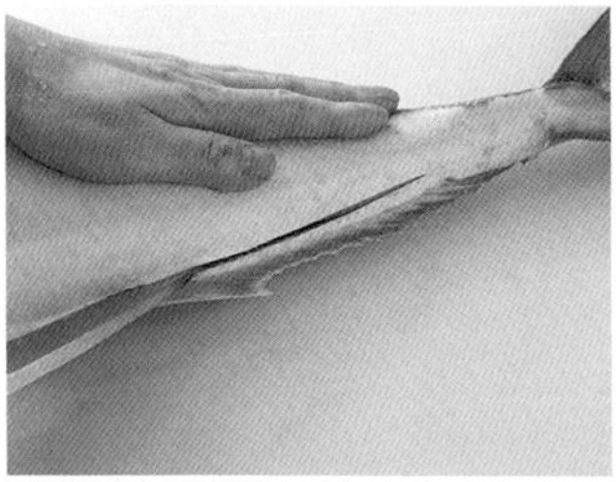

8 将鱼对调方向，鱼尾朝向右侧，鱼腹靠近身前。从尾鳍根部下刀，切至鱼中骨。

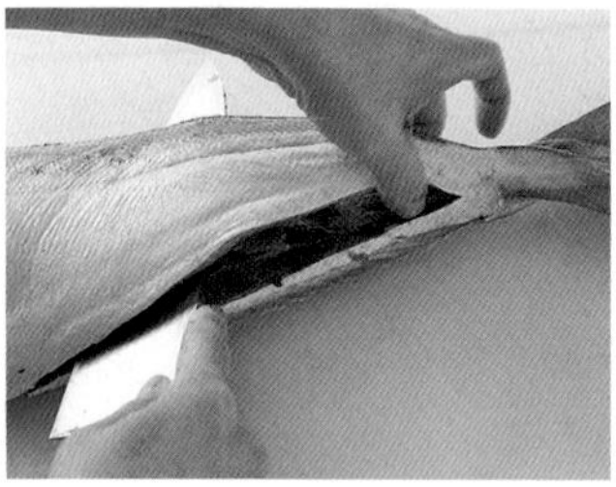

9 用反刀插入鱼尾的根部，回刀，同步骤 4 一样下切，最后同步骤 5 一样将鱼进行双面切。

完成图 三卸法完成图。

切段

＊使用三卸法处理后的外侧鱼身。

使用刀具

出刃菜刀

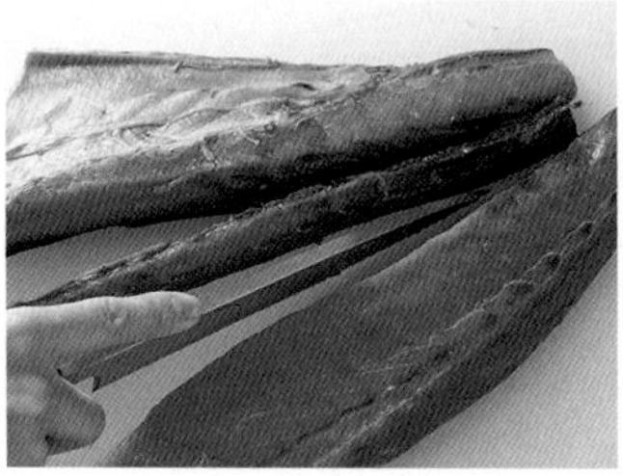

1 鱼头靠近身前，保留左侧鱼腹中的血合和鱼刺，切断右侧鱼背。之后再去除左侧鱼腹中的血合和鱼刺。

2 将鱼腹和鱼腹骨朝左放置，用反刀错开鱼腹骨的根部再切下鱼腹骨。

完成图 切段完成图。

切块

＊使用内侧鱼身。

使用刀具

出刃菜刀

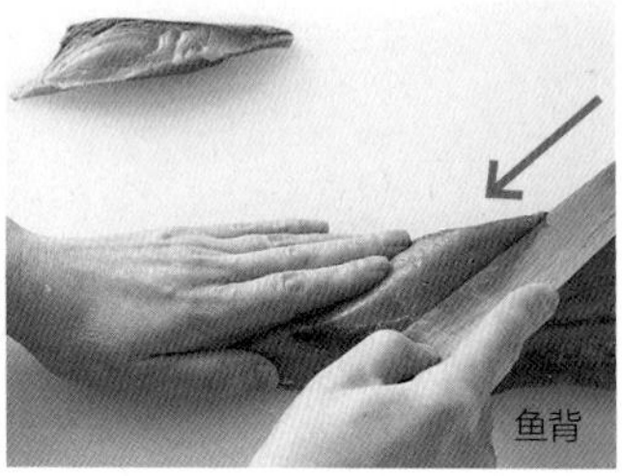

1 将鱼背的皮朝下，一侧抬高放置，菜刀如图所示倾斜并从左侧 2 厘米厚处下刀。

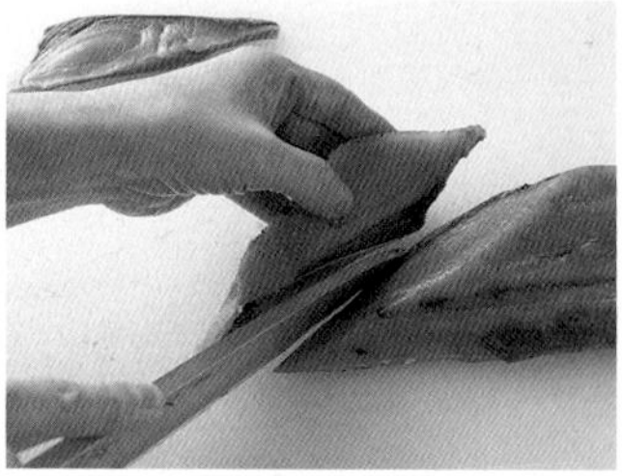

2 下刀时，请使用整个刀身进行切割，最后将刀稍稍直立并切断鱼肉。

完成图 鱼背切块完成图。

＊为了切成相同厚度和长度的鱼片，需恰到好处地调整刀的角度和方向。

照烧𫚕鱼▶第 155 页

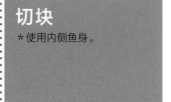

3 将鱼腹肉（鱼身长和厚度不一致）带皮的一侧朝下，另一侧抬高放置，菜刀如图所示从左侧2厘米厚处斜切。

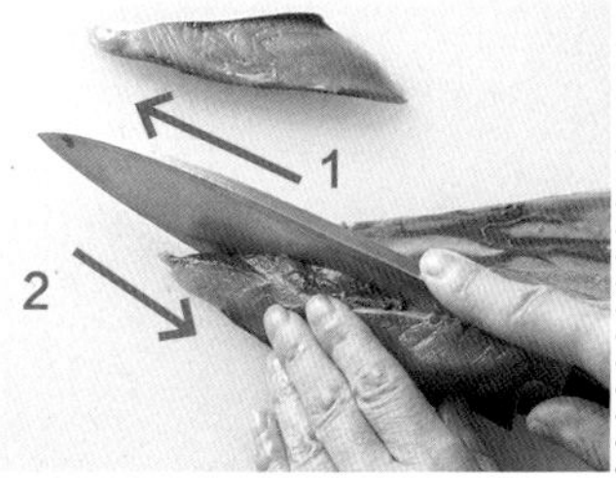

4 菜刀如图中红色箭头（1）所示向前切时，请使用整个刀身进行切割。向前切后再回拉（2），像锯子一样来回切。

完成图 **鱼腹切块完成图。**

＊为了切成相同厚度和长度的鱼片，需恰到好处地调整刀的角度和方向。

照烧鲱鱼▸第155页

分解鱼头

卸鱼头（梨割）
➡切分鱼下颚
➡分解
➡切分鱼中骨

使用刀具
出刃菜刀

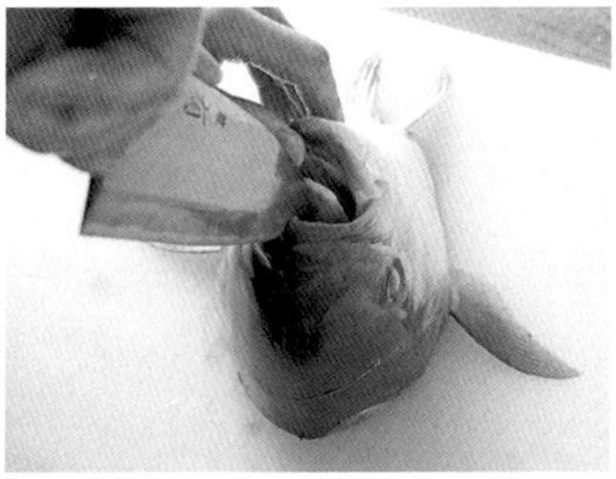

1 将鱼头直立，鱼目朝前，并将刀刃插入前牙的牙齿之间。

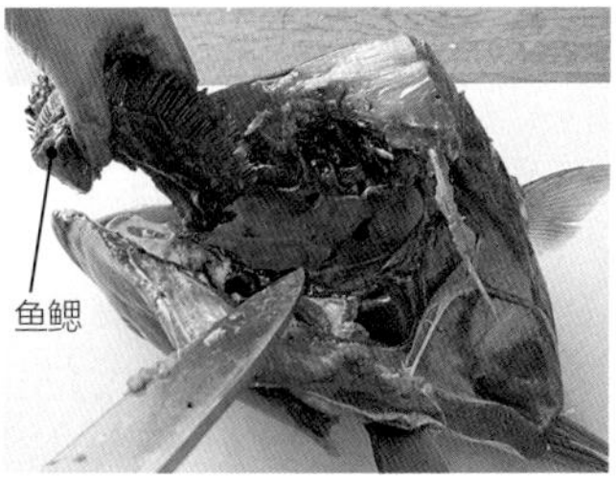

2 菜刀垂直下切。遇到鱼中心很硬的骨头且劈不动的时候，可以左手握拳，敲打刀背，一口气下切。从根部切除鱼头残留的鱼鳃。

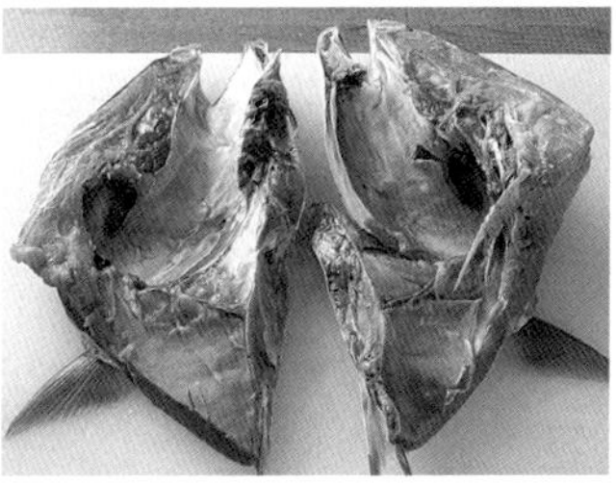

3 把鱼头劈开后，用刀根切断鱼下颚的连接处，切成左右两半。

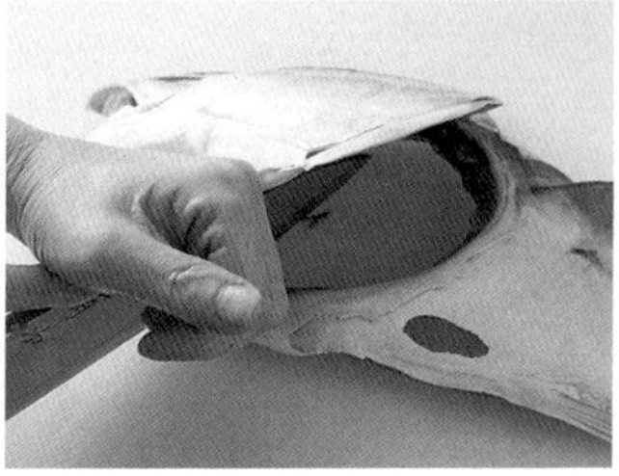

4 将鱼带皮的一侧朝上，打开鱼鳃盖，从位于鱼鳃下胸鳍部分和鱼头连接的地方下刀，左手握拳，敲打刀背，一口气下切。

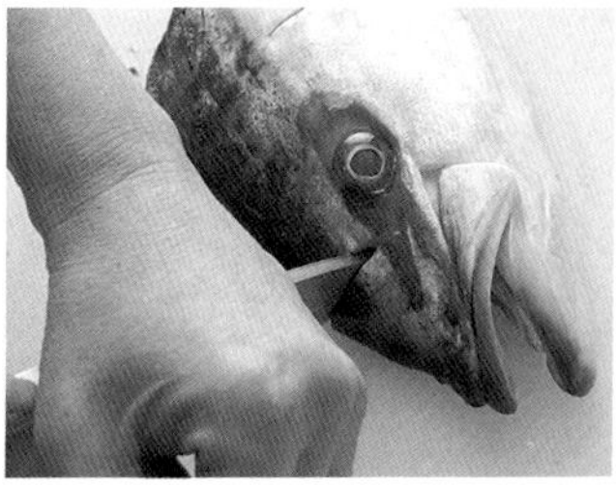

5 在鱼目和鱼嘴之间下切。遇到很硬的骨头时，可以先将刀尖刺入再下切。

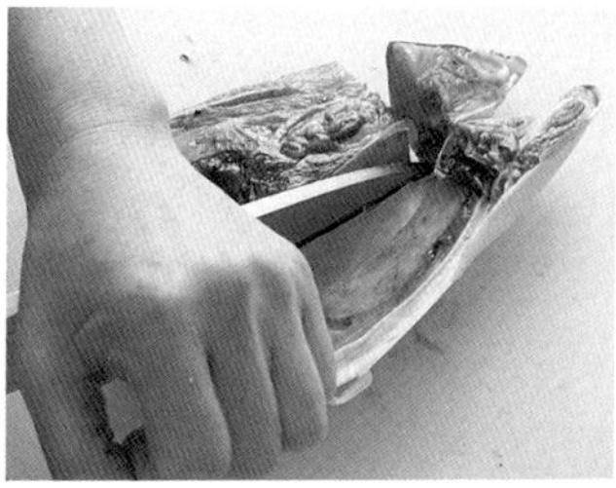

6 将鱼头翻身，从步骤5的切口前端下刀，朝向鱼鳃盖笔直下切，将鱼目部分切成四方形。之后合上胸鳍下方，切成适口大小。

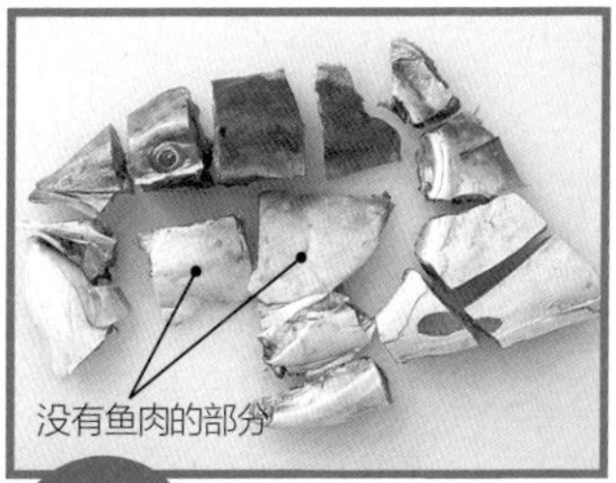

完成图 **分解鱼头完成图。**

＊没有鱼肉的部分适合炖汤。

鲱鱼煮萝卜▸第155页

下一页

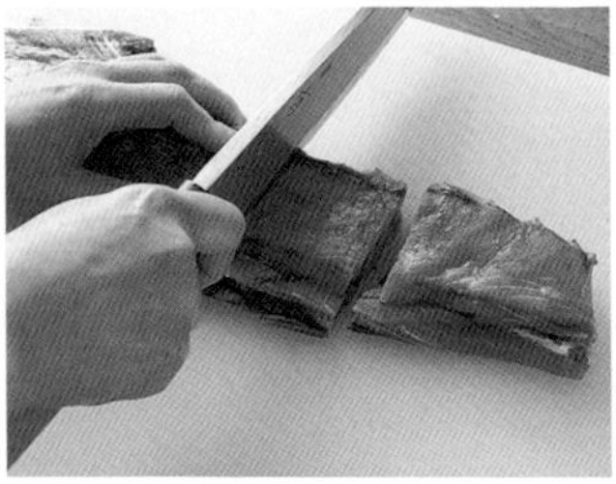

7 鱼尾朝向左侧，用刀根切鱼中骨的关节处。用与之前相同的手法去除鱼背鳍、臀鳍和尾鳍。

完成图 **切分鱼中骨完成图。**

鲱鱼煮萝卜▶第155页

垂直切片

（鲱鱼火锅用）

＊使用上侧鱼身的鱼背段。

使用刀具

柳刃菜刀

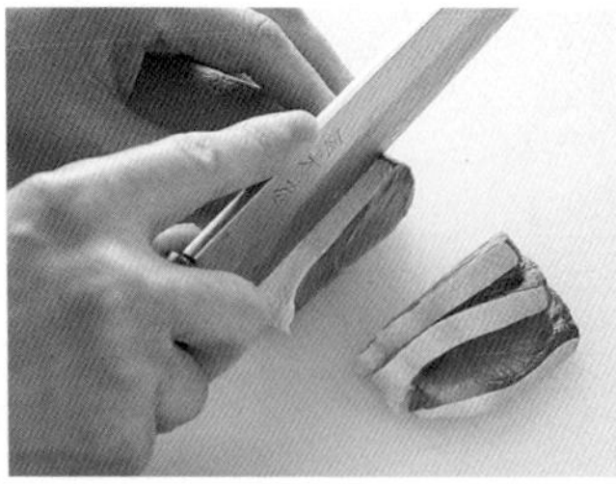

1 鱼皮部分朝上，横放。从右侧下刀，使用整个刀刃一口气下切，切出5毫米左右厚的薄片。

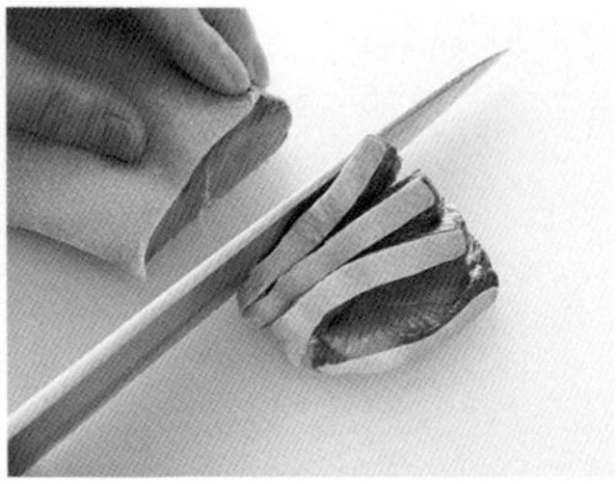

2 把刀身上黏着的鱼肉向右送，刀身倾斜，自然地放下鱼肉。

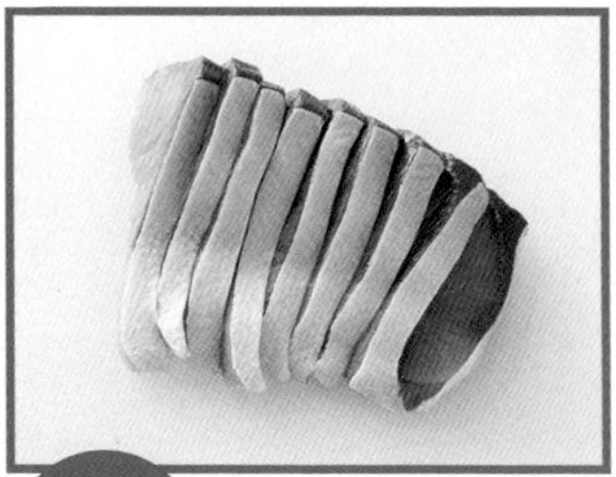

完成图 **垂直切片完成图。**

鲱鱼火锅▶如下

料理

❖鲱鱼火锅

材料（2人份）

鲱鱼（垂直切成薄片）约150克；白菜、海带高汤、酸橘酱油（1大勺酒，1大勺酱油，1大勺酸橘汁）、香葱（小圆圈段）、红叶萝卜泥各适量

做法

1 将鲱鱼切成适口大小，白菜装盘。

2 将制作酸橘酱油的酒放入耐热容器中，在无保鲜膜包裹的情况下加热30秒至挥发，再和酱油、酸橘汁混合。最后将红叶萝卜泥、香葱混合，如图所示装一小碟。

3 将海带高汤放在小锅里加热，将步骤1的食材放在锅里涮过后，蘸着步骤2中的酱食用。

❖ 照烧鲕鱼

材料（2人份）

鲕鱼切片2片；蘸汁（酒、酱油各1大勺，味醂1又1/3大勺，生姜少许）、萝卜泥、芝麻油适量

做法

1 将鲕鱼切片放在蘸汁里静置15分钟，擦净多余的汁水。将剩余的汤汁静置。

2 将芝麻油倒入平底锅加热，放入鱼，用小火煎鱼的两面。

3 在煎好鱼的平底锅里再倒入蘸汁，煮至浓稠的程度，装盘。最后淋上蘸汁，装饰上萝卜泥。

❖ 鲕鱼煮萝卜

材料（2人份）

鲕鱼鱼杂（切分后成品）；萝卜10厘米；汤底［酒、水各1杯，海带5克，生姜（薄切）4片］；味醂5大勺；酱油1大勺；溜酱油1/2大勺；盐、生姜（切丝）适量

做法

1 鲕鱼鱼杂撒盐后静置10分钟，然后倒入80摄氏度的热水，用热水焯鱼杂。冲洗鱼身中残留的鳞片和血液，擦干多余的水。

2 萝卜切成2.5厘米厚的半月形。

3 将做汤底食材和步骤1的鱼杂放入锅中加热。煮沸后去除浮沫，揭盖，用小火煮约15分钟。

4 在煮沸的汤汁中加入萝卜，约煮20分钟后萝卜变软。加入味醂煮5分钟，再加入酱油煮5分钟。加入酱油后转中火，搅动汤汁以使其充分混合，直到汤汁煮至只有一点点留在锅底。

5 最后装饰上生姜，装盘。

金枪鱼

从一整条金枪鱼分解出的、用于做刺身的板状鱼身被称为金枪鱼中段。为了防止脂肪厚、柔软的金枪鱼身破裂，下刀时不要移动鱼身，需迅速下切。

❖推荐料理

首先推荐做成刺身或寿司。除了生食，也推荐做成葱段金枪鱼火锅、醋味噌凉拌等。

挑鱼诀窍

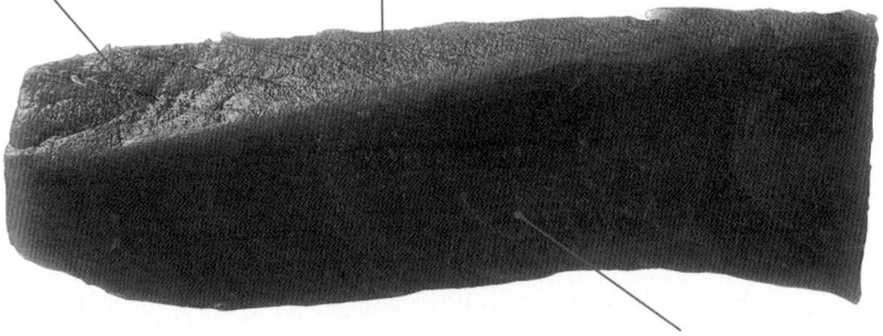

鱼肉细腻有光泽。金枪鱼瘦肉的颜色鲜明，呈深红色。
金枪鱼中段的形状接近长方体。四角的线条清晰挺立，肌肉纹理间隔近。
用来盛放金枪鱼中段瘦肉的纸盘上的纸几乎没有污点。避免挑选纸上有血污的金枪鱼中段瘦肉。

金枪鱼中段瘦肉

切丁

＊使用金枪鱼中段瘦肉。

使用刀具

柳刃菜刀

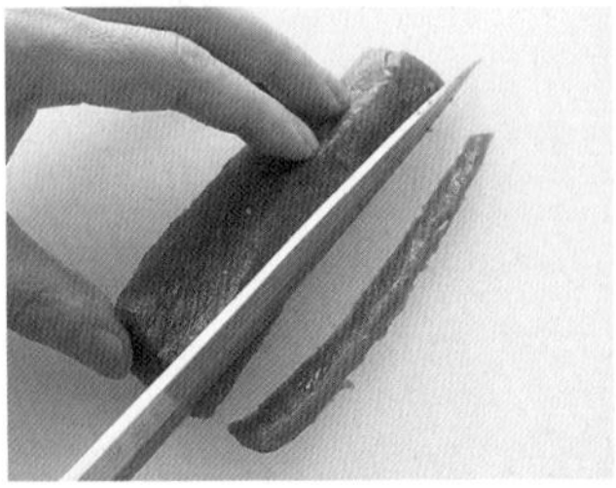

1 切掉金枪鱼中段的边缘，重塑形状，切成1.5厘米厚的长条。

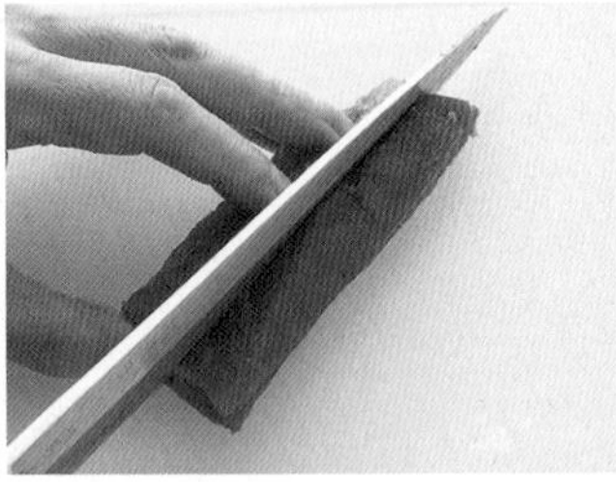

2 将切好的一面朝下放置，从末端切开1.5厘米宽，然后切成一个横截面约为1.5平方厘米的条形。

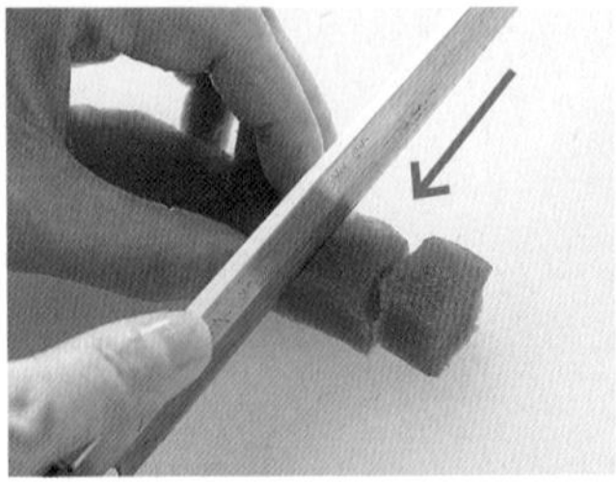

3 将条形的金枪鱼中段瘦肉横向放置，从右侧笔直切出宽1.5厘米的小丁。

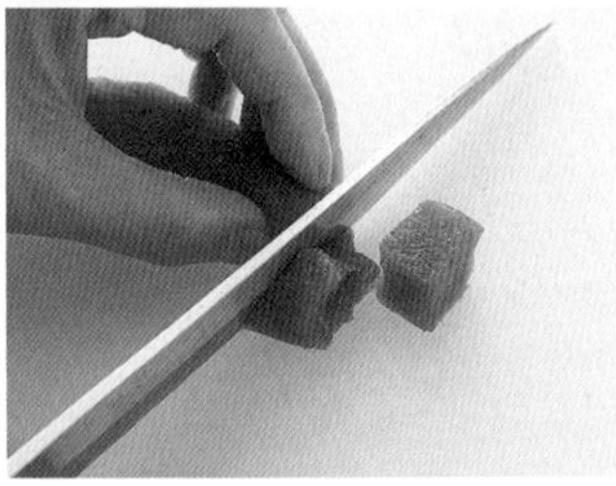

4 静置切好的小丁。用同样的方法，将剩余部分切成小丁。

完成图 切丁完成图。

引刀切片
（生鱼片用）

使用刀具

柳刃菜刀

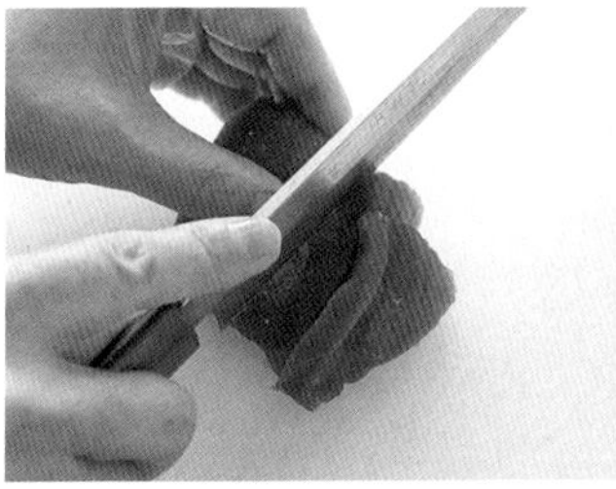

1 将金枪鱼鱼身的一侧抬高放置，左手轻握住鱼肉，从右侧开始切5毫米左右宽的薄片。

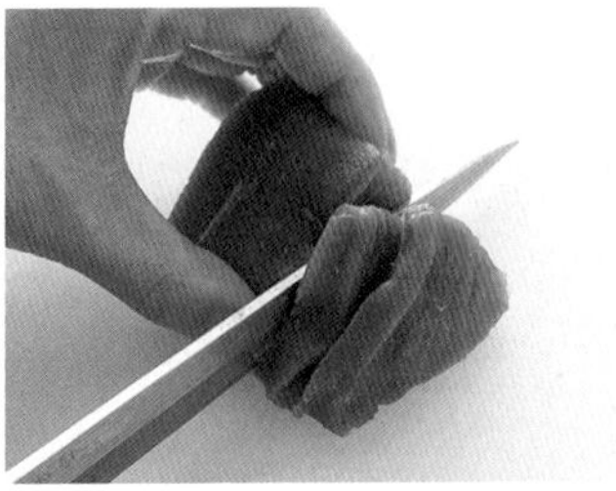

2 刀尖用力下切，一口气切断鱼肉。

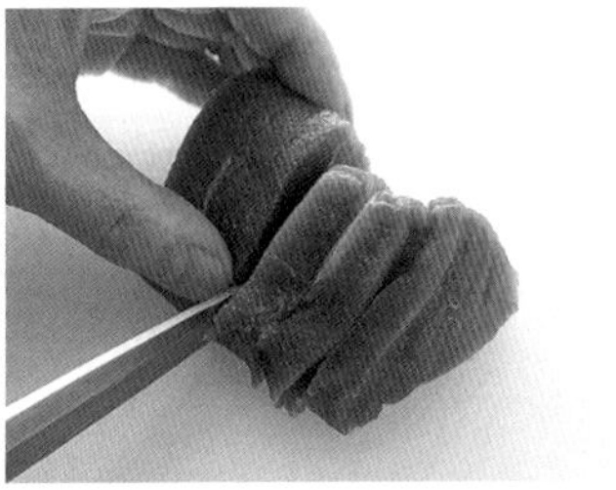

3 静置切好的薄片。用同样的方法，将剩余部分切成薄片。

完成图 引刀切片完成图。

意式薄切金枪鱼▶如下

料理

❖ 意式薄切金枪鱼

材料（2人份）

金枪鱼中段瘦肉200克；萝卜苗1/3束；混合生菜1/3包；酱料［蛋黄酱1大包，芥末2小勺，大蒜（切丝）、姜（切丝）1/2个，酱油1小勺］

做法

1 将金枪鱼引刀切片，装盘。

2 混合酱料材料，将混合物加在步骤1的成品中，然后加入切碎的萝卜苗和混合生菜。

鲳鱼

『西海没有鲑鱼，东海没有鲳鱼』，这句话的意思是日本关东地区人喜欢吃味道较淡的鱼，而日本关西地区人喜欢吃高级白身鱼。鲳鱼身体结实且易于处理，但其骨骼非常柔软，切开鲳鱼时必须小心，因为骨头可能会残留在体内。

❖推荐料理

鲳鱼与酱油味道非常相配，是非常适合做西京渍（东京传统的代表性料理，使用特有的京味噌酱腌制食物）的鱼类，做幽庵烧（一种烧烤食物，是江户时期日本滋贺县人北村裕庵所独创的料理）和清蒸食品也都很美味。即使冷冻，鲳鱼的味道也很好。

挑鱼诀窍
颜色鲜艳有光泽。鱼鳞紧贴鱼身。
鱼目清澈。
鱼身紧实、有弹性。
鱼鳃鲜红。

清洗

去鳞
➡去头
➡去除内脏
➡清洗
➡擦干

使用刀具
出刃菜刀

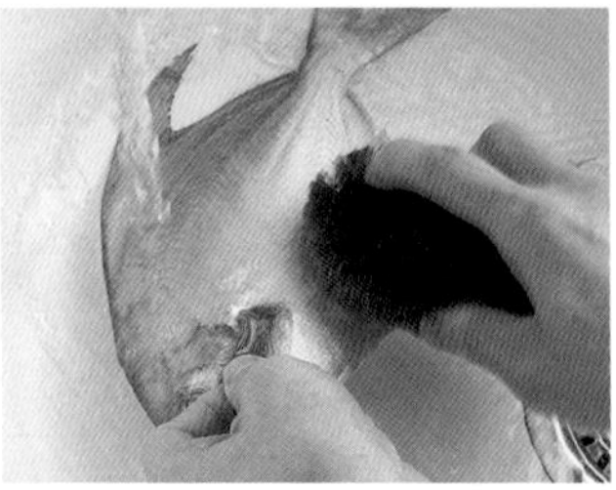

1 左手握住鱼头，在流水下用刷帚从尾巴擦拭到头部，去除鱼鳞和黏液。以同样的方法处理鱼的另一面。

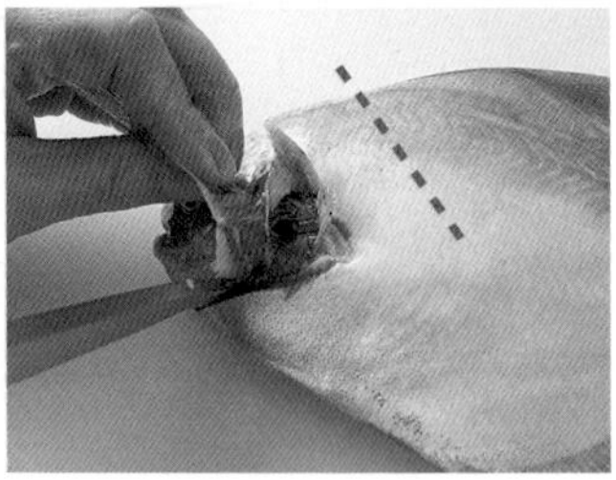

2 鱼头向左，腹部朝向身前，用手提起胸鳍，从鱼头的根部插入菜刀，然后沿着鱼鳃切V字形。

3 将鱼翻面，用手提起胸鳍，从鱼头的根部插入菜刀，然后沿着鱼鳃切V字形，最后切断头部。

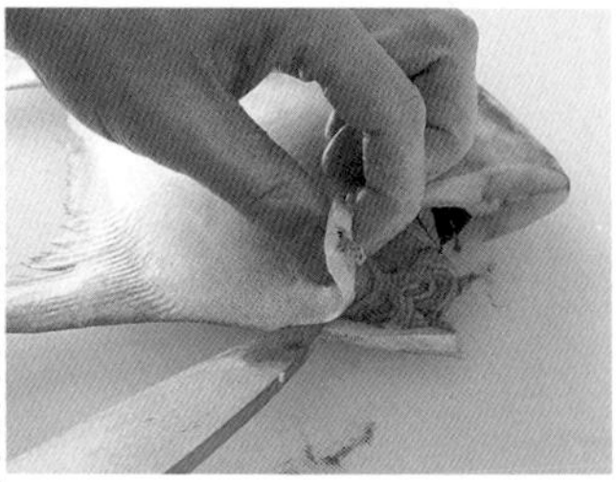

4 鱼尾朝左，腹部朝向身前，从鱼头一侧插入菜刀，稍稍切入鱼腹。

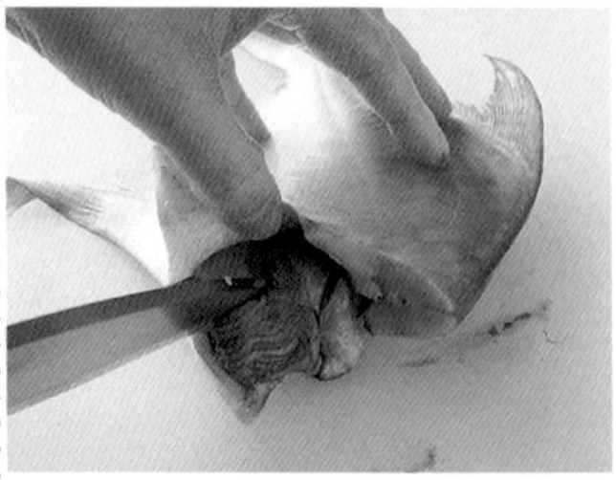

5 使用刀尖去除鱼的内脏。将碗装满水，手指放在鱼腹部，洗净残留的内脏，最后小心地擦干水。

做筒状鱼片

使用刀具

出刃菜刀

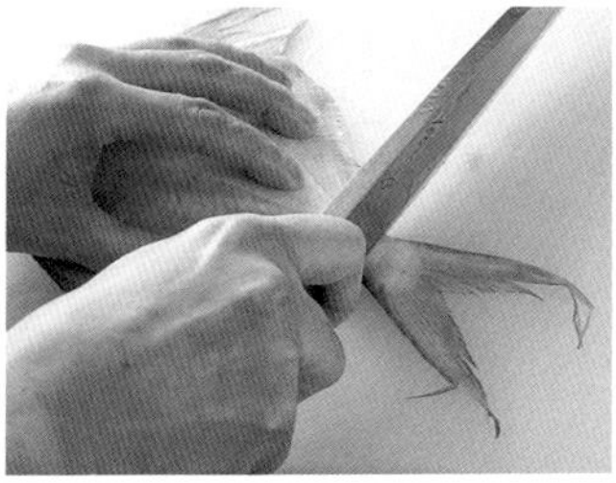

1 用刀根用力切断鱼尾，以同样的方式切断鱼背鳍和臀鳍。

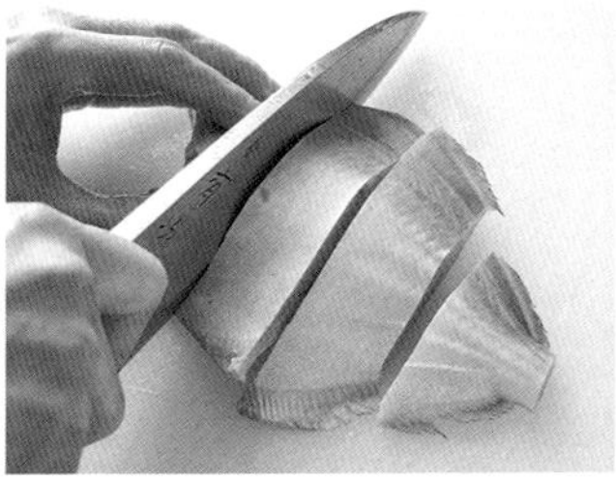

2 将鱼身切成3~4厘米厚的鱼段。

完成图 筒状鱼片完成图。

中式蒸鲳鱼▶第161页

卸块

（三卸法／双面）

使用刀具

出刃菜刀

1 鱼头朝右侧，鱼腹靠近身前，从鱼头下刀，切至鱼尾根部。

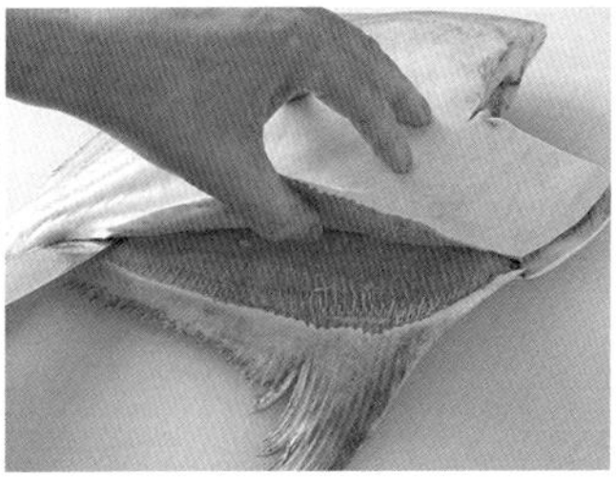

2 左手握住鱼身，沿着鱼中骨下切。

3 切到鱼的最外侧为止，切下鱼身。因为鱼骨十分柔软，切时可以不那么用力，使用菜刀时应小心地在鱼中骨上移动。

4 将鱼切分成带鱼中骨和不带鱼中骨的两半，这就是所谓的双面切。

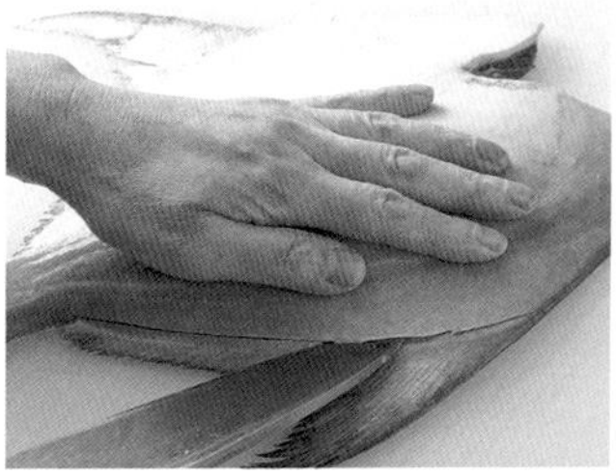

5 鱼中骨朝下，鱼尾朝向左侧。用菜刀从鱼头切至鱼背鳍。

6 左手握住鱼身，菜刀沿着鱼中骨下切。切过鱼中骨时，从鱼腹侧边缘下刀，切下鱼身。

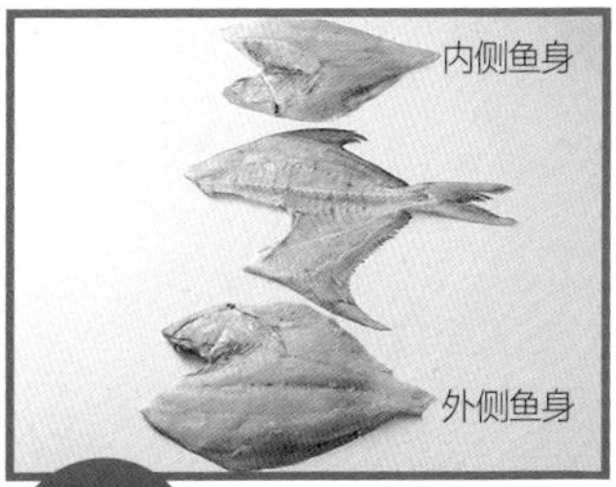

完成图 三卸法完成图。

去除鱼腹骨

使用刀具

出刃菜刀

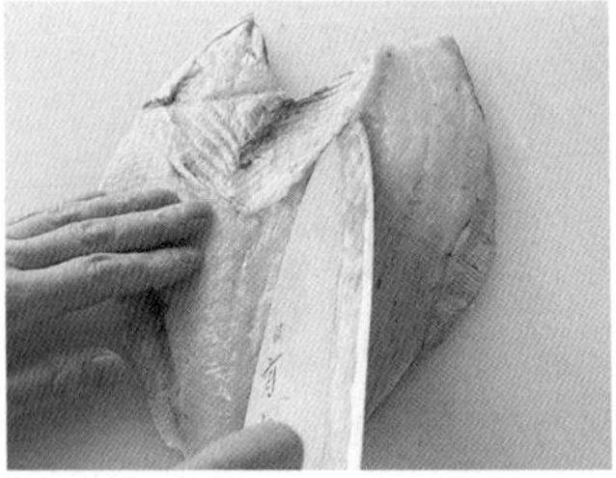

1 将鱼腹骨朝左放置在砧板上，用反刀的刀尖挑出鱼腹骨的根端，露出鱼腹骨。

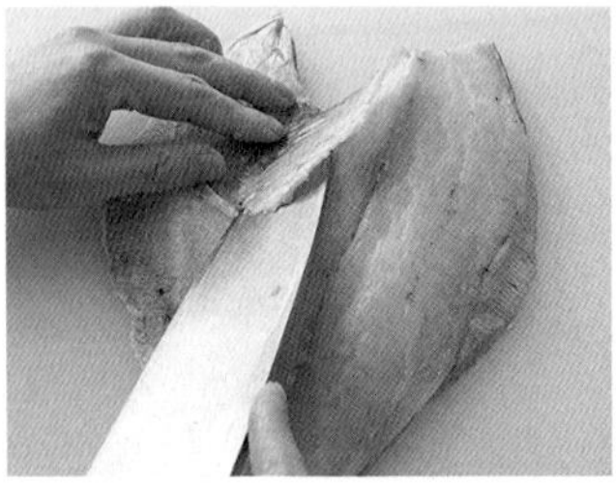

2 刀平放着轻轻地把鱼腹骨挑出来。

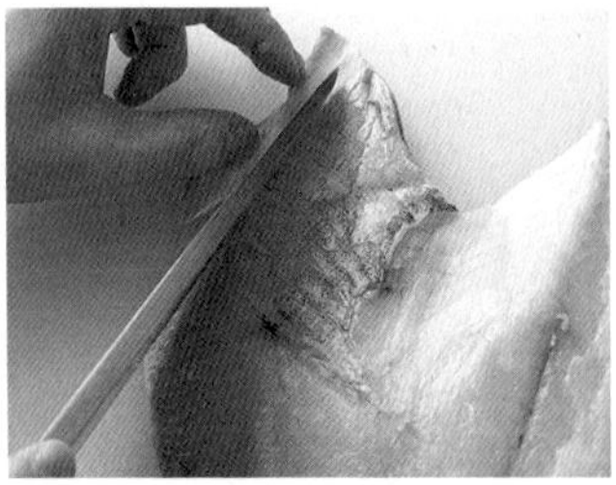

3 最后用菜刀将挑出的鱼腹骨切除。

切块

把尾侧切成薄片

➡切开

＊使用外侧鱼身肉。

使用刀具

出刃菜刀

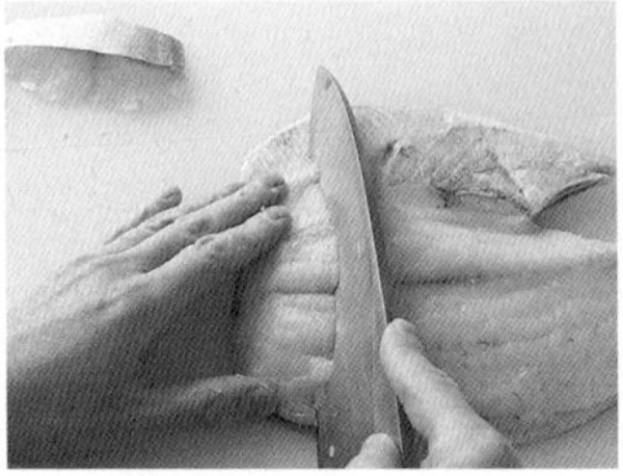

1 鱼头朝右，鱼身修剪平整。在宽度较窄的尾巴部分下切，切去鱼尾。将鱼身切成厚度为2厘米的鱼段。

2 鱼头朝向身前，切掉鱼背部（右）、鱼腹部（左）留有的血污和鱼刺。

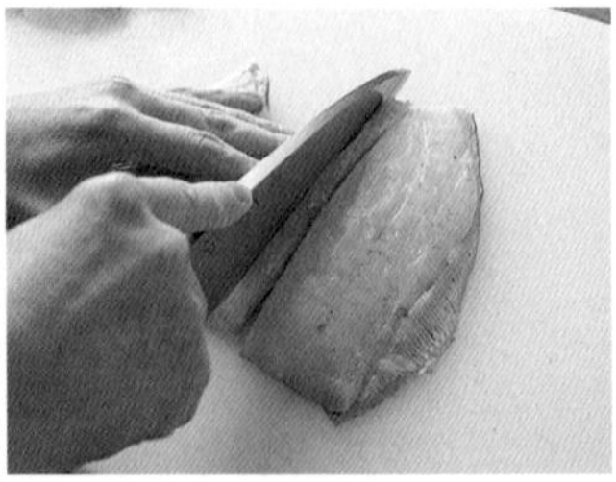

3 再次切除鱼腹部残留的血污和鱼刺。

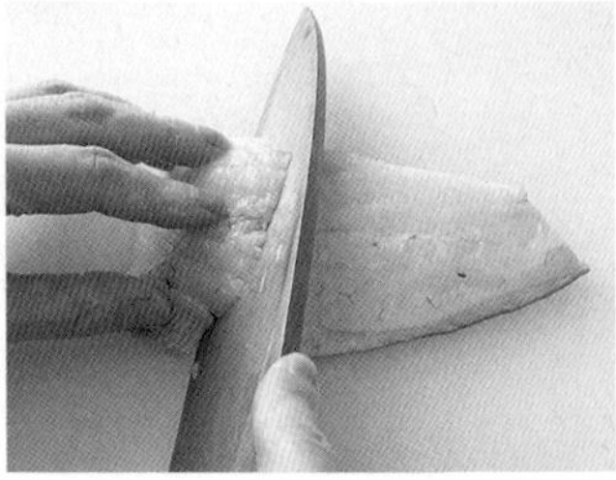

4 将鱼背部切成2厘米厚的鱼块。

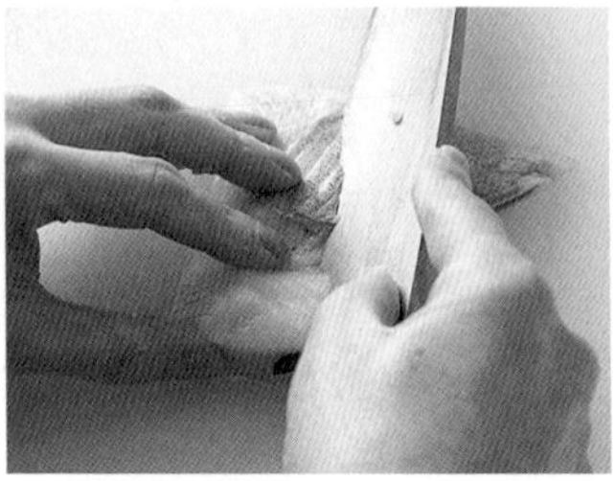

5 将鱼腹部切成2厘米厚的鱼块。

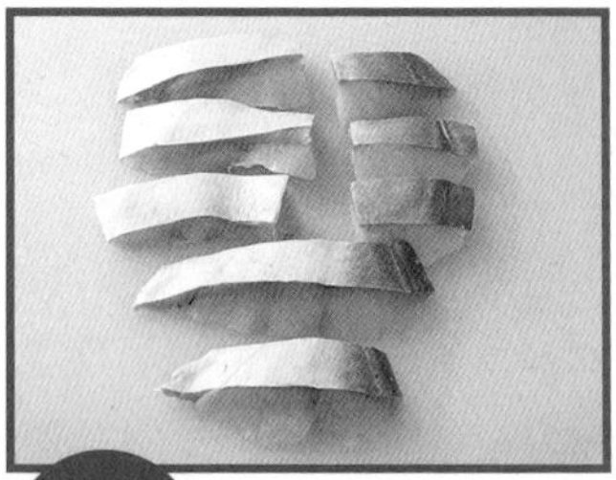

完成图 切块完成图。

味噌鲳鱼▶第161页

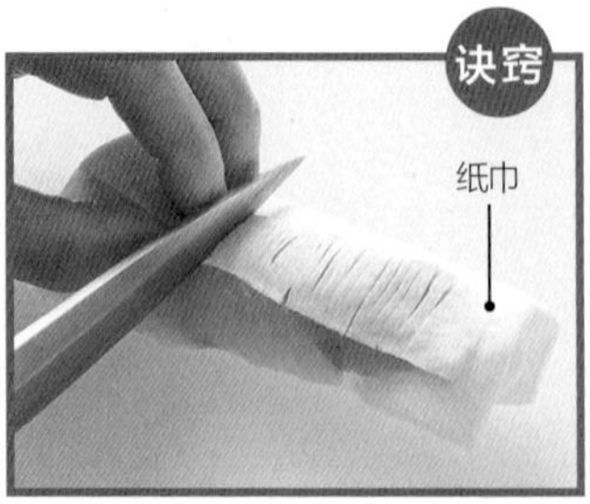

鲳鱼的鱼皮十分坚硬，烧烤时如图所示在鱼皮上打花刀，方便入味。可以将鲳鱼鱼段放在折叠好的纸巾上进行切割。

料理

❖ 中式蒸鲳鱼

材料（2～3人份）

鲳鱼（筒状鱼片）1小条；葱（青色部分）1根；生姜皮1片；酒1大勺；芝麻油2小勺；酱油2小勺；葱白、香菜适量；盐适量。

做法

1 给鲳鱼撒盐，静置10分钟，去除多余的水。

2 将步骤1的食材倒入碗中，洒上酒，再加入葱的青色部分和生姜皮，放入已经冒蒸汽的蒸锅里，大火蒸7~8分钟。

3 蒸熟后，去除葱的青色部分和生姜皮，放上葱白。加热芝麻油至快要冒烟，倒入步骤2的容器里，最后淋上酱油、撒上香菜。

❖ 味噌鲳鱼

材料（适量）

鲳鱼上身段（1千克大小的鱼）1条鱼份；味噌床［白粒味噌750克，甜酒75毫升，味醂115毫升］；小芜菁1/2个；甜醋［米醋2大勺，水2大勺，椰子糖6克，盐1撮，小红辣椒（去籽）1/2根］；盐、味醂适量

做法

1 切分鲳鱼，撒盐后静置15分钟，去除多余的水。

2 混合制作味噌床的配料，将步骤1的鲳鱼浸泡在味噌床中，在冰箱冷藏室中冷藏4天。

3 将芜菁切成菊花形状，将其浸泡在盐水中，待变软时，放入做好的甜醋中，静置30分钟。

4 洗去步骤2中鲳鱼上的味噌床，去除多余的水，在鱼皮上打花刀。

5 在预热后的烤架上烧烤鱼皮部分，烤好后用刷子在鱼皮上涂一些味醂。

6 将其放入容器中，然后在去除多余汁水的芜菁上，如图所示装饰上切成适口大小的红辣椒。

石斑鱼

石斑鱼生活在日本各地的岩礁海岸，早春是最容易钓到石斑鱼的季节，因此石斑鱼又被称为『报春鱼』。石斑鱼有黑、红、白等颜色，其中最美味的当数价格极高的黑色石斑鱼。在市场上常见、美味的石斑鱼为薄目石斑鱼。身长在20厘米左右的石斑鱼，其脂肪较多。这一大小的石斑鱼适合做整鱼料理，推荐去除内脏后烹饪。

❖推荐料理

石斑鱼肉质清淡、没有腥味，是一种鱼刺较少、易于食用的鱼类。推荐整鱼烹饪或做成煮菜，也可以使用三卸法，做成清汤、照烧、炸物。

挑鱼诀窍

鱼目黑亮、清澈、有透明感。
鱼身饱满、紧致。
鱼皮光滑、水润且有光泽。
石斑鱼

拔除内脏

去鳞（片刮法）
➡去除鱼鳃、内脏
➡洗净
➡擦干

使用刀具

出刃菜刀

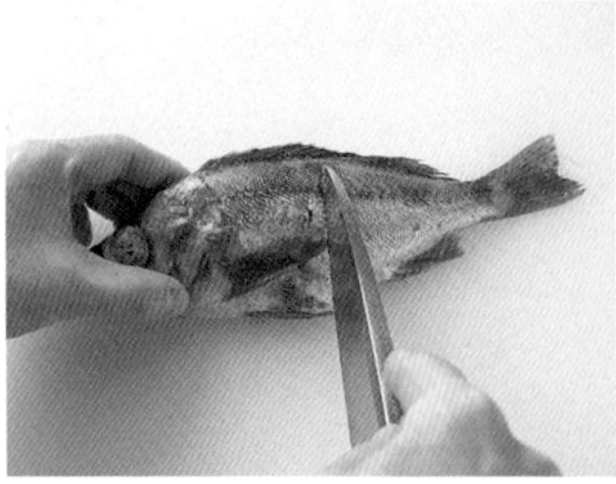

1 鱼头朝左，左手捏住鱼头，从鱼尾向鱼头去鳞，注意去除鱼鳍附近的鱼鳞。鱼背、鱼腹、另一侧的去鳞方法同前。

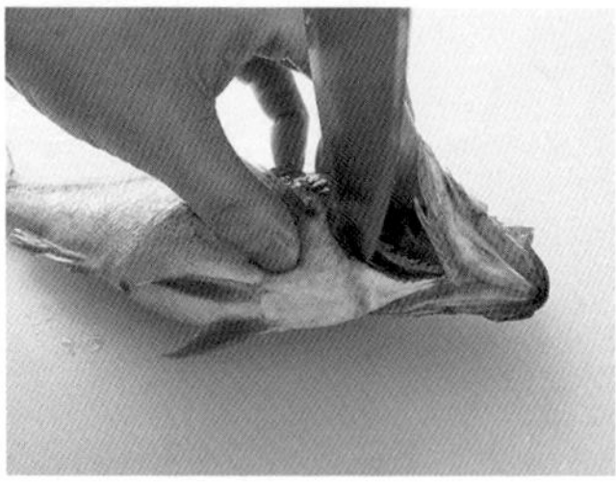

2 打开鱼鳃盖，用刀尖切除上颚和下颚间的鱼鳃根部。接着将刀尖插入鱼鳃盖中，沿着鳃盖曲线切去鱼鳃盖周围的薄膜。

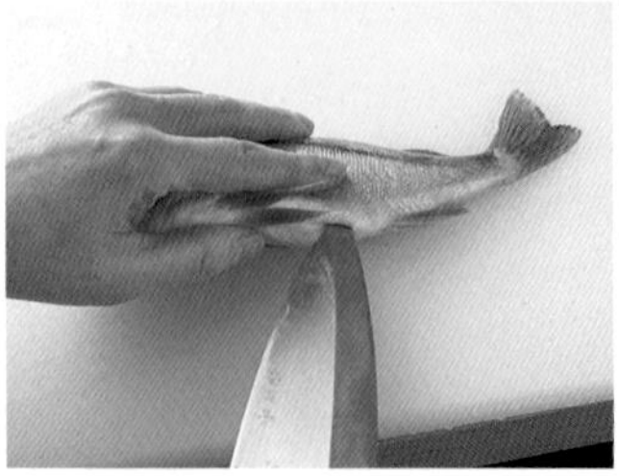

3 用反刀从鱼肛门处入刀，切向鱼肠根部。

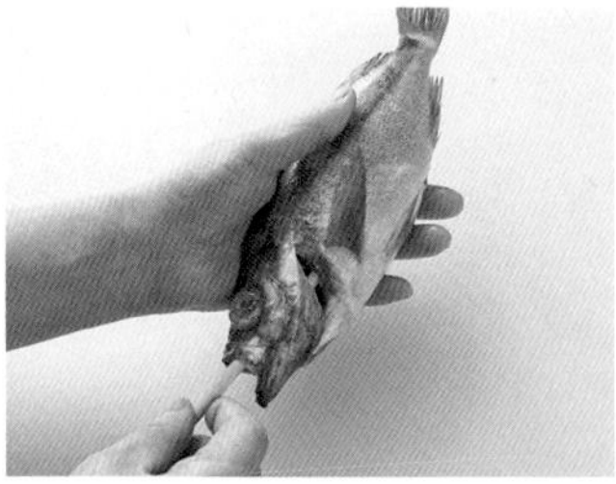

4 鱼头朝向身前，左手握住鱼身，先将一根一次性筷子从鱼嘴插入，通过左侧的鱼鳃深插至鱼肛门。

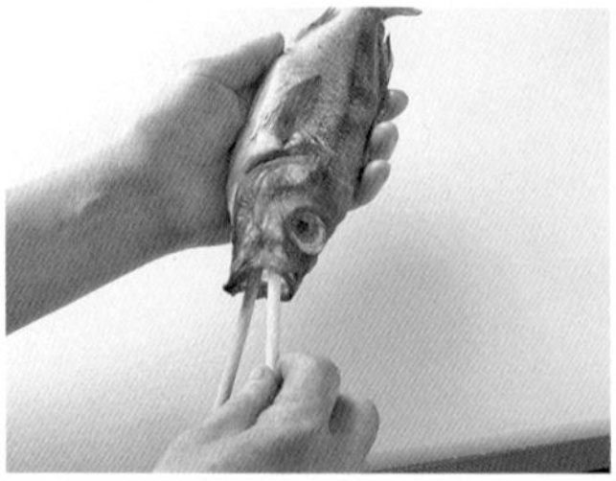

5 将鱼翻面，再将另一根一次性筷子从鱼嘴插入，通过右侧的鱼鳃深插至鱼肛门中。

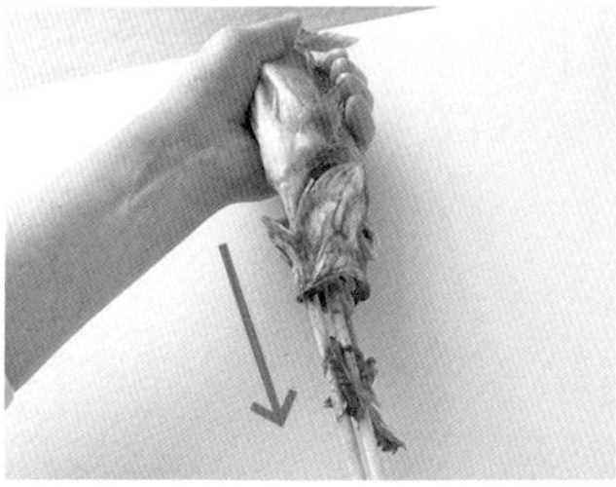

6 手握住鱼尾根部（鱼身最细的地方），右手持两根筷子，小心地夹住内脏。确认夹住后一口气将其拔出。

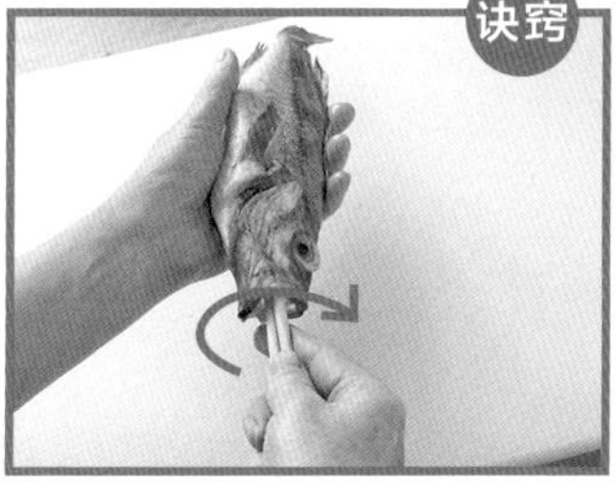

一边扭动筷子，一边拔出内脏。一边扭动内脏，一边拔，可以有效防止伤及鱼身。

7 把鱼放在盛满水的碗里，用手指从鱼鳃下方深入，清洗鱼体内残留的内脏和血污。

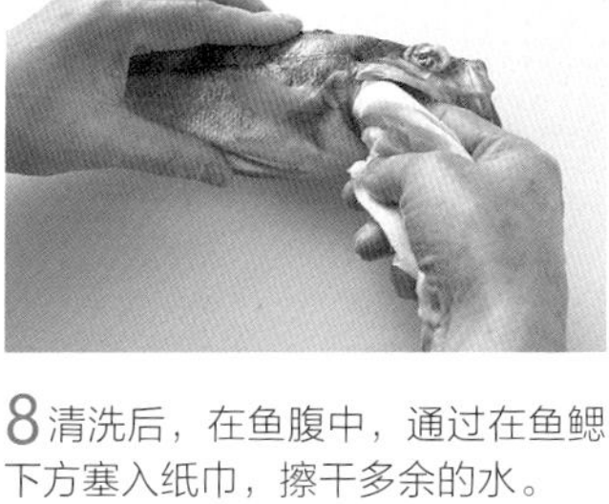

8 清洗后，在鱼腹中，通过在鱼鳃下方塞入纸巾，擦干多余的水。

煮石斑鱼▸如右

料理

❖ 煮石斑鱼

材料（3人份）

石斑鱼（200克左右的、拔出内脏后的鱼身）3条；野生土当归1根；酒2杯；料酒130毫升；酱油80毫升；生姜（薄切）4片；花椒树芽适量

做法

1 在石斑鱼皮的表面斜切两刀，在对角线处再斜切一刀（花刀切法）。

2 将土当归切成5 厘米长的长条，抽筋剥皮，切成4~6等份。

3 将石斑鱼放入碗中，倒入80摄氏度左右的热水焯鱼，用水洗去残留鱼鳞、血污等，擦干净多余的水。

4 在浅锅或平底锅（选择能将石斑鱼并列放入的尺寸）中，加入1/2杯水、酒、酱油、生姜混合煮沸，将石斑鱼并排放入，盖上锅盖。

5 再次煮沸后去除浮渣，盖上锅盖后，待锅内发出咕噜咕噜的声音后再煮5分钟。

6 加入步骤2的土当归，煮3~4分钟，待土当归熟透后捞起。装盘，浇上做好的汤汁。最后装饰上花椒树芽。

处理海鲜的必备知识[2]

乌贼、虾、蟹、贝类的种类不同，其处理方法也大有不同。
但是，只要记住了基本的处理方法，便可以举一反三。掌握好诀窍后，便可愉快地在家处理新鲜海鲜了。

乌贼、虾、蟹、贝类的各部位名称

乌贼

躯干下部处理方法

1. 取出软骨
2. 处理内脏
3. 洗净
4. 擦干
5. 去皮
6. 处理头部

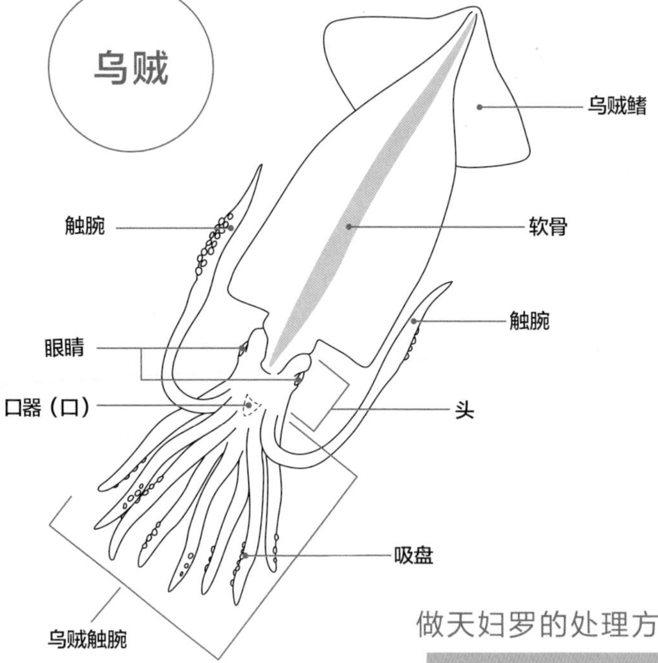

乌贼鳍
触腕
软骨
触腕
眼睛
口器（口）
头
吸盘
乌贼触腕

虾（明虾）

做天妇罗的处理方法

1. 去除头和背肠
2. 剥壳
3. 去尾
4. 背切一刀
5. 处理虾头

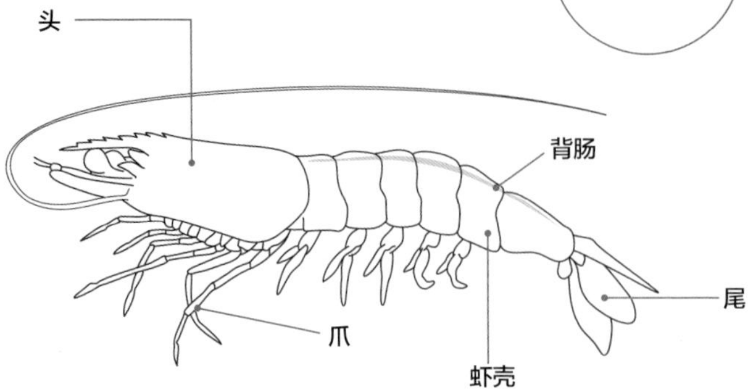

头
背肠
尾
爪
虾壳

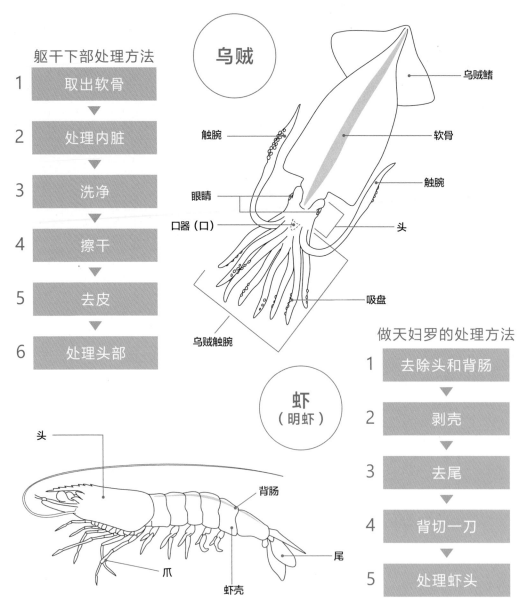

螃蟹
（梭子蟹）

1 去除掉蟹脐

▼

2 去除掉甲壳

▼

3 卸螃蟹

▼

4 盛上味噌

▼

5 剖开螃蟹

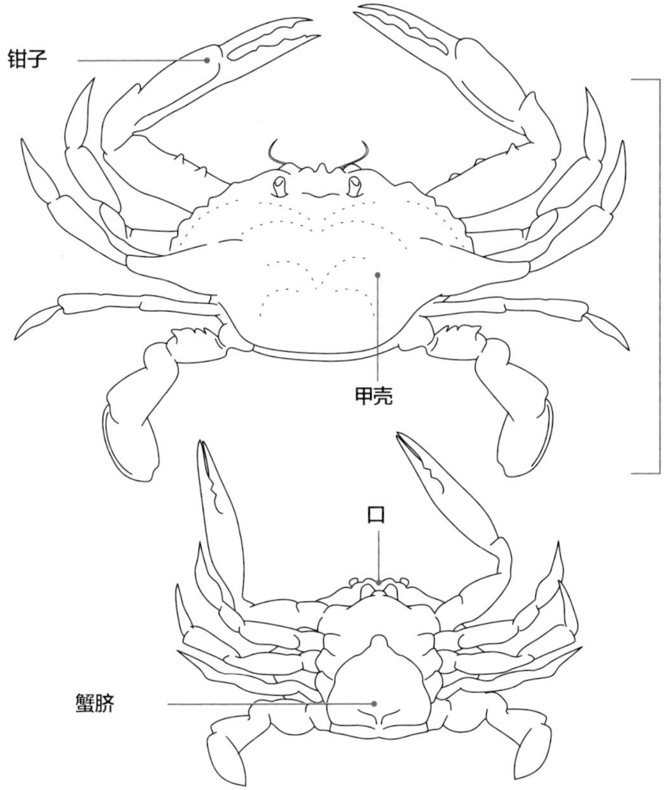

双壳贝
（赤贝）

1 打开贝壳

▼

2 取出贝肉

▼

3 清洗

▼

4 擦干

▼

5 分离贝肉和边线

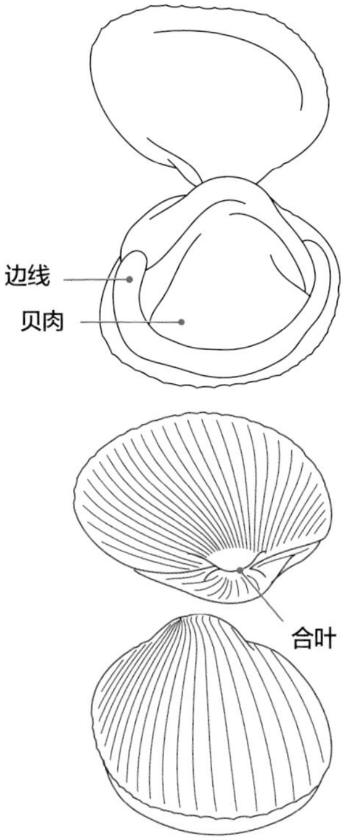

螺
（蝾螺）

1 打开螺

▼

2 分离肝和贝肉

▼

3 清洗

▼

4 擦干

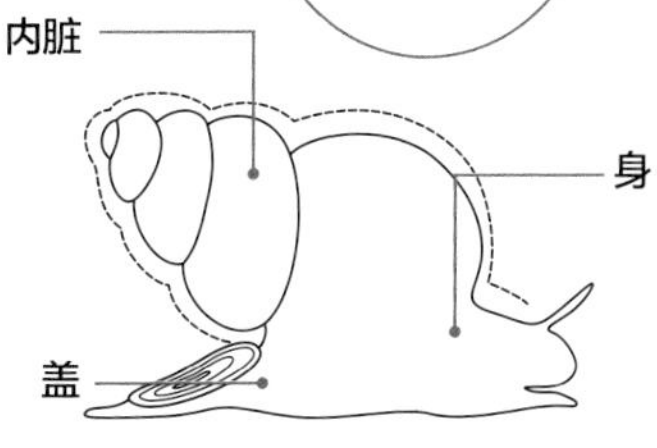

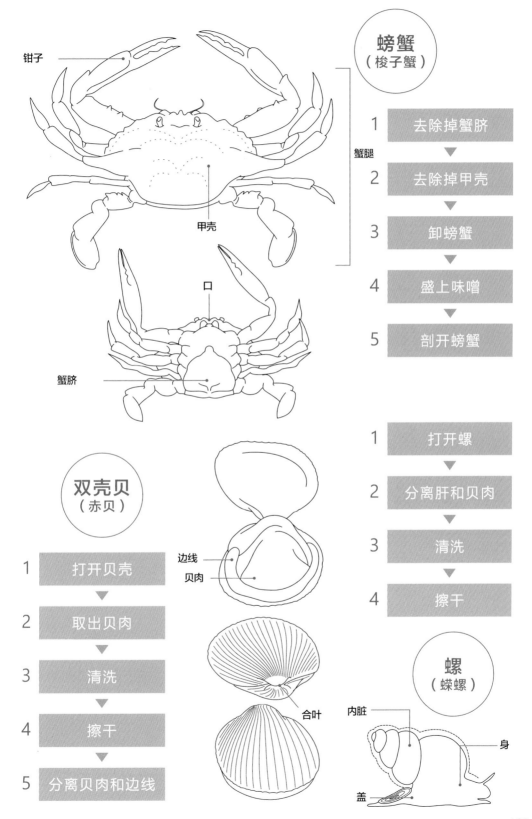

赤贝

赤贝正如其名，是一种贝身和汁液均为鲜艳的赤红色、风味浓厚的双壳贝。从北海道的南部到九州岛，日本各地都可以捕捉到赤贝。不论春夏秋冬，在市场上都可以看到赤贝的身影。产卵期前的赤贝肉身最为饱满。赤贝的甲壳较薄，比较脆弱，取出贝肉的时候容易弄碎贝壳。这个时候需要用刀背敲打贝壳，然后用餐刀挑出贝肉。

❖推荐料理

赤贝吃起来有嚼劲，适合做成刺身、寿司、醋拌凉菜。混合冬葱、西蓝花，做成醋拌赤贝、芥末拌赤贝也十分美味，是春日中的一道佳肴。

挑选诀窍

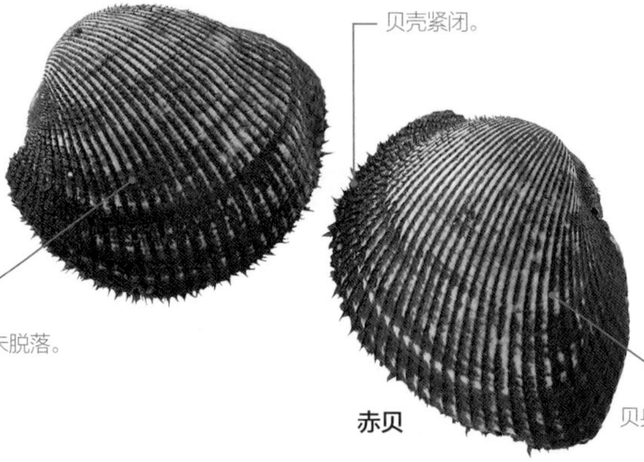
贝壳紧闭。
贝壳表面的绒毛未脱落。
贝身为饱满的球形。

赤贝

去壳

打开贝壳
→取出贝肉
→洗净
→擦干

使用刀具
餐刀（或撬壳刀）

1 从贝壳边缘的缝隙插入餐刀，沿着上侧贝壳下刀，切断贝柱（双壳贝类关闭左右贝壳的肌肉）、贝壳和贝肉的连接处。

2 切断两侧贝壳和贝肉的连接处后打开赤贝。从赤贝下方插入餐刀，切断贝柱、贝壳和贝肉的连接处。

诀窍

1 当贝壳闭得很紧时，从中间打开贝壳。首先在贝壳中间插入撬壳刀（或餐刀）。

诀窍

2 插入的撬壳刀（或餐刀）迅速地往左右扭动，以使贝壳被撬歪（左右两边不对称）。

诀窍

3 从撬歪的贝壳中间插入撬壳刀（或餐刀），切断贝柱、贝壳和贝肉的连接处。

3 完全切断贝壳和贝肉的连接处后，像舀水一样转动手腕将贝肉从贝壳中挖出来。

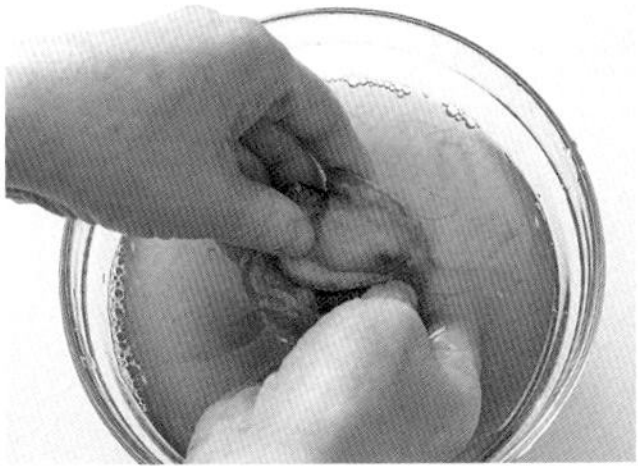

4 在碗里倒入盐水（盐水浓度为3%），洗去红色液体和血污，擦干贝肉上多余的水。

分离贝肉、边线和内脏

使用刀具

出刃菜刀

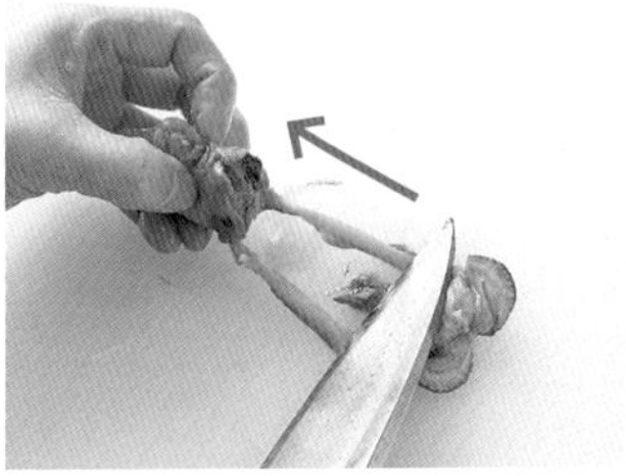

1 边线朝下，右手用菜刀按压贝肉，左手拉扯边线，最后将边线和贝肉分开。

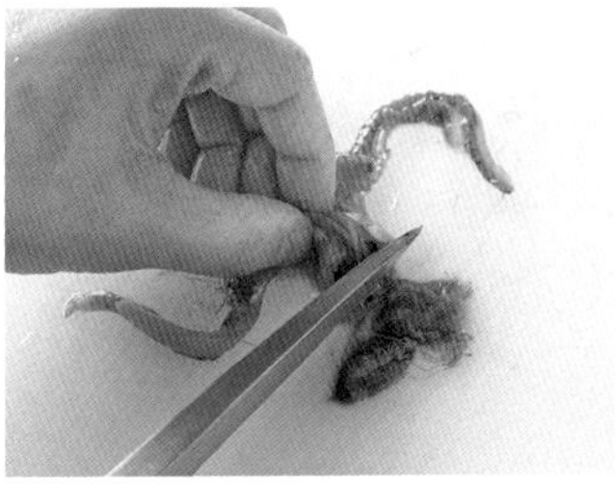

2 切除边线连接贝肉的薄膜，尽可能地处理干净上面的黏液。

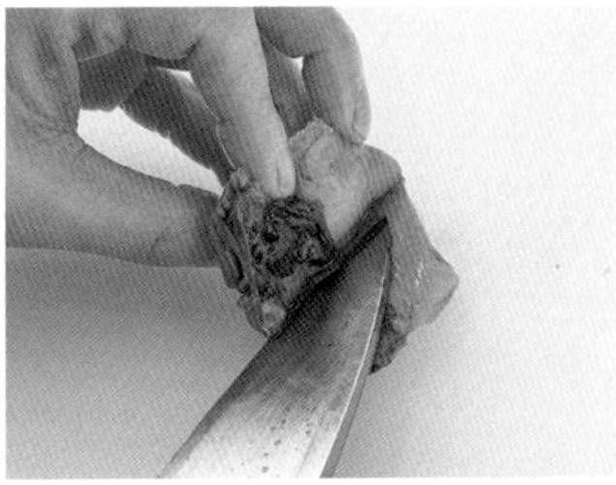

3 为了取出内脏，在肠子右侧切半刀，开口。

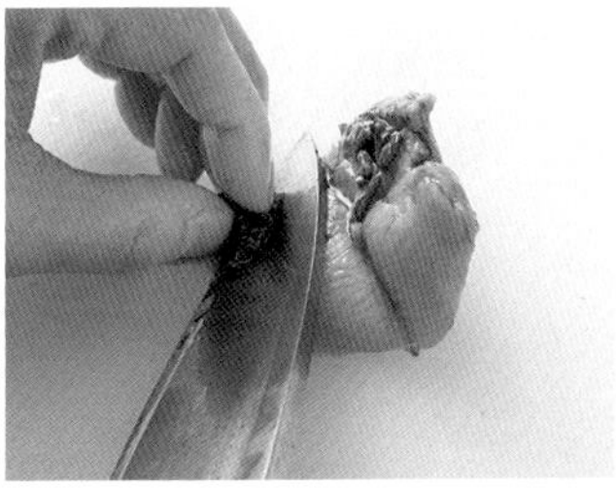

4 菜刀平放，沿着贝肉两侧用刀尖削下内脏。

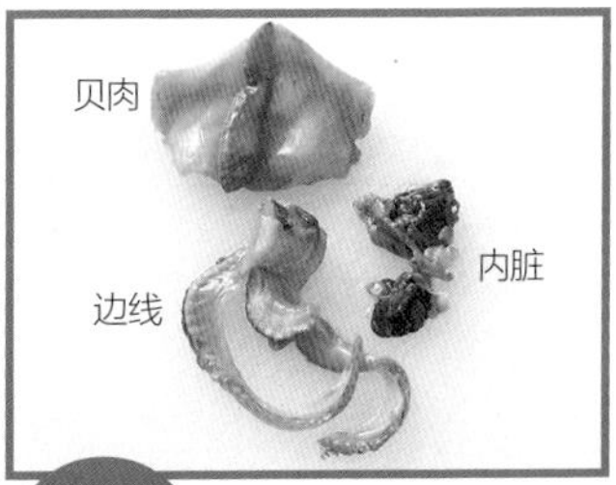

完成图 分离贝肉、边线和内脏的完成图。

网格花切
（网格赤贝肉）

使用刀具

柳刃菜刀

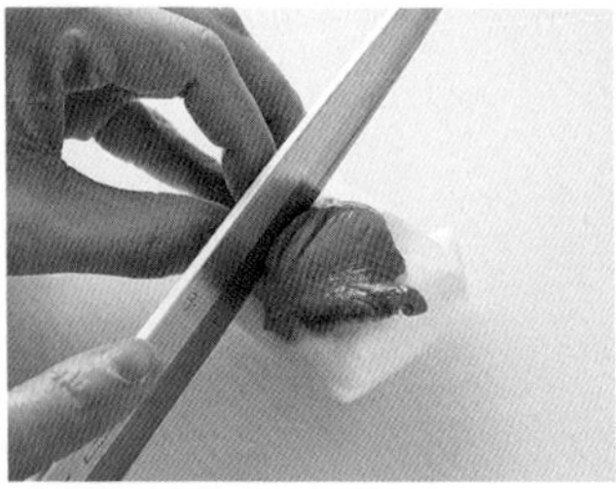

1 将贝肉切成两半，外侧朝上。为了防止赤贝滑动，请将其放在折好的纸巾上，形成一个稳定的平面后，切成2毫米左右厚的薄片。

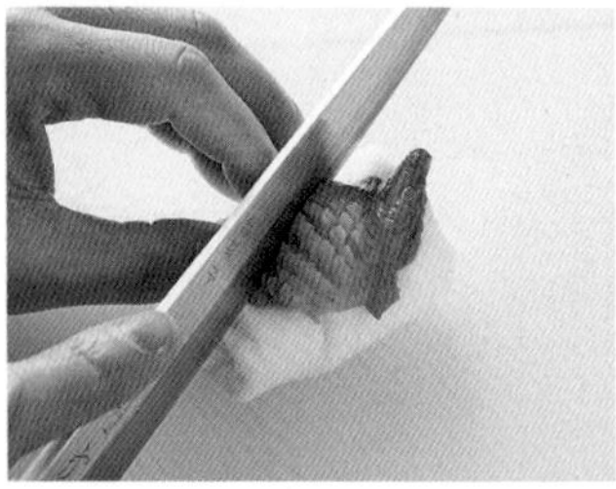

2 将食材旋转90度，切出同步骤1一样的纹路。

完成图

网格花切（网格赤贝肉）完成图。

在砧板上切时，会切成圆形网格。

赤贝刺身▸如右

料理

❖ 赤贝刺身

将赤贝切成网格状，边线切成适口大小的长度。将肝（内脏）放在盐水里煮，切成适口大小。白萝卜切丝后，与紫苏叶、芥末泥一起装盘，加入酱油和土佐酱油后即可食用。

鲍鱼

鲍鱼是一种众所周知的高级食材，最具代表性的是黑鲍和雌贝鲍（又称大鲍螺）。鲍鱼的产卵期在秋天和冬天，因此在日本料理中，夏天的鲍鱼是最为鲜美的。鲍鱼是一种螺，身上没有盖，呈椭圆形，很容易取出贝肉，但同时也很容易附着污垢。需要用刷帚仔细洗干净其体内污垢。加热鲍鱼时不需要使用盐水，直接用清水加热。做成生食时，需要先撒盐，洗去污垢后再进行处理。

❖**推荐料理**

黑鲍肉质紧实，适合做成蒸鲍鱼、冷鲜鲍鱼刺身等生食；肉质柔软的雌贝鲍，适合做成蒸菜、煮菜、烤鲍鱼等料理。将鲍鱼连壳烧制的『地狱烧』，不管是使用黑鲍，还是使用雌贝鲍都十分美味。

挑选诀窍

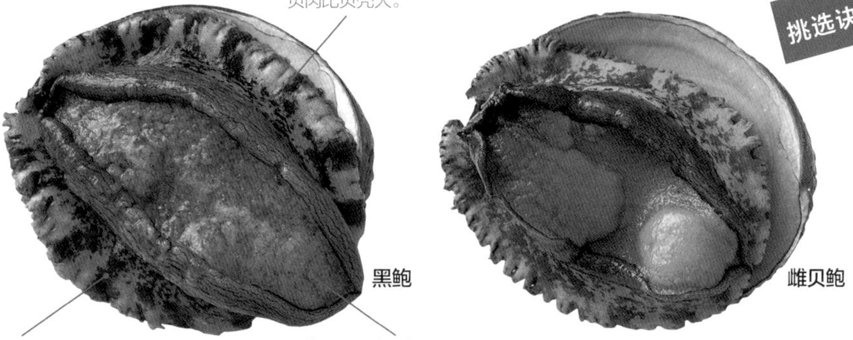
贝肉比贝壳大。
黑鲍
雌贝鲍
贝边仍有活力地蠕动。
贝柱深，贝肉隆起。

去壳

洗净（盐水洗）
➡擦干
➡取出贝肉

使用刀具
餐刀

1 在贝肉上撒盐，用刷帚在盛满水的碗中仔细地洗干净鲍鱼体内的污垢和黏液。同时洗干净绿色的部分。

2 洗干净鲍鱼体内的污垢和黏液后，鲍鱼会变成白色，用水冲洗后将其擦干。如图所示，摆放在桌面上。

3 将鲍鱼朝上放置，从绿色下方壳薄的地方插入餐刀。

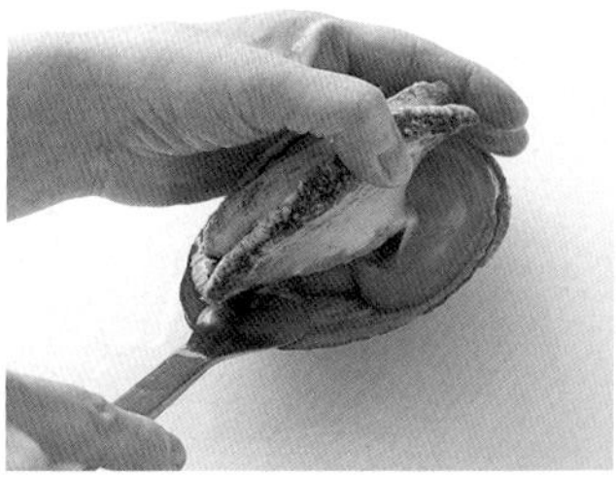

4 将鲍鱼稍稍立起，餐刀沿着壳边缘下切，像舀水一样转动手腕，将贝肉从贝壳中挖出来。

削片

＊蒸鲍鱼时使用。

使用刀具

柳刃菜刀

贝柱朝上，横放，从左端开始下切，切出5毫米宽的棒状肉片。用菜刀切入，迅速下刀，斜切。

完成图 削片完成图。

切鲍鱼肝的要领同削片一样，对半斜切。

蒸鲍鱼▶第171页

切丁（冷鲜鲍鱼刺身备用）

使用刀具

柳刃菜刀

1 贝柱朝上，纵放，从右端开始下切，切成1厘米宽的棒状肉片。

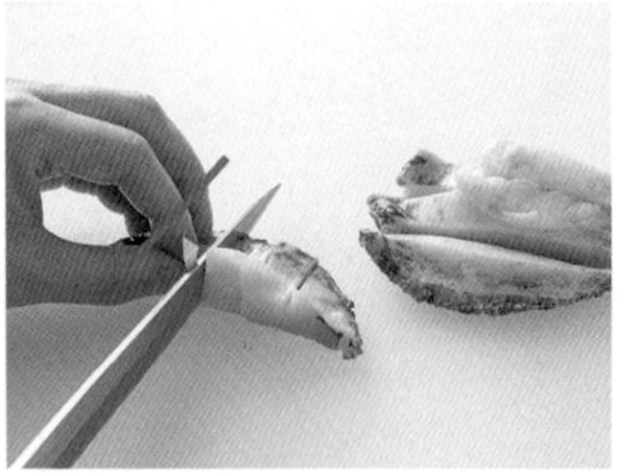

2 将切下的棒状肉片横放，用同样的方法，从左侧开始下切，切出1厘米宽的小丁。

完成图 冷鲜鲍鱼刺身备用的切丁完成图。

冷鲜鲍鱼刺身▶第171页

分离贝肉和内脏

使用刀具

柳刃菜刀

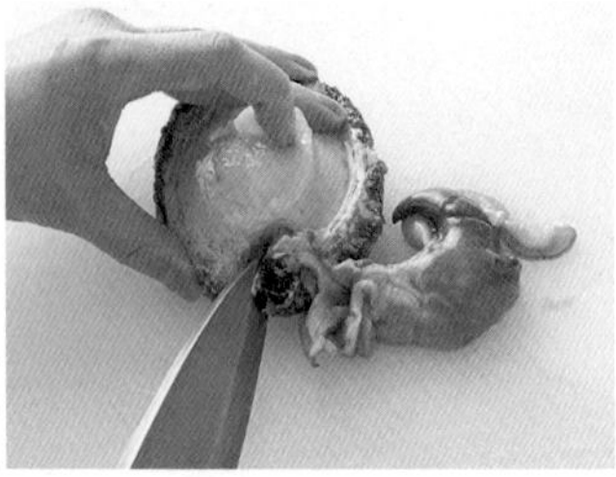

1 在不伤害贝柱附近的内脏的情况下，用手掏出贝肉，在贝口及其两侧用刀尖切V字，将肝切下。

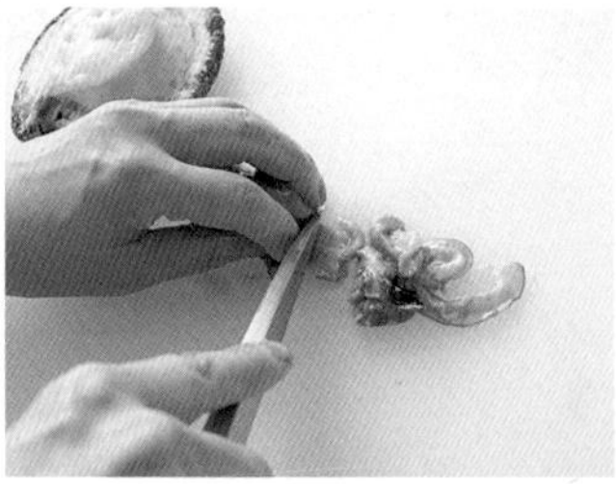

2 拔出内脏，去除连接内脏的薄皮。

完成图 分离贝肉和内脏完成图。

料理

❖ 冷鲜鲍鱼刺身

材料（4人份）

鲍鱼（黑鲍）1个；酱醅拌黄瓜4根；小水萝卜4个；秋葵4根；酒1小勺；A（米醋、酱油各1小勺）；海带汁、盐适量

做法

1 将鲍鱼放在能引出盐味的瓦器中，去壳，分离贝肉和内脏。在内脏上洒酒后蒸。将鲍鱼肉切成边长为1厘米左右的小丁。

2 将酱醅拌黄瓜板搓后（在黄瓜上面撒盐，再放于菜板上搓揉，使其绿色更加鲜艳），放在开水中过水，然后擦干酱醅拌黄瓜上多余的水。在秋葵上撒盐，然后煮一会儿，擦干秋葵上多余的水。将酱醅拌黄瓜和秋葵切成适口大小，小水萝卜切成4等份。

3 将蒸好的内脏碾碎后过滤，去除残渣，加入1.5小勺蒸鲍鱼肝的汁水，加入做好的材料A，做成肝醋。

4 在海带汁里加盐，冷却。向鲍鱼肉和步骤2的成品里加入蔬菜并装盘。最后将做好的肝醋放在小碟子里。

❖ 蒸鲍鱼

材料（4～6人份）

鲍鱼（雌贝鲍）1个；白瓜1/2个；酒、盐、萝卜（切片）适量

做法

1 将鲍鱼放在水里浸泡并洗净，装饰上白萝卜，洒上酒，放在冒出蒸汽的蒸笼里，大火蒸2小时。待鲍鱼变软后取出冷却。

2 将白瓜切成薄片，放在盐水里浸泡，待白瓜变软后挤干多余的水，放在盘子里。

3 等鲍鱼冷却后去壳，分离贝肉和内脏并削片，再加入步骤2的成品，然后装盘。剥去鲍鱼内脏和外侧薄皮，切分好后装盘。

蒸鲍鱼时，在锅中支起铝合金做的圆形支架以使其更稳定。在上面放白萝卜是为了使鲍鱼肉更加柔软，白萝卜泥也具有同样的效果。

乌贼/鱿鱼

乌贼的种类繁多，大体分为鱿鱼和墨鱼两种。鱿鱼再往下可以分为燕鱿鱼、枪乌贼等，但处理方法是一致的。处理时，请不要弄破墨袋，也不要弄破乌贼的表皮。不同种类的乌贼的盛产期不同，请根据季节，选择适合的乌贼。

❖推荐料理

不管是日本还是西方国家，乌贼在料理中的使用都很广泛。有黏液的燕鱿鱼适合做味道甘甜、浓厚的煮菜和炒菜，有嚼劲的枪乌贼适合做成味道清爽且鲜美的沙拉。

挑选诀窍

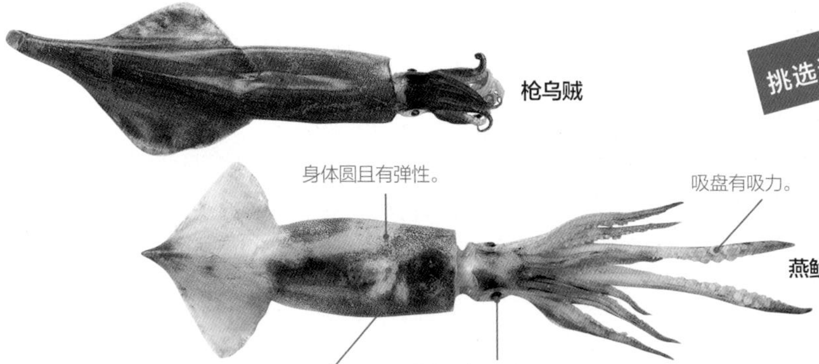
枪乌贼
身体圆且有弹性。
吸盘有吸力。
燕鱿鱼
表面呈赤褐色，具有透明感。
眼睛黑亮、凸起。

处理下半身

拔出内脏
➡洗净乌贼身
➡去除内脏
➡去除口器、眼睛
➡分离头和触腕

使用刀具

出刃菜刀

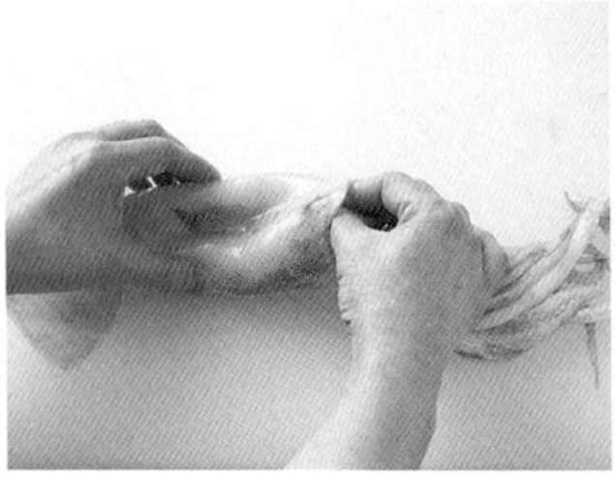

1 将大拇指和食指插入乌贼上身，用手指掐断上身和内脏相连的筋脉。

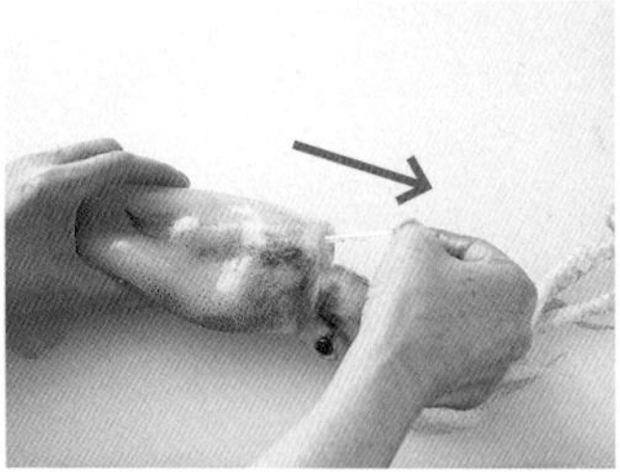

2 拔出乌贼上身的内侧软骨（轻薄透明板状物）。

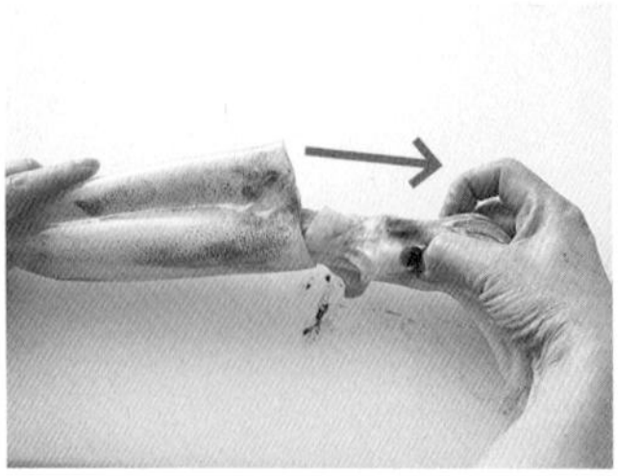

3 使乌贼眼睛朝下，左手捏着乌贼上身，右手缓慢地将内脏拔出。用清水洗干净乌贼上身，擦干多余的水分。

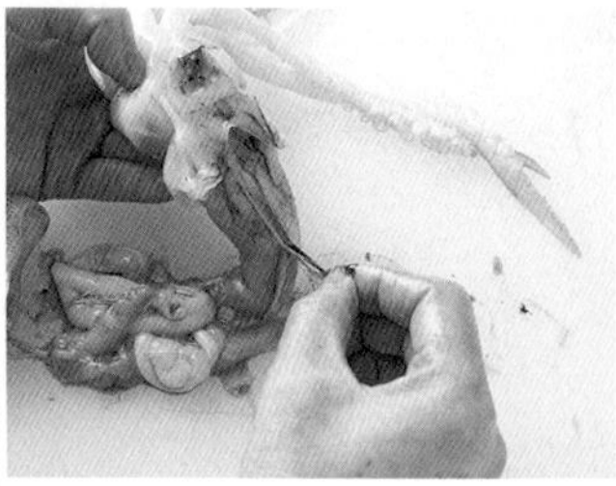

4 捏住和内脏相连的墨袋并拔出。注意不要捏破墨袋。

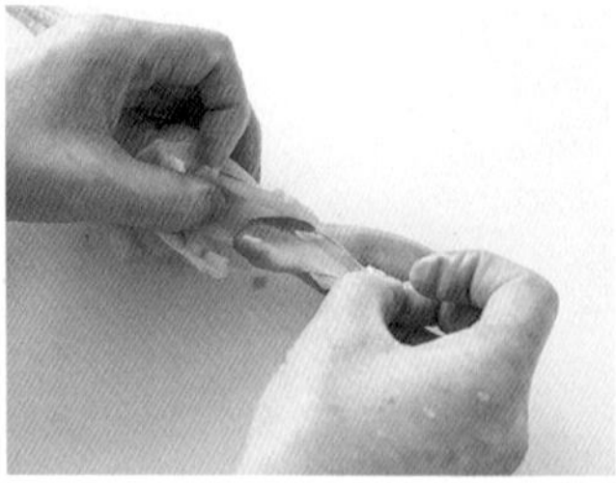

5 刮去内脏周围的薄皮，取出内脏。

完成图 **拔出内脏完成图。**
蘸上酱汁或裹衣可以使味道和香气倍增。

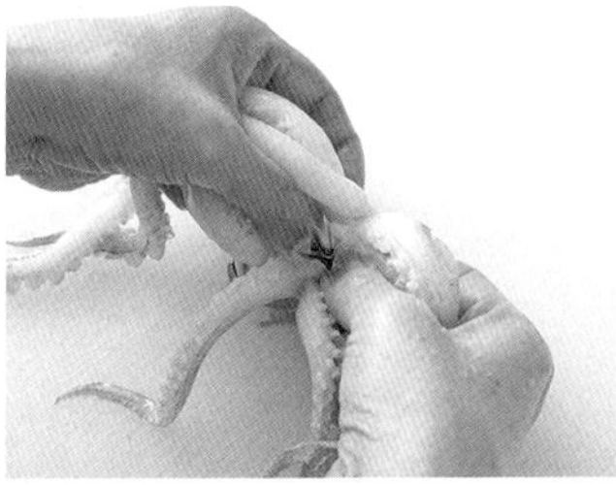

6 打开乌贼的触腕，在触腕根部找到乌贼的口器，两根大拇指挤压，将口器挤出，捏住它并去除。

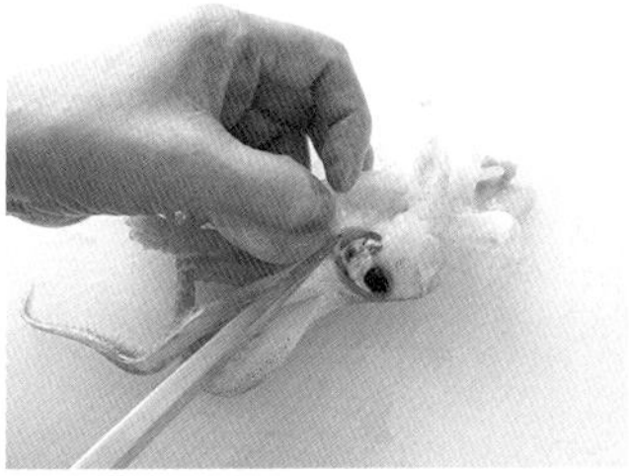

7 在乌贼的眼睛周围下切，将眼睛挖出，去除眼睛与头部相连的薄皮。

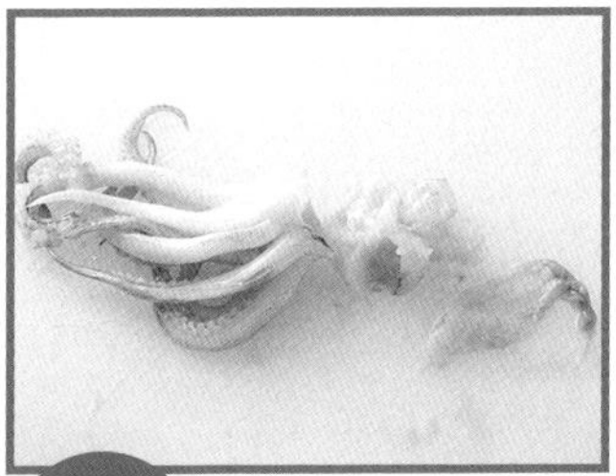

完成图 去除口器、眼睛和分离触腕与头部薄皮完成图。
将乌贼头红烧后，非常美味且有嚼劲。

去皮

使用刀具
出刃菜刀

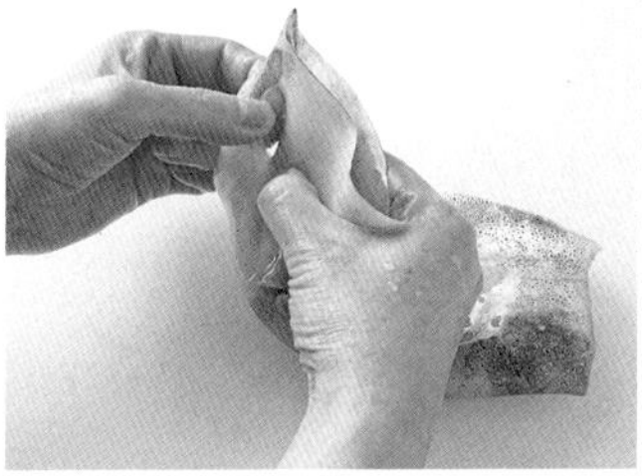

1 将大拇指插入乌贼鳍和上身的缝隙中，去除乌贼鳍。

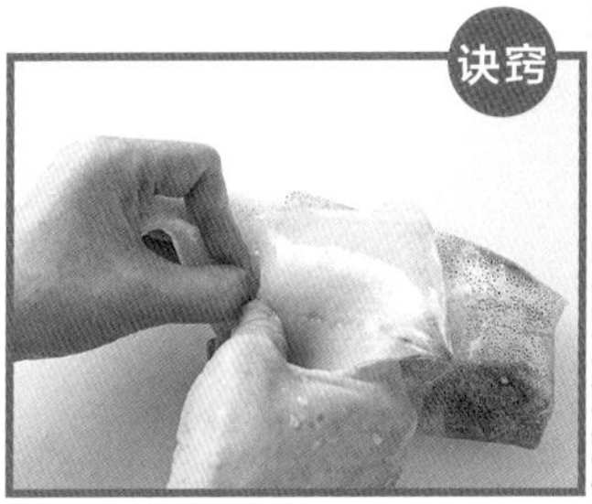

仔细用手剥离上半身与乌贼鳍相连部分的薄皮。注意不要弄坏乌贼鳍根部的表皮。

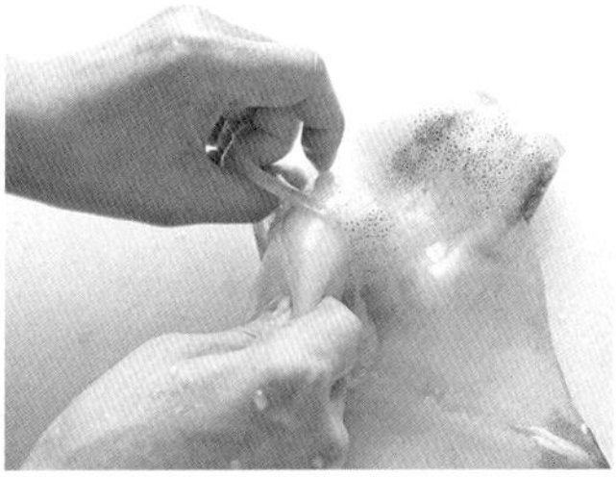

2 将大拇指插入与乌贼鳍相连的皮和上身的缝隙中，弄出薄皮，一点点将乌贼皮小心且顺滑地剥下。

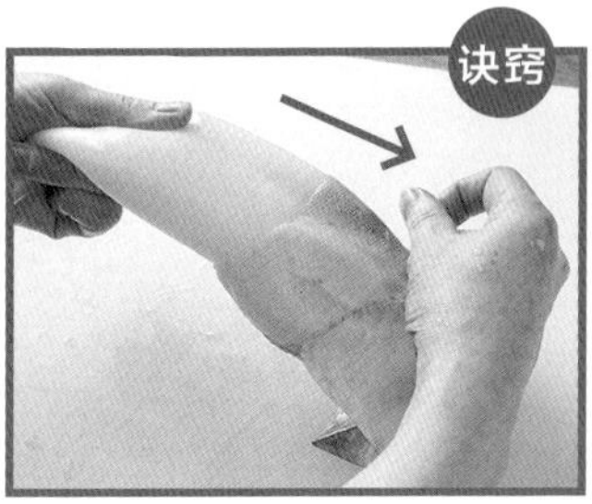

3 剥到一半时，按照箭头所指的方向一口气剥下。

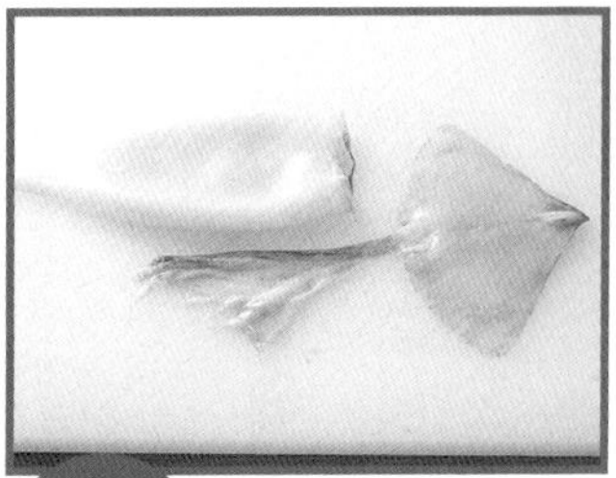

完成图 **去皮完成图。**
最后，乌贼鳍仍连着外皮。

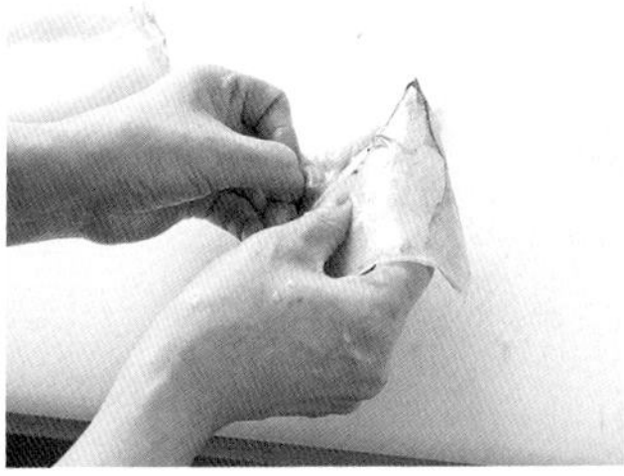

4 在剥乌贼鳍部分的乌贼皮时，部分上身鱼皮也会被一同剥下，且需要流畅地被一同剥下。

5 最后用纸巾擦掉残留在末端的乌贼皮。

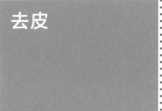

触腕切块

去除吸盘
➡洗净
➡擦干
➡切分
＊使用燕鱿鱼的触腕部分。

使用刀具
出刃菜刀

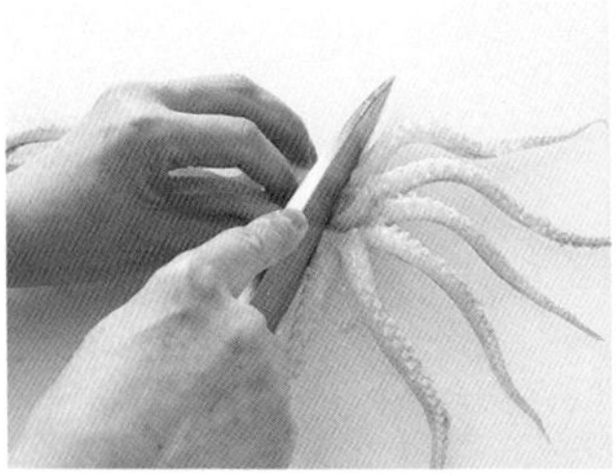

1 将触腕内侧朝上呈放射状摆放。将触腕切分成4根和6根。

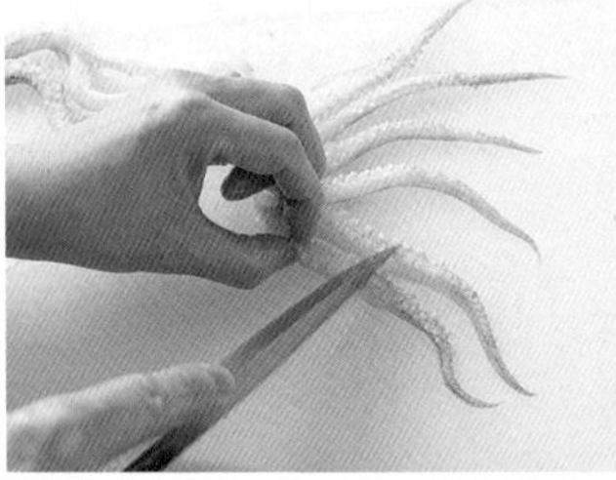

2 将触腕的吸盘朝上放置，菜刀从根部向尖端剔除吸盘中的环（较硬的部分）。之后用清水洗净并擦干。

诀窍

剔除长触腕中间的吸盘较困难。可以将吸盘倒放在砧板上，用菜刀切除。

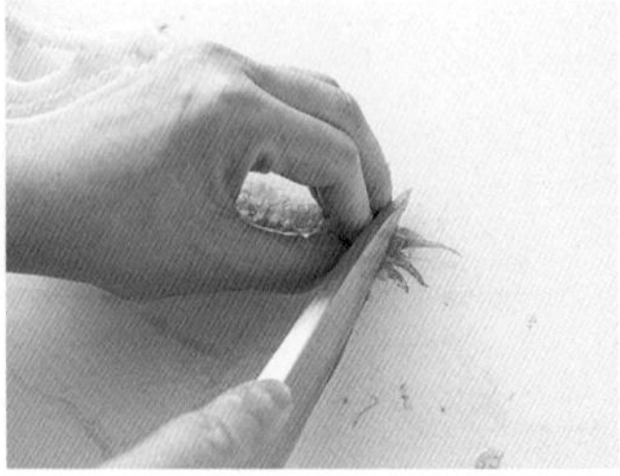

3 将触腕尖捏在一起，切除前端少许，统一长度。

4 将每2根触腕为一组切开，另一半同理。

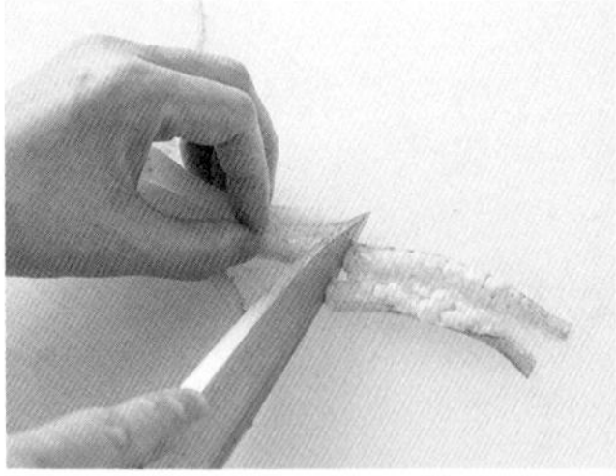

5 将2根较长的触腕一起对半切，使其尽可能和其他触腕等长。

完成图 触腕切成适口大小完成图。

炸鱿鱼足▶第177页

处理上半身

＊使用去皮后的枪乌贼上半身。

使用刀具
出刃菜刀

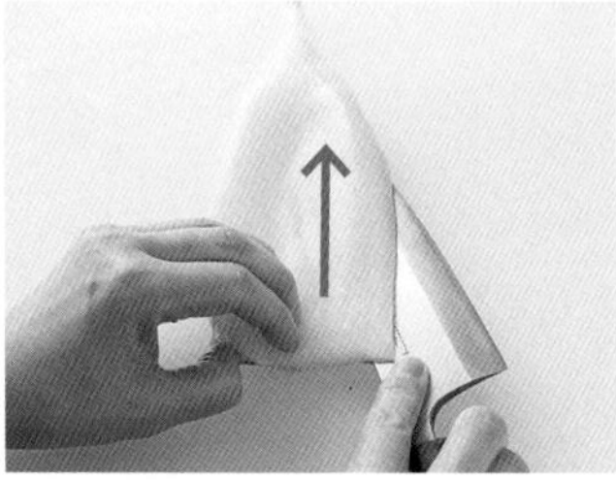

1 将尖角的一方朝上，有软骨的一方（乌贼鳍中间）朝右纵放。逆握住出刃菜刀，从身前向上方切去，切开右端的乌贼皮。

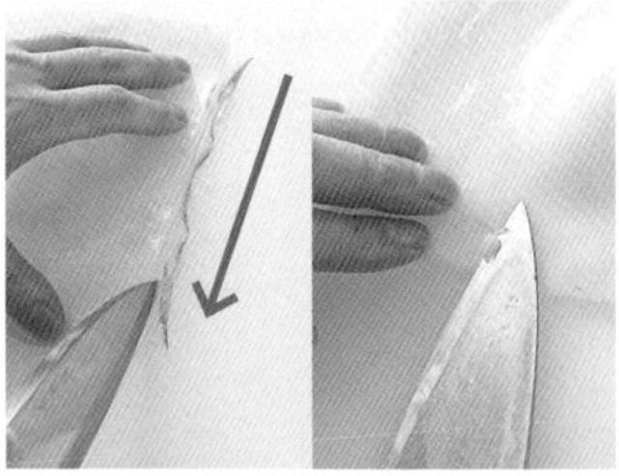

2 剥去内侧薄膜（左图），剔除右侧坚硬的凸起（右图）。我们将处理好的乌贼称为“上身”。

3 将尖角的一方朝左，在距离右端4~5 厘米的位置下切。

切鱿鱼圈

＊使用去皮的燕鱿鱼“上身”。

使用刀具

柳刃菜刀

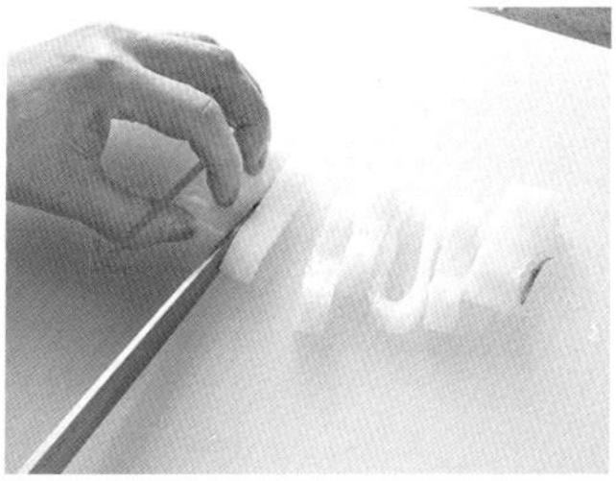

将鱿鱼上身有尖角的一侧朝左横放，从右开始切成等长的鱿鱼圈。大幅度地使用刀刃笔直下切。

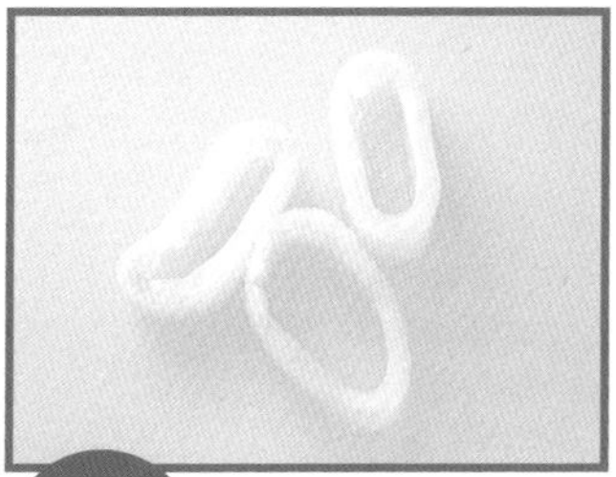

完成图 切鱿鱼圈完成图。

鱿鱼圈沙拉▶第176页

切条

＊使用切成4～5厘米宽的燕鱿鱼“上身”。

使用刀具

柳刃菜刀

将鱿鱼上身横放，使用刀身大幅度地一口气下切。从右端开始，切成4毫米左右宽的细条。

完成图 切条完成图。

乌贼面▶第176页

打花刀

＊使用切成4～5厘米宽的燕鱿鱼“上身”。

使用刀具

牛刀

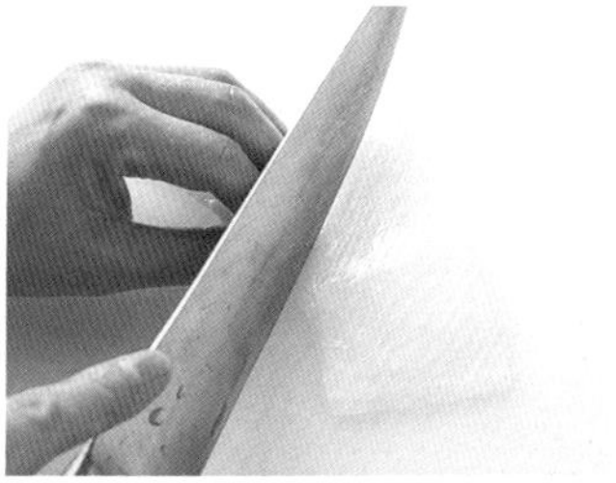

1 将鱿鱼上身横放，菜刀稍稍向左倾斜，下切。

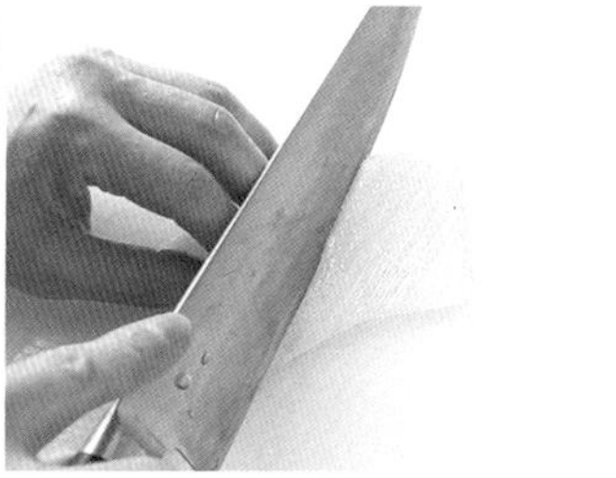

2 将鱿鱼上身旋转90度，切成格子状的花刀。下刀时的宽度、角度均随意。

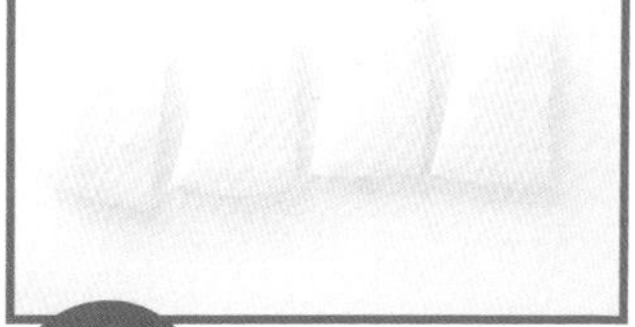

完成图 打花刀完成图。

中式炒鱿鱼
▶第177页

料理

❖ 乌贼面

材料（2人份）

燕鱿鱼“上身”1个；野姜（切丝）2个；紫苏叶4片；坂本菊2朵；红蓼适量；生姜汁（酒、酱油各1大勺，生姜汁适量）

做法

1 将未覆盖保鲜膜的做生姜汁的酒直接放到微波炉里加热30秒，使其挥发。将生姜汁和酱油混合。

2 将燕鱿鱼切成细丝。

3 将野姜、紫苏叶、燕鱿鱼按照顺序放在碟子中部并装盘。如图所示，用坂本菊和红蓼进行装饰，将做好的生姜汁放在小碟子里。

❖ 鱿鱼圈沙拉

材料（2人份）

切好的鱿鱼圈100克；水叶的嫩叶1包；红辣椒（切丝）少许；色拉调料（西式醋1小勺，芥末1/2小勺，盐、胡椒适量，橄榄油2 小勺）；白酒2大勺；盐适量

做法

1 将做色拉调料的材料混合。

2 在白酒里撒盐并开火，放入鱿鱼圈，煎至半熟。迅速取出鱿鱼圈，去除多余汤汁，加入少量的色拉调料。

3 将水叶的嫩叶和红辣椒混合，加入色拉调料，再和步骤2做好的成品混合后装盘。

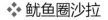

❖ 中式炒鱿鱼

材料（2人份）

燕鱿鱼“上身”和内脏1份；香菇3个；灯笼椒（红色、黄色）各1/2个；大蒜（切碎）、野姜（切丝）各1瓣；红辣椒（切成小圆）1根；酒、酱油各1小勺；盐、精制芝麻油适量。

做法

1 将燕鱿鱼内脏熬盐，放置1小时以上，擦去乌贼上多余的水。

2 在燕鱿鱼的“上身”、头部打花刀，切成长4～5厘米、宽3厘米的短长方形。将去蒂的香菇以十字形切成4瓣，灯笼椒切成适口大小。

3 将精制芝麻油倒入炒锅中，放入燕鱿鱼“上身”进行翻炒，炒好后取出。在锅中刷少量油，放入乌贼“上身”和灯笼椒，翻炒后取出。

4 继续在炒锅中放入燕鱿鱼的内脏，一边翻炒，一边将燕鱿鱼的内脏弄碎。将弄碎的内脏和大蒜、野姜、红辣椒混合，用小火翻炒。待炒出香味后，开大火，放入步骤3的燕鱿鱼“上身”和灯笼椒，加入酒和酱油，翻炒并混合。

❖ 炸鱿鱼足

材料（2人份）

枪乌贼足和带皮的乌贼鳍1份；芹菜2根；帕尔玛干酪（切碎）5克；粗粒粉（将硬粒小麦粗磨，把胚乳部分粗略地磨碎，并去除麸子制成）15克；柠檬（切瓣）2瓣；橄榄油、盐、胡椒适量

做法

1 将乌贼足以每2根为一组切开，把乌贼鳍斜切成1厘米宽的小段。

2 将帕尔玛干酪和粗粒粉混合，裹在步骤1的乌贼足和乌贼鳍上。

3 将橄榄油加热到170摄氏度，将裹好粉的乌贼足和乌贼鳍放在热油里炸，撒上盐和胡椒。

4 接下来将芹菜油炸，和步骤3的成品一起装盘，装饰上柠檬瓣。

乌贼/墨鱼

墨鱼（针乌贼）、唇瓣乌贼、商乌贼都是因头部圆胖、呈椭圆形、上身有着白且大的石灰质甲壳而得名的一类墨鱼。处理墨鱼时，需要花费力气将其巨大的甲壳取出。墨鱼身边上镶嵌着短短的鳍，它们的鳍并不是耳状。墨鱼有8根较短的触腕和2根较长的、专门用来捕捉食物的触腕。拔除内脏和触腕时，请注意不要弄破墨鱼的墨袋。一旦墨袋有所破损，会洒出大量的墨汁，造成不便。即使是少量的薄皮，也不应该残留在墨鱼的口器周围，请仔细且小心地剥去墨鱼外皮和薄皮。

❖推荐料理

墨鱼肉质较黏，吃起来有一种黏黏的口感，加上其特有的甜味，适合做成刺身。

挑选诀窍

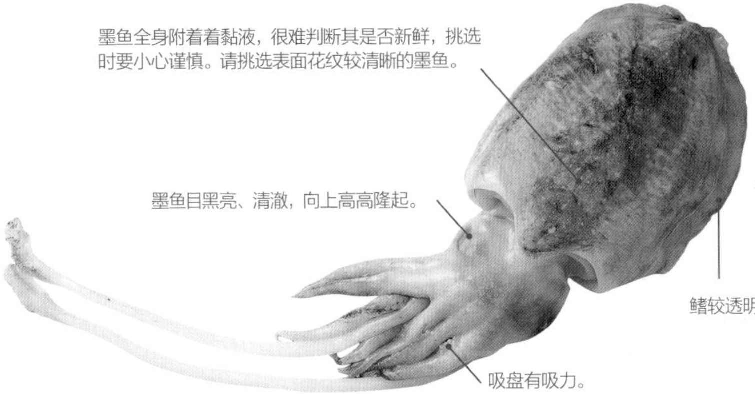
墨鱼全身附着着黏液，很难判断其是否新鲜，挑选时要小心谨慎。请挑选表面花纹较清晰的墨鱼。
墨鱼
墨鱼目黑亮、清澈，向上高高隆起。
鳍较透明。
吸盘有吸力。

处理内脏

取出甲壳
→拔出内脏
→清洗上半身
→擦干

使用刀具

出刃菜刀

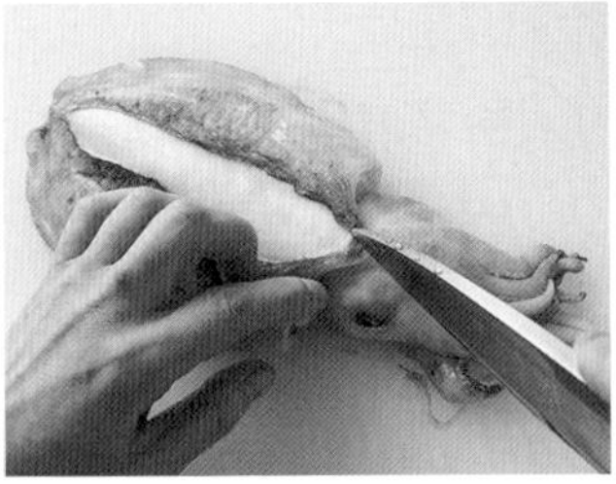

1 将有墨鱼板的一方朝上放置，菜刀从中间下刀，切开墨鱼皮。

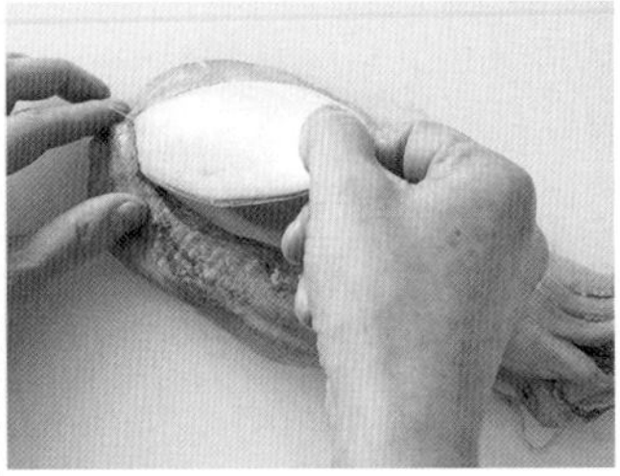

2 将切口扩大，从切口处取出墨鱼板。大拇指用按压的方法剥去墨鱼板下面的薄皮。

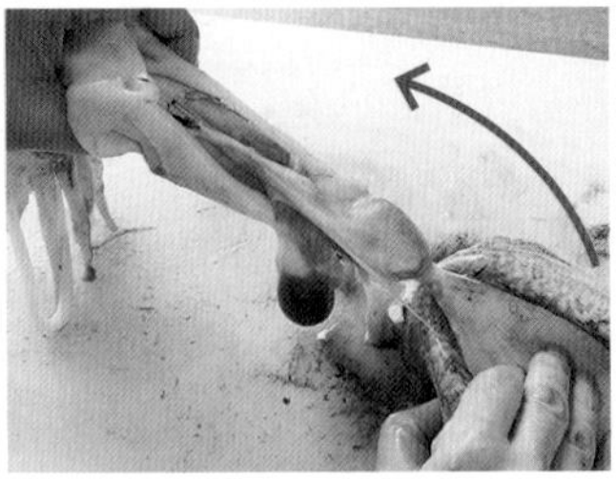

3 右手抓住墨鱼身，左手捏住触腕的根部，在不弄破墨袋的情况下，向上拉出内脏。洗净墨鱼身，去除墨鱼身上多余的水。

去皮

使用刀具

出刃菜刀

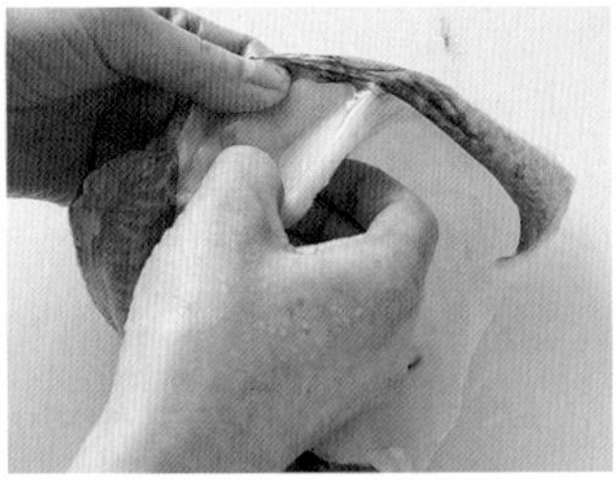

1 将墨鱼皮朝下放置，大拇指从墨鱼身上端的切口插入墨鱼皮和墨鱼身的缝隙中，将皮一点点剥下。

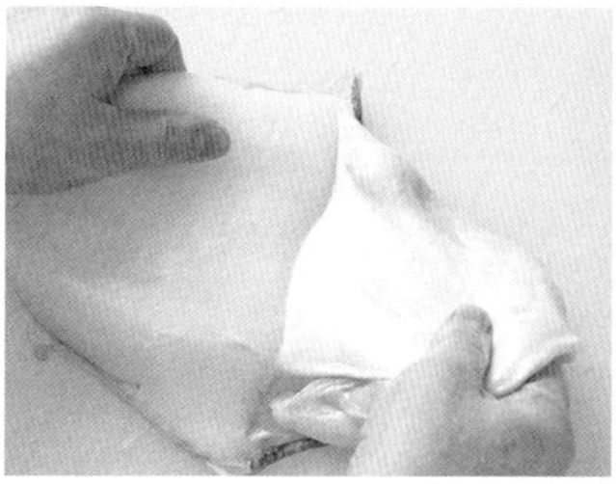

2 剥到一定程度时，右手捏住鱼皮，左手捏住鱼身的上端，用拉扯的方法将外层墨鱼皮剥下。

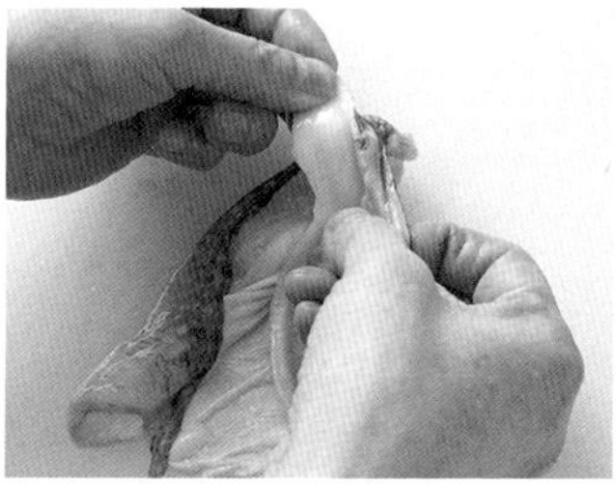

3 将墨鱼外皮的内侧所残留的鱼皮剥去，注意仔细去除里外残留的薄皮。

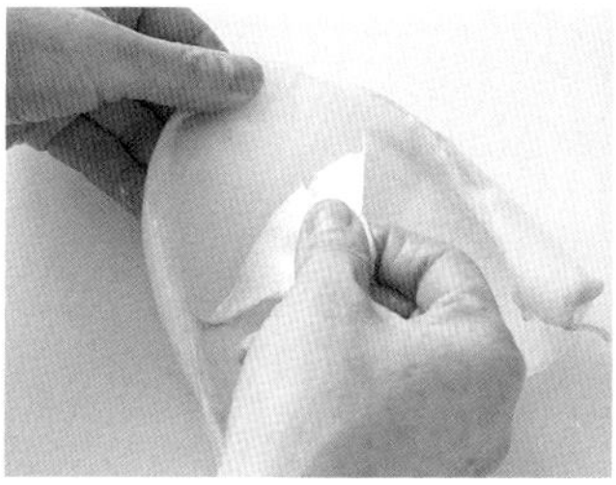

4 剥去墨鱼内侧的薄皮。

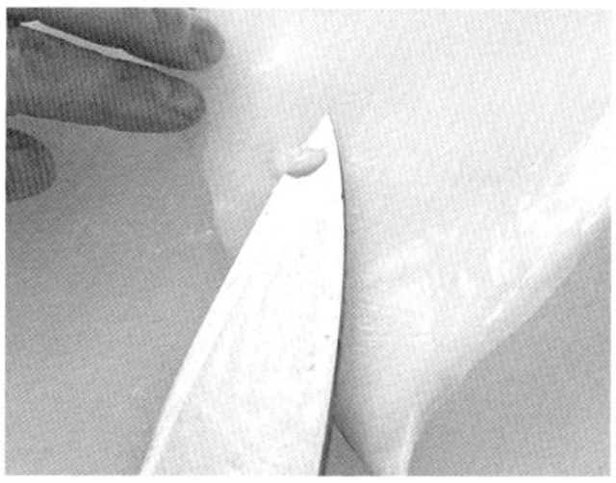

5 挑出墨鱼内侧下端的两处软骨。

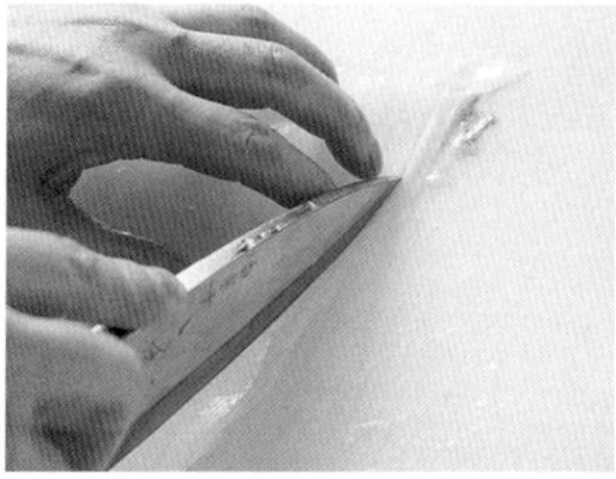

6 在墨鱼内侧的下端，大约5毫米的地方笔直深切，但注意不要切断。

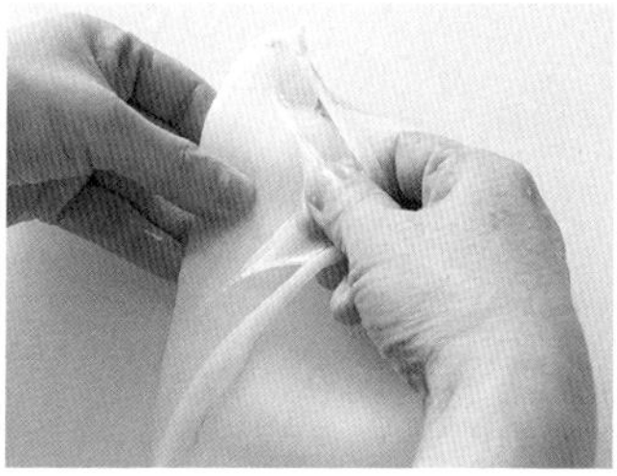

7 将墨鱼翻转过来，沿着步骤6的切口对折，然后小心地将墨鱼外侧的薄皮拉扯至剥落。

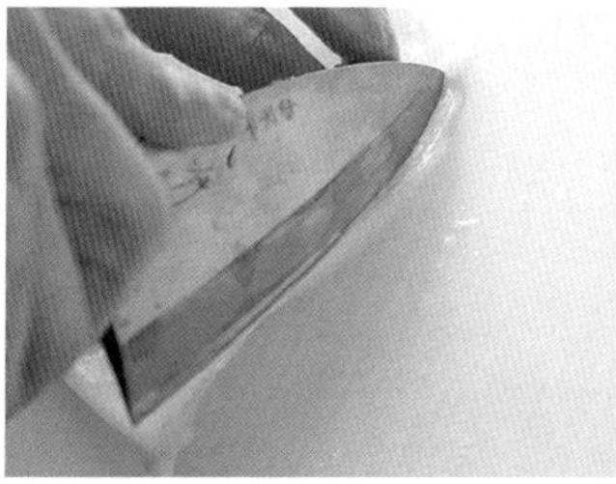

8 沿着墨鱼边缘，切去1~2毫米的多余的部分，将边缘修理整齐。

完成图 去皮完成图。

墨鱼刺身三拼

▶第181页

头足分离

去除内脏
➜去除口器、眼睛
➜在切口处剥皮
➜取出吸盘
➜洗净 ➜擦干

使用刀具

出刃菜刀

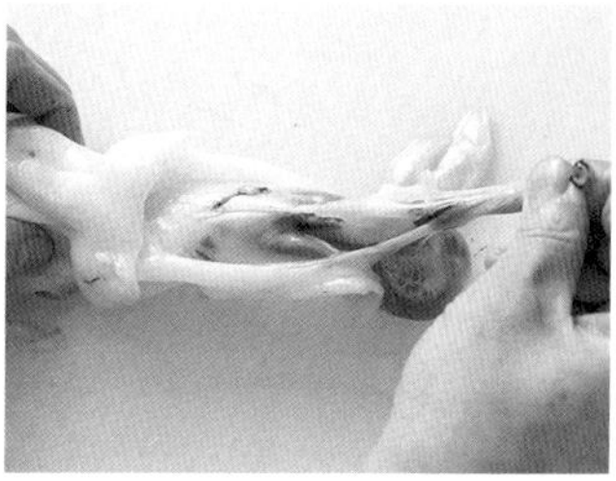

1 捏住和内脏相连的墨袋并拔出，注意不要捏破墨袋。

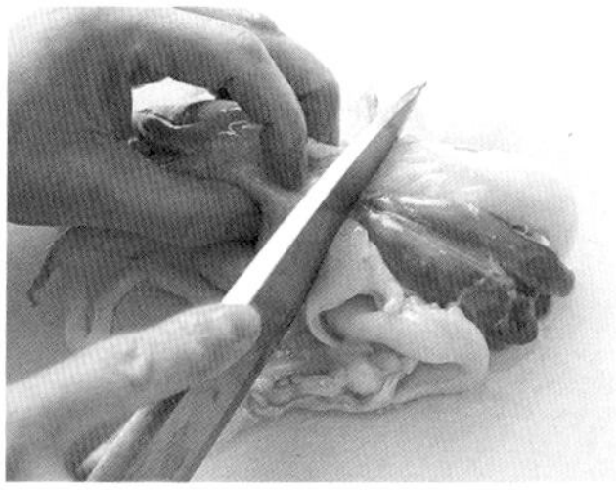

2 将触腕朝左放置，贴着内脏的根部切断触腕。

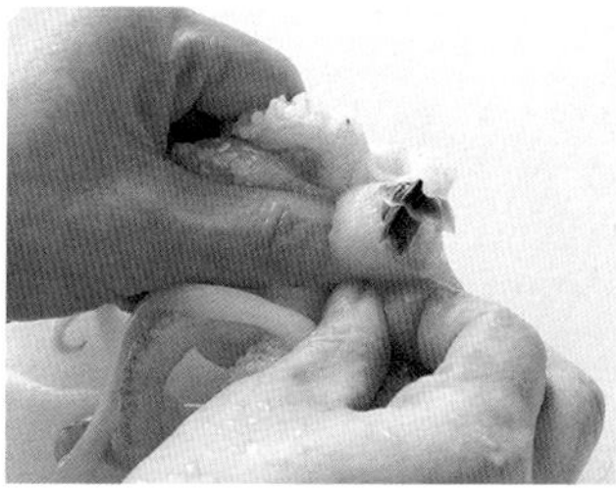

3 打开墨鱼的触腕，在触腕的根部找到墨鱼的口器，用两根大拇指挤压，将口器挤出，捏住它并去除。

下一页

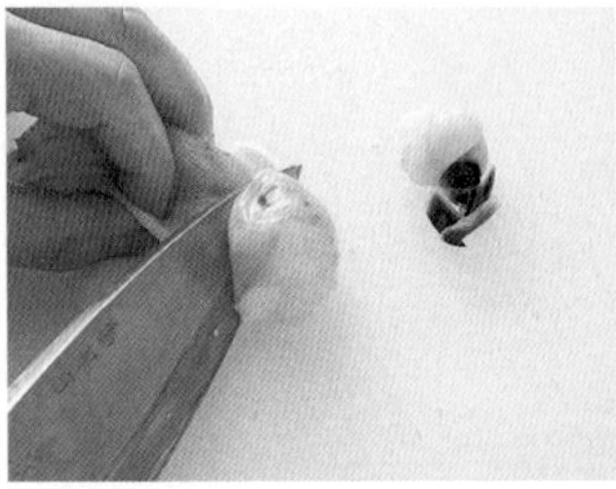

4 在墨鱼目间插入菜刀，将触腕纵放并切落，挤压墨鱼目，用刀将其切除。

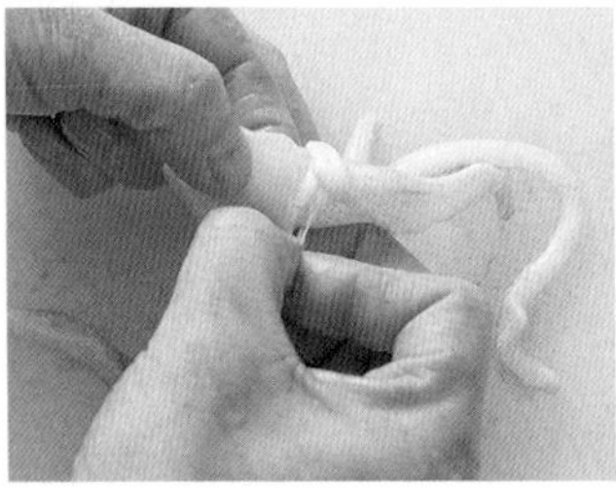

5 将墨鱼触腕分成2~3根一组，切去足尖，依次剥皮。

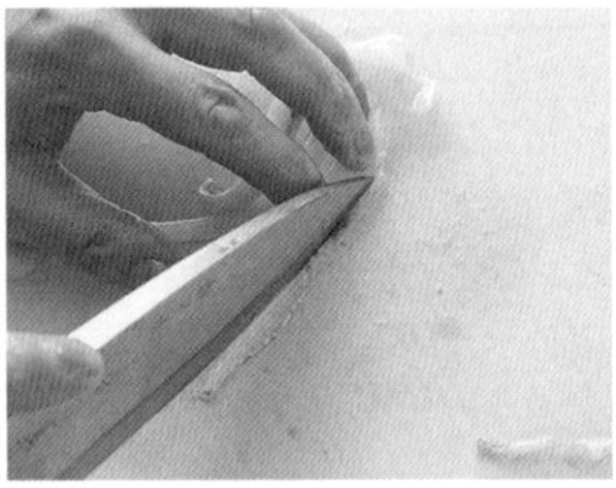

6 切去吸盘之后，用水洗净擦干。

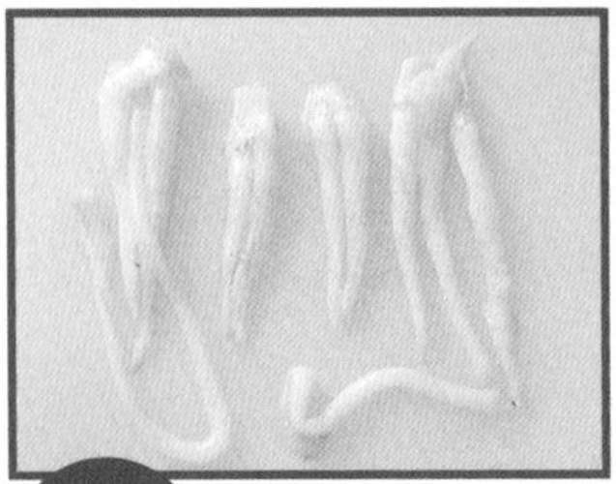

完成图 分足剥皮完成图。

鸣门切

＊使用去皮后、切成4厘米左右宽的块状的墨鱼身。

使用刀具

柳刃菜刀

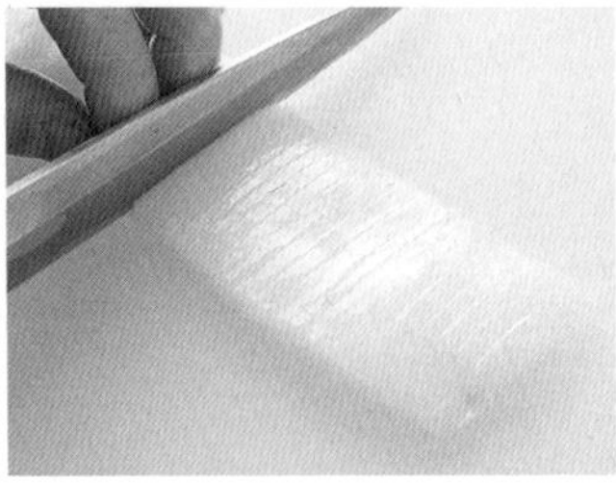

1 内侧朝上横放，从一端每间隔1毫米左右轻切，仅切1/3深。

2 将墨鱼身翻转、纵放，紫苏叶去茎秆，将叶子切成和墨鱼身大小一致的形状，放在墨鱼上面，从身前向内卷。

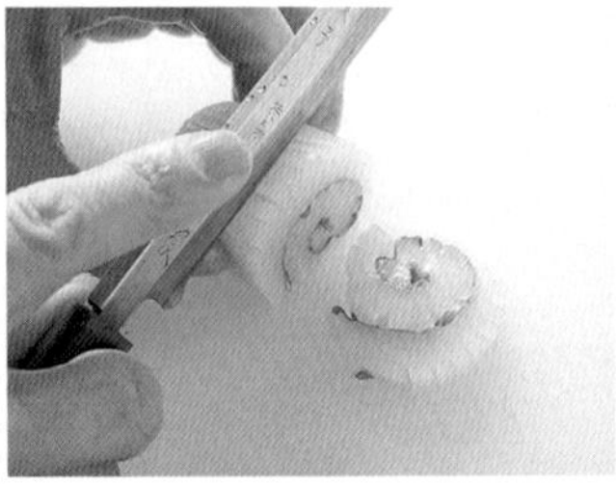

3 卷好后，从右侧下刀，切成1厘米宽的薄片，干净利落地一口气下切。下切时，请保证左手不移动墨鱼卷，剩下的部分同理。

完成图 鸣门切完成图。

墨鱼刺身三拼

▶第181页

烧痕切

＊使用去皮后、切成4厘米左右宽的块状的墨鱼身。

使用刀具

金串

柳刃菜刀

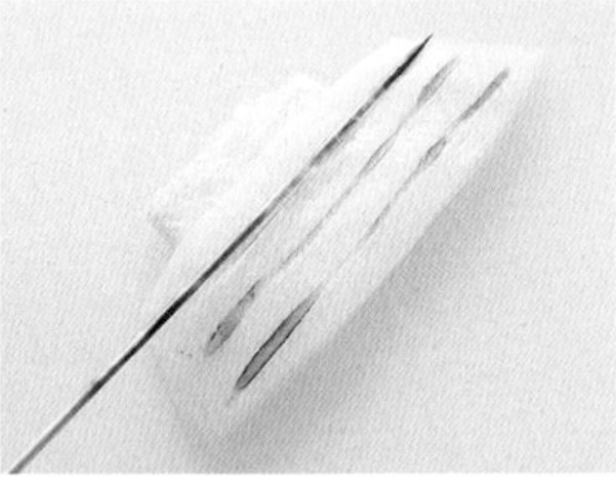

1 墨鱼正面朝上纵放。将金串放在瓦斯的火上烧红，如图所示在墨鱼上刻痕。

诀窍

在墨鱼下垫上纸巾之类的柔软物体，烧痕会更加平整、美观。

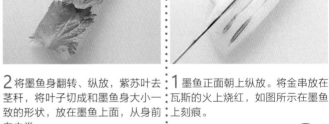

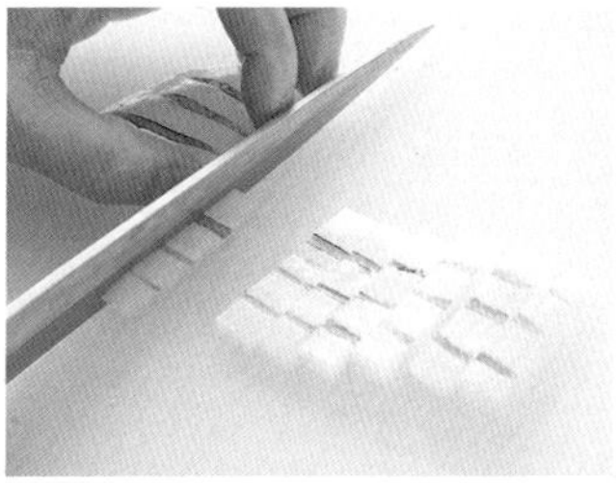

2 菜刀从右侧开始切 1 厘米宽的薄片，干净利落地一口气下切。每切好一刀，就将切好的墨鱼片向右送。

完成图 烧痕切完成图。

墨鱼刺身三拼

▶如下

博多切

＊使用去皮后，切成4 厘米左右宽的块状的墨鱼身。

使用刀具

柳刃菜刀

1 将墨鱼对半切，将烧烤的海苔取合适大小，垫在墨鱼下面，使二者相贴时恰好互相吻合。

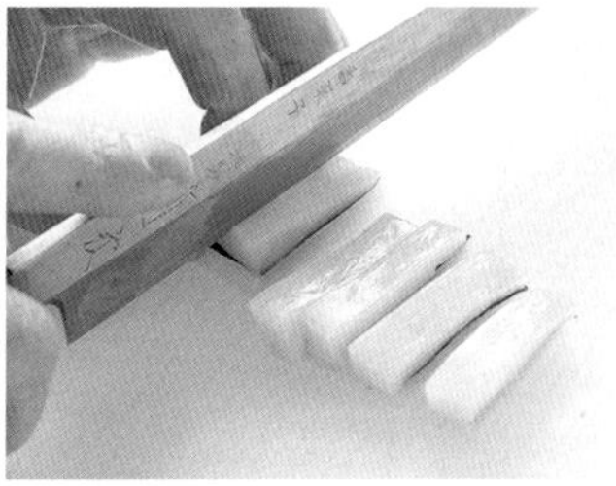

2 如图所示，将贴好海苔后的墨鱼从右侧开始切成 8 毫米宽的小段，干净利落地一口气下切。

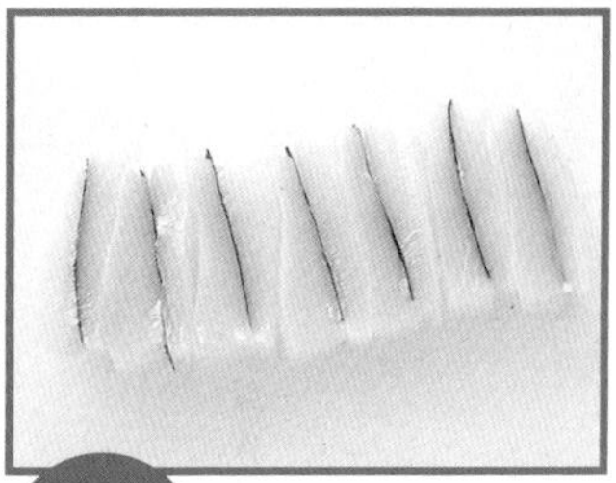

完成图 博多切完成图。

墨鱼刺身三拼

▶如下

料理

墨鱼刺身三拼

将使用鸣门切、烧痕切、博多切方法切好的墨鱼片混合，装饰好紫苏叶、盐煮过的芽甘草、削圈的胡萝卜、芥末泥，蘸取稀释酱油（将1大勺酒放在耐热容器中，不覆盖保鲜膜，在微波炉里加热30秒，再加入1大勺酱油混合）即可食用。

虾/伊势龙虾

伊势龙虾是一种味道稍甜、外形健美的高级龙虾，加热后外表呈鲜艳的红色，十分喜庆，适合在喜宴上使用。如果使用的龙虾外壳十分坚硬，在处理时要注意安全，避免划伤手。在处理时，可以从腹部等外壳较薄的地方下手。在保留外壳、只取出虾肉的情况下，请不要迅速下刀，需要用左手配合着按压住虾再下刀。

❖推荐料理

伊势龙虾有着极佳的甜味，虾肉富有弹性，适合做成刺身和鲜冷虾片。加热至半熟后做成天妇罗也十分美味。较有名的料理是将伊势龙虾带壳做成伊势龙虾具足煮。用龙虾头熬出的高汤也十分美味。

挑选诀窍
龙虾触须和虾足笔直且有活力。
将龙虾握在手里有分量感。
龙虾壳坚硬，黑点明显。

伊势龙虾

处理下半身

分离头身
➡取出虾肉

使用刀具
出刃菜刀

1 虾背朝上，左手按住虾头，用刀尖插入头部，沿着虾身的弧形切断头背相连处的薄膜。

2 将龙虾翻转，切断头腹相连处的虾壳，右手拿着虾身，轻轻地从虾头处拔出，去除虾线。

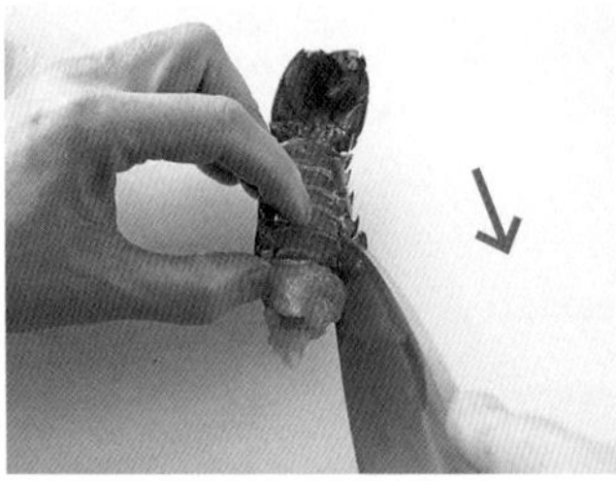

3 虾腹朝上纵放，从腹部的右端（鳍状虾足的根部内侧）入刀，用刀尖刺入下切。

4 变换龙虾方向，将另一侧的虾壳按照同样的方法下切，切至虾尾的根部。

5 从虾头向虾腹去壳，一直去到虾尾，直到剥去虾腹所有的虾壳。

6 左手捏住龙虾，虾头面向身前，大拇指插入，用指尖轻轻挤出虾肉。

完成图

分离头身、取出虾肉完成图。

取出的虾肉我们称其为“上身”。

带壳切半
（对半分）

使用刀具

出刃菜刀

1 虾腹朝上，头面向身前，左手按压虾头，用刀尖从左右虾足的中间下切，切成两半。

2 变换方向，虾尾面向身前，用刀尖从虾腹的中间下切，深切至虾背，切成两半。

3 用力按压菜刀，切至虾尾。

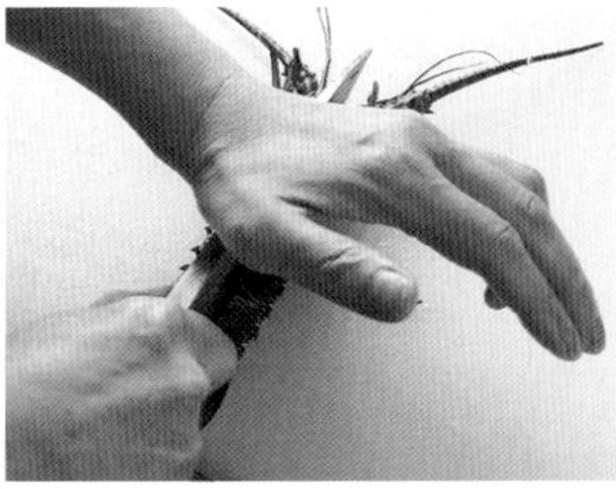

4 用左手按压刀背，切断虾背的硬壳。最后去除虾背上的虾线。

完成图

带壳切半完成图。

伊势龙虾具足煮

▶第 185 页

虾肉削片

＊使用虾“上身”。

使用刀具

柳刃菜刀

虾尾朝左横放，从左侧稍稍倾斜下刀，一口气下切，切成2~3厘米宽的薄块。

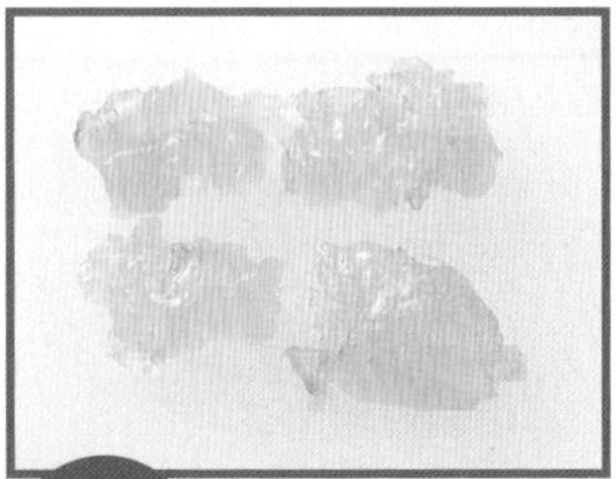

完成图 虾肉削片完成图。

冷鲜伊势龙虾刺身 ▶如右

料理

❖ 冷鲜伊势龙虾刺身

材料（2人份）

伊势龙虾“上身”2小只；紫苏叶4片；黄瓜（切丝）适量；小水萝卜（薄切）1个；芥末泥适量；梅醋酱油（梅醋、酱油、酒各1小勺）

做法

1 将做梅醋酱油的酒放在耐热容器中，不覆盖保鲜膜，在微波炉里加热10 秒，使其挥发，加入梅醋、酱油并混合。

2 伊势龙虾削片后，放在冰水里快速洗净，用手挤压出水分。

3 在盘子里放紫苏叶，盛上黄瓜和伊势龙虾，用小水萝卜、芥末泥装饰。将做好的梅醋酱油放在小碟子里。

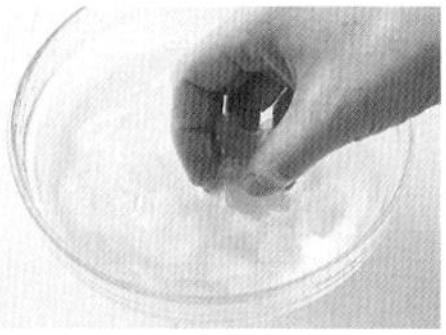

加入冰水快速搅拌，能洗去虾身多余的脂肪，使虾肉更紧实。

❖ 伊势龙虾具足煮

材料（2人份）

伊势龙虾（带壳切半）1小只；莲藕1厘米；煮汁：酒1/2杯；生姜（薄切）；料酒1又2/3大勺；生抽1勺；花椒树芽适量

做法

1 将莲藕切成5毫米厚的半月形薄片。

2 在锅里将做煮汁的材料混合，开火煮。煮沸后，加入龙虾和莲藕，盖上锅盖，用大火煮3~4分钟。

3 装盘，浇上煮汁，装饰上花椒树芽。

虾/明虾

作为虾中代表、游泳健将的明虾，外壳上有条纹花样。它身形健美，是一种美味的高级海产品。市场上40克以上的虾，我们才能称之为明虾，20~40克的为『对虾』，15~19克的为『小对虾』。

日本产的明虾多为养殖虾，一旦死亡，其颜色和味道都会直线下降。因此在挑选虾的过程中，一定要挑选活虾。不管是剔除虾线，还是处理虾的下半身，活虾处理起来都更加容易。

❖推荐料理

常见的料理有刺身、寿司、天妇罗、嫩煎、烤龙虾等，不管是在日本料理还是西式料理中，虾都是一种百搭的烹饪材料。仔细将虾肉碾碎，做成肉末山药糕、鱼松也会十分美味。

挑选诀窍

色泽鲜艳，外壳上的条纹花样清晰。
明虾
虾肉紧实、有弹性。
虾尾不发黑。

处理下半身（天妇罗用）

去除头、背部的虾线
➜去壳 ➜从虾尾开始
➜在虾背开刀
➜处理虾头

使用刀具

出刃菜刀

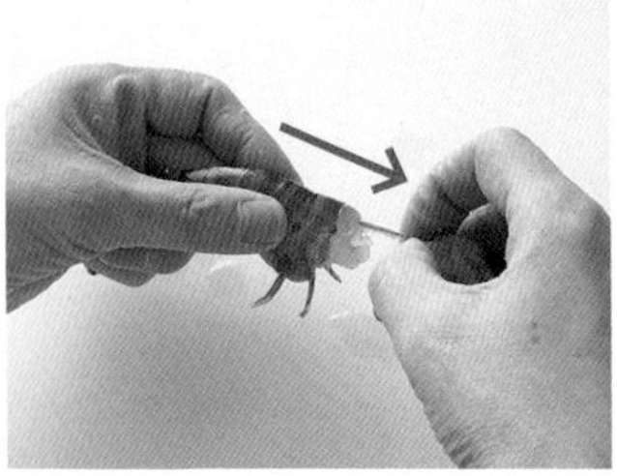

1 将大拇指指尖插进虾腹处，从虾头和虾身的交界处折断虾头，右手捏住头部，连着虾线一口气拔出。

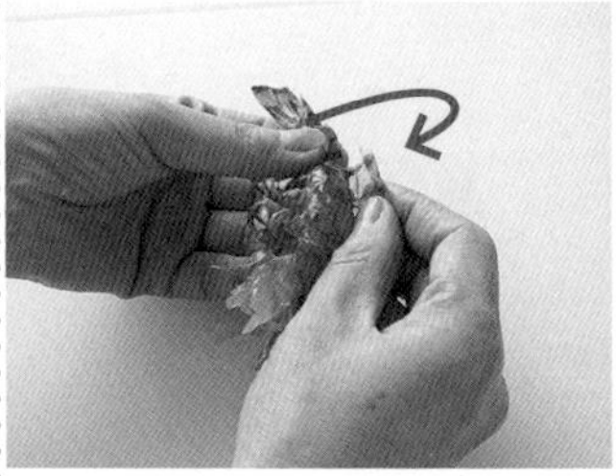

2 虾足朝左，虾头朝向身前，从虾足的根部去壳，连着虾足一起去除，留下尾巴。

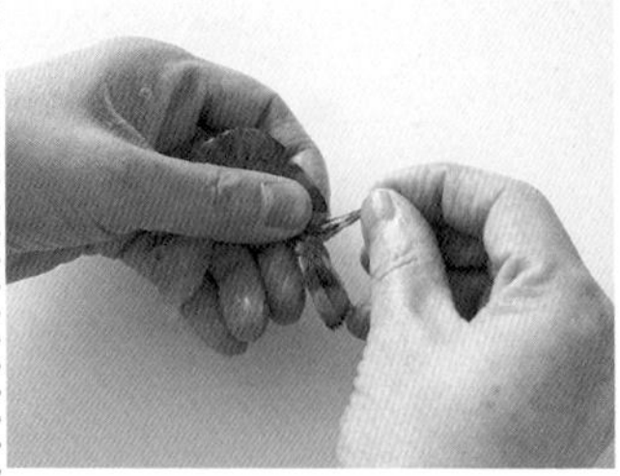

3 将虾尾的根部连着的虾壳拔出。

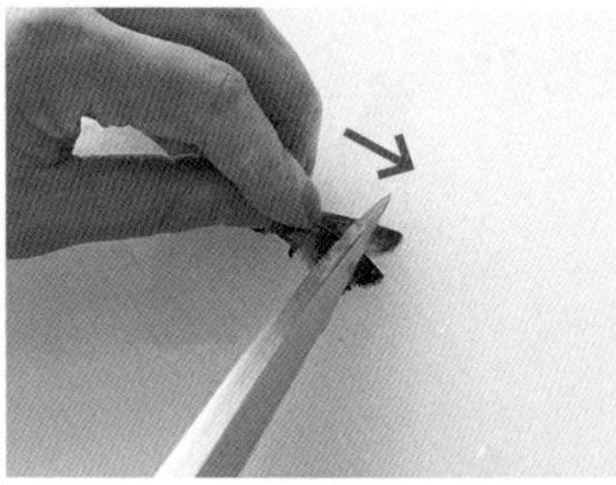

4 虾尾的袋状部位里有水，需用刀尖割破，挤出水。

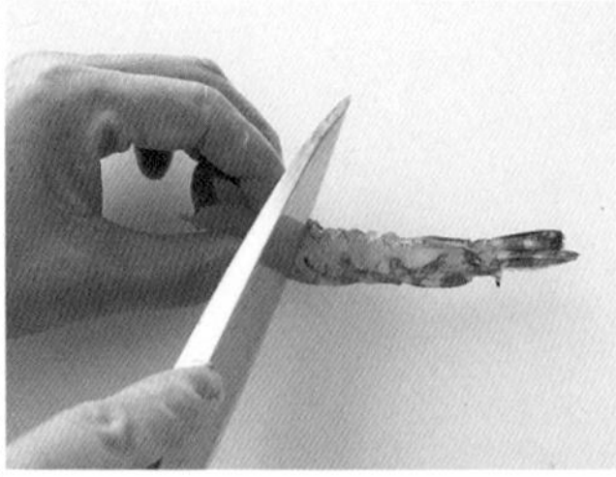

5 将虾腹朝上横放，从一端每间隔1厘米左右轻切，仅切1/3深。

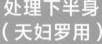

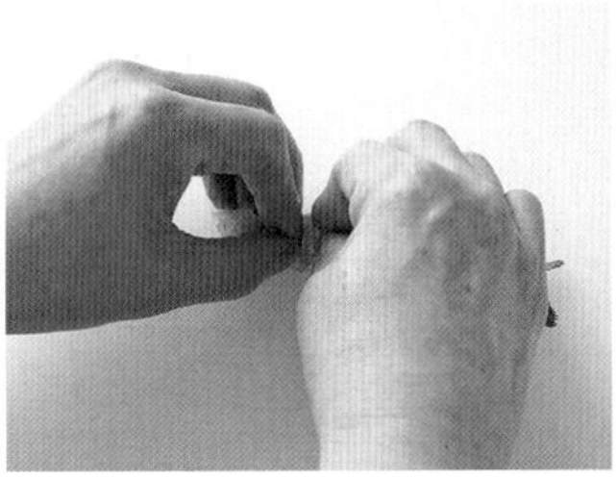

6 将虾翻边，虾腹朝下，从头侧按住虾的一个关节，切断中间的纤维部分。

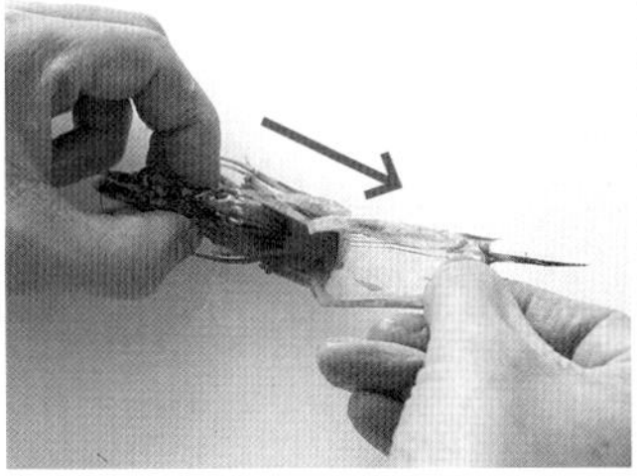

7 虾头的皮较硬，将虾头的角朝左，左手捏住虾头，右手捏住虾头的角，向右剥皮。

8 从虾目下方笔直下切，切去虾头较硬的部分。

完成图 处理下半身（天妇罗用）完成图。

春雨炸明虾

▶第189页

虾身对切（开背脊）

＊使用去除了头、虾线、壳、脚的虾肉（不油炸的时候可以不去除虾尾的末端）。

使用刀具

出刃菜刀

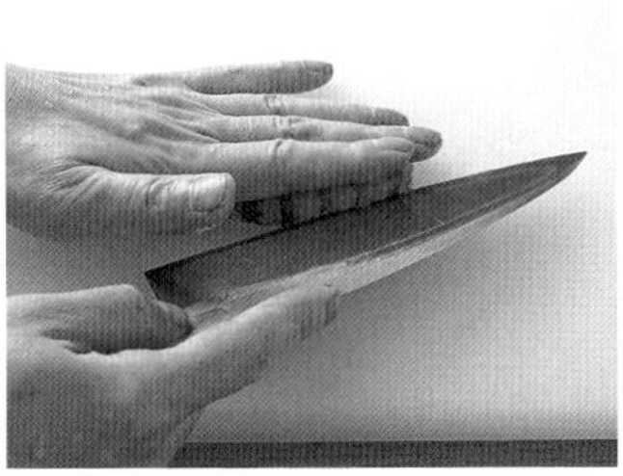

1 虾尾朝左，虾背面向身前，菜刀水平放置，从虾背中间切入。

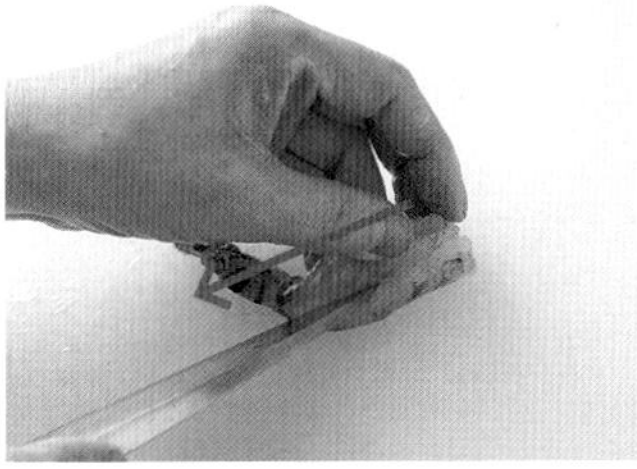

2 菜刀从头侧笔直切向虾尾的根部，切到虾腹为止，一口气下切，一刀搞定。

完成图 虾身对切（开背脊）完成图。

花式明虾

＊使用虾身对切（开背脊）的虾肉。

使用刀具

出刃菜刀

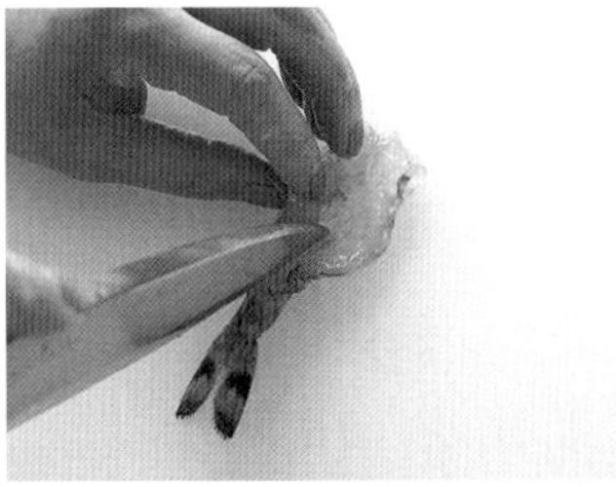

1 虾身朝上，虾尾面向身前，用刀尖从虾身中间下切，下切1厘米左右。

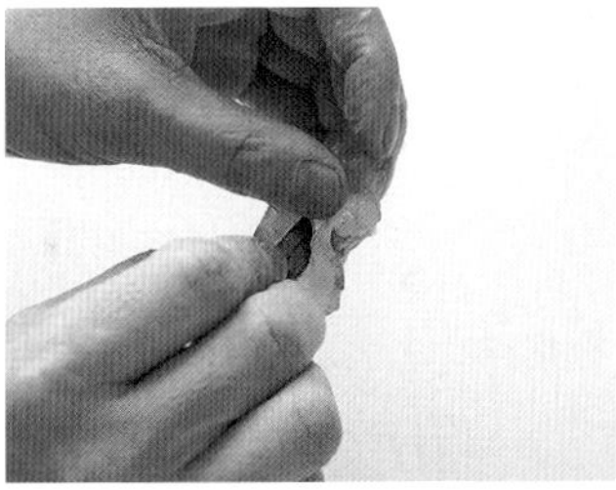

2 将虾尾从身前向上卷，塞入并穿过步骤1的切口。

完成图 花式明虾完成图。

花式明虾豆腐

▶第189页

带壳切半（切背脊）

使用刀具

出刃菜刀

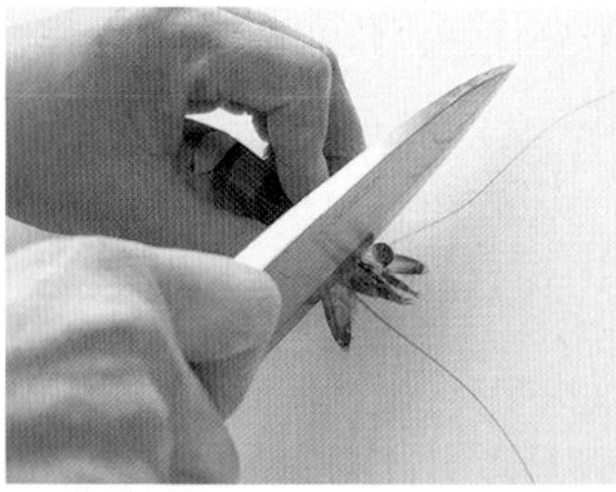

1 虾头朝右，虾背朝上放置，从虾目下方笔直下切，切去虾头较硬的部分。

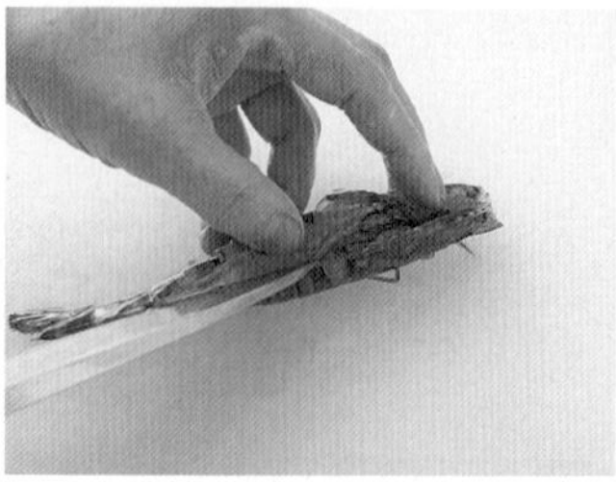

2 将虾翻转过来，虾背面向身前，从头侧的虾背中间水平下刀，深切至虾尾根部。

3 切开后，用刀背将虾线剔出。

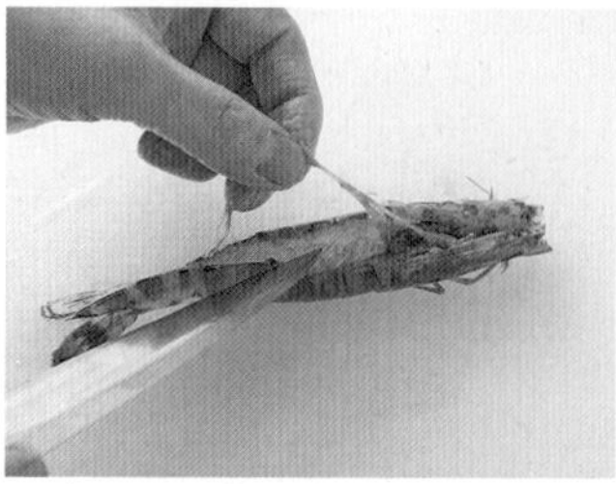

4 在不弄断虾线的情况下，用手将剔出的虾线处理干净。

完成图 带壳切半（切背脊）完成图。

明虾鬼壳烧▶如下

料理

❖ 明虾鬼壳烧

材料（2人份）

明虾［带壳切半（切背脊）］2只；料酒、酱油各2小勺；花椒树芽适量

做法

1 将明虾放在预热好的烤架上，烤出微焦的香味。将料酒和酱油混合，刷在烤好的明虾上，来回刷两三次。

2 将花椒树芽切碎。

3 在烤好的明虾上撒上花椒树芽并装盘。

❖ 花式明虾豆腐

材料（2人份）

明虾（切好的花式明虾）2只；芝麻豆腐（市场上买的，100%本葛粉做成的）2块；三叶草（根相连）2棵；汤汁1.5杯；酒2小勺；盐1撮；生抽少量；本葛粉适量；青柚皮适量

做法

1 在明虾上裹上本葛粉，在冒出蒸汽的蒸器里放入明虾，蒸1~2分钟。

2 在锅里放入汤汁，加热至温热，加入酒、盐、生抽调味。

3 将芝麻豆腐放在蒸器里，加热至温热后放在碗中。将步骤1做好的虾放在豆腐上。倒入步骤2做好的汤汁，最后装饰上系在一起的三叶草和青柚皮。

❖ 春雨炸明虾

材料（2~3人份）

明虾（天妇罗用）2只；灯笼椒（黄色、橙色）少量；粉丝适量；淀粉、蛋清、煎炸油、盐适量

做法

1 将灯笼椒切成细长的三角形，粉丝切成2厘米长的小段。

2 在明虾上撒上淀粉，让明虾在蛋清中过一圈，再裹上切好的粉丝。给虾头裹上淀粉。

3 将切好的灯笼椒放在加热到165摄氏度的热油中炸。再放入虾头，油炸至虾足变脆。

4 将明虾的肉放在加热到175摄氏度的热油中炸。

5 去油后趁热撒盐并装盘。

牡蛎

牡蛎因营养丰富而被称为『海之牛奶』，具有很高的人气。牡蛎主要分布在日本广岛港、松岛港、气仙沼湾等地。牡蛎的产卵期大约在10~12月，此时牡蛎体内的肝糖含量增加，甜味倍增。最近，市面上销售的牡蛎大多为带壳牡蛎。想要快速将牡蛎从壳里挖出，最为关键的一步是找到壳和肉的缝隙。将平整的一面朝上，从缝隙里插入挖牡蛎的工具，切断贝柱。处理牡蛎时需要戴上军用手套，或者裹上抹布。小心且仔细地处理牡蛎，防止手被划伤。

❖**推荐料理**

牡蛎适用于任何料理，可以将新鲜的牡蛎做成美味的生食，也可以做成嫩煎、什锦饭、火锅等。

挑选诀窍

每一圈壳的间距较大，有厚度和重量。

日本牡蛎

壳之间连接紧实，如果牡蛎壳是开口状态，说明这只牡蛎不新鲜。

去壳取肉

使用刀具

牡蛎撬（或撬壳刀）

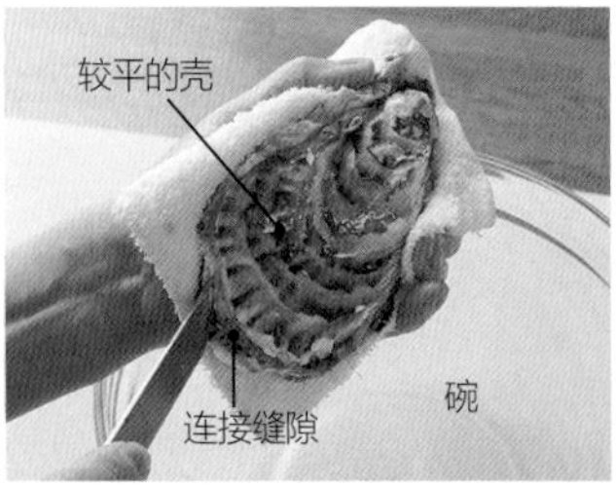

1 将牡蛎较平的一侧朝上，有缝隙的一侧朝向身前。左手握住牡蛎，将牡蛎撬插入正对着的缝隙里。

2 将牡蛎撬沿着缝隙向前移动，切段贝柱。贝柱位于牡蛎的中部偏左侧。

3 左手拿着牡蛎的下半部分，打开上面的壳。

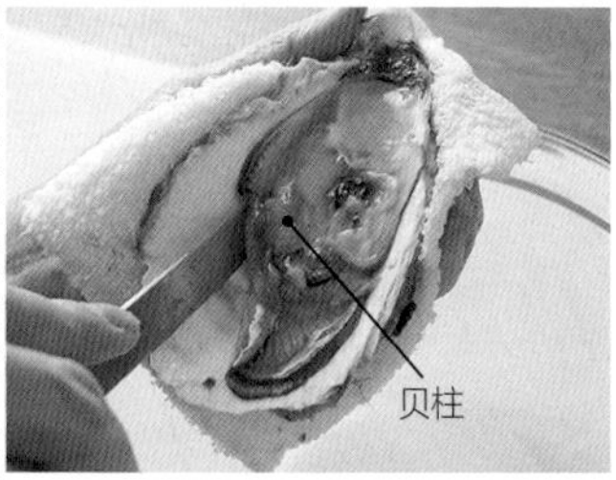

4 将牡蛎撬插入下半身的缝隙里，切断贝柱，取出贝肉。

完成图 去壳取肉完成图。

牡蛎刺身▸第191页

料理

❖ 牡蛎刺身

材料（2人份）

牡蛎（带壳）6个；黑黄油面包6片；薤（切碎）1/2个；红酒醋3大勺；柠檬（切瓣）4瓣；盐适量

做法

1 打开牡蛎，将其浸泡在淡盐水里，洗净并过滤汁液。

2 将红酒醋和薤混合后装盘，装饰上切好的柠檬。

3 在牡蛎壳里放入步骤1做好的牡蛎肉，加入少许过滤好的汁液，在盘子里摆放好步骤2的成品和黑黄油面包※。

※黑黄油面包

将切成5厘米宽、4毫米厚的长方形的黑面包涂上柔软的黄油，一片片叠起。然后用保鲜膜包裹好后放到冰箱冷藏室里冷冻定型，最后切成薄片。

螃蟹

据说，世界上的螃蟹有6000种以上，仅日本近海就发现了1000种以上在此繁衍生息的螃蟹，但可以食用的螃蟹只有少数几种。其中，以盲珠雪怪蟹、毛螃蟹、梭子蟹（三疣梭子蟹）、帝王蟹等最为出名。螃蟹的鲜度不容易下降，在这里我们要介绍市场上常见的梭子蟹和蟹足超过1米的帝王蟹的处理方法。同时，虽然帝王蟹因外形相似而被统称为螃蟹，但帝王蟹其实是一种寄居蟹。加上蟹钳，螃蟹一共有10只脚，而寄居蟹只有8只脚。

❖**推荐料理**

将蒸、煮、烧过的蟹身拆分后，做成醋拌凉菜、可乐饼等。

挑选诀窍

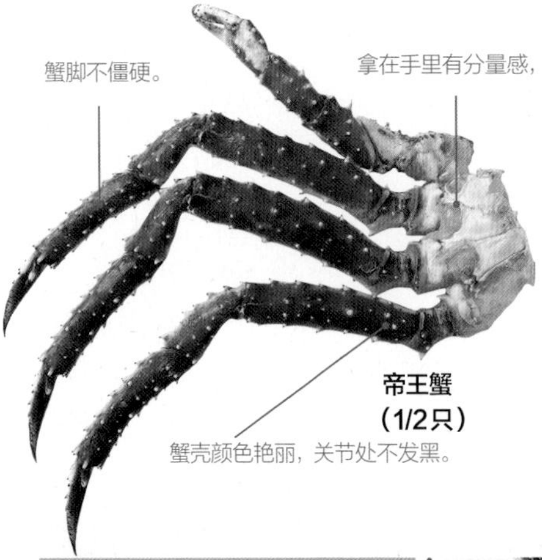
蟹脚不僵硬。
拿在手里有分量感，蟹身紧实。
蟹壳颜色艳丽，关节处不发黑。

帝王蟹（1/2只）

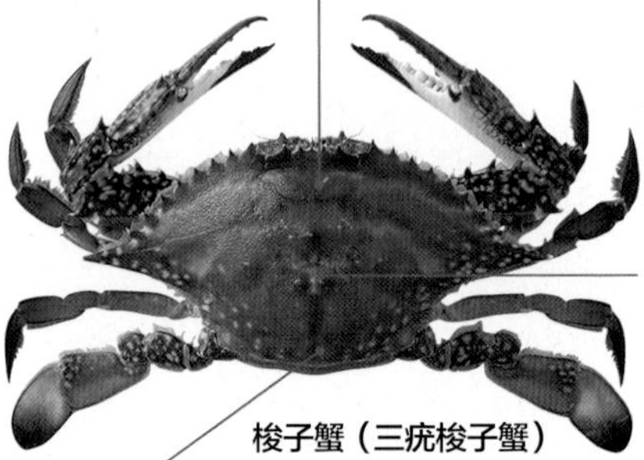
挑选活的螃蟹。
甲壳和左右的突起坚硬。当梭子蟹变成粉红色时，说明蟹黄充足。
拿在手里有分量感，蟹身紧实。

梭子蟹（三疣梭子蟹）

卸去蟹壳

*使用梭子蟹（活的）。

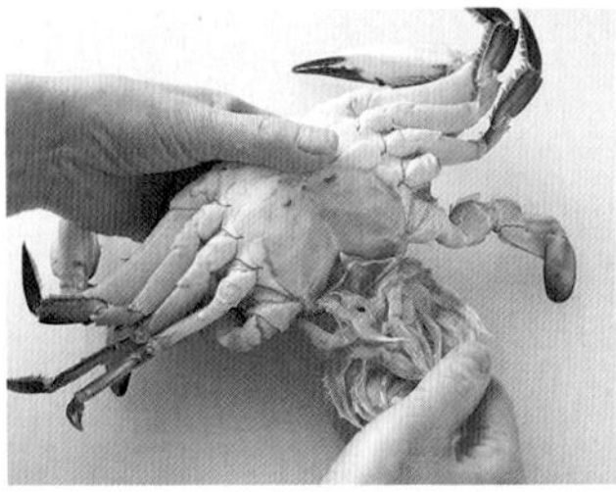

1 腹部一侧朝上，将腹部下侧呈三角形的蟹脐打开。

2 甲壳一方朝上，右手将甲壳上的尖锐部分立起，左手握住蟹身，拔出蟹壳。

3 揭开蟹壳。

4 捏住与蟹身左右两侧相连的灰色筋状鳃并将其去除。灰色筋状鳃不能食用，请一定去除干净。

5 用汤勺挖出残留在蟹身和蟹壳中的蟹黄。

梭子蟹分拆

＊使用蒸熟后的梭子蟹。

使用刀具

出刃菜刀

1 在卸去蟹壳的梭子蟹上洒酒，待蒸器冒出蒸汽后将其放到里面，用大火蒸15分钟，然后翻边，将其冷却。

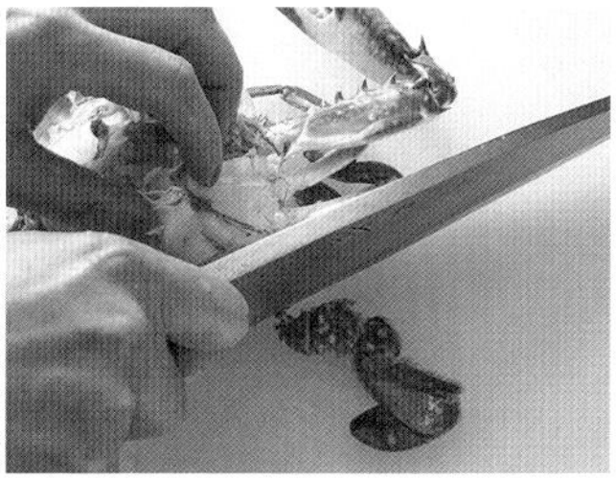

2 沿着蟹腿的根部，用刀根切断外侧的蟹足。

3 用刀尖一根根地切断较细的蟹腿根部。

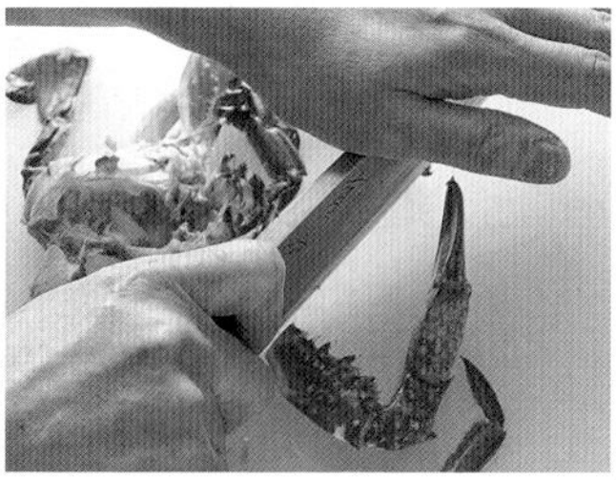

4 左手按压刀背，用刀根切断蟹钳。

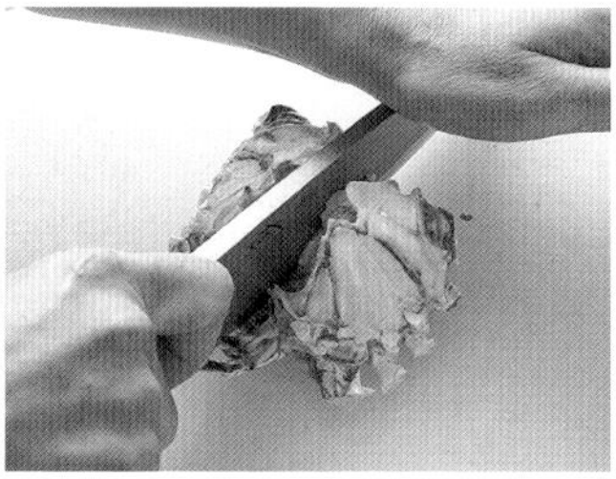

5 用菜刀从中间下切，切断蟹身。

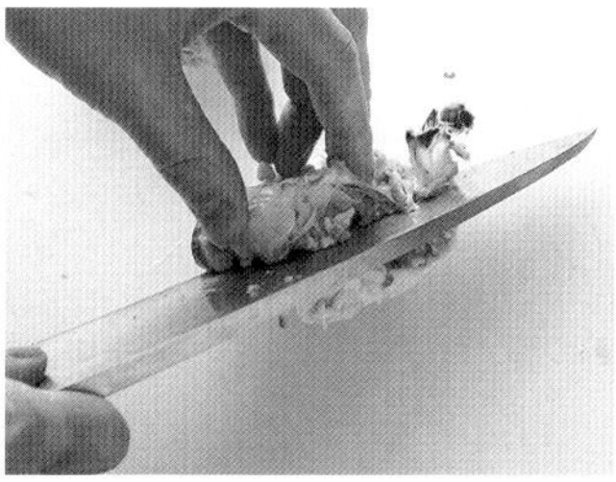

6 刀尖从切断的蟹身断面下刀，再一切为二。

7 切成两半后，取出蟹肉。

8 切断蟹腿根部的关节。

9 将剩下的蟹腿根部的关节切断后再对半切。

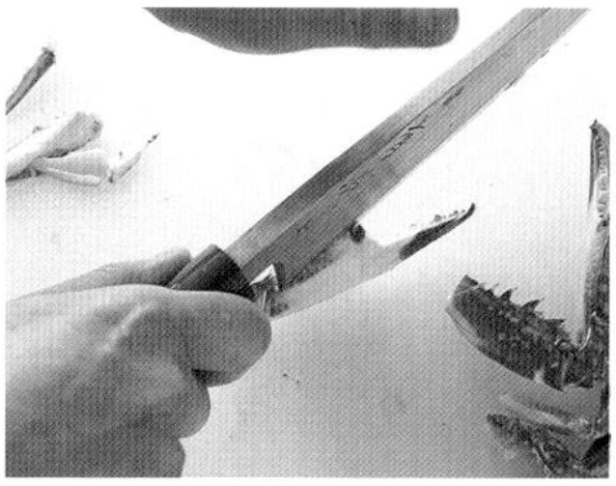

10 用手将蟹钳打开，去除掉较细的一边。对于剩下的部分，则用刀根纵向对半切。

完成图 **梭子蟹分拆完成图（蟹身左侧为对半切的蟹脚和蟹钳，右侧为未对半切的蟹钳）。**

梭子蟹菊小卷▶第195页

帝王蟹分拆

＊使用1/2只帝王蟹。

使用刀具

出刃菜刀
厨房用剪刀

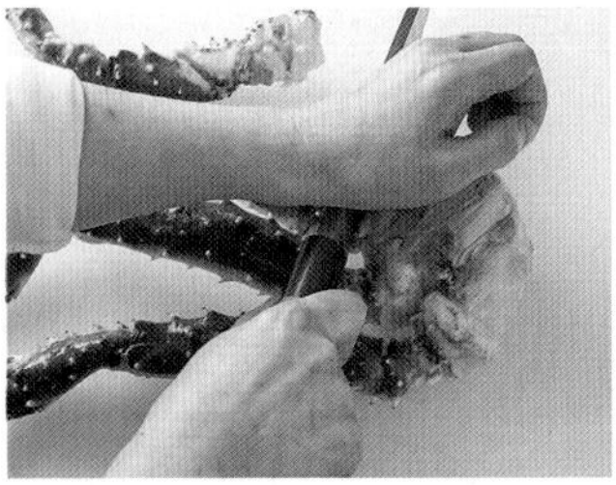

1 左手敲打、按压刀背，用菜刀切断蟹足的根部。

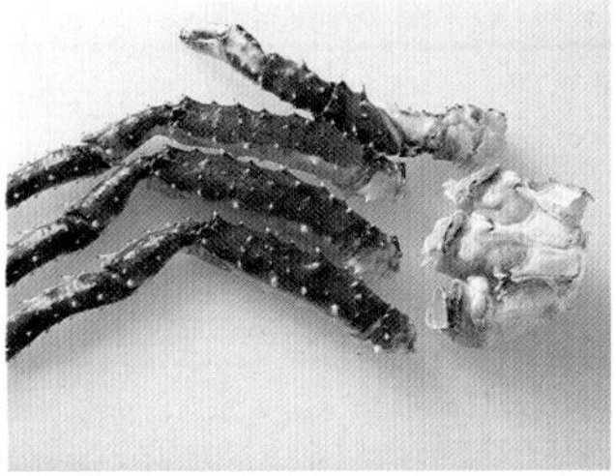

2 将蟹身和蟹足分离。

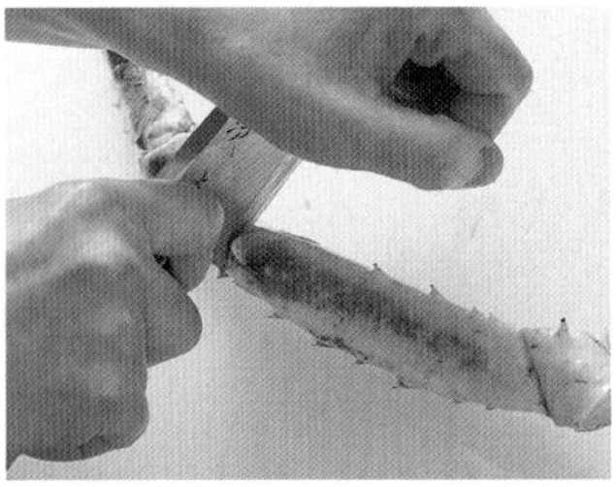

3 用菜刀切断蟹腿的关节（内侧下刀），用拳头敲打刀背，下切。白色部分的蟹壳较软。

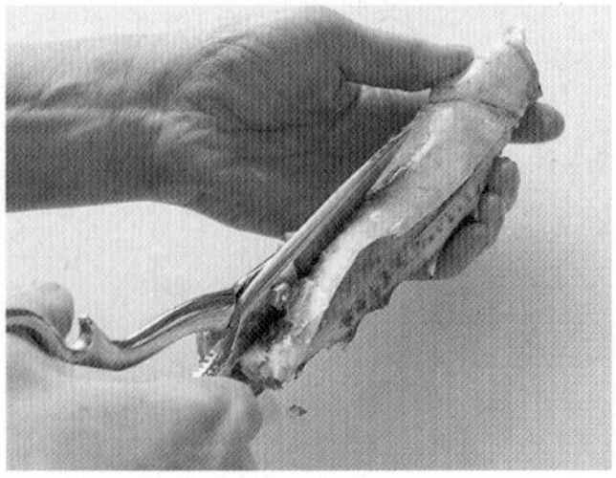

4 将蟹壳的白色部分朝上，用厨房剪刀从中间剪开。

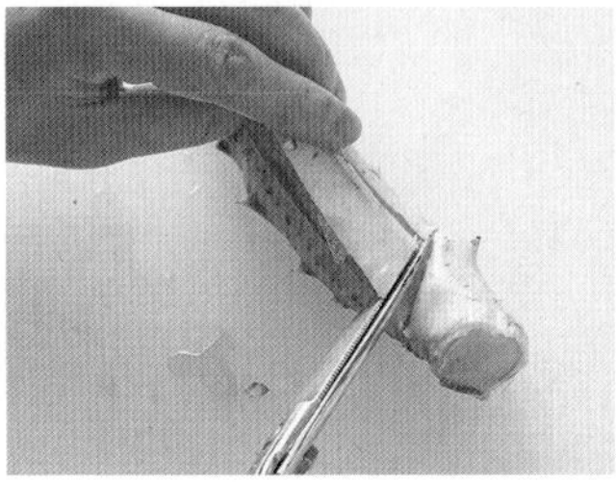

5 用厨房剪刀剪开关节根部较硬的壳。

6 剥去剪开的壳。用同样的方法剪开剩下的蟹腿，取出蟹肉。

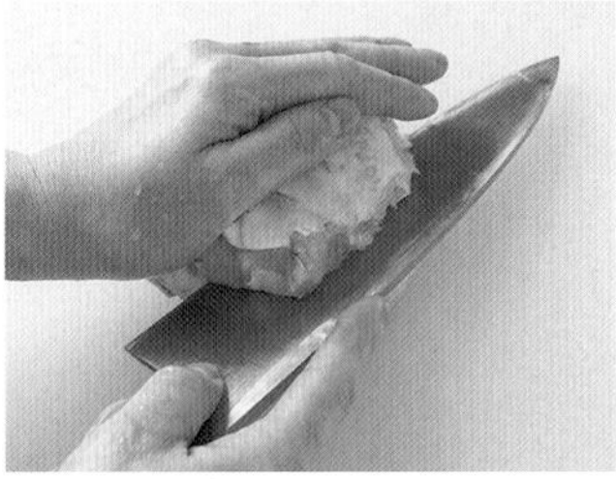

7 用刀尖从蟹身的断面中间下刀，一切为二。如果蟹壳过于坚硬，可以将蟹身立起，再用左手按压刀背，用力纵切。

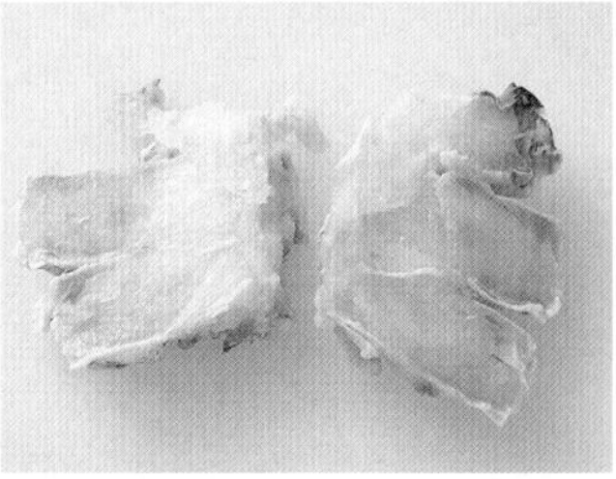

8 切成两半的蟹身更容易取出蟹肉。

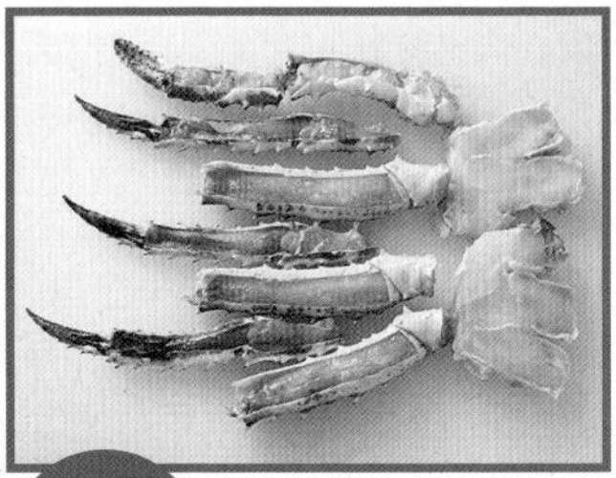

完成图

帝王蟹分拆完成图。

烤帝王蟹▸第195页

料理

❖ 梭子蟹菊小卷

材料（2人份）

梭子蟹（蒸后分解好的蟹身）1只；海带（整块）2/3块；菊花1/2包；三叶草1/3束；生姜醋（酒1/2大勺，米醋1/2小勺，生抽1/2小勺，生姜汁少量）；醋、盐适量

做法

1 将菊花撕成小块，加入醋，用热水煮。在水中浸泡后，去除菊花的多余水分。

2 用线捆住三叶草，放在盐水中煮，在水中浸泡后，去除多余水分。

3 在海带上铺满蟹肉，加入步骤1和2的成品后，卷成海带卷。

4 将做生姜醋的酒放在耐热容器中，不覆盖保鲜膜，在微波炉里加热10秒，使酒挥发，加入剩余的材料并混合。

5 将步骤3中卷好的海带卷切段，蘸取生姜醋食用。

❖ 烤帝王蟹

材料（4人份）

帝王蟹1/2只；青柠1个

做法

1 将帝王蟹的足关节切分开，除去内侧的壳（只留一半的壳），放在炭火上烤制。

2 装盘，添加切好的青柠瓣以做装饰。

蝾螺

蝾螺是一种有着大海气息、内脏味苦、有嚼劲的螺类。外壳上有角的蝾螺主要生活在风平浪静的外海；而没有角的蝾螺，主要生活在织田和加奈内湾。即使是同一种类，雄性蝾螺和雌性蝾螺在外表上也没有什么区别。蝾螺的味道主要由鲜度决定，请挑选新鲜的蝾螺，且它们被处理后需迅速烹饪，防止鲜度下降。为了防止珍贵的螺肝在取出螺肉的过程中移位，需小心仔细、谨慎地拔出。如果是新手，可以将蝾螺放到热水里，这样会更容易取出螺肉。

❖推荐料理

可以将蝾螺连壳烧，做成『罐烤蝾螺』，其烹饪方法简单，同时也很美味。螺肉有嚼劲，也适合做成刺身。醋拌凉菜、醋酱拌蝾螺也是别有风味的下酒菜。

挑选诀窍

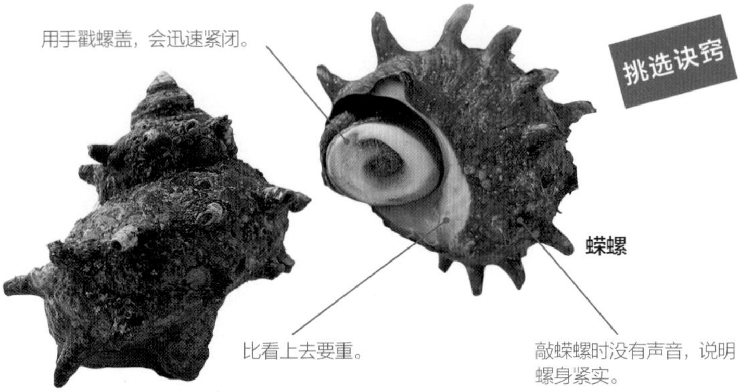

用手戳螺盖，会迅速紧闭。
蝾螺
比看上去要重。
敲蝾螺时没有声音，说明螺身紧实。

去壳取肉

分离螺肉和内脏

➡洗净

➡擦干

使用刀具

餐刀

出刃菜刀

1 从螺盖的缝隙里插入餐刀，顺着螺肉的生长方向切除贝柱。

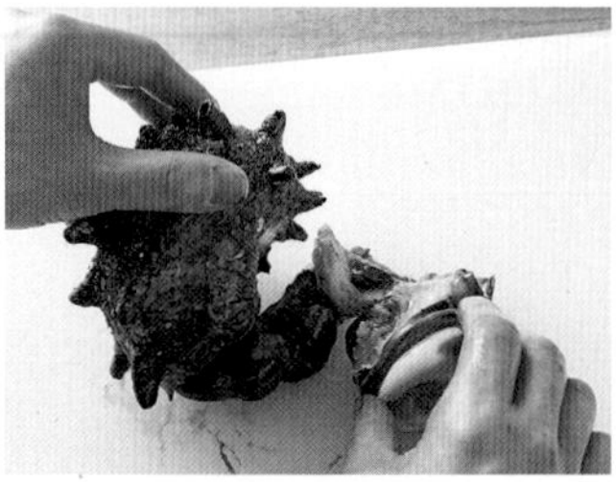

2 打开螺盖，在不弄碎螺盖的情况下，沿着螺盖的弧度缓慢地扭动，取出螺肉。

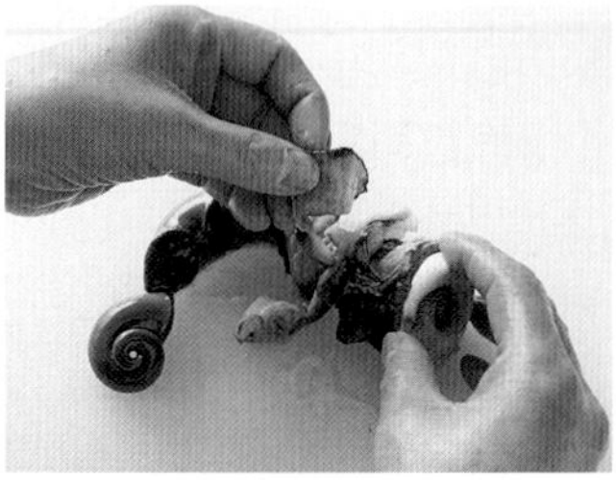

3 用手去除外层零散的坚硬部分。

4 用出刃菜刀切去与螺肉相连的壳。

完成图 去壳取肉完成图。

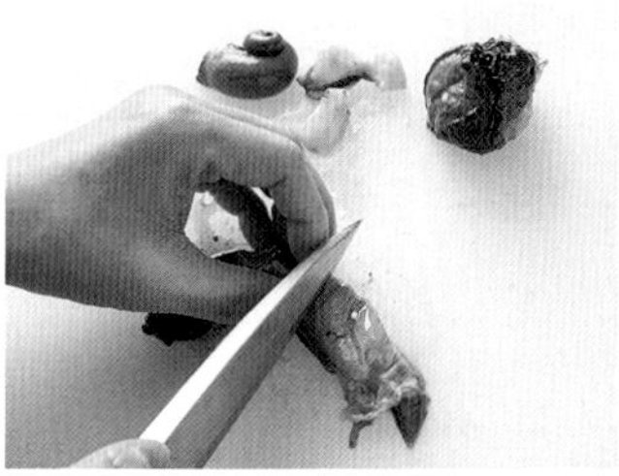

5 从螺盖侧拔出红色的螺口，将螺肉各部分切开。抹盐清洗螺身，去除多余水分。用盐水洗净螺肝并擦干。

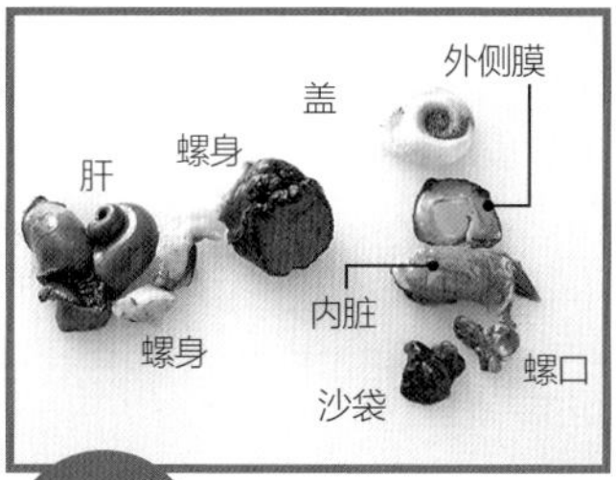

完成图 切分螺身、肝、盖、外侧膜、内脏、螺口、沙袋完成图。

螺肉削片

使用刀具
柳刃菜刀

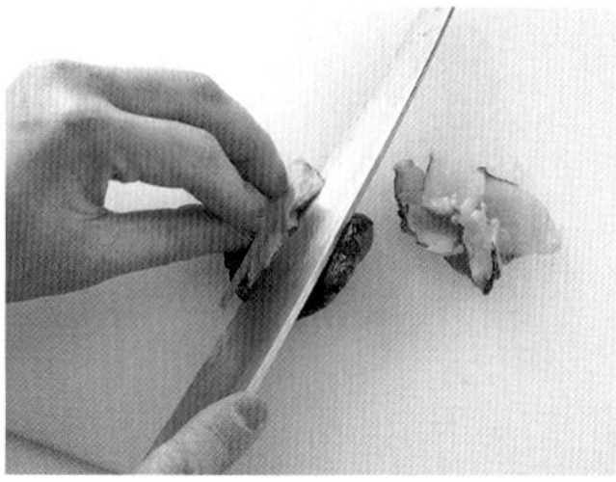

1 将螺身的切口朝左放置，菜刀倾斜，从左端2~3毫米的地方下切。

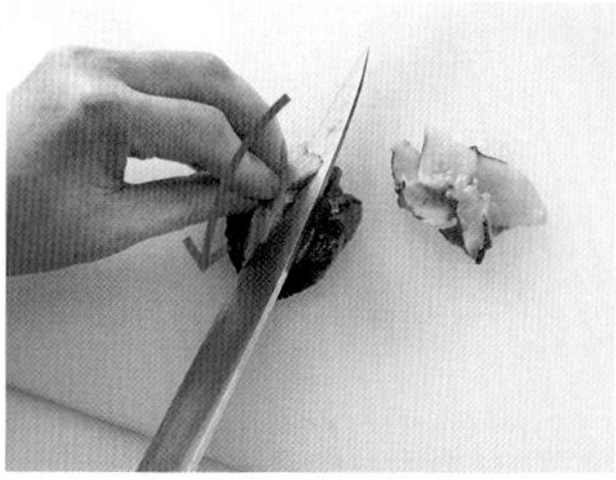

2 轻轻按压，保持菜刀角度不变，一口气斜切。最后菜刀直立着离开。

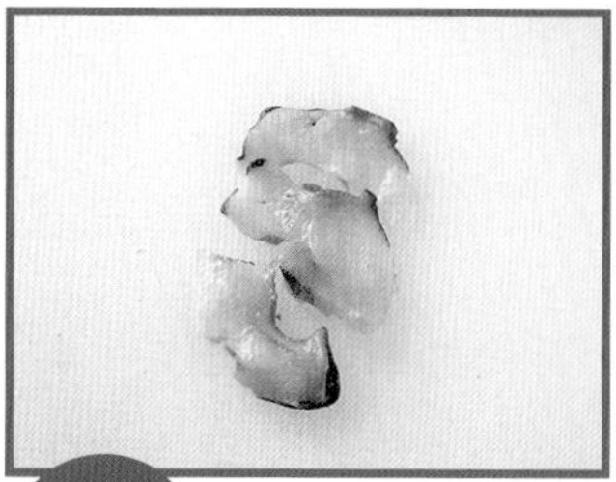

完成图 螺肉削片完成图。

冬葱蝾螺
▶如下

料理

❖ 冬葱蝾螺

材料（2人份）

蝾螺肉和肝2份；冬葱2根；紫苏叶2片；醋酱※（加入醋或醋与白糖磨的豆酱，用于凉拌菜等）适量；辣椒粉、盐适量

1 将螺肉削片。螺肝放到盐水里煮，然后切成适口大小。

2 将冬葱用热水煮后放在竹篮子里，撒少量盐。冷却后切成3厘米长的葱段。

3 在醋酱里加入辣椒粉。

4 去除蝾螺盖，放入紫苏叶装饰，再加入做好的冬葱、螺肉和肝，最后添上步骤3做好的醋酱。

※醋酱（适量）

白味噌50克；蛋黄1个；酒2大勺；料酒、米醋各1大勺。

将白味噌、蛋黄、酒、料酒倒入小锅中混合，用小火加热成糊状，过滤后再和米醋混合。

章鱼/大章鱼

章鱼味道清淡、有嚼劲，深受人们喜爱。仅在日本近海，就有30~40种章鱼。其中，大章鱼是食用频率最高的一种章鱼，特别是兵库县明石市出产的『明石章鱼』，因肉质紧实、味道鲜美而成为高级料理食材，深受人们喜爱。一般情况下很难买到活的大章鱼，市场上卖的多数是已经蒸好的章鱼。好的刀工可以让章鱼更有嚼劲，或是肉质更加柔嫩、美味。

❖推荐料理

从刺身、醋拌凉菜到章鱼烧、油炸章鱼，使用章鱼入菜的料理极为广泛。

挑选诀窍

表面有光泽，外皮没有破损。

肉丝紧致、有弹性。

触腕很肥，卷起的形状很漂亮。

大章鱼（煮熟后）

切分章鱼身

切分上身

➡切分触腕

使用刀具

出刃菜刀

1 将章鱼立起，左手按压章鱼的上身，菜刀水平地从章鱼口下方的身体根部下切，切离上身。

2 将切下的触腕部分再对半切，使接下来的处理过程更方便。

3 切口中间附着有坚硬的口器肌（吸盘）。请从中间下刀，切除坚硬的口器肌。

4 将内卷的章鱼触腕平置在砧板上，沿着触腕中间下切，将触腕一根一根地切开。

完成图 切分上身、触腕完成图。

切丝

*使用章鱼上身。

使用刀具

柳刃菜刀

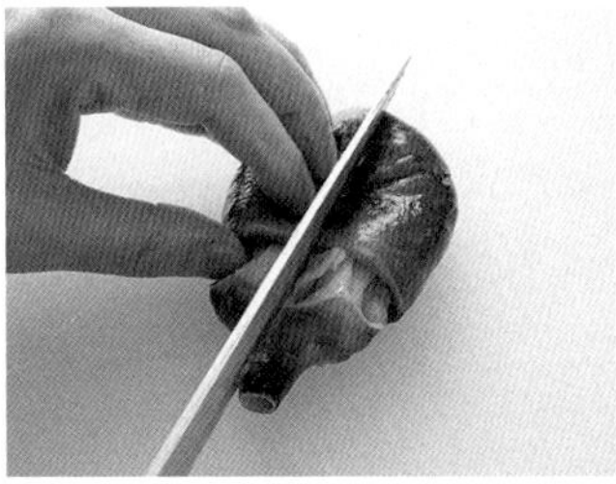

1 将章鱼嘴面向身前，从中间对半切。

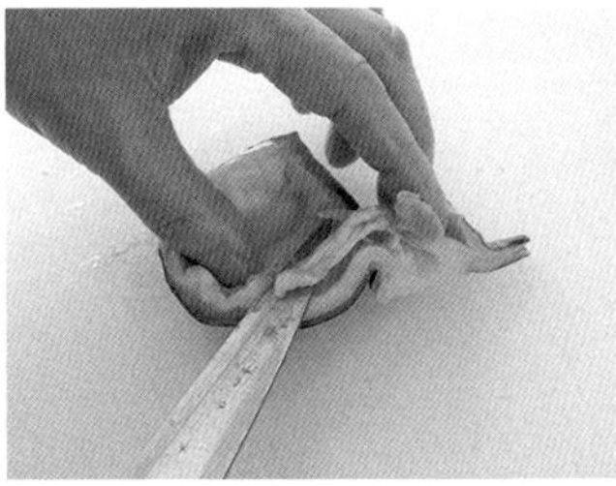

2 沿着切口向上切，用刀尖切开内侧软软的部分，切成两半。

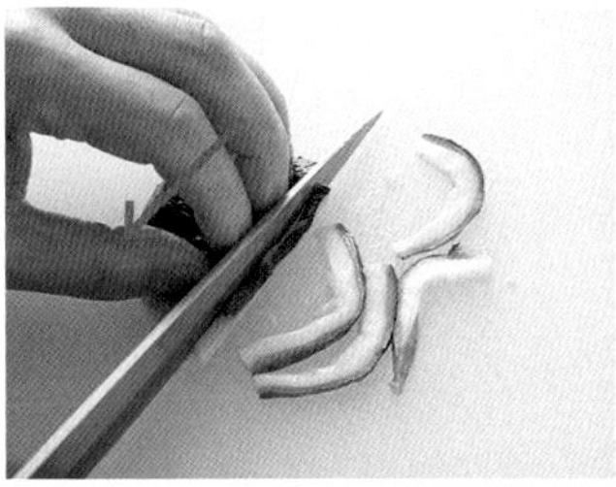

3 将章鱼翻边，左手按压章鱼上身，从右侧开始切出3毫米左右宽的薄片。

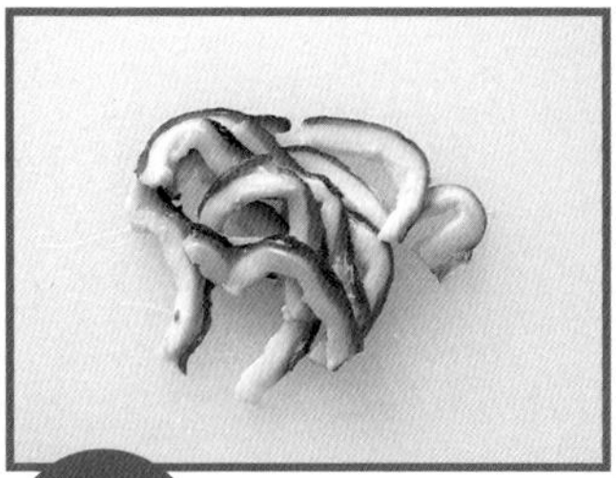

完成图 切丝完成图。

芥末章鱼 ▸第201页

不规则切块

*使用章鱼触腕。

使用刀具

柳刃菜刀

1 吸盘面向身前，将粗的一边朝右，从右侧斜切。

2 从右侧斜切成大致相同的小块。重复以上步骤。

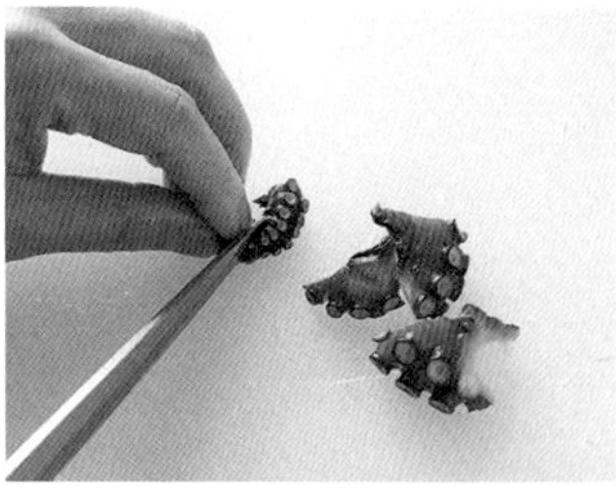

3 切到最后，若触腕的根部太细，请笔直下切，尽量保证触腕块大小相同。

完成图 不规则切块完成图。

章鱼刺身▸第201页

削片

＊使用章鱼触腕。

使用刀具

柳刃菜刀

1 吸盘面向身前，将粗的一边朝左，从左侧斜切。用菜刀一口气倾斜下切。

2 斜切成大致相同的薄片，如果太细请加大垂直角度，尽量保证触腕片大小相同。

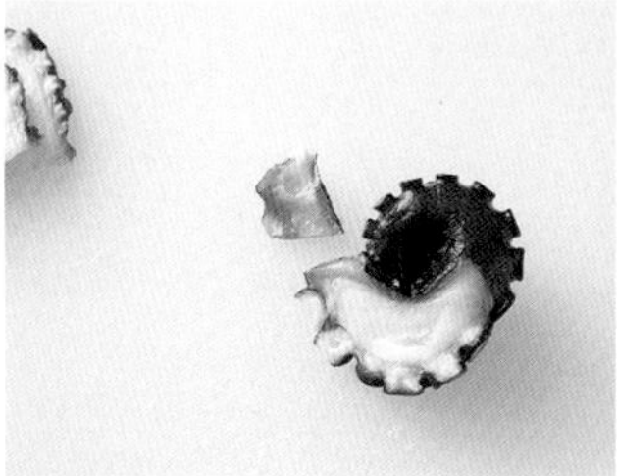

3 下切过程中，若切到透明胶质的东西，请将其从触腕上挖去。

4 触腕的根部太细的话，请笔直下切，尽量保证触腕块大小相同。

完成图 削片完成图。

章鱼刺身▶第201页

波纹切

＊使用章鱼触腕。

使用刀具

柳刃菜刀

1 吸盘面向身前，将粗的一边朝左，从左侧开始斜切。用菜刀倾斜下刀。

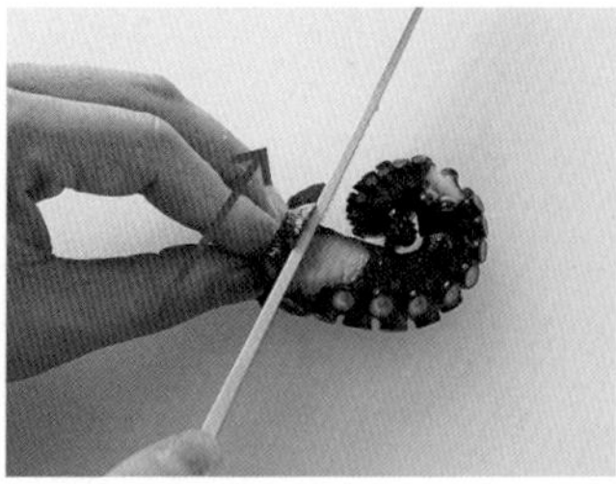

2 刀身小幅度地上下倾斜，波纹式前切，切出水波纹路。

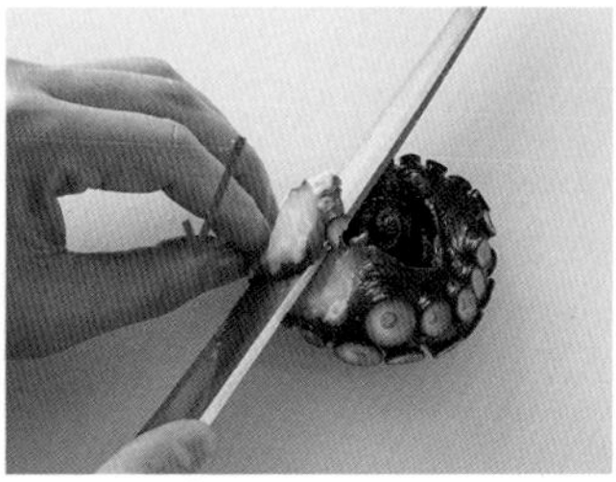

3 在此将菜刀小幅度倾斜并下切。

※实际上，波纹式前切即在“放平”和“直立”间切换，切出水波纹路。

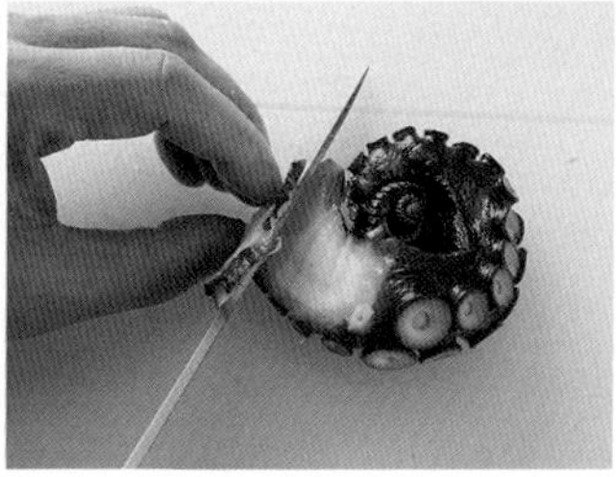

4 最后，刀身直立着离开触腕。如果缓慢地波纹式前切，切出来的是大波浪；而快速地波纹式前切，切出来的则是小波浪。

完成图 波纹切完成图。

章鱼刺身▶第201页

料理

❖芥末章鱼

材料（2人份）

章鱼上半身1份；秋葵1袋；酒1大勺；酱油1.5小勺；辣椒粉适量；盐适量

做法

1 章鱼上半身切丝。

2 在秋葵上抹盐，放在热水中煮，浸水。擦干净章鱼身上多余的水，用菜刀仔细拍打。

3 将酒放在耐热容器中，不覆盖保鲜膜，在微波炉里加热30秒，使其挥发，加入酱油、辣椒粉并将它们混合。

4 在秋葵中加入步骤3的成品，并添上做好的章鱼身。

❖章鱼刺身

在使用削片、波纹切、不规则切块方法切好的章鱼片上，装饰切好的黄瓜丝、紫苏叶丝、花穗紫苏、芥末泥。再蘸上淡酱油（柠檬汁、酱油、煮挥发的酒以1：1：1混合）和土佐酱油（参照第119页）即可食用。

章鱼/小章鱼

小章鱼是身长10~30厘米的小型章鱼。在冬天到春天的产卵期，雌性小章鱼体内会结卵，因为小章鱼的鱼卵如饭粒大小，所以它们又被称为『饭章鱼』。在处理章鱼下半身的时候，请围着章鱼皮取下内脏，不要弄破章鱼卵。用小牙签使章鱼口器闭合后，再处理章鱼。

虽然雄性小章鱼的味道也十分美味，但是，只有雌性小章鱼会产卵，所以日本料理特别喜欢选用雌性小章鱼。

❖推荐料理

若是喜欢用米饭（或章鱼卵）做的料理，首推小章鱼樱花煮。小章鱼煮熟后，做成醋味噌也十分美味。

挑选诀窍

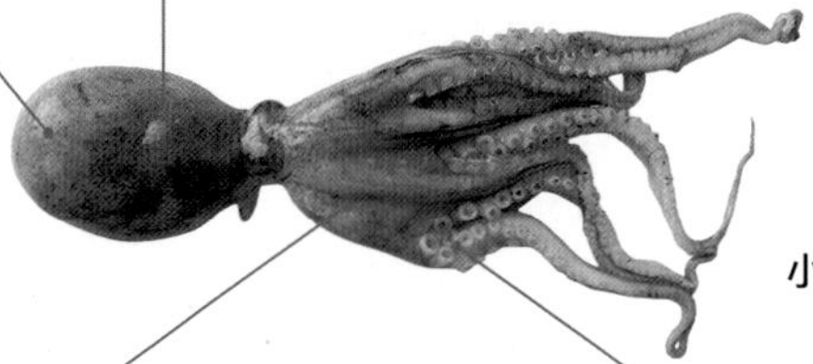
全身呈灰白色，可以清晰地看到斑点。
头部碰到物体会迅速收缩。
外表有光泽，看起来有弹性。
吸盘仿佛紧紧吸着，有吸力。

小章鱼（雌）

处理下半身

去除内脏、口器、章鱼目
➡去除章鱼表面黏液
➡洗净
➡擦干

使用刀具

出刃菜刀

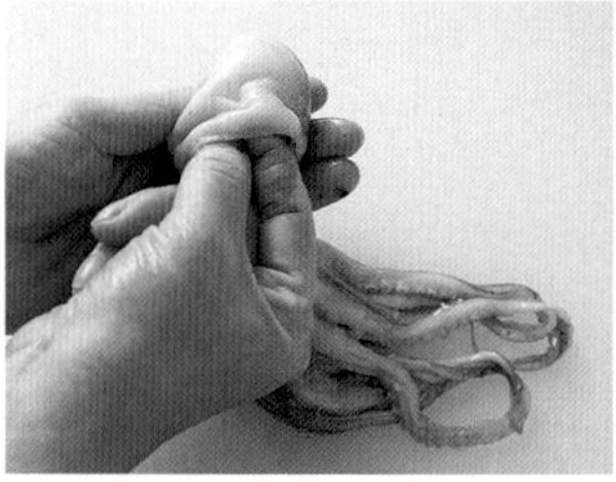

1 大拇指和食指插入章鱼体内，用指尖掐断内脏和上半身相连的筋脉。

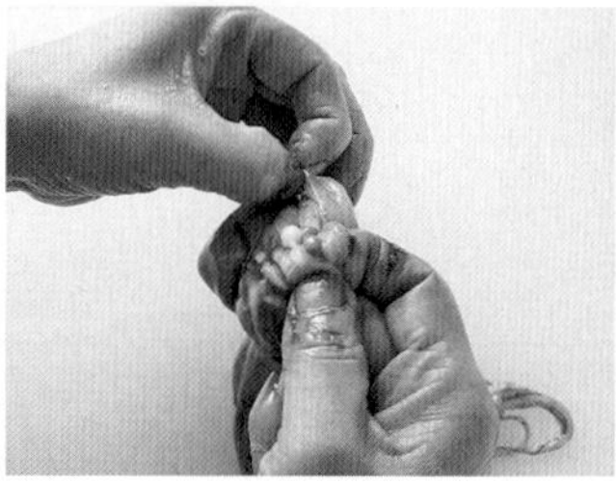

2 轻轻地将章鱼皮翻过来。

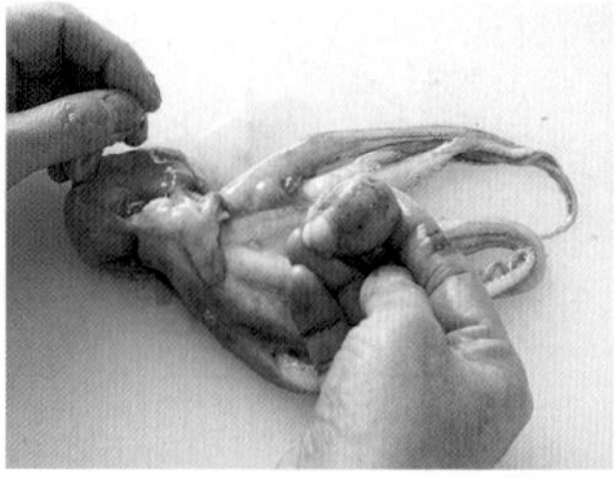

3 去除章鱼上半身的内脏。此时要小心，避免章鱼卵喷出。

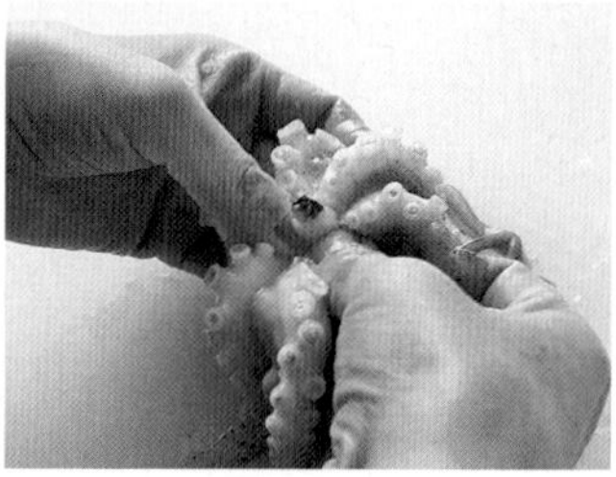

4 打开章鱼触腕，在触腕根部找到章鱼口器，用两根大拇指挤压，将口器挤出，捏住它并去除。

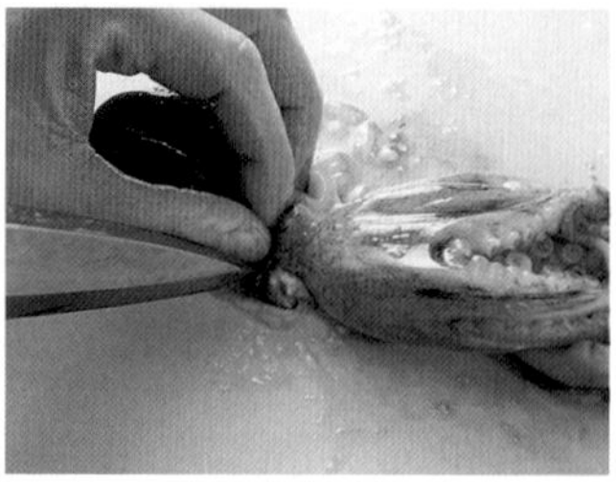

5 在章鱼目间插入菜刀，将纵放的触腕切落，挤压章鱼目，用刀将其切除。

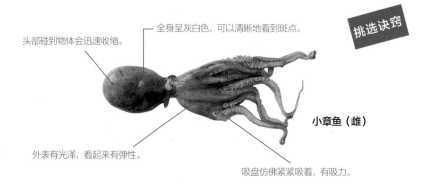

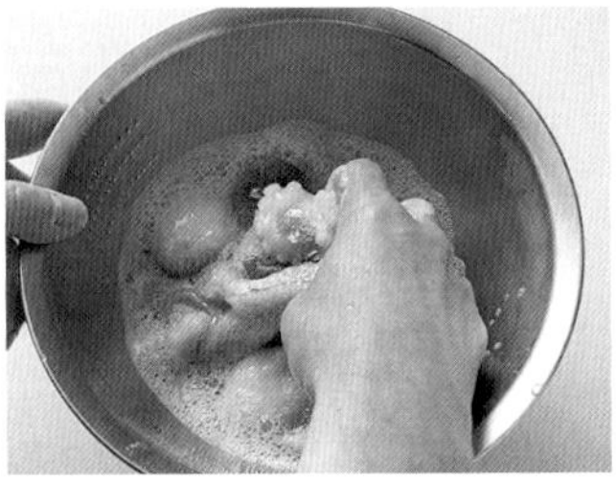

6 放入一杯盐，将章鱼放入，用手抓揉，将盐与章鱼充分混合，去除章鱼表面的黏液。之后用清水洗净，擦干章鱼上多余的水。

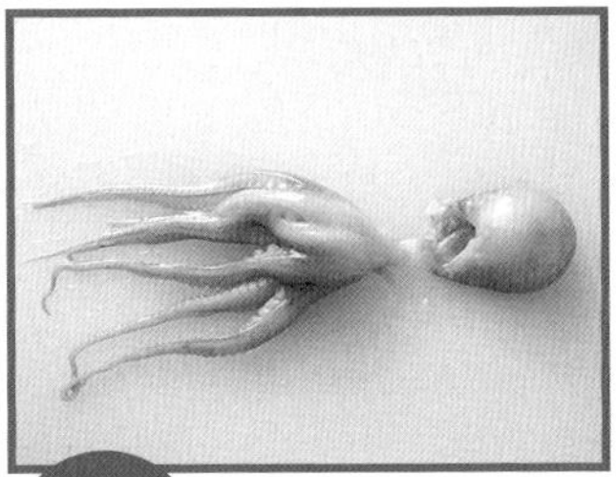

完成图 处理下半身完成图。去除黏液，分开头和足。

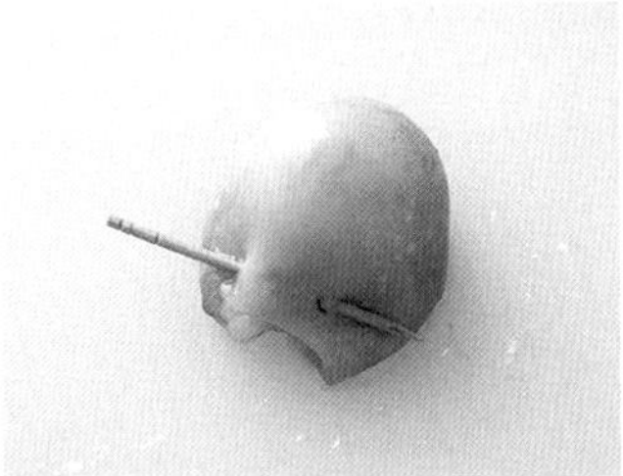

7 煮时，为了防止章鱼卵溢出，请用牙签封住章鱼的嘴，如图所示。

小章鱼樱花煮▶如右

料理

小章鱼樱花煮

材料（2~3人份）

小章鱼（处理好下半身）6只；煮汁1.5杯；酒、料酒各3大勺；酱油2大勺；酱汁1/2大勺；生姜（切片）2~3片；花椒树芽适量

做法

1 将小章鱼放入碗中，倒入80摄氏度左右的热水焯小章鱼。

2 将煮汁、酒、料酒、酱油、酱汁放在锅里混合，加入生姜，开火煮。煮沸后加入小章鱼，盖上锅盖，用稍稍沸腾的火候煮15~20分钟。冷却至温热后食用。

3 将章鱼身和触腕切成适口大小并装盘，浇上煮汁，最后装饰上花椒树芽。

蛤蜊

蛤蜊因上下贝大小一致才能闭合的特点，成为女儿节和夫妻和睦的象征，备受人们喜爱。取出活蛤蜊肉是一件较困难的事，但加热后就很容易打开蛤蜊壳、将蛤蜊肉取出。因此，需要取出蛤蜊肉的时候，一般先用酒蒸。因为蛤蜊越大，贝边也就越硬，将贝边切成小条，吃起来会更加容易咀嚼。同时，烧烤蛤蜊的时候，蛤蜊壳会迅速打开，为了防止美味的汁水溢出，请切去裙边再加热。

❖推荐料理

蛤蜊是一种味道浓郁的高级食材，并且个头大，适合做成烧烤蛤蜊、潮汁、酒蒸等能充分发挥蛤蜊原味的料理。『煮蛤蜊』也是江户时期前寿司中常出现的料理。

蛤蜊壳的表面有光泽。
挑选诀窍
蛤蜊
敲打蛤蜊壳时，壳会迅速紧闭。

切除裙边

使用刀具
出刃菜刀

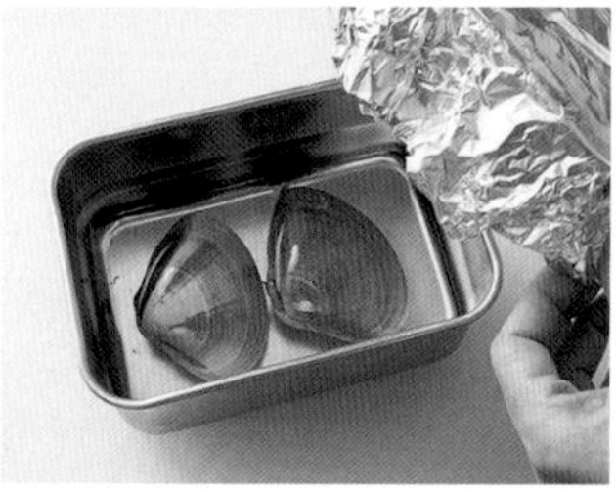

1 将蛤蜊并列放在碟子里，浸在浓度为2% ~3%的盐水中，保证蛤蜊头稍稍露出水面。浸泡1个小时以上，保证蛤蜊内的泥沙均被洗出。

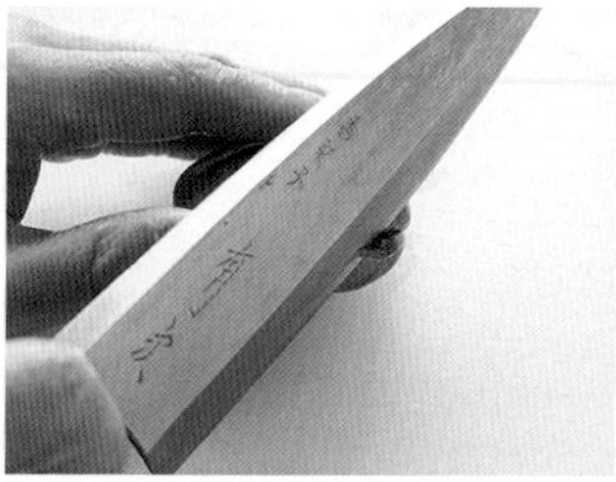

2 将蛤蜊的裙边朝右放置，将突出的部分切除。

完成图 切除裙边完成图。

斧足打花刀

使用刀具
餐刀
出刃菜刀

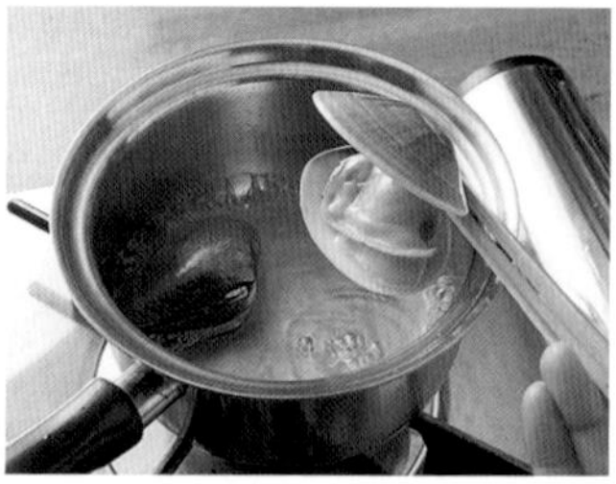

1 在锅中放入蛤蜊和酒，盖上锅盖，开火酒蒸。等蛤蜊壳打开后，将它们连壳取出。

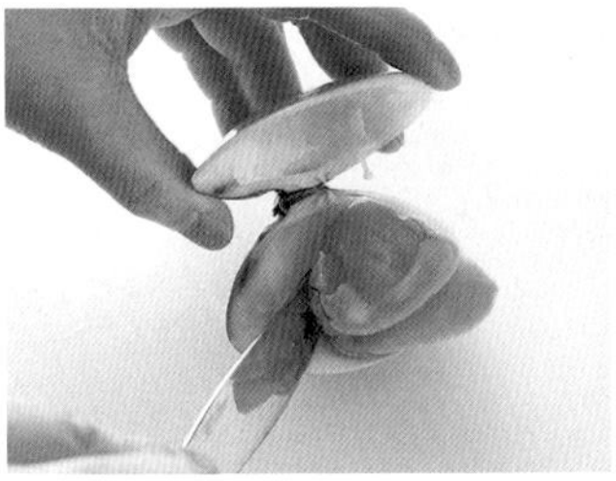

2 在蛤蜊肉下插入餐刀，沿着下侧的壳刮动，切去左右两侧的贝柱。

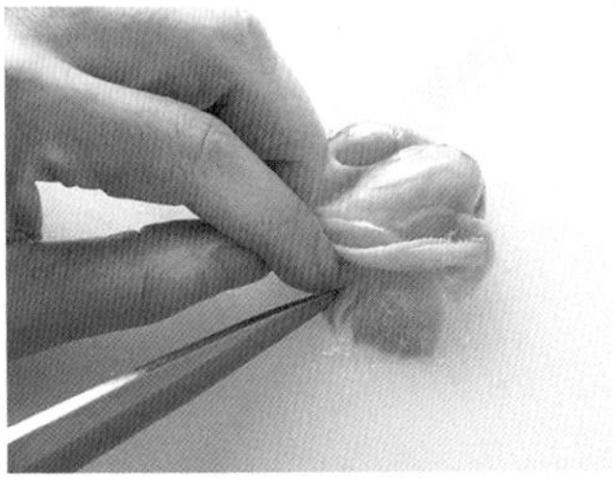

3 取出蛤蜊肉，贝边朝前，用出刃菜刀刀尖，将其切成2毫米宽的小条。

蛤蜊清炖西蓝花▸如右

料理

❖ 蛤蜊清炖西蓝花

材料（2人份）

蛤蜊2只；西蓝花1/2束；煮汁1/4杯；水溶葛粉（葛粉1/2小勺，水1小勺）；辣椒粉少量；酒、盐适量

做法

1 将蛤蜊酒蒸后，取出蛤蜊肉，贝边切成小条。过滤蒸蛤蜊的汤汁，将其与煮汁混合成1/2杯的量。

2 去除西蓝花较硬的部分，放在盐水里煮，浸泡后去掉表面多余的水。

3 将步骤1的汤汁倒入锅中，加热至温热，加入少许盐调味。

4 倒入西蓝花，加热至温热，去除多余的汤汁后，将其切成3厘米左右的长段并装盘。将蛤蜊也加热至温热，放在西蓝花段上面。

5 在汤汁中加入水溶葛粉，等溶化后倒入少量辣椒粉，等辣椒粉混合并变软后，再将辣椒粉倒入汤汁中，浇到步骤4的成品上。

扇贝

双壳贝通常有两个贝柱，但扇贝只有一个。这是因为有一面的贝柱随着扇贝的成长而退化了，剩下一面的贝柱移到了扇贝中央，变得肥大。扇贝可以利用这个贝柱将体内的海水喷射出来，在海底移动。据说，一次喷射可以移动1~2米。野生扇贝主要分布在北海道和青森县，现在，各地的养殖业都十分繁荣。取出扇贝肉时，将壳较平的一侧朝上，从缝隙处下刀，插入扇贝内，切断和壳相连的贝柱。切时注意不要伤到贝肉。

❖**推荐料理**

贝柱是扇贝中的精华，适合用于各种料理。如果喜欢有嚼劲的裙边，可以带壳烹饪。

扇贝壳紧闭，或者用手戳壳时，壳会迅速紧闭的是新鲜扇贝。

挑选诀窍

处理

取出贝肉
➡分离贝肉
➡洗净
➡擦干

使用刀具

贝撬（或者撬壳刀）

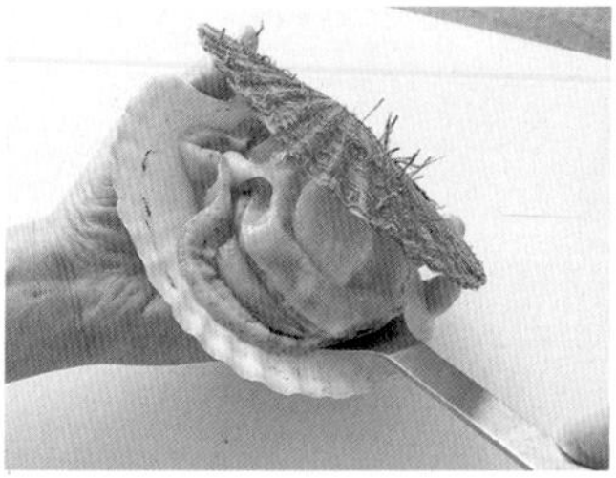

2 打开贝壳，从下方扇贝与贝肉的间隙下刀，转动贝撬，将贝柱切离，取出贝肉。

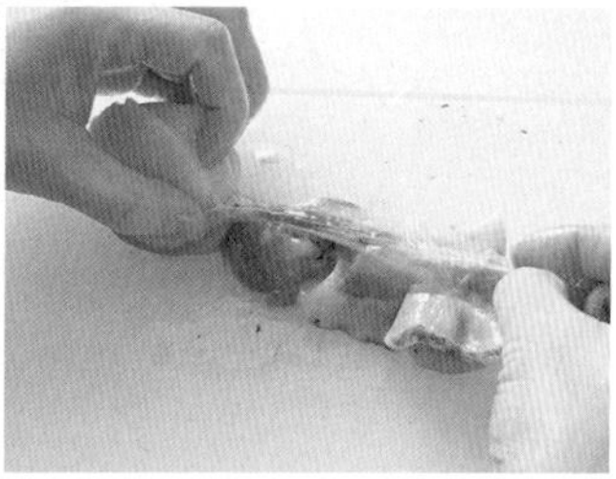

3 用手指轻轻地将贝柱周围的裙边撕离。

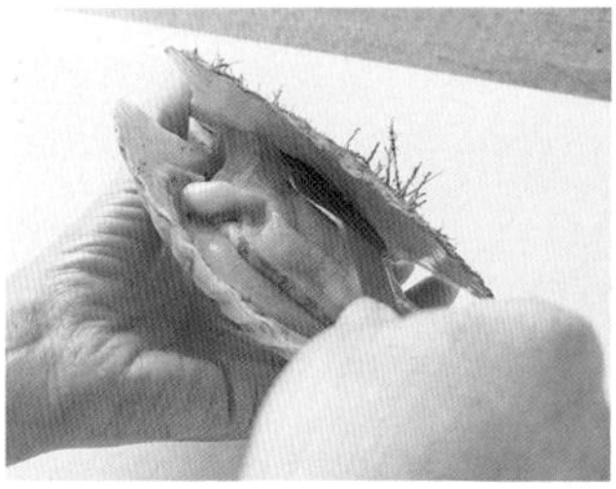

1 将壳较平的一侧朝上，手持贝壳，贝边面向身前。从贝壳边插入贝撬，沿着上侧贝壳插入扇贝内，切断和壳相连的贝柱。切时注意不要伤到贝肉。

诀窍

用餐刀同样可以将贝柱切离，取出贝肉。

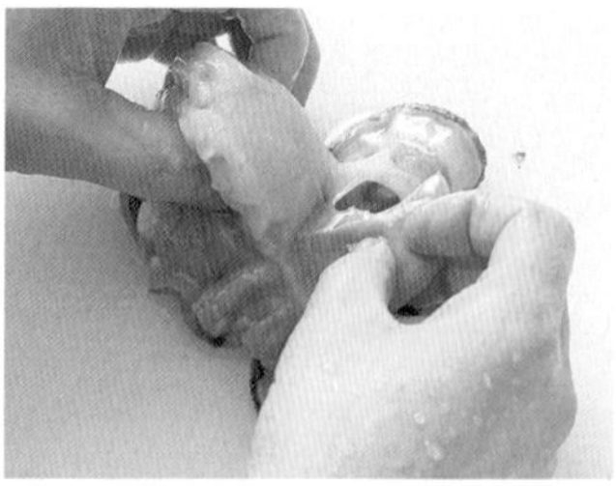

4 剥离连着裙边的红内脏（扇贝生殖器）。

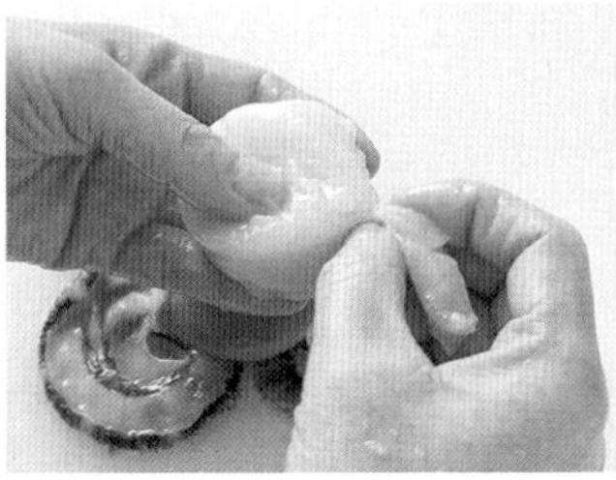

5 去除连着贝柱的白硬部分。

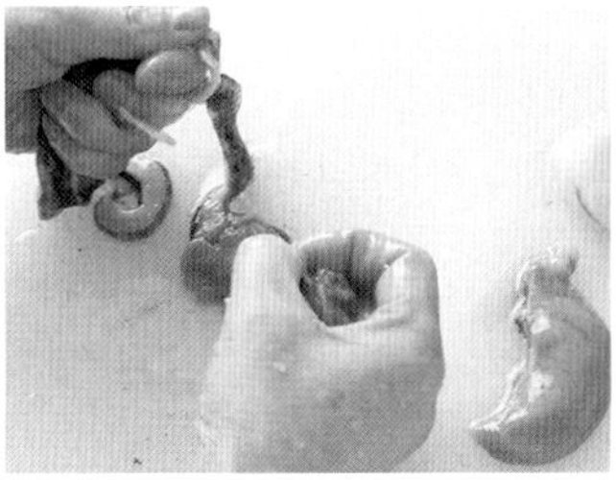

6 用手指剥离连着裙边的薄膜、中肠线和鳃。

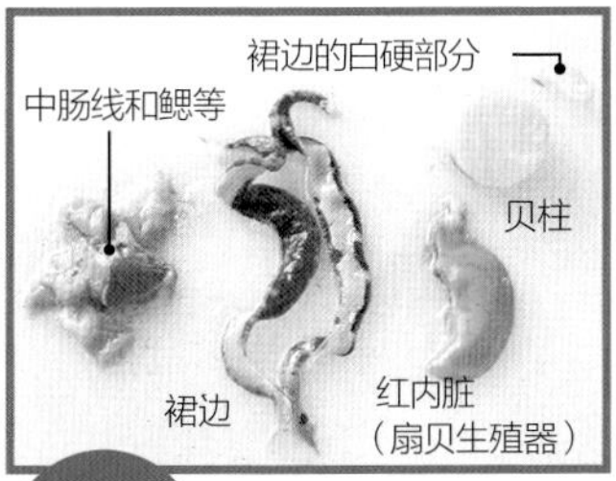

完成图 分离扇贝内身完成图。

诀窍

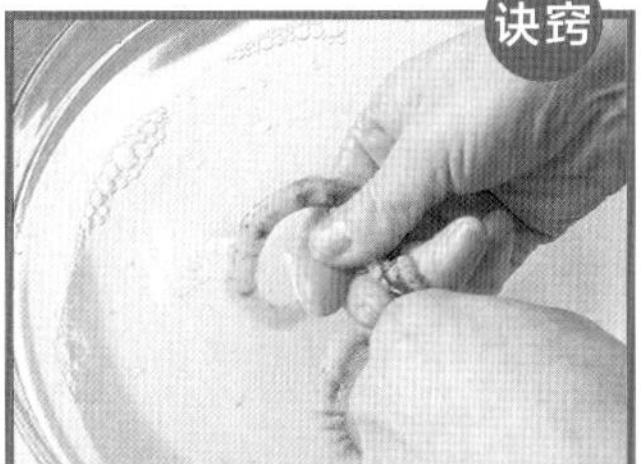

把裙边放在盛满盐水的碗里，仔细地洗干净黏液和污垢。清洗贝柱、红内脏（扇贝生殖器），冲洗后立刻把其残留的水擦干。

分拆
（意式焗扇贝备用）

使用刀具
柳刃菜刀

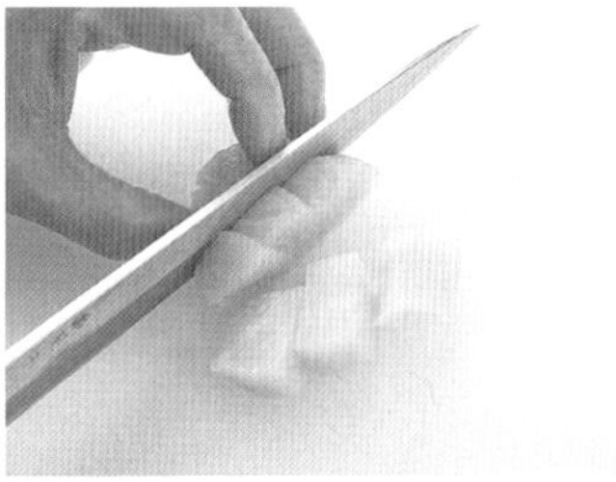

1 将贝柱纵放，切成3等份。红内脏切成适口大小（1.5厘米宽）。

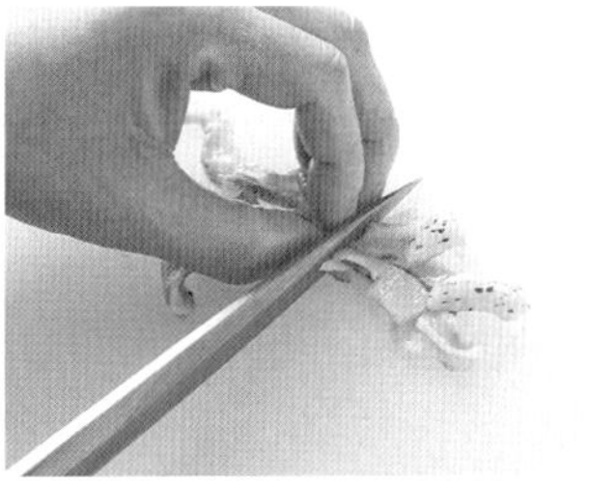

2 将裙边切成1厘米左右长的小段。

完成图 切分贝柱、红内脏、裙边的完成图。

意式焗扇贝▶第208页

切薄片
（沙拉备用）

使用刀具
柳刃菜刀

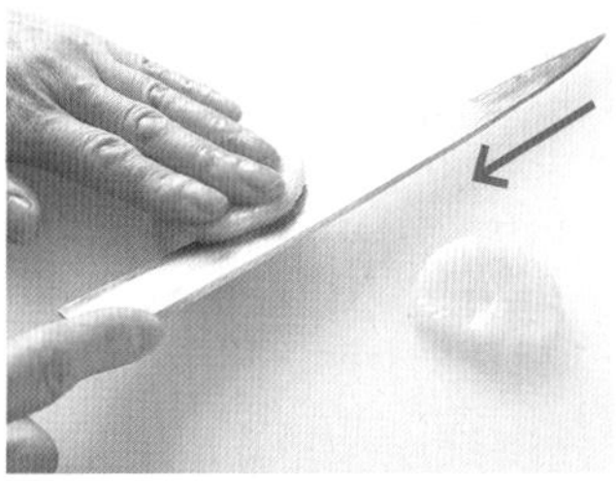

1 菜刀从贝柱的1/4厚处水平横切，刀尖划出半圆弧线，一口气下切。

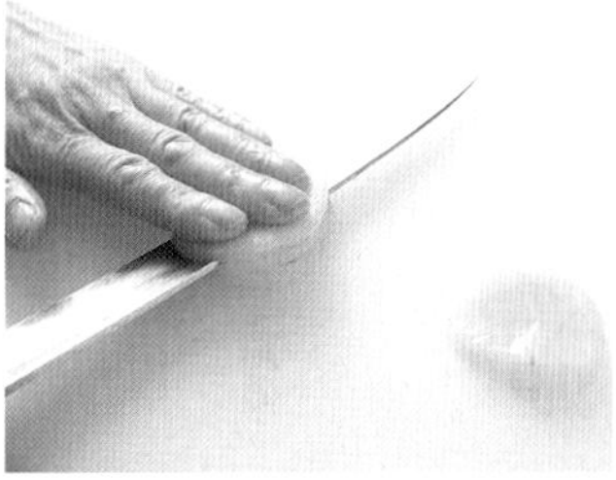

2 左手轻按贝柱的上方，使用整个刀身下切，将贝柱切成4片。

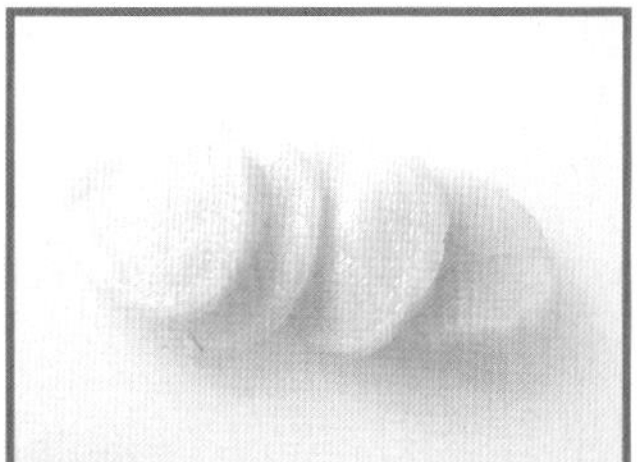

完成图 扇贝切薄片完成图。

中式扇贝沙拉
▶第208页

❖ 中式扇贝沙拉

材料（2人份）

扇贝贝柱2个；芜菁1个；青芽适量；佐料汁［朝鲜辣酱8克，酒（煮至挥发后）1小勺，酱油1/2小勺］

做法

1 将扇贝贝柱薄切成4片。剥去芜菁的筋和皮，横切成薄片。

2 在碟子里按照顺序，依次盛上贝柱和芜菁，再用青芽装饰。

3 将制作佐料汁的材料混合，浇在贝柱上。

❖ 意式焗扇贝

材料（2人份）

扇贝贝柱（意式焗扇贝备用拆分好的）2个；蘑菇4个；白色调料汁［洋葱（切碎）1/2个，大蒜（切碎）1小瓣，黄油5克，低筋面粉10克，牛奶165毫升，月桂1/2枚，芹菜秆1根，盐1/4小勺，白胡椒适量］；黄油10克；格吕耶尔干酪（切碎）适量

做法

1 制作白色调料汁。用黄油炒洋葱和大蒜，撒入低筋面粉后翻炒。加入少量牛奶搅拌，再加入月桂和芹菜秆，等水沸腾后煮10分钟。最后加入盐、白胡椒调味。

2 去除蘑菇的蒂，对半切。把黄油碾碎，依次和扇贝、蘑菇翻炒。

3 挑选一个较圆的贝壳，加入步骤2的扇贝、蘑菇和步骤1的成品，撒上切碎的格吕耶尔干酪，放入烤面包机里，烤10分钟至呈焦黄色。

海松贝

海松贝因其富有嚼劲的口感和异常甘美的味道而被列为上品材料，是双壳贝中的代表。海松贝也是一种高级的寿司材料，仅在濑户内海、三河湾、东京湾等地限量产出，是一种极其稀有的食材。最近，被称为『白色海松贝』的波贝广泛地出现在市场上。然而，被称为『白色海松贝』的波贝和海松贝其实是两个完全不同的品种。

海松贝可食用的部分是从壳延伸出来的、又黑又大的导水管（软体动物向鳃送水或使水流出的管子，也可以帮助其移动和摄取食物）。剥皮前，可以将导水管放入热水中过一遍，使其黑皮更容易被剥落。

❖**推荐料理**

海松贝有着贝类特有的风味和适度的嚼劲，同时其口感堪称一绝，最适合做成刺身。海松贝的其他部位，适合做成煮物、黄油烧、味噌汁配菜等。

挑选诀窍

挑选整体大、导水管大且肥厚的海松贝。要判断是否为健康的海松贝，可触碰其导水管，若迅速闭合，则可以确定此海松贝是健康的。

日本海松贝

去壳取肉

使用刀具

贝撬（或者撬壳刀）

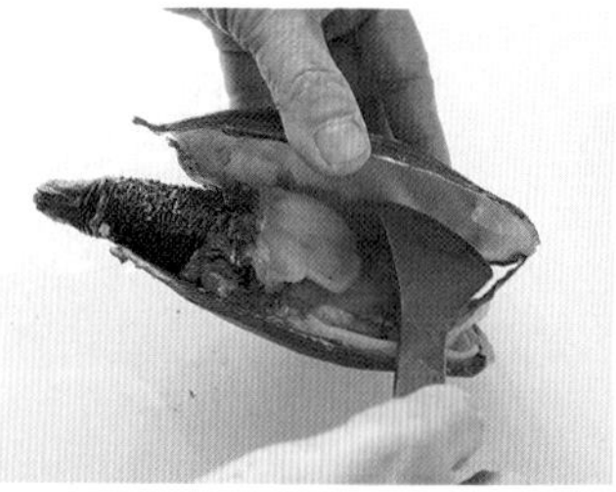

1 从贝壳边插入贝撬，沿着上侧的贝壳插入扇贝肉，切断和壳相连的贝柱。

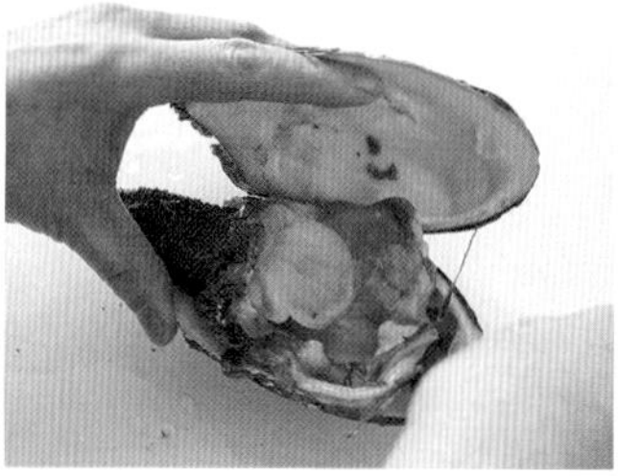

2 打开贝壳，从下方贝壳与贝肉的间隙下刀，转动贝撬，将贝柱切离，取出贝肉。

完成图 去壳取肉完成图。

分拆贝肉、导水管和裙边

清洗

➜擦干

使用刀具

出刃菜刀

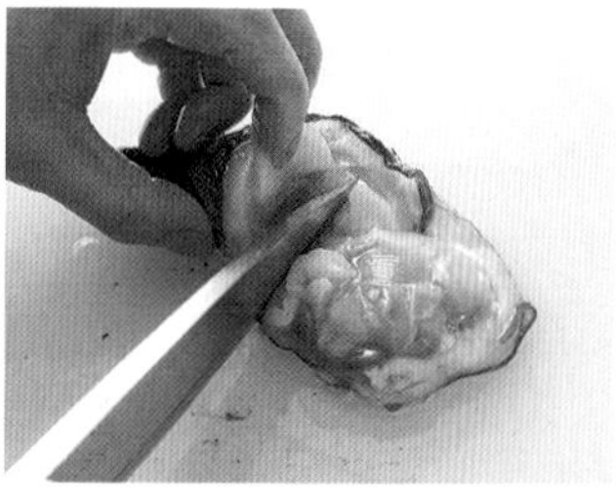

1 从导水管的根部下刀，将其切离。在不伤及导水管和贝肉的情况下小心切除。

下一页

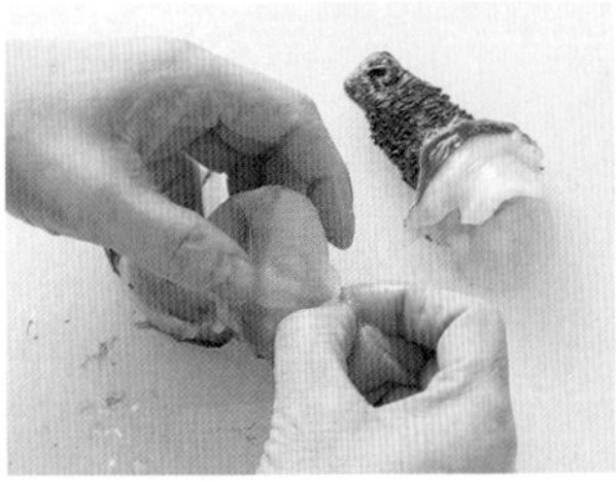

2从贝身上取出贝柱、裙边、内脏。

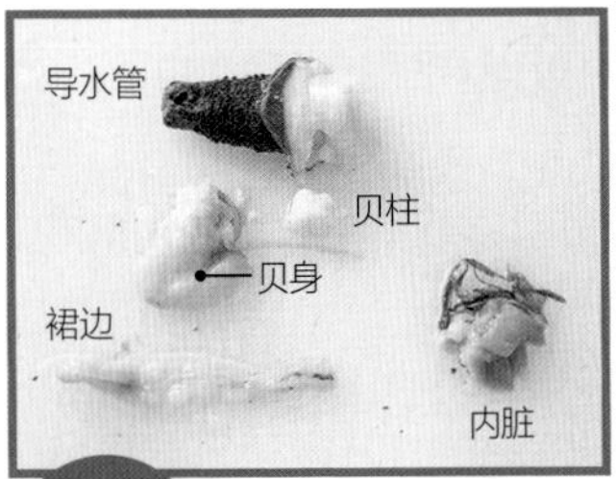

完成图 分拆海松贝完成图。

3 将导水管放在加盐（浓度为1.5% ~2%）的热水（未沸腾）里，煮15秒左右，直到导水管收缩（海松贝的导水管遇水加热后会收缩变小）。

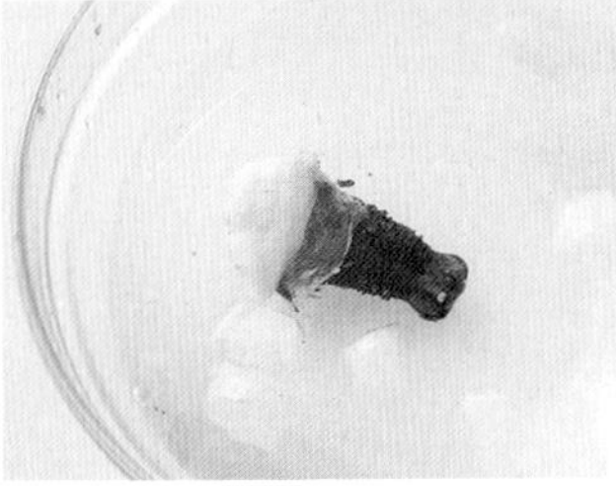

4放在冰水里浸泡，直至完全冷却。

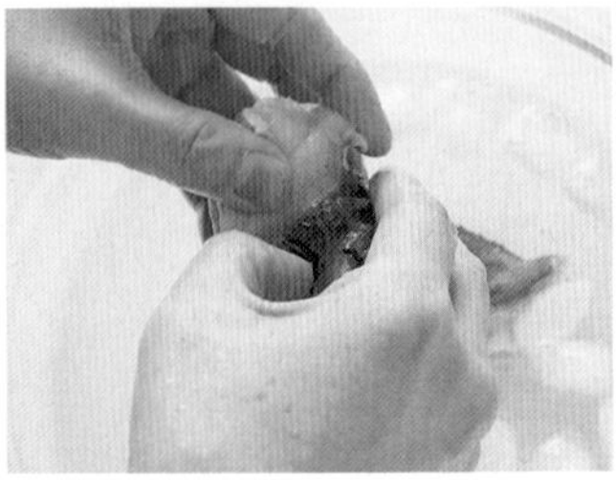

5剥去外表的黑皮。

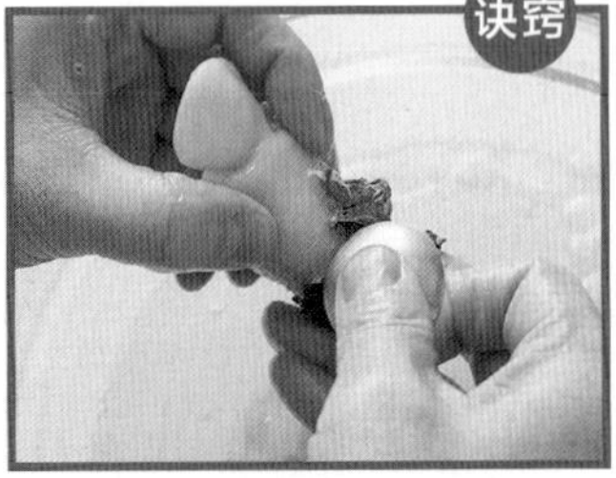

诀窍

在很难剥去皮的情况下，推荐使用汤勺之类的辅助工具刮去表皮。

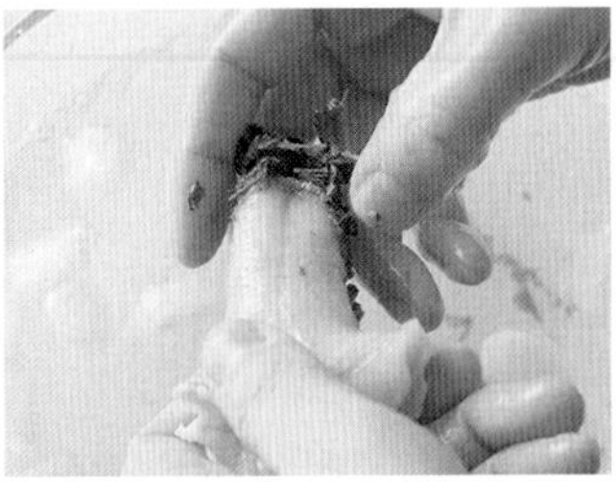

6剥去导水管前端的又黑又硬部分的表皮。

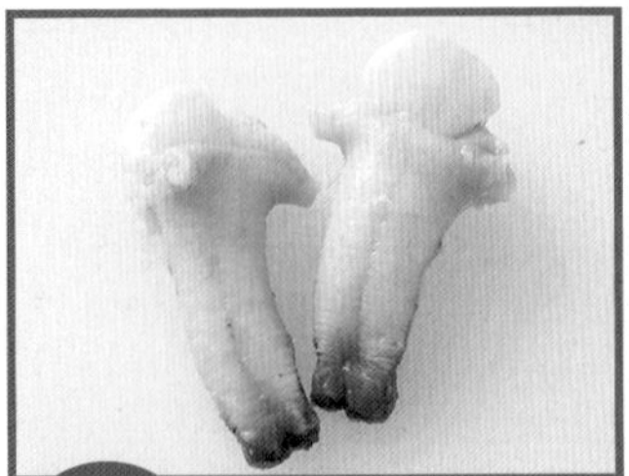

完成图 下半身处理好的导水管完成图。

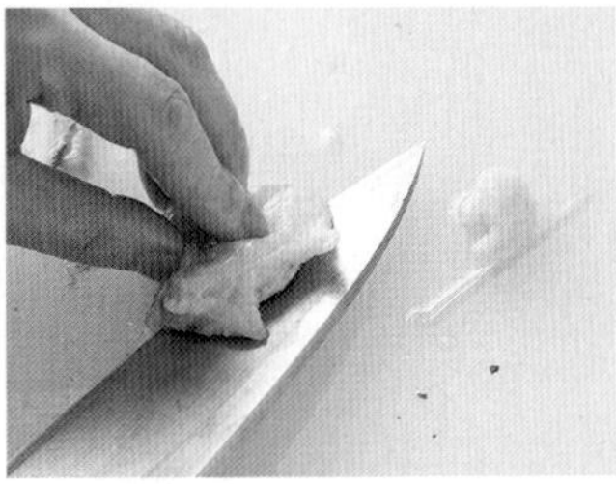

7将刀身倾斜，横切贝肉，切开一半左右便停下，不完全切断。

8用刀尖剔除内脏。再用刀刮去贝身上的污垢和黏膜。

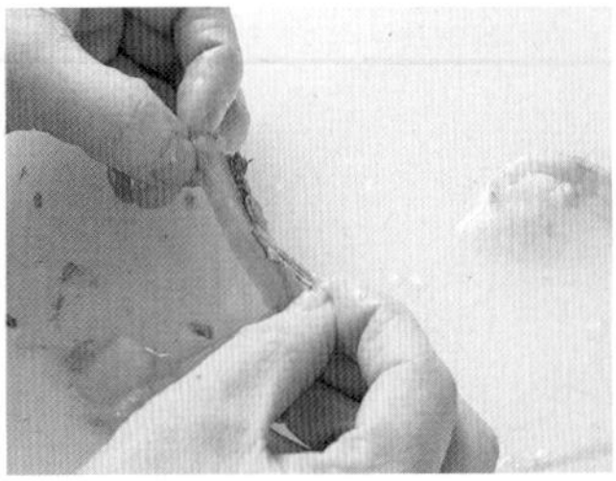

9去除与裙边相连的薄膜和污垢。

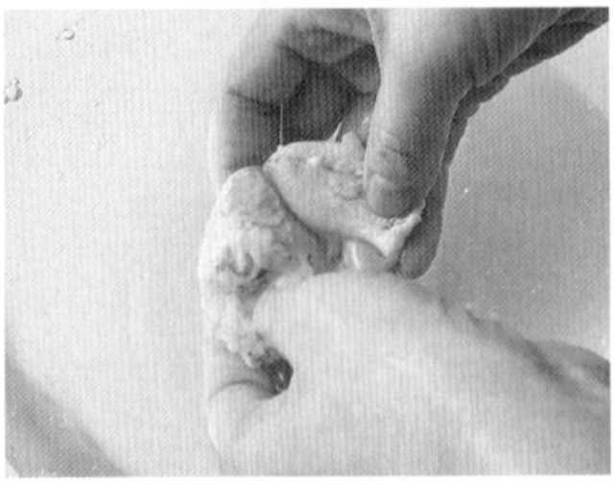

10将贝肉、裙边、贝柱放在盐水中洗净，擦干多余的水。

削片

使用刀具

柳刃菜刀

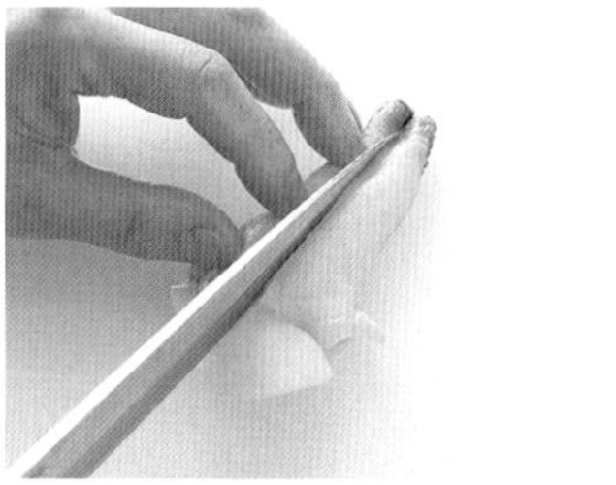

1 从完成下半身处理的导水管的中部切入，切成左右两半。

2 从切成两半的导水管中间再次下切。

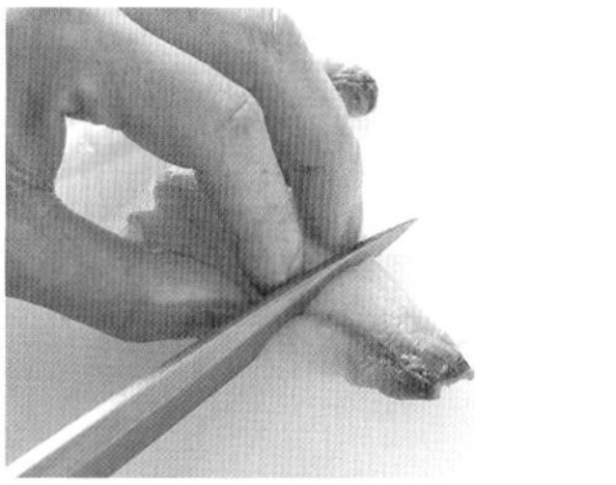

3 将切开的导水管捏紧，卷成一个圈状，从前端2厘米处下切。

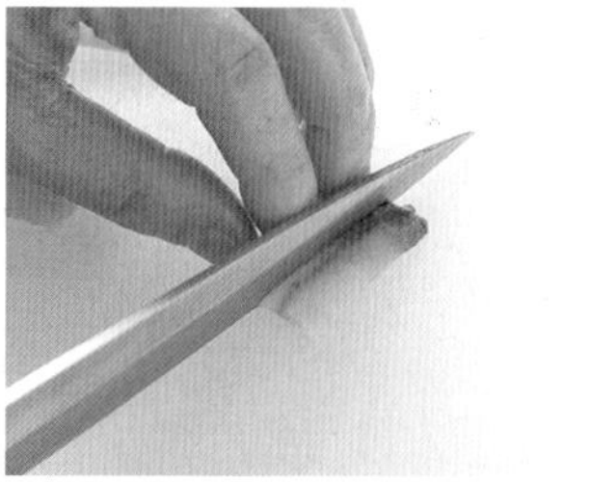

4 将切下的前端再次对半切。

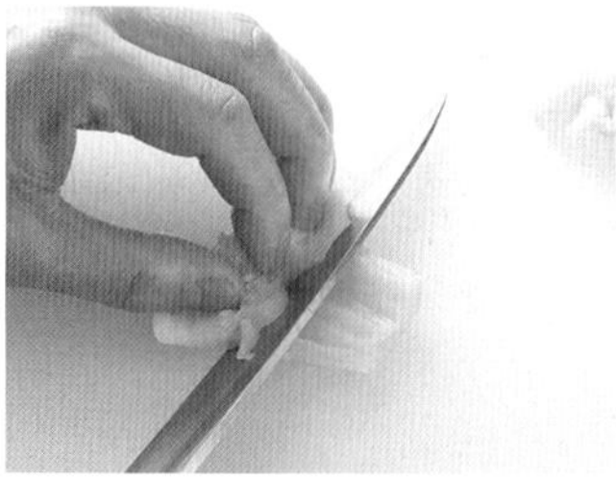

5 将剩下的导水管切开的一面朝上放置，菜刀倾斜，从前端切成薄片。

完成图 削片完成图。

海松贝刺身

▶第212页

切块

使用刀具

出刃菜刀

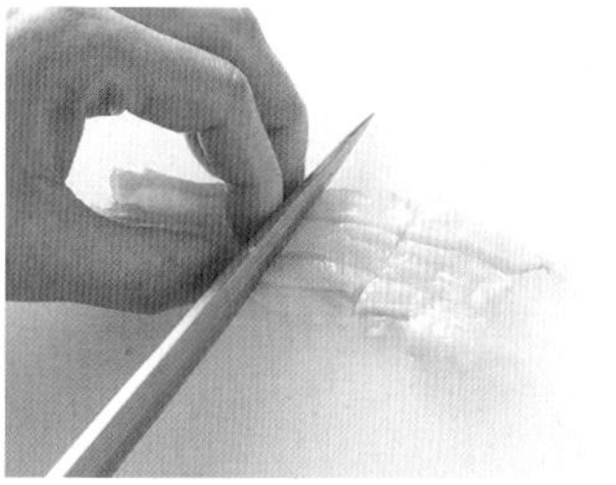

1 从裙边前端下切。

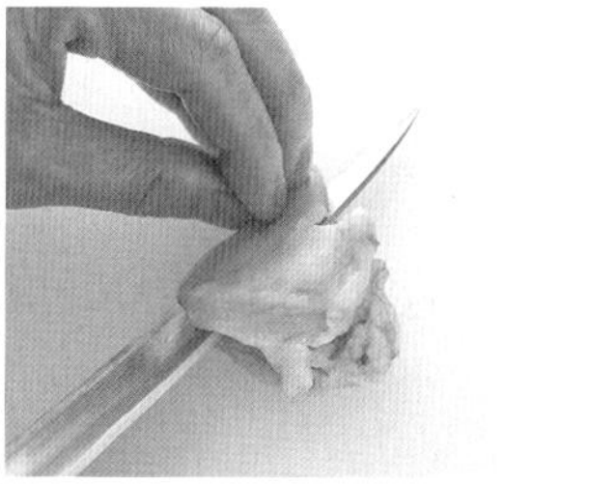

2 从中间对半切，将贝柱切成两半。

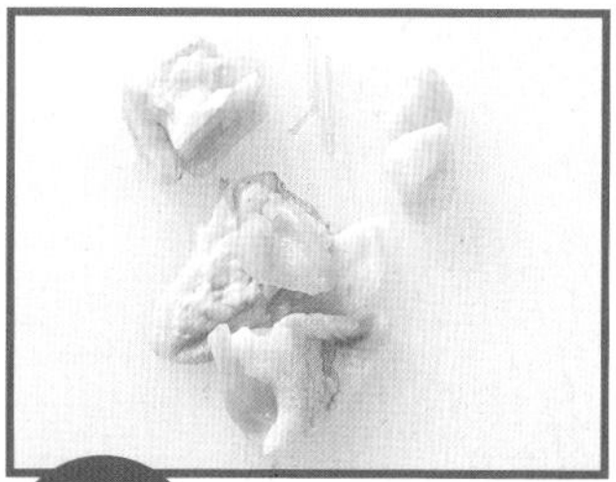

完成图 裙边、贝身、贝柱切块完成图。

海松贝裙边煮花椒芽

▶第212页

料理

❖ 海松贝刺身

材料（2人份）

海松贝导水管（处理下半身后）2个；黄瓜（横切成小木条状）3厘米；紫苏叶2片；青芽紫苏适量；小水萝卜（薄切）4枚；淡酱油（酒1大勺，酱油1大勺）；川海苔（泡发后）；芥末泥适量

做法

1 将海松贝的导水管削片。

2 将制作淡酱油的酒放在耐热容器中，不覆盖保鲜膜，放入微波炉里加热30秒，最后和酱油混合。

3 将黄瓜、紫苏叶、步骤1中做好的海松贝装盘并混合，装饰川海苔、青芽紫苏、小水萝卜。最后挤上芥末泥，浇上步骤2中做好的淡酱油。

❖ 海松贝裙边煮花椒芽

材料（2人份）

海松贝贝身、裙边、贝柱（处理下半身后）各2个；酒1.5大勺；料酒、酱油各1小勺；花椒树芽（切碎）适量

做法

1 将海松贝贝身、裙边、贝柱切成边长为1厘米左右的小丁。

2 将酒、料酒、酱油放在小锅中煮沸，加入步骤1的食材，开大火煎煮。待汤汁煮到快干时停火，加入花椒树芽。

刺身配菜

添在刺身周围的配菜，不仅是为了美观，引出刺身的风味，还起到了增加食欲、消毒等作用。本节将介绍最常见的『配菜』和营养均衡的『佐菜』，请大家好好学习基础刺身配菜的做法，一起享受制作刺身配菜的乐趣。

桂剥技法

将蔬菜以均一厚度剥离的桂剥技法，是一种用于制作配菜的常用刀法。请记住这种使用基础刀工的桂剥技法。

使用刀具 薄刃菜刀

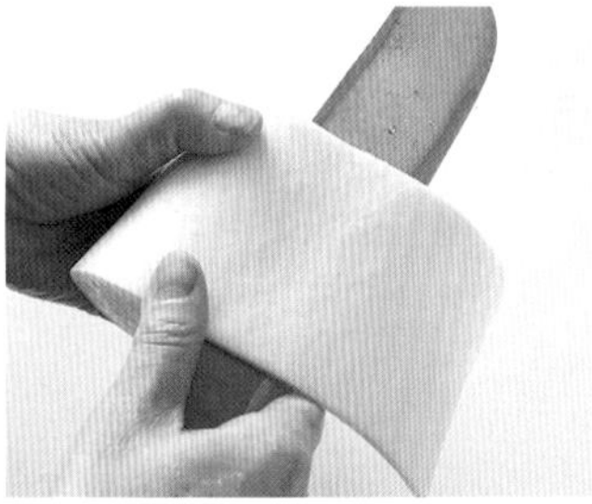

1 左手将切成8厘米长的白萝卜横拿在手上，菜刀与萝卜皮平行并进行剥皮。选择形状笔直的白萝卜，尽可能做到剥下的皮厚度相同，只留下中间纤维柔软的部分。

2 此时剥下的白萝卜呈圆柱体，再用菜刀修整表面不平的部分，使其成为一个光滑的圆柱体。剥的第一圈皮可以稍厚，接下来剥的几圈皮需要稍薄一些。

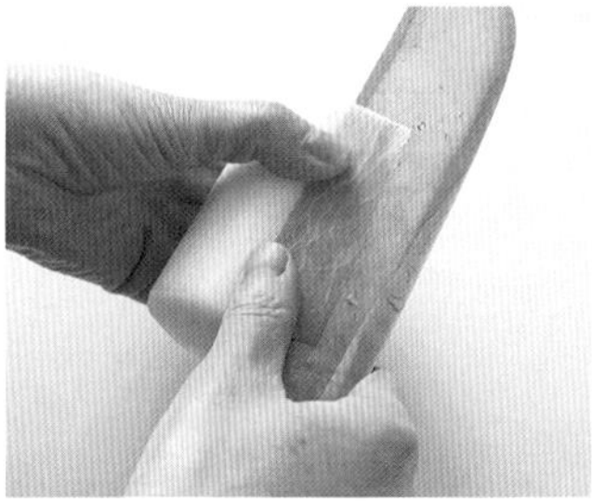

3 左手拿着白萝卜，拇指隔着萝卜皮放在刀刃处，左手轻轻旋转白萝卜，右手拇指轻轻放在刀刃上，紧握刀柄，菜刀轻微地上下移动，向左前进剥皮。

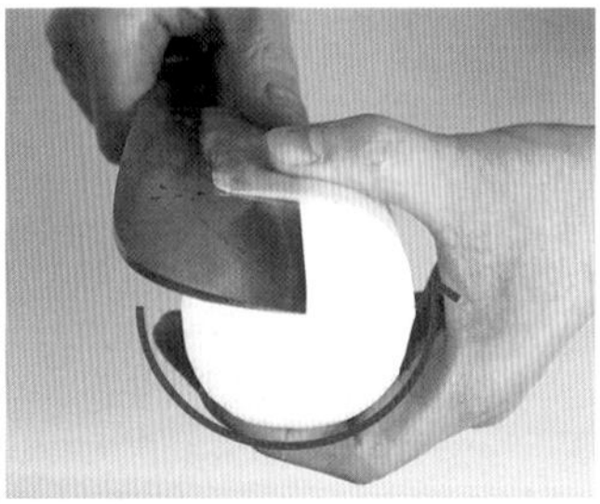

4 双手的大拇指同时放在刀刃上，确认好厚度后前进剥皮。右手的菜刀大致处在同一位置，小幅度地上下移动，前进剥皮。刀刃要随时紧贴萝卜。

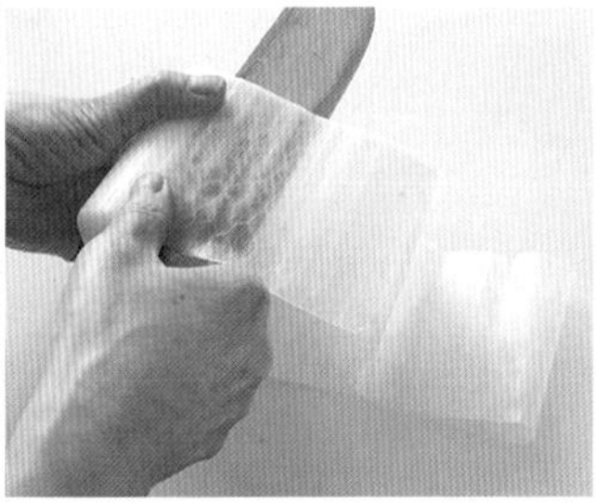

5 左手转动白萝卜，将切好的皮向右边送，右手紧握刀柄，菜刀轻微地上下移动，向左边前进剥皮。重复以上基础动作，菜刀绝对不要下切。剥皮时不要剥断，尽量保证剥下的皮厚度相同。

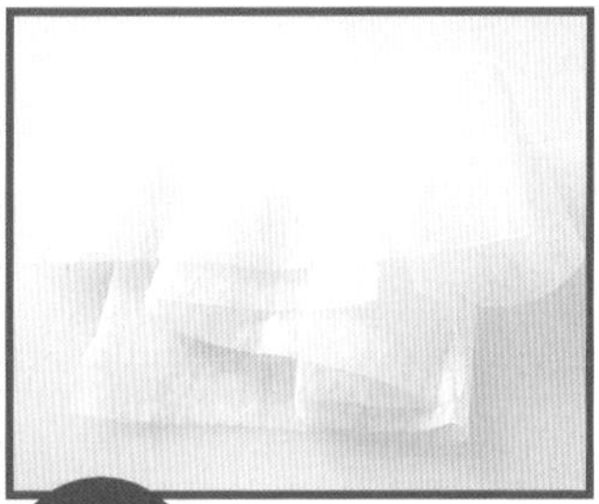

完成图 **完美剥下的萝卜片光滑而富有光泽。作为配菜的时候，其厚度要求在1毫米以下。**

冷鲜伊势龙虾刺身▶第184页
配菜/小水萝卜、黄瓜、紫苏叶、芥末泥

赤贝刺身▶第168页
配菜/白萝卜、紫苏叶、芥末泥

蔬菜丝短剑

蔬菜丝短剑因将蔬菜切得极为细小，且蔬菜丝堆高后像剑一样尖锐地直立而得名。虽然该方法主要应用于白萝卜，但用在其他的各种野菜上，也可以营造出季节感和丰富多彩的感觉，十分有趣。

使用刀具 薄刃菜刀

胡萝卜丝短剑

将胡萝卜丝堆起来，像剑一样，令人食欲大开。

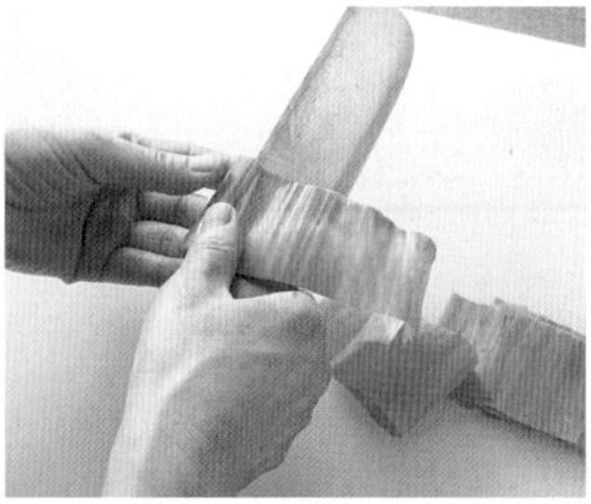

1 将胡萝卜切成5厘米长，使用桂剥技法剥成长条。

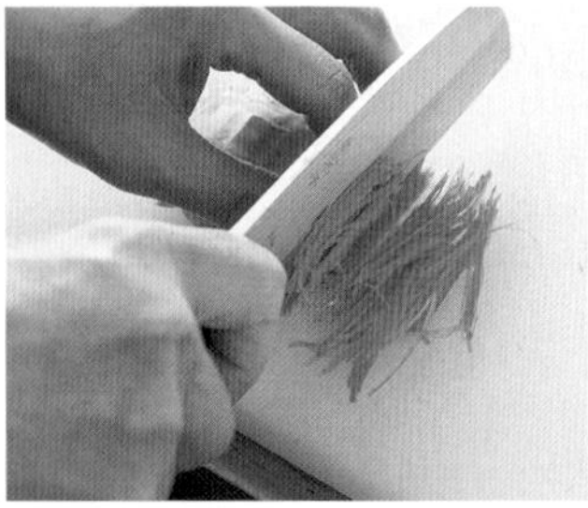

2 切成适当的长度，将胡萝卜片重叠后横放，从一端开始切细丝。切完后放在水中浸泡以去涩味，使其干脆可口。

纵蔬菜丝短剑

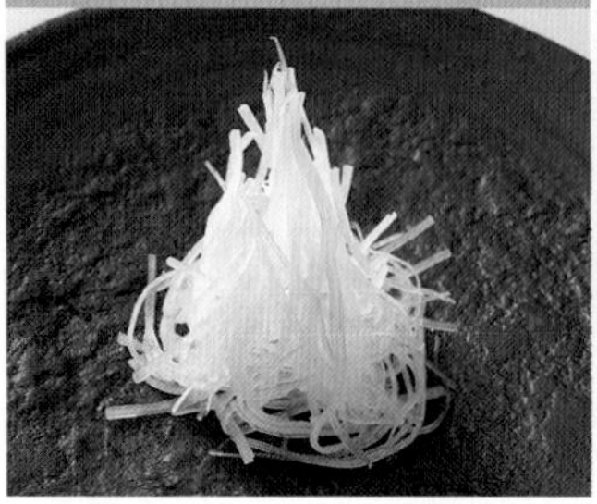

将白萝卜丝纵放，堆成像剑一样细长的小堆，放在刺身中间。

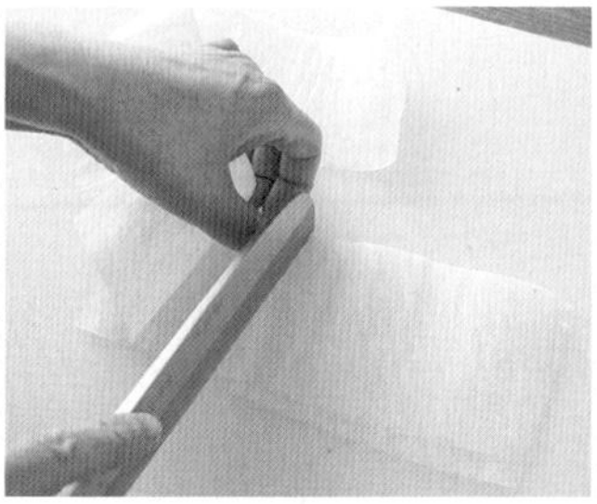

1 将使用桂剥技法后的白萝卜切成适当长度（和桂剥技法的长度一致，这里切成8厘米左右），再切成一条条细丝。

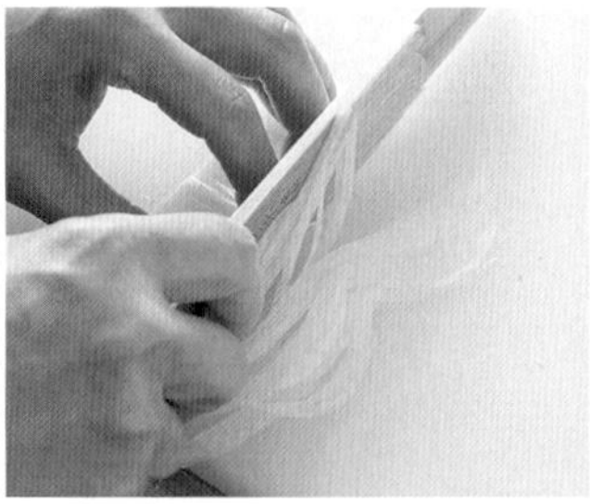

2 将白萝卜片重叠后纵放，从一端开始切细丝。切完后放在水中浸泡以去涩味，使其干脆可口。

横蔬菜丝短剑

将白萝卜丝盘起来，主要放在刺身下面，做成“平铺蔬菜丝短剑”。

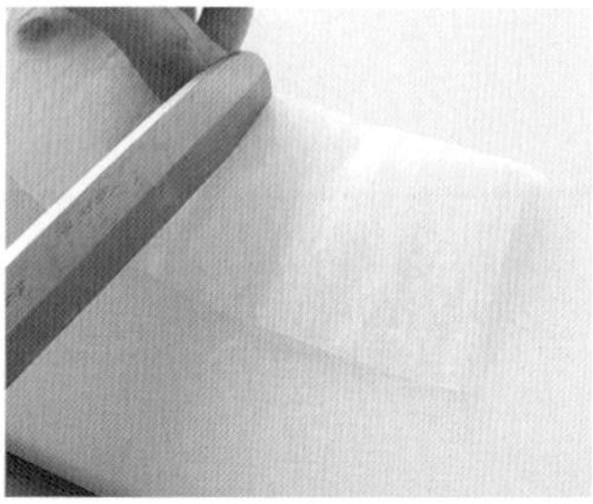

1 将使用桂剥技法后的白萝卜切成12~13厘米（这是做横蔬菜丝短剑的长度）长，再切成一条条细丝。

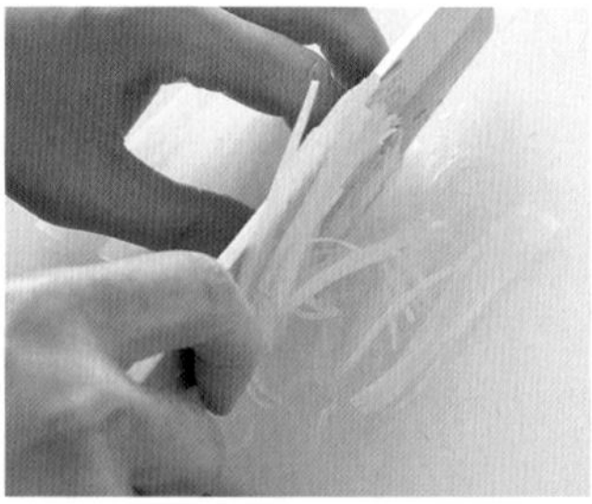

2 将白萝卜片重叠后横放，从一端开始切细丝。切完后放在水中浸泡以去涩味，使其干脆可口。

小水萝卜丝短剑

鲜红色和透明的白色之间的对比形成美感。

1 将小水萝卜的根部削薄片。切口朝下，用左手食指的指腹按压，菜刀水平切薄片。

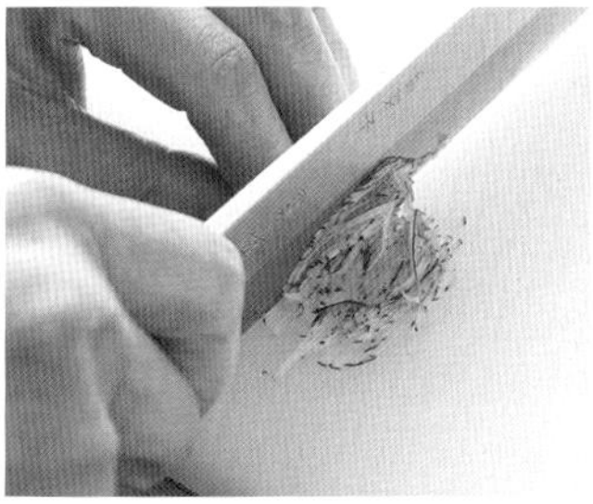

2 切成适当的长度，将小水萝卜片重叠后横放，从一端开始切细丝。切完后放在水中浸泡以去涩味，使其干脆可口。

黄瓜丝短剑

酥脆的口感和清爽的香气突出了水润感。

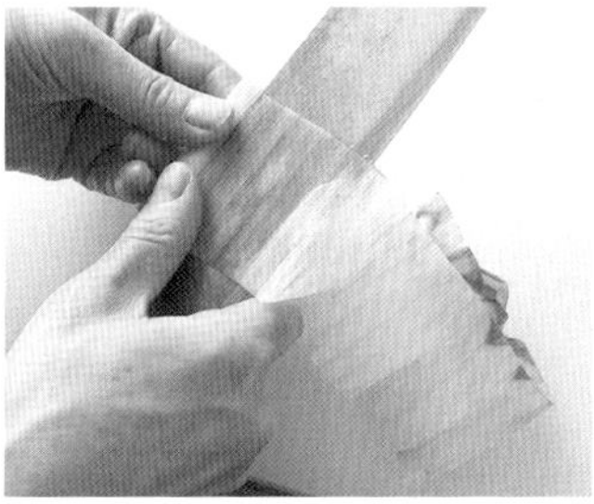

1 将黄瓜切成5厘米长的小段，去除黄瓜皮后，使用桂剥技法剥成长条。

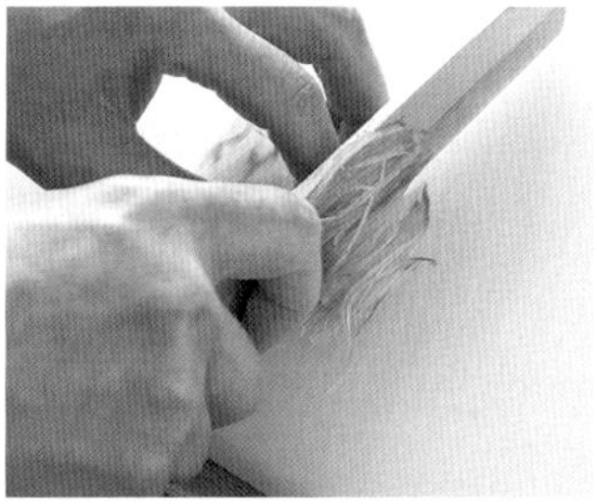

2 切成适当的长度，将黄瓜片重叠后横放，从一端开始切细丝。切完后放在水中浸泡去涩味，使其干脆可口。

南瓜丝短剑

在不去皮的情况下切成细丝，其鲜艳的色彩为料理增添华美之感。

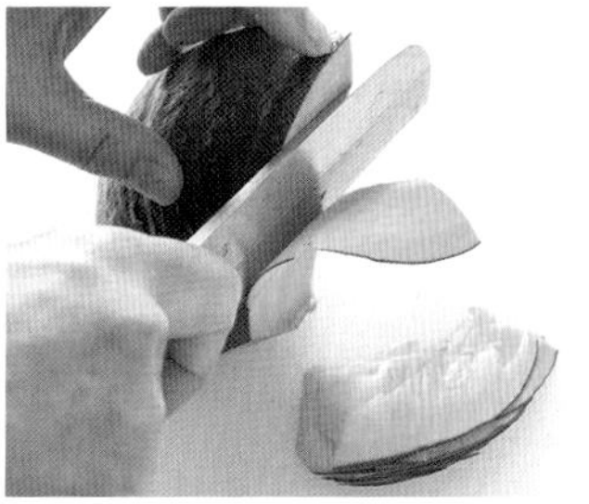

1 将南瓜切成薄片。

2 将南瓜片重叠后横放，从一端开始切细丝。切完后放在水中浸泡以去涩味，使其干脆可口。

碎末

野菜和海藻等多种食材也可作为刺身的装饰物，
即便是同一种食材，刀法也各有不同。

坂本菊

配菜专用食用菊，色泽、风味、口感绝佳。将花瓣捏下，撒在蘸汁酱油中即可食用。

紫芽（芽紫苏）

还没有开始生长的双叶红紫苏。叶片内红，表面呈绿色。

芽甘草

山中野菜（甘草）的嫩芽。去除掉根部的坚硬部分，水煮后使用。

花穗紫苏

紫苏叶的花，有紫苏特有的香味。

防风

又被称为海滨防风，适合烹饪鱼类，香味清爽。

红蓼

双叶蓼。其特征是有刺激的辣味和微弱的香气。

青芽（芽紫苏）

双叶紫苏叶。嫩芽紫苏一年四季都有。

钩状防风

防风的茎裂开后，形成钩状。

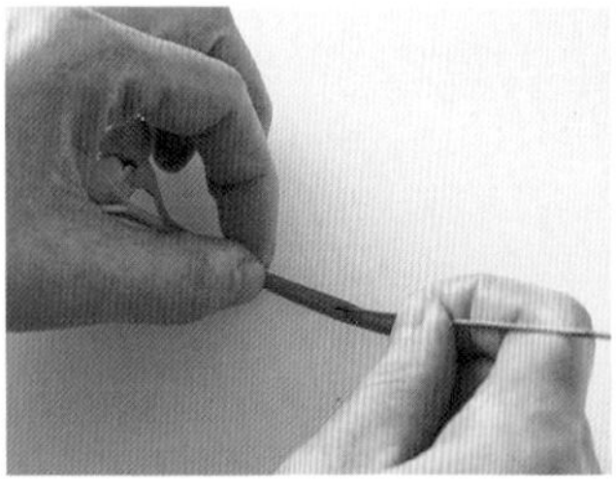

切掉适当长度的茎，在下端用针划6~8根竖线，使其裂开并放在冷水中浸泡。将裂开的茎的前端卷起，形成钩状。

螺旋胡萝卜，螺旋当归

将长度、大小、下刀角度不同的胡萝卜丝聚在一起，卷成螺旋状。

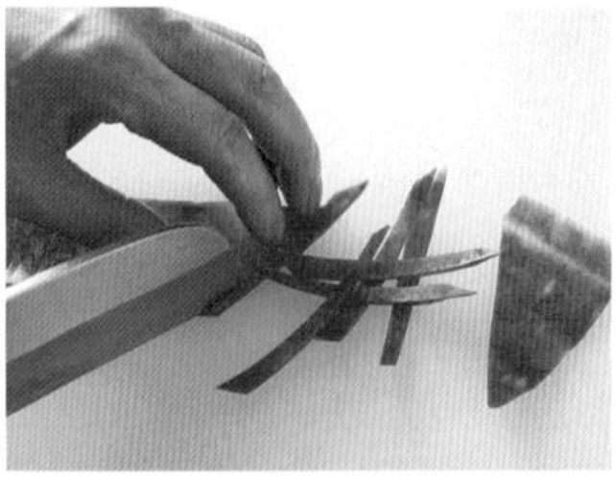

1 将材料切成5～8厘米长的小段，使用桂剥技法后，刀身再倾斜30度以将材料切成3毫米左右的楔形榫头状。

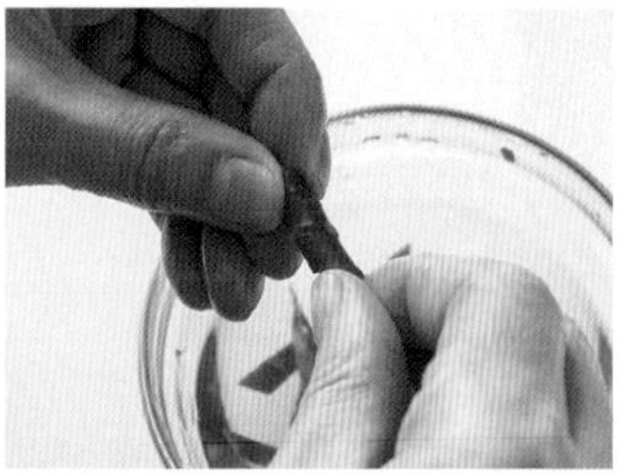

2 放在水中，材料稍稍变卷后，将其卷在一根筷子上定型。

第三章

蔬菜的切法和料理

不同的蔬菜，根据烹饪方法的不同，刀法也各有不同。好的刀法可以让蔬菜变得非常美味。蔬菜的烹饪方法千变万化，本章仅介绍基础切法，包括从做便当到家庭宴会时会用到的装饰刀法，并结合一些简单的料理来介绍这些刀法。

蔬菜的基本切法

本章将介绍做菜时会经常使用的刀法。做菜顺序十分重要，将蔬菜纵放和横放会产生很大的差别。可能有些朋友已经了解这一点，但还是想重申一遍。

切圆片

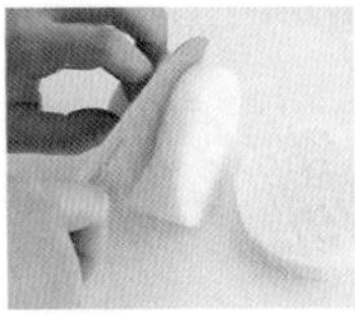

断面呈圆形的蔬菜的切法。需要将蔬菜切成圆片时，请将蔬菜厚度统一后再下刀。采取从身前切向另一侧的按压式下切。

半圆切

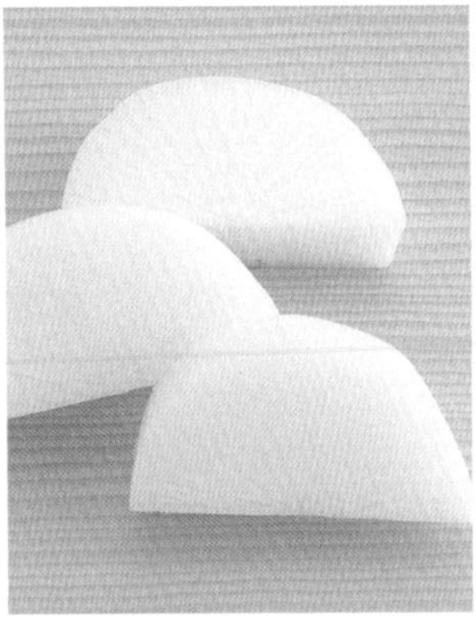

首先将切成圆片的蔬菜对半切，保证断口有一定厚度。因断面呈半圆形而得名。

刀尖切法

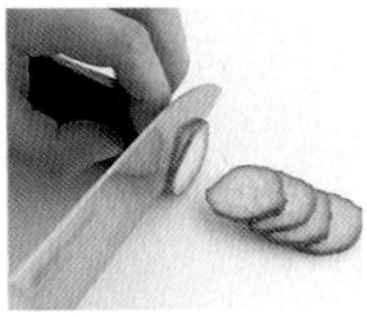

从细长蔬菜的一端，切出同样厚度的薄片。将细而小的蔬菜聚在一起，用刀尖切成小薄片。

扇形切（银杏切）

如图所示，将圆片的蔬菜十字切分成4份，保证断口有一定厚度。因断面像扇形或银杏叶而得名。

斜切薄片

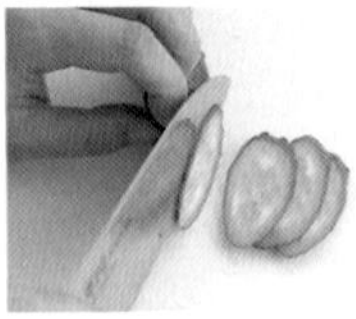

从细长蔬菜的一端斜切出薄片。此切法切口较宽，更容易入味。

切段

顺着蔬菜纤维生长的方向，将细长、断面呈圆形的蔬菜切成一定长度的段状。

切薄片（纵向）

沿着材料的纤维切成薄片的刀法。将纤维的方向上下放置，从一端开始切薄片。

重叠大切

将食材重叠，堆至一定高度后下刀整切。尽可能地使切下的块状大小一致。

切薄片（横向）

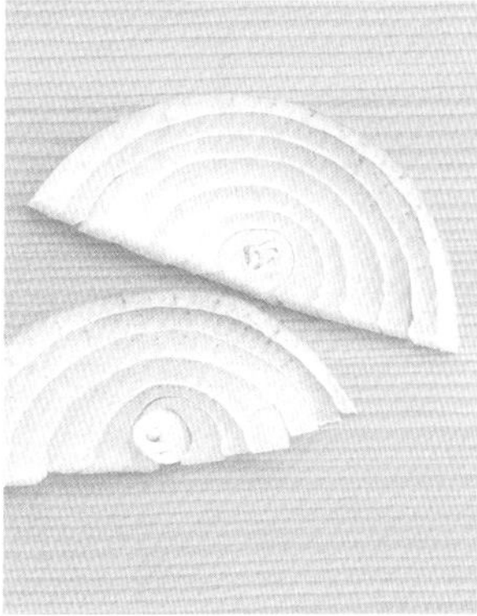

切断材料的纤维，使用切薄片的刀法，切成半圆形。将纤维左右放置，从一端开始切薄片。

削切

对于有一定厚度的材料，用菜刀倾斜下切。尽可能地使切下的块状大小一致。

斜切

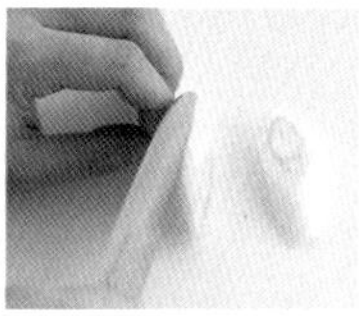

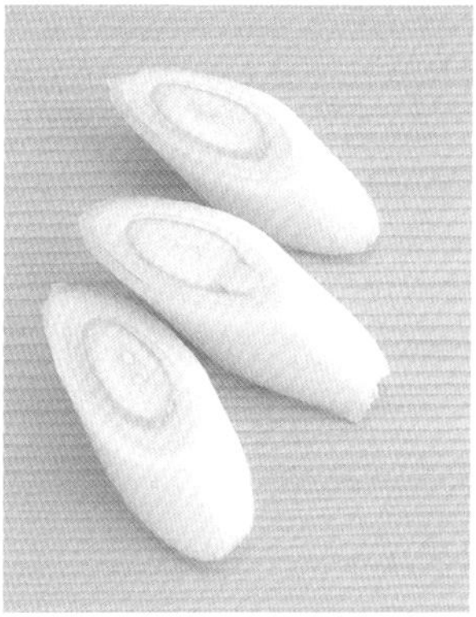

从细长材料的一端斜切出厚片。根据材料形状的不同，也被称为“斜圆切”。

诗笺切

切成4~5厘米长的长方体（切去外侧有弧度的一面），接着沿纤维方向切成薄片。

木片切

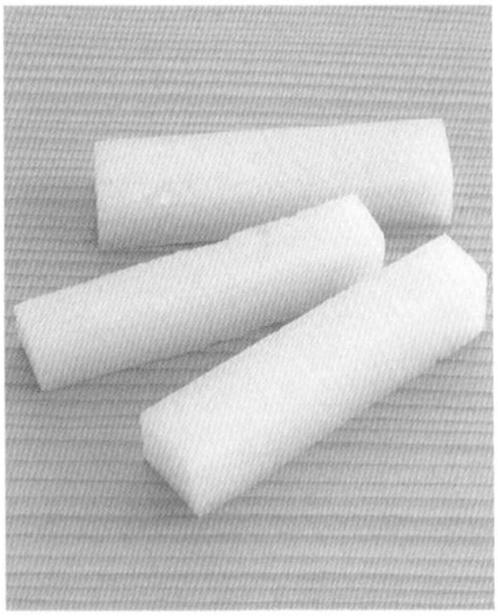

首先切成4~5厘米长的四方体（切去外侧有弧度的一面），接着横切成1厘米厚的长条。

切丝

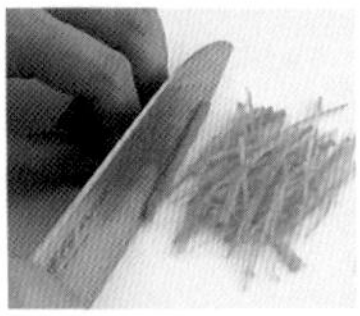

将食材切成如线一般细的刀法。重复下刀，将食材切到极细为止。

骰子切

木片切后，将切好的长条聚拢并横放。从另一端下切，切成0.7~1厘米的小方块。

切末

将切好的细条聚拢，从另一端开始切成碎末。根据细条的粗细程度，切出的碎末的粗细程度也会发生变化。洋葱的切末方法参照第243页

彩纸切

木片切后，接着从另一端开始切薄片。切好的薄片呈正方形，因像彩纸而得名。

不规则切块

为了防止食材因表面积过大而难以煮透且不入味的切法。如果材料呈圆柱形，左手旋转材料，右手持菜刀如图所示下切。

切条

将切薄片和斜切薄片后的食材稍稍重叠，沿着纤维切成细条。

铅笔式削片

将材料旋转，用削铅笔的方法从前端开始削薄片。如果食材太粗，可以从中间下刀削薄片。

切丁

切成边长为 5 毫米左右的立方体。首先切成断面边长为5毫米左右的细条，将细条聚在一起，从一端切 5 毫米左右，使其成为立方体。

横切

将生食材从中间切断的方法，需切断纤维。

纵切

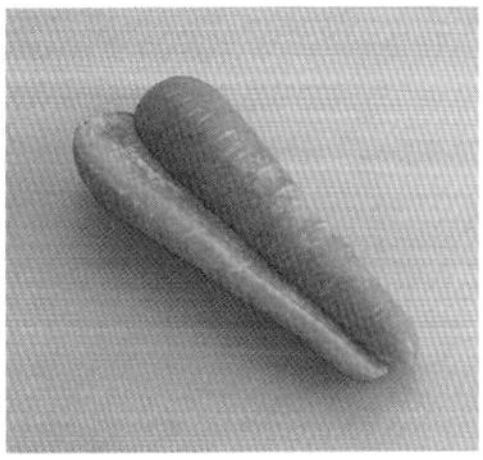

切蔬菜时，可将生食材从中间纵切，此时应从上向下切。

切楔形块

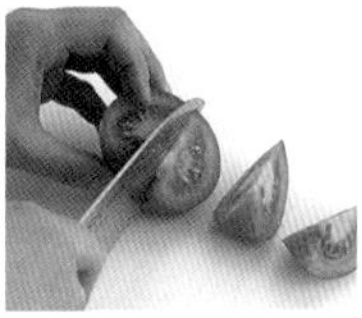

将圆形蔬菜纵放的放射状下切法。首先对半纵切，再对半斜切，最后切口呈放射状。

小萝卜

小萝卜带有特殊的芬芳和甘甜，口感绝佳，是一种适合在日本、西方、中国等多地料理中使用的食材。

季节

多出现在晚秋和春天。

保存法

如果不需要立刻下锅，请将萝卜和叶子完全切下，用报纸分别包裹，放入保鲜袋中，再放入瓜果冷藏室中冷藏。同时，不管是萝卜还是叶子，都需要过一下热水再放入冰箱冷藏室保存。

挑选诀窍

选择外表白而有光泽、没有明显污渍和伤痕、整体圆而饱满、叶子鲜艳、青翠欲滴的萝卜。

四分切

将剥皮后的萝卜对半纵切，然后对半纵切，切成4份，用来做煮菜。

切薄片

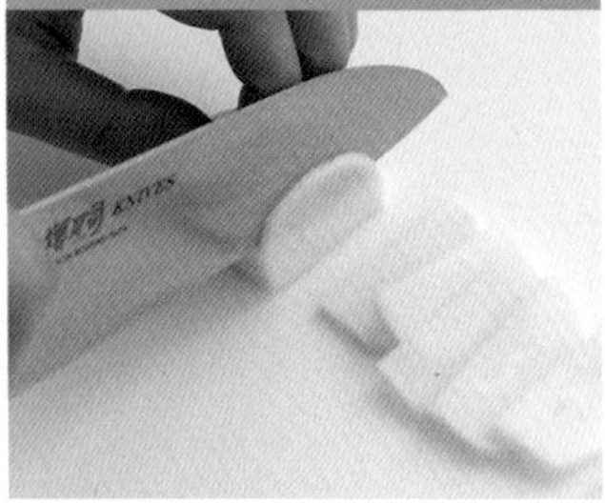

将剥皮后的萝卜对半纵切，切好的平面朝下放置，从一端开始切薄片，用来做沙拉和暴腌萝卜等。

六角形去皮

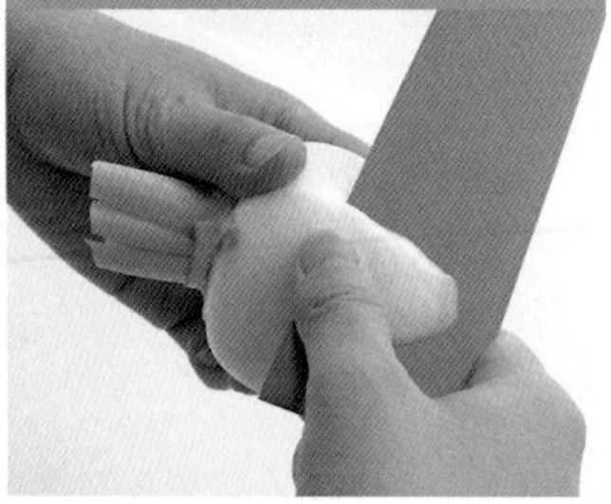

1 切去萝卜须的根部，从下向上剥皮。去除茎附近的褐色泥土渍。

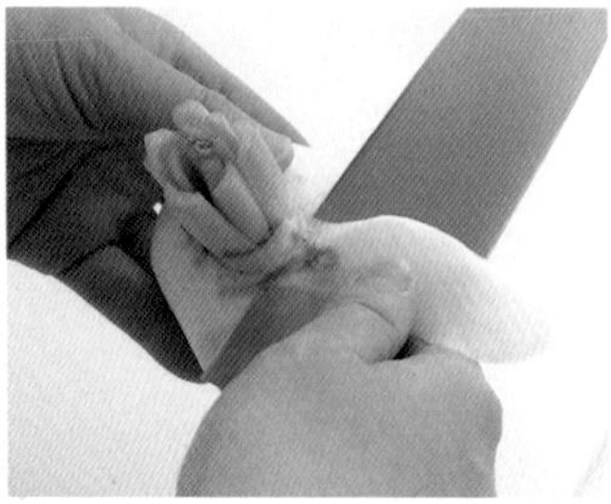

2 萝卜另一侧的剥皮方法同上。分6次交替剥皮，直到将萝卜皮完整剥下。

环形去皮

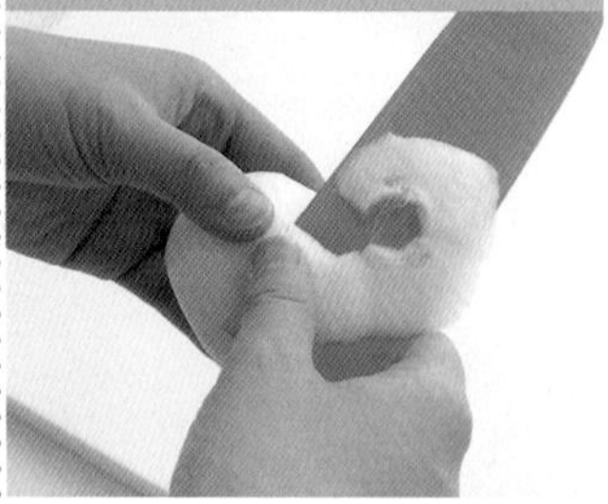

切去萝卜茎和须的根部，像削苹果一样，采用环形去皮方法。

菊形白萝卜

1 切断萝卜的茎叶，上下平切后采用六角形去皮方法，将萝卜切成平整的形状。

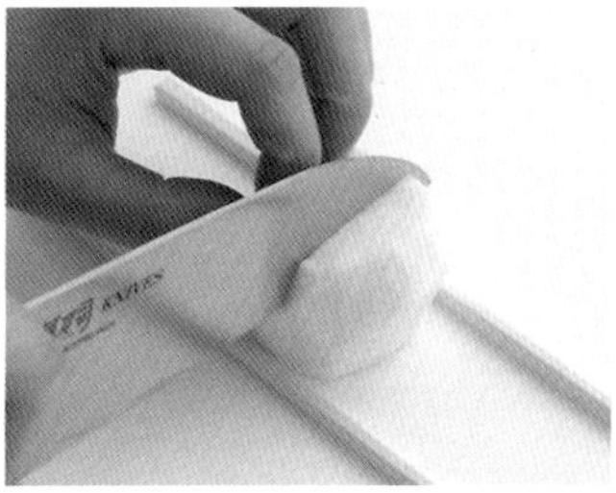

2 每间隔2~3毫米下刀纵切。每次下刀的时候，注意不完全切断萝卜。可放在两根筷子中间切，保证切时的稳定性。

3 切完后给萝卜全身抹盐，放置数分钟。

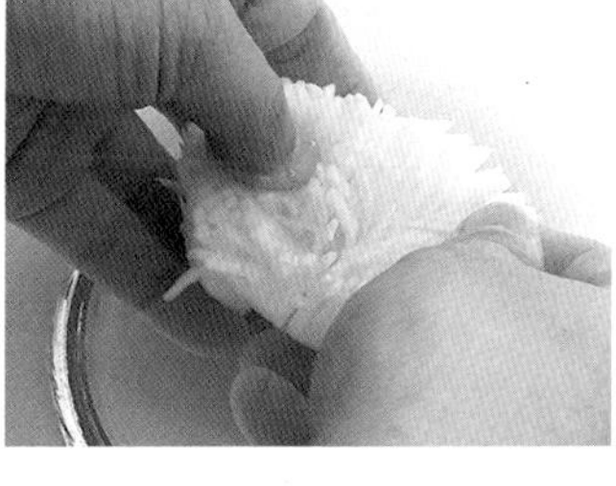

4 然后小心地将盐洗净，而后去除多余的水，放在甜醋里浸泡。

料理

❖ 肉末小萝卜

材料（4人份）

小萝卜4个；鸡肉150克；A（鲜汤汁1. 5杯，酒2大勺，酱油1大勺，砂糖1/2大勺）；酒1大勺；淀粉2小勺

做法

1 将萝卜叶切下，横切成1厘米厚的薄片（根据自己的喜好剥皮）。

2 将材料A放入锅中混合并煮沸，加入萝卜煮12~13分钟，等萝卜变软后取出并放在盘子里。

3 在鸡肉里加酒混合，加入步骤2的汤汁，搅拌加热，过滤。加入和淀粉等量的水，使淀粉溶化。

4 在步骤2的成品中加入步骤3做好的材料。

（检见崎聪美）

南瓜

南瓜不仅口感松软、甜味绝佳，而且其营养价值在蔬菜中堪称一绝。

季节

夏季。

保存法

如果南瓜完整，可以放在阴暗的地方保存个1~2月。如果是切开了的南瓜，请取出南瓜的瓜瓤和种子，用保鲜膜包裹，放在冰箱的蔬菜冷藏室中冷藏，也可以过一遍热水，切成小块再放入冷冻室。

挑选诀窍

请选择放在手上能令人感觉到沉甸甸的、表皮有光泽、瓜蒂干枯的南瓜。成熟的南瓜瓜蒂周围有一圈凹陷。判断一个南瓜的好坏，可以看切开的南瓜肉是否厚实，瓜肉颜色是否鲜艳，种子是否紧密连接在一起，同时也要注意南瓜的切口，若切口干燥则说明南瓜不够新鲜。

切半

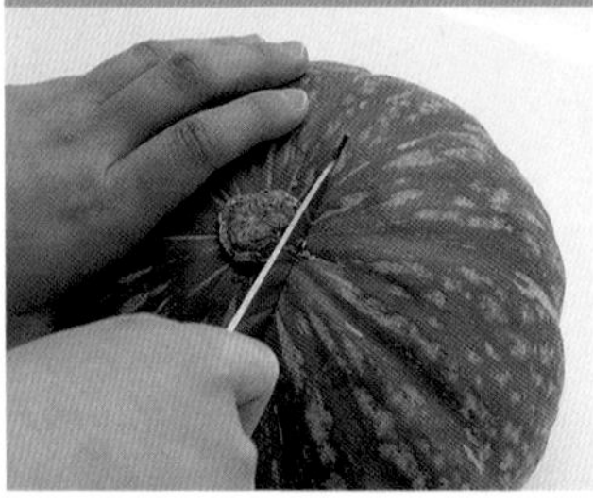

避开瓜蒂插入刀尖，用力按压下切，切开一半后将南瓜转换方向，在之前的切口上按压下切，将南瓜切成两半。

四分切

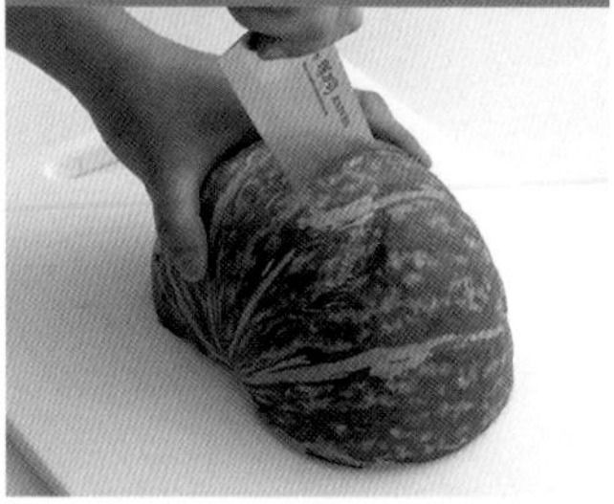

1 将对半切好的南瓜平放在砧板上，从中间下切。

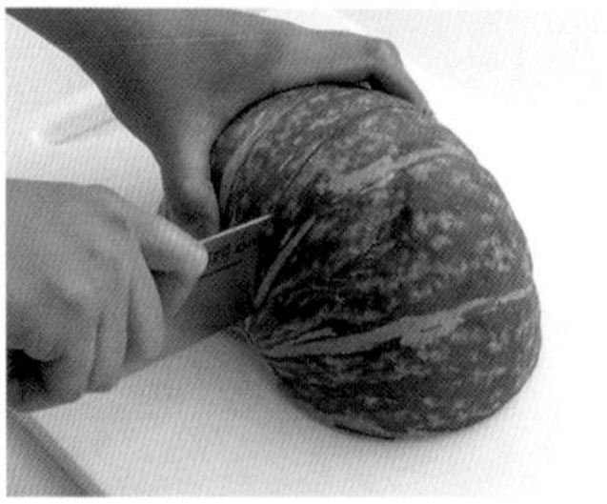

2 从身体的一侧用力按压下切，切开一半后将南瓜转换方向，在之前的切口上按压下切，将南瓜切成两半。

切小块

如图所示，将切好的1/4南瓜放在砧板上，从中间下刀切成两半。左手按压南瓜的一边，防止南瓜被切时移位。

去籽去瓤

用大汤勺挖出南瓜的种子和瓤。在做烧烤的时候，需要将种子和瓜瓤完全取出，而在煮南瓜时则不需要。

去皮

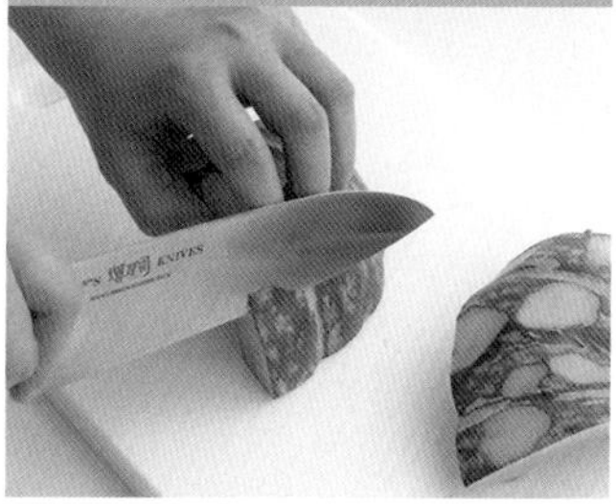

如图所示，将切好的南瓜小块放在砧板上，从一端下刀，用刀一点点将瓜皮剥去。不需要一次性剥下，可以分成多次。

楔形切

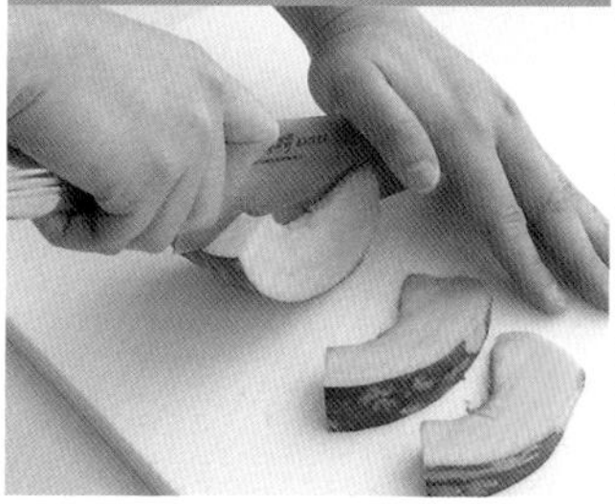

如图所示，将切好的1/8个南瓜放在砧板上，瓜皮朝下，菜刀从上向下切。左手按压刀背，用力将南瓜切成小块。

切成适口大小

要领同楔形切，将南瓜切成厚度和大小适当的块状，即切成适口大小。

料理

❖ 南瓜酸辣汤

材料（4人份）

南瓜1/4个；猪肉薄片100克；洋葱1个；红辣椒1个；固体汤1个；醋2大勺；盐、胡椒少量

做法

1 将猪肉切成适口大小，将南瓜的种子和瓤完全取出，切成适口大小。将洋葱切成细丝，去除红辣椒内的籽，如图所示切成小段。

2 在锅里加入3勺热水和固体汤，煮沸后加入猪肉，再次煮沸后去除浮渣。加入切好的南瓜、洋葱、红辣椒，再次煮沸。

3 等南瓜煮软后，加入醋、盐、胡椒调味。

（检见崎聪美）

卷心菜

卷心菜因其特有的略微甘甜的味道而备受人们喜爱。卷心菜可以用来做炒菜、煮菜、沙拉等，适用范围广泛。卷心菜，特别是其外侧的菜叶富含维生素C。

季节

市场上一年四季均可见，春季和冬季是其特有的季节。春天的卷心菜尤为柔软，最适合生吃。冬天的卷心菜适合做煮菜。

保存法

卷心菜外表容易被划伤，可用报纸包裹，整棵放在冰箱的蔬菜冷藏室里冷藏。将卷心菜一片片剥下后可延长保存时间。也可以将卷心菜煮好后切成细丝，用保鲜膜包裹好，再放在冷藏室冷藏。

挑选诀窍

卷心菜外侧的叶子浓绿饱满、卷度刚好，整个卷心菜拿在手上有重量感（春天的卷心菜叶子稍卷，菜心较小）。菜心的切口水分较多，因此请选择没有变色或破损的菜心。挑选切好的卷心菜时，请挑选断面的叶子间距较小的、紧密结合的、断面未变色的卷心菜（ 春天的卷心菜较蓬松）。

剥菜叶

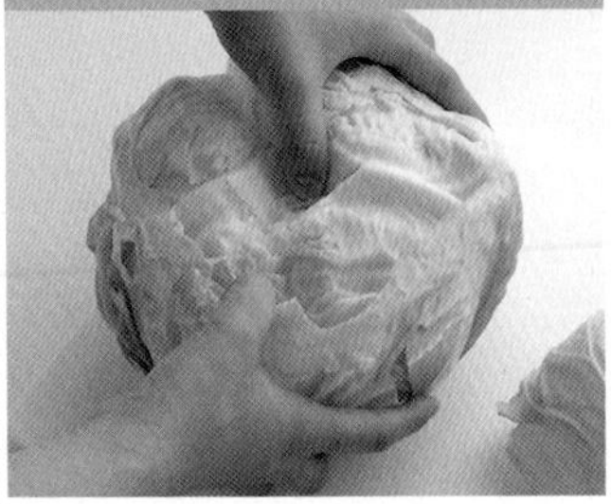

如图所示，取出菜心后将大拇指插入菜心口，用力剥下菜叶。切去菜叶的根部，会更加方便剥菜叶。

菜秆切薄片

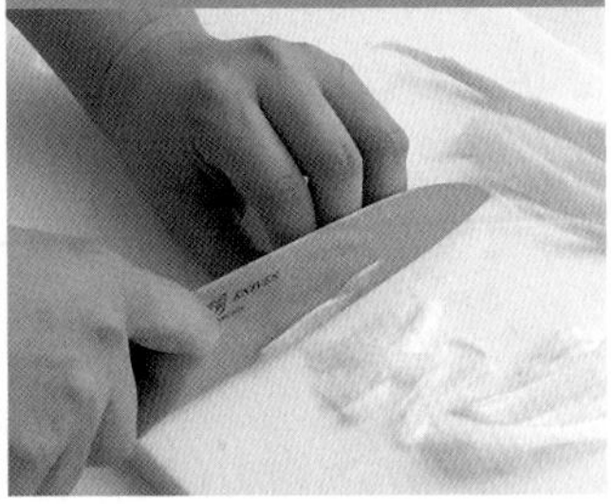

将切下的菜秆切成薄片，和柔软的菜叶一起烹饪，这样更容易煮熟。

去菜心

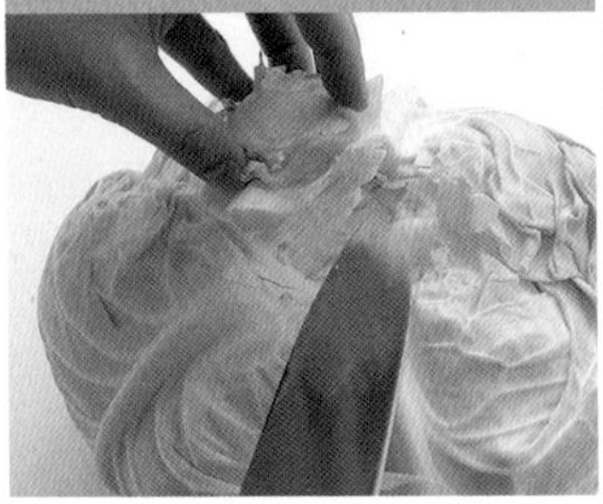

在菜心周围下刀，取出菜心。一边旋转卷心菜，一边小心地下刀。

削菜秆

需要使用一片完整的卷心菜叶时，菜刀沿着中心轴斜切，削去菜叶根部的坚硬部分，也可用热水煮后再下切。

重叠大块切

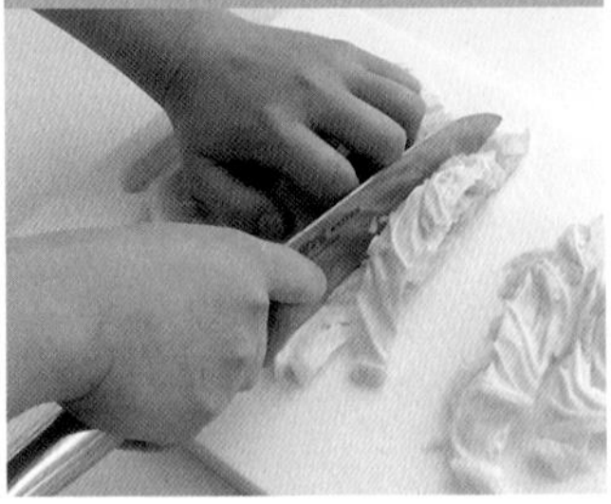

将剥下的卷心菜切成3～4瓣，然后变换方向，重叠大块切，切成4～5厘米左右宽的小条。如果使用春天的卷心菜，切得太小容易煮软，需要切得大一些。

切丝

1 将剥好的卷心菜叶重叠，左手握住。一次性握太多卷心菜叶会难以下切，可一次性握住2～3片，卷成一个圈状后下切。

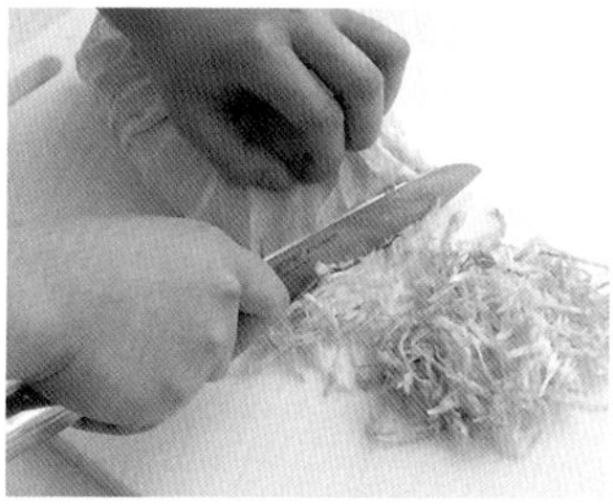

2 左手按压卷心菜，从一端下切，切成细丝。沿着叶脉下切，切出的卷心菜的口感会有些硬，所以推荐使用垂直下切方法，这样口感更佳。

3 将切好的卷心菜丝放在冷水里浸泡至清脆爽口后，去除多余的水。

料理

❖ 卷心菜炒吞拿鱼

材料（4人份）

卷心菜1/4个；吞拿鱼罐头（有油的）1小罐；红辣椒（切小段）1根；酒1/2大勺；酱油1.5大勺

做法

1 将卷心菜重叠大块切，切成适口大小。

2 将吞拿鱼罐头中的油倒入平底锅，加入红辣椒，用小火翻炒加热，等炒出香味后加入卷心菜，再用大火翻炒。

3 倒入酒，待卷心菜炒软后倒入吞拿鱼，加入酱油，混合并翻炒。

（藤井 惠）

黄瓜

黄瓜是一种水润、爽口的绿色蔬菜。生黄瓜一般用来做沙拉、凉拌菜，也可以做成炒黄瓜，或剥皮后做成煮黄瓜，均别有一番风味。

季节

市场上四季可见，但黄瓜的盛产时期在6~9月。

保存法

黄瓜沾水易坏，需要用报纸包裹后放入保鲜袋中，不扎紧保鲜袋，放入冰箱的蔬菜冷藏室中冷藏。也可以将黄瓜切成小圆片，抹盐后放入冰箱的冷冻室。

挑选诀窍

新鲜的黄瓜外皮上的小刺尖锐，摸上去有刺痛感。请选择颜色明亮、体形修长而饱满的黄瓜。

刀尖切

切成2毫米左右厚的小圆薄片。切好的薄片可以直接用来做沙拉、揉盐食品（蔬菜等加盐揉搓的食品）、凉拌菜等，直接炒也很好吃。

切丝

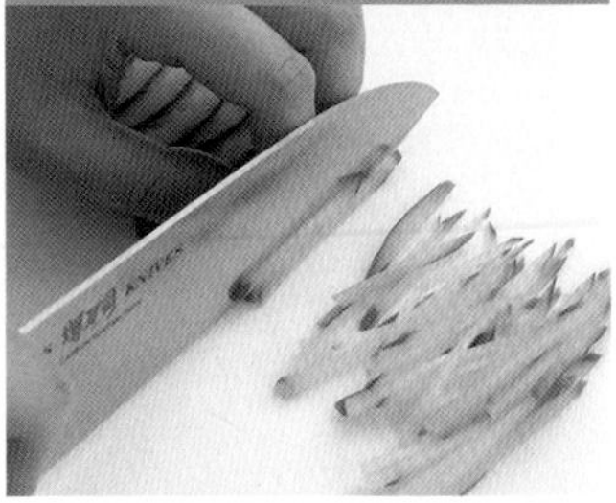

如图所示，将斜切薄片后的黄瓜横放，从一端切细丝。为了保证切出的细丝整齐漂亮，需将黄瓜薄片铺平并放好。

切圆片

将黄瓜横放，从一端开始切成0.5~1厘米厚的圆片。黄瓜片清脆爽口，适合做成沙拉。

斜切薄片

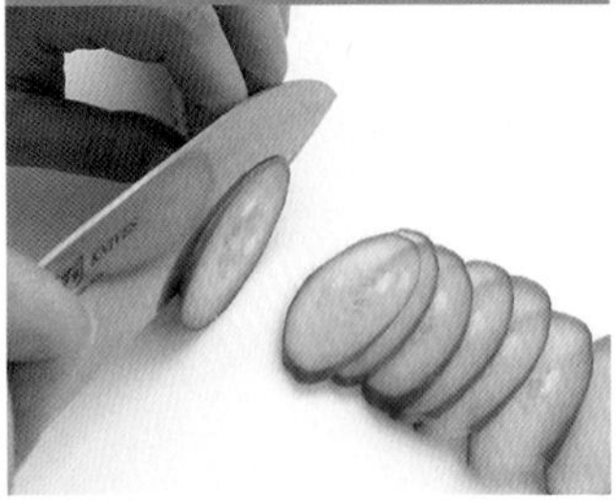

稍稍斜切成薄片。切出的薄片有足够长度，适合做三明治。

不规则切块

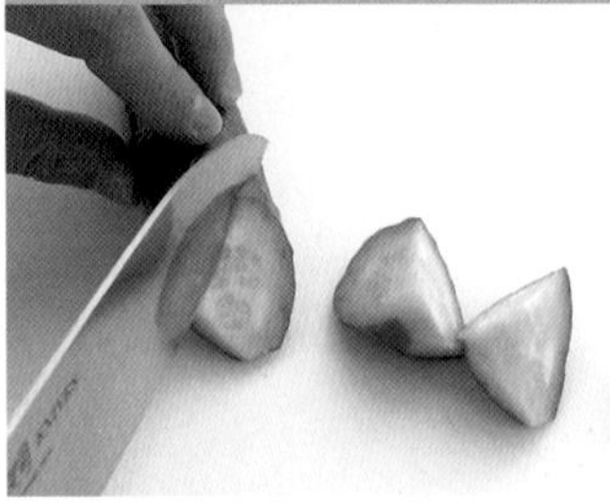

如图所示，将黄瓜斜放，切成适口大小的小丁。切下一半后，将黄瓜旋转半周，用同样的方法切下另一半。可以一边旋转一边切。

蛇形黄瓜

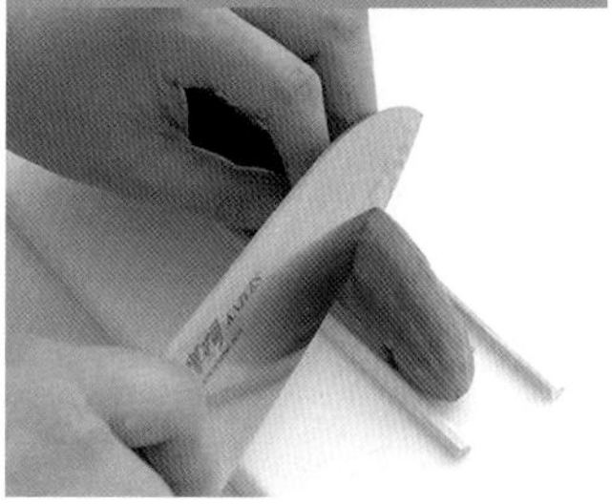

1 将黄瓜放在两根平行的一次性筷子间，如图所示斜切2~3毫米。切一刀后，将黄瓜旋转至另一侧，再切另一刀。重复以上过程，保证黄瓜不被切断。

2 切完后，在整根黄瓜上撒大量盐，搓揉黄瓜表面。静置一段时间，直到入味。

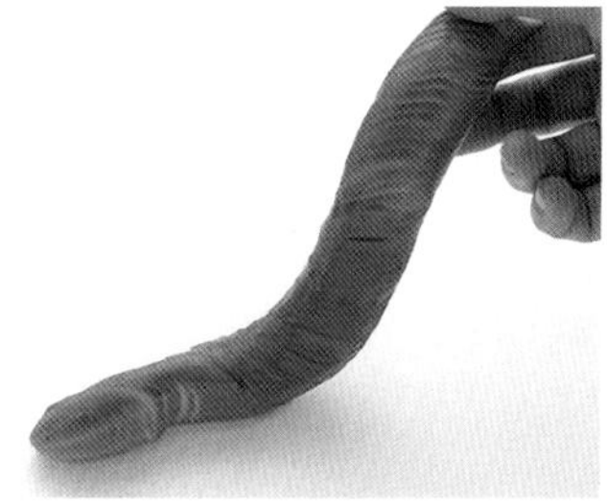

3 入味后，拿起黄瓜的一端，如图所示，可以看到黄瓜拉长后呈蛇形。仔细清洗后，擦干黄瓜上多余的水，切成适口大小。可以做成醋拌凉菜和中华风的甜醋腌菜的材料。

料理

❖ 黄瓜猪肉卷

材料（4人份）

黄瓜1根；猪肉薄片150克；盐、胡椒少量

做法

1 将黄瓜切成4等份，裹上猪肉薄片。

2 使用平底锅加热，将裹好猪肉的黄瓜卷放在平底锅内，烧至变色，加入盐、胡椒调味。

3 切成适口大小，装盘。

（检见崎聪美）

牛蒡

牛蒡富含纤维质，口感松脆、风味独特。

季节

多出现在11月~次年1月，在初夏季节提早出现在市面上的牛蒡也被称为新牛蒡。

保存法

请用报纸包裹带泥土的牛蒡，放在阴凉处保存。将清洗过的牛蒡切成适当长度，装入保鲜袋，放在冰箱的蔬菜冷藏室中保存。牛蒡很容易失去鲜味，请尽早食用。

挑选诀窍

请选择笔直、须较少、没有皲裂、大小均一、前端尚未干枯的牛蒡。若牛蒡的断面有泥沙，则说明牛蒡的外皮受过伤害。带泥土的牛蒡无论是香味还是口感都更佳。

新牛蒡

早熟品种的牛蒡是在未成熟的时候摘下的产物。其质地柔软，香气更佳。身材短小、食用更方便也是其魅力之一。

刮除表皮

洗净外表的泥土后，用刀背将牛蒡皮刮干净。牛蒡的香味多源自外皮，因此用刀背刮是较为科学的方法。

切薄片

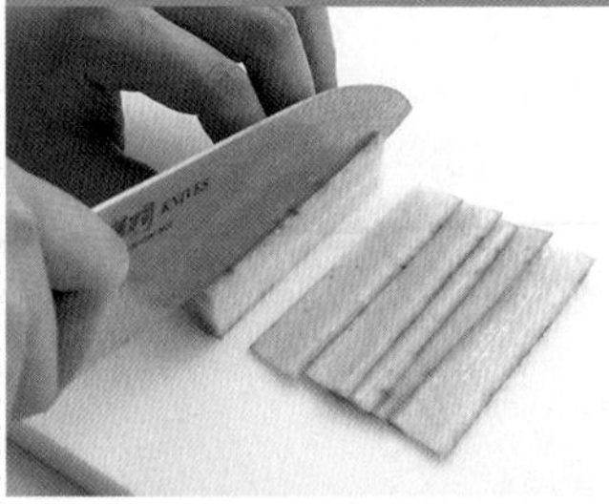

为了防止切时牛蒡滚动，可以将牛蒡较薄的一处削平，纵放在砧板上，从一端切成6~7厘米长的薄片。沿着纤维方向下切，可以保证牛蒡的口感更佳。

刷净表皮

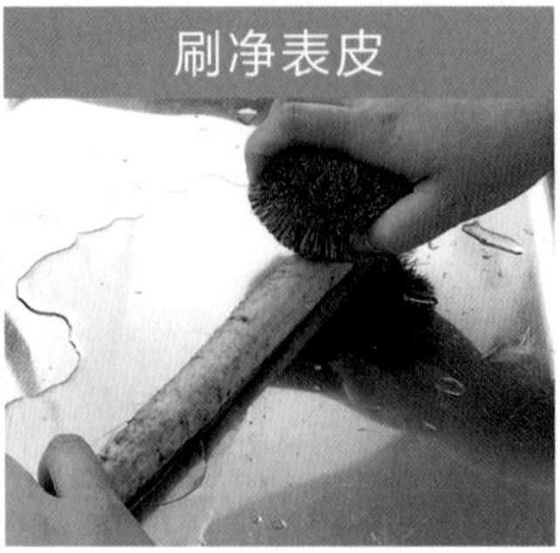

用菜刀将洗干净的牛蒡和新牛蒡的皮刮干净，再用刷帚沾水刷净表皮。

斜切薄片

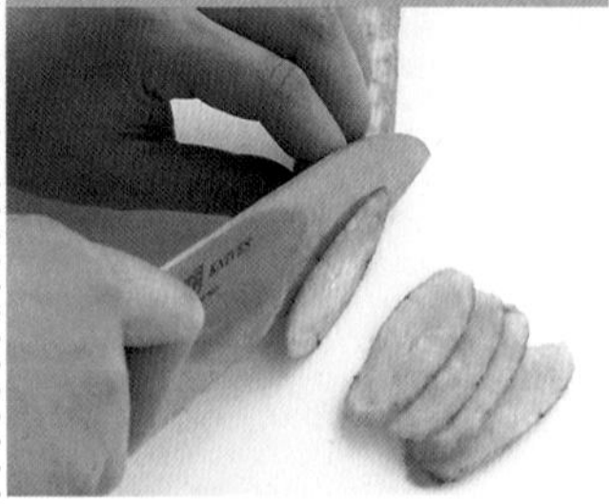

将牛蒡斜置，倾斜下刀切薄片。斜切薄片比单纯的切薄片更简单。斜切薄片切断了牛蒡的纤维，牛蒡吃起来会更加柔软。

切丝

将切薄片（或斜切薄片）后的牛蒡重叠堆放，从一侧切丝。为了保证切的细丝大小均匀，最开始切薄片的时候，就需要切得均匀。

铅笔式削片

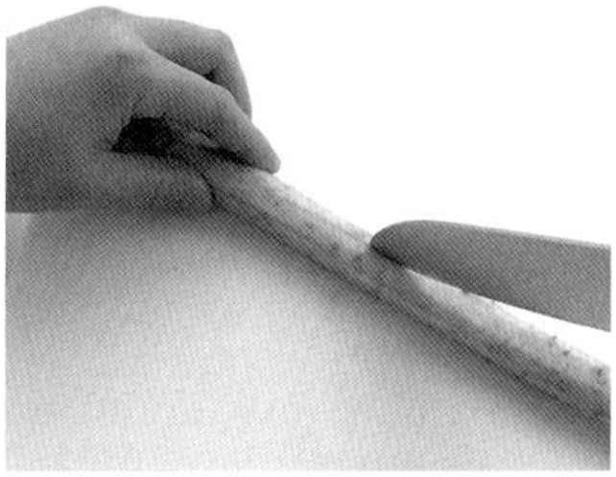

1 为了保证切的牛蒡片大小均匀，可在表面1/3深的地方，如图所示纵向长切。

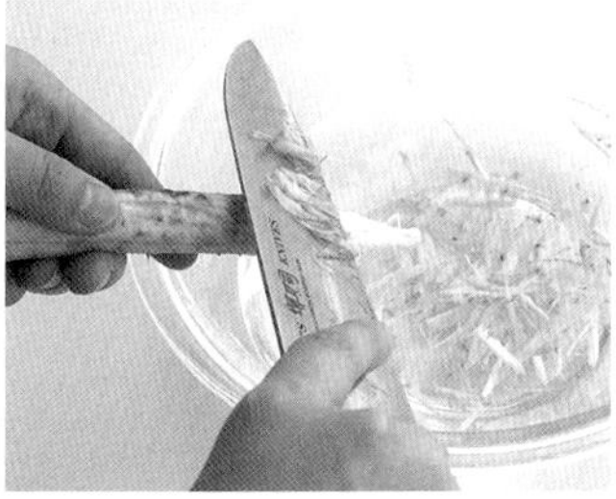

2 手持牛蒡，用削铅笔的方法削牛蒡片。为了迅速去除牛蒡的苦涩味，请将牛蒡削进装满水的碗里。

料理

❖ 凉拌牛蒡

材料（2人份）

牛蒡1根；A（鲜汤汁1/2杯，白砂糖1小勺，盐少许，酱油1小勺）；B（切好的白芝麻3大勺，醋1大勺，酱油1小勺，盐少许）

做法

1 将牛蒡切成12厘米的长度，加入醋（额外）和热水，煮7~8分钟，做成汤。

2 用研磨杵轻轻敲击牛蒡敲出裂缝，切成3~4厘米长。为了方便食用，请使裂缝尽可能大一些。

3 在锅中加入材料A和步骤2的成品，煮干后冷却。

4 在混合好的材料B中加入步骤3的成品并搅拌。

（检见崎聪美）

红薯

红薯富含维生素C，即使油炸，其营养也不会流失，是一种非常健康的蔬菜。红薯的维生素C主要在表皮附近，因此请不要丢弃红薯皮。

季节

9~11月。1~2月时，市面上会出现收获后不久被贮藏、甜味增加的红薯。

保存法

放在冰箱冷藏容易增加红薯表皮的伤痕，因此请用报纸包裹后在常温下贮藏，也可以经过水煮或蒸后冷冻保存。

挑选诀窍

请选择表皮颜色鲜艳、光滑的红薯。不同品种的红薯挑选的方法也不同，总而言之，一般看起来胖乎乎的红薯的品质较好。

切圆片、斜切

左手按压红薯，笔直切圆片或者倾斜下刀切薄片。根据需要自行选择切片的厚度。

去皮

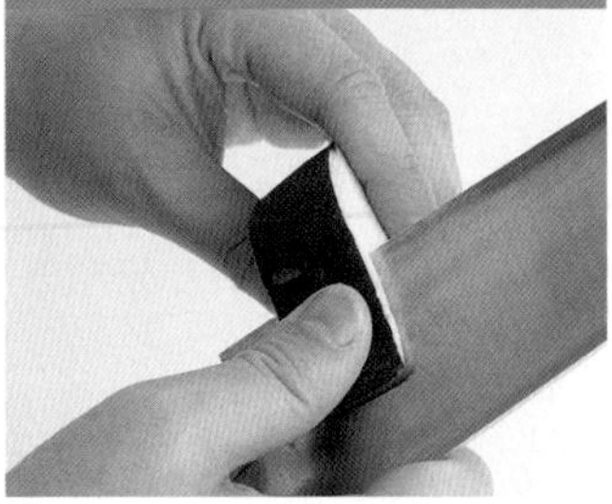

左手捏着切成圆片的红薯，菜刀上下移动，旋转剥皮。红薯皮的涩味和纤维质较多，皮可稍微削厚一点。

不规则切块

左手按压红薯，倾斜下刀。如图所示，切成适口大小的小块。切下一半后，将红薯旋转半周，用同样的方法切下另一半，可以一边旋转一边切。

削皮

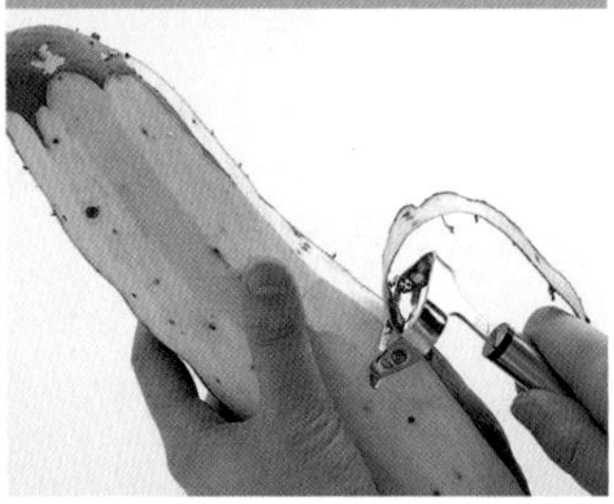

生红薯较硬，用菜刀很难削皮，削皮的时候请使用剥皮器。需要厚削的时候，可以重复多削几次。

料理

❖ 蛋黄酱拌红薯

材料（4人份）

红薯两个（约250克）；西式腌菜40克；蛋黄酱3大勺；小葱（切小段）适量

做法

1 将红薯切成5毫米厚的银杏叶状小块，放入耐热容器中并洒少量的水，不覆盖保鲜膜，放入微波炉里加热4~5分钟。

2 将西式腌菜切碎放入步骤1的红薯中，加入蛋黄酱后装盘，撒上小葱。

（池上保子）

❖ 煮甜红薯

材料（2人份）

红薯1个（200克）；白砂糖1大勺；A（料酒1/2大勺，盐少许）

做法

1 将红薯切成2厘米厚的圆片，放在水里浸泡10分钟，去除涩味，然后擦干多余的水。

2 在平底锅中加入2杯水，融化白砂糖，放入红薯，盖上锅盖，用大火煮。

3 煮开后转至中火，煮10分钟，加入材料A，煮7~8分钟，直到红薯变软。

（检见崎聪美）

芋头

芋头因其特有的黏滑和入口即化的口感而备受人们喜爱。富有代表性的料理为翻转煮（芋头等经过熬煮后，汤汁变浓所成的菜肴）。不仅是煮菜，将芋头做成沙拉和可乐饼等西式菜也别有一番风味。

季节

芋头种类较多，出现的季节各有不同，主要出现在秋冬之交。

保存法

用报纸包裹带泥土的芋头并将其放在阴凉处即可长期保存。洗净的芋头附着水汽，难以保存，因此最好用报纸包裹，放入保鲜袋中，并置于冰箱的蔬菜冷藏室中冷藏。同时，也可以将芋头水煮后，放入冰箱的冷冻室。

挑选诀窍

请挑选圆润、表皮紧致且有横纹的芋头。

小芋头

可以滚动的小而圆的芋头，也被称为石川小芋头，多出现在夏季。小芋头黏性强，风味绝佳，适合做成衣被芋头（连皮煮的芋头）和煮菜。

洗净晾干

用刷帚刷净表皮，洗净表皮上的泥土，擦干水后晾干。芋头沾湿后，表面的黏液容易渗出，变得光滑而难以削皮，手沾上也可能会发痒。

切除两端

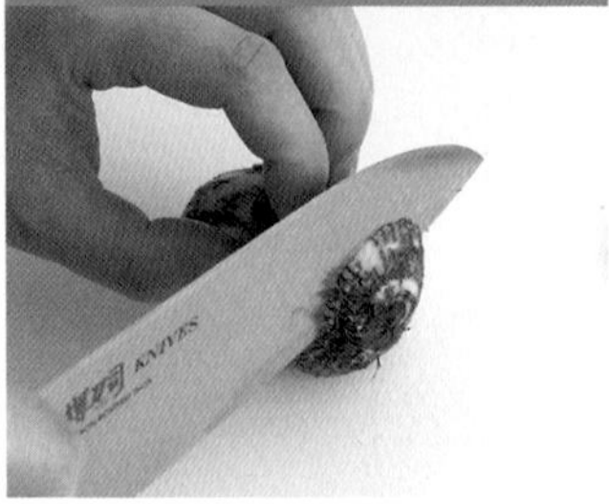

去皮后，首先将上下较薄的一端切落。这样剥起来会更加简单一些，形状也会更美观。

去皮

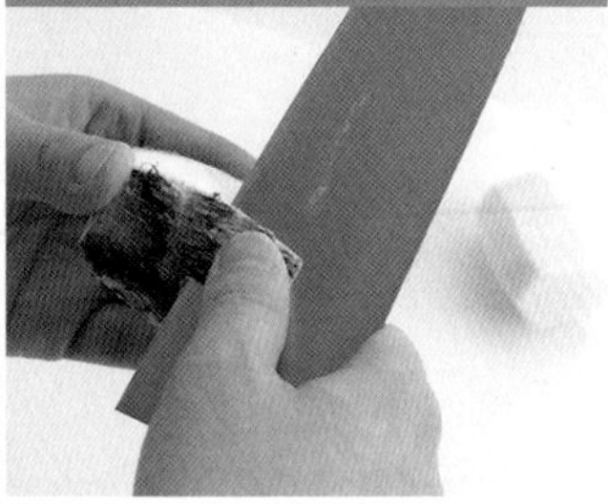

左手捏住上下两端，将皮分成6等份，逐一剥下。剥下一处皮后再剥去相反方向的表皮，直到将芋头的表皮全部剥下。这一方法也被称为六角剥皮。

❖ 芋头魔芋田乐烤

材料（4人份）

芋头8个；魔芋1/ 2 块；鲜汤汁3杯；A（味噌、蛋黄酱各2大勺）

做法

1 芋头使用六角剥皮方法去皮，煮熟后洗干净黏液。魔芋煮熟后，两面切格子状的花刀，切成适口大小。

2 在锅中加入步骤1的材料和鲜汤汁，煮25分钟左右。

3 将材料A混合。

4 在烤面包机的盘子里垫上烹饪用纸，去除步骤2的成品中多余的汤汁，并列摆放，加上步骤3的成品，烤至恰到好处。

（森 洋子）

❖ 芋头樱虾汤

材料（2人份）

芋头4个；樱花虾10克；固体鸡汤1/2个；盐、胡椒少量

做法

1 将芋头切成六方形的5毫米厚的薄片，洗干净黏液。

2 在锅中放入樱花虾，开火干煎至看不到水汽。

3 将1.5杯热水和固体鸡汤混合，加入步骤1的成品，煮至芋头变软，加入盐和胡椒调味。

（检见崎聪美）

土豆

土豆不论怎么烹饪都十分美味，其魅力在于能够不与其他食材混合，保持自身清淡的味道。即使烹饪后，其富含的维生素C也难以消失，是一种营养价值很高的蔬菜。

季节

根据产地和品种的不同，土豆出现的时节也不同。有收获后立刻上市的土豆，也有收获后贮藏起来等味道变好上市的土豆，因此在市面上，土豆一年四季可见。

保存法

请避免土豆被阳光直射，应放在干燥的地方保存。可以将土豆放在纸袋中，置于阴凉处；或者放在不密封的保鲜袋中，再置于冰箱的蔬菜冷藏室保存。对于水煮过后变软的土豆，则需放在冰箱的冷冻室保存。

挑选诀窍

土豆的品种有松软的男爵马铃薯、黏糊的五月皇后（土豆的一个栽培品种）等。不管是哪一种土豆，都请挑选外表饱满，没有伤痕、嫩芽，光滑的土豆。

去芽

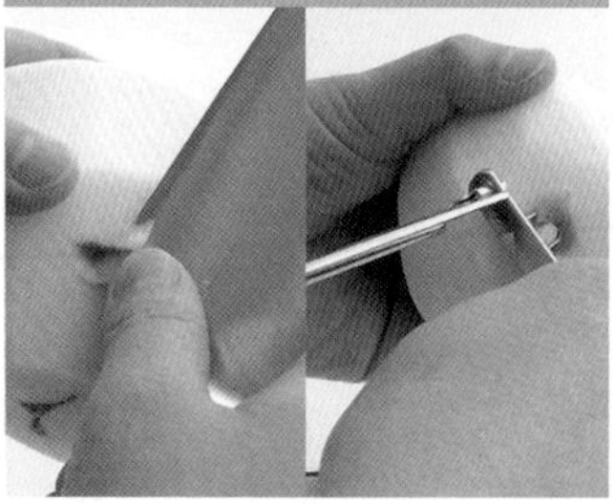

用刀根的尖端将芽挖出（如上左图），也可以用剥皮器挖出（如上右图）。土豆芽含有有毒物质，请一定将其去除。

切圆片

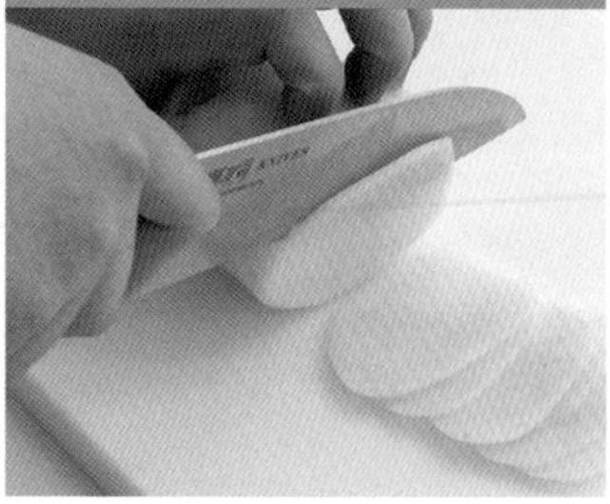

选择较平的一面切成薄片，根据需要决定切片的厚度。如图所示，切的薄片多用来做薯片和奶酪烤菜。

去皮

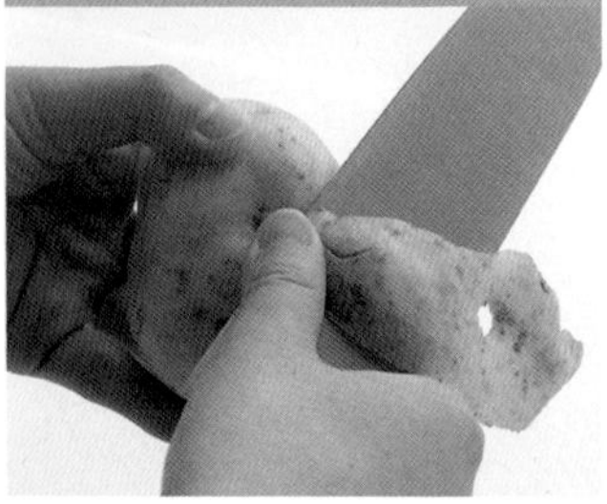

请选择凹凸幅度较小的地方下刀，旋转剥皮，去除大部分皮后，再逐一去除剩下的皮。

切成适口大小

对半切，两半都切成4等份。大土豆可以在对半切后，再切成6等份。

切丝

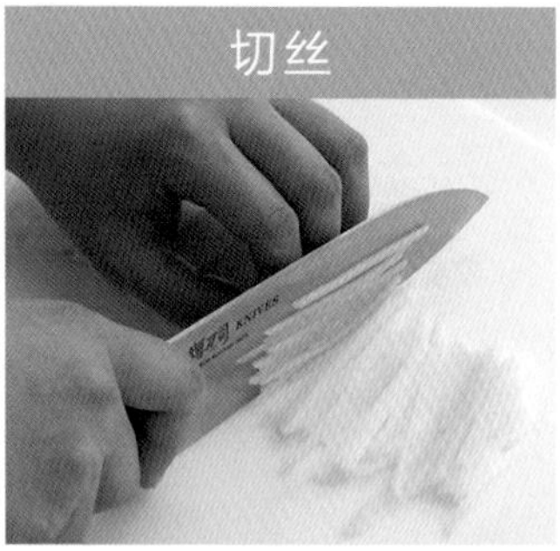

将切好的薄片重叠，从一端开始切细丝。可用于油炸、小炒、做醋拌凉菜等。

木片切

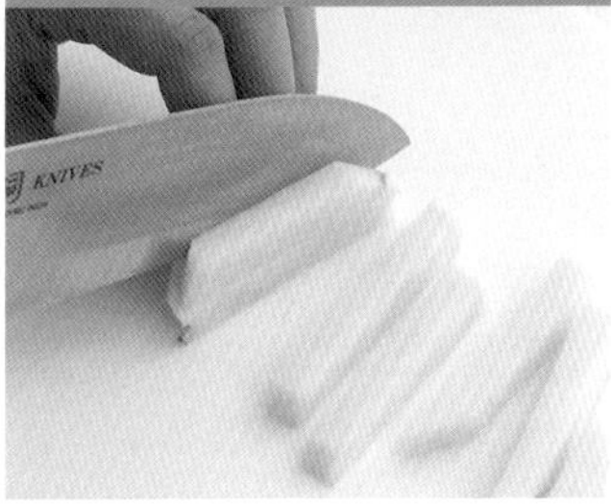

切成1厘米左右厚的薄片，再切成1厘米的长条。

切丁

将切成长条的土豆再切成1厘米左右长的小丁。切成的小丁像骰子形状，因此又被称为骰子切。

楔形切

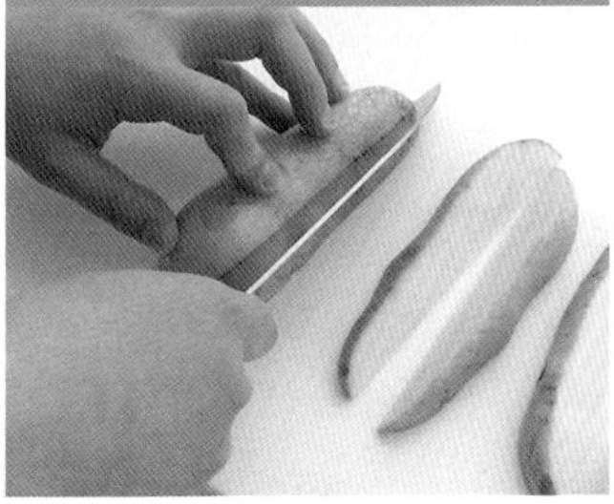

对半切，依次呈放射状切成4等份。图中是五月皇后带皮切，切成楔形，也可以用于做薯条。

料理

❖ 酱油土豆炒竹荚鱼

材料（4人份）

土豆2个；竹荚鱼2大条；A（去皮萝卜、盐、粗磨黑胡椒少量）；色拉油1大勺

做法

1 去除竹荚鱼的头和内脏，用三卸法切成适口大小。

2 将土豆切成1厘米厚的半圆形，泡水后捞起，擦干多余的水。

3 在平底锅中倒油并加热，放入土豆翻炒。熟到一定程度后，加入竹荚鱼，然后混合并翻炒。

4 竹荚鱼熟透后加入材料A，再次混合并翻炒。

（检见崎聪美）

白萝卜

白萝卜营养丰富，其绿叶富含胡萝卜素、维生素C、食物纤维等。

季节

市场上一年四季均可见，主要出现在11月~次年2月。

保存法

连叶子一起保存占据的空间较大，请连根切断叶子，分别用报纸包裹，放入保鲜袋中，置于冰箱蔬菜冷藏室中冷藏。请用保鲜膜将已经切开的白萝卜包裹，放在蔬菜冷藏室中。也可以将叶子水煮后，放入冷冻室中冷冻保存。

挑选诀窍

请挑选拿在手里有分量感、萝卜根部的坑洼较少、外表光滑、白净水润的萝卜。

切圆片

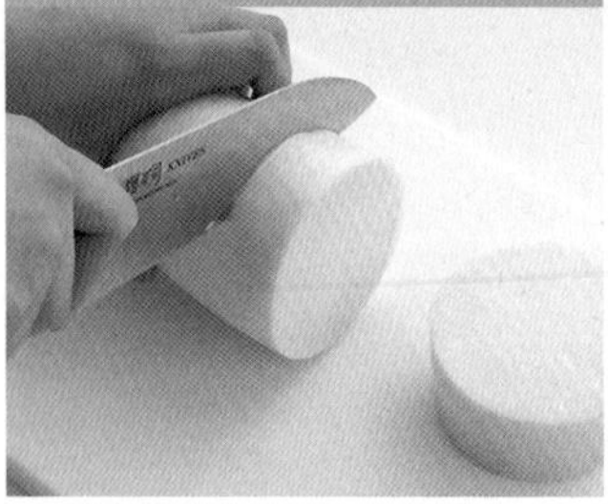

萝卜横切，左手按压萝卜，根据料理的需求切成大小适中的圆片。需要厚切圆片的时候，用菜刀沿着萝卜旋转切割。在制作关东煮和风吕吹大根时，为了使萝卜煮后更柔软入味，需要厚削萝卜皮。在制作煮菜的时候，主要使用的是白萝卜的中间部分。

去皮

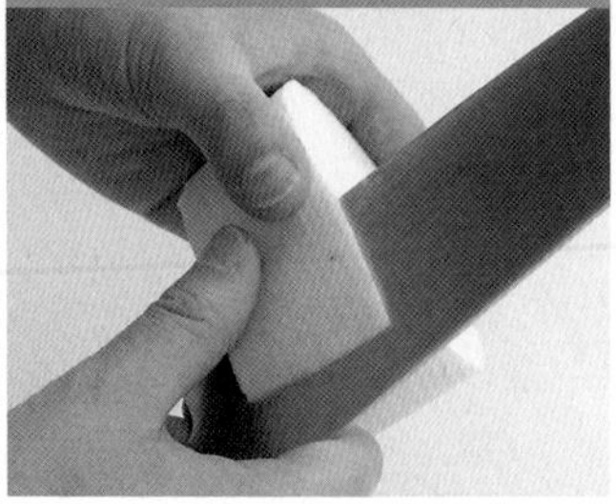

切下需要去皮的部分。若需要去皮的萝卜较长，可使用削皮器。

十字切

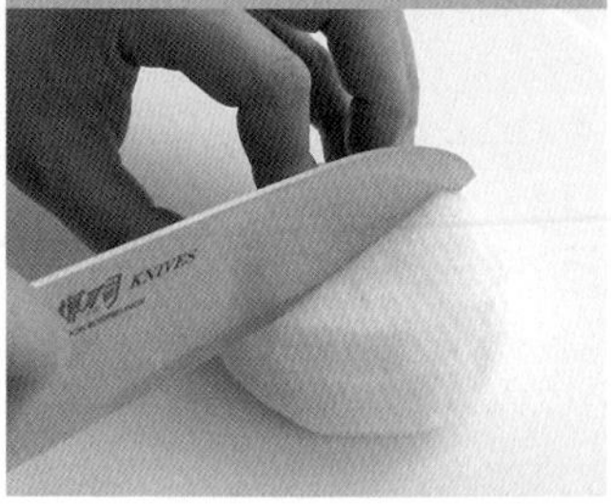

水煮或煨煮厚切好的萝卜圆片时，从内测划较浅的十字刀口，使萝卜更容易煮熟且入味。

刮圆

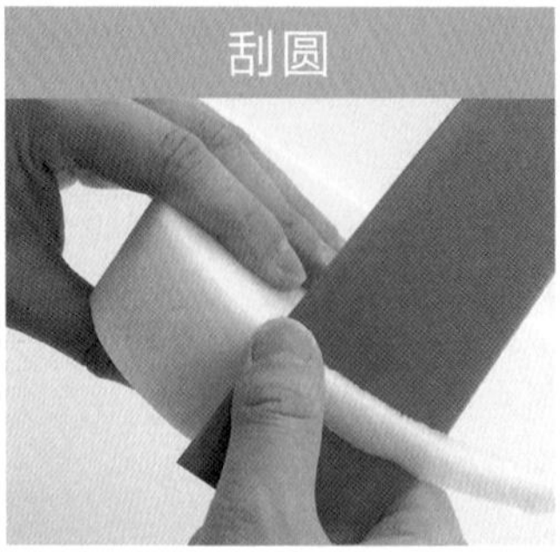

在制作煮菜的时候如上图所示，旋转着切除萝卜上方的直角，防止煮散。

切丁

将切成长条（参照第220页）的萝卜切成边长为1厘米左右的小丁，切成的小丁像骰子形状，因此又被称为骰子切。

不规则切块

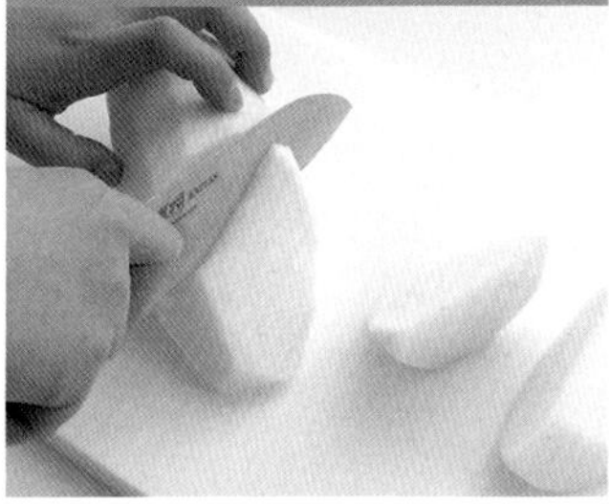

将萝卜斜放，菜刀如图所示倾斜下切，切下一半后，将萝卜旋转半周，用同样的方法切下另一半。可以一边旋转一边切，这样切块的萝卜会更容易煮熟且入味。

诗笺切

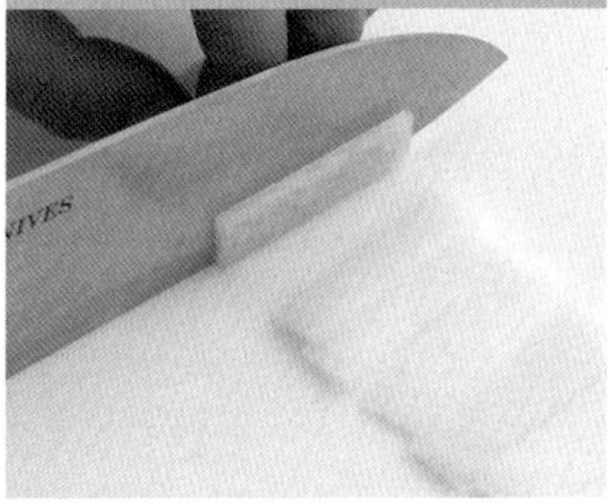

将切成4~5厘米厚的圆片立起，纵切成4～5等份（1厘米左右厚），从一端开始沿着纤维方向切成薄片。

切丝

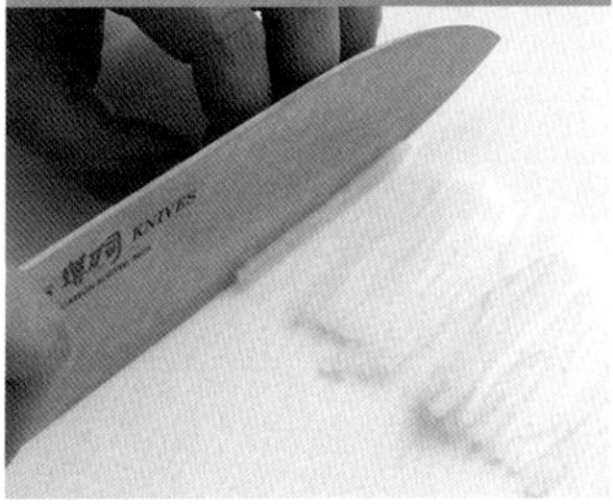

将切成5~6厘米长的圆片重叠后平放，从一端开始切细丝。

料理

❖ 味噌炖萝卜

材料（4人份）

白萝卜12厘米；鸡肉100克；海带（3厘米）4枚；鲜汤汁5杯；色拉油1大勺；A（信州味噌、料酒各3大勺，白砂糖2大勺）；柚子皮少许

做法

1 白萝卜去皮，切成3厘米厚的圆片，刮圆后进行单面十字切。淘米水（或者热水）倒入锅中后开火，煮沸2分钟后焯水。

2 用流水洗干净表面后，将白萝卜分别放入锅中，加入海带和鲜汤汁后开火煮，煮沸后转小火，盖上锅盖，煮大约1小时。

3 在平底锅里放入油加热，把鸡肉散开翻炒，加入材料A调味，做成肉味噌。

4 如图所示，将步骤2的海带装盘，放上白萝卜，在顶部浇上肉味噌，撒上切成小条的柚子皮。

（夏梅美智子）

竹笋

新鲜竹笋有着市面上贩卖的煮熟竹笋所没有的味道。竹笋口感脆爽，是做日料、中餐不可或缺的食材之一。

季节

竹笋的最佳食用时期是2~5月。根据产地和品种的不同，上市时节会有所变化。

保存法

竹笋放置较长时间后鲜度会逐渐下降，因此买回家后请立刻水煮，防止鲜度降低。可以将煮好的竹笋去除多余的水，放在冰箱的冷藏室中冷藏保存，不推荐冷冻保存。

挑选诀窍

请挑选新鲜的竹笋。请在鲜度有保证的店购买竹笋，挑选那些水润、有光泽、拿起来有分量感的竹笋。

笋尖切块

将柔软的笋尖对半切，再次对半切成楔形，也可以纵放切成薄片。

切圆片

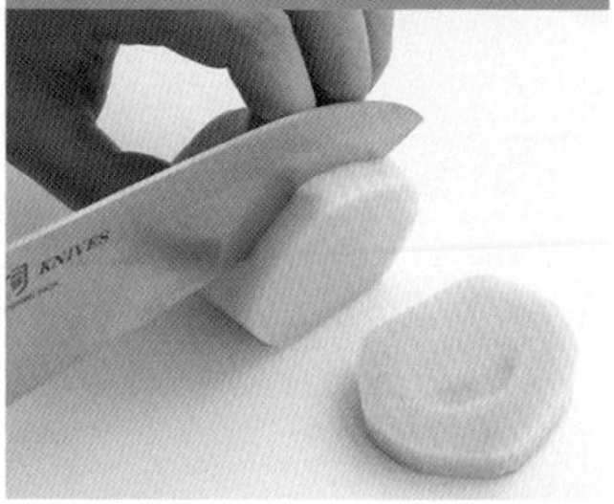

竹笋的根部较硬，为了将纤维切断，请切成圆片。根据需求决定圆片的厚度，可以切成半月形或银杏叶状。

切下顶端嫩皮

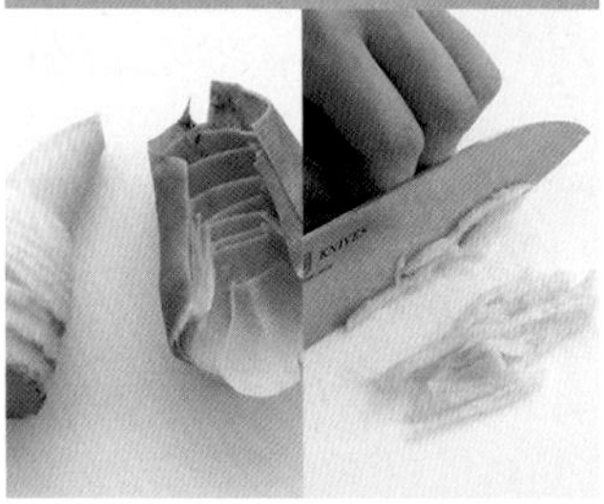

顶端嫩皮是指去皮后（如上左图）的竹笋前端最柔软的部分。竹笋皮纵向重叠，也可以将其横放，仅切下柔软的部分（如上右图），可以用来做凉拌菜和日式汤。

笋根削皮

如图所示，将竹笋根部坚硬、不平整的表皮削去。

不规则切块

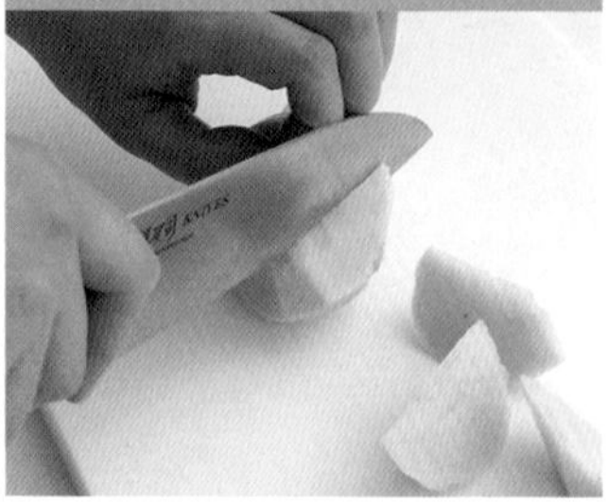

不规则切块主要使用的是竹笋的中间部分。先纵切，后横切，一边变换方向，一边斜切下刀。切下的小块主要适用于做煮菜、咕噜肉等。

半圆切、扇形切

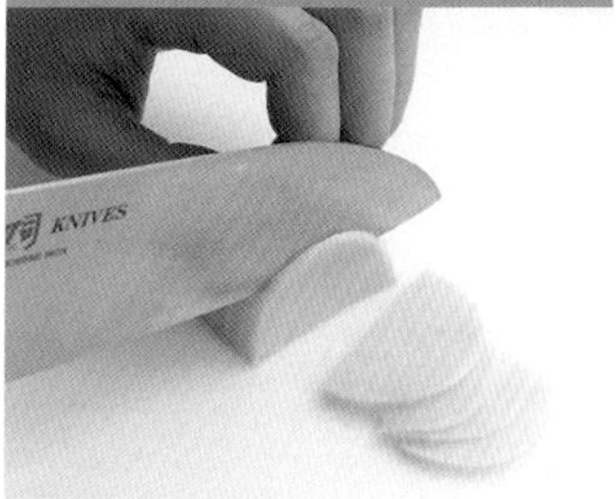

半圆切、扇形切主要使用竹笋的中间部分。首先纵放对半切，从一端切薄片（半圆切）。纵放对半切后再次纵放对半切，从一端切薄片（扇形切）。不管是半圆切还是扇形切的竹笋都十分适合做成煮菜、凉拌菜、炒菜等。

切薄片

将竹笋的中间部分纵放，对半切，再横放，沿着纤维方向切薄片。适合做竹笋饭、寿司等。

切丝

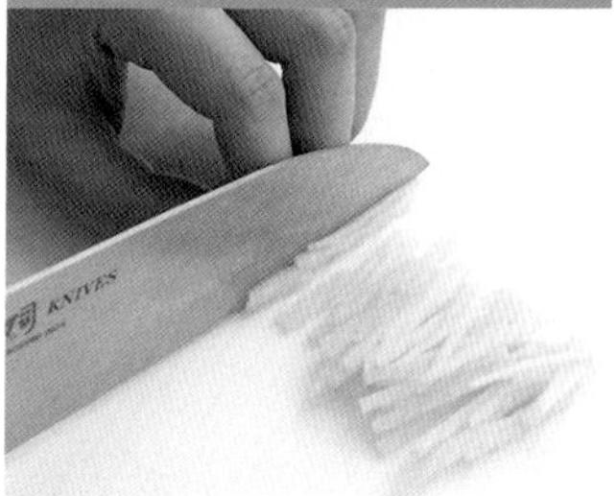

将切成薄片的竹笋并列排放，从一端切细丝。适合做中式料理。

料理

❖ 竹笋榨菜炒肉

材料（2人份）

竹笋（水煮后）200克；厚切猪肉2块；榨菜40克；A（酒1小勺，盐、胡椒各少许）；淀粉1 / 2小勺；芝麻油1/2大勺；酒1大勺；盐、胡椒少许

做法

1 将猪肉切成薄片，用材料A调味。

2 将竹笋纵放后对半切，从根部切2~3毫米厚的半月形薄片，剩下部分随意纵切成2~3毫米厚的薄片。将榨菜洗净后切成薄片，在水中浸泡15分钟左右，去盐。

3 将步骤1的猪肉涂上淀粉，在平底锅中倒入芝麻油，加热并翻炒至猪肉变色，加入步骤2的材料翻炒。待油均匀地涂在锅上再加入酒和盐，去除多余的汤汁并翻炒至变色后，撒上胡椒，最后装盘。

（检见崎聪美）

洋葱

洋葱充分加热后味道甘甜、口感佳，生吃时脆爽、香气浓郁，是每日做菜不可或缺的食材之一。

季节

根据产地的不同，洋葱的出产时期也大不相同。市场上几乎全年可见。北海道地区的洋葱味道较辣，盛产时节多为秋天到春天。淡路岛地区的洋葱味道较甜，盛产时节多为初夏到秋天。

保存法

用报纸包裹，放在冰箱的蔬菜冷藏室中冷藏。冰箱冷藏保存可以防止洋葱出芽，减少切洋葱时出现的刺激性气味。如果烹饪时需要切碎洋葱，也可以将洋葱放在冷冻室保存。

挑选诀窍

请挑选表皮干燥、中部较硬、脉络清晰且紧密的洋葱。

切丁

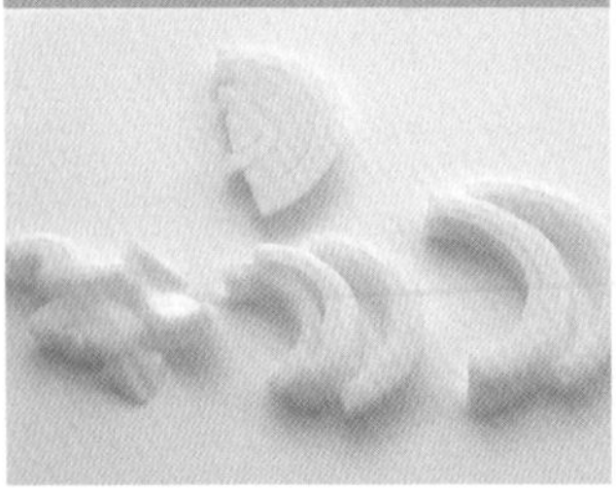

1 如图所示，将洋葱切成1~1.5厘米厚的半圆片，将切好的半圆片逐一剥开。

2 将剥开的半圆片切成边长为1~1.5厘米的小丁。将洋葱切成适合做汤、软煎鸡蛋卷等料理的小丁。

切薄片

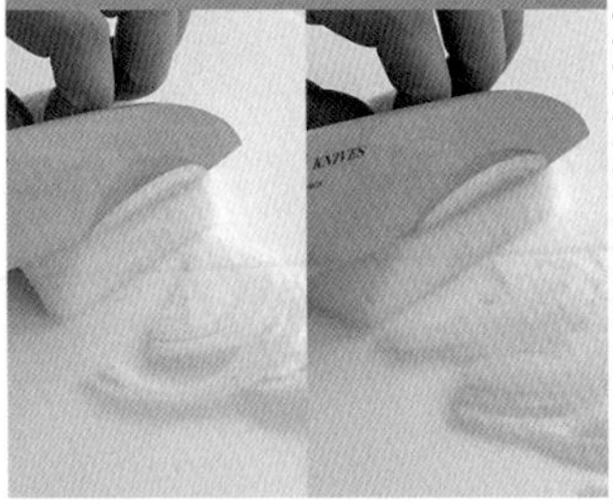

将洋葱纵放后对半切，切除洋葱根部，沿着纤维纵切成薄片（如上左图），或者与纤维垂直横切成薄片（如上右图）。根据料理的不同，切洋葱的方向、手法等应有所变化。

切厚片

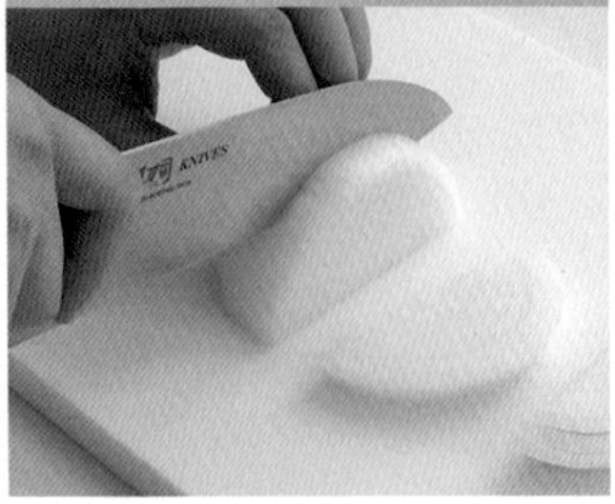

将洋葱纵放后对半切，切除洋葱根部，洋葱切口朝下且平放于砧板上，刀与纤维垂直横切1~2厘米厚片。切厚片是一种使洋葱口感更佳、引出洋葱甜味的刀法。

切除根部

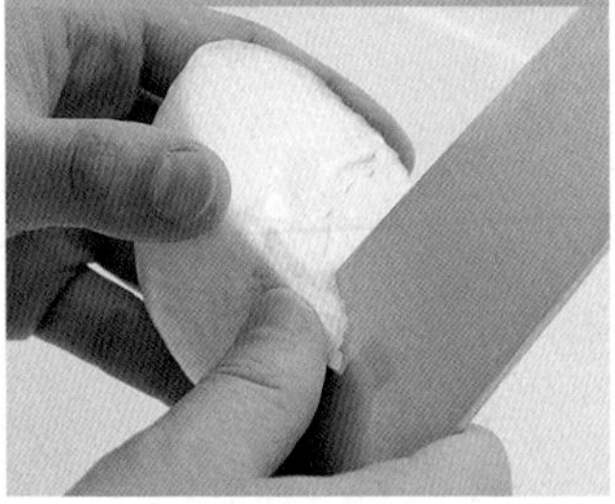

将洋葱的根部朝向身前，倾斜下刀。切完一刀后，将洋葱的根部朝向另一侧，再下切一刀，切口呈三角形。

楔形切

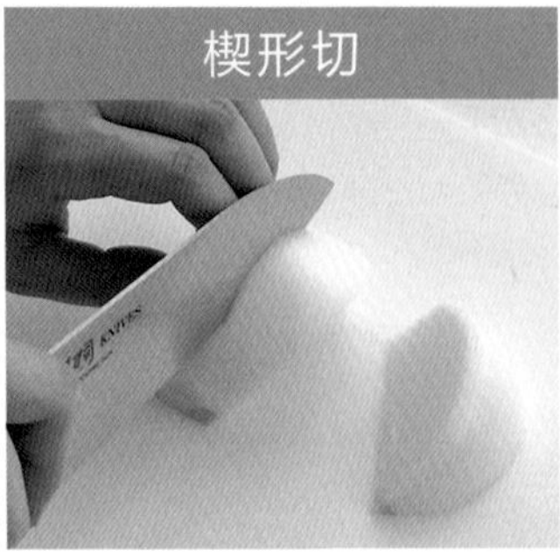

将洋葱纵放后对半切，保留洋葱根部，使其不会散开，如图所示呈放射状将洋葱切成4等份。适合做煮菜等不需要将洋葱切得太散的料理。

切末

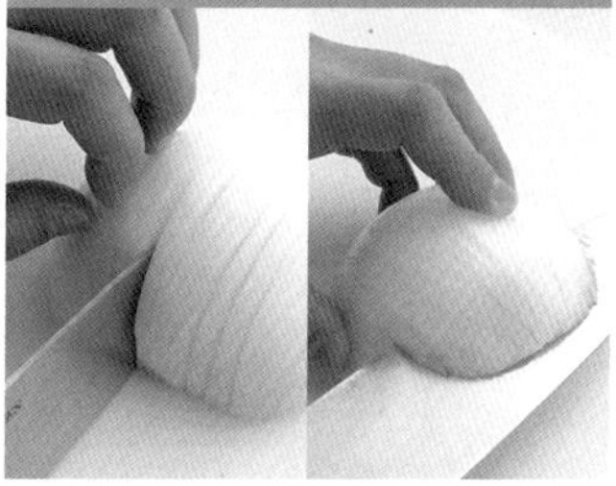

1 将洋葱纵放后对半切，保留洋葱根部，使洋葱不会散开，沿着纤维方向仔细切薄片（如上左图）。接着将洋葱变换方向，左手按住洋葱左侧，水平切3刀左右（如上右图）。

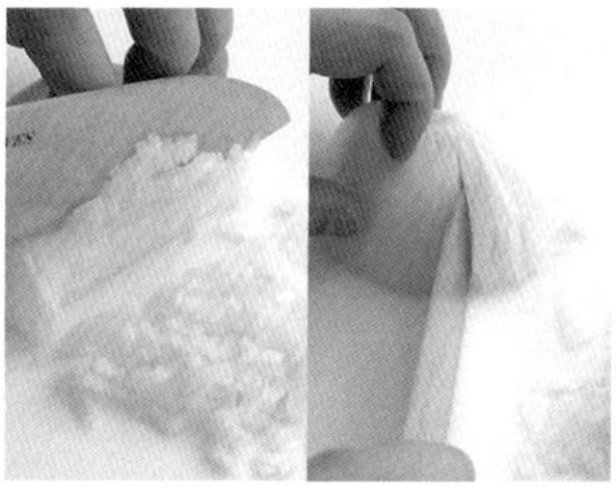

2 从一侧开始切碎末（ 如上左图）。将剩下的靠近根部的一侧变换方向，继续切碎末（如上右图）。

料理

❖ 凉拌洋葱丝

材料（2人份）

洋葱 1/2 个；干鲣鱼薄片、酱油适量

做法

1 将洋葱纵放，尽可能地切成薄片，也可以使用蔬菜切片机。

2 将洋葱放入盘中，大量倒入水，轻柔地搓洗，换2~3次水后浸泡15分钟。用干燥的抹布轻柔地包裹，去除洋葱表面多余的水。

3 装盘，在吃之前倒入干鲣鱼薄片和酱油。

（检见崎聪美）

番茄

赤红水润、口感绝佳的番茄富含胡萝卜素、番茄红素等对眼睛有好处的营养成分。随着现代保温技术的进步，番茄的种类层出不穷。

季节

露天栽培的番茄，其盛产时期多为3~7月；早熟番茄的盛产季节多为冬天到春天；水果番茄的盛产时期为1~4月。

保存法

将番茄蒂朝上，用保鲜膜包裹，放入冰箱的蔬菜冷藏室中冷藏。不要将番茄放入温度过低（5摄氏度以下）的环境中保存，温度过低会使番茄的鲜度下降，需要注意这一点。也可以将番茄削皮，切成大块放入冰箱的冷冻室保存。

挑选诀窍 请挑选番茄蒂水润、浓绿色的番茄。整体圆实、红润的番茄最佳。

切除果蒂

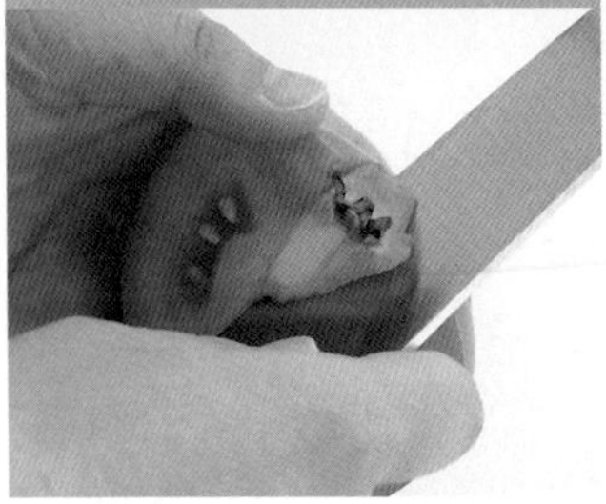

将番茄纵放，对半切，菜刀倾斜着切除果蒂。接着变换菜刀的方向，从最初切口的另一侧倾斜下切，切口呈三角形，切除果蒂。

楔形切

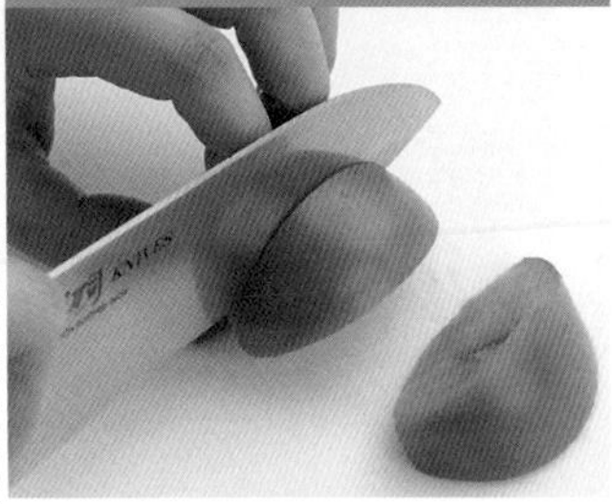

番茄纵放且对半切后，番茄切口朝下且平放于砧板上，如图所示呈放射状将番茄切成4等份。

切圆片

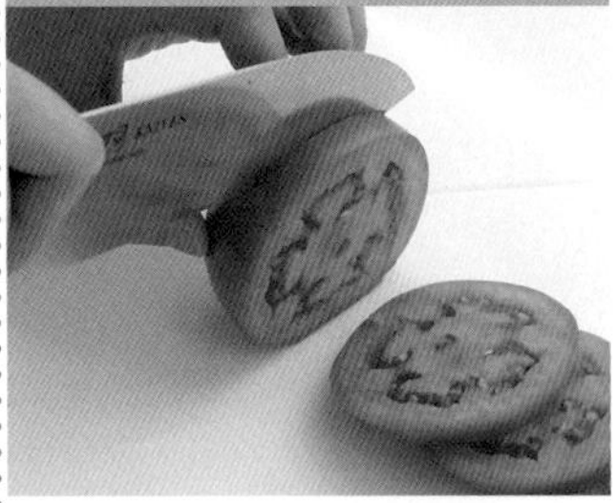

番茄蒂朝一侧横放，左手按压番茄左侧，切成1~2厘米厚的薄片。开切时菜刀先不用力，先用刀锋将番茄的表皮划破后再下切，使下刀更容易。

剖除果蒂

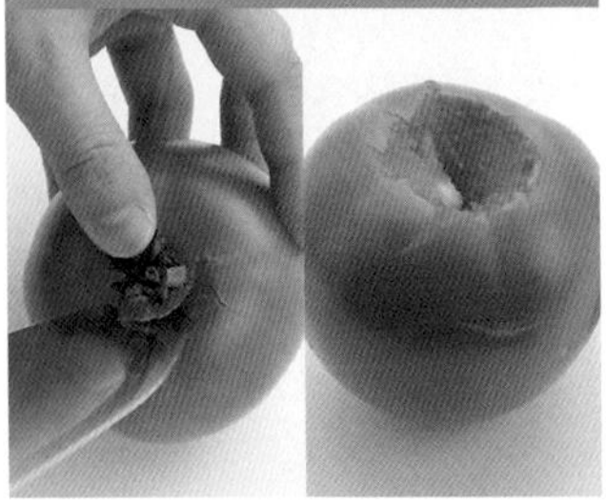

在需要将番茄切成圆片和小块的情况下，可以将番茄蒂横放，按压番茄蒂的一侧，用菜刀沿着番茄蒂下切一圈（如上左图），将番茄蒂挖出（如上右图）。

切成适口大小

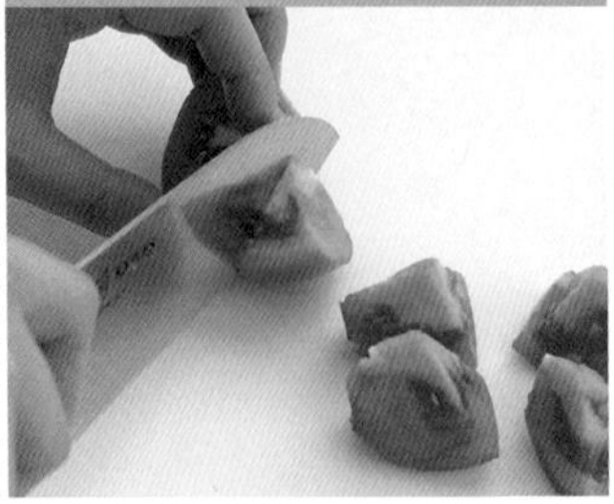

将楔形切的番茄再次对半切。适合做沙拉、小炒等料理。

切丁

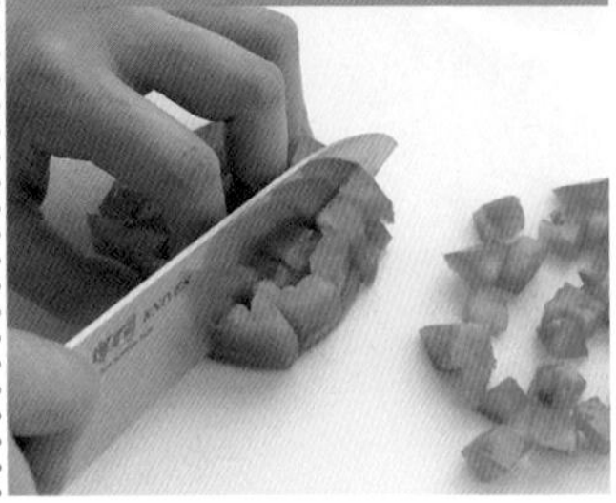

将切成圆片的番茄纵放，切成1~2厘米的长条。因为切成小丁像骰子，所以又被称为骰子切。如果想切大一点的小丁，开始切圆片时可以切得厚一些。

❖ 酸甜番茄

材料（4～6人份）

番茄2个；白萝卜200克；A（醋3大勺，砂糖1大勺，料酒1小勺，盐1/2小勺）

做法

1 白萝卜剥皮后放在竹篓中，静置7~8分钟，去除多余的水。

2 将材料A混合，加入步骤1中，充分搅拌。

3 将番茄切成适口大小，浇上步骤2做好的成品。

（检见崎聪美）

❖ 番茄扁豆辣汤

材料（4人份）

番茄4个；白扁豆（水煮罐头）2罐；肉末300克；色拉油1大勺；A（固体汤1个，红辣椒粉2小勺，西式辣椒粉、盐各1小勺，胡椒少量）

做法

1 去除白扁豆罐头的汤汁，将番茄切成边长为1厘米的小丁。

2 将油倒入平底锅中加热，用大火炒散肉末，加入材料A并将其混合。

3 将番茄和白扁豆混合，煮2~3分钟，充分搅拌到一起后停火。

（夏梅美智子）

茄子

日本古时就有栽培茄子，因此日本各地所产的茄子种类繁多，茄子也因其特有的颜色，备受日本人民的喜爱。茄子适用于各种烹饪法，且适用于日式、西式、中式多种调味法，在煮菜、油炸、炒菜、腌菜中使用的频率很高。

季节

市场上一年四季可见，盛产季节为夏天到秋天。

保存法

不推荐将生茄子长期保存。暂时保存时，需要将茄子用保鲜膜逐一包裹，放入保鲜袋中，置于冰箱的蔬菜冷藏室中冷藏。在做烧茄子时，可以先用保鲜膜将茄子逐一包裹，放在冰箱冷冻室中保存。

挑选诀窍

茄子由于产地的不同，再加上种类繁多，所以颜色各有差异。新鲜的茄子皮肉饱满、有光泽，茄子蒂部分的小刺摸上去有尖锐感。

切去果蒂和花萼

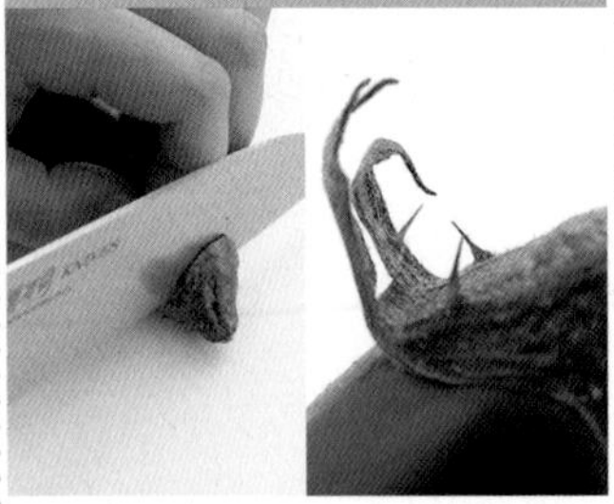

从花萼的根部周围下刀，将花萼和果蒂一同切下（如上左图）。请注意手指不要被尖锐的小刺刺伤（如上右图）。

斜切

将茄子稍稍倾斜放置，左手按压茄子的左侧，用菜刀斜切。

去皮

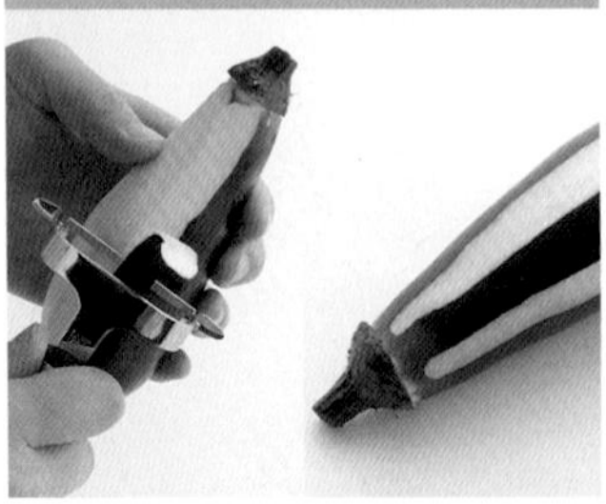

在做蒸茄子时，可以用剥皮器剥去茄子皮，非常方便（如上左图）。为了减少茄子的涩味，请尽可能快速地将茄子剥薄一些。在做煮菜和油炸茄子时，可以将茄子皮剥成条纹状（如上右图）。

去除花萼，保留果蒂

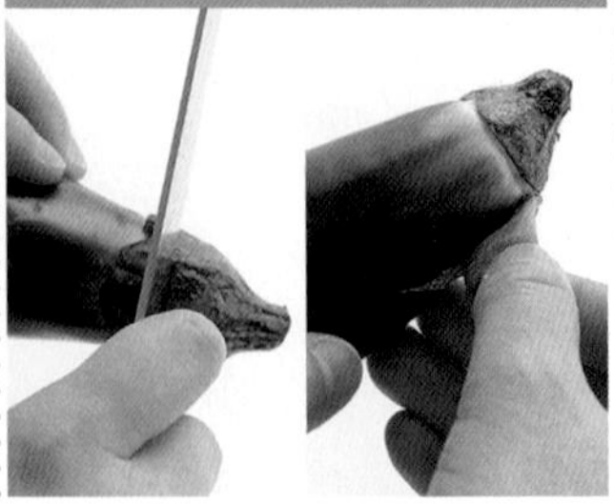

做天妇罗时，仅需要去除花萼，可在保留果蒂的情况下烹饪。从花萼的根部周围浅浅地下刀（如上左图），用手剥离花萼（如上右图）。

切圆片

将茄子横放，左手按压茄子的左侧，菜刀从右侧切厚片。在做炒菜和腌茄子的时候可以切薄片，而在做烤茄子、油炸茄子的时候，需要将茄子切成厚片。

不规则切块

将茄子横放，左手按压茄子的左侧，菜刀斜切。切下一半后，将茄子旋转半周，用同样的方法切下另一半。可以一边旋转一边切。

网格切

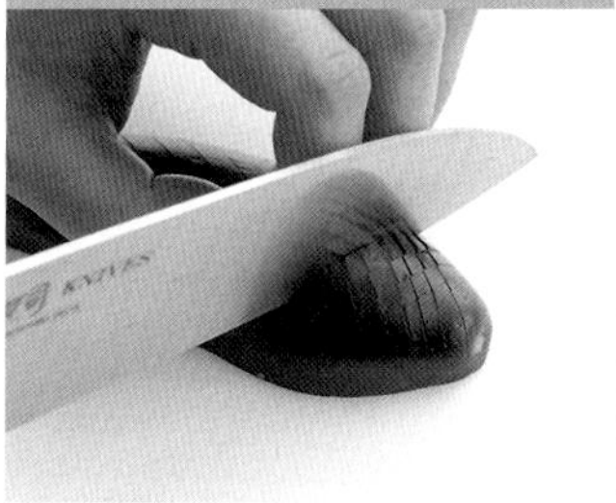

用菜刀浅切茄子皮，切出6~7毫米深的口子，使茄子更容易吸收油和调味料，吃起来口感更佳。每相距5毫米左右斜切。变换方向，用同样的方法网格切。

裙状切

天妇罗专属刀法。为使茄子容易熟透，更容易食用，可将茄子对半切，然后各自斜切几刀。接着纵切1厘米长（如上左图），使之轻微扩展（如上右图。）

料理

❖ 咖喱茄子

材料（4人份）

茄子6个；鸡肉末200克；洋葱1个；色拉油6大勺；A（咖喱粉3大勺，伍斯特辣酱油2大勺，固体汤1个，盐2/3小勺，胡椒少量）；芹菜、细叶芹或罗勒少量

做法

1 切除茄子果蒂，剥皮，不规则切块，浸泡水后，去除多余的水。洋葱切成薄片。

2 在平底锅中倒入5大勺油并加热，放入茄子后翻炒3~4分钟后取出。

3 加油，倒入洋葱和鸡肉末，将肉末搅散并翻炒。用材料A调味后放入茄子，将茄子加热至温热后关火并装盘。可以将芹菜、细叶芹或罗勒切碎，装饰在料理顶部。

（夏梅美智子）

胡萝卜

胡萝卜含有特别丰富的胡萝卜素，是一种颜色鲜艳美丽、用途广泛的蔬菜。作为一种家中常备的蔬菜，胡萝卜在沙拉、炖菜、炒菜中被广泛使用，是不可或缺的食材之一。

季节

市场上一年四季可见，盛产时节为秋冬之交。

保存法

胡萝卜不耐水，因此保存时需要用报纸包裹，放入保鲜袋中，置于冰箱的蔬菜冷藏室中冷藏。短期保存时可以将生胡萝卜切丝，分成小份，放入冰箱的冷冻室中保存。

挑选诀窍

新鲜的胡萝卜表皮光滑、颜色鲜艳，叶子的切口相对而言较小。若胡萝卜表面有绿色，则说明收获后被暴晒过，整体有变硬的倾向。

切丝

将切好的薄片重叠，从一端开始切细丝。为了保证切的细丝大小均一，最开始切薄片的时候就需要注意切得厚度一致。

诗笺切

将胡萝卜切成4~5厘米长后削皮，再纵切成3~4等份（如上左图），沿着纤维方向逐一切成薄片（如上右图）。

桂剥法去皮

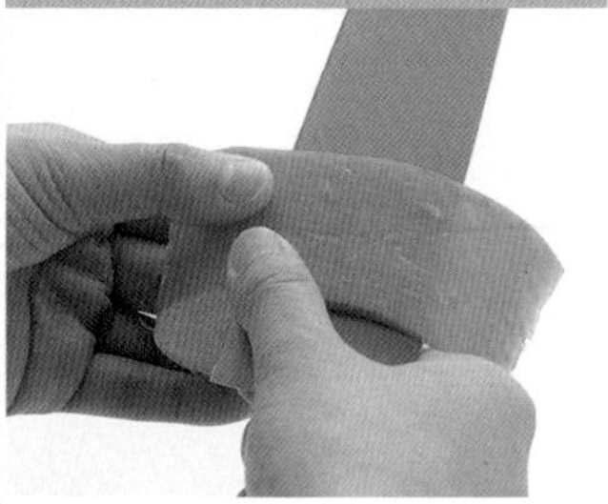

在使用小部分胡萝卜时，可以将胡萝卜切成适当长度，旋转剥皮。紧握菜刀，前后移动剥皮。

不规则切块

将胡萝卜横放，左手按压胡萝卜的左侧，菜刀斜切。切下一半后，将胡萝卜旋转半周，用同样的方法切下另一半。可以一边旋转一边切，使切下的胡萝卜更容易煮熟并入味。

薄切

将胡萝卜切成4~5厘米长后削皮，再对半纵切。将切口朝下放置，从一端纵切成薄片。

削皮

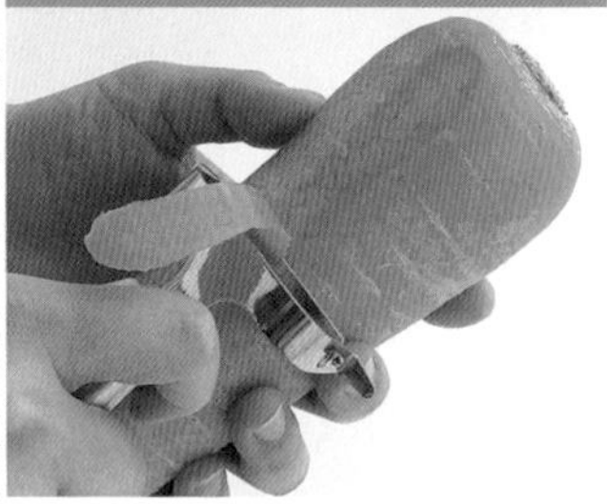

需要将胡萝卜整体削皮时，为了使削下的皮更薄且不削下果肉，请使用削皮器。

三棱柱切

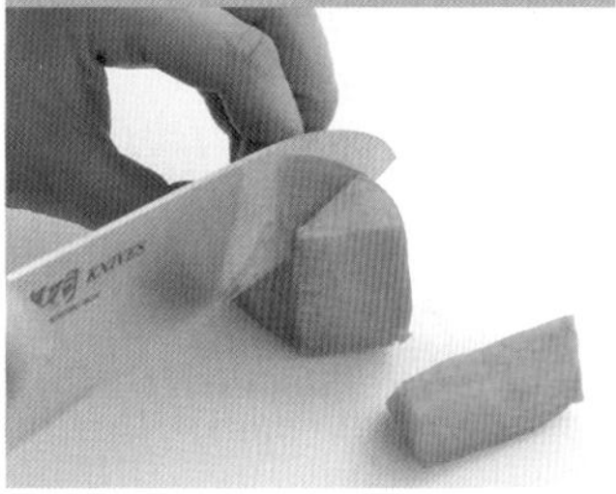

1 将不去皮的胡萝卜切成5~6 厘米长，然后呈放射状纵切成4~6等份。

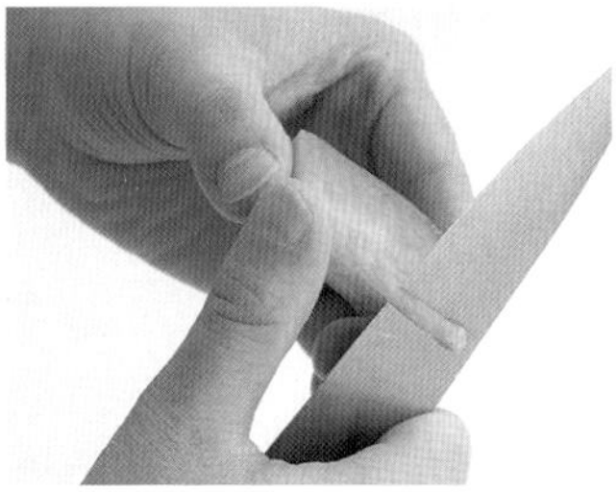

2 如图所示切除胡萝卜中间的尖锐角，刮圆。

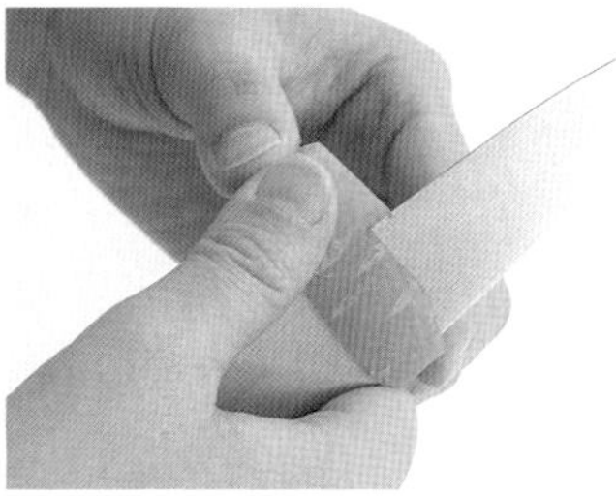

3 去皮后，使胡萝卜的形状、大小统一。一次去皮不干净可以二次去皮，并再次刮圆。

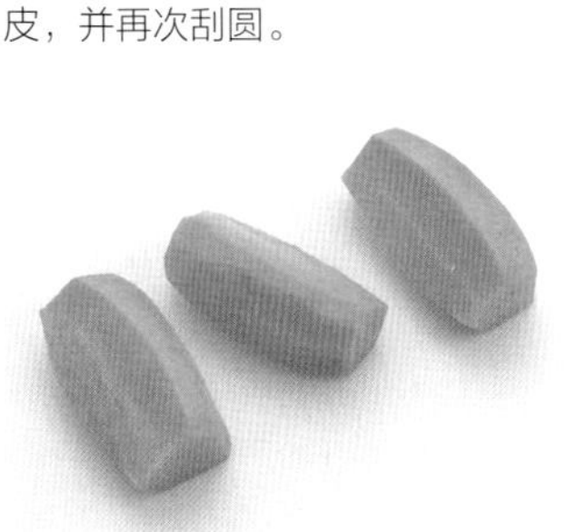

4 切成可以滚动的圆柱状后放在盐水中煮，可用做嫩煎、蜜饯等料理的材料。

料理

❖ 胡萝卜炒肉丝

材料（4人份）

胡萝卜2根；鸡肉100克；大蒜1瓣；生姜1/2个；色拉油2大勺；A（酒1大勺，酱油1小勺，盐1/2小勺，胡椒少许）

做法

1 将胡萝卜对半切，切成细丝。

2 将大蒜、生姜切碎，平底锅倒油加热，将切碎的大蒜、生姜倒入锅中用小火翻炒，待炒出香气后转用大火，放入鸡肉翻炒。

3 加入胡萝卜丝后转用中火，炒2~3分钟后加入材料A调味。

（藤井 惠）

大葱

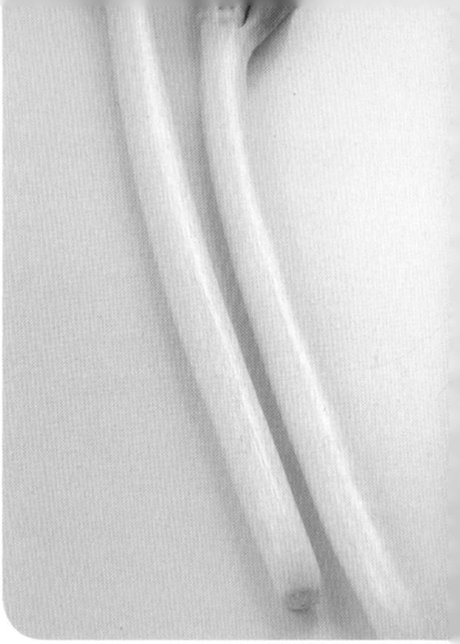

大葱有一种与生俱来的清香，加热后味道甘甜，是一种被广泛使用的蔬菜。其特点之一是根据刀法的不同，味道也有所改变。

季节

市场上一年四季可见，盛产时期为11月~次年1月。

保存法

用报纸包裹后装入保鲜袋中，放在阴凉处或者冰箱的蔬菜冷藏室中冷藏保存。切好的大葱或者准备用来做菜的大葱，可以用保鲜膜包裹好再放入冰箱的蔬菜冷藏室里。也可以将大葱切成小圆圈、碎末、葱片，用冷冻专用保存袋装好，放入容器中，再放入冰箱的冷冻室保存。

挑选诀窍

新鲜的大葱水润、甘甜。在挑选时，请挑选颜色明亮的、葱身连接紧密的大葱。

斜切

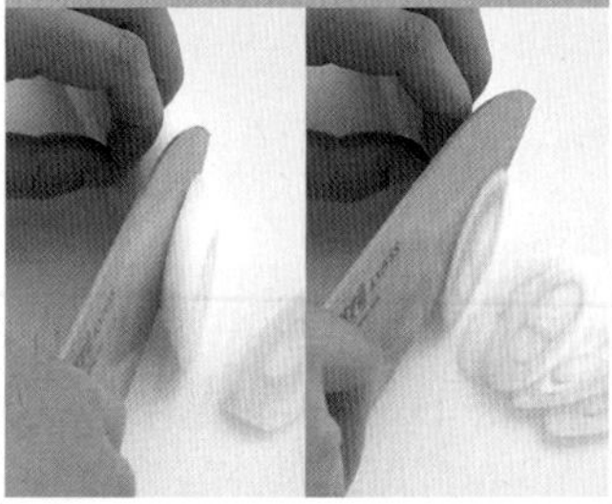

将葱斜放，菜刀如图所示斜切，在做日式牛肉火锅等火锅时，需要将葱切成7~8毫米厚的圆片（如上左图）；在做炒菜、煮菜的时候，可以将葱切成薄片（如上右图）。

刀尖切

将葱白部分切成2毫米左右厚的圆片（如上左图）。根据料理的不同，圆片的厚度也有所不同（如上右图）。

诗笺切

将大葱切成4~5厘米长，依次纵切成4等份。如果葱太大，可以切成6~8等份。

切末

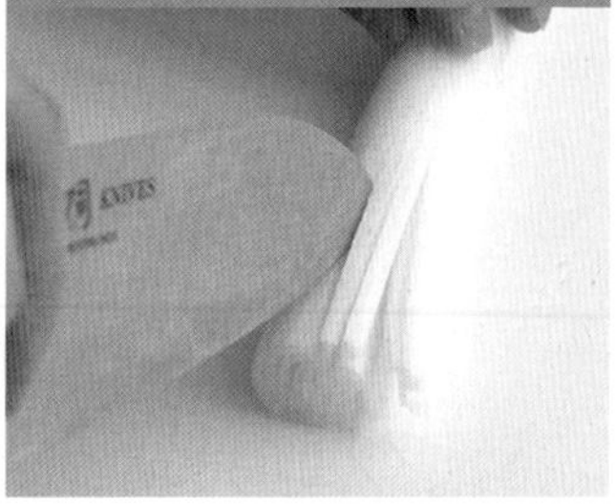

1 将大葱的根部切下，如图所示在根部纵切6~7厘米长的切口。一旦切口过长，再次下切将比较困难，即使可能需要切多次，也请将切口尽可能控制在6~7厘米长。

2 将切口捏在一起，左手按压大葱，从一端开始切末。

切丝

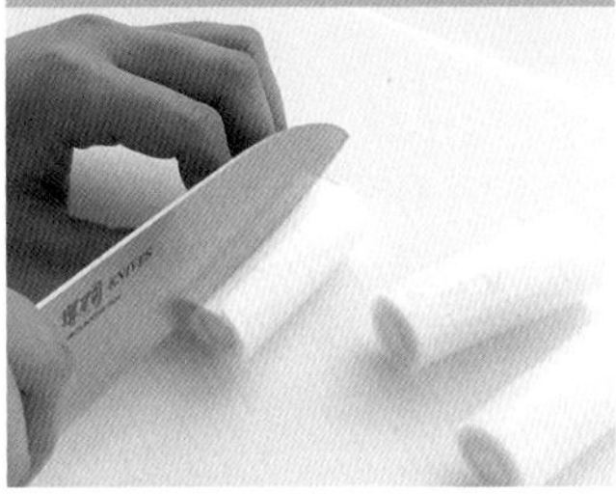

1 将大葱切成5厘米长的葱段，在中间下刀，切到大葱的中心处。

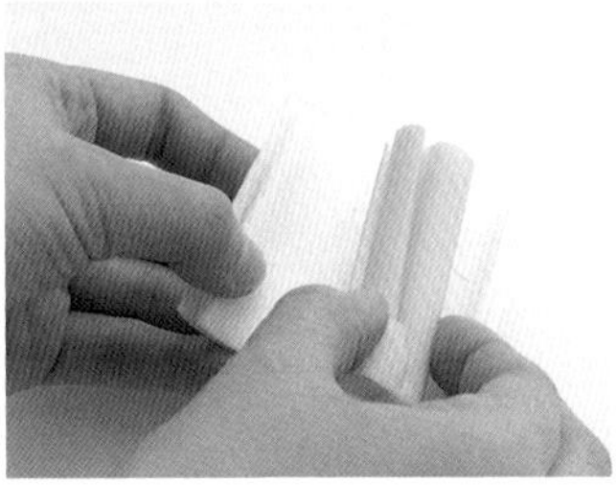

2 打开切口，将大葱中心的绿色葱芯取出。将葱芯切成小圆或者切碎，留作他用。

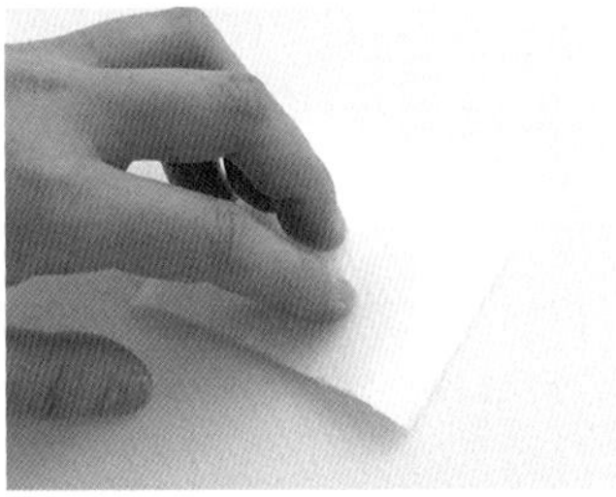

3 将打开的部分铺平，内侧朝下，全部重叠。如果卷起来下切较困难，可用手指压平后再下切。

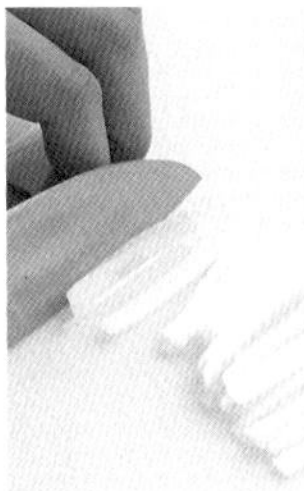

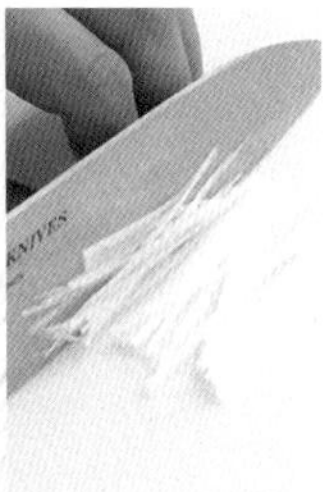

4 从一端开始切3~4毫米的细丝（如上左图），再次切丝，切成如头发丝般细小（如上右图）。

料理

❖ 大葱焖鲑鱼

材料（2人份）

大葱2根；鲑鱼2段；生姜薄片3片；酒2大勺；A（酱油、料酒各2大勺，白砂糖1/2大勺）

做法

1 将鲑鱼切成适口大小，大葱切成3~4厘米的长段，生姜切成细丝。

2 在平底锅里倒入大葱，将大葱两面烧出颜色，加入鲑鱼并将其两面烧出颜色，洒上酒，加入1/2杯水。

3 煮开后，加入材料A，转小火，盖上锅盖煮5~6分钟。

（大庭英子）

白菜

白菜是一种在火锅、小炒、酱菜等冬季菜肴中出现得非常频繁的一种蔬菜。白菜口感干脆，味稍甜，是一种非常有人气的蔬菜。白菜的热量极低，且含有丰富的食物纤维，适合减肥人群食用。

季节

11月~次年2月。

保存法

将整株白菜用报纸包裹，立起放在阴凉处保存。剥下外侧的菜叶可以延长白菜的保存时间。将切开的白菜用保鲜膜包裹，放在冰箱的蔬菜冷藏室中冷藏。如果时间较短，可以水煮后抹盐，然后冷冻保存。

挑选诀窍 优质的新鲜白菜，其叶子会紧实地卷在一起，拿在手中有分量感。在挑选被切开的白菜时，请选择切口水润、根部没有伤痕的白菜。若被切开的白菜的切口中部突起，说明此白菜离切开日已有一段时日，请谨慎选择。

菜梗削片

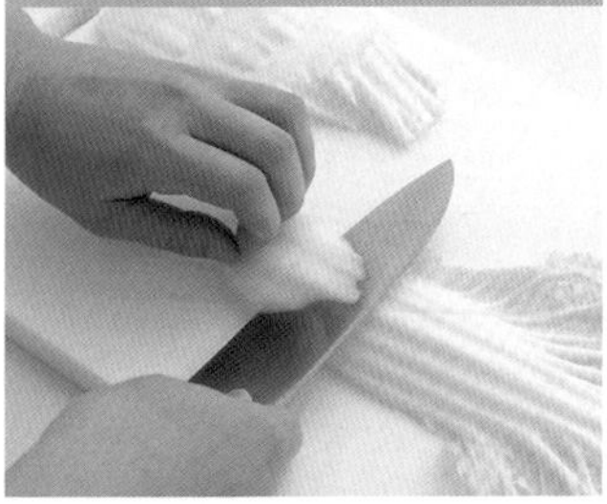

菜刀如图所示与白菜纤维垂直且倾斜下切，像削笔一样削下较厚的菜梗。这样可以使白菜更容易熟透并入味，多用于做火锅和炒菜。

分离菜叶和菜梗

白菜的菜叶和菜梗泾渭分明，如图所示下刀，切下菜梗。这是适合要统一白菜整体的熟度，需要将菜叶、菜梗分开使用时的一种切法。

对半切

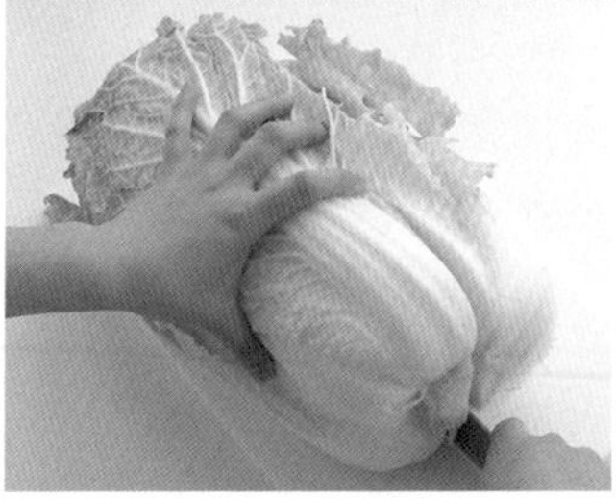

从白菜的根部中央下刀，切入白菜整体长度的一半。两根大拇指从切口插入，将白菜掰成两半。

菜梗切丝

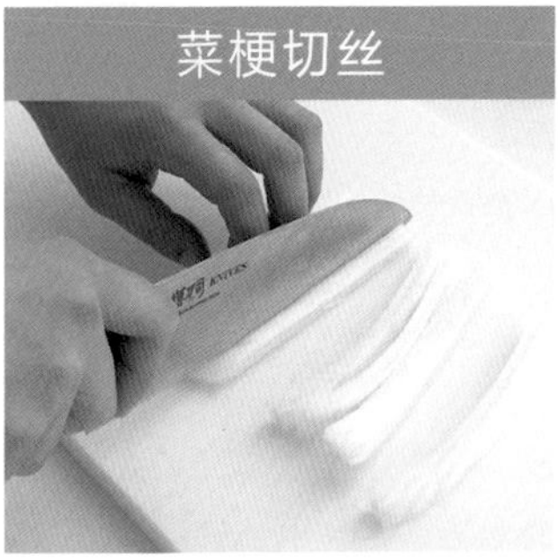

将菜梗切成3~4等份，依次纵切，切成细条。因为是沿着纤维下切的，所以白菜的口感会更加干脆。

菜叶重叠切大段

将分离出的白菜叶重叠，根据料理的不同，切段的大小也有所调整。如图所示将白菜的纤维切断，可以使白菜更加柔软，也可以沿着纤维方向下切，使白菜的口感更加干脆。

去除菜心

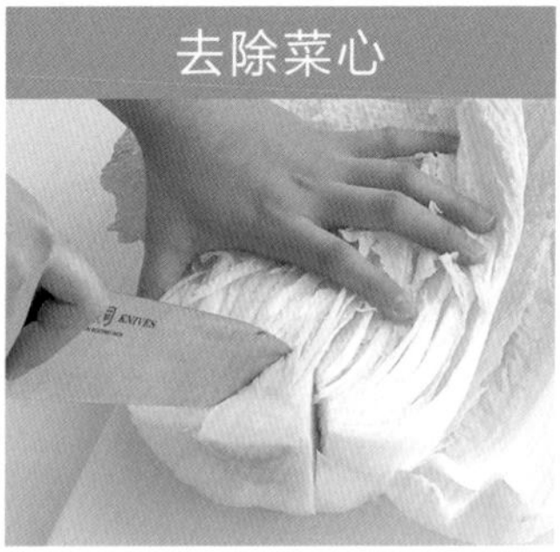

在仅使用1/4个白菜时，取出菜心后更方便剥白菜。如图所示在白菜菜心处切逆V字切口，取出菜心。

❖白菜包猪肉

材料（2人份）

白菜1/4个（500克）；猪肉薄片200克；葱1/2根；生姜1个；酒1/2杯；柚子醋适量

做法

1 将白菜的菜叶和菜梗分离，菜叶重叠后切成大段，菜梗削片，将葱斜切成葱段，生姜切丝。

2 猪肉切成3等份。

3 在锅中依次加入白菜、猪肉，并撒上葱和生姜。重复以上步骤。

4 洒上酒，盖上锅盖，开火。煮开后转小火，蒸煮20 ~30分钟。装盘，浇上柚子醋即可食用。

（检见崎聪美）

❖腌白菜

材料（2人份）

白菜250克；胡萝卜5厘米；柠檬1/3个；紫苏叶5片；盐1小勺

做法

1 将白菜梗削片，菜叶切成适口大小，胡萝卜切丝，柠檬切成薄圆片。紫苏叶切成6~8等份。

2 在碗中加入步骤1的成品，撒盐后搅拌。充分搅拌后用手揉搓，使白菜变得柔软。

（检见崎聪美）

青椒

青椒不仅有青色，还有红色、彩色等品种。青椒富含维生素，色彩多变且口感水润，深受人们欢迎。

季节

青椒在市场上一年四季均可见，露天培养的青椒的收获期大概在6~8月。

保存法

放入保鲜袋中保存。为了不使保鲜袋变得闷热，需要将保鲜袋口敞开，并放入冰箱的蔬菜冷藏室中冷藏。如果时间较短，可以将生青椒切丝，放入冰箱的冷冻室中保存。

去除果蒂和籽

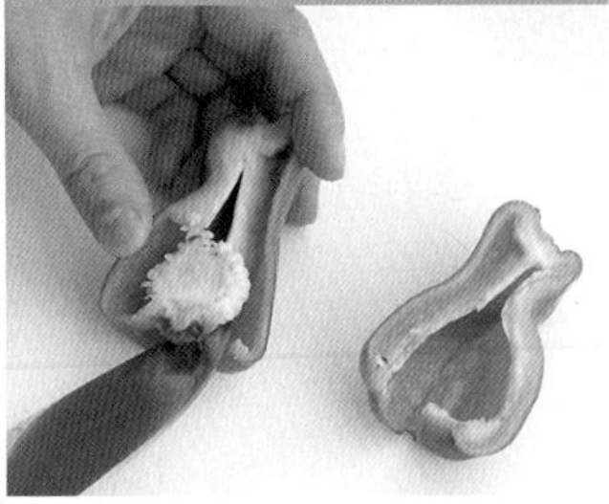

1 将青椒对半纵切，从果蒂的根部周围下刀。

2 将果蒂和相连的籽一同取出，熟练后可以完整取出且不伤害到青椒内皮。青椒内侧的籽较多时，可以直接用菜刀挖出。

切青椒圈

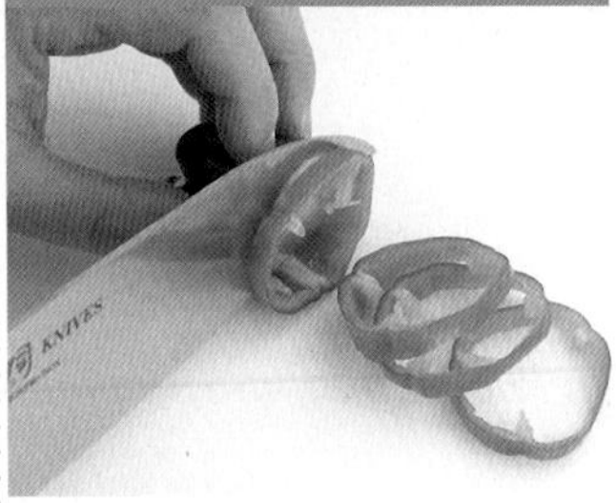

用左手轻按已取出籽的青椒，根据料理需求，从一端下切，切成青椒圈。为了不使青椒被压扁，请流畅且快速地下刀。

不规则切块

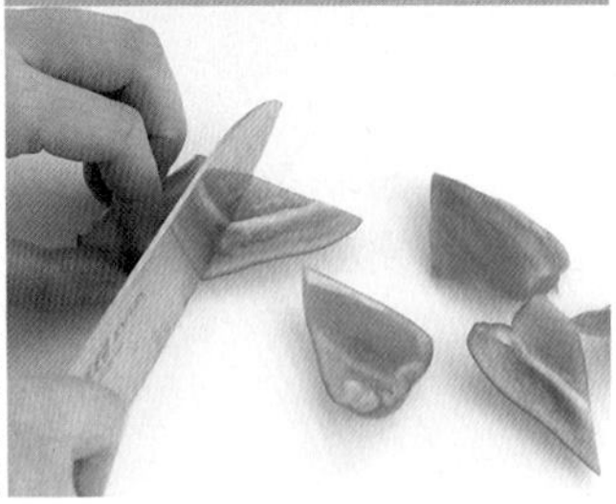

将青椒纵放后对半切，去籽后内侧朝上，菜刀斜切。切下一半后，将青椒旋转半周，用同样的方法切下另一半。可以一边旋转一边切成同样大小的块状。适合做咕噜肉、炖菜时使用。

切丝（纵向）

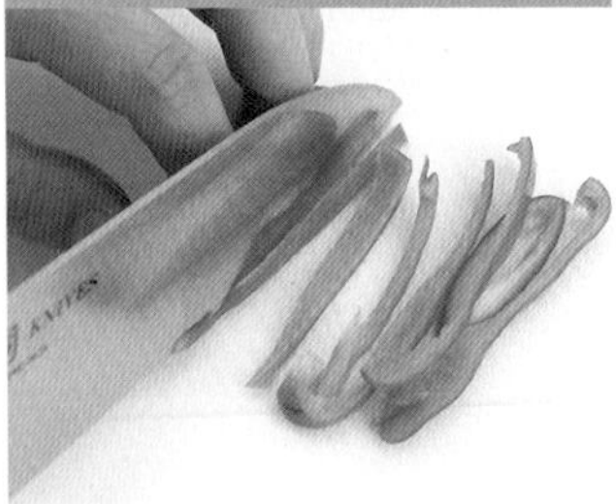

将青椒纵放后对半切，去籽后切口朝下纵放，从一端开始切细丝。沿着纤维方向下切，会使口感较脆。

切丝（横向）

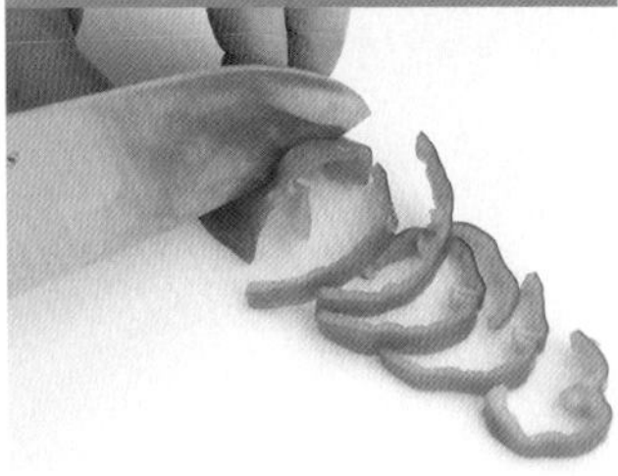

将青椒纵放后对半切，去籽后将切口朝下横放，从一端开始切细丝。因切断纤维，所以口感较柔软。

料理

❖ 青椒银鱼当座煮

材料（4人份）

青椒4个；小银鱼干1大勺；A（酒2大勺，料酒、酱油各1/2大勺）

做法

1 去除青椒的果蒂和籽，纵切成1.5厘米宽的青椒块。

2 在锅中加入青椒、小银鱼干、材料A及以2大勺水，煮干后装盘。

（藤井 惠）

❖ 青椒塞肉

材料（4人份）

青椒4个；肉末300克；洋葱1个；鸡蛋1个；黄油1大勺；盐少许；A（盐1/4小勺，胡椒少许）；色拉油2大勺；小麦粉、番茄酱适量

做法

1 将洋葱切丝，放入黄油中翻炒、撒盐，取出后冷却。青椒对半切，去除果蒂和籽。

2 将肉末和洋葱、鸡蛋、材料A混合，充分搅拌至有黏性。

3 在青椒内侧抹小麦粉，塞入步骤2做好的成品，在青椒表侧抹上小麦粉。

4 在平底锅里倒油并加热，将青椒有肉的一面朝下烧。烧至变色后翻面，用小火烧透。装盘后挤上番茄酱。

（藤田雅子）

西蓝花

西蓝花的花蕾可以食用，是一种具有代表性的绿黄色蔬菜。西蓝花富含维生素、矿物质，营养成分高，其中维生素C的含量尤其丰富。其特点之一是水煮后会损失营养成分。

季节

11月~次年2月。

保存法

西蓝花不易长久保存，请水煮后立刻放入冰箱的冷藏室或冷冻室中保存。如果只需要保存1天，可以用报纸包裹，放入保鲜袋中，置于冰箱的蔬菜冷藏室中保存。

挑选诀窍

请挑选颜色漂亮，拿在手中有分量感，花蕾紧密连接在一起的西蓝花。请不要挑选切口较干燥的西蓝花。

整体切分

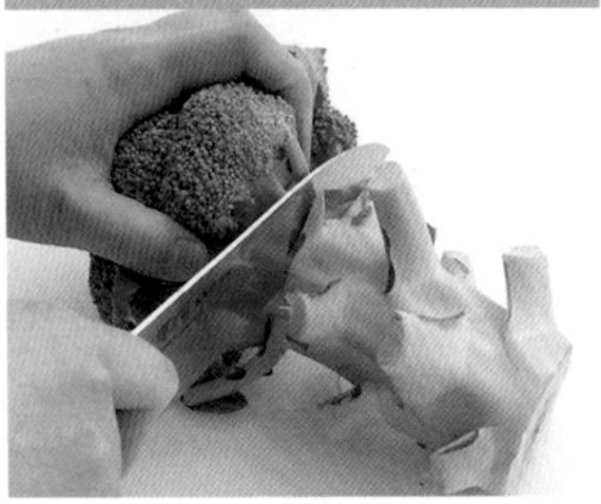

将西蓝花的花蕾和粗大的花茎切分开。

切分西蓝花

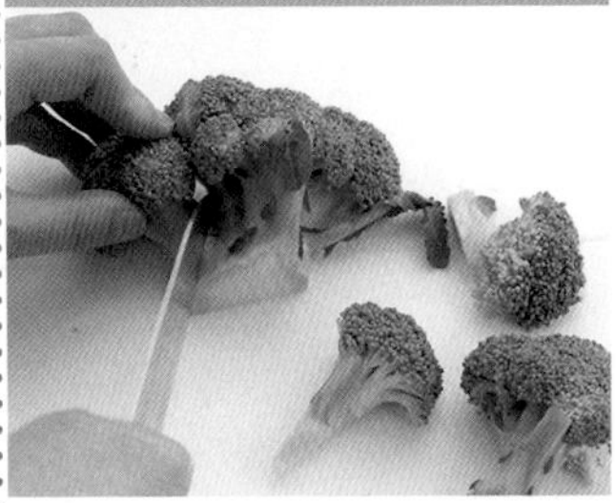

从西蓝花花蕾的根部下刀，连着根部逐一切成小块。水煮西蓝花时，请注意不要让其吸收太多水分。炒西蓝花时，请将西蓝花切成同样大小的块状。

茎部处理备用

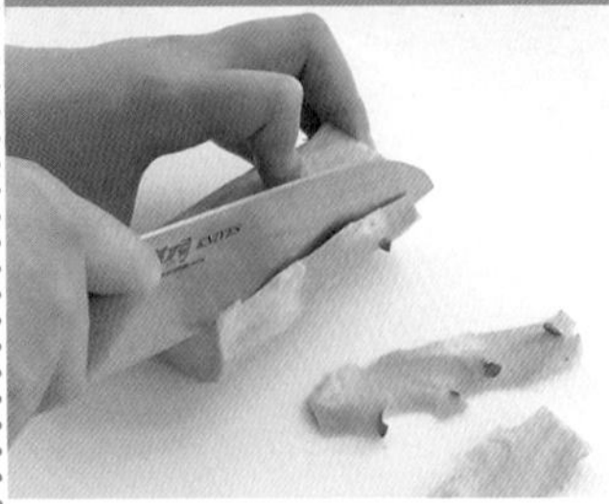

1 西蓝花茎部的表皮较厚，请用菜刀切落。如图所示，将西蓝花茎部平放在砧板上，用菜刀将外表较厚的表皮切落。

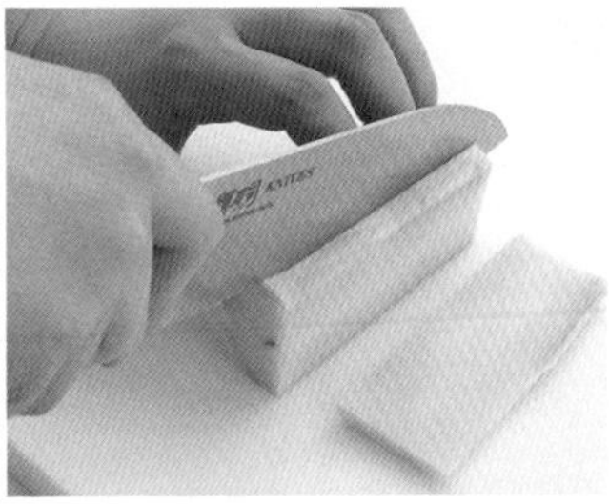

2 西蓝花茎部去皮后，将其切成1~1.5厘米厚的长片。切得不规则也没有关系。

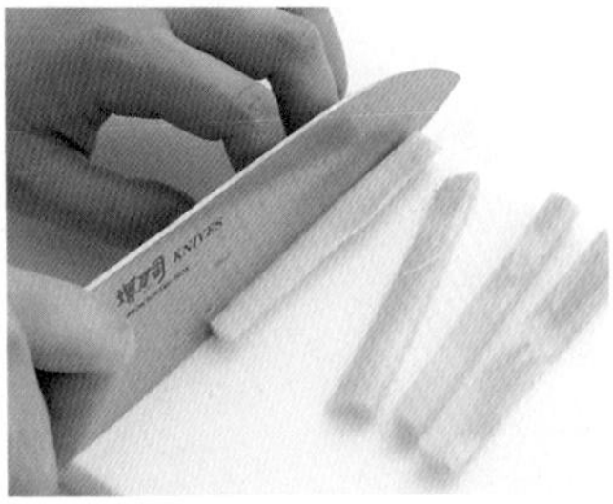

3 将统一厚度的长片先切成1厘米宽的长条，再切成适口大小的长段。这样即便不水煮，直接炒也可以很快熟透。

❖ 西蓝花培根沙拉

材料（2人份）

西蓝花1/2个；培根2片；A（醋1.5大勺，酱油1大勺，白砂糖1.5小勺）

做法

1 将西蓝花连着根部逐一切成小块，水煮后去水并装盘。将培根切成细条。

2 使用平底锅加热，将培根放在小火中翻炒2~3分钟，等炒出油脂后，加入材料A，稍稍炒干后停火，将其冷却。

3 将西蓝花放入步骤2的成品中。

（武藏裕子）

❖ 鸡蛋芝士焗西蓝花

材料（4人份）

西蓝花1个；鸡蛋2个；白氏沙司（为使小麦粉不发酵，用黄油炒制，然后用牛奶稀释的白色调味汁）（罐装）1罐；大蒜1/2瓣；黄油适量；芝士粉2~3大勺；盐适量、胡椒适量

做法

1 将西蓝花连着根部逐一切成小块，加入额外的盐、热水，待稍稍变软后水煮，放在竹篓上沥干。

2 将鸡蛋煮至坚硬，剥壳，切成边长为1厘米的小块，放在碗里和白氏沙司混合。

3 向耐热容器中加入大蒜并捣碎，待捣出香味后涂上黄油。放入西蓝花，根据自己的喜好加入少量胡椒。加入步骤2的成品，撒上芝士粉，放入烤箱中烤5~6分钟，烤至金黄色后取出。

（藤田雅子）

莲藕

莲藕是莲地下的茎。从泥土中挖出的莲藕，富含糖、维生素C、食物纤维等，口感脆甜。莲藕不仅是日本料理中不可或缺的食材之一，还广泛用作各种沙拉。

季节

秋冬。提早挖出的早生莲藕多在7月上市。

保存法

用报纸包裹后放在阴凉处保存。切开的莲藕，切口处容易变色，需要用保鲜膜包裹，放在冰箱的蔬菜冷藏室中冷藏，且需尽早食用。

挑选诀窍

请挑选切口较白、水润的莲藕，拿在手上有分量感的为佳。请避免挑选藕洞变黑的莲藕。

不规则切块

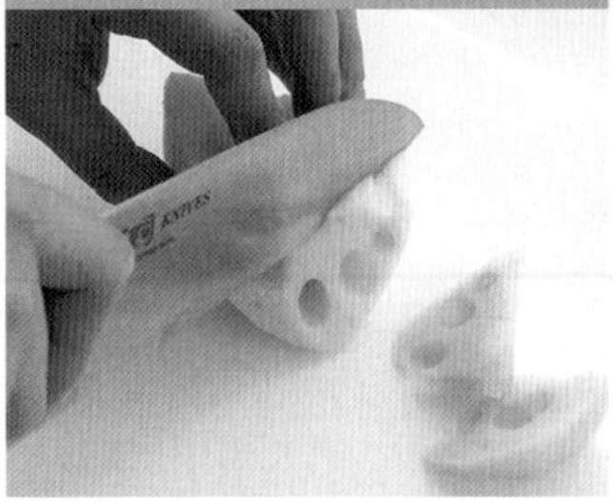

对半纵切，菜刀倾斜下切。切下一半后将莲藕旋转半周，用同样的方法切下另一半。可以一边旋转一边切，使切下的莲藕的断面更大，更容易煮熟并入味。

去皮

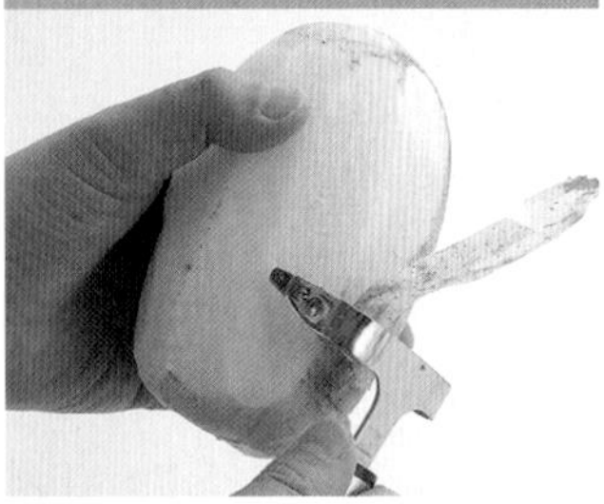

从两侧切口用削皮器削皮。相对于用菜刀去皮，用削皮器削皮可以使削下的皮更薄，减少浪费。

花形藕片

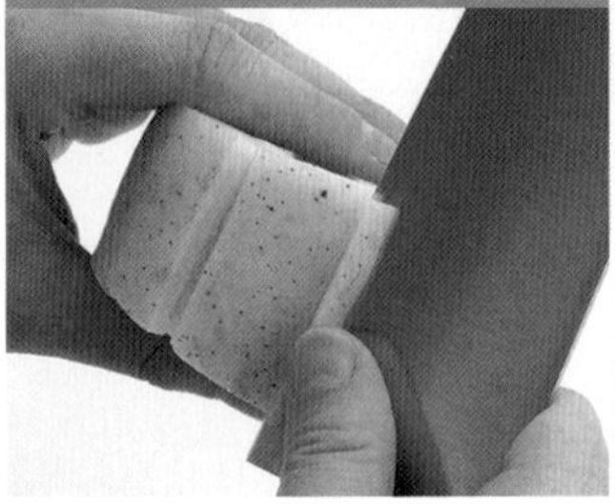

1 不去皮，将莲藕切成6~7厘米长的小段。如图所示，在洞与洞之间切三角形。

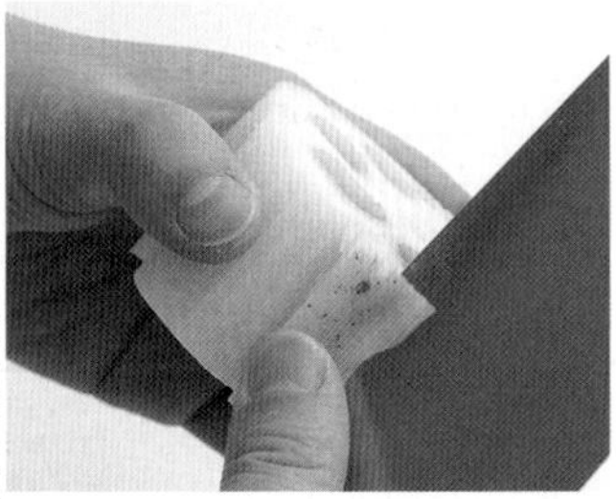

2 切完后将剩下的莲藕剥皮。此时将切开的角切得更圆一些，打造出花朵的形状。

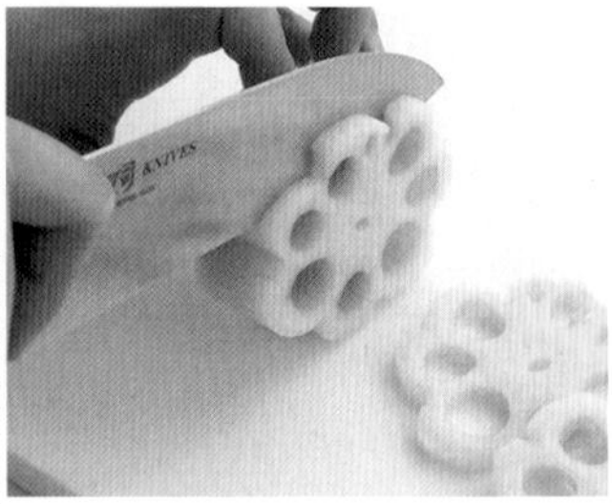

3 从一端开始，根据料理的需求切成相应厚度的薄片。煮菜时可以将莲藕切厚一些。

❖ 照烧藕片

材料（4人份）

莲藕150克；芝麻油1/2大勺；A（白砂糖、酱油、酒各2小勺）；山椒粉适量

做法

1 将莲藕切成1厘米厚的圆片，或者切成半月形。

2 向平底锅倒入油后加热，放入莲藕并将其两面煎烧至变色，加入材料A翻炒。

3 装盘，根据喜好撒上山椒粉。

（藤井 惠）

❖ 莲藕炸肉饼

材料（4人份）

莲藕2小节（300克）；鸡肉末300克；尖椒12个；A（酒、淀粉各1大勺，盐2/3小勺，生姜汁1勺，胡椒少量）；天妇罗粉1杯；煎炸油适量；盐、天妇罗蘸汁适量；醋适量；柠檬1颗

做法

1 莲藕去皮，放入醋中浸泡后，并将莲藕切成3厘米厚的圆片。用竹签串起尖椒。

2 在鸡肉末中加入材料A和1大勺水，充分搅拌后，塞入去水后的两枚莲藕中。

3 在天妇罗粉中加入一杯冷水，待其稍稍溶解后，将步骤2做好的成品放在中间稍微浸泡，然后放在中等温度的油中炸，再放入尖椒油炸。最后加入柠檬、盐，配合天妇罗蘸汁即可食用。

（今泉久美）

药用蔬菜 香料蔬菜

日式的药用蔬菜香味清爽，能增加人的食欲，而香料蔬菜是料理中不可或缺的食材之一。一道菜最重要的就是口感，为了使料理更加美味，需要熟练地掌握这些药用蔬菜、香料蔬菜的做法。

【山葵】

山葵在市场上一年四季均可见，秋冬的山葵辣味倍增。挑选山葵时，请挑选绿色的、较胖的。山葵的大小和味道并没有关系。根据使用的不同，可以用湿纸巾或者保鲜膜包裹，放在冰箱的蔬菜冷藏室中冷藏。

刮皮

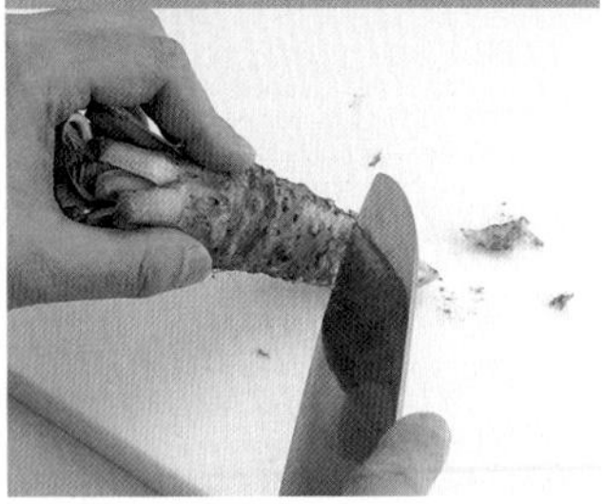

刮皮时，可以先用小刀将山葵表面凹凸不平的地方削去，这样可以使山葵的颜色更加美丽。

磨末

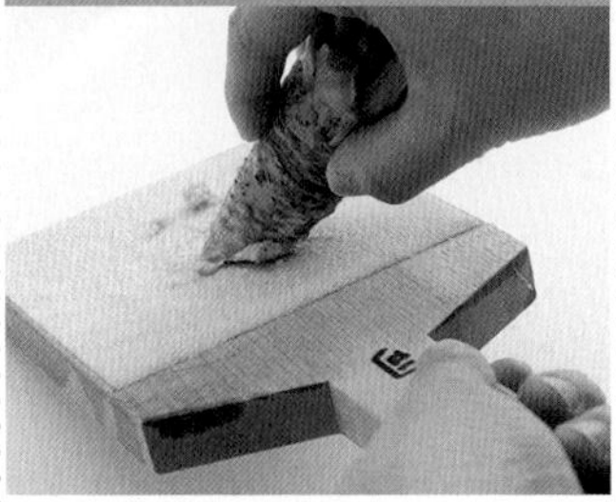

从茎部开始磨，可以增强山葵的辣味，磨出来的末也更加黏稠。相反，若从另一边开始磨，味道将更加清爽。

【紫苏叶】

请挑选颜色浓郁、叶面饱满且挺直的紫苏叶。水汽太多或太少都会损伤叶面，因此请将其用稍湿润的纸巾包裹，放在保鲜袋中，置于冰箱的蔬菜冷藏室中保存。

去除叶秆和叶脉

切去紫苏叶的叶秆，对半切，切下中间的叶脉后切细。如果是较柔软的紫苏叶，可以不切去中间的叶脉。

切丝

将对半切的紫苏叶重叠并卷起，从一端开始切细丝。

大片切

可以切成宽 1 厘米左右的长方形，也可以用手撕成同样大小的形状。

香气成分功效

紫苏叶、野姜的香气含有可以提高人体免疫力的成分。其原理为香气成分可以刺激血液中的白细胞，使其数量增加，从而提高人体的免疫力。在每日的饮食中适当摄入香料蔬菜，不仅可以使料理更加美味，也有益于人体健康。

【柑橘类】

柚子、酸橘、柠檬等柑橘类的果实可以榨汁做成醋，发挥其酸味和香气，也可以将表皮削下并切成细丝，作为佐料增加药味。

削皮

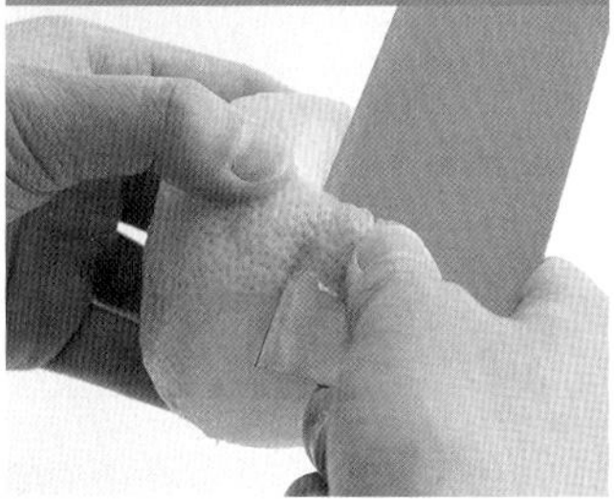

削下的皮（图为柚子）可以撒在汤里使用。需要切成细丝的时候，仅使用表皮的黄色部分。

切丝

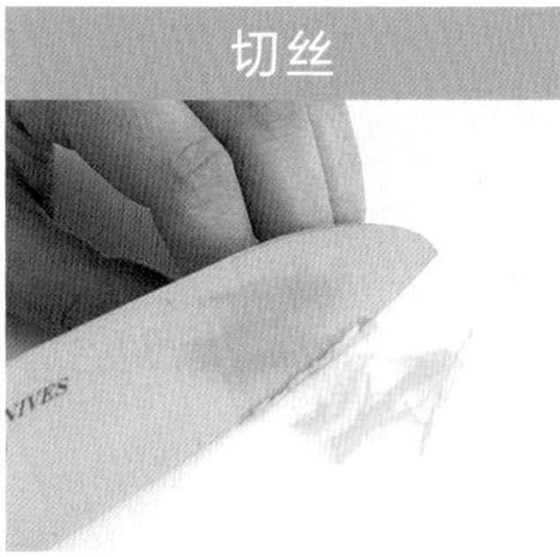

将削卜的薄皮从一端开始切成细丝。可撒在炖菜和炒菜中。

【小葱】

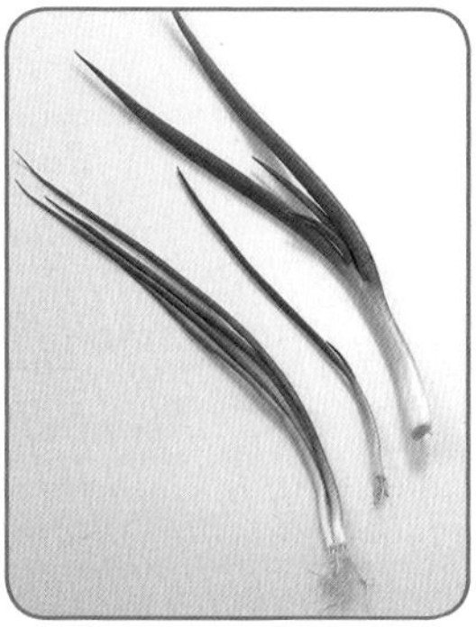

请挑选叶尖为绿色、葱身挺直的小葱。切去小葱的根部，用湿润的餐巾纸卷起，用保鲜膜包裹后放在冰箱的蔬菜冷藏室中保存。

刀尖切

稍稍切去小葱的根部，从一端切成小葱碎末。洗净小葱后，仔细擦去多余的水，这样可以防止切下的葱段黏在刀身上，使下切更加容易。

【野姜】

夏天，野姜盛产时期为6~8月；秋天，野姜盛产时期为9月。选择前端紧密连接在一起的野姜，用保鲜膜包裹，放在冰箱的蔬菜冷藏室中保存。请尽早食用。

切薄片

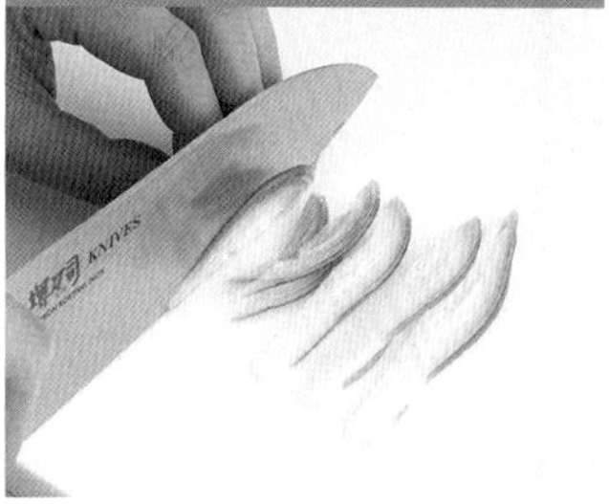

从根部下刀，切去薄薄的一层。对半纵切后切口朝下，纵放，从一端开始切薄片。

切小圆片

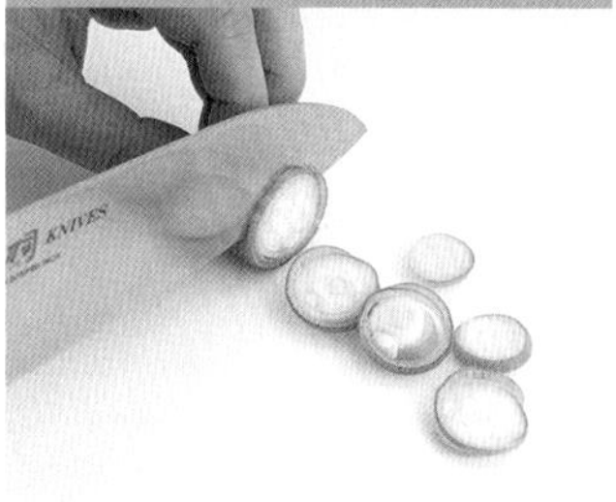

和切薄片的方法相同，切落根部后横放。左手按压野姜，从根部开始切小圆片。

【大蒜】

在古埃及和古希腊，大蒜作为一种药用植物，具有非常古老的历史。在日本，据说大蒜是从奈良时期开始流传的。大蒜中的蒜素有很强的香味，且具有很强的杀菌作用，能提高免疫力、增强体质。

季节

大蒜贮藏量很大，因此在市场上一年四季均可见，且品质较稳定。新生大蒜多在5~8月上市。

保存法

大蒜厌水，因此需要将大蒜放在网中，置于阴凉处保存。去皮的或者切碎的大蒜可以冷冻保存。

挑选诀窍

请挑选表皮干燥的大蒜。

去芽

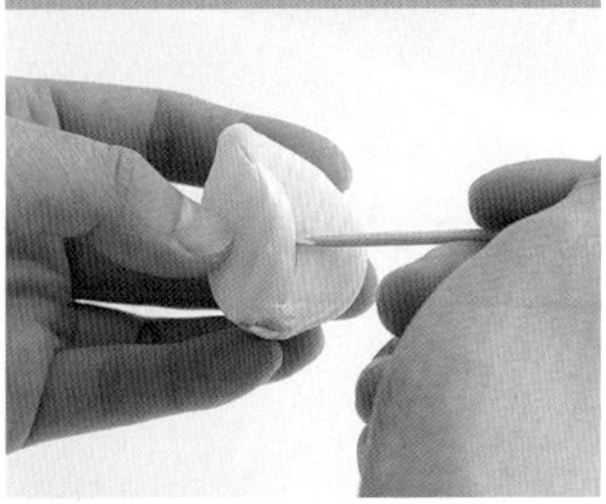

将一瓣大蒜对半纵切，将中间影响口感的芽挑出。如图所示，使用牙签或者刀尖挑出。

薄切（纵向）

将大蒜纵放，从一端开始切成薄片。将较平的一面朝下放，放稳后下切。

切丝

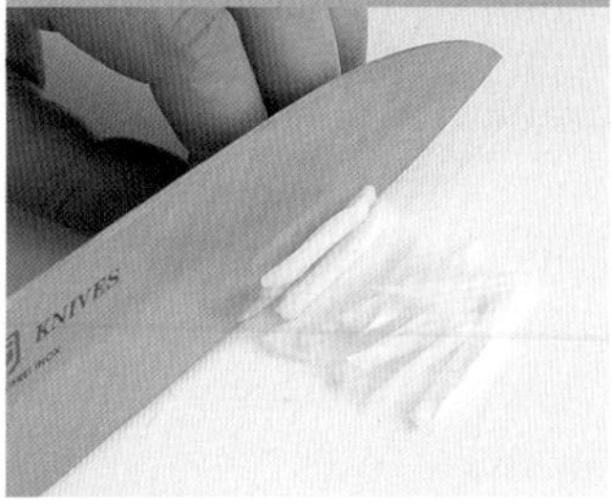

将纵向薄切的大蒜错开重叠，从一端开始切丝。

薄切（横向）

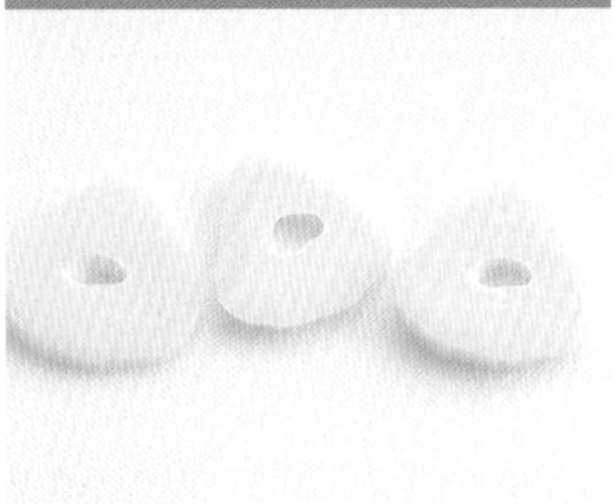

将大蒜横放，从一端开始切成薄片。上图是切成薄片且去芽后的大蒜。

敲碎

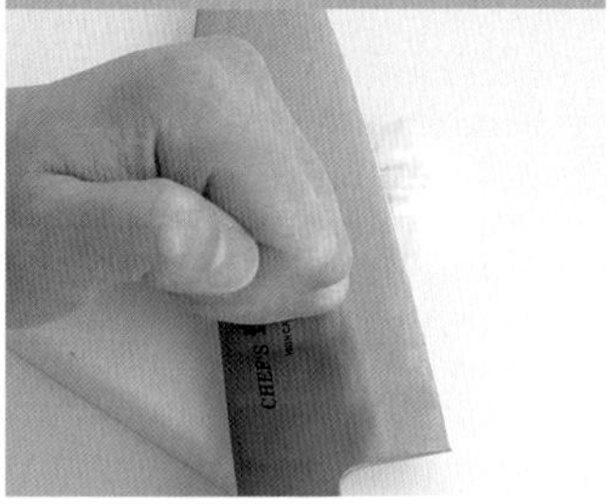

将去芽后的大蒜放在砧板上，用刀背按压大蒜，左手握紧拳头敲打刀背，将大蒜敲碎。为了使刀柄不妨碍动作，请在砧板靠近身前的一端敲碎大蒜。

切末

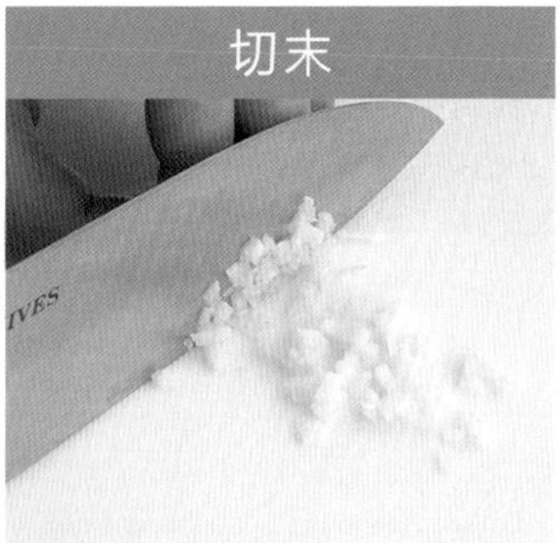

将切丝的大蒜横放，从一端切成碎末。

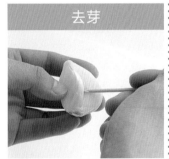

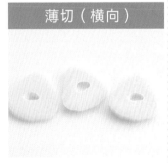

【生姜】

生姜有着令人爽朗的香气和辛辣的味道，是一种被世界广泛使用的香料蔬菜。生姜具有强力的杀菌作用。同时，生姜里富含酵素，能使肉质更加柔软。

季节

新生姜上市时期为9~11月。

保存法

保存生姜时不能碰水，可用报纸包裹后放在保鲜袋内，不扎紧袋口放入冰箱的蔬菜冷藏室中冷藏。去皮或者切碎的姜可以放在冰箱的冷冻室中保存。

挑选诀窍

请挑选表皮颜色亮丽、切口湿润的生姜。

切下拇指大小

量词中的“1瓣”，是指切下如图所示的拇指大小的生姜。

切薄片

炒菜和煮鱼时，切成厚片，或者切丝。使用生姜时切成薄片。

切末

变换方向，从一端开始将切成2~3毫米宽的细丝切成碎末，口感将更佳，辛辣味将变淡。

去皮

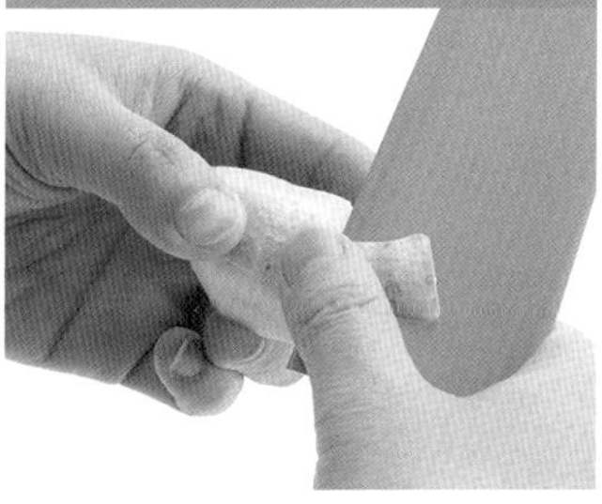

尽可能地削薄皮。可以用较薄的勺子去皮。但是生姜去皮时，请尽可能削厚一点。

切丝

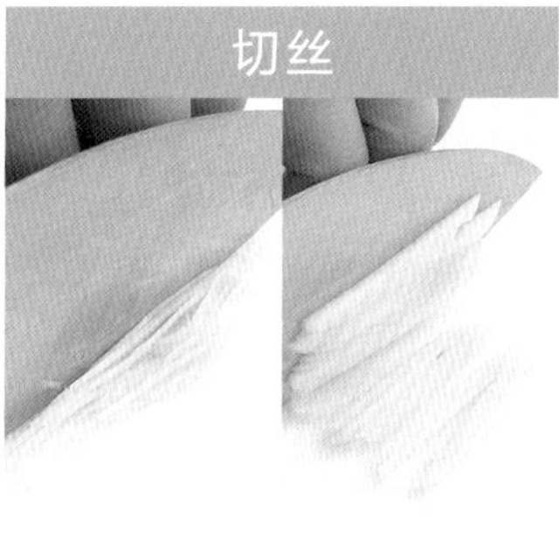

切生姜时，将薄片重叠，如图所示从一端切1~2毫米宽的细丝。煮菜等需要姜味浓一点的时候，切成2~3毫米宽的细丝就可以了。

敲碎

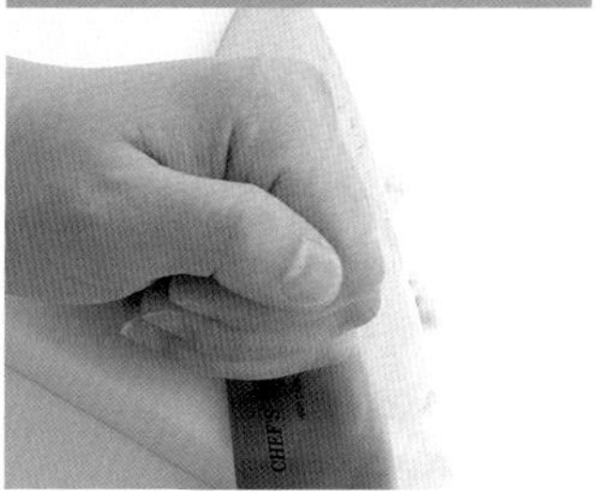

将一瓣生姜放在砧板上，用刀背按压生姜，左手握紧拳头敲打刀背，将生姜敲碎。为了使刀柄不妨碍动作，请在砧板靠近身前的一端敲碎生姜。

花刀

记住一些基础的花刀，能够使做出的料理更加华丽，令人享受做菜的乐趣。本节将介绍使用各种食材刻出的花刀，适合在庆祝宴席、家庭聚会等各种场合的料理中使用。

彩纸柚皮、柚皮丁

使用刀具

牛刀和薄刃菜刀

将柚子皮切成正方形，多用于作为香料或天盛式装盘。

1 将柚子皮切成适当长度，请尽可能地将白色部分去除干净。

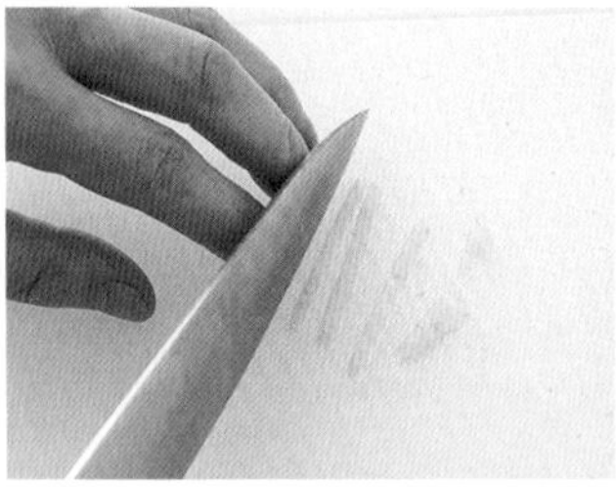

2 将柚子皮压平整，将彩纸柚皮切成0.8~1厘米的长度，柚皮丁切成2毫米的长条。

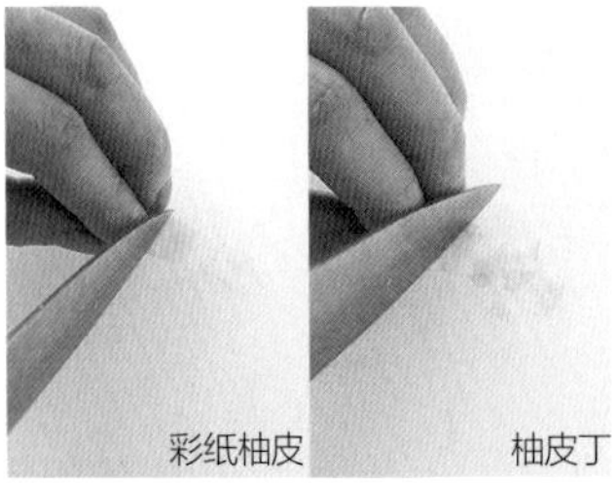

3 为了切成正方形，再横切成步骤2的长度。切完后，放在水中浸泡1~2分钟，去除涩味。

柚皮针丝

使用刀具

牛刀和薄刃菜刀

可放在煮菜、凉拌菜上面作为装饰。多采用天盛式（日本菜肴摆放形式的一种，盘子里放醋拌凉菜、拌菜、煮菜，再加上蔬菜嫩芽、柚子条、紫菜丝等点缀）装盘。

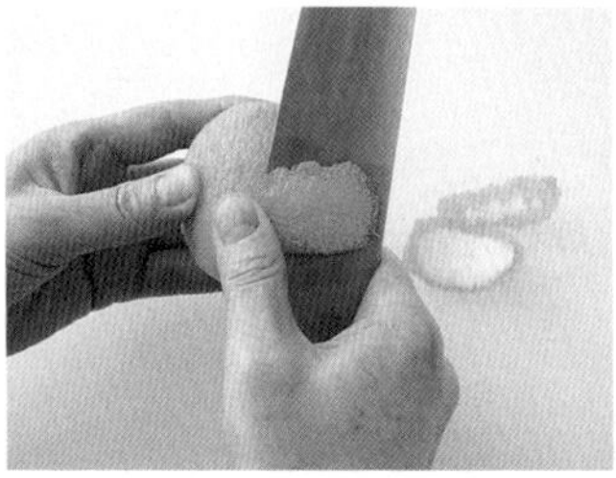

1 将柚子皮削成4厘米左右的长度。

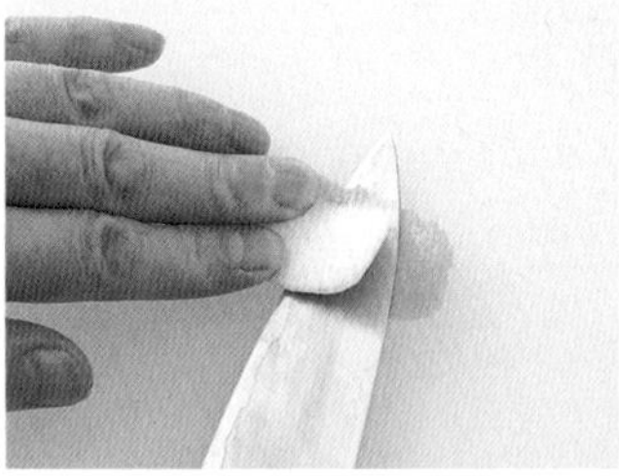

2 将内侧的白色部分削去。请尽可能地将白色部分去除干净。

3 从一端开始切成极其细小的细丝，放在水中浸泡1～2分钟，去除涩味。

柚皮薄片

使用刀具

牛刀和薄刃菜刀

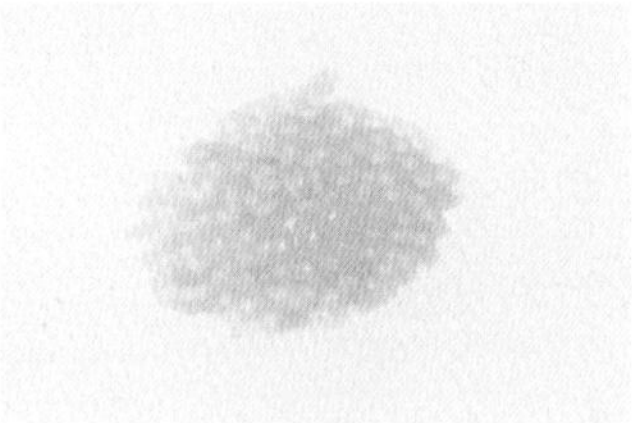

将柚子皮削成薄片后，能发挥柚子香气清爽、色泽鲜艳的长处，适合做成香料和配菜。

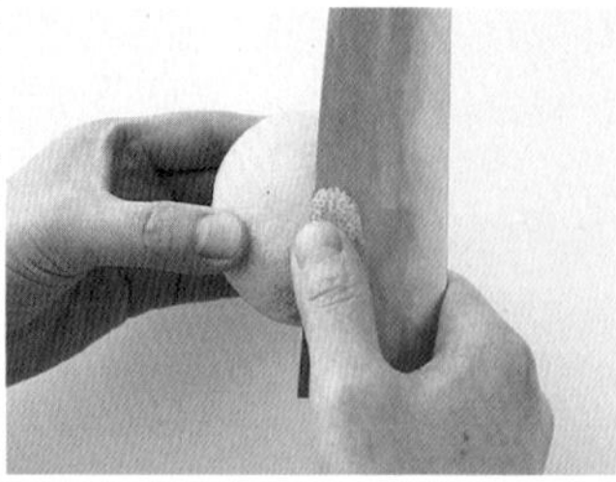

仅在柚子的黄色表皮部分削1毫米厚的小片，放在水中浸泡1~2分钟，去除涩味。削成圆形更佳。

柚子碗

使用刀具

牛刀、薄刃菜刀、去骨夹

柚子碗是一种装配菜和珍馐的容器。比较有名的料理有柚子碗蒸菜。

1 在距离柚子蒂1厘米处下刀，将柚子切成两半。

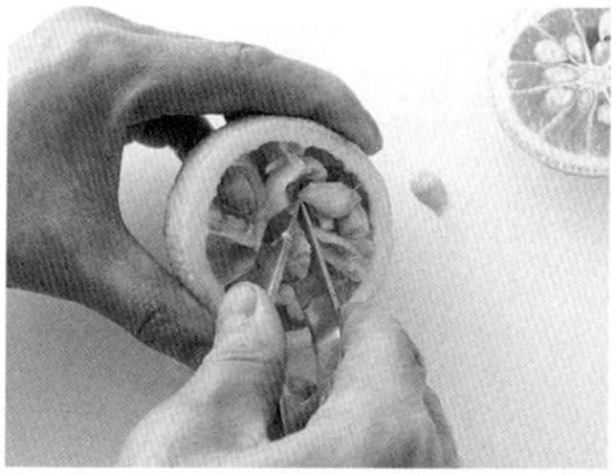

2 使用去骨夹剔除柚子的果肉部分以及薄皮。上半部分的柚子作为盖子，同样需要将其内部的种子去除。

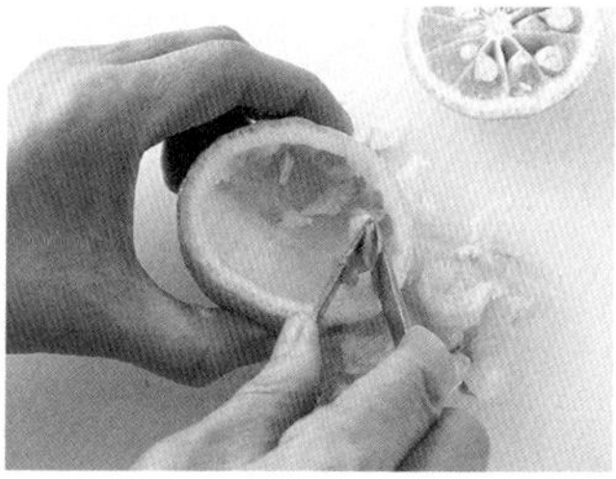

3 去除内部残留的白色筋脉。用菜刀或者是较薄的刀刃剔除，尽可能避免其残留在柚子内。

弯折松针切

使用刀具

牛刀和薄刃菜刀

弯折松针切是将柚子皮切成重重叠叠的松叶状，是一种使柚皮看起来更加有立体感的刀法。

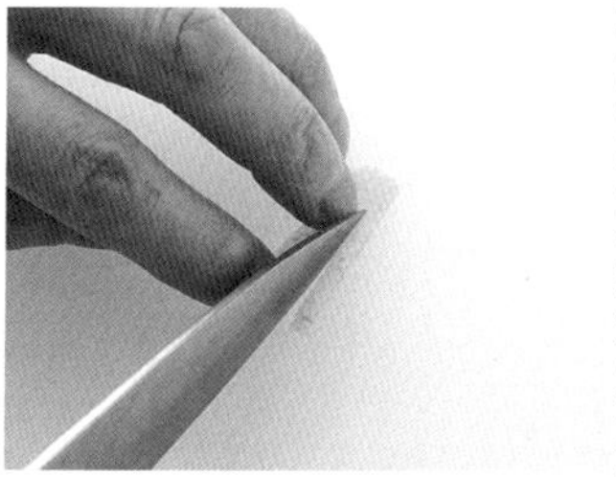

1 切成宽8毫米、长3厘米的长方形，从右下方切3/4长度。

2 上下颠倒，再次从右下方切3/4长度。

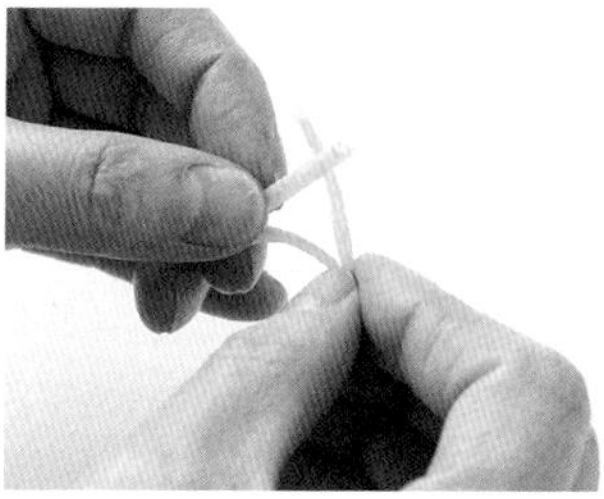

3 如图所示将切口交叉，放在水中浸泡1~2分钟，去除涩味。

松针切

使用刀具

牛刀和薄刃菜刀

将切成长方形的柚子皮从中间切一刀，切成松叶状。

1 去除柚子皮的白色部分，仅留下黄色部分，切成宽4毫米、长3厘米的长方形，从中间切3/4的长度。

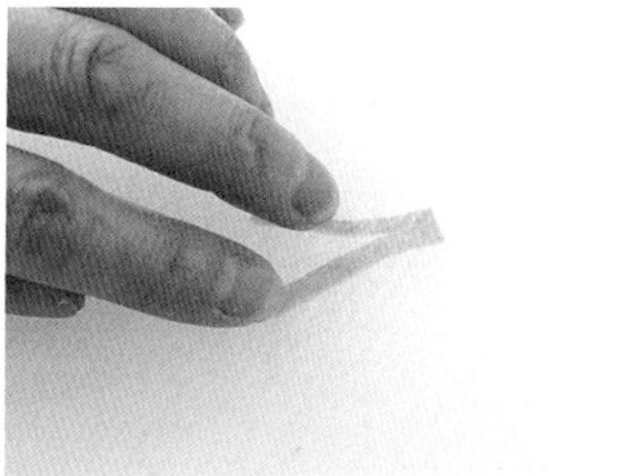

2 用指尖将切口两边的柚皮拉开，形成松叶状。放在水中浸泡1~2分钟，去除涩味。

百合花瓣

使用刀具

牛刀和薄刃菜刀

将鱼鳞形的百合花瓣切成樱花花瓣形状，多适用于做散寿司饭的装饰。

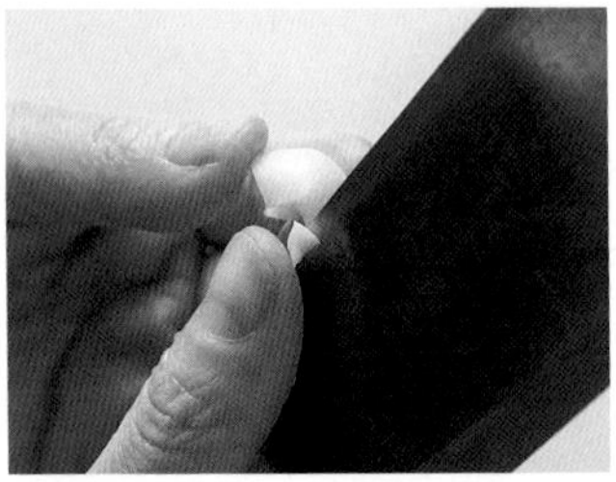

1 在前端切2毫米深的V字形。将鱼鳞形的百合花瓣一片片剥下，使用百合花内侧较小的百合花瓣。

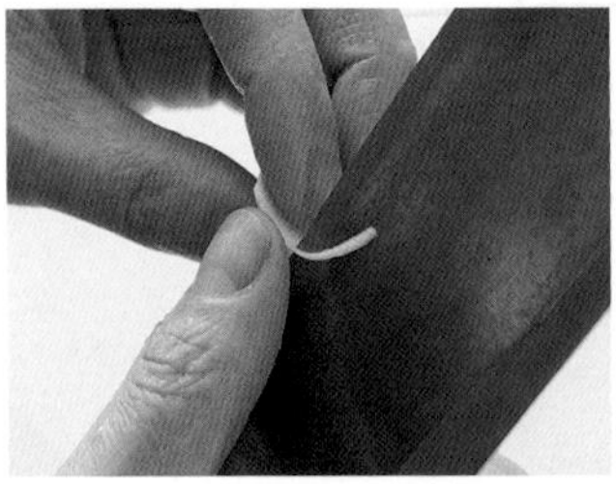

2 将百合花前端朝左，左边缘面向身前，从根部向前端下刀，沿着花瓣切出和缓的弧度。

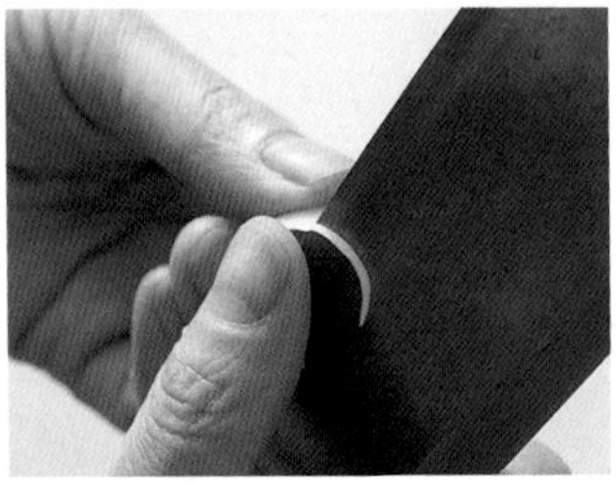

3 将百合花前端朝右，右边缘面向身前，从根部向前端下刀，沿着花瓣切出和缓的弧度。

花切小萝卜

使用刀具

削皮刀

在多种变化丰富的刀法中，花切小萝卜是基础的一种。

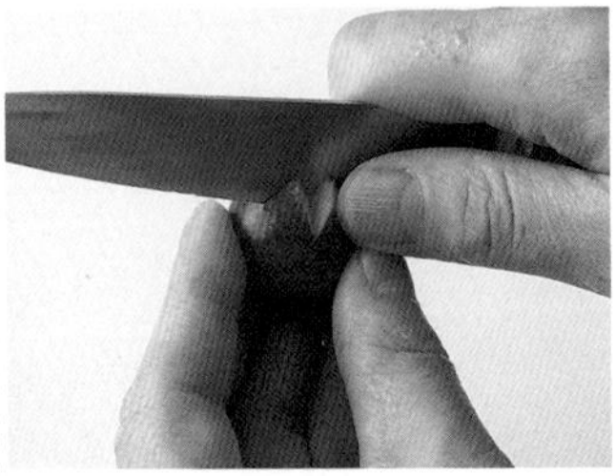

1 从小萝卜的叶子生长处下刀，像切十字一样用菜刀左右斜切，切出浅V字形。

2 如图所示，在4个侧面削出水滴状的圆形花刀。

3 在4个侧面每隔约1毫米切一刀，不要切断。在水中浸泡5分钟，如图所示使切口打开。

花切香菇

使用刀具

削皮刀

在香菇表面花切，使香菇更容易入味。

1 在香菇中间用菜刀左右斜切，切出浅V字形，转换方向在同样位置下刀，如图所示切成十字形。

2 与步骤1切出的十字形交叉，再如图所示切出另一个十字形。

竹刷茄子

使用刀具

牛刀和薄刃菜刀

用来点沏抹茶、看起来像茶筅（点沏抹茶时，用来起泡沫和搅拌的竹制器具）的装饰物，适用于做煮菜和油炸物。

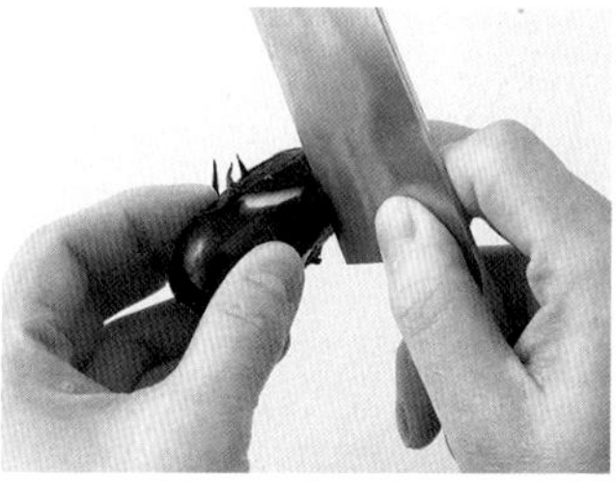

1 沿着线切掉花萼。

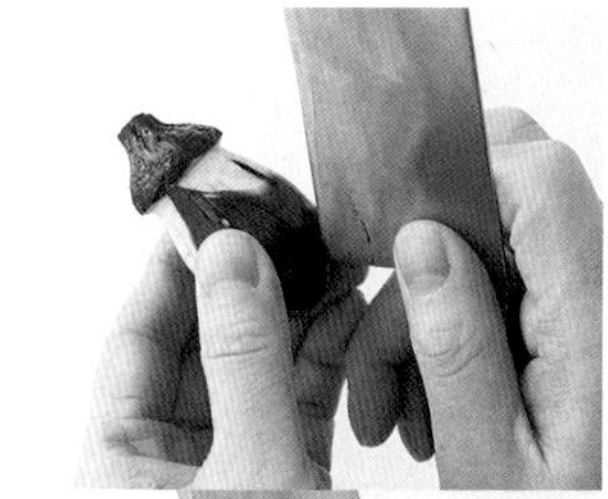

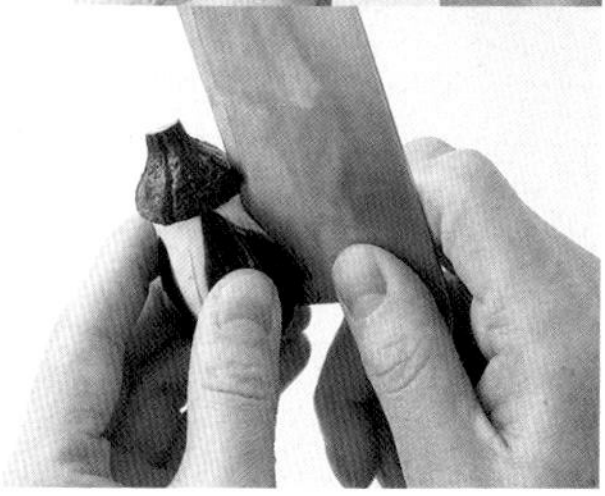

2 上下间隔2~3 毫米，切5毫米左右深的切口。下侧插入的刀口不动，固定住茄子，左手移动茄子，深切。将小茄子加热，装盘时将其捏成茶筅的形状。

芥末小碟

使用刀具

削皮刀

用来盛放芥末、生姜、辣椒的小碟，使用起来十分便利。

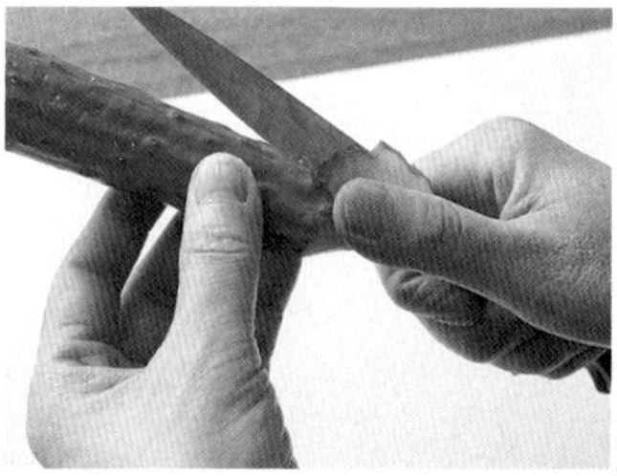

1 将黄瓜的一端削落，将其如削铅笔一样削皮，削成铅笔尖形。

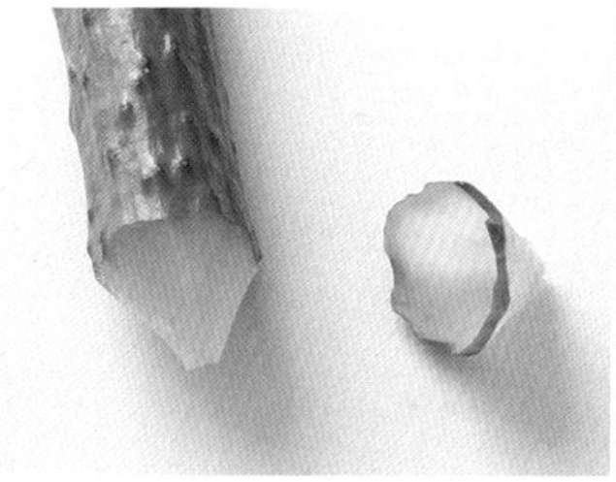

2 沿着留着黄瓜皮的地方下刀，围着尖端削，注意不要削断。

相错切法

使用刀具

削皮刀

作为装饰和盛放芥末的平台，或者酱醋拌黄瓜的原材料。也可以用香蕉、香肠进行雕刻。

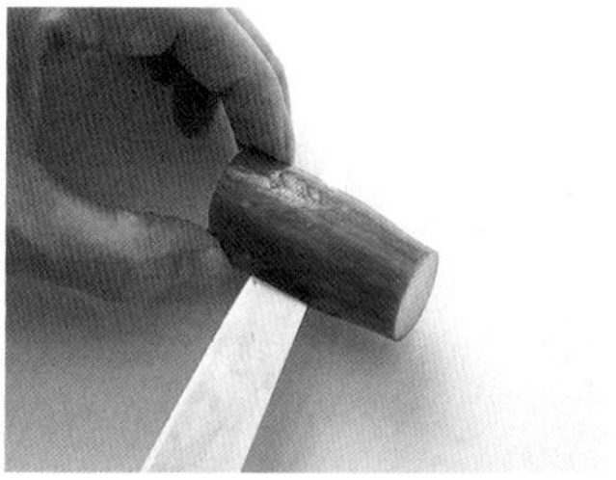

1 将黄瓜切成5 ~ 6 厘米长的小段，两端各留1厘米左右，从较厚部位的侧面插入菜刀。

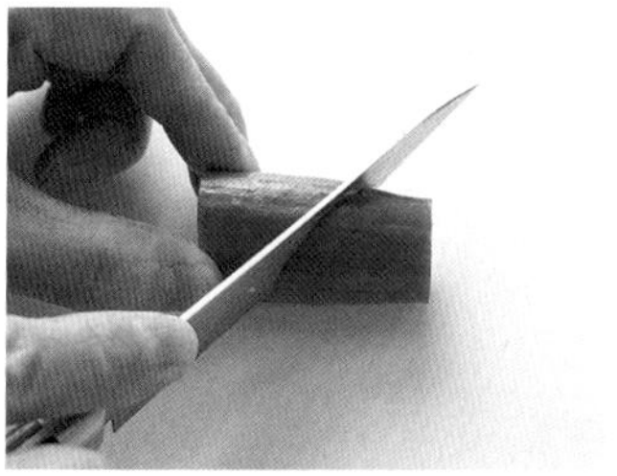

2 如图所示，从黄瓜中间斜切。

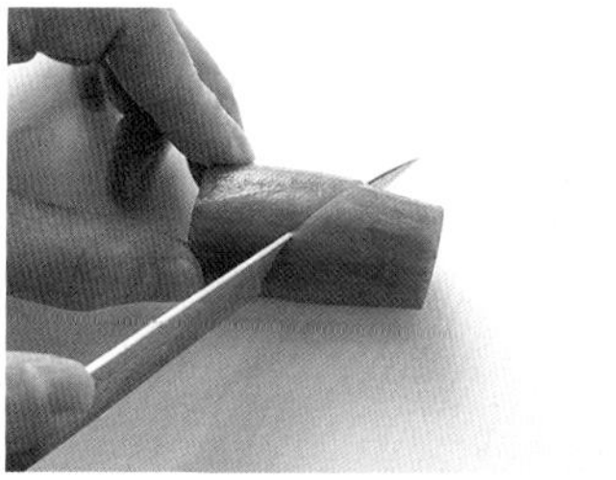

3 将黄瓜翻身，同步骤2，从黄瓜中间斜切，将黄瓜切成两半。

梅花、旋转梅花

使用刀具

薄刃菜刀

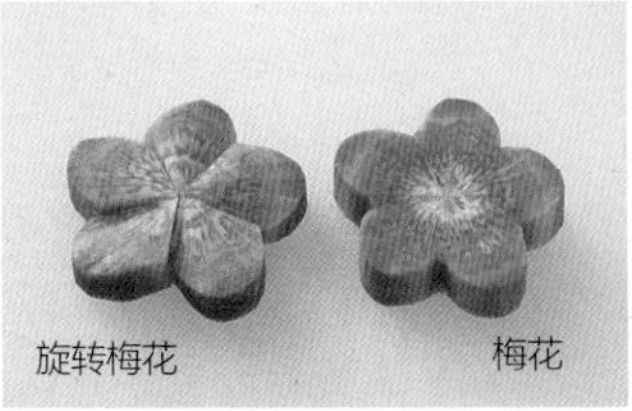

胡萝卜做的梅花为红梅，白萝卜做的梅花为白梅。如上左图所示，梅花表面为立体旋转的为旋转梅花。

1 将胡萝卜切成5厘米长的小段，从右边开始依次削去一面，削成正五边形。

2 使削去的面同宽，每个角的角度约为108度，各顶点相对的点是在与之对应的边的中点。

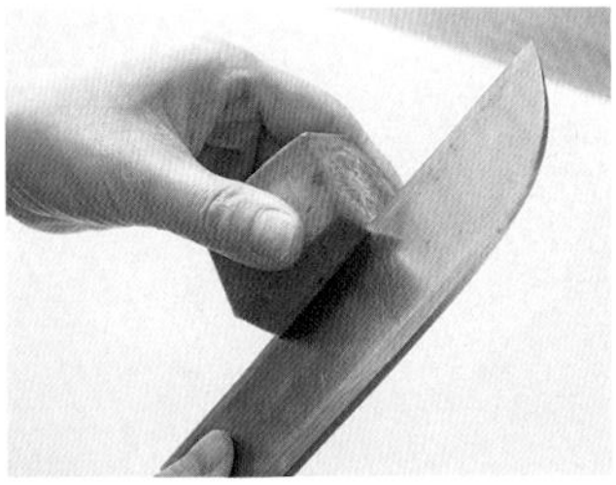

3 在各边的中点上切3毫米深的切口。

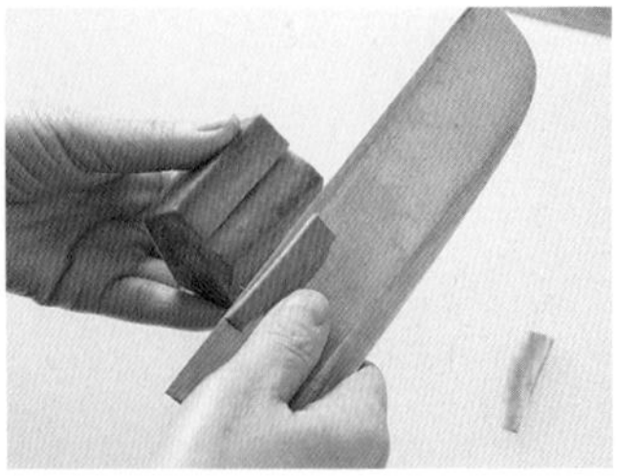

4 将切口修饰成弧形。旋转胡萝卜，每个面切一次，共5次。

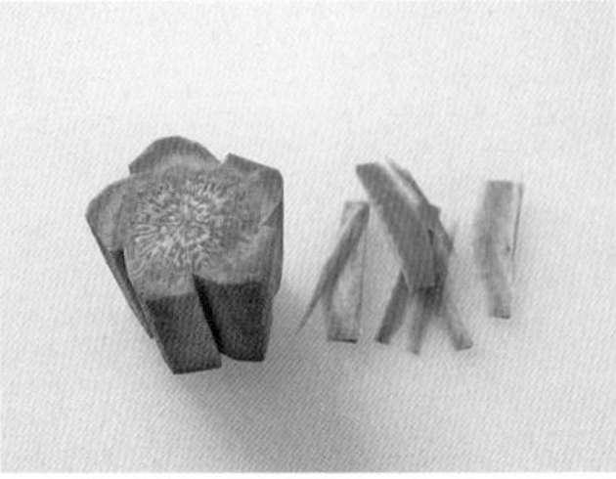

5 上图为从一个面下刀，切口修饰成弧形的

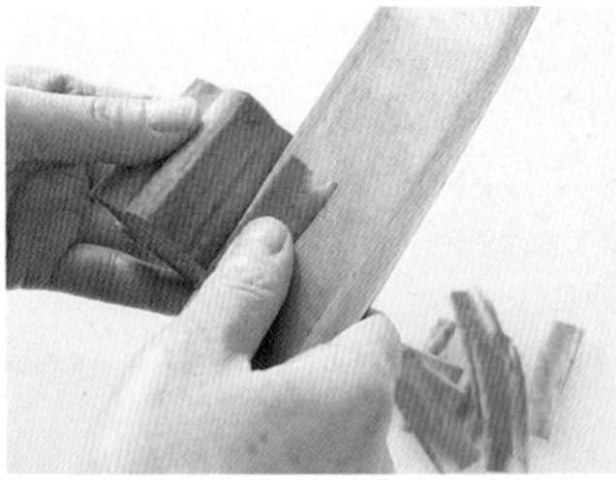

6 面向切口，从两边雕刻成梅花形状。切口修饰成弧形。

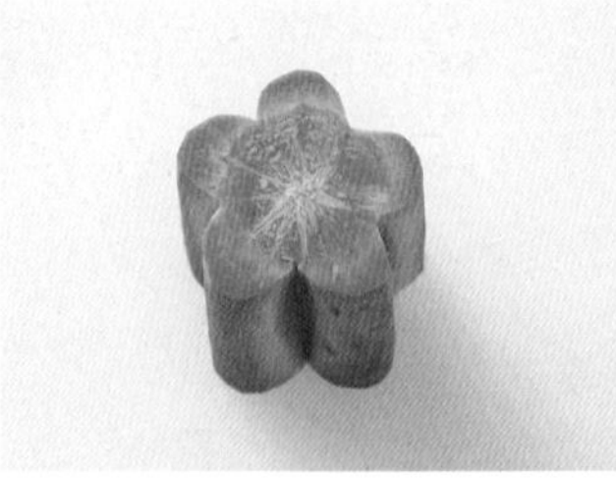

7 将胡萝卜雕刻成边缘美丽、柔和的梅花形状。

完成图 1~1.5厘米厚的梅花形状切片多用于煮菜。

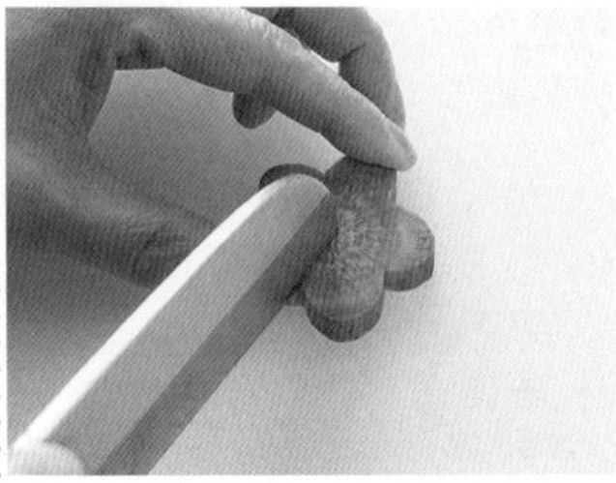

8 在花瓣与花瓣之间的界线下刀，深切3毫米左右的切口。

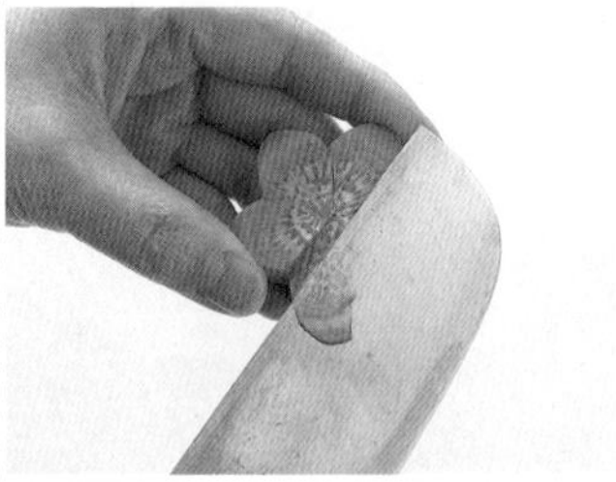

9 在花瓣中间下刀，如图所示，削成薄片。开始削时较浅，逐渐加深。

完成图 表面较为饱满的旋转梅花。

箭羽藕片

使用刀具

牛刀或薄刃菜刀

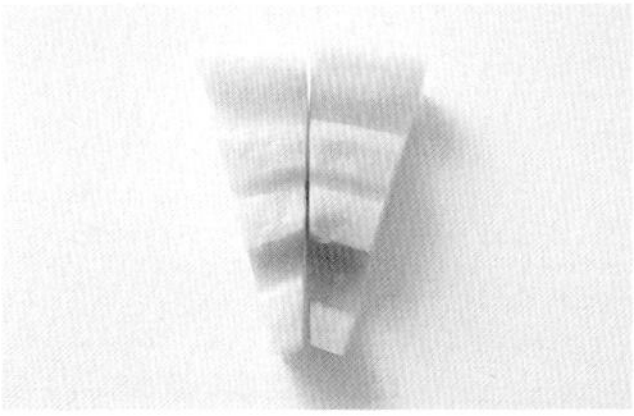

外表像箭羽的装饰花刀，多用于做新年菜肴、煮菜和醋拌凉菜。

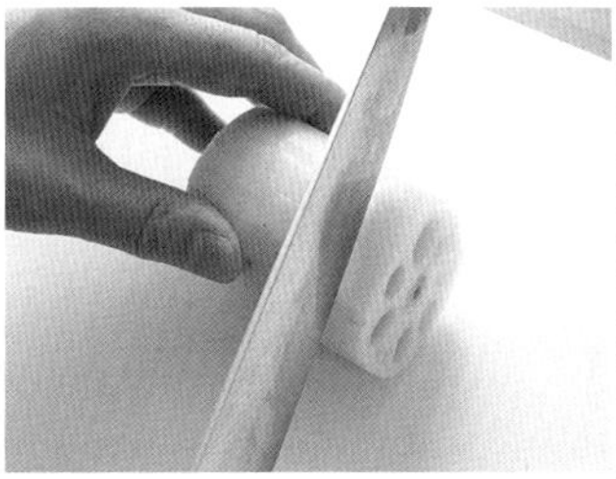

1 莲藕去皮，斜切成厚度为1~2厘米的圆片。此时切下的厚度为箭羽的宽度。

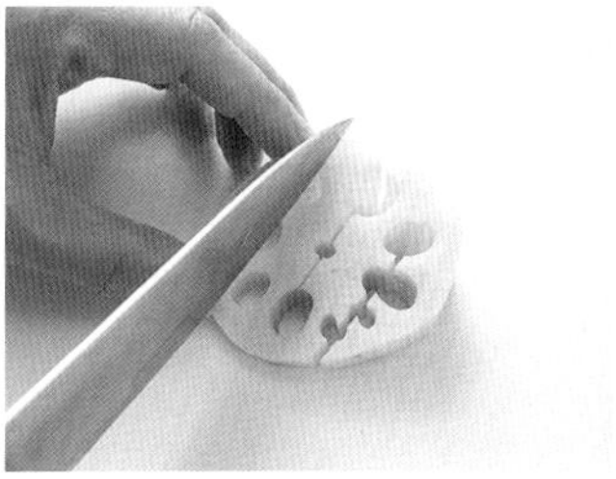

2 切口朝上，较高的一侧朝前，对半纵切后，如图所示在两侧下切。切口朝上，如第一张图所示将切下的两个藕片合二为一，形成箭羽的形状。

雪花藕片

使用刀具

牛刀或薄刃菜刀

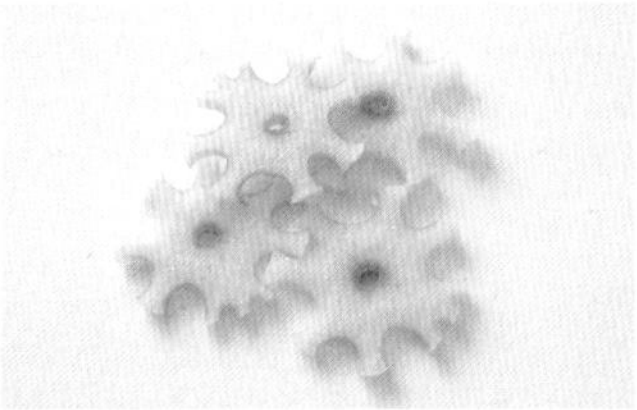

如雪花结晶一样的装饰花刀，适合做煮菜、醋拌凉菜，将藕片切成薄片后油炸等。

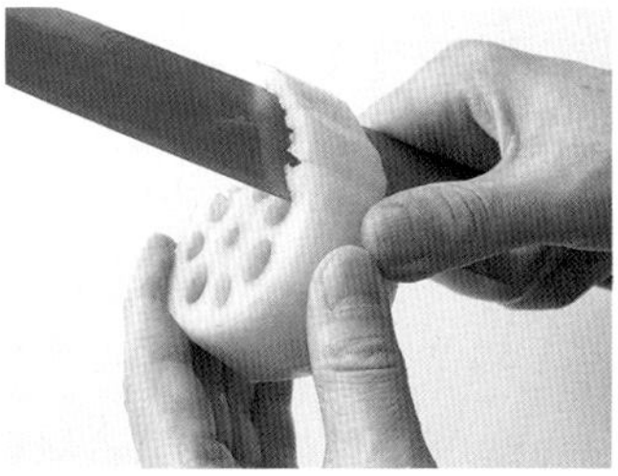

1 挑选莲藕较圆的部分，切成4厘米厚的圆片。如图所示将连接最外侧莲藕洞的表皮厚削。

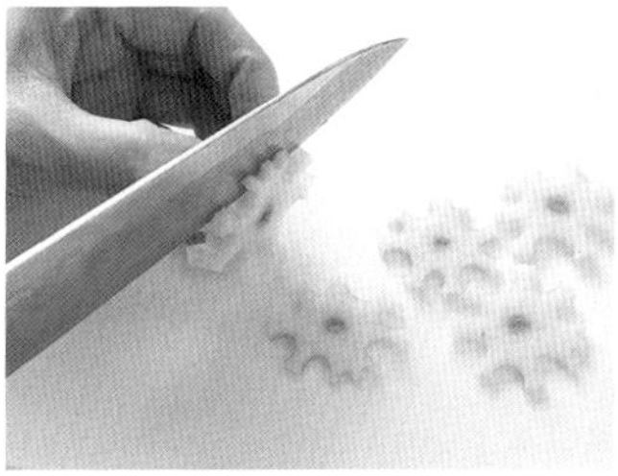

2 将去掉外侧表皮的莲藕切成5毫米厚的薄片，放在水和醋水里浸泡，去除涩味。

相生结

使用刀具

薄刃菜刀

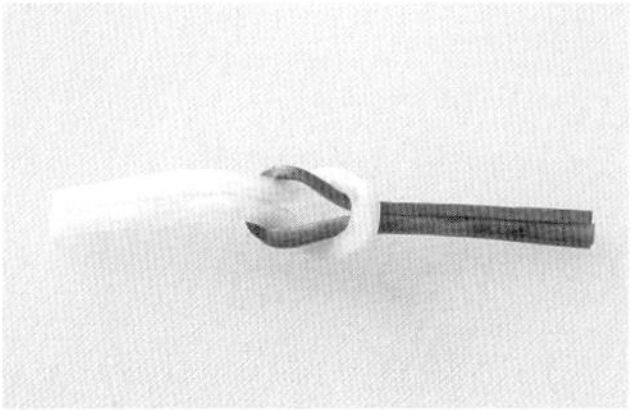

外表形似用来庆祝的相生结。红色一端朝右，放在盘子里。

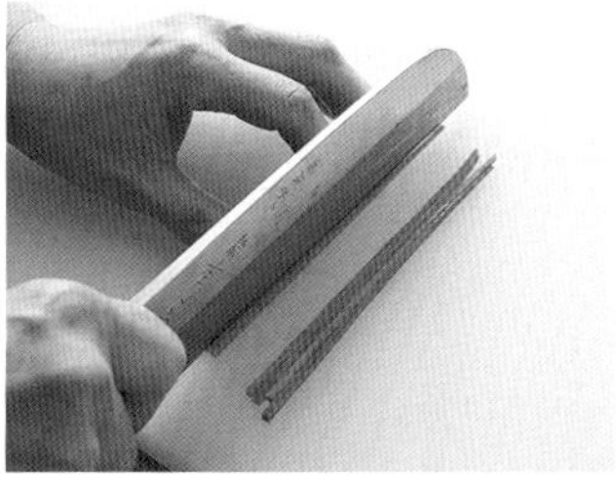

1 将白萝卜和红萝卜切成长13~14厘米、宽3毫米的长条，在盐水中浸泡5分钟，使其变软。

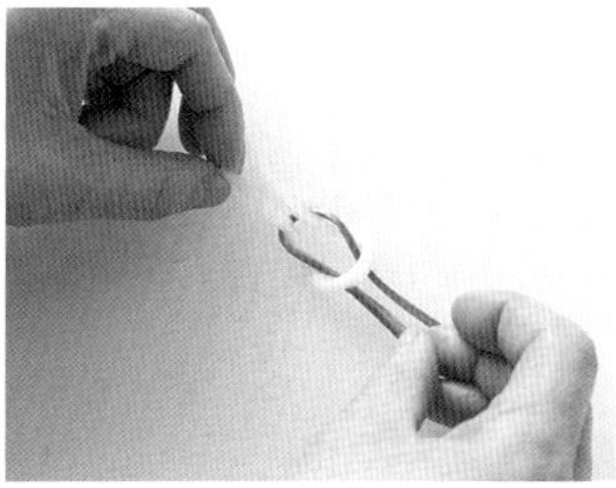

2 使白萝卜和红萝卜呈U字形横放，左右手各拿一端，圆弧部分重叠，如上图所示，轻轻拉紧打结。

蔬果树叶

使用刀具

削皮刀

在苹果上多次切V字花刀，这是一种十分亮眼的花刀。

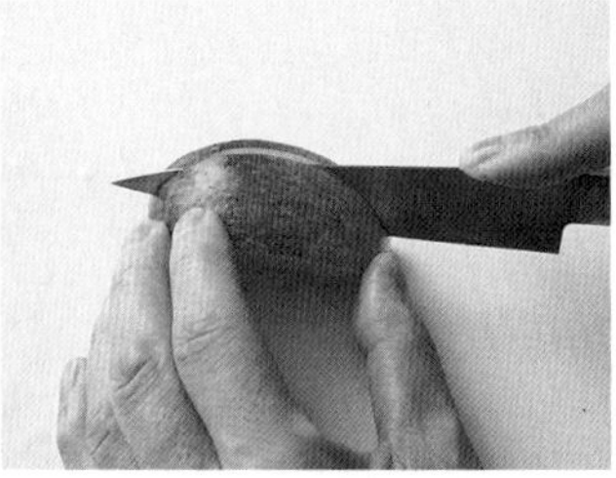

1 将苹果切成8等份，平整地切一刀，去掉苹果芯。如图所示，在距苹果皮边缘3毫米处切V字。

2 如图所示V字的交点在苹果中间，左右各切两刀。

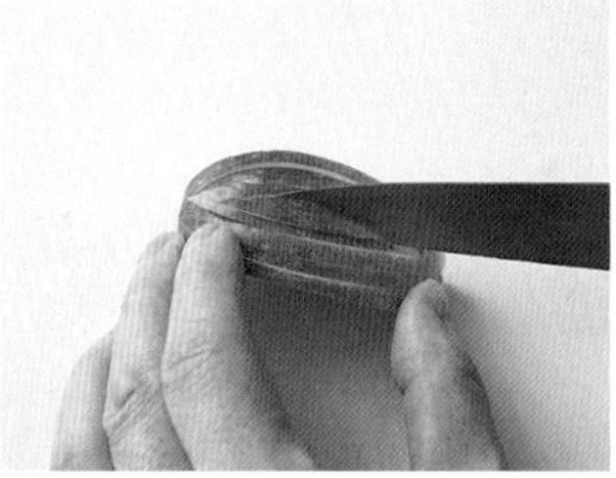

3 如图所示在苹果皮上每间隔3毫米切V字，切口逐渐形成树叶的形状。

蔬果兔子

使用刀具

削皮刀

用红色的苹果皮当兔子耳朵，蔬果兔子是一种在便当料理中非常有名气的花刀。

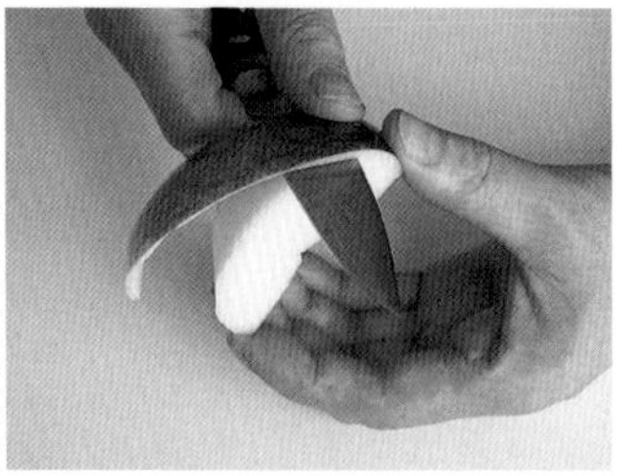

1 将苹果切成8等份，去掉苹果芯。如图所示将苹果皮削下，仅留2厘米的果皮与果肉相连。

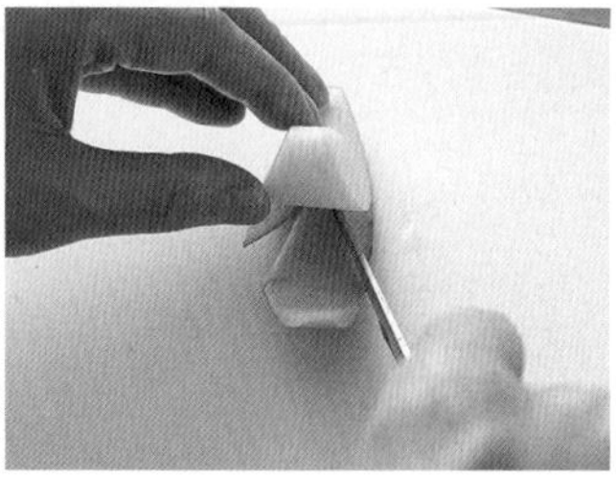

2 将苹果皮切成V字，仅留下作为兔子耳朵的部分。切完后，迅速放在柠檬水中浸泡，去除涩味。

蔬果花

使用刀具

削皮刀

用于招待客人的蔬果花，是一种华丽风格的装饰花刀。

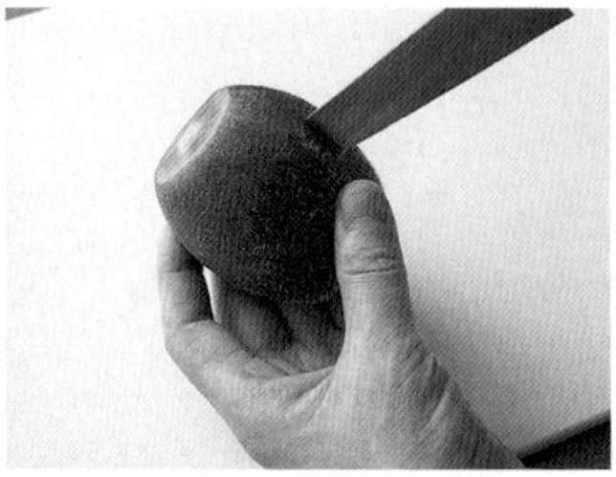

1 如图所示将猕猴桃上下两侧以锯齿状切落。每一次下刀，刀刃直插猕猴桃中心，呈锯齿状刻花刀。

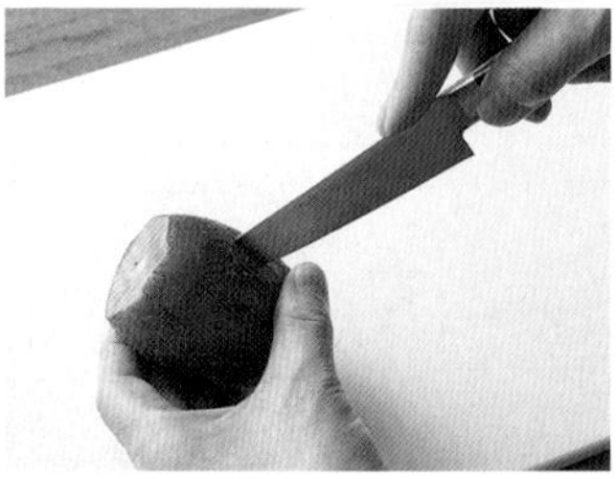

2 刀刃直插猕猴桃中心，切口交叉，要平稳地下刀。

3 环绕猕猴桃切一圈后，拿起两端，使其徐徐分离。

鱼糕绳

使用刀具

削皮刀

外表美观的鱼糕绳，适合装饰日常的便当，使整体更加华丽、美观。

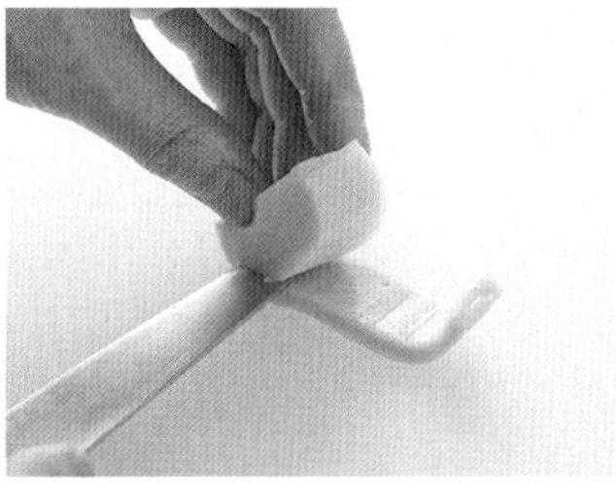

1 如图所示，将鱼糕切成2厘米左右厚，圆的一头朝下，在红白的界限间下切，仅留1厘米左右。

2 如图所示，在切下的红色部分一端的中间切2厘米左右的口子。

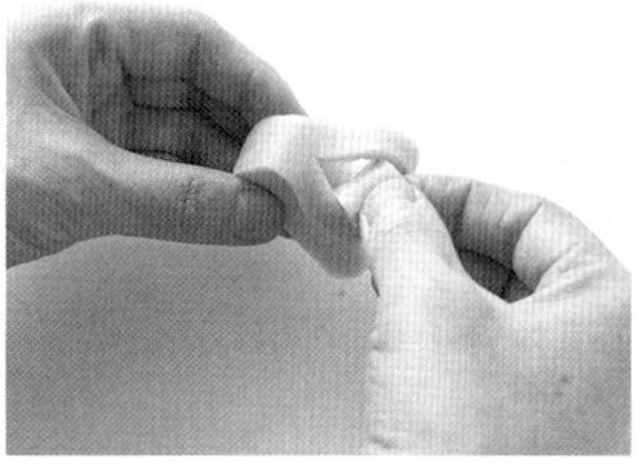

3 如图所示，将切下的白色一端，从下面穿进步骤2切好的口子里，覆盖在白色的部分上。

鱼糕网

使用刀具

削皮刀

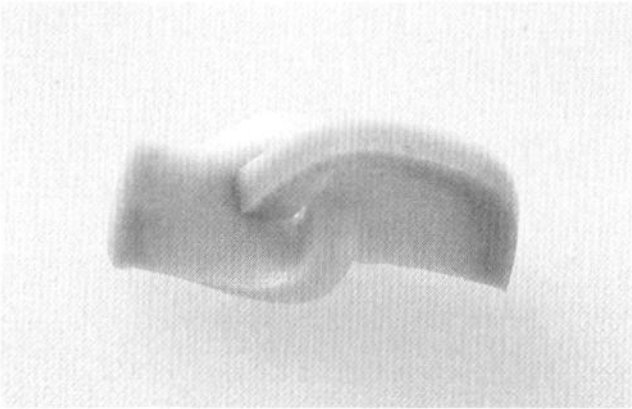

鱼糕网有着“喜结良缘”“喜结连理”等诸多好的结缘意味，是一种象征美好的结。

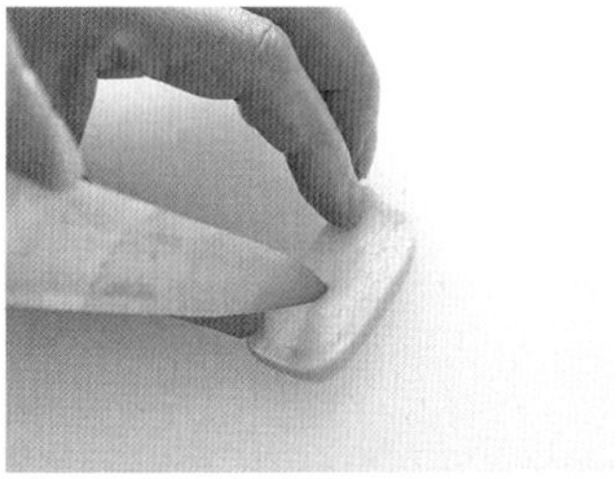

1 将鱼糕切成5毫米左右厚的薄片，在中间下刀。

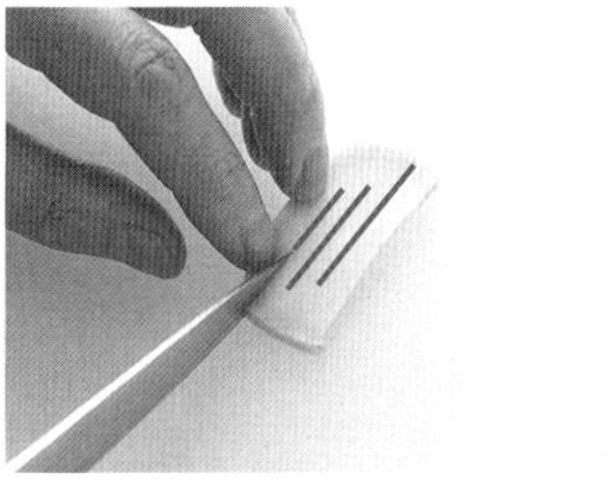

2 如图所示，在中间两端的红线处下切，令3条切痕平行。

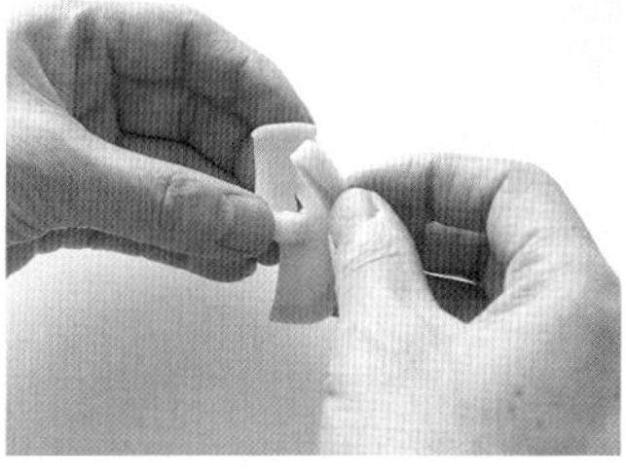

3 中间部分的切口朝上，另一部分朝下。如图所示，将左右部分的切口打鱼糕网状结。

鱼糕结

使用刀具

削皮刀

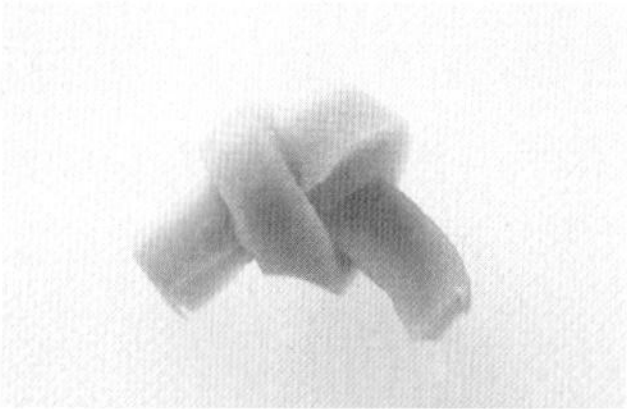

红白相间的鱼糕是庆祝新年、日本女儿节时不可缺少的一道料理。

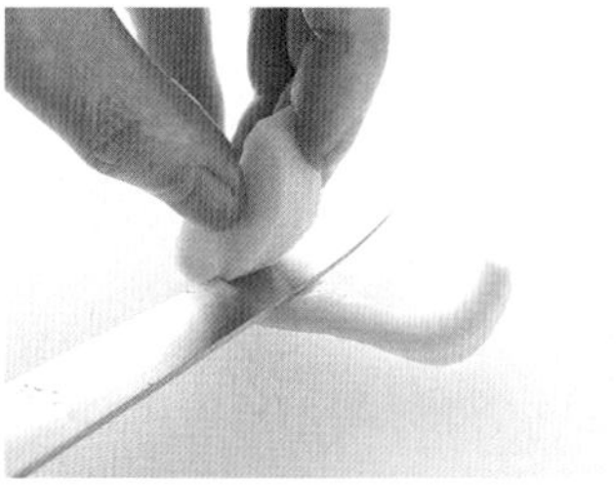

1 将鱼糕切成1厘米左右厚的长条，较圆的一头朝下，切去鱼糕的红色部分。

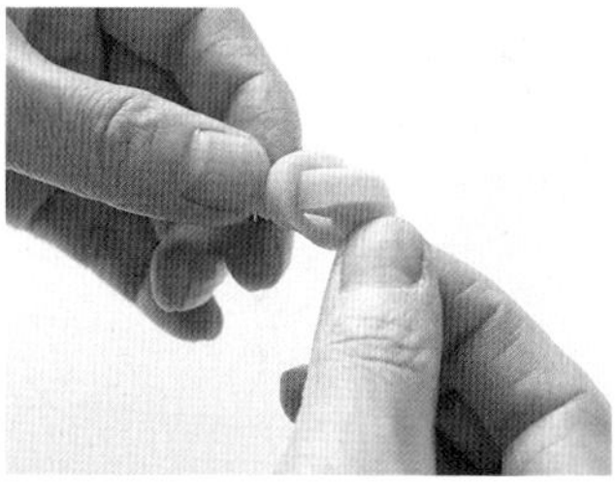

2 如图所示，将切下的红色部分打结。

螃蟹香肠

使用刀具

削皮刀

在香肠左右侧下切，形成螃蟹的形状。

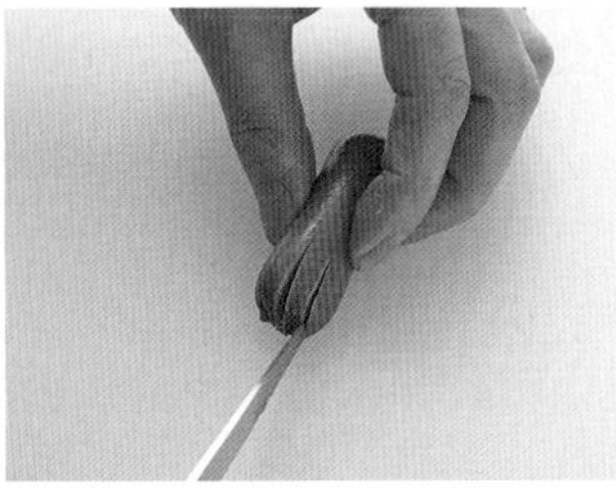

1 在香肠的左右两侧各切3刀。

2 将香肠横放，如图所示，在步骤1 的切口处切2 毫米，逐一斜切。加热后，这些切口会膨胀开来，形成螃蟹的形状。

章鱼香肠

使用刀具

竹签和削皮刀

章鱼香肠可爱又美味，是便当中不可或缺的装饰之一。

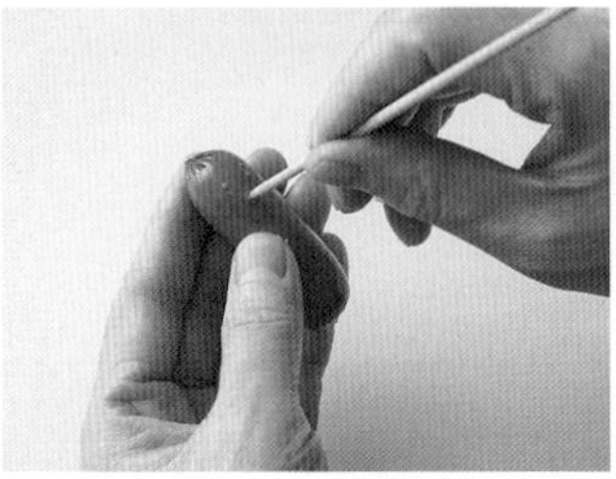

1 在香肠周围用竹签刺出小孔，作为章鱼的眼睛和嘴巴。

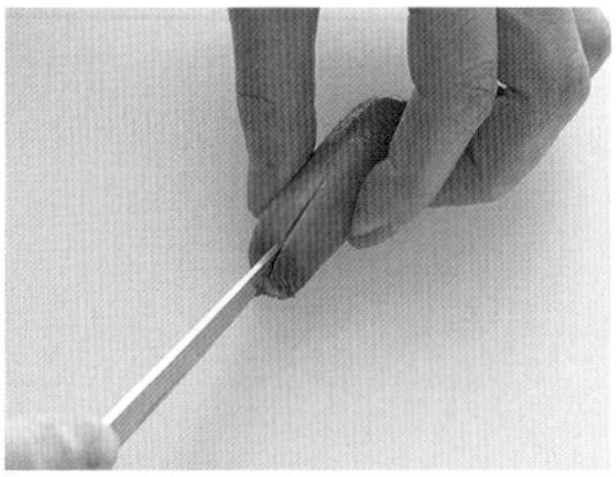

2 用小刀在章鱼的纵面、横面、斜面各切4刀，作为章鱼的触腕。加热后，这些切口会膨胀开来，形成章鱼的形状。

魔芋网

使用刀具

牛刀或薄刃菜刀

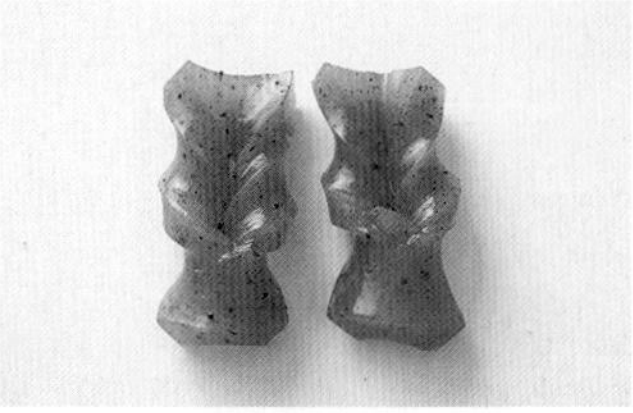

这个形状会增加魔芋的表面积，使其更容易入味。

1 从一端将魔芋切成5毫米厚的薄片。

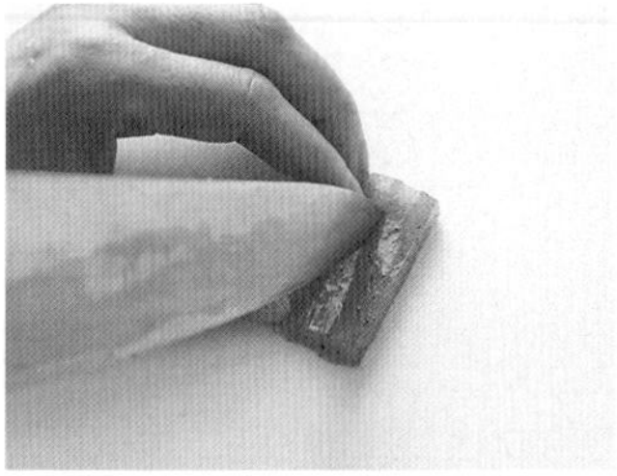

2 在中央距离上下各5毫米左右的地方纵切一刀。

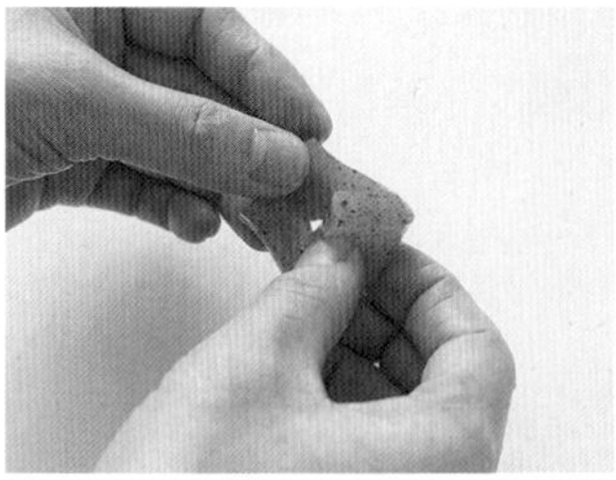

3 将一侧卷起，穿过切口，打结。

第四章

鸡肉、牛肉和猪肉的切法和料理

烹饪肉类时，不需要花费太多时间做准备，也不需要准备太多食材，这是一件非常轻松且愉悦的事。但是，也需要切去肉的筋脉，将肉切厚片，或是切成适口大小，以便于食用。根据刀法的不同，做出来的料理的口感也大相径庭。本章将通过一些基础的料理，介绍基础的肉类切法和技巧。

鸡肉

一般我们说的鸡肉是指养殖肉鸡的肉。养殖肉鸡是面向广大消费者而大量生产的改良型肉鸡，其肉质柔软，味道清淡且没有臭味。最近，土鸡和品牌鸡因其特有的口感而广受消费者的欢迎。以『名古屋交趾鸡』『比内土鸡』等为佳，市面上已有各种各样的土鸡和品牌鸡。

❖推荐料理

●鸡大腿肉

几乎适合所有的鸡肉料理，鸡大腿为鸡经常运动的部分，因此鸡大腿肉的肉质十分柔软，且相对而言脂肪较多，味道浓厚。

●鸡胸肉

肉质柔软，脂肪较少，味道清淡。根据自己的喜好，选择相应的鸡肉部分。

●带骨头的鸡肉

适合做煮菜、嫩煎、油炸鸡块等。

挑选诀窍

请挑颜色鲜艳有光泽、毛孔较突、脂肪不泛黄的鸡肉。好的鸡肉肉质紧实，轻轻按压后有较硬的质感。

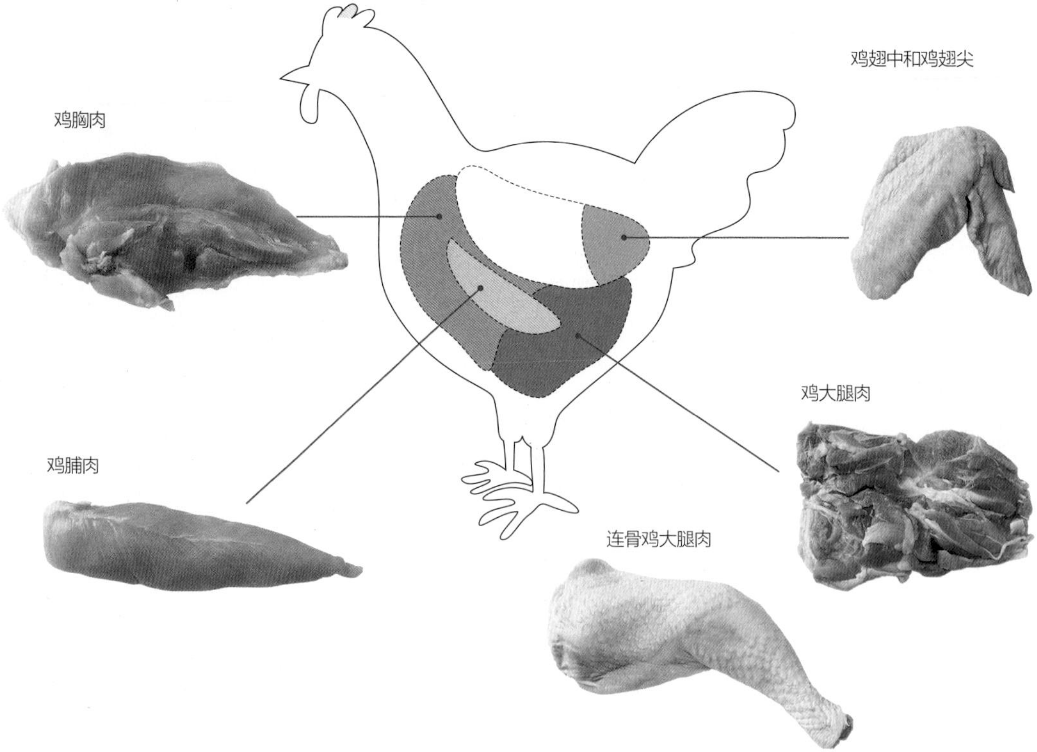

鸡脯肉

（挑筋）

使用刀具

牛刀

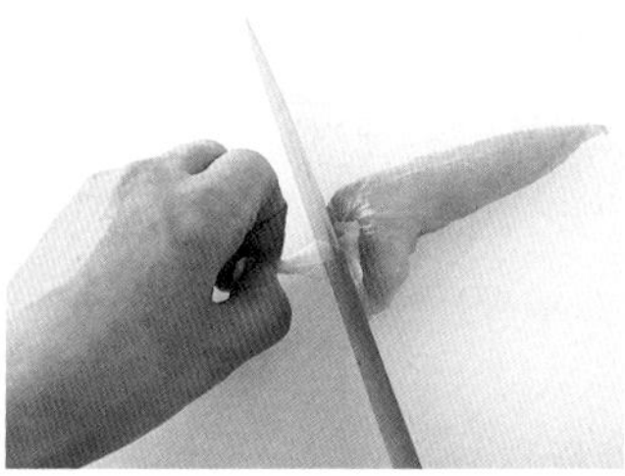

1 将肉下切少许，露出白色的筋。如图所示，左手捏着白色的筋，右手用刀锋刮。

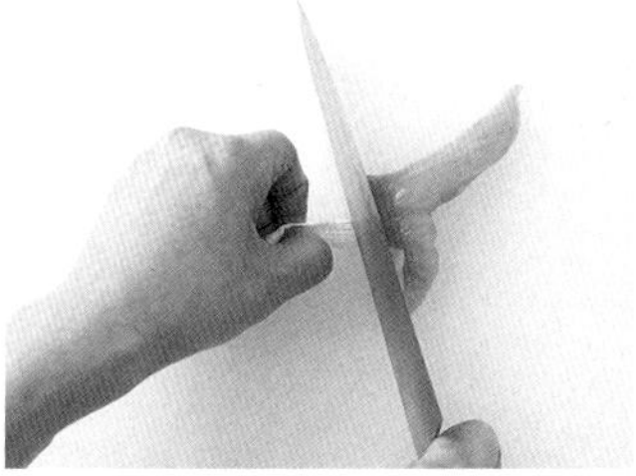

2 左手前后小幅度地移动，右手用刀锋刮，挑除白筋。

完成图 挑筋完成图。

和风鸡胸肉

▶第278页

鸡胸肉

（平铺鸡胸肉）

使用刀具

牛刀

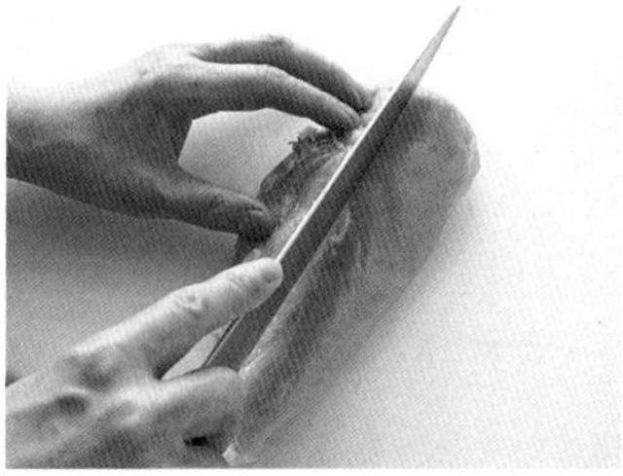

1 在鸡肉中间纵切一刀，下切1/2左右，不要完全切断。

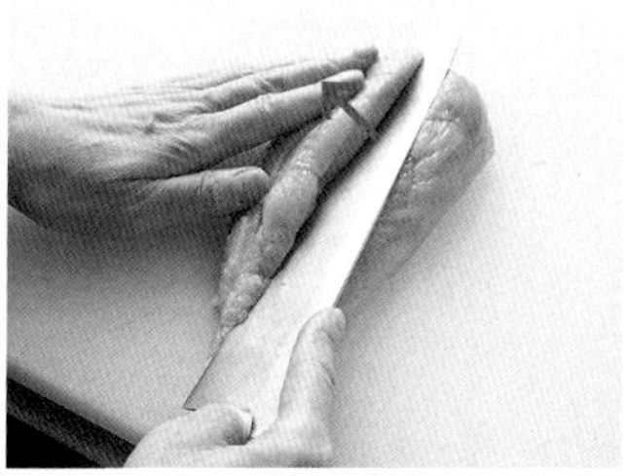

2 菜刀如图所示从切口插入，水平下切，使肉的一侧展开。

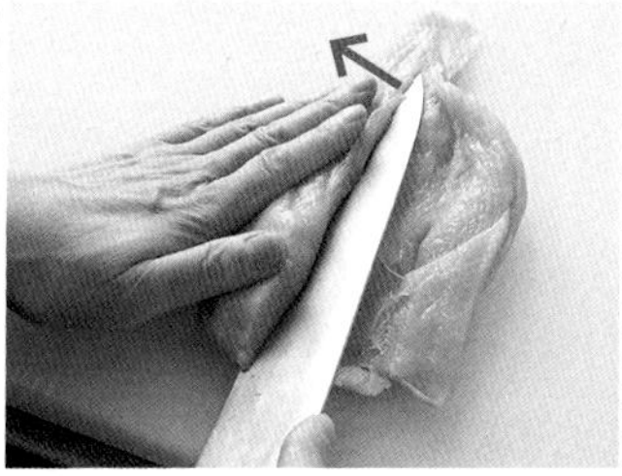

3 将肉变换方向，另一侧的要领同步骤2。如图所示，菜刀从切口插入，水平下切，使肉完全展开。

完成图 平铺鸡胸肉（观音开法）完成图。

蒸鸡胸肉卷▶第278页

鸡大腿肉

（切成适口大小）

使用刀具

牛刀

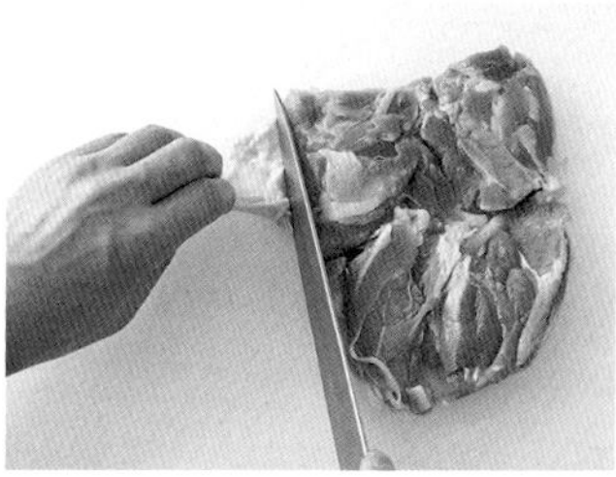

1 带皮的一侧朝下，放在砧板上，切除鸡肉中多余的脂肪和皮。

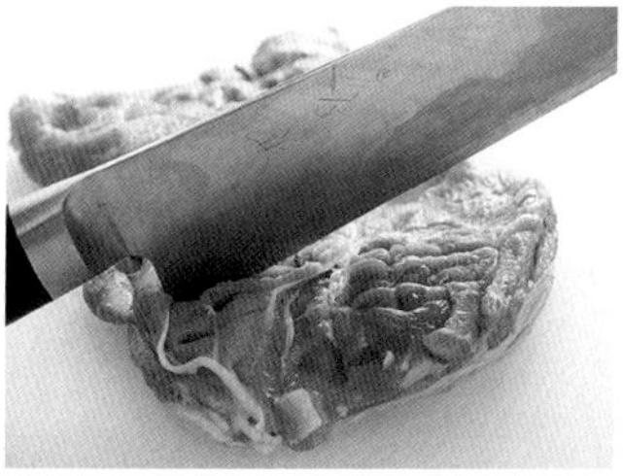

2 如图所示，用刀根切去鸡肉凸起的较硬的筋脉。

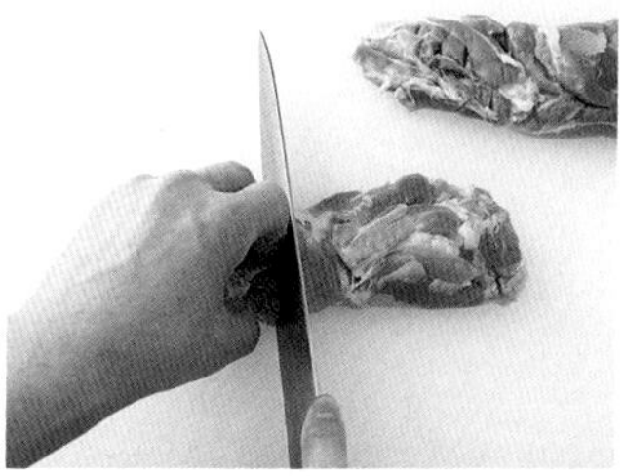

3 纵放后对半切，将鸡肉分成鸡大腿上侧和下侧，再将鸡大腿上侧分成3等份，鸡大腿下侧分成2等份。

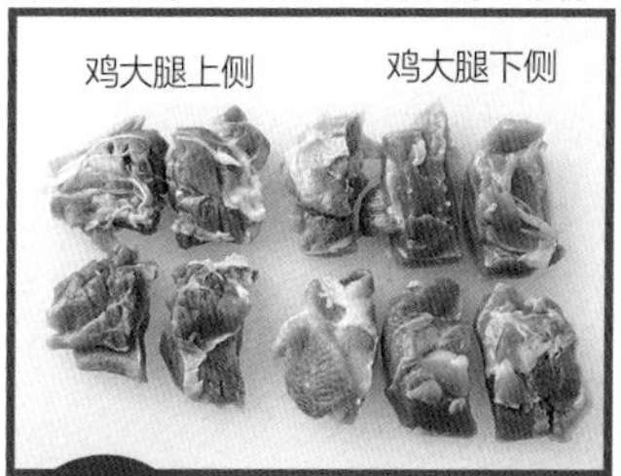

完成图 切成适口大小（鸡大腿肉）完成图。

鸡翅中

（郁金香鸡翅中）

使用刀具

洋出刃菜刀

1 如图所示，鸡翅中朝右，沿着鸡翅中的右侧，用刀尖剔除连着骨与肉的筋。

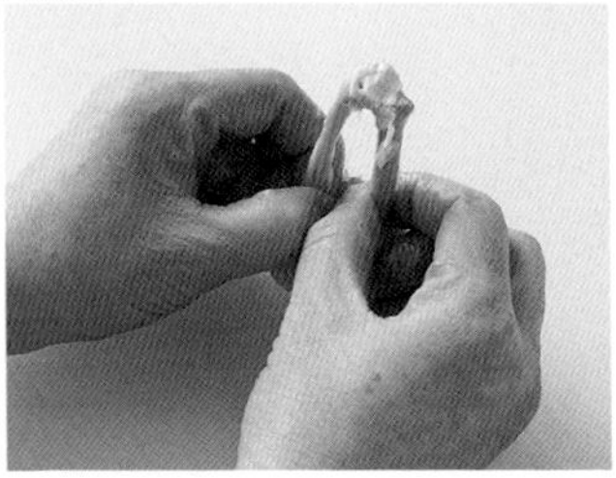

2 鸡翅中立起，将鸡肉朝下按压，剥离鸡肉，露出骨头。

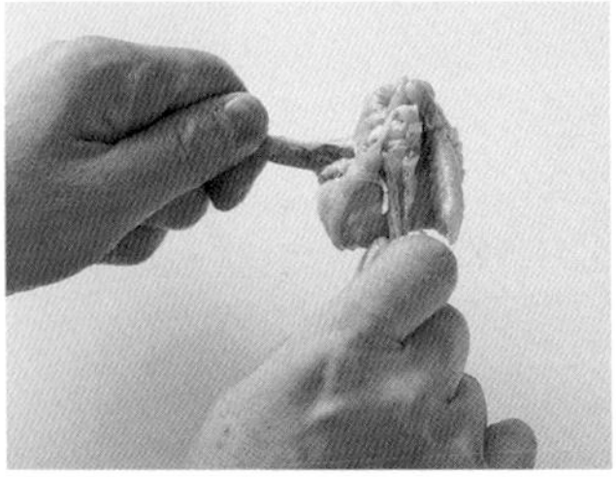

3 两手各拿着骨头的一侧，翻转过来，将较细的骨头剔出。

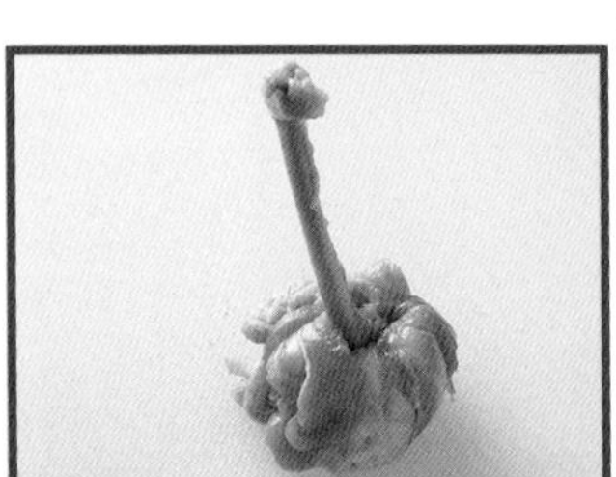

完成图 **郁金香鸡翅中完成图。**

普罗旺斯风味炸鸡翅中▶第279页

鸡翅

（鸡翅分解）

使用刀具

洋出刃菜刀

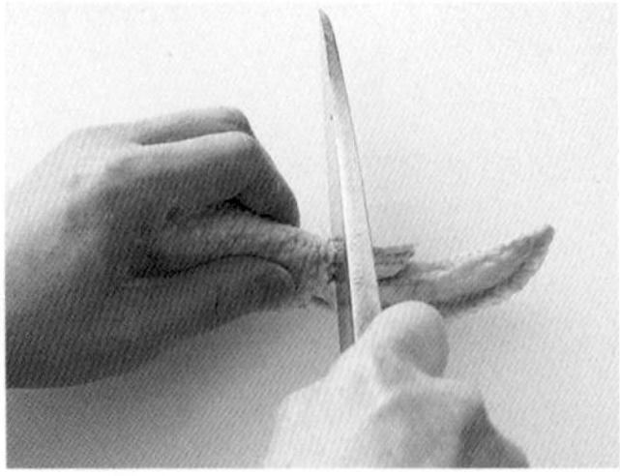

1 直接从鸡翅的关节处下刀，用力下切。

2 将鸡翅切成鸡翅中（如图左）和鸡翅尖（如图右）。

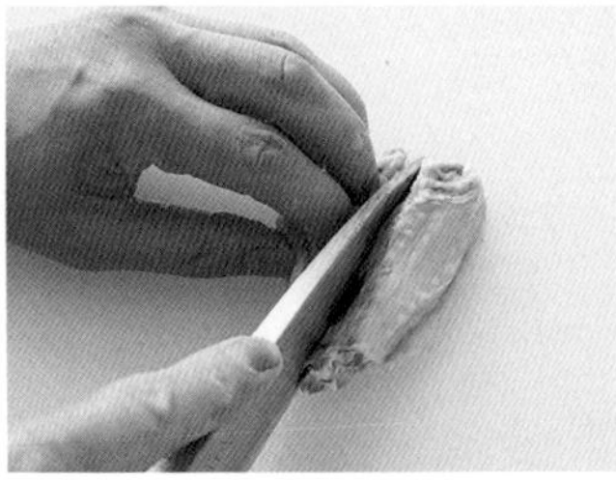

3 将鸡翅中纵放，从骨与骨之间下刀，如图所示一分为二。

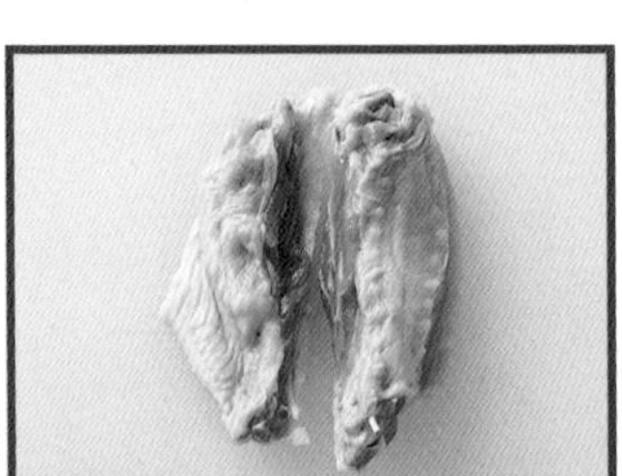

完成图 **鸡翅中分解完成图。**

咖喱风味烤鸡翅中

▶第279页

连骨鸡大腿肉

（鸡腿分解）

使用刀具

牛刀

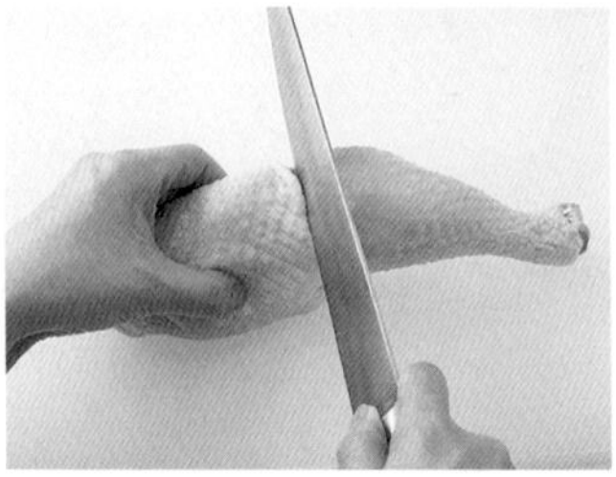

1 左手拿住鸡腿较大的一部分，右手用菜刀找准关节，从间隙入刀。

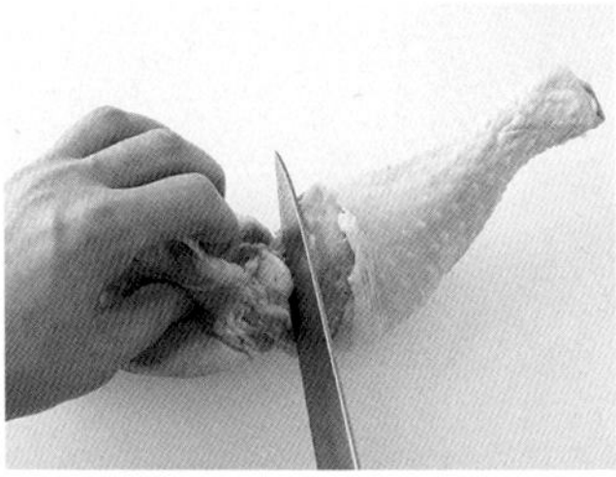

2 菜刀用力按压，前后移动，切除骨与骨之间的软骨，将鸡腿一分为二。

完成图 **带骨鸡腿一分为二完成图。**

分拆烤鸡

使用刀具

餐刀
叉子

烤鸡

将去除内脏的整鸡烧烤后的料理。整鸡在烧烤后特别美味，做好后可将其放在盘子里上桌分食。分拆烤鸡一般不用菜刀，而是使用餐刀和叉子。鸡已被烤熟，因此可以按照顺序简单地分拆。

1 烤鸡尾部面向身前，鸡胸朝上放置，从右侧的鸡大腿处切分。

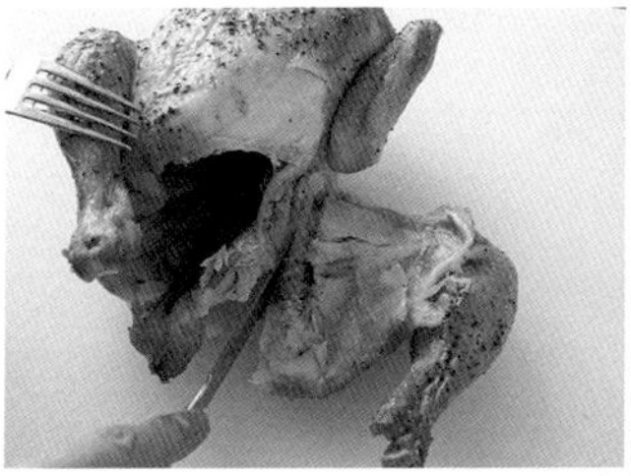

2 如图所示，用餐刀将肉切开，深切至下半部分以使皮肉相离。另一侧的要领相同。

3 从烤鸡的中部下刀，沿着中间的骨头右侧边缘深切。

4 用刀切下肉后，沿着骨头分开皮肉，深切至下半部分以使皮肉相离。

5 同步骤3，沿着中间的骨头左侧边缘深切。

6 同步骤4，如图所示切开鸡胸肉。

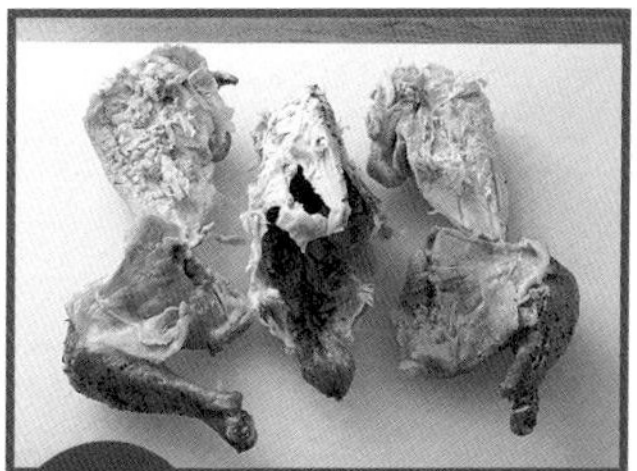

完成图 便于食用的分拆烤鸡完成图。

料理

❖ 蒸鸡胸肉卷

材料（3人份）

鸡胸肉（观音开法）1块；胡萝卜（切成10厘米长的细棒状）2根；扁豆2根；佐料汁（酒、料酒、酱油各1大勺，生姜汁少量）；盐适量

做法

1 在鸡肉上撒盐，静置1小时，去除鸡肉上多余的水。

2 将胡萝卜和扁豆放在盐水中浸泡，充分浸泡后去除多余的水。

3 将鸡肉展开，包裹住步骤2的材料，紧紧卷起。

4 用保鲜膜紧紧包裹，待蒸锅冒出蒸汽后，揭开保鲜膜后放入蒸锅内，用小火蒸20分钟，冷却后拿出。

5 将做佐料汁的材料放在锅中混合，煮稠后，将步骤4的成品放入锅中，滚动鸡肉以使其蘸酱，直至锅中没有多余的酱汁残留。然后将其切成1厘米厚的圆片，装盘。

❖ 和风鸡胸肉

材料（2人份）

鸡脯肉（挑筋后）1块；黄瓜4厘米；酒2小勺；裹衣（芝麻酱、酒各1小勺，料酒1/2 小勺，酱油少量）；盐、山椒粉适量

做法

1 在鸡脯肉上轻轻撒上盐和酒，待蒸锅冒出蒸汽后，放入蒸锅内蒸5分钟。放在保鲜膜上冷却，去除多余的汤汁，用手轻轻撕开鸡肉。

2 将黄瓜切丝，放在盐水里浸泡，等泡软后去除黄瓜上多余的水。

3 将做裹衣材料的酒和料酒混合，用保鲜膜包裹好再放在微波炉里加热10分钟，在酒挥发后加入芝麻酱稀释，最后加入酱油调味。

4 将鸡脯肉和黄瓜混合后，加入步骤3的成品并装盘，最后撒上山椒粉。

❖ 普罗旺斯风味炸鸡翅中

材料（2人份）

鸡翅中（经过郁金香鸡翅中处理后）4~6个；番茄1个；黑橄榄4个；刺山柑（切碎）1/2大勺；盐、胡椒、小麦粉、煎炸油适量；罗勒适量

做法

1 将番茄切成5毫米大小的小丁，黑橄榄切成半月状，和刺山柑混合后，轻轻地撒上盐和胡椒，充分搅拌。

2 在鸡翅中上撒上盐、胡椒，抹上小麦粉，放入加热到165摄氏度的热油里。待温度上升后，将鸡翅中炸熟。

3 去除鸡翅中上多余的油，加入步骤1的材料混合，撒上盐、胡椒以调味。

4 装盘，将罗勒切碎后撒在鸡翅中上。

❖ 咖喱风味烤鸡翅中

材料（2人份）

鸡翅中（ 分解后）4 个；彩椒（红色、黄色、橘色）各1/4个；咖喱粉1小勺；盐、胡椒适量

做法

1 在鸡翅中上撒上盐，静置10分钟，去除鸡翅中上多余的水后，抹上咖喱粉。

2 将彩椒切成适口大小。

3 将烤架热好，放上步骤1和步骤2的材料后烧烤，最后装盘混合。

牛肉

在日本，牛肉大概可以分为日本和牛肉、日本牛肉、进口牛肉3种类型。日本和牛和日本牛的概念很容易混淆，和牛是指牛的品种，代表之一为黑毛和牛。其中作为品牌牛而享誉盛名的有『松阪牛』『前泽牛』『米泽牛』，这些牛都属于黑毛和种牛。黑毛和种牛外形健美，其肉质有美丽的霜降纹理。日本牛也包括在日本精心养育3个月以上的进口牛。

❖推荐料理

牛肉是肉质较好的肉类，其中以牛上腰肉、牛肩肋骨、牛肩里脊肉、嫩腰里脊肉、牛排部分为高级肉，适合做成烤牛排、铁板烧、牛肉火锅等料理。但同时它们的价格也较高，因此一般料理使用的都是较便宜的大腿肉和肋骨肉。将大腿肉切得极碎后做成的汉堡肉堪称一绝，筋较多的小腿肉经长时间煮炖后也极其美味。

挑选诀窍

请挑选颜色鲜艳、有光泽的牛肉。刚切好的牛肉为深红色，接触到空气后会变成较鲜艳的红色，过夜则会变成暗红色。
牛肉上的脂肪呈乳白色的奶油状，摸上去较黏。

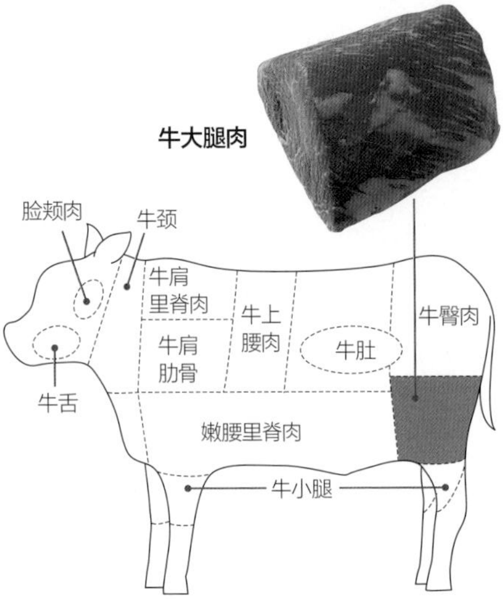
牛大腿肉
脸颊肉
牛颈
牛肩里脊肉
牛上腰肉
牛臀肉
牛肩肋骨
牛肚
牛舌
嫩腰里脊肉
牛小腿

猪肉

市面上出售猪肉几乎都是来自经过精心培育的食用肉猪。最近受欢迎的是鹿儿岛的『鹿儿岛土猪』、山形县的『平牧三元猪』等，其中以肉质鲜美、口味独特的品牌猪居多。品牌猪多为黑猪相关的品种，所谓黑猪仅指纯种波克夏猪。和普通的食用猪相比，黑猪的培育需要更多的时间，因此黑猪的肉质更加鲜嫩，脂肪更加优质。

❖推荐料理

猪和牛的部位差别不大，虽然猪的各个部位都适合做料理，但做炸猪排、嫩煎猪肉时，还是最好选择猪肩里脊肉和嫩腰里脊肉。整体呈鲜红色的猪大腿肉脂肪较少，适合控制体重的人食用。煮猪肉和炖猪肉等料理需要用到大块猪肉。猪肚部位的肉适合切块做成炖菜，长时间煮炖后的猪肉会融化、变得柔软。

挑选诀窍

新鲜猪肉有一层淡淡的灰色和浅浅的粉色。
不够新鲜的猪肉颜色较混浊，会逐渐变青。
请挑选脂肪较白、摸上去较黏的猪肉。
肌理细密、肉质紧实而有弹性的猪肉为佳。

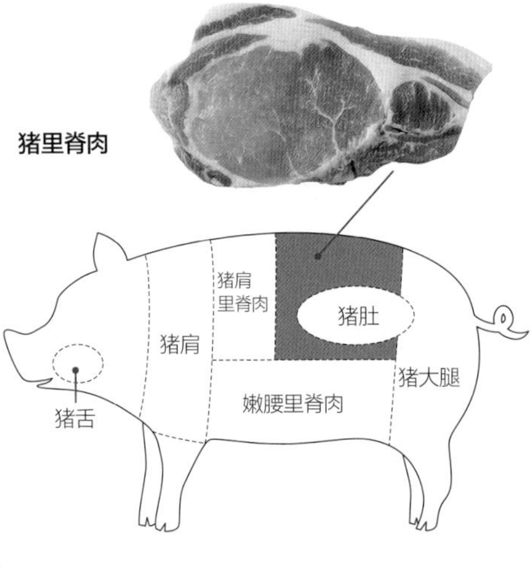
猪里脊肉
猪肩里脊肉
猪肚
猪肩
猪大腿
猪舌
嫩腰里脊肉

厚切猪里脊

挑筋

使用刀具

牛刀

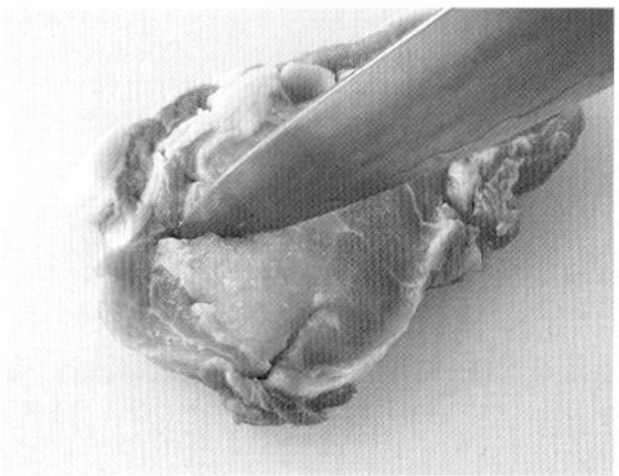

在猪肉的红肉和脂肪的交界线，每间隔1~1.5厘米处用刀尖剔除多余的白筋。

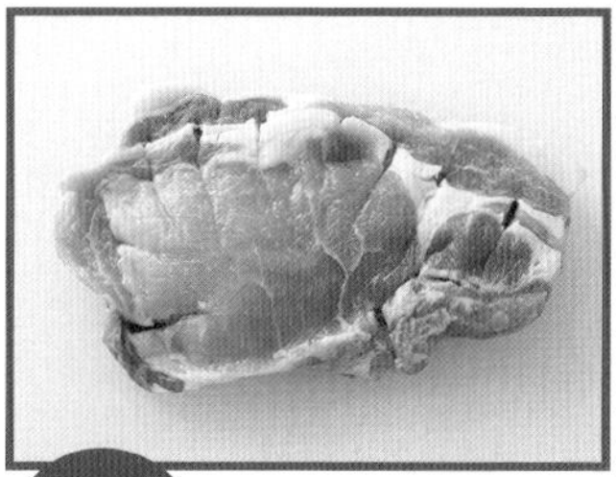

完成图 挑筋（厚切猪里脊）完成图。

盐烤猪排▸第283页

大块牛腿肉

剁泥

使用刀具

牛刀

1 将切成长条的肉条聚拢并横放，如图所示，从右端开始切小块。

2 全部切完后，用刀刃的中部剁肉泥。

3 如图所示，菜刀重复地左右下刀，不断将肉泥对折、剁细。

完成图 剁泥（大块牛腿肉）完成图。

100%牛肉饼
▸第282页

大块牛腿肉

切丝

使用刀具

牛刀

1 左手按住牛肉，菜刀从肉的右侧往下5毫米左右水平下刀。

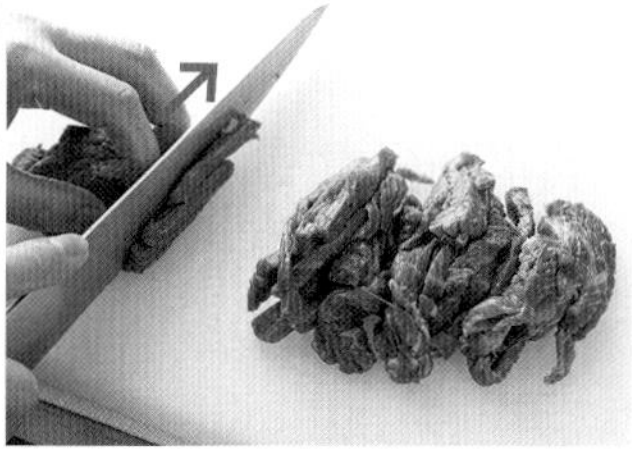

2 将切下的肉按照纤维位置重叠后纵放，从右端开始切5毫米左右宽的小条。

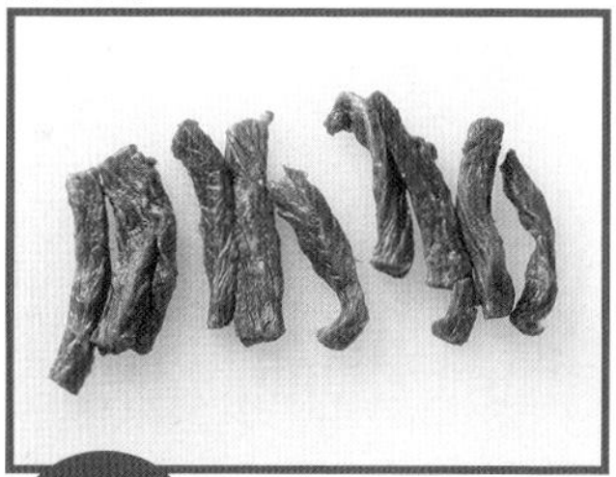

完成图 切丝（大块牛腿肉）完成图。

青椒肉丝▸第283页

❖100%牛肉饼

材料（2人份）

牛大腿肉（剁泥后）280克；盐1撮；芥末2小勺；色拉油少许；薄片芝士2片；汉堡包面包2个；洋葱（切成薄圈）1/2个；番茄（薄圆片）2片；西式咸菜2根；生菜2片；油炸薯条适量；番茄酱适量

做法

1 将牛肉泥和盐、芥末混合，充分搅拌后再拍打成肉块，分成两份，揉成圆形的肉饼。

2 将色拉油倒入平底锅中加热，将步骤1的肉饼放入锅中，用大火将肉饼的两面烧上色。

3 将肉饼放入预热好的100摄氏度左右的烤箱中，烧烤10分钟。再加入薄片芝士，利用烤箱的余温稍稍加热。

4 将汉堡包面包如图所示对半切，稍稍加热，按照顺序放入洋葱、番茄、西式咸菜和步骤3做好的成品后将其夹住。

5 如图所示，将做好的汉堡肉装盘，放上生菜和油炸薯条，根据喜好加上适量的番茄酱。

❖ 青椒肉丝

材料（2人份）

牛大腿肉（切成条）140克；青椒3个；牛肉底味[酒1大勺，酱油1小勺，搅匀蛋液（1/3个鸡蛋份），淀粉、色拉油各1小勺]；混合调料（酒1/2大勺，白砂糖1小勺，蚝油、酱油各1小勺）；色拉油、芝麻油适量

做法

1 腌制牛肉，将制作牛肉底味的材料按照顺序倒入碗中，每倒入一次材料，就混合一次。

2 将青椒横切成细条。

3 在炒锅里倒入色拉油和芝麻油，热油后，倒入步骤1的牛肉，炒至牛肉表面泛白后，将牛肉炒散，去掉牛肉表面多余的油后取出。

4 将油烧热，用剩下的油炒青椒。待青椒全部沾到油后，再倒入刚刚炒好的牛肉，混合翻炒。加入混合调料继续翻炒，炒完后加入少许芝麻油。

❖ 盐烤猪排

材料（2人份）

猪里脊肉厚切片2片；生菜2片；番茄1/2个；白酒2大勺；颗粒芥末1大勺；盐、胡椒、橄榄油适量

做法

1 去除猪肉的白筋，轻轻拍击，撒上盐和胡椒。将生菜切丝，番茄如图所示切成半月形。

2 在平底锅中倒入橄榄油加热，放入猪肉，表面一侧并列朝下加热。烧至上色，待猪肉周围变白后翻边加热，用小火烧熟猪肉。然后用铝箔纸包裹以使其保温，装盘。

3 去除平底锅中剩余的油，倒入白酒，开火加热，煮干汤汁，以将平底锅里残留的肉香味锁住。加入颗粒芥末、盐、胡椒以调味，加入1又2/3大勺热水，稀释到适量浓度。

4 猪肉装盘，用生菜和番茄装饰，浇上步骤3的酱汁。

烹饪指导

久保香菜子

烹饪研究家，京都人。从小喜欢做菜，高中时便在京都传统料理老店里学习怀石料理。从同志社大学毕业后，就读“辻”烹饪专业学校。取得厨师证、河豚烹饪证之后，就任大学出版社和东京地区出版社的烹饪书编辑。随后以烹饪研究家的身份成为自由职业者。烹饪指导、烹饪制作、菜品设计、餐厅菜品开发、套餐组合开发……烹饪界的各个领域都有她活跃的身影。